高等教育规划教材

工业分析化学

罗明标　张　燮　主编

第三版

化学工业出版社

·北京·

《工业分析化学》（第三版）以“试样采集制备、试样预处理、测定”为主线，以工业分析的主要领域为范畴建立完整的学科体系。集理论性、技术性与知识性于一体，体现学科的系统性和科学性。选材以国内外成熟的理论、技术和方法为重点，适当反映工业分析学科的最新理论、方法、技术，使教材经典而不失先进性。全书包括：绪论、试样的采集与制备、固体试样的分解、分离和富集方法、岩石全分析、核燃料分析、稀土元素和贵金属分析、金属材料分析、化工产品分析、水质分析、食品分析、工业原料和产品的进出口检验检疫概论、过程分析化学等内容。

《工业分析化学》（第三版）可作为高等学校理工科化工、化学、食品、环境、商检专业的本科生、研究生教材，也可供相关技术人员参考。

图书在版编目（CIP）数据

工业分析化学/罗明标，张燮主编. —3 版. —北京：化学工业出版社，2018.7（2024.7 重印）
ISBN 978-7-122-32236-4

Ⅰ.①工… Ⅱ.①罗…②张… Ⅲ.①工业分析 Ⅳ.①TQ014

中国版本图书馆 CIP 数据核字（2018）第 112655 号

责任编辑：杜进祥　何　丽　　　文字编辑：刘志茹
责任校对：王素芹　　　装帧设计：关　飞

出版发行：化学工业出版社（北京市东城区青年湖南街 13 号　邮政编码 100011）
印　　装：涿州市般润文化传播有限公司
787mm×1092mm　1/16　印张 20¾　字数 553 千字　　2024 年 7 月北京第 3 版第 6 次印刷

购书咨询：010-64518888　　　售后服务：010-64518899
网　　址：http://www.cip.com.cn
凡购买本书，如有缺损质量问题，本社销售中心负责调换。

定　　价：49.00 元

前　　言

《工业分析化学》于 2003 年 8 月出版发行，2004 年荣获江西省首届高校优秀教材奖，2013 年 9 月修订再版，受到了广大同行的支持与好评，至今不少高校和研究单位仍在使用本教材。但是，在创新创业的大环境下，工业企业对工业分析化学的要求更高了，工业分析化学学科本身也得到了迅速发展。根据教学需要和化学工业出版社教材分社领导的建议，对本教材第二版再次修订。

本次修订主要是：精简化学分析内容，增加现代仪器分析方法，增加核燃料钚、贵金属金银铂钯分析和水中微生物检测，简要介绍某些快速分析方法和过程分析化学的发展趋势。

本教材配套视频课详见智慧树（https://www.zhihuishu.com/）。

本次修订过程中，得到了化学工业出版社的领导和编辑以及阅读与使用本教材的专家、教授及学生的大力支持与帮助，特别是核工业北京地质研究院分析测试中心、核工业 230 研究所分析测试中心、湖南省核工业局分析测试中心、河南省核工业局分析测试中心等单位的领导与专家热情帮助。刘淑娟教授、牛建国高级工程师提出了很多宝贵意见。同时，作者在教学与修订时参阅和引用了相关书籍、期刊与标准方法等资料，在此一并表示诚挚感谢。

编者

2018 年 3 月

于东华理工大学

第一版前言

工业分析化学是工业生产中的物质信息与测量科学，其内容极为丰富。本教材为满足我院应用化学专业工业分析方向（原工业分析专业）和商品检验方向的专业必修课教学需要而编写。

本教材是作者从事工业分析教学、科研、生产三十余年来的经验总结，以"试样采集制备—试样分解—分离富集—测定"为主线建立一个完整的科学体系，集理论性、技术性与知识性于一体，以体现理论课教材的系统性、科学性。教材内容的选材以当前国内外成熟的理论、技术和方法为重点，以确保教材内容准确，同时尽量将国内外20世纪80～90年代的最近成果反映到教材中来，以体现教材的先进性。工业分析涉及面广，内容多，本着"打好基础、拓宽专业、保持特色"的精神，在充分反映工业分析发展历程和完整学科体系的同时，考虑到教学时数的限制，在研究对象的选择上尽可能考虑工业建设各个行业不同分析对象的代表性，以供不同专业特色的院校教学选用和满足学生就业面广的需要。

本书共分十章：第一章从采样理论出发，讨论采制样的重要性、取样误差、取样量、取样单元、取样方式及制样方法；第二章以岩矿试样为代表，讨论固体试样分解的原理、规律及方法；第三章概述各种分离富集方法的原理、技术及应用；第四章以硅酸盐岩石为代表讨论岩石全分析的理论与方法；第五章以铀和钍的分析为代表讨论核工业原料分析的理论、技术与方法；第六章介绍稀土元素的分离与测定原理及方法；第七章以钢铁和铝及铝合金为代表介绍金属材料分析；第八章介绍基本无机化工产品和基本有机化工产品的检验原理、方法和技术；第九章概略介绍各种水质分析项目的要求及环境与放射性水质主要分析项目的测定，并简略介绍了IAEA天然地热水数据库及地热水分析比对试验；第十章简略介绍了过程分析化学及其应用。

本书由东华理工学院张燮（第一章至第四章、第八章、第十章）、宋金如（第五章、第六章）、张晓敏（第七章）和罗明标（第九章）编写，张燮负责统稿。

湖南省核工业局吴铁民高级工程师和中国核工业地质总局中南230研究所吕应松高级工程师曾对本书第一稿的第一、二、四、五、六章内容进行过认真审稿并提出了很多宝贵的修改意见。另外，作者在教学及书稿成稿时除参阅书后所附的主要参考资料外，还参阅和引用了其他一些书籍和期刊的相关资料，在此对有关作者一并表示诚挚的感谢。

由于编者水平所限，书中不当之处在所难免，恳请读者批评指正。

编者

2003年4月

目录

绪论 …… 1

一、工业分析化学的研究对象、任务和意义 …… 1
二、工业分析的特点 …… 1
三、工业分析的方法 …… 2
习题和复习题 …… 3

第一章　试样的采集与制备 …… 4

第一节　采制样的重要性 …… 4
第二节　取样理论及其在采制样中的应用 …… 4
一、取样误差 …… 4
二、取样量 …… 5
三、取样单元 …… 7
四、取样方式 …… 7
第三节　试样采集方法 …… 9
一、固态物料的采样 …… 9
二、液态物料的采样 …… 10
三、气态物料的采样 …… 11
第四节　固体试样的制备 …… 12
一、制样的基本程序 …… 13
二、试样加工流程 …… 14
三、特殊样品的制样 …… 14
四、样品的沾污、损失及制样的质量要求 …… 15
习题和复习题 …… 15

第二章　固体试样的分解 …… 16

第一节　概述 …… 16
第二节　岩矿试样湿法分解的一般原理 …… 17
一、矿物晶体的溶解性 …… 17
二、溶剂的性质——酸在试样分解中的作用 …… 19
三、矿物晶体与溶剂的相互作用特性 …… 22
第三节　湿法分解法 …… 23
一、盐酸分解法 …… 23
二、硝酸分解法 …… 24
三、硫酸分解法 …… 24
四、氢氟酸分解法 …… 24
五、磷酸分解法 …… 25
六、高氯酸分解法 …… 25
第四节　干法分解法 …… 26
一、碱金属碳酸盐分解法 …… 26
二、苛性碱熔融分解法 …… 28
三、过氧化钠分解法 …… 28
四、硫酸氢钾（或焦硫酸钾）分解法 …… 28
五、硼酸和硼酸盐分解法 …… 29
六、铵盐分解法 …… 29
第五节　其他分解技术 …… 29
一、增压（封闭）溶解技术 …… 29
二、超声波振荡溶解技术 …… 30
三、电解溶解技术 …… 31
四、微波加热分解技术 …… 31
第六节　有机试样的分解与溶解 …… 31
一、有机试样的分解 …… 32
二、有机试样的溶解 …… 33
习题和复习题 …… 34

第三章　分离与富集方法 …… 35

第一节　分离方法的分类 …… 35
一、分离科学中对分离方法的

分类 …………………………… 35
二、分析化学中对分离方法的分类 …………………………… 37
第二节 沉淀和共沉淀分离法 ……… 37
一、沉淀分离法 …………………… 38
二、共沉淀分离法 ………………… 40
三、沉淀和共沉淀分离法的应用 … 41
第三节 溶剂萃取分离法 ………… 43
一、萃取分离的基本参数 ……… 43
二、萃取体系的分类 …………… 45
三、溶剂萃取的操作方法 ……… 48
四、溶剂萃取的应用 …………… 49
五、萃取分离富集的新技术 ……… 49
第四节 色谱分离法 ………………… 56
一、色谱分离和色谱分析 ………… 56
二、色谱法的分类 ………………… 56
三、离子交换色谱分离法 ………… 59
四、平面色谱分离法 ……………… 62
第五节 其他分离方法 ……………… 63
一、气态分离法 …………………… 64
二、电化学分离富集法 …………… 64
三、泡沫浮选分离法 ……………… 65
四、磁性分离法 …………………… 66
习题和复习题 ………………………… 67

第四章 岩石全分析 …………………………………………………… 68

第一节 概述 …………………………… 68
一、岩石全分析的意义 ………… 68
二、岩石的组成和分析项目 ……… 69
三、全分析的试样分解方法 ……… 70
第二节 全分析中的分析系统 ……… 73
一、系统分析和分析系统 ……… 73
二、硅酸盐岩石分析系统 ……… 73
三、碳酸盐岩石分析系统 ……… 77
四、磷酸盐岩石分析系统 ……… 78
第三节 岩石中各组分的测定方法 … 78
一、硅 ………………………………… 78
二、铝 ………………………………… 84
三、铁 ………………………………… 87
四、亚铁 ……………………………… 90
五、钛 ………………………………… 91
六、钙和镁 ………………………… 92
七、锰 ………………………………… 96
八、磷 ………………………………… 97
九、钠和钾 ………………………… 99
十、水分……………………………… 101
十一、烧失量……………………… 103
十二、CO_2 和有机碳 ……………… 103
十三、硫…………………………… 105
十四、氟和氯……………………… 105
十五、多组分的仪器分析方法…… 106
第四节 全分析结果的表示和计算……………………………… 117
一、分析结果的表示…………… 117
二、对分析结果的要求………… 117
三、分析结果的审查和校正……… 118
四、岩石全分析总量的计算……… 120
习题和复习题……………………… 121

第五章 核燃料分析 …………………………………………………… 124

第一节 铀的分析…………………… 124
一、铀的主要分析化学特性和试样分解方法…………………… 124
二、铀的分离富集方法…………… 128
三、铀的测定方法………………… 131
四、铀的形态分析………………… 140
五、放射性分析方法及铀、钍、镭同位素比值测定……………… 142
第二节 钍的分析…………………… 143
一、钍的主要化学特性及试样分解方法……………………………… 143
二、钍的分离富集方法…………… 145
三、钍的测定方法………………… 147
第三节 钚的分析…………………… 151
一、钚的主要化学特性…………… 151
二、样品的分解方法……………… 155
三、钚的分离富集方法…………… 155
四、钚的测定方法………………… 158

习题和复习题…………………………… 159

第六章 稀土元素和贵金属分析 …………………………… 161

第一节 稀土元素分析…………………… 161
一、概述…………………………………… 161
二、稀土元素的分离富集方法…… 162
三、稀土元素测定方法……………… 165
第二节 贵金属分析…………………… 169
一、金的测定……………………………… 169
二、银的测定……………………………… 176
三、铂和钯的测定……………………… 183
习题和复习题……………………………… 186

第七章 金属材料分析 …………………………… 187

第一节 钢铁分析……………………… 187
一、钢铁中的主要化学成分及钢铁材料的分类……………………… 187
二、试样的采集、制备与分解方法………………………………… 188
三、钢铁中主要元素分析………… 190
四、钢铁中合金元素分析………… 194
第二节 铝及铝合金分析…………… 198
一、变形铝及铝合金化学成分分析的取样方法………………………… 198
二、铝及铝合金试样的分解方法………………………………… 199
三、铝的分析…………………………… 199
四、铝合金中其他元素的测定…… 200
习题和复习题……………………………… 203

第八章 化工产品分析 …………………………… 204

第一节 通常项目检测……………… 204
一、密度…………………………………… 204
二、熔点和凝固点…………………… 206
三、沸点和沸程……………………… 206
四、折射率……………………………… 207
五、水分…………………………………… 208
六、色度…………………………………… 209
第二节 无机化工产品分析………… 210
一、酸类…………………………………… 210
二、碱类…………………………………… 211
三、无机盐和氧化物类……………… 212
四、产品中杂质含量的测定……… 213
第三节 基本有机化工产品分析…… 215
一、醇类…………………………………… 215
二、醛和酮……………………………… 216
三、羧酸和酯…………………………… 218
习题和复习题……………………………… 219

第九章 水质分析 …………………………… 221

第一节 水质指标和水质分析……… 221
一、水质、水质指标的概念和分类………………………………… 221
二、水质标准…………………………… 221
三、水样的采集与保存……………… 222
四、水质分析技术…………………… 222
第二节 天然水水质指标间的关系………………………………… 223
一、阴、阳离子平衡关系………… 223
二、离子总量的一致性…………… 223
三、溶解性固体物质与各种成分总量的关系……………………………… 224
四、碱度、硬度与其他离子之间的关系……………………………… 224
五、pH 值与其他离子浓度的关系………………………………… 224
第三节 水质指标测定方法………… 225
一、无机物指标的测定…………… 225
二、有机物污染指标的测定………………………………… 228

三、放射性及放射性核素的测定…………………… 229
四、水中微生物检测………………… 233
第四节 IAEA 天然地热水分析 …… 239
一、IAEA 亚太地区天然地热水数据库………………………… 239
二、IAEA 天然地热水分析及比对实验………………………… 239
习题和复习题………………………… 240

第十章 食品分析 ………………………………………………………… 241

第一节 样品的采集、制备与保存…………………………… 242
一、样品的采集…………………… 242
二、样品的制备…………………… 243
三、样品的保存…………………… 243
第二节 样品的预处理……………… 243
一、有机物破坏法………………… 243
二、蒸馏法………………………… 244
三、溶剂提取法…………………… 244
四、化学分离法…………………… 245
五、柱色谱法……………………… 245
第三节 食品的一般成分分析……… 246
一、水分的测定…………………… 246
二、灰分测定……………………… 247
三、糖类的测定…………………… 248
四、蛋白质的测定………………… 251
五、氨基酸的测定………………… 252
六、脂肪的测定…………………… 253
七、维生素的测定………………… 254
第四节 食品添加剂的检测………… 256
一、甜味剂的检测………………… 257
二、酸度调节剂的检测…………… 257
三、防腐剂的检测………………… 258
四、护色剂的检测………………… 259
五、食品漂白剂的检测…………… 260
六、抗氧化剂的检测……………… 261
七、色素的检测…………………… 262
第五节 食品中污染物的检测……… 262
一、重金属污染的检测…………… 262
二、农药残留的检测……………… 264
三、兽药残留的检测……………… 267
四、食品中黄曲霉毒素的测定…… 268
五、食品中亚硝基化合物的测定………………………… 269
六、食品中苯并[a]芘的测定……………………… 269
七、食品中三聚氰胺的检测……… 270
八、食品中苏丹红的检测………… 270
九、白酒中甲醇的检测…………… 271
第六节 食品快速检测方法………… 271
一、有机磷农残快速检测………… 273
二、重金属砷的快速检测………… 274
三、亚硝酸盐的快速检测………… 274
四、酒类中甲醇的快速检测……… 274
五、乳品中三聚氰胺的快速检测………………………… 275
六、苏丹红的快速检测…………… 275
习题和复习题………………………… 276

第十一章 工业原料和产品的进出口检验检疫概论 ……………………… 277

第一节 概述………………………… 277
一、商检学及其研究对象和内容………………………… 277
二、商检的产生和发展…………… 278
三、商检工作的地位和作用……… 280
四、WTO 与商检相关的法律法规要求……………………… 282
第二节 进出口商品检验的内容…… 282
一、品质…………………………… 282
二、规格…………………………… 283
三、数量和重量…………………… 283
四、包装…………………………… 283
五、安全…………………………… 284
六、卫生…………………………… 284
第三节 进出口商品检验形式……… 284
一、自行检验……………………… 285

二、共同检验………………………… 285
三、委托检验………………………… 285
四、认可检验………………………… 285
第四节 检验鉴定工作程序………… 286
一、受理报验………………………… 286
二、抽样……………………………… 289
三、检验、鉴定……………………… 290
四、签证与放行……………………… 294
五、统计与归档……………………… 295
习题和复习题………………………… 295

第十二章 过程分析化学 ……………………………………………………… 296

第一节 概述………………………… 296
一、过程分析化学的产生与发展………………………… 296
二、过程分析化学的任务及研究范围………………………… 297
三、过程分析化学的特征………… 297
第二节 过程分析仪器……………… 298
一、过程分析仪器的分类………… 298
二、过程分析仪器的组成………… 298
三、过程分析仪器的特点………… 299
四、过程分析仪器的发展………… 299
第三节 自动取样和样品预处理系统………………………… 300
一、气体自动取样与试样预处理系统………………………… 301
二、液体自动取样与样品预处理系统………………………… 303
三、固体散状物料的自动取样装置………………………… 307
四、自动取样和样品预处理系统的技术性能指标………… 307
第四节 化学传感器………………… 308
一、质量型化学传感器…………… 308
二、电化学传感器………………… 309
三、光化学传感器………………… 310
四、生物传感器…………………… 312
五、传感器组阵列………………… 313
第五节 过程分析化学计量学……… 313
一、过程分析化学计量学在过程分析化学中的地位与作用………………………… 313
二、过程分析化学计量学方法…… 313
三、人工神经元网络及其在过程分析化学中的应用………… 314
第六节 互联网＋工业分析化学…… 316
一、大数据在工业分析领域的应用………………………… 317
二、实验室自动化………………… 319
三、智能手机在工业分析领域的发展………………………… 320
习题和复习题……………………… 321

主要参考文献 ……………………………………………………………… 322

绪　论

一、工业分析化学的研究对象、任务和意义

工业分析化学是分析化学在工业领域应用的一个分支，它是研究鉴定工业生产中的原料、辅助材料、燃料、中间产品、最终产品、副产品和各种废弃物的组成及测定其中各组分的含量和赋存状态的分析方法及其原理的一门学科，是工业生产中的物质信息与测量科学。

在工业生产中，工业分析的任务是客观、准确地评定原材料和产品的质量，适时或连续地检查或监测工艺生产过程，以指导和促进生产，不断提高生产效率、经济效益和产品质量，并确保工业生产的“三废”排放适应环境，以保护生态。

工业部门是一个广阔的领域，工业分析的具体对象从岩石、矿物、矿石、土壤、煤炭、石油、天然气、天然水到各工业生产的原料、材料、中间产品、最终产品、副产品以及工业“三废”等，内容十分广泛。而且这些天然生成体、人工产品及工业废弃物的分析，并不局限于工业部门，在农林生产建设、国防建设、科学研究、环境及生态保护、医疗保健、经济贸易等方面也同样适用。因此，工业分析不仅是工业生产中不可缺少的生产检验与监控手段，而且在农林、国防、科研、环保、商检、医疗保健等许多部门也具有重要作用。总之，工业分析在经济建设及国计民生中具有重要的意义。

随着分析化学学科本身的发展和现代化工业生产对工业分析要求的提高，工业分析化学自 20 世纪 80 年代中期进入了它发展的新阶段——过程分析化学（process analytical chemistry，PAC）的兴起与发展阶段。PAC 是一门关于发明和发展新的、完善的原位分析（in situ analysis）方法和仪器，并使之成为自动化过程的有机组成部分，以实现对工业生产过程的监测与控制的一门综合性的新兴学科。在工业生产中应用 PAC 之后，可使生产过程合理，生产成本降低，产品质量提高，环境污染减少。特别是它和网络技术的结合、使工业分析化学的发展进入新阶段。

二、工业分析的特点

工业生产及其对过程控制的要求决定了工业分析有许多特点。

第一是分析对象的复杂性。例如原材料分析，岩石、矿物、矿石等天然形成体，不仅其无机物的组成复杂，而且其中所含有机物随岩石演化过程与条件不同，有机质种类、数量及形态也不同；工艺过程中，由于中间产品和最终产品的质量不仅受原材料和工艺条件的影响，而且常常随着时间变化而迅速变化，过程控制分析必须针对具体对象来确定分析方法；工业产品质量控制中有严格的要求，产品分析必须十分准确，对于产品痕量杂质的检测又要足够的灵敏，产品结构鉴定必须准确无误。

第二是分析方法的多样性。对于试样中某一组分的测定，随着具体分析对象和分析目的要求的不同，测定步骤乃至分析方法常常是不同的。就测定方法来说，各种化学分析方法和仪器分析方法都在工业分析中得到了广泛的应用。即使针对某一样品中某一特定组分的测定，其方法也是多种多样的。例如矿石中铀的测定，依其含量和要求不同，可使用重量法、滴定法、分光光度法、示波极谱法、固体荧光法、激光荧光法、质谱法、原子发射光谱法和放射性分析法等。

第三是显著的实践性。工业分析是一门应用学科，坚持理论联系实际，实践第一，是它最显著的特点之一。作为一个分析工作者，不仅要理解与掌握本学科的基础知识和基本理论，而且必须熟练掌握各种基本操作技术和技能，必须学会正确地运用有关理论来分析与解

决分析实践中的各种实际问题。

第四是本课程与其他课程联系密切。工业分析是一门专业课，它不仅要运用无机化学、有机化学、物理化学、结构化学、配位化学、分析化学、仪器分析等专业理论和技能，而且还要应用工程数学、物理学、生物学、岩石矿物学、化学工艺学、环境科学、计算科学、管理科学等工业生产和工业分析中所涉及领域的知识。因此，学好有关的基础课和专业基础课是学好本课程的基础和条件，也是将来成为一个具备科技创新能力的分析工作者的基本条件之一。

三、工业分析的方法

工业分析对象广泛，各种分析对象的分析项目及测定要求也多种多样，因此工业分析中所应用的分析方法几乎包括了分析化学中的各类分析方法。

（一）工业分析方法的分类

工业分析中所涉及的分析方法，依其原理、作用的不同，有不同的分类方法。

按方法原理分类，可分为化学分析法、物理化学分析法和物理分析法。后两者常需使用较为复杂的仪器，又统称为仪器分析法。

按分析任务分类，可分为定性分析、定量分析和结构分析、表面分析、形态分析等。

按照分析对象分类，可分为无机分析和有机分析。

按试剂用量及操作规模分类，可分为常量分析、半微量分析、微量分析、超微量分析、痕量分析和超痕量分析。

按分析要求分类，可分为例行分析和仲裁分析。

按完成分析任务的时间和所起作用的不同分类，可分为快速分析法和标准分析法。

快速分析法主要用于控制生产工艺过程中的关键部位，要求能迅速得到分析数据。对于准确度则可以视生产的要求不同而适当降低。快速分析法主要用于例行分析中的车间生产控制分析或地球化学找矿中大面积普查的基体成分相对稳定的样品分析。

标准分析法是经国家标准局或有关业务主管部门审核、批准并作为“法律”公布施行的，有经验的分析工作者应用它能得出准确分析结果的方法。标准分析法的分析结果是地质勘探中进行储量计算、工业生产中进行工艺计算、财务核算及评定产品质量的依据。因此，要求有较高的准确度，完成分析工作的时间容许适当地长一些。标准分析方法主要用于测定原料、半成品、成品的化学成分，也用于校核或仲裁分析。标准分析法都注明有允许误差（或公差）。公差是某分析方法所允许的平行测定结果之间的绝对偏差。这些数值都是将多次分析实践的数据经过统计处理而确定的。在生产实际中必须以公差作为判断分析结果是否合格的依据，两次平行测定数据的偏差不得超过方法的允许误差，否则必须重新测定。

标准方法，按其性质可分为强制性标准和推荐性标准；按照标准的审批权限和作用范围分类，可分为国家标准、行业标准、地方标准和企业标准四级。另外，还可采用国际标准和国外先进标准。国际标准是指国际标准化组织（ISO）、国际电工委员会（IEC）和国际电信联盟（ITU）所制订的标准，以及国际标准化组织确认并公布的国际组织所制定的标准。国外先进标准是指未经 ISO 确认并公布的其他国际组织的标准、发达国家的国家标准、区域性组织的标准和国际上有权威的团体标准与企业标准中的先进标准。

标准分析法不是永恒不变的，而是随着科学技术的发展而改变，旧方法不断地被新方法代替。新标准公布以后，旧标准即应作废。

（二）工业分析方法的评价

工业分析方法很多，对于方法优劣的评价常和生产实际的需要有关。分析数据的应用目的不同，对分析方法的要求也常常不同。但一般来说，一个方法的优劣主要从下述六个方面来衡量。

（1）准确度　是指方法的准确程度，即测定值与真实值符合的程度，一般用误差来表示。误差越小，准确度越高。它是衡量方法优劣的主要技术指标。

（2）灵敏度　可以测定某组分的最小量。该量越小，表示方法的灵敏度越高。一般来说，方法的灵敏度愈高，愈有利于痕量组分的准确测定。所以对痕量分析而言，提高了方法灵敏度也就相应地提高了准确度。

（3）选择性　即专属性，特效性。它是衡量一种方法在实践过程中受其他因素影响程度大小的一种尺度。一般来说，方法选择性高受其他因素影响的程度就小，适用范围就广。

（4）速度　分析工作进行的速度有时也会严重影响工业生产和科学研究工作的完成时间，影响效益和质量。因此，相对快速也是评价一个分析方法的标准之一。

（5）成本　分析成本与工业生产、科学研究的其他环节相比，相对来说是低的。但在实际工作中也应注意重视成本，一般在满足生产、科研等实际需要的前提下，方法所消耗的成本越低越好。同时也有益于分析方法的准确度和分析速度的提高。

（6）环境保护　在满足生产需要的准确度和灵敏度的同时还必须考虑环境保护问题。方法所造成的环境污染越小越好。

以上六个指标中，（1）～（4）是最主要的，被分析化学界的一些学者形象地喻为“海上采油平台的四根支柱”。

（三）工业分析方法的选择

进行某一成分或对象分析时，往往有多种测定方法可供选择，在生产实际中如何选择分析方法？一般来说，主要考虑如下几个因素。

（1）分析样品的性质及待测组分的含量　分析样品的性质不同，其组成、结构和状态不同，试样的预处理方法也不同。样品中待测组分的含量范围不同，分析方法也应不同。因为每种分析方法都只适用于一定的测定对象和一定的含量范围。例如，对于含量为10^{-2}～10^{0}级的样品，可用重量法、滴定法、X射线荧光法等；而含量为10^{-3}级及更低级别的样品，则宜用分光光度法、激光荧光法、ICP-MS、中子活化分析等较灵敏的仪器分析方法。

（2）共存物质的情况　任何一种分析方法，其选择性都是有限的。也就是说任何一个分析方法其抗干扰能力都是有限的。样品中共存物质的种类和含量不同，应选择不同的分析方法，以便较为迅速地得到准确的分析结果。

（3）分析的目的和要求　分析目的不同，对分析结果的要求不同，选择的分析方法也应不同。对于矿石品位分析、工业产品质量检定以及仲裁或校核分析宜用准确度较高的标准分析方法，对于地质普查找矿中的野外分析、生产工艺过程中的控制分析，则宜选择较快速的分析方法。

在制药工业、科学研究中，有时还要求对待测组分的形态、活性、手性进行表征与测定，这时宜选用形态分析方法。

（4）实验室的实际条件　在满足生产、科研所需要的灵敏度、准确度、完成分析的时间的前提下，要考虑实验室的设备、试剂和技术条件等。

习题和复习题

0-1. 工业分析的研究对象、任务和特点是什么？它在国民经济中有何意义？

0-2. 工业分析方法分几类？何谓快速分析法和标准分析法？

0-3. 在实际工作中，应如何评价和选择分析方法？

第一章 试样的采集与制备

工业分析的主要任务是测定大宗工业物料的平均组成。这些工业物料的聚集状态可以是气态、液态或固态。对于气态和液态物料的分析，其基本程序一般为：采样→（预处理）→测定。对于固态物料来说，其一般程序为：采样→制样→试样预处理（试样分解及/或分离富集）→测定。本章先介绍各种状态试样采集的一般原理和方法及固体试样的制备。

第一节 采制样的重要性

工业分析的具体对象是大宗物料（千克级、吨级，甚至万吨级），而实际用于分析测定的物料却又只能是其中很小的一部分（克甚至毫克量）。显然，这很小的一部分物料必须能代表大宗物料，即和大宗物料有极为相近的平均组成。否则，即使分析工作十分精密、准确，其分析结果因不能代表原始的大宗物料而没有意义，甚至可能把生产引入歧途，造成严重的生产事故。这很小一部分用于分析测试中的物料称为分析试样。为了获得分析试样，常需从大宗物料的若干取样点采集，并经过加工才能得到具有代表性的试样。在规定的采样点采集的规定量物料称为“子样”（或小样、分样）。合并所有的子样得到“原始平均试样”或称为“送检样”。应采取一个原始平均试样的物料总量，称为“分析化验单位”（或称基本批量）。由送检样制备成分析试样的过程，称为样品制备（或称样品加工）。

显然，样品的采集与制备是工业分析工作的一部分，是分析结果准确可靠的前提与基础。经前人研究得知，分析结果总的标准偏差 S_0 是与取样（含制样）的标准偏差 S_s 和分析操作（含分析方法本身）的标准偏差 S_a 有关的，并且符合下述关系式：

$$S_0^2=S_s^2+S_a^2 \tag{1-1}$$

显然，样本变异的方差分量与测量变异的方差分量具有同等重要性。然而，过去许多分析工作者主要着力于降低分析测量的不确定度，而忽视样本质量问题。W. J. Youden 曾指出，一旦分析的不确定度降低到样本不确定度的三分之一或更低时，再进一步降低分析的不确定度就没有什么意义了。对于样品中待测组分呈不均匀分布的固体试样，这一点尤其突出。另外，样品中待测组分含量愈低，所采用的分析测定方法的灵敏度愈高，样本变异对分析结果影响愈大。

第二节 取样理论及其在采制样中的应用

工业分析中的试样采集及制备，起初大多是基于经验。随着现代分析化学的发展和工业技术对测定结果要求的提高以及人们的经验的积累，发展了取样理论。取样理论的研究，重点是取样误差理论的研究，而取样误差又取决于取样量、取样单元数的确定以及取样方式等。

一、取样误差

取样误差的研究，很早就引起了人们的极大注意，从不同对象和不同角度进行了各种研究。早在 1928 年，B. Baule 等就对固体样品的取样误差提出式(1-2) 进行估计：

$$S_s=\left|\frac{\rho_2 q}{100\rho\sqrt{m}}\sqrt{a^3w\ (100\rho_1-w\rho)}\right|\times 100\% \tag{1-2}$$

式中，S_s 为取样的标准偏差；w 为混合物的矿石含量；ρ_1 为矿石的密度；q 为矿石中的金属含量；ρ_2 为矿渣的密度；m 为样品质量；ρ 为混合物的密度；a 为颗粒的边长。

从式(1-2) 可见，矿石特性、样品粒度与质量及待测组分含量对取样误差有明显的影响。

N. H. 普拉克辛根据误差理论，在把各项偏差代入平均偏差的基本公式之后，得出取样误差的计算公式为

$$y=\frac{0.6745}{\sqrt{n-1}}\sqrt{x(1-x)} \tag{1-3}$$

式中，y 为取样体积误差；n 为样品的颗粒数；x 为物料中所测组分的体积含量的近似值。

从式(1-3) 可以看出，取样误差与样品的颗粒数及组分的含量密切相关。

W. E. Harrs 等在 1974 年发表文章指出，在由 A 和 B 所组成的二元总体的情况下，当纯组分颗粒 A 的分数很小时，若要相对取样标准偏差小至可以忽略，则样品的颗粒数就要非常多。Beneditti-Pichler 进一步证明，在一个颗粒数为 n，待测组分为 A 的试样中，取样误差 Δn 与组分质量分数的取样误差 ΔP_{av} 有以下关系：

$$\Delta P_{av}=\frac{\Delta n}{n}\frac{\rho_A\rho_B}{\rho^2}(w_A-w_B) \tag{1-4}$$

式中，ρ_A、ρ_B 分别为组分 A 和 B 的密度；w_A 和 w_B 分别为组分 A 和 B 的质量分数；ρ 为平均密度。

从式(1-4) 可见，样品中颗粒数 n 愈小，颗粒 A 和 B 中被测组分的质量分数之差愈大，取样误差也愈大。

几十年来，许多学者对取样误差做了大量研究工作，但是至今没有建立一个适合各种取样对象的系统的、统一的误差计算公式。然而从上述公式可以看出，取样误差与样品特性(样品的密度、分散均匀性等)、样品质量、样品的颗粒直径及颗粒数、样品中待测组分的含量等有密切关系。

二、取样量

在充分保证样品代表性的前提下，取样量愈小，取制样的工作量也愈少。但取样量太少则不能保证其代表性。能代表研究对象整体的样品最小量，称为样品最低可靠质量。在满足取样误差要求的前提下，确定最小取样量就显得十分重要。

对于某一特定测定对象，样品的特性和其中待测组分的含量是客观存在的，只是样品的粒度和取样量的多少可由采制者所控制。因此，根据试样粒度的大小确定采集试样的最小质量，以及确定制样程序和最后粒度，就成为取样理论的基本问题之一。

早在 1908 年理查德（Richards R.）就提出了根据试样质量确定试样颗粒极限度的“理查德表”。之后，前苏联学者 P. O. 切乔特根据理查德表中的数据，于 1932 年提出适合最小样品质量与颗粒大小关系的理查德-切乔特公式：

$$Q=Kd^2 \tag{1-5}$$

式中，Q 为最小样品质量（或称为样品最低可靠质量），以 kg 计；d 为最大颗粒直径，以 mm 计；K 为与试样密度等有关的矿石特性系数。

戴蒙德和哈尔费尔达里在进行一系列研究之后，提出了较理查德-切乔特公式较为完善的计算公式：

$$Q=Kd^{\alpha} \tag{1-6}$$

式中，Q、K、d 含义与理查德-切乔特公式相同，α 为随矿石类型和粒度而变化的一个系数，并且 $\alpha<3$。

但是，他们认为用数学方法难以解决试样质量问题，而必须用实验方法来确定。而且，为了简化计算，长期以来，国内外工业分析工作者仍广泛采用理查德-切乔特公式。

理查德-切乔特公式的应用，K 值的确定一般都是用实验的方法。常用求取 K 值的方法有两种：一是连续缩分法，另一是预定不同 K 值法。

连续缩分法：设有需要确定 K 值的铀矿石 480kg，破碎至 $d \leqslant 10mm$，混匀。然后将此样品连续缩分 8 次，得到质量不同的 8 组，即每组质量分别为 240kg、120kg、60kg、30kg、15kg、7.5kg、3.75kg、1.875kg。将每组样品等分成 5～8 份，分别粉碎至分析方法所需的粒度，用相同的或等精度的分析方法，测定每组各份样品中某一元素或几个元素的含量，并计算每组分析结果的平均相对偏差。根据各组相对偏差的比较，即可确定该样品破碎到某一粒度时，缩分后能代表全样的样品最小质量［如图 1-1(a) 所示］，并进一步计算出 K 值。

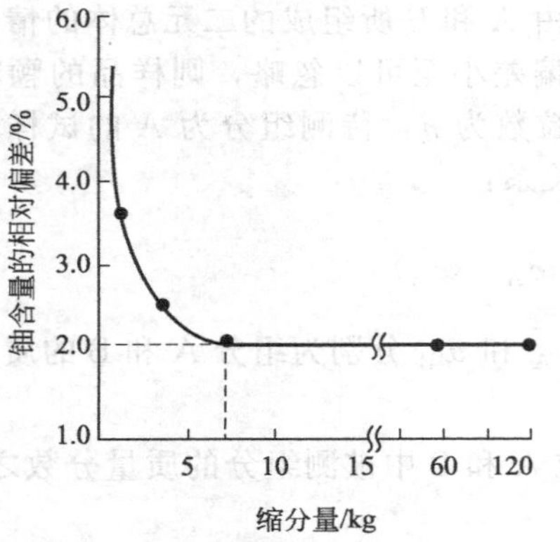

(a) 连续缩分法求K值

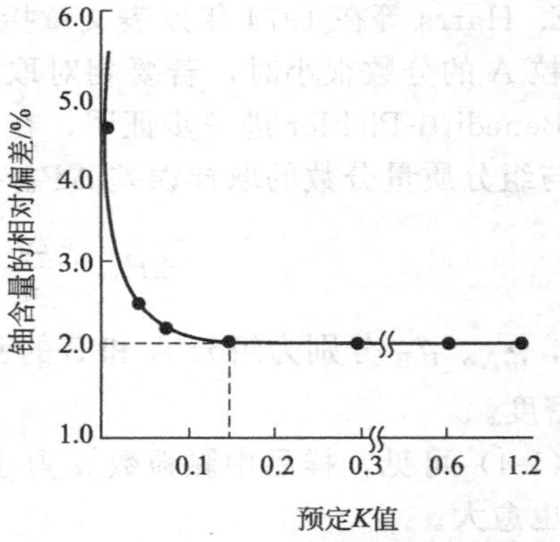

(b) 预定K值法选K值(原样480kg, $d \leqslant 10mm$)

图 1-1 用两种方法求缩分系数

预定不同 K 值法：将所采具有代表性样品破碎至一定粒度，分成若干份（4～8），然后分别用不同 K 值进行缩分，制成分析试样，进行分析，将分析结果进行对比，以确定 K 值。如上例 480kg 铀矿石，破碎到 $d \leqslant 10mm$。然后，假定 1.2、0.6、0.3、0.15、0.075、0.0325、0.0163 这些 K 值。将这些 K 值代入理查德-切乔特公式，从 $d \leqslant 10mm$ 的原样中分取七组试样，再将每组试样分成 5～8 份，分别粉碎后进行分析，计算每组分析结果的相对偏差，并作图 1-1(b)。由图 1-1(b) 确定样品的合适 K 值。

图 1-1(a) 表明，该铀矿石破碎至 $d \leqslant 10mm$ 后缩分，样品的最小质量为 7.5kg，$K = 7.5/10^2 = 0.075$。图 1-1(b) 表明，对于同一矿石，合适的 K 值为 0.15。从而可知，对于这一类型样品，在制样时，所取的缩分系数应为 0.075～0.15。

求样品缩分系数时需注意两个问题：一是所用分析方法应是高精度的方法；二是除分析主要元素之外，还应选择样品中若干重组分和轻组分进行分析，并综合考虑其分析结果，最后确定 K 值。因此，样品缩分系数的确定是比较繁琐的工作。在实践中，基层实验室一般都不做求取 K 值的工作，根据样品的种类和性质，按上级主管部门规定的 K 值制样。有关部门经实验确定的各类岩石矿物的 K 值见表 1-1。

在近代分析化学中，Ingamells 对取样理论的发展也作出了贡献。他和斯威泽尔一起，提出了应用“取样常数法”估计最小取样量，其计算公式为

$$WR^2 = K_s \tag{1-7}$$

式中，W 为当置信度为 68%时的样品质量；R 为样品间的相对标准偏差，以%计；K_s 为 Ingamells 取样常数，是样品相对标准偏差等于 1%时的取样量，并可通过初步测定值来估计 K_s 值。

表 1-1　各类矿石的缩分系数的参考值

矿石种类	K 值	矿石种类	K 值	矿石种类	K 值
铁矿(接触交代沉积)	0.1～0.2	铅矿、钨矿	0.2	镍矿(硅酸盐)	0.1～0.3
铁矿(风化型)	0.2	铝土矿	0.1～0.3	钼矿	0.1～0.5
锰矿	0.1～0.2	脉金(d<0.5mm)	0.2	锑矿、汞矿	0.1～0.2
铜矿	0.1～0.2	脉金(d<0.6mm)	0.4	铀矿	0.5～1.0
铬矿	0.2～0.3	脉金(d>0.6mm)	0.8～1.0	磷灰石	0.1～0.15
铅矿	0.2～0.3	镍矿(硫化物)	0.2～0.5		

三、取样单元

从统计学的观点出发，为了取得具有代表性的试样，最重要的是要考虑应选取多少个取样单元，而不是应取多少质量样品的问题。一般来说，取样单元数愈多，即取份样（子样）数多，取样误差就愈小。但取样单元数多了，给取样、制样以及测定都可能造成麻烦。因此适当确定取样单元数，也是取样理论研究的重要问题之一。

取样单元的多少，主要取决于物料的均匀性和对取样准确度的要求。物料愈不均匀或要求取样误差愈小，则取样单元数就愈多。对于这方面的研究，早在 20 世纪 30 年代 T. A. 克拉克就做过不少工作。他指出，取样的平均误差随取样时份样数的增加而急剧下降，并提出了矿石物料取样时份样数（即取样单元数）的计算公式：

$$n=\left(\frac{r}{mR}\right)^2 \qquad (1\text{-}8)$$

式中，n 为取样单元数（份样数）；r 为份样的或然误差；R 为总样的或然误差；m 为系数值，它随取样的可靠程度而变。

取样单元是根据对分析结果的置信水平要求来确定的，克拉克公式有些不甚明确。后来人们在进一步研究中提出了一些较为完善的公式估计：

$$n=\frac{t^2S_s^2}{R^2\overline{X}^2} \qquad (1\text{-}9)$$

式中，t 为给定置信水平的 Student 值；S_s^2 为采样方差（σ_s^2）的估计值；R 为分析结果的相对标准偏差；$\overline{X}$ 为分析结果的均值。

当试样与总体比较，试样构成总体的显著部分，这时需要考虑“有限总体”校正。这时，取样单元数依据不同情况应有不同估计公式。

① 当 $\overline{X}>\sigma_s^2$，即分析对象服从正态分布或正二项分布时

$$n=\frac{t^2S_s^2N}{R^2\overline{X}^2N+t^2S_s^2} \qquad (1\text{-}10)$$

式中，N 为总体可分割的样本数。

② 当 $\overline{X}=\sigma_s^2$，分析对象服从 Poisson 分布时

$$n=\frac{t^2}{R^2\overline{X}} \qquad (1\text{-}11)$$

③ 当 $\overline{X}<\sigma_s^2$，即分析对象服从负二项分布时

$$n=\frac{t^2}{R^2}\left(\frac{1}{\overline{X}}+\frac{1}{K}\right) \qquad (1\text{-}12)$$

式中，K 为结块指数。

四、取样方式

从统计学上讲，为了获得具有代表性的样品，不仅要考虑取样单元，而且要考虑取样方式。研究取样方式的目的，是选取尽可能少的试样（样本），而使所获得的结果又能最大限

度地反映被研究对象全体（总体）的特征。

取样方式，长期采用随机取样，到 20 世纪 70 年代初逐步发展到系统取样、分层取样和二步取样等规则取样方式。在实际过程中还常将随机取样与规则取样结合起来应用。

随机取样又称概率采样，其基本原理是物料总体中每份被取样的概率应相等。例如，将取样对象的全体划分成不同编号的部分，应用随机数表进行取样，在某些情况下是行之有效而且简单方便的取样方法。

分层取样，即当物料总体中有明显的不同组成时，将物料分成几个层次，按层数大小成比例地取样。分层时，层间物料组成可以有较明显的差别，但层内物料应是均匀的。

系统取样是按已知的变化规律取样。例如，按时间间隔或物料量的间隔取样。

二步取样是将物料分成几个部分（例如，袋装或桶装的物料就可按袋或桶计），首先用随机取样方式从物料批中取出若干个一次取样单元，然后再分别从各单元中取出几个份样。

因此，一个成功采集的试样（样本），从统计学上应满足下述要求：①样本均值应能提供总体均值的无偏估计，一般来说，随机取样是保证这种无偏性的基本方法；②样本分析结果应能提供总体方差的无偏估计，例如系统取样，应能提供分析对象有关参量随时间的变化等；③在给定的时间和人力消耗下，采样方法应给出尽可能精密的上述估计。将随机取样与规则取样巧妙地结合，能收到良好的效果。例如，把 8 筒粉末样品每瓶按上、中、下三部分各 100 层构成，每层样品分装到 400 小瓶中，则可装成 960000 小瓶。若随机抽取 1% 的样本，则需要分析 9600 瓶。而考虑到 8 个筒之间的差异要比一筒内差异大；而一筒内的差异是由于粉末状物的密度、粒度不完全一致所造成的，从一筒的上、中、下部位取样，能充分反映筒内的不均匀性。对筒内的每一层来说是均匀的，任取一瓶均可代表本层，而在 100 层中随机抽 5%，这样既充分保证其代表性，还可减少取份样数：

$$5\times3\times8=120$$

即分析 120 瓶就可以了。

上述各取样方式中，从分析结果的方差出发，取份样数或一次取样单元数的计算公式如下。

（1）单纯随机取样

$$n=\left(\frac{\sigma_b}{\sigma_s}\right)^2 \tag{1-13}$$

（2）分层取样

$$n=\left(\frac{\sigma_w}{\sigma_s}\right)^2 \tag{1-14}$$

（3）系统取样

$$n=\left(\frac{\sigma_w}{\sigma_s}\right)^2 \tag{1-15}$$

（4）二步取样

$$\bar{n}=\sqrt{\frac{K_1}{K_2}}\times\frac{\sigma_w}{\sigma_b} \tag{1-16}$$

$$m=\frac{M\sigma_b^2+(M-1)\sigma_w\sqrt{\frac{K_2}{K_1}}}{(M-1)\sigma_s^2+\sigma_b^2} \tag{1-17}$$

上述式(1-13)～式(1-17) 中，n 为从一批物料中采取的份样数；m 为在二步取样中第一步取出的一次取样单元数；M 为构成一批的取样单元总数；$\bar{n}$ 为二步取样中从一次取样单元中取出份样平均数，即 n/m；σ_b 为一次取样单元间的分散度，用标准偏差表示；σ_w 为把一次取样单元内或层内份样间的分散度，用标准偏差表示；σ_s 为取样精度，用标准偏差表示；K_1 为采取一次取样单元一个样的费用；K_2 为采取一个份样的费用。

第三节　试样采集方法

地质勘探工作中分析样品的采集工作一般都是由地质工作人员按照有关的规范取样后送实验室进行分析，而工厂实验室的分析工作者则常需承担分析试样采集的工作任务。因此，本教材只介绍工厂实验室分析的取样方法。

一、固态物料的采样

工业生产战线上各个行业的生产，对于原材料分析、生产工艺过程控制分析、产品质量检定的采样方法大多都有国家或行业标准。尚无国家或行业标准的，要根据采样理论和行业生产实际，制订企业标准。不同行业、不同工厂的不同对象的采样方法大同小异。这里以商品煤采样方法为例，综合介绍采取不均匀固态物料平均试样的一般原则和方法。

1. 物料堆中采样

从商品煤堆中采样时，子样数目按表 1-2 及表 1-3 规定计算确定。然后，根据煤堆的不同形状，将子样数目均匀地分布在顶、腰、底的部位上。底部应距地面 0.5m。顶部采样时，先除去表层 0.1m，沿和煤堆表面垂直方向挖深度 0.3m 的坑，在坑底部取样 5kg。

表 1-2　灰分小于 20%的商品煤应取子样数

批量/kt	≤1	1～2	2～3	3～4	4～5	5～6	6～7	7～8	8～9	9～10
应采子样数目/个	40	55	75	80	90	100	105	110	120	130

表 1-3　灰分大于 20%的商品煤应取子样数

批量/kt	≤1	1～2	2～3	3～4	4～5	5～6	6～7	7～8	8～9	9～10
应采子样数目/个	80	110	140	160	180	200	210	230	240	250

工业生产中散装的固体原材料或产品，可按类似方法取样，其分析化验单位及子样数目可按有关规程确定。对于袋（或桶）装的工业产品，每一袋（或桶）为一件。多少件为一个分析化验单位，视不同产品而定。对于袋装化学肥料，通常为：

50 件以内，　　　　抽取 5 件；
51～100 件，　　　 每增 10 件，加取 1 件；
101～500 件，　　　每增 50 件，加取 2 件；
501～1000 件，　　 每增 100 件，加取 2 件；
1001～5000 件，　　每增 100 件，加取 1 件。

例如，若某批化学肥料为 2000 件，则应抽取的件数为

$$5+5\times1+8\times2+5\times2+10\times1=46\ 件$$

从物料堆的各部位随机抽取规定量的件数，然后再用取样钻（见图 1-2）由包装袋的一角斜插入袋内（或桶中），直达相对的另一角，旋转 180°后，抽出，刮出取样钻槽中的物料，作为一个子样。

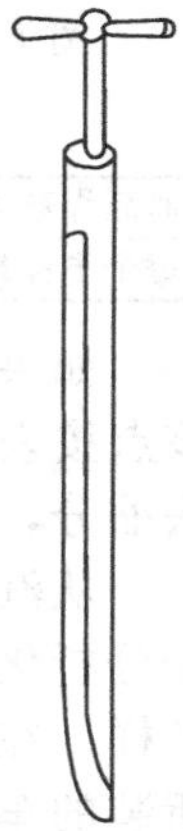

图 1-2　取样钻

2. 物料流中采样

由运输皮带、链板运输机等物料流中采样时，大都是使用机械化的自动采样器，定时、定量连续采样。对于商品煤，采取子样的数目，应根据计划灰分，按表 1-4 的规定确定。表 1-4 中是以 1000t 为一个分析化验单位，若分析化验单位不足 1000t 时，子样数目可以根据实际发运量，按比例减少。但是不得少于表 1-3 中所示数目的 1/3 个，每个子样的质量不得少于 5kg。

如果煤量超过1000t，则实际应采子样数目按式(1-18) 计算：

$$m=n\sqrt{M/1000} \tag{1-18}$$

式中，m 为实际应采子样数目，个；n 为表 1-4 所示的子样数目，个；M 为实际应发运量或交货批量，t。

表 1-4　商品煤物料流子样数

煤　种	原煤和筛选煤		其他洗煤	
	灰分≤20%	灰分>20%	灰分≤20%	灰分>20%
子样数目	30	60	15	20

从物料流中采样时，确定子样数目后，根据物料流量的大小及有效流过时间，均匀地分布采样时间，调整采样器的工作条件，一次横截物料流的断面采取一个子样。也可以分两次或三次采取一个子样，但是必须按左右或左、中、右的顺序进行，采样的部位不得交错重复。在横截皮带运输机上采样时，采样器必须紧贴皮带，不允许悬空铲取样品。

3. 运输工具中采样

由火车中采样时，每个分析化验单位应采取的子样数目，按产品计划灰分和车皮容量确定。

对于灰分小于或等于20%的商品煤，不论车皮容量大小，均按图 1-3 所示，沿斜线方向采取 3 个子样。对于灰分含量大于 20%的商品煤，车皮容量为≤30t，按图 1-3 采取 3 个子样；车皮容量为 40t 或≥50t 时，按图 1-4 及图 1-5 采取 4 个或 5 个子样。

斜线的始末端点离车角为 1m，其余各点应均分斜线，并且各车皮斜线方向一致。

商品煤装车后，应立即从煤的表面采样。如果用户需要核对时，可以挖坑至 0.4m 以下采样。

每个子样的最小质量，应根据煤的最大粒度，按表 1-5 规定确定。如果一次采出的样品质量不足规定的最小质量时，可以在原处再采取一次，与第一次合并为一个子样。

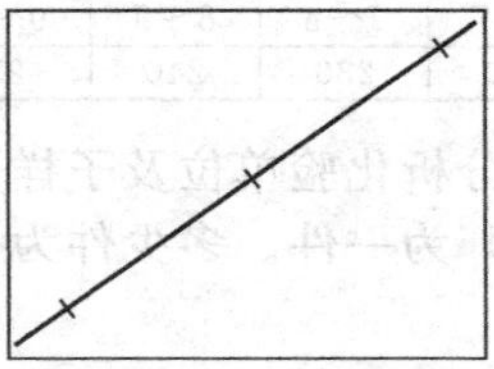

图 1-3　三点采样部位

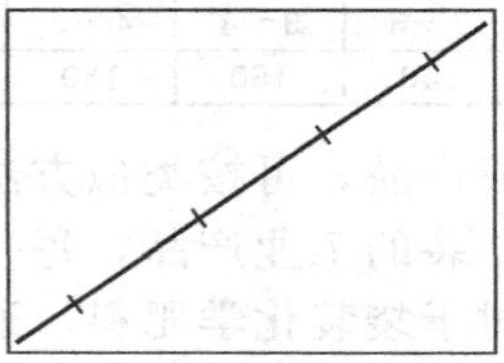

图 1-4　四点采样部位

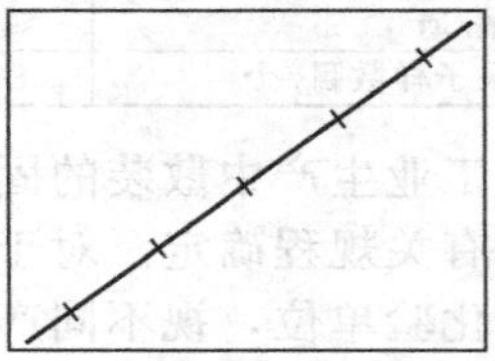

图 1-5　五点采样部位

表 1-5　商品煤采样量与粒度关系对照

商品煤最大粒度/mm	0～25	25～50	50～100	>100
每个子样最小质量/kg	1	2	4	5

如果商品煤中，粒度大于 150mm 的块状物（包括煤矸石、硫铁矿）超过 5%时，除在该点按表 1-5 规定采取子样外，还应将该点内大于 150mm 的块状物采出，并破碎后用四分法缩分，取出不少于 5kg 并入该点子样内。

从汽车或矿车中采样的原则及方法与上述从火车中采样相同。但是，它们容积较小，每个分析化验单位的商品煤可装的车数远远超过应采取的子样数目，所以不能由每个车中采取子样。在这种情况下，一般是将所应采取的子样数目平均分配于一个分析化验单位的商品煤所装的车中，每隔若干车采取 1 个子样。例如，有商品煤 900t，计划灰分为 14%。如果汽车运载量为 4t，应装 225 车，按规定应采取子样数目为 25 个，所以应该是 225÷25＝9，即每隔 8 车采取子样 1 个。

二、液态物料的采样

液态物料一般比固态物料均匀。因此，较易于采取平均试样。通常是对于静止的液体，在不同部位采取子样；对于流动的液体，则在不同时间采取子样，然后混合而成平均试样。

1. 自大贮存容器中采样

自大贮存容器中采样，一般是在容器上部距液面200mm处采子样1个，在中部采子样3个，在下部采子样1个。采样工具可以使用装在金属架上的玻璃瓶。但是，最好是使用特制的采样器。例如，图1-6为液态石油产品采样器。

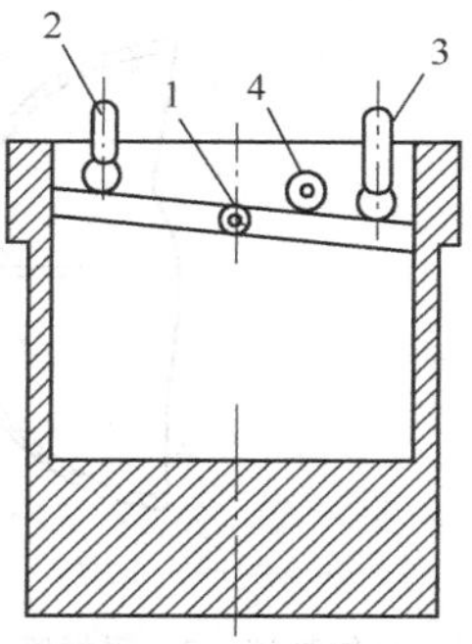

图1-6 液态石油产品采样器

1—轴；2,3—挂钩；4—套环

液态石油产品采样器是一支高156mm，内径126mm，底厚51mm，壁厚8～10mm的金属圆筒。有固定在轴1上和筒的内径完全吻合、并能沿轴翻转90°的盖。盖上面有两个挂钩（图中2及3），挂钩3上装有链条，用于升降采样器；挂钩2上也装有链条，用于控制盖的开闭，盖上还有一个套环，用于固定钢卷尺。

采样时，装好钢卷尺，放松挂钩2上的链条。借挂钩3上的链条将采样器缓缓沉入物料贮存器中，并由钢卷尺观测沉入的深度。然后放松链条3，拉紧链条2打开盖，则样品进入采样器，同时有气泡冒出。当停止冒泡时，表明采样器已盛满。放松链条2，借链条3提出采样器，由此采得一个子样，倾于样品瓶中。

对于有腐蚀性的物料，应使用不受物料腐蚀的采样工具。一般可以用玻璃瓶或陶瓷瓶。

由不太深的贮存容器中采样时，可以使用直径约20mm的长管，插至容器底部后，塞紧管的上口，抽出采样管，转移样品于样品瓶中。

2. 自小贮存容器中采样

自小贮存容器中采样的工具多用直径约20mm的长玻璃管或虹吸管，按一般方法采取，应抽取子样的件数，一般规定为总件数的2%～5%，但是不得少于2件。

3. 自槽车中采样

自槽车中采样的份数及体积，根据槽车的大小及每批的车数确定。通常是每车采样一份，每份不少于500ml。但是当车数多时，也可以抽车采样。抽车采样规定，总车数多于10车时，抽车数不得少于5车。

4. 自输送管道中采样

对于输送管道中流动的液态物料，用装在输送管道上的采样阀（见图1-7）采样。阀上有几个一端弯成直角的细管，以便于采取管道中不同部位的液流。根据分析的目的，按有关规程，每隔一定时间，打开阀门，最初流出的液体弃去，然后采样。采样量按规定或实际需要确定。

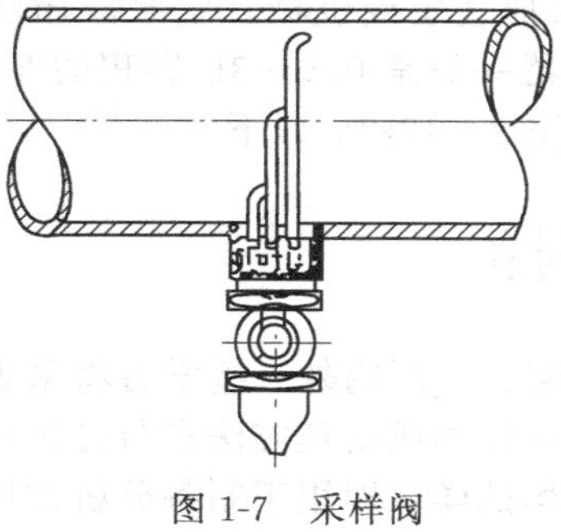

图1-7 采样阀

三、气态物料的采样

气态物料的采样，根据不同情况和分析项目，用不同方式采取不同形式的样品。在一定的时间间隔内采取的气体样品，称为定期试样；在生产设备的一定部位采取的气体样品，称为定位试样；自不同对象或同一对象的不同时间内采取的混合气体样品，称为混合试样；用一定的采样装置在一定时间范围内采取的气体样品，或者一个生产循环中（或一个生产周期内）采取的可以代表一个过程（或循环）的气体样品，称为平均试样。

常用的气体采样装置一般由采样管、过滤管、冷却器及气样容器四部分组成（见图1-8）。采样管用玻璃、瓷或金属制成，可根据需要选用。过滤管内装有玻璃丝，用于除去气体中可能含有的机械杂质。对于被采气体温度高于200℃时，须使用冷却器。气样容器视气体条件和分析要求而定，有时可以将采样管直接和气体分析仪器连接。

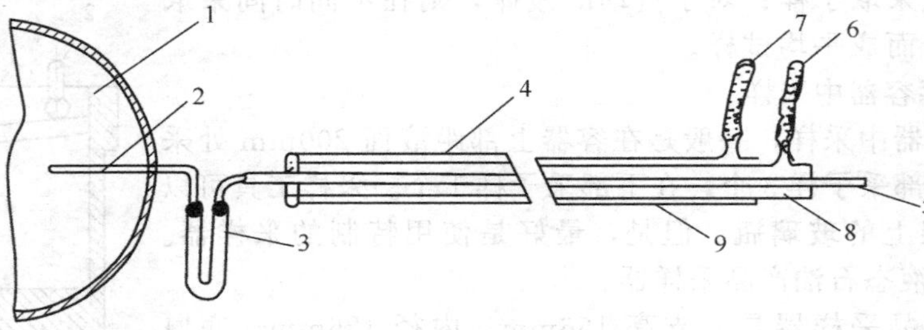

图 1-8 气体采样装置

1—气体管道；2—采样管；3—过滤器；4—冷却器；5—导气管；6—冷却水入口；7—冷却水出口；8，9—冷却管

自气体管道中采样时，可以将采样管插入管道的采样点部位至管道直径的1/3处，用橡皮管和气样容器连接。自气体容器中采取静止的气态物料时，可以将采样管安装在气体容器的一定部位上，用橡皮管和气样容器连接。

工业生产中的气体通常有常压（等于大气压或低正压及低负压）、正压（远远高于大气压）及负压（远远低于大气压）三种状态。对于不同状态的气体，应该用不同方法采样。

常压状态气体的采样：通常使用封闭液采样法。即气样瓶（管）直接用橡皮管与图1-8采样装置中的导气管连接，气样瓶（管）的另一出口用橡皮管和盛满封闭液的封闭液瓶相连接。采样前先将封闭液转到气样瓶（管）中，采样时气样流入气样瓶（管），而将封闭液压回封闭液瓶中。

正压状态气体的采样：正压气体的采样同样可以采用上述常压气体采样工具进行。气体容器也可以采用橡皮气囊。如果气压过大，则应在采样装置导气管和气样瓶（管）间加一可调节的旋塞或在采样装置与气样容器之间加装缓冲瓶。

负压状态气体的采样：当负压不太高时，可以用自来水抽气泵或机械真空泵减压法采样。若气体负压过高，则气样容器应使用抽空容器。抽空容器一般是0.5～3L容积的厚壁、优质玻璃瓶或管，瓶或管上有旋塞。采样前将其抽至内压降至8～13kPa以下。

第四节 固体试样的制备

固态分析试样的获得包括采集或制备两个过程。为明确起见，国内外一些学者将采集和制备的试样用两个不同名词加以区别：将状态处于可以开始用化学或物理方法进行分析的物料称为分析试样。而把从母体物料中采集的具有代表性的平均试样，即用于制备分析试样的中间物料称为送检试样。因此试样的采集过程就是获得送检试样的过程。而用送检试样制备成为分析试样的过程就是样品制备过程或称为样品加工或样品缩制。

样品制备的目的是根据各种不同样品、不同分析项目及不同分析方法的不同要求，将数量较大（如数千克或数十千克）、粒度较大的送检样加工成一定粒度的分析试样。同时还要充分保证其真实性。这真实性包含着两个含义：一要保证送到分析者手中的数百或数十克，甚至更少的分析试样有充分的代表性，即它能真正代表用来加工的原始平均试样。二要保证分析者得到的分析试样有高度的均匀性，即使称取数毫克用于测定时也能代表分析试样及送检样，亦能真正代表所取的大宗物料的真实情况。显然，样品的制备能否以最经济、最有效的方法来及时地进行，并且得到既具有充分的代表性又有足够的适应性的分析试样，是极其重要的。

固体试样有多种，大体可分为金属及非金属两大类。本节以岩石矿物试样为例，介绍岩石、矿物、土壤等非金属试样的制备。金属试样的采集与制备在第七章中介绍。

一、制样的基本程序

试样制备的流程一般要经过破碎、过筛、混匀和缩分四个程序。各程序的加工目的、设备及加工要求如下。

(1) 破碎　试样的破碎过程有粗碎、中碎、细碎和粉碎。根据分析项目的不同要求，使用不同的设备和方法破碎至不同的粒度。

粗碎　若样品粒度过大，先用大锤在铁板上碎至其最大颗粒直径 $d<50$mm，然后用颚式破碎机将 $d<50$mm 的样品碎至 $d<4$mm。

中碎　用磨盘式破碎机或对辊式破碎机将粗碎后的样品碎至 $d<0.92$mm（通过 20 号筛）。

细碎　用磨盘式碎样机将中碎样品碎至 $d<0.196$mm（通过 80 号筛）。

粉碎　由球（棒）磨机或密封式化验碎样机完成，最终样品粒度 $d<0.080$mm（通过 180 号筛）。用球（棒）磨机或密封式化验碎机粉碎样品时，控制不同的制样时间，可得到不同细度的样品。

(2) 过筛　试样加工过程中，样品的粒度变化很大。为了减少重复劳动，避免浪费，在破碎之前先行过筛（称为预过筛或辅助过筛）。对于筛下部分可不必破碎，只破碎筛上部分。为了保证样品加工的细度，在破碎之后要进行检查过筛。检查过筛中若有少量筛上部分，不能强制过筛或抛弃，必须继续破碎至能自然通过为止。

粗碎用的大筛有手工筛和机械筛，筛孔直径 4mm。中碎和细碎常用成套的孔径不同的金属网筛，称为套筛。我国采用十级套筛，筛号也称为目级。目是筛子孔径大小的量度。目数是指每英寸（25.4mm）长度内金属网线数（即筛孔数——目数）。由于各国所用的金属网线的截面积不尽一致，故不同标准的套筛，在同一目值时，筛孔孔径大小有所不同。表 1-6 列出我国沈阳套筛与泰勒标准套筛的目与孔径的关系。

表 1-6　不同套筛目——孔径对比

沈阳套筛		泰勒标准套筛		沈阳套筛		泰勒标准套筛	
筛号（目数）	筛孔直径/mm	筛号（目数）	筛孔直径/mm	筛号（目数）	筛孔直径/mm	筛号（目数）	筛孔直径/mm
20	0.920	20	0.835	100	0.152	100	0.147
		35	0.417	120	0.121	115	0.124
40	0.442	42	0.351	140	0.101	150	0.104
		48	0.295	160	0.088	170	0.088
60	0.272	60	0.246	180	0.080	200	0.074
		65	0.205	200	0.065	250	0.061
80	0.196	60	0.175			270	0.053

泰勒标准套筛是以 200 网目筛（孔径 0.074mm）为基础，称为零位筛，筛比为$\sqrt[4]{2}$。200 网目前第 n 个筛的孔径为 $0.074(\sqrt[4]{2})^n$mm，200 网目后第 n 个筛的孔径为 $0.074/(\sqrt[4]{2})^n$。

(3) 混匀　对一个不均匀的固体试样来说，其中所含的不同组分，由于其物理、化学性质不同，分布也可能不匀，在破碎前后若要缩分，则须先行混匀。混匀的方法有数种。

圆锥法：将破碎至一定粒度的试样，用铁铲在钢板（或橡皮垫）上堆成一个圆锥。然后，围绕试料堆、由圆锥体底部一铲一铲地将试样铲起，在距圆锥一定距离的部位堆起另一个圆锥体。如此反复三次以上。

环锥法：如上法将试样堆锥，然后压锥顶使之成圆饼，从里向外将试样铲起，堆成圆环状。如此反复 2～3 次。

掀角法（或称翻滚法）：将样品平展于正方形光滑橡皮垫上，交叉提起每对对角后再展开样品，如此反复 10 次左右。

机械混匀法：球（棒）磨机在磨细的过程中，本身就是一种很好的混匀。另外，还可以用机械分样器（见图 1-9）或其他特制的混样器混匀。

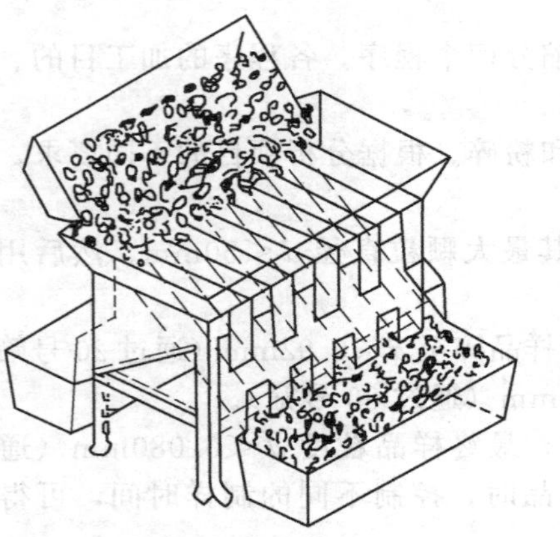

图 1-9　格槽分样器

(4) 缩分　制样过程中的缩分，其目的在于在不改变试样的平均组成的情况下缩小试样量，这可以大大减少制样的工作量，提高工作效率。

缩分的依据是理查德-切乔特公式。

若制样某一阶段时其粒度为 d，质量为 Q'。则依缩分公式得到

$$Q'/kd^2=n \tag{1-19}$$

当 $n<1$ 时，一般开始阶段才会出现，说明送检样数量不足，应重新取样或与送检单位商议决定；

当 $1\leqslant n<2$ 时，应先破碎，后缩分；

当 $n\geqslant 2$ 时，可以先混匀、缩分，再取部分进行破碎。若以每次缩减一半而论，则缩分次数 m 可依式(1-20)确定。

$$n=2^m \tag{1-20}$$

如 $n=1=2^0$，则缩分次数为零，即不能缩分；$n=4=2^2$，则可缩分 2 次，即样品质量缩减至原来的 1/4。也就是说，当 n 用 2^m 表示时，m 为缩分次数。

缩分方法常用四分法和方形法。

四分法：将已混匀的样品压展成平坦的正方形或圆形，用十字形分样铲或双对角线法将样品分隔成四等份，取对角两部分，使样品量缩减 1/2。

方形法（或称棋盘法）：将样品摊成一定厚度的均匀薄层。然后，以用铁皮做成的、有若干个长宽各为 25～30mm 的隔板将样品薄层分割成若干个小方块。再用平底小方铲每隔一个小方块铲出一个小方块，合并，使样品缩至 1/2。

另外还可用格槽分样器（见图 1-9）进行缩分。

二、试样加工流程

从原始物料中所采集的试样，一般数量较多，粒度较大，在制样过程中要根据样品的性质、原始质量及分析要求进行加工，有时要按上述四个程序反复进行，直至将送检样加工成符合分析要求的分析试样，分取数十克（铀的辐射分析需 300～500g）送实验室分析用，余下保存副样，以备检查分析用。为此，为确保加工既省时省力，又符合要求，制订一个科学的样品加工流程图，就显得十分重要。图 1-10 为试样加工流程示意。

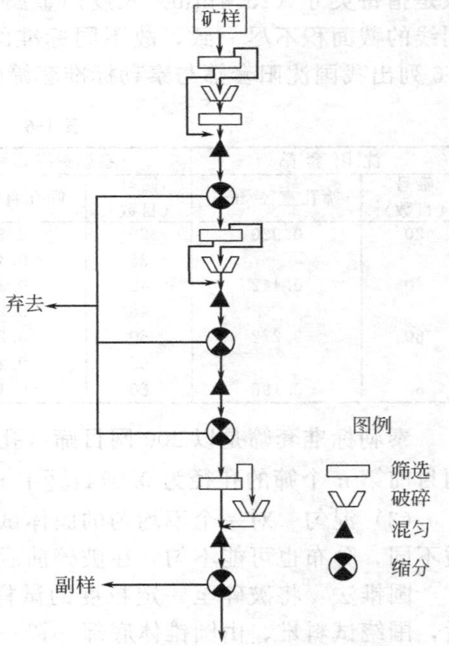

图 1-10　试样加工流程示意

三、特殊样品的制样

有些样品不能按前述介绍的常规方法制备，这些样品要视其性质及分析要求，进行特殊处理。

有的样品含水分太多，在磨盘式碎样机上破碎时将变成糨糊状，一般需预先烘干。

黄铁矿和其他硫化物以及氧化亚铁，在过度粉碎或较高温度下烘烤，均可能被氧化。为此，这类样品只碎至过 100 号筛，并控制烘烤温度低于 60℃。但铬铁矿难分解，其测定亚铁试样仍须碎至过 200 号筛；全分析和单矿物分析测定其中亚铁或硫化物试样与测定其他组

分试样相同，一般都是过 160 号筛。

石英、高岭土等试样在破碎过程中，由于样品本身的铁含量很低，不能用钢铁器械制样，以防被铁元素污染。通常用铜研钵敲碎后，再用玛瑙研钵研磨至所需粒度。最好用石锤在石墩上击碎，再用玛瑙研钵研细。石棉、云母等可用剪刀剪碎，再用玛瑙研钵研细。也可以先经煅烧后，再进行破碎。

汞矿和供物相分析的样品碎至过 100 号筛，不烘样进行分析。

测定金的岩石、矿物试样碎至过 200 号筛。粒度过大，不便于试样分解；粒度过细，由于过度破碎时自然金被压成片状，易被沾污在器械上而造成损失。但当试样含有较大颗粒的明金时，过筛过程中要注意收集明金。

另外，金属及其制品分析、食品分析、水质分析中样品的采集、制备与保存方法将在第七、九、十章中介绍。

四、样品的沾污、损失及制样的质量要求

在采样、包装、运输和制样等过程中，样品都可能发生沾污。在制样过程中，机械、器皿污染和样品与样品的交叉污染是其主要污染来源。盘式破碎机等微小磨损，将使样品受到铁、锰的污染，用铜网筛过筛时样品可能受到铜的沾污；用研钵磨样则可能带入硅；用翡翠或陶瓷碳化钨、碳化硼等制造的研钵和磨盘制样，则可能引入硅、铅、钙、镁、钨或硼等。机械、器皿的污染总是不可避免，只是污染程度的大小和样品受这种污染影响程度的不同而已。其污染量受被破碎样品的硬度、韧性等而变化；其污染对分析结果的影响程度，受样品中待测组分含量的大小而变化。为减少这种污染对分析结果的影响，就必须根据样品性质及分析要求来选定制样器械。样品与样品的交叉污染也相当普遍。破碎高品位样品后若不彻底清洗机械与器皿，即随之破碎低品位样品，其分析结果将严重偏高。为此，制样前最好将送检样分类，按品位不同由低含量到高含量顺序制样。同时，每破碎一个样品，碎样机械与器皿均须用吹风机吹干净或用水冲洗干净。

制样过程中，除有样品沾污现象外，不可避免地也会有一定损失。制样工作者应尽可能减少这种损失。

为保证制样的质量，防止沾污与损失，使送检样与分析试样成分一致，我国地矿部门规定：样品经过制样，累计损失率不得超过原始样品的 5%；缩分样品时，每次缩分误差不得超过 2%；制得的分析试样，用玻璃板压平后，不能有花纹和明显的颗粒。

习题和复习题

1-1. 明确下述概念。

子样　送检样　分析试样　定期试样　定位试样　分析化验单位　样品最低可靠质量

1-2. 简述样品采集的重要性和固、液、气态物料采样的一般原则和方法。

1-3. 简述分析工作中制样的重要性及对制样工作的基本要求。

1-4. 样品最低可靠质量与样品粒度的关系如何？写出理查德-切乔特经验公式，并说明各符号的意义及计量单位。简述公式的意义和用途。

1-5. 什么是套筛？泰勒标准套筛的筛孔直径与目数的关系如何？我国套筛分几级？各级的号数是什么？

1-6. 试样在加工过程中的累计损失不得超过多少？每次缩分的误差不得超过多少？

1-7. 简述求取理查德-切乔特公式中矿石特征系数 K 值的两种常用方法的基本原理。

1-8. 原始样品质量为 16kg，若该类样品的 K 值为 0.5，当破碎至颗粒直径为 4mm 时，最低可靠质量是多少？样品可否缩分？若可缩分，可缩分次？

1-9. 某样品原始质量为 20kg，属中等均匀度的硅酸盐全分析试样，样品最大颗粒直径为 2mm，给定 K 值为 0.3，试拟定样品的加工方案并画出加工流程图。

1-10. 对于测定亚铁的样品、石英砂样品、含自然金的样品、云母样品以及欲作物相分析的试样，在试样制备中对粒度、烘样情况、破碎方式有何特殊要求？

第二章 固体试样的分解

工业分析中，固体样品的分析，除少数分项目的测定方法（如激光光谱分析、X射线荧光分析、放射性分析）外，一般都要先将试样分解，使样品中的待测组分全部转变为适于测定的状态。在这个过程中，一方面要保证样品中的被测组分全部地、毫无损失地转变为测定所需要的形态（一般是转入溶液中）；另一方面又要尽可能地避免带入对分析有害的物质。因此，试样的分解，关系到分析结果的质量，关系到分析手续的简繁，关系到分析生产的速度和成本。有许多组分的分析，由于样品分解方法的改进，使整个分析方法与分析流程得到巨大变革。因而样品的分解是工业分析的重要组成部分。

第一节 概 述

试样分解的方法很多，归结起来可分为两大类：湿法分解法和干法分解法。

湿法分解法是将试样与溶剂相互作用，样品中待测组分转变为可供分析测定的离子或分子存在于溶液中，是一种直接分解法。湿法分解所使用的溶剂视样品及其测定项目的不同而不同，可以是水、有机溶剂、酸或碱及盐的水溶液、配位剂的水溶液等，其中应用最为广泛的是各种酸溶液（单种酸或混合酸或者酸与盐的混合溶液）。湿法分解的方法，依操作温度的不同，可分为常温分解和加热分解；依供能方式的不同，可分为电炉（或电热板、电水浴）加热分解法、水蒸气加热分解法、超声波搅拌分解法、微波加热分解法等；依分解时的压力不同，可分为常压分解和增压分解（封闭溶样）法；依固体试样分解的程度可分为溶解分解和浸出分解等。

干法分解法是对那些不能完全被溶剂所分解的样品，将它们与熔剂混匀在高温下作用，使之转变为易被水或酸溶解的新的化合物。然后，以水或酸溶液浸取，使样品中待测组分转变为可供分析测定的离子或分子进入溶液中。因此，干法分解法是一种间接分解法。干法分解所用的熔剂是固体的酸、碱、盐及它们的混合物。根据熔解时熔剂所处状态和所得产物的性状不同，可分为熔融（全熔）和烧结（半熔）两类。全熔分解法在高于熔剂熔点的温度下熔融分解，熔剂与样品之间反应在液相或固-液之间进行，反应完全之后形成均一熔融体；半熔分解法在低于熔剂熔点的温度下烧结分解，熔剂与样品之间的反应发生在固相之间。半熔分解反应是由于温度升高而两种结晶物质可能发生短暂的机械碰撞使质点晶格发生振荡（回摆现象）而引起的。实验表明，加热至熔剂熔点的57%左右时，由于晶格中的离子或分子获得的能量超过了其晶格能，在它们之间便可发生互相替换作用，即明显发生反应。反应完成之后仍然是不均匀的固态混合物。

湿法分解特别是酸分解法的优点主要是：酸较易提纯，分解时不致引入除氢以外的阳离子；除磷酸外，过量的酸也较易用加热方法除去；一般的酸分解法温度低，对容器腐蚀小；操作简便，便于成批生产。其缺点是湿法分解法的分解能力有限，对有些试样分解不完全；有些易挥发组分在加热分解试样时可能会挥发损失。

干法分解，特别是全熔分解法的最大优点是只要熔剂及处理方法选择适当，许多难分解的试样均可完全分解。但是，由于熔融温度高，操作不如湿法方便。同时，正是因为其分解能力强，器皿腐蚀及其对分析结果可能带来的影响，有时不能忽略。

工业分析的试样种类繁多，组成复杂，待测组分在不同样品中的含量变化极大。一个样品的分析或者一个项目的测定都可能有数种方法。在实践中，试样分解方法的选择要考虑多种因素，其一般原则如下。

① 要求所选溶（熔）剂能将样品中待测组分全部转变为适宜于测定的形态。一方面不能有损失或分解不完全的现象；另一方面也不能在试样分解中引入待测组分。有时根据送样者的要求，还要保持样品中待测组分的原有形态（或价态），或者样品中待测组分原有的不同形态全部转变为呈某一指定的形态。

② 避免引入有碍分析的组分，即使引入亦应设法除去或消除其影响。

③ 应尽可能与后续的分离、富集及测定的方法结合起来，以便简化操作。

④ 成本低、对环境的污染少。

第二节　岩矿试样湿法分解的一般原理

工业分析中，不同固体试样被分解的难易程度不同，其中以岩矿试样较难分解。岩矿试样分解方法同样有干法分解和湿法分解两大类。前者是一类间接分解法，试样与熔剂在高温下发生酸碱反应或氧化还原反应而转变成易溶于水或酸的新化合物之后，还要进一步用湿法处理，才能将待测组分转变为适宜于测定的状态进入溶液中。因此，对于岩矿试样湿法分解原理和规律的探讨是具有普遍意义的。

岩矿试样湿法分解可能包括两个过程：①矿物晶体与溶剂反应生成易溶于水的新的化合物；②新的化合物溶解于水。实现这两个过程的可能性主要取决于三个方面：①矿物晶体的稳定性；②矿物晶体与溶剂的相互作用能；③形成新的化合物在溶剂中的溶解度。这三个方面的性质也可以说是决定于矿物的性质、溶剂的性质和它们相互作用的特性。

一、矿物晶体的溶解性

矿物本身的溶解特性是试样分解中首要的因素，是决定试样分解能否完全的基本原因。

矿物晶体的溶解必须克服其晶格能，而用于克服晶格能所需要的能量除供能分解法以外，主要是由溶剂化能来提供。非供能分解的离子晶体溶解过程中的能量循环如下：

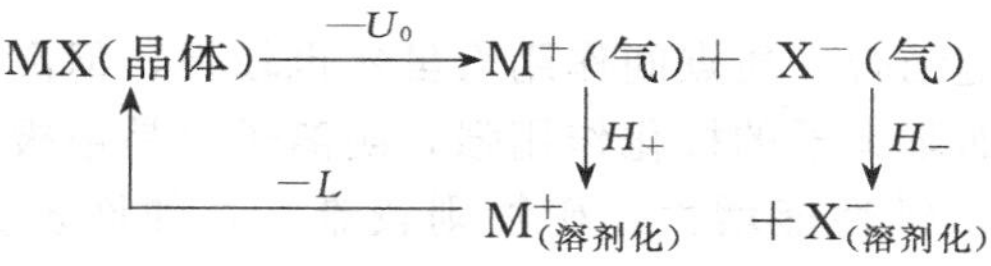

式中，H_+ 为气体状态阳离子的溶剂化能；H_- 为气体状态阴离子的溶剂化能；U_0 为晶格能；L 为无限稀释度的溶解热。

因为上述循环的能量变化应该是零，所以得到如下关系式：

$$-U_0+H_++H_--L=0$$

即

$$L=H_++H_--U_0 \tag{2-1}$$

由式(2-1) 可知，矿物晶体的溶解性是由它的晶格能和其组成离子溶解时的溶剂化能所决定。当 $H_++H_->U_0$ 时，L 为正值，为放热反应，一般较易溶解。否则较为难溶（当然也有例外）。这时，通过加热等供能方式，给矿物晶体增加能量，以克服晶格能。

晶格能 U_0 可由式(2-2) 计算：

$$U_0=\frac{Z_1Z_2e^2N_AAa}{10d}\left(1-\frac{1}{n}\right) \tag{2-2}$$

式中，Z_1、Z_2 为阴、阳离子得失电子数；e 为电子电荷；d 为两离子间的距离，nm；N_A 为阿伏伽德罗常数，mol^{-1}；Aa 为马德隆（Madelung）常数，其值大小取决于晶体的几何学构型。Aa 值，在食盐型晶格中为 1.748，锥锌矿中为 1.641，闪锌矿中为 1.638，金红石中为 4.816，氟石中为 5.039；n 为波恩（Born）指数，取决于离子的电子排布。几种典型的电子排布情况下的波恩指数见表 2-1。

表 2-1　几种电子排布类型的波恩指数

电子排布类型	He	Ne	Ar，Cu^+	Kr，Ag^+	Xe，Au^+
波恩指数	5	7	9	10	12

离子的溶剂化能 H 可由式(2-3) 计算：

$$H=\frac{Z^2e^2}{2R}\left(1-\frac{1}{\varepsilon}\right) \tag{2-3}$$

式中，Z 为离子的得失电子数；e 为电子电荷；R 为溶液中的有效离子半径；ε 为溶剂的介电常数。

由式(2-2) 和式(2-3) 可见，决定着矿物晶体溶解性的两个能量都受到矿物的组成与结构以及组成矿物的离子的电荷、半径及其电子排布等因素的影响。这些影响因素对矿物溶解性影响的情况及规律可从下述四个方面来具体讨论。

1. 矿物的晶体类型和化学键

各种矿物按其晶体中质点间作用力的性质（即化学键的性质）不同，可分为分子晶体、离子晶体、原子晶体和金属晶体。

分子晶体，如自然界的自然硫、雄黄、方铅矿以及少数层状矿物，由于它们分子间的作用力是范德华力，较弱。因此，矿物的硬度小，熔点较低。它在水中溶解度小，却较易溶于非极性溶剂。

原子晶体，由于它们之间的作用力（共价键）很强，是难溶的，无论对于极性溶剂，还是非极性溶剂均如此。

金属晶体之间的金属键也很强，一般难溶于水。特别是自然界中呈单质状态存在的自然铜、自然金等，它们的电负性较大，一般在 1.9（鲍林的电负性标度）以上，化学性质较不活泼，甚至在酸中也较难溶解。

离子晶体，由于它是离子键结合，质点间作用力虽然也较强，但离子的带电性导致它们在极性溶剂水中较易溶解。然而阳离子的极化作用强，阴离子容易被极化时，相互极化作用导致了晶体内离子之间键的共价键性能增大，矿物则较难溶，如许多金属硫化物矿物就是如此。

从能量的定量计算角度出发，式(2-1) 是针对离子晶体而言的，其他晶体的晶格能计算不尽相同。若其他晶体也参考离子晶体的晶格能计算公式考虑，由于矿物的晶格类型不同，晶格能大小也不同。

2. 离子的电荷与半径的影响

离子的电荷与半径不仅仅决定着作用于它们之间的库仑力，而且决定了它们之间相互极化作用的大小。因此它们对矿物的溶解性影响很大。从能量变化的角度来看，从式(2-2) 和式(2-3) 可以看出，它们是决定晶格能和溶剂化能大小的重要因素。从大量实验来看，有如下规律。

(1) 离子的电荷与半径的比值（在地球化学上称为离子电位）对矿物溶解性的影响　离子电位变化，对晶格能和溶剂化能均有影响，从上述式(2-2) 和式(2-3) 可以看出，其影响趋势也完全相同，即离子电位增大，晶格能和溶剂化能均增加。但是其影响程度却不完全一样，随电荷增加，晶格能增加较溶剂化能增加更为显著。因此，一般来说阳离子的正电荷越大，其离子电位愈高，则矿物愈难溶，如石英、锡石、金红石等。相反，则较易溶解。阴离子亦如此，如 NO_3^- 等的离子电位大小顺序为 NO_3^- ＜CO_3^{2-}＜PO_4^{3-}＜SiO_4^{4-}，而它们矿物的溶解性顺序则相反，硝酸盐＞碳酸盐＞磷酸盐＞硅酸盐。

（2）矿物中阴阳离子半径的比值的影响　矿物中阴阳离子半径的比值的大小也影响到矿物的溶解性。一方面，阴阳离子半径的比值影响阳离子的配位数和化合物的空间构型，如在AB型离子化合物中，r_+/r_- 为 0.225～0.414 时，配位数为 4，空间构型为 ZnS 型；r_+/r_- 为 0.414～0.732 时，配位数为 6，空间构型为 NaCl 型；r_+/r_- 为 0.732～1.00 时，配位数为 8，空间构型为 CsCl 型。另一方面，影响极化作用，因为阳离子越小，其极化作用越强（在相同电荷的情况下），阴离子体积越大，其变形性就大。因此，一般来说，对于相同电荷的情况下，r_+/r_- 愈小，其极化作用愈强，可使键的离子性减少，甚至改变晶体构型或键的类型，使其溶解度降低。

（3）阳离子配位数的影响　由于对于相同电荷的阳离子来说，随着配位数的增大，体积也增大。而阳离子体积增大时晶格能将增大，溶剂化能将减小，其溶解性降低。因此，阳离子的配位数愈大，矿物愈稳定，愈难溶解。

3. 矿物的化学组成及其变化对矿物溶解性的影响

① 矿物中 OH^- 和 H_2O 的存在，可以降低矿物的晶格能，增加矿物的溶解性。一般含 OH^- 和 H_2O 愈多，则矿物愈易溶。这是因为：由于 OH^- 和 H_2O 组成的晶格的坚固性较小。当 OH^- 参与晶格时，由于这一离子的特性，它与晶格中各质点的结合力比较弱，晶格的对称性也比较差，且往往形成层状结构。而 H_2O 的加入，使阴阳离子之间的距离加大，质点间的结合力减弱；同时矿物中 OH^- 和 H_2O 与溶剂水有很大的结合力，也是使矿物易溶的原因之一。

② 类质同像（或固溶体）混合现象引起矿物组成变化，也引起矿物溶解性的变化。如菱铁矿中铁被镁以类质同像置换向菱镁矿转变，随着铁/镁的比值的变小，矿物溶解性也由难溶转变为较易溶。斜长石系列中随钠长石减少，钙长石增多，它们在酸中的溶解性也增大。

4. 矿物构造、解理和聚集状态

矿物的溶解性与其结晶构造也有着非常密切的关系，一般是：层状矿物大多数易溶，链状次之，岛状、架状矿物较难溶。

矿物解理的形成，说明晶格中平行于某些平面上的质点联系力比较弱，所以解理比较发育，如云母、萤石、重晶石以及一些碳酸盐矿物一般较易溶，无解理及解理不发育的矿物，如石英、锡石、金红石等则比较难溶。

矿物集合形成岩石或矿石时，集合形态不同，溶解性也不同，一般是坚硬、致密块状集合体比多孔、疏松或粉状的集合体要稳定难溶些。如原生赤铁矿就比次生赤铁矿难溶。

二、溶剂的性质——酸在试样分解中的作用

在湿法分解岩矿样品时，最常用的是酸。这里重点讨论酸在试样分解中的作用。

酸分解试样的过程常常是酸中氢离子和酸根离子共同作用的结果。但为了讨论问题方便起见，下面分别讨论一下氢离子和酸根的作用。

（一）酸中氢离子的作用

尽管试样在分解过程中不是氢离子或酸根离子单独作用的结果，但在大多数情况下，氢离子起着主要作用。氢离子对一般试样具有较强的作用，能溶解试样的基本原因有两个方面。

① 氢离子的体积小，没有外层电子，具有很高的能量，是它能够强烈分解矿石的基本原因。

样品晶体与酸溶液的相互作用，可近似地看做样品晶体离子与酸溶液中离子的相互作用，并且在多数情况下库仑作用是主要的。

一个带电荷的离子，可以认为是一个理想的点电荷：在空间形成各向均匀的电场，其能

量为

$$W=\int_{r_0}^{\infty}\frac{q^2}{2r}\mathrm{d}r=\frac{q^2}{2r_0} \tag{2-4}$$

式中，q 为离子所带电荷；r_0 为离子在空间的球面半径。

由式(2-4) 可见，离子的能量与其在空间的球面半径成反比。氢离子比一般离子半径要小得多，其能量也就比一般离子的能量大约 10^4 倍。

离子晶体的能量是由静电能与电子云排斥能组成的。氢离子没有外层电子，它与样品晶体中的离子作用，不存在外层电子的相互排斥作用，可以与晶体离子接近到足够近。同时，由于它的体积比试样中晶格离子间距小得多，在一定的温度下，将有一定数量的氢离子可以透入样品晶体内部作用，从而使试样受到破坏。

② 自然界的矿物除少数自然元素外，大部分为氧化物、氢氧化物和各种弱酸盐。氢离子与试样中的阴离子（O^{2-}、OH^-、各种弱酸根）等作用形成了难离解的弱酸或水，促进了分解反应的进行。

假设矿物是两价金属元素和弱酸根形成的二元电解质，以 MA 代表其分子式，则它溶于酸时的反应为

$$MA+2H^+ \xlongequal{} M^{2+}+H_2A$$

依质量作用定律得

$$K=\frac{[H_2A][M^{2+}]}{[H^+]^2}$$

以$\frac{[A^{2-}]}{[A^{2-}]}$乘上式右边，并且以 $K_{sp}=[M^{2+}][A^{2-}]$和 $K_a=[H^+]^2[A^{2-}]/[H^2A]$代入后即得

$$K=\frac{K_{sp}}{K_a} \tag{2-5}$$

式中，K_{sp}为 MA 的溶度积常数；K_a 为生成的弱酸 H_2A 的总电离常数。

在 H^+ 浓度较高的情况下，$[M^{2+}]\approx[H_2A]$，所以

$$[M^{2+}]=\sqrt{\frac{K_{sp}}{K_a}}[H^+] \tag{2-6}$$

式(2-6) 没有考虑多元弱酸的分级电离情况，是一个近似公式。但从公式可以看出，矿物在酸中的溶解，与溶液中的氢离子浓度和矿物溶度积的平方根成正比，与矿物中弱酸根离子所对应的酸的总离解常数的平方根成反比。根据这个公式中估计酸对矿物的作用程度和进一步推导出溶解一定量矿物所需的初始酸度 $c_{酸}$（二元酸）的计算公式

$$c_{酸}=\left(2+\sqrt{\frac{K_a}{K_{sp}}}\right)[M^{2+}] \tag{2-7}$$

从式(2-7) 可见，矿物被酸分解时所生成的弱酸电离常数愈小或矿物溶度积愈大，溶解时所需酸度愈小，即愈容易溶解。同理，弱酸盐矿物溶解时所形成的酸的电离常数愈大或矿物溶度积愈小，所需酸度也就愈大，即矿物愈难溶于酸。

（二）酸根的作用

酸根在试样分解中也常有相当的作用，它的作用主要是配位作用和氧化还原作用。

1. 酸根的配位作用

实践证明，应用配位试剂使矿物中的阳离子（或阴离子）生成可溶性配合物，同样可以使矿物分解。例如，在一定浓度的 EDTA 溶液中，由于 Pb^{2+} 与 EDTA 生成稳定配离子而可使铬铅矿、钼铅矿分解。

当矿物组成为阴阳离子比为 1∶1，配合物组成也为 1∶1 时，应用配位剂分解矿物的反应为

$$MA+R^{2-} \longrightarrow MR+A^{2-}$$

式中，R^{2-} 为配位剂，这里指酸根阴离子。

依质量作用定律得

$$K=\frac{[MR][A^{2-}]}{[R^{2-}]}$$

以 $\frac{[M^{2+}]}{[M^{2+}]}$ 乘上式的右边，并以 $K_{sp}=[M^{2+}][A^{2-}]$ 和 $K_{不稳}=[M^{2+}][R^{2-}]/[MR]$ 代入后得

$$K=\frac{K_{sp}}{K_{不稳}} \tag{2-8}$$

只要配合物稳定常数足够大，配位剂浓度也足够大时，则矿物溶解时 $[MR] \approx [A^{2-}]$，所以

$$[MR]=\sqrt{\frac{K_{sp}}{K_{不稳}}[R^{2-}]} \tag{2-9}$$

当 M∶A=1∶1，M∶R=1∶q（q 为配位体的数目）时，$K=K_{sp}/K_{不稳}$，

所以

$$[MR_q]=\sqrt{\frac{K_{sp}}{K_{不稳}}[R^{2-}]^q} \tag{2-10}$$

当 M∶A=2∶1，M∶R=1∶q 时，$K=K_{sp}/K_{不稳}^2$，

所以

$$[MR_q]=\sqrt[3]{\frac{2K_{sp}}{K_{不稳}^2}[R^{2-}]^{2q}} \tag{2-11}$$

式(2-9)、式(2-10) 和式(2-11) 表明，矿物在配位剂中的溶解，与配位剂的浓度、金属配合物的稳定常数、矿物的溶度积常数有关。根据矿物的组成和生成配合物的组成，选择有关公式可以计算出平衡时阳离子配合物的浓度，估计矿物在一定浓度配位剂存在时溶解的程度。在化学物相分析中可利用上述公式来计算几种矿物选择性溶解的可能性。

然而酸分解矿物时酸根的配位作用的实际过程要比这复杂些。因为酸分解矿物时可能同时存在着下述三种因素的相互作用：①氢离子对矿物的分解作用；②酸根与矿物金属阳离子生成配合物时的分解作用；③氢离子对溶液中配合物稳定性的影响。当然岩矿试样分解中常用的酸都是强酸（磷酸通常情况下为中强酸，加热时失水转变为聚磷酸和焦磷酸时也为强酸），氢离子浓度对配合物稳定性的影响较小。

当矿物是弱酸盐，其组成为 M∶A=1∶1，酸分解时，金属离子与酸根（或另加的配位剂）所形成的配合物的组成是 M∶R=1∶1，则

$$MA+2H^+ \longrightarrow M^{2+}+H_2A$$

$$M^{2+}+R^{2-} \longrightarrow MR$$

$$K_{不稳}=[M^{2+}][R^{2-}]/[MR]$$

即

$$[MR]=\frac{[M^{2+}][R^{2-}]}{K_{不稳}}=\frac{\sqrt{K_{sp}/K_a}[H^+][R^{2-}]}{K_{不稳}} \tag{2-12}$$

由式(2-12) 可知，矿物在酸和配位剂混合溶液（当酸根具有较强的配合作用时，该酸本身就可视为酸和配位剂的混合溶液）中的溶解度与酸度和配位剂浓度均成正比，并与配合物的不稳定常数成反比。例如，铬铅矿在稀盐酸中溶解度不大，在 25%氯化钠溶液中也很

难溶解，但却能很好地溶解于含有 0.5%盐酸的 25%的氯化钠溶液。

Cl^-、SO_4^{2-}、PO_4^{3-} 及 $P_2O_7^{2-}$、F^- 等均在一定条件下有一定的配位作用，用 HCl、H_2SO_4、H_3PO_4、H_2F_2 等分解试样时，常常须考虑到氢离子和酸根离子的共同作用。

2. 酸根的氧化还原作用

当矿物中含有变价元素，酸根也具有氧化性或还原性时，它们相互作用时可能发生氧化还原反应而加速溶解过程。溶液中酸根对矿物中组分的氧化还原作用可能发生在固体矿物里，也可能发生在溶液里。固体矿物中离子被氧化（或还原），其电荷与半径也就发生了变化，影响了阴阳离子间的平衡，降低了矿物的稳定性，有利于矿物的溶解。溶解的离子被酸根所氧化（或还原），降低了原来价态离子的浓度，破坏了溶液中的沉淀溶解平衡，加速了溶解反应。

假如氧化性酸溶解还原性矿物（如金属硫化物）时的反应：

$$MRe_1 \longrightarrow M^{2+} + Re_1^{2-}$$

$$Re_1^{2-} + Ox_2 \longrightarrow Ox_1 + Re_2^{2-}$$

式中，Re_1^{2-} 是矿物中还原性阴离子（如 S^{2-}）；Ox_2 是氧化剂（如酸根）；Re_2 是氧化剂被还原的产物；Ox_1 是 Re_1^{2-} 的氧化态。

根据上述两个反应式中沉淀溶解平衡和氧化还原平衡的关系很容易得出

$$[M^{2+}] = \frac{K_{sp}[Ox_2]}{[Re_2^{2-}][Ox_1]} \times 10^{\frac{\Delta E}{0.059}} \tag{2-13}$$

式中，ΔE 为 Ox_1/Re_1^{2-} 和 Ox_2/Re_2^{2-} 电对的标准氧化还原电位差。

由式(2-13) 可见，矿物在氧化剂中的溶解度与矿物的溶度积、氧化剂的浓度及体系的电位差成正比。也就是说，溶剂酸根的氧化性愈强，浓度愈大，还原性矿物就愈容易溶解。

当反应物中有 H^+ 参加，则式(2-13) 应改写为

$$[M^{2+}] = \frac{K_{sp}[Ox_2][H^+]^n}{[Re_2^{2-}][Ox_1]} \times 10^{\frac{\Delta E}{0.059}} \tag{2-14}$$

因此，氧化性酸比非酸的氧化剂对还原性矿物具有更好的溶解性。例如，铜蓝在 HNO_3 中较在 KNO_3 溶液中更容易溶解就是这个原因。

三、矿物晶体与溶剂的相互作用特性

岩矿试样分解过程中，除少数碱金属强酸盐的天然矿物（如岩盐）可直接溶解于水，属简单的溶解过程之外，一般用酸或其他溶剂溶解矿物的过程，都包含着化学反应过程。各种矿物与不同溶剂进行化学反应的热力学和动力学性质不同，而使各种矿物的溶解情况也很不相同。

(1) 从热力学过程来看　判定一个化学反应能否进行可利用反应过程中自由能变化来进行。

若以 MA 代表矿物晶体，HR 代表溶剂，则

$$MA + HR \longrightarrow MR + HA$$

通常的试样分解反应都可以近似地认为是在恒温恒压下进行，则体系的自由能变为

$$\Delta G_{总} = \Delta G_{MR} + \Delta G_{HA} - \Delta G_{HR} - \Delta G_{MA} \tag{2-15}$$

当 $\Delta G_{总} \geqslant 0$ 时反应不能进行或处于平衡状态，而 $\Delta G_{总} < 0$ 时反应能自动向右进行。但是，在岩矿分析中的溶样反应，由于一方面要求反应必须足够完全；另一方面要求反应还必须足够快。大量实验结果表明，一般要求 $\Delta G_{总} < -80kJ \cdot mol^{-1}$。

(2) 从化学反应动力学观点来看　矿物粉末在溶剂中的溶解反应，属于多相反应。一切多相反应的特点是：这种反应均发生在两相的界面，许多影响反应速率的因素都通过相界面发生作用。一般来说，这类反应主要与下列因素有关：①溶剂分子向相界面扩散的速率；②在相界面上的化学反应速率；③生成物离开相界面向溶液中扩散的速率；④若有新相生成，新相的生成速率；⑤相界面的大小。整个反应速率，取决于最慢的一步。上述第②项，

相界面上的化学反应速率主要取决于反应体系的性质，一般来说是很快的。而扩散速率常常是慢的，也就是说，通常情况下主要取决于第①、③项。

以扩散速率为主的固-液反应的速率，可用固-液反应扩散理论的基本公式来表示：

$$u=\frac{DS}{V\delta}\Delta c \qquad (2\text{-}16)$$

式(2-16)表明，决定固体矿物晶体溶解速率（u）的因素是矿物晶体的表面积（S）、溶液的体积（V）、扩散系数（D）、扩散层厚度（δ）以及扩散双方的浓度差（Δc）等。而这些因素又与样品的粒度及表面特性、溶剂的浓度及体积、溶样的温度及搅拌情况等有关。

样品的粒度和表面特性决定着样品的有效面积。一般来说，样品的粒度愈小或表面愈粗糙，则其有效面积就愈大，溶解的速率就愈快。

溶液的体积和浓度影响到扩散双方的浓度差和液/固比，影响溶液的黏度和扩散速率。一般来说，溶液体积愈大，液/固比愈大，黏度愈小，扩散速率就愈大，溶解速率也愈大；溶液中参加化学反应的溶剂（如酸）的浓度愈大，溶剂在扩散双方的浓度差愈大，扩散速率就愈大，固体矿物溶解速率也就愈大。

温度的影响常常也是十分显著的，除直接影响在晶体表面上的化学反应之外，还影响扩散系数和扩散层厚度，影响扩散速率。一般来说，溶液温度升高，扩散系数增大，扩散层厚度减小，溶解速率增大。

在一定范围内，扩散层的厚度与搅拌速率成反比。因此，溶样时进行搅拌，可以有效地减小扩散层厚度，加速样品的溶解。

另外，高压技术（增压溶样）和超声技术、微波加热技术的应用也能提高温度，有效地破坏扩散层等，从而加速样品的溶解。

第三节 湿法分解法

湿法分解所用的溶剂以无机酸应用最多。无机酸中包括盐酸、硝酸、硫酸、氢氟酸、氢溴酸、氢碘酸、过氯酸、磷酸、氟硼酸、氟硅酸等。本节重点介绍盐酸、硝酸、硫酸、氢氟酸、磷酸和过氯酸分解法。至于其他无机酸、有机酸、中性盐类溶液分解法，由于它们的应用不甚广泛，这里不详细介绍。

一、盐酸分解法

市售试剂级浓盐酸，含 HCl 约 37%，相对密度约 1.185，HCl 的物质的量浓度为 $12.0\text{mol}\cdot\text{L}^{-1}$左右。纯盐酸为无色液体，含 Fe^{3+} 时略带黄色。盐酸溶液的最高沸点（恒沸点）为 108.6℃，这时 HCl 含量约 20.2%。

盐酸对试样的分解作用主要表现在下述五个方面：①它是一个强酸，H^+ 的作用是显著的；②Cl^- 的还原作用，它可以使锰矿等氧化性矿物易于分解；③Cl^- 是一个配位体，可与 Bi(Ⅲ)、Cd、Cu(Ⅰ)、Fe(Ⅲ)、Hg、Pb、Sn(Ⅱ)、Ti、Zn、U(Ⅵ) 等形成配离子，因而 HCl 较易溶解含这些元素的矿物；④它和 H_2O_2、$KClO_3$、HNO_3 等氧化剂联用时产生初生态氯和氯气或氯化亚硝酰的强氧化作用，使它能分解许多铀的原生矿物和如黄铁矿等金属硫化物；⑤Cl^- 能与 Ge、As(Ⅲ)、Sn(Ⅳ)、Se(Ⅳ)、Te(Ⅳ)、Hg(Ⅱ) 等形成易挥发的氯化物，可使含这些元素的矿物分解，并作为预先分离这些元素的步骤。

盐酸可分解铁、铝、铅、镁、锰、锡、稀土、钛、钍、铬、锌等许多金属及它们生成的合金，能分解碳酸盐、氧化物、磷酸盐和一些硫化物，以及正硅酸盐矿物。盐酸加氧化剂（H_2O_2、$KClO_3$）具有强氧化性，可将铀矿、磁铁矿、磁黄铁矿、辉钼矿、方铅矿、辉砷镍矿、黄铜矿、辰砂等许多难溶矿物以及金、铂、钯等难溶金属溶解。

用盐酸分解试样时宜用玻璃、塑料、陶瓷、石英等器皿，不宜使用金、铂、银等器皿。

二、硝酸分解法

市售浓硝酸含 HNO_3 65%～68%，相对密度为 1.391～1.405，HNO_3 物质的量浓度 14.36～15.16mol·L^{-1}，为无色透明溶液。超过 69% HNO_3 的浓 HNO_3 称为发烟硝酸，超过 97.5% HNO_3 的称为“发白烟硝酸”。很浓的硝酸不稳定，见光和热分解放出 O_2、H_2O 和氮氧化物。

硝酸水溶液加热时，最高沸点 120.5℃，这时含 HNO_3 为 68%。

硝酸既是强酸，又是强氧化剂，它可以分解碳酸盐、磷酸盐、硫化物及许多氧化物，以及铁、铜、镍、钼等许多金属及其合金。

用硝酸分解样品时，由于硝酸的氧化性的强弱与硝酸的浓度有关，对于某些还原性样品的分解，随着硝酸浓度不同，分解产物也不同。如：

$$CuS + 10HNO_3(浓) \xlongequal{\triangle} Cu(NO_3)_2 + 8NO_2 + 4H_2O + H_2SO_4$$

$$3CuS + 8HNO_3(稀) \xlongequal{\triangle} 3Cu(NO_3)_2 + 2NO + 4H_2O + 3S$$

用硝酸分解样品，在蒸发过程中硅、钛、锆、铌、钽、钨、钼、锡、锑等大部分或全部析出沉淀，有的元素则生成难溶的碱式硝酸盐。另外，在单用 HNO_3 分解硫化矿时，由于单质硫的析出也有碍于进一步分解或测定，因此常用硝酸和盐酸（或硫酸、或氯酸钾、溴、H_2O_2 或酒石酸、硼酸等）混合使用。

当 HNO_3 与 HCl 以 1∶3 或 3∶1 的体积比混合时，分别称为王水和逆王水。由于它们混合时反应生成氯化亚硝酰和氯气均为强氧化剂，加上 Cl^- 为部分金属离子的配位体，因此具有很强的分解能力。它们可以有效地分解各种单质贵金属和各种硫化物。

三、硫酸分解法

市售试剂级浓硫酸含 H_2SO_4 约 98%，相对密度约为 1.84，H_2SO_4 物质的量浓度约为 18.0mol·L^{-1}。硫酸溶液加热时生成含 H_2SO_4 为 98.3%的恒沸点（338℃）溶液。

硫酸是个强酸，而且沸点高，具有强氧化性，硫酸根离子可以和铀、钍、稀土、钛、锆等许多金属离子形成中等稳定的配合物。因此它是许多矿物和矿石的有效溶剂。硫酸与其他溶剂（或硫酸盐）的混合物可以分解硫化物、氟化物、磷酸盐、含氟硅酸盐及大多数含铌、钽、钛、锆、钍、稀土、铀的化合物。

硫酸加碱金属（或铵）的硫酸盐时其分解能力增强是由于提高酸的沸点或者降低硫酸酐的分压的结果。

四、氢氟酸分解法

市售氢氟酸，含 HF 约 48%，相对密度为 1.15，HF 物质的量浓度约 27mol·L^{-1}。氢氟酸溶液的恒沸点为 120℃，这时含 HF 约 37%。

HF 在水中的离解常数为 6.6×10^{-4}，它比其他氢卤酸及硫酸、硝酸、高氯酸、磷酸的酸性弱。但 F^- 有两个显著特点：①F^- 可与 Al、Cr(Ⅲ)、Fe(Ⅲ)、Ga、In、Re、Sb、Sn、Th、Ti、U、Nb、Ta、Zr、Hf 等生成稳定的配合物；②F^- 与硅作用可生成易挥发的 SiF_4。因此，HF 对岩石矿物具有很强的分解能力，在常压下几乎可分解除尖晶石、斧石、锆石、电气石、绿柱石、石榴石以外的一切硅酸盐矿物，而这些不易分解的矿物，于聚四氟乙烯增压釜内加热至 300℃后也可被完全分解。因此，HF 对岩石矿物的强分解能力主要是 F^- 的作用，而不是 H^+ 的作用。

SiF_4 是易挥发的。但是用 HF 分解样品时，SiF_4 的挥发程度与处理条件有密切关系。

HF-H_2SiF_6-H_2O 三元体系恒沸点为 116℃，恒沸溶液的组成为 10%H_2F_2、54%H_2O、36%H_2SiF_6。在溶样加热中，蒸发至近干前 HF 的浓度一般都大于 10%，而 H_2SiF_6 的浓

度低于 36%，所以在一定体积范围内，硅不致损失。实验表明，0.1g 岩石样品，只要溶液体积不小于 1ml，硅不会挥发损失。如果需要将硅完全除去，可以采取如下办法：①蒸发至干，则 H_2SiF_6 分解使硅呈 SiF_4 挥发除去；②加入 H_2SO_4 或 $HClO_4$ 等高沸点酸，于 200℃加热，则 SiF_4 可完全挥发。

用氢氟酸分解样品时，生成难溶于水的沉淀主要是氟化钙、氟铝酸盐。样品中铀、钍、稀土、钪含量高时也将沉淀，或者由于 CaF_2 沉淀的生成将它们载带下来。

实际工作中，当称出样不需测定硅，甚至硅的存在对其组分测定有干扰时，常用氢氟酸加硫酸（或高氯酸）混合液溶样，这样可增强分解能力，并除去硅。有人对 28 种主要造岩矿物用 $HF+HClO_4$（1∶1）分解试验，结果有长石、云母等 15 种矿物于 95℃加热 20min 即完全分解；石英、磁铁矿等 6 种矿物完全分解需要 40min；绿柱石、黄铁矿等 6 种矿物需用增压技术分解；唯黄玉在增压条件下仍分解不完全。

氢氟酸分解试样，不宜用玻璃、银、镍器皿，只能用铂和塑料器皿。目前国内广泛采用聚四氟乙烯器皿。

五、磷酸分解法

商业磷酸有各种浓度：85%、89%、98%等。市售试剂级磷酸一般为 85%的磷酸，其相对密度为 1.71，H_3PO_4 物质的量浓度为 $14.8mol \cdot L^{-1}$。

磷酸与其他酸不同，它无恒沸溶液，受热时逐步失水缩合形成焦磷酸、三聚磷酸和多聚磷酸。各种形式磷酸在溶液中的平衡取决于温度和 P_2O_5 的浓度。加热至冒 P_2O_5 烟时，溶液中以焦磷酸 $H_4P_2O_7$ 为主（约 48%），还有相当数量的三聚磷酸 $H_5P_3O_{10}$（约 30%）和正磷酸（约 20%）存在，整个溶液组成与焦磷酸（含 P_2O_5 79.76%）相近。脱水后的焦磷酸及焦磷酸盐，在加入 HNO_3 煮沸时即转化成 H_3PO_4 和磷酸盐。

H_3PO_4 的 $K_1=7.6\times10^{-3}$，$K_2=6.3\times10^{-5}$，它是一个中强酸，其酸效应仅强于 HF。但是，PO_4^{3-} 能与铝、铁(Ⅲ)、钛、钍、铀(Ⅵ、Ⅳ)、锰(Ⅲ)、钒(Ⅲ、Ⅳ、Ⅴ)钼、钨、铬(Ⅲ)等形成稳定的配离子。H_3PO_4 脱水后的缩合产物则较正磷酸具有较强的酸性和配位能力。因此，H_3PO_4 是分解矿石的有效溶剂。许多其他无机酸不能分解的矿物，如铬铁矿、钛铁矿、金红石、磷钇矿、磷铈镧矿、刚玉和铝土矿等，磷酸能溶。还有许多难溶硅酸盐矿物，像蓝晶石、红柱石、硅线石、十字石、榍石、电气石以及某些类型的石榴石等均能溶解。

尽管磷酸具有很强的分解能力，但通常仅用于某些单项测定，而不用于系统分析。这是因为磷酸与许多金属离子，在酸性溶液中会形成难溶性化合物，给分析带来不便。

虽然磷酸可以将矿物中许多组分溶解出来，但它往往不能使矿样彻底分解。这是因为它对许多硅酸盐矿物的作用甚微，也不能将硫化物、有机碳等物质氧化。所以，用 H_3PO_4 分解矿样时，常加入其他酸或辅助试剂。如加入硫酸，可提高分解的温度，抑制析出焦磷酸，从而提高分解能力，是许多氧化物矿的一个有效溶剂；与 HF 联用，可以彻底分解硅酸盐矿物；与 H_2O_2 联用是锰矿石的有效溶剂；与 HNO_3-HCl 联用可氧化和分解还原性矿物；磷酸中加入 Cr_2O_3，可以将碳氧化为 CO_2，用于测定沥青和石墨中的有机碳；浓磷酸加入 NH_4Br 可以使含硒试样中硒以 $SeBr_4$ 形式蒸发析出。

用磷酸分解试样时，温度不宜太高，时间不宜太长，否则会析出难溶性的焦磷酸盐或多磷酸盐；同时，对玻璃器皿的腐蚀比较严重。

六、高氯酸分解法

稀高氯酸无论在热或冷的条件下都没有氧化性能。当它的浓度增高到 60%～72%时，室温下无氧化作用，加热后是一个强氧化剂。100%的高氯酸是一个危险的氧化剂，放置时，最初慢慢分解，随后发生十分激烈的爆炸。72%以上的高氯酸加热后的分解反应如下：

$$4HClO_4 \xlongequal{} 2Cl_2 + 7O_2 + 2H_2O$$

市售试剂级高氯酸有两种，一种含 $HClO_4$ 为 30%～31.61%，相对密度为 1.206～1.220，$HClO_4$ 物质的量浓度 3.60～3.84mol · L^{-1}；另一种为浓高氯酸，含 $HClO_4$ 为 70%～72%，相对密度≥1.675，$HClO_4$ 物质的量浓度≥11.7～12mol · L^{-1}。$HClO_4$ 的最高沸点 203℃，在沸点时 $HClO_4$ 含量为 71.6%。

高氯酸是最强的酸，浓溶液氧化能力强。它可氧化硫化物、有机碳，可以有效地分解硫化物、氟化物、氧化物、碳酸盐及许多铀、钍、稀土的磷酸盐等矿物，溶解后生成高氯酸盐。这些高氯酸盐除钾、铵、铯、铷盐外，其余盐在水中溶解度大。

热浓高氯酸与有机物或某些无机还原剂（如次亚磷酸、三价锑等）激烈反应时爆炸。高氯酸蒸气与易燃气体混合形成猛烈爆炸的混合物。这些，在操作时均应注意。但是 $HClO_4$ + HNO_3 可用于湿法氧化有机物质，并不至于爆炸。

第四节　干法分解法

干法分解法虽有熔融和烧结两大类，但它们所使用熔剂大体相同，只是加热的温度和所得产物性状不同。按其所使用的熔剂的酸碱性可分为两类：酸性熔剂和碱性熔剂。酸性熔剂主要有氟化氢钾、焦硫酸钾（钠）、硫酸氢钾（钠）、强酸的铵盐等；碱性熔剂主要有碱金属碳酸盐、苛性碱、碱金属过氧化物和碱性盐等。常用熔剂的性质及应用范围见表 2-2 和表 2-3。

表 2-2　几种常用熔剂及其熔点

分子式	熔点/℃	备注	分子式	熔点/℃	备注
$NaOH$	328		KHF_2	238	310℃(分解)
KOH	360.4		$KHSO_4$	210	>210℃(分解)
Na_2O_2	435		$K_2S_2O_7$	325	370～420℃(分解)
Na_2CO_3	852		$NaHSO_4$	186	315℃(分解)
K_2CO_3	891		$Na_2S_2O_7$	402	460℃(分解)
Li_2CO_3	732		NH_4Cl		337.8℃(分解)
$Na_2B_4O_7$	378		NH_4NO_3	169.6	>190℃(分解)
$LiBO_2$	845		NH_4F		≥110℃(分解)
$Li_2B_4O_7$	930		$(NH_4)_2SO_4$	355	≥335℃(分解)
$KNaCO_3$	<852				

一、碱金属碳酸盐分解法

碳酸钠是分解硅酸盐、硫酸盐、磷酸盐、碳酸盐、氧化物、氟化物等矿物的有效熔剂。熔融分解的温度一般为 950～1000℃，时间 0.5～1h，对于锆石、铬铁矿、铝土矿等难分解矿物，需在 1200℃下熔融约 10min。试样经熔融分解转变成易溶于水或酸的新物质。

例如，正长石、重晶石、萤石的分解反应如下：

$$\underset{\text{(正长石)}}{K_2Al_2Si_6O_{16}} + 7Na_2CO_3 \xlongequal{\triangle} 6Na_2SiO_3 + K_2CO_3 + 2NaAlO_2 + 6CO_2$$

$$\underset{\text{(重晶石)}}{BaSO_4} + Na_2CO_3 \xlongequal{\triangle} BaCO_3 + Na_2SO_4$$

$$\underset{\text{(萤石)}}{CaF_2} + Na_2CO_3 \xlongequal{\triangle} CaCO_3 + 2NaF$$

碳酸钾也具有相同的性质和作用。但由于它易潮解，而且钾盐沉淀吸附的倾向较钠盐大，从沉淀中将其洗出也要困难得多，因此，很少单独使用。然而当碳酸钠和碳酸钾混合使用

表 2-3　常用熔剂性质、用量及应用

熔剂名称	用量	熔融(烧结)温度/℃	适用坩埚							熔剂性质和用途
			铂	铁	镍	银	瓷	刚玉	石英	
无水碳酸钠	6~8 倍	950~1000	+	+	+	—	—	+	—	碱性熔剂，用于分解硅酸盐岩石、不溶性(酸性)矿渣、黏土、耐火材料、不溶于酸的残渣难溶硫酸盐等
碳酸氢钠	12~14 倍	900~950	+	+	+	—	—	+	—	
1 份无水碳酸钠+1 份无水碳酸钾	6~8 倍	900~950	+	+	+	—	—	+	—	
6 份无水碳酸钠+0.5 份硝酸钾	8~10 倍	750~800	+	+	+	—	—	+	—	碱性氧化熔剂，用于测定矿石中的全硫、砷、铬、钒，分离钒、铬等物料中的钛
3 份无水碳酸钠+2 份硼酸钠(熔融的，研成细粉)	10~12 倍	500~850	+	—	—	—	+	+	+	碱性氧化熔剂，用于分解铬铁矿、钛铁矿等
2 份无水碳酸钠+1 份氧化镁	10~14 倍	750~800	+	+	+	—	+	+	+	碱性氧化熔剂(附聚剂)，用来分解铁合金、铬铁矿等(当测定铬、锰等时)
1 份无水碳酸钠+2 份氧化镁	4~10 倍	750~850	+	+	+	—	+	+	+	碱性氧化熔剂(附聚剂)，用来测定煤中的硫和分解铁合金
2 份无水碳酸钠+1 份氧化锌[①]	8~10 倍	750~800	—	—	—	—	+	+	+	碱性氧化熔剂(附聚剂)，用来测定矿石中的硫(主要硫化物)
4 份碳酸钾钠+1 份酒石酸钾	8~10 倍	850~900	+	—	—	—	+	+	—	碱性还原熔剂，用来将铬(Cr)与钒(V_2O_5)分离
过氧化钠	6~8 倍	600~700	—	+	+	—	—	+	—	碱性氧化熔剂，用于测定矿石和铁合金中的硫、铬、钒、锰、硅、磷、钨、钼、钍、稀土、铀等的试样分解
5 份过氧化钠+1 份无水碳酸钠	6~8 倍	650~700	—	+	+	+	—	+	—	
2 份无水碳酸钠+4 份过氧化钠	6~8 倍	650~700	—	+	+	+	—	+	—	
氢氧化钠(钾)	8~10 倍	450~600	—	+	+	+	—	—	—	碱性熔剂，用来分解硅酸盐等矿物，也可用来测定锡石中的铁时，将钛与铝分离
6 份氢氧化钠(钾)+0.5 份硝酸钠(钾)	4~6 倍	600~700	—	+	+	+	—		—	碱性氧化熔剂，用来代替过氧化钠
氰化钾	3~4 倍	500~700	—	—	—	—	+	+	+	碱性还原剂，用来分离锡和锑中铜、磷、铁等
4 份碳酸钠+3 份硫	8~10 倍	850~900	—	—	—	—	+	+	+	碱性硫化熔剂，用来分解有色金属矿石焙烧后的产物，由铅、铜和银中分解钼、锑、砷、锡以及钛和钒的分析
硫酸氢钾	12~14 倍	500~700	+	—	—	—	+	—	+	酸性熔剂，熔融钛、铝、铁、铜的氧化物，分解硅酸盐以测定二氧化硅，分解钨矿石以分离钨和硅
焦硫酸钾	8~12 倍	500~700	+	—	—	—	+	—	+	
1 份氟化氢钾+1 份焦硫酸钾	8~12 倍	600~800	+	—	—	—	—	—	—	分解锆矿石
氧化硼	5~8 倍	600~800	+	—	—	—	—	—	—	酸性熔剂，熔点 577℃，分解硅酸盐(测定碱金属)
硫代硫酸钠(在 212℃熔干)	8~10 倍		—	—	—	—	+	+	+	同 Na_2CO_3+S
混合铵盐[②]	10~20 倍		—				+	+	+	酸性熔剂，用来分解硫化物、硅酸盐、碳酸盐、氧化物、磷酸盐、铌(钽)酸盐等矿物

① 通称艾斯卡试剂，也可用 MnO_2、ZnO 等代替 MgO，属于烧结法（半熔法）。

② 混合铵盐可用普通玻璃器皿分解，聚四氟乙烯器皿更佳。

注：+表示可用；—表示不宜用。

时，可降低熔点，可用于测定硅酸盐中氟和氯的试样分解。另外，对于某些项目，若用碳酸钠分解对后续操作不利，如含铌、钽高的试样，由于铌钽酸的钠盐的溶解度小，易析出沉淀，则改用钾盐以避免沉淀析出。

碳酸钠和其他试剂混合作为熔剂，对不少特殊样品的分解有它突出的优点，实际工作中有不少应用。碳酸钠加过氧化钠、硝酸钾、氯酸钾、高锰酸钾等氧化剂，可以提高氧化能力。

例如：$Na_2CO_3+Na_2O_2$(1∶1)可在400℃烧结0.5～1h，则将试样分解完全。碳酸钠中加入硫、炭粉、酒石酸氢钾等还原剂，可以使熔融过程中造成还原气氛，对某些样品分解和测定有利。例如 Na_2CO_3+S(4∶3)被称为“硫碱试剂”，可用来分解含砷、锑、铋、锡、钨、钒的试样。碳酸钠加氧化锌（艾斯卡试剂）可用来分解硫化物矿，不仅可避免各种价态的硫的损失，而且试样分解也较完全。碳酸钠加氯化铵（J. I. Smith 法）可以烧结分解测定硅石矿物中的钾和钠。Na_2CO_3、ZnO-$KMnO_4$ 混合熔剂烧结分解，可用于硼、硒、氯和氟的测定。

二、苛性碱熔融分解法

NaOH、KOH 对样品熔融分解的作用与 Na_2CO_3 类似，只是苛性碱的碱性强，熔点低。

NaOH 为强碱，它可以使样品中硅酸盐和铝、铬、钡、铌、钽等两性氧化物转变为易溶的钠盐。例如

$$\underset{\text{(斜长石)}}{CaAl_2Si_6O_{16}}+14NaOH \xlongequal{\text{熔融}} 6Na_2SiO_3+2NaAlO_2+CaO+7H_2O$$

$$\underset{\text{(铬铁矿)}}{FeCr_2O_4}+2NaOH \xlongequal{\text{熔融}} 2NaCrO_2+Fe(OH)_2$$

KOH 性质与 NaOH 相似，易吸湿，使用不如 NaOH 普遍。但许多钾盐溶解度较钠盐大，而氟硅酸盐却相反，基于此，氟硅酸钾沉淀分离-酸碱滴定法测硅时得到应用。另外，铝土矿、铌（钽）酸盐矿物宜用 KOH，不用 NaOH。

苛性碱熔融分解试样时，只能在铁、镍、银、金、刚玉坩埚中进行，不能使用铂坩埚。

三、过氧化钠分解法

Na_2O_2 是强碱，又是强氧化剂，常用来分解一些 Na_2CO_3、KOH 所不能完全分解的试样，如锡石、钛铁矿、钨矿、辉钼矿、铬铁矿、绿柱石、独居石、硅石等。如

$$2Na_2O_2+\underset{\text{(锡石)}}{2SnO_2} \xlongequal{\triangle} 2Na_2SnO_3+O_2$$

$$\underset{\text{(铬铁矿)}}{2FeCr_2O_4}+7Na_2O_2 \xlongequal{\triangle} 2NaFeO_2+4Na_2CrO_4+2Na_2O$$

Na_2O_2 对于稀有元素，如铀、钍、稀土、钨、钼、钒等的分析都是常用的熔剂。

Na_2O_2 氧化能力强，分解效能高，可被分解的矿物多。同时，熔融体用水或配位剂（如三乙醇胺、水杨酸钠、EDTA、乙二胺、H_2O_2 等）溶液提取时，可分离许多干扰离子。尽管如此，Na_2O_2 分解在全分析中却很少应用。这是因为试剂不易提纯，一般含硅、铝、钙、铜、锡等杂质。若采用 $Na_2O_2+Na_2CO_3$（或 NaOH）混合熔剂，既可保持 Na_2O_2 的长处，又可避免 Na_2O_2 对坩埚的侵蚀及 Na_2O_2 不纯而造成的影响。

用 Na_2O_2 分解含大量有机物、硫化物或砷化物的试样时，应先经灼烧再行熔融，以防因反应激烈而引起飞溅，甚至突然燃烧。

四、硫酸氢钾（或焦硫酸钾）分解法

钠、钾的硫酸氢盐于分解温度下形成焦硫酸盐。

$$2KHSO_4 \xlongequal{\geqslant 210℃} K_2S_2O_7+H_2O$$

$$2NaHSO_4 \xrightarrow{\geqslant 315℃} Na_2S_2O_7 + H_2O$$

然后，焦硫酸盐对矿物起分解作用。钾、钠焦硫酸盐在更高温度下进一步分解产生硫酸酐。

$$K_2S_2O_7 \xrightarrow{\geqslant 370 \sim 420℃} K_2SO_4 + SO_3$$

$$Na_2S_2O_7 \xrightarrow{\geqslant 460℃} Na_2SO_4 + SO_3$$

高温下分解生成的硫酸酐可穿越矿物晶格而对矿样有很强的分解能力，使矿样中金属转化成可溶性硫酸盐。因此，用钾、钠的硫氢酸盐熔融分解与用焦硫酸盐分解的实质是相同的。

$KHSO_4$($K_2S_2O_7$)可分解钛磁铁矿、铬铁矿、铌铁矿、铀矿、铝土矿、高铝砖以及铁、铝、钛的氧化物。但锡石、铍、锆、钍的氧化物及许多硅酸盐矿都不被分解或分解不完全。

使用硫酸氢钾熔融时，需先加热，使其中的水分除去，冷却后再加入试样，慢慢升温，以防飞溅。

五、硼酸和硼酸盐分解法

硼酸加热失水后为硼酸酐(B_2O_3)。硼酸及硼酸酐为酸性熔剂，对碱性矿物溶解性能较好，如铝土矿、铬铁矿、钛铁矿、硅铝酸盐等。同时，当样品中含有氟时，可使氟以 BF_3 形式挥发除去，消除氟对 SiO_2 测定的影响。另外，由于不引进钾、钠盐，用硼酸（或硼酸酐）熔融分解试样，可同时测定钾和钠。

$Na_2B_4O_7$ 则为碱性熔剂，可分解刚玉、锆英石和炉渣等。

$LiBO_2$ 和 $Li_2B_4O_7$ 也是碱性熔剂，可分解硅酸盐类矿物及尖晶石、铬铁矿、钛铁矿等，但熔融物最后冷却呈球状，较难脱埚和被酸浸取。若将 Li_2CO_3 与硼酸（或硼酸酐）以(7：1)～(10：1)的比例混合，并以5～10倍于矿样质量的此混合物（此混合物经灼烧后成为 Li_2CO_3-$LiBO_2$ 混合物）于850℃熔融10min，所得熔块易于被HCl浸取。

六、铵盐分解法

铵盐熔融分解试样的机理是基于铵盐在加热过程中可以分解出相应的无水酸，无水酸在较高温度下能与试样反应生成相应的水溶性盐。

几种强酸的铵盐的分解反应如下：

$$NH_4Cl \xrightarrow{337.8℃} HCl + NH_3$$

$$2NH_4NO_3 \xrightarrow{>190℃} HNO_3 + N_2O + 2H_2O + NH_3$$

$$NH_4F \xrightarrow{>110℃} HF + NH_3$$

$$(NH_4)_2SO_4 \xrightarrow{\geqslant 355℃} H_2SO_4 + 2NH_3$$

因此，从原理上说，铵盐分解属酸分解原理；从操作上说，属干法分解操作，且只需使用玻璃或聚四氟乙烯烧杯在电炉上进行，无需使用500℃以上的高温炉。

使用单一铵盐或它们的混合物可以分解硫化物、硅酸盐、碳酸盐、氧化物及铌（钽）矿等。

铵盐易吸湿潮解或结块，使用前应烘干，否则加热时易溅跳。铵盐分解试样时，试样粒度宜细，器皿的底面积和熔融温度均应控制适度。

第五节　其他分解技术

一、增压（封闭）溶解技术

较难溶的物质往往能在高于溶剂常压沸点的温度下溶解。采用密闭容器，用酸或混合酸加热分解试样，由于蒸气压增高，酸的沸点也提高，因而使酸溶法的分解能力和效率提高。在常压下难溶于酸的物质，在加压下可溶解，同时还可避免挥发性反应产物损失。例如，用 HF-$HClO_4$ 在加压条件下可分解刚玉（Al_2O_3）、钛铁矿（$FeTiO_3$）、铬铁矿（$FeCr_2O_4$）、铌钽铁矿 [$FeMn(Nb、Ta)_2O_5$] 等难熔试样。

最早采用的是封闭玻璃管，该方法使用起来麻烦。后来人们普遍采用的是加压装置，类似一种微型高压锅，是双层附有旋盖的罐状容器，内层用铂或聚四氟乙烯制成，外层用不锈钢制成，溶样时将盖子旋紧加热。聚四氟乙烯内衬材料适宜于250℃使用，更高温必须使用铂内衬。通过搅拌反应物（用外磁铁和搅拌子）或转动增压器，可缩短反应时间。各种增压器结构如图 2-1～图 2-3 所示。

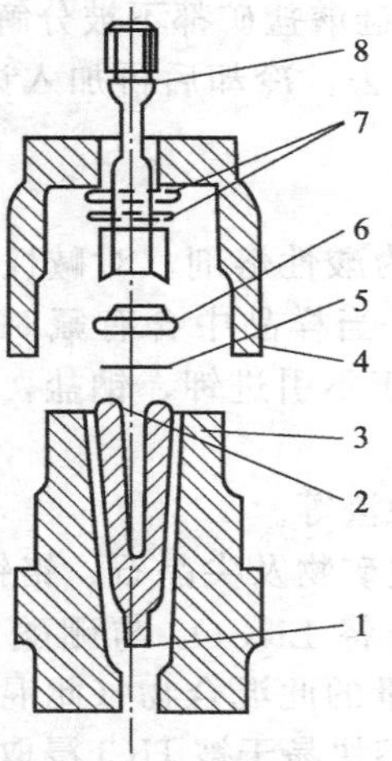

图 2-1　用于氢氟酸分解的衬铂坩埚和增压器

1—锥形镍铬合金坩埚；2—铂衬；3—耐热镍基合金外壳；4—钢螺帽；5—柱塞；6—铂片；7—铜衬底；8—垫圈

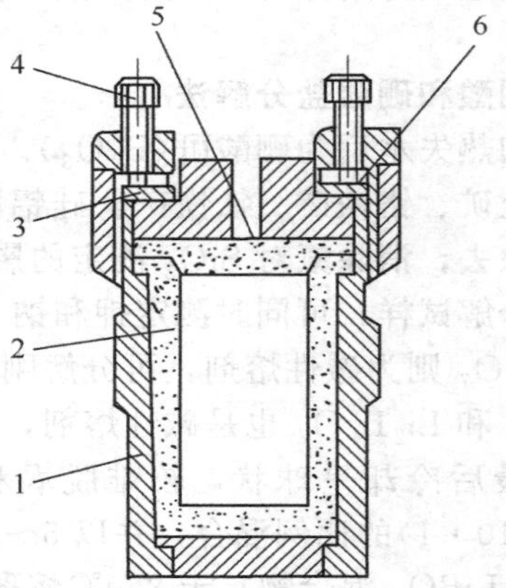

图 2-3　酸增压分解器

1—增压器主体；2—带盖的聚四氟乙烯烧杯；3—弹簧；4—压紧螺丝；5—隔离板；6—压紧圈

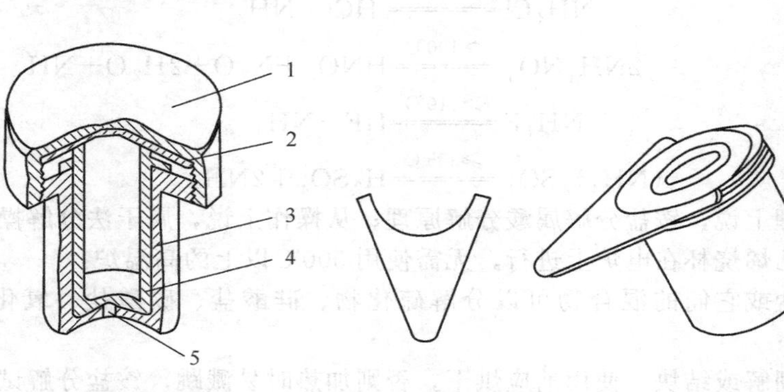

(a) 完整的增压器　(b) 倒出嘴（聚四氟乙烯）　(c) 倒出位置

图 2-2　用于氢氟酸分解的聚四氟乙烯衬里钢增压器

1—可拧盖子；2—密封垫板；3—钢外壳；4—聚四氟乙烯内衬；5—气孔

二、超声波振荡溶解技术

利用超声波振荡是加速试样溶解的一种物理方法。一般适宜室温溶解样品，把盛有样品和溶剂的烧杯置于超声换能器内把超声波变幅杆插入烧杯中，根据需要调节功率和频率，使之产生振荡，可使试样粉碎变小，还可使被溶解的组分离开样品颗粒的表面而扩散到溶液中，降低浓度梯度，从而加速试样溶解。对难溶盐的熔块溶解，使用超声波振荡更为有效。为了减少或消除超声波的噪声，可将其置于玻璃罩内进行。

三、电解溶解技术

这是通过外加电源，使阳极氧化的方法，溶解金属。把用作电解池阳极的一块金属在适宜电解液中，通过外加电流，可使其溶解。用铂或石墨作阴极，如果电解过程中的电流效率为 100%，可用库仑法测定金属溶解量。同时还可将阳极溶解与组分在阴极析出统一起来，用作分离提取和富集某些元素的有效方法。

四、微波加热分解技术

利用微波的能量溶解试样是 20 世纪 70 年代发展起来的最新技术。它是利用微波对玻璃、陶瓷、塑料的穿透性和被水、含水或脂肪等物质的吸收性，使样品与酸（或水）的混合物通过吸收微波能产生瞬时深层加热（内加热）。同时，微波产生的交变磁场使介质分子极化，极化分子在交变高频磁场中迅速转向和定向排列，导致分子高速振荡（其振动次数达到 24.5 亿次/s）。由于分子和相邻分子间的相互作用使这种振荡受到干扰和阻碍，从而产生高速摩擦，迅速产生很高的热量。高速振荡与高速摩擦这两种作用，使样品表面层不断搅动破坏，不断产生新鲜表面与溶剂反应，促使样品迅速溶解。因此，微波溶解技术具有如下突出优点：①微波加热避免了热传导，并且里外一起加热，瞬时可达高温，热损耗少，能量利用率高、快速、节能；②加热从介质本身开始，设备基本上不辐射能量，避免了环境高温，改善了劳动条件；③微波穿透能力强，加热均匀，对某些难溶样品尤为有效；④采用封闭容器微波溶解，因所用试剂量小，空白值显著降低，且避免了痕量元素的挥发损失和样品的污染，提高了分析的准确度；⑤易于与其他设备联用，实现自动化。

微波溶样始于 1975 年，已广泛应用于地质、冶金、环境、生物以及各种无机和有机工业物料的分析，测定元素包括 Al、As、Ba、Be、Ca、Cd、Ce、Co、Cr、Cu、Fe、Hg、I、K、Li、Mg、Mn、Mo、Na、Ni、P、Pb、S、Se、Sb、Si、Sn、Sr、Ti、Tl、U、V、W、Zr、稀土元素等。

微波溶样的装置由微波炉和反应罐组成。微波炉有家用微波炉和实验室专用微波炉。家用微波炉由于没有排气装置除去可能泄出的酸雾，易腐蚀电子元件，难以直接使用。同时，家用微波炉功率控制挡粗糙，磁控管寿命较短。从 20 世纪 80 年代开始，就有实验室专用微波炉商品上市。专用微波炉有两种类型，一种为湿法分解用，一种为干法分解用（类似于箱型电阻炉）。反应罐是由聚四氟乙烯、聚碳酸酯等材料制成，它们可透过微波而本身不被加热，抗化学腐蚀，且强度较高，可承受一定高压，尤其以聚四氟乙烯为好。由于金属对微波反射，溶解时切忌使用金属反应容器。

第六节 有机试样的分解与溶解

工业分析化学是一个广阔的领域，分析对象既有无机物，也有有机物。前面二～五节所述试样分解的原理与方法，主要是针对无机物料及其中的元素分析。而对有机试样来说，就其中碳、氢、氧、硫、磷、氟等元素含量的测定同样是有效的。但是，有机试样分析的实际工作中，常常更关注的是有机物的组成、结构甚至手性。尤其在制药工业和食品工业中，有效成分含量与结构，不同阶段残留的原材料、中间产品、副产品及杂质的组成与结构都对产品有重大影响。因此，有机物试样分析中，试样预处理（溶解及分离富集）的过程中，如何保证试样待测组分的组成、结构不发生难以确定的变化成为重要的实际问题，是有机物质分析的重要组成部分。

有机试样的分解与溶解就是在保证试样待测组分的组成、结构不发生难以确定的变化的前提下将试样转变成适宜于分离、回收或定性、定量测定的物理状态或化学状态。

这里要区分一下分解和溶解两个概念。一般来说，溶解时依赖于溶剂与试样作用，将固体试样溶解，而且只是简单地溶解，并不发生分解反应或氧化还原反应，即只发生了物理变化，而未发生化学变化。而分解则包括了溶解过程和发生化学变化（如：降解等）过程。而且分解方法不同，也可能是先溶解，后降解，或是先降解再溶解。

一、有机试样的分解

有机试样的分解方法分为干灰化法和湿法消解法两大类。

（一）干灰化法

干灰化法常用于去除（或破坏）试样中的有机基质，以便于进一步分析测定有机物中所含的无机元素。干灰化法很多，主要是高温灰化法、氧燃烧法和等离子体低温灰化法。

（1）高温灰化法　将有机试样置于坩埚（或瓷舟）内，在高温下灼烧，使有机物质分解。温度一般控制在低温烘干后，于300℃左右炭化，再在500～600℃灰化。随试样类型和数量不同，控制灰化时间，以达到完全灰化（恒重，只剩下白色灰）为目标。使用瓷、石英、铂器皿盛放试样，用喷灯火焰或高温炉加热灰化，是一古老而简便的方法。但是该方法不仅要求操作者有熟练的操作技能和相当的实践经验，而且要根据不同试样及测定项目的要求，采取适当降低灰化温度或添加固定化试剂，以防止灰化过程中造成某些待测组分的挥发损失。

在灰化过程中可能挥发损失的元素有：砷、硼、镉、铬、铁、铅、汞、镍、磷、钒、锌等。它们多以单质、氯化物、含氧酸、卟啉化合物、未知化合物的形式挥发损失。

管式炉灰化法，可以建立一个密封系统将试样分解与测定连接在一起，以防止待测组分的挥发损失。而且加热温度可达950～1050℃，并加入适当助剂（三氧化钨、氧化钴、五氧化二钒、重铬酸钾等）以促进燃烧。本法主要用于有机物试样中碳、氢、氮的测定。

（2）氧燃烧法　是采用特制仪器（氢弹、氧瓶、燃烧器）在通氧或氢/氧条件下使有机试样分解。并根据使用仪器不同，分别称其为氢弹法、氧瓶法和氢/氧燃烧法。氢弹法适宜于测定少量的硫和卤素；氧瓶法可用于硫、卤素及痕量金属元素的测定；氢/氧混合燃烧法，试样在充分加热的特制Mekev燃烧器里于气流中汽化挥发，汽化产物进入氢/氧燃烧器中燃烧，分解产物以稀碱溶液吸收。氢/氧火焰温度可达2000℃，适宜最难分解的有机试样的分解。另外，还有人使用原子化器型燃烧器分解石油样品，也获得过满意的效果。

（3）等离子体低温灰化法　1962年，由Gleit首先将等离子氧低温灰化技术引入分析化学。由于可以防止微量元素的挥发和来自试剂的污染，并可用在高分子材料、煤或植物体中无机结晶体分析时，非破坏性地除去有机物质而受到注意。

等离子氧低温灰化技术的原理是用高频将低压的氧激发，使含原子态氧的等离子气体接触有机试样，并在低温下氧化除去有机物。等离子气体除氧气以外，还可以使用空气、二氧化碳、氩气、氢气、氧气-氟里昂等。关键是其气压均较低，一般为几个托以下（1托≈133.3Pa）。

等离子氧低温灰化法，由于低温灰化可以抑制无机成分的挥发，回收率较高温灰化法高，准确度较好。同时，在灰化过程中，有机物仅仅在与原子态氧接触的面上慢慢燃烧，试样总体没有被加热，所以无机物没有发生化学变化，仅仅作为灰分留下来，金属有机化合物和金属单质在原子态氧作用下生成低价氧化物，但金属氧化物或其他稳定的无机化合物几乎没有受到什么影响，可以较好地保持试样中无机物的化学组成和立体结构。因此，等离子氧低温灰化法不仅在煤、高分子材料（橡胶、塑料、树脂、尼龙、化纤等）等工业产品和污染鱼、淤泥、油类、粉尘、烟尘等环境试样分析中得到应用，而且在粮食、鱼、肉、植物、动物等生物与食品试样分析中也得到应用。

（二）湿法消解法

有机试样的湿法消解主要用无机酸，可以是单酸，也可以是混合酸或酸加盐类。

单酸有硝酸（含发烟硝酸）、硫酸和氢氟酸。一般效率不够理想，常常需要加入一些其他酸或盐。也就是说混合酸或酸和盐混合物应用较为普遍。最常用的是硝酸和硫酸、硝酸和高氯酸、硝酸和硫酸及高氯酸、硫酸和硫酸钾、硫酸和过氧化氢、硫酸和磷酸及碘酸（铬酸）、硫酸和铬酸。

值得指出的是，以硫酸和硫酸钾和氧化汞的凯氏法分解有机试样以测定其中总氮的方法得到了较长时间的广泛应用。这里氧化汞是使有机试样中氮转变为硫酸铵的催化剂。催化剂种类很多，也可以使用铜、硒或二者与氧化汞的混合物。

由于试样中有机物的组成和物理状态不同时，同一种溶剂与不同样品的实际作用效果不一样。因此，在湿法消解时，混合酸中各种酸（或盐）的比例、浓度，甚至加入顺序和方法都必须注意，最好有标准样品参照试验的经验为参考。

二、有机试样的溶解

前述有机试样分解方法是将试样中有机物破坏，以测定其中的元素或无机化合物。如果需要检测试样中有机物的组成、结构时，其样品预处理技术则应保护有机物组成与结构不被破坏，以便于选用适当的检测手段（色谱、质谱、红外光谱等）完成检测任务。这样一来，检测手段要求通过预处理技术将待测组分转变为适宜检测状态时，一般只能用适宜溶剂（常常是有机溶剂）将试样进行溶解。

（一）影响有机试样溶解的因素

有机试样的溶解性主要取决于试样（特别是其中待测组分）和溶剂的特性以及它们的相互作用，同时也受到试样粒度、加热、搅拌（振荡）等外界因素的影响。

（1）试样的组成与特性　有机试样本身的组成与特性直接影响到试样（特别是其中的待测组分）的溶解性。前人通过理论与实验证明，总结出有机试样在水溶液中的溶解度，如图 2-4 所示。

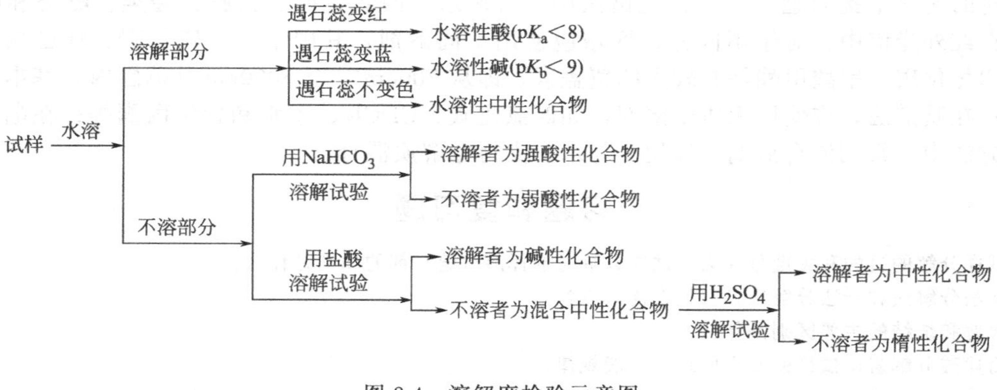

图 2-4　溶解度检验示意图

图 2-4 是以水为基本溶剂的溶解情况，可看出各类有机化合物，其官能团和酸碱性不同时溶解度的基本情况。若以非水溶剂或水与有机溶剂的混合溶剂来溶解时，情况又不同。

（2）溶剂的性质　根据相似相溶原理，有机物在有机溶剂中常常具有较大的溶解度。通常认为相似相溶原理的基础就是分子的极性（偶极矩）。然后，进一步深入研究表明，试样在溶剂中的溶解特性是溶剂与试样相互作用的结果，这种相互作用是分子间的分散作用、偶极矩作用、氢键作用、配合作用等作用力的综合效应。试样中待测组分与溶剂作用力综合效应最大化才是选择溶剂的最佳方案。

（3）试样的粒度和表面特性　试样的粒度和表面特性决定试样和溶剂接触及作用的有效面积。一般来说，样品粒度愈小或表面愈粗糙，其接触面积就愈大，溶解的速度和效果就愈好。但是将试样干燥并磨成细粉时，必须注意器皿的选择和操作方法。如植物材料（青草、干草、树叶、巨藻等）的粉碎，可用不锈钢制高速搅拌器捣碎；也可以将样品与海砂一起在研钵中研碎。

（4）加热和搅拌条件　适当加温并将试样与溶剂一起振荡（或搅拌），可以促进溶解。但是值得注意的是，高速搅拌在促进某些聚合物试样溶解的同时，也可能导致长链分子的断链降解，使分子特性发生变化。测量多聚物分子量特性的溶解方法通常均会对试样诱发不大的机械张力。如先将多聚物试样用少量溶剂处理，待其溶胀后再加入大量试剂，也许可以溶解多种试样。

（二）溶剂的选择

溶解有机试样的溶剂选择不仅要考虑溶解过程的快慢与完全程度，而且必须注意溶解过程中待测组分是否因与溶剂发生了化学反应而改变，或者引入了某些组分（特别是溶剂本身）而影响后续对待测组分的准确测定。因此，溶剂的选择必须考虑如下因素。

（1）溶剂对试样的溶解能力　溶剂对试样应有足够大的溶解度，以确保试样完全溶解或保证待测组分转入溶液中，以便于后续的分离及测定。实际工作中，依据试样种类和性质不同，可以采用单一溶剂，也可以采用混合溶剂，混合溶剂常常可以提高试样溶解的速度及效率。

（2）溶剂与试样是否发生化学反应　溶剂将试样溶解的过程应该是物理过程，溶剂与试样（特别是其中待测组分）不发生化学反应。否则将使分离及测定过程难以实现或无法保证测定结果的准确性。

（3）溶剂对后续分离及测定是否有干扰　试样中有机物的测定，常常需要对制备溶液经色谱等方法进行分离之后，再用光谱、质谱或电化学分析方法等加以测定。溶剂的选择尽可能考虑它与色谱支持物的相互关系，使各种分离参数均达到最佳状态。溶剂的选择还要考虑测定时的光谱干扰问题。在可见光谱法中，常用水、四氯化碳、乙腈、烃类、醚类和酮类等；在红外光谱中，对于不同光谱区域应使用不同溶剂，其中苯、二硫化碳、环己烷、氯仿、四氯化碳、甲酸甲酯等有较大的覆盖区，即从 $700cm^{-1}$ 至 $5000cm^{-1}$ 范围内，基本上均可用；在质谱法，应使用无质子溶剂，如四氯化碳、$CDCl_3$、重水和含氘丙酮等；在电化学分析方法中，常用混合溶剂，以便于与水、支持电解质混合。

习题和复习题

2-1. 试样分解的目的和关键是什么？试样分解时选择溶（熔）剂的原则是什么？

2-2. 湿法分解法和干法分解法各有什么优缺点？

2-3. 熔融和烧结的主要区别是什么？

2-4. 简述酸分解岩矿试样的基本原理和一般规律。

2-5. 干法分解时试样在熔融过程中与熔剂的主要反应是什么？

2-6. 归纳总结列出分解岩石矿物试样的常用溶剂的以下内容：（1）溶剂名称；（2）市售试剂的含量和物质的量浓度、密度和沸点、恒沸点；（3）在分解试样时的主要性质和作用。

2-7. 归纳总结常用熔剂的如下内容：（1）熔剂名称；（2）分解试样时的通常用量；（3）适宜器皿及使用注意事项；（4）分解试样时的温度和时间；（5）熔剂性质、应用及主要反应类型。

2-8. 简述增压溶样、超声振荡溶解技术、电解溶解技术和微波加热溶解技术的原理和方法。

2-9. 有机试样分析中，测定其中无机组分和有机组分，试样处理方法有何不同？为什么？

第三章　分离与富集方法

分析化学中的分离与富集技术既可以提高分析方法的选择性，又可以提高方法的灵敏度，因此，分离与富集在分析化学中占有重要的地位。由于工业分析对象的复杂性，分离与富集更是常常不可避免，也是准确测定的前提。近几十年来，分离与富集领域的实践与理论研究不断取得新进展，已形成了一门新的科学——分离科学。当然，分离科学的应用不限于分析化学，而且在化学工业、冶金工业、环境工程及各种工程技术领域中也有重要的作用。

随着科学技术的飞速发展，痕量分析越来越为人们所关注。目前痕量分析广泛应用于电子工业、地质、冶金、生命科学、刑侦及考古等领域，了解试样中可能存在的各种痕量元素的极限值、试样中待测元素的价态、化学形态和分布情况等，在地球化学、环境科学、痕量元素的生物效应和水处理的研究中将十分重要。因此，发展各种有效的分离与富集方法以及与新的检测技术联用，是工业分析化学的重要发展方向之一。

第一节　分离方法的分类

随着分离科学的发展，分离方法越来越多，研究它们的分类方法，可以认识各种不同分离方法之间的联系与区别，有助于新的分离富集技术的开发与应用。

一、分离科学中对分离方法的分类

以工业生产中的分离为基础而建立的分离科学，几十年来人们就分离方法的分类进行了大量研究工作，不同作者从不同角度提出了不同的分类方法。这里选择具有代表性的三种分类方法予以介绍。

1. 卡格尔（Karger B. L.）分类法

卡格尔从现象学出发，根据分离过程中所依据物理或化学原理不同，按相平衡、速率过程和颗粒大小进行分类，结果见表 3-1～表 3-3。

表 3-1　依据相平衡的分类法

气-液	气-固	液-液	液-固
气液色谱 泡沫 精馏	挥发 分子筛	液液色谱 排阻	区域熔融 分步结晶 离子交换 吸附 排阻 分子筛

表 3-2　依据速率过程的分类法

栅栏分离	场分离	其　他	栅栏分离	场分离	其　他
膜过滤	电泳	分子蒸馏	电渗透	质谱	
渗析	超速离心	酶降解①	可逆渗透		
超滤	热扩散	破坏性蒸馏①	气体扩散		
电渗析	电沉积①				

① 在分离过程中伴随着化学反应。

表 3-3　依据颗粒大小的分类法

过　滤	微粒电泳	过　滤	微粒电泳
沉降 淘析	电动沉淀 浮选	离心	筛选

2. 大矢晴彦分类法

大矢晴彦也是从现象学出发，从对输入能量的利用方式不同，提出分为平衡分离过程、速度差分离过程和反应分离过程三类，这与卡格尔分类法有些相似，其结果见表 3-4～表 3-6。

表 3-4　平衡分离操作

第 1 相	第 2 相			
	气　相	SCF 相	液　相	固　相
气相	—	—	气提 蒸发 蒸馏	脱吸 升华 (冷冻干燥)
SCF① 相	—	—	SCF 萃取	SCF 萃取
液相	吸收 蒸馏	SCF 吸收	萃取	固体萃取 区域熔融 (zone melting)
固相	吸附 逆升华	SCF 吸收	晶析 吸附	—

① SCF 为 super critical fluid（超临界流体）的缩写。

表 3-5　速度差分离操作

场		能量类别					
		热　能	化学能 (浓度差)	机　械　能			电　能
				压力梯度	热能梯度		
					重力的	离心力的	
均匀空间	真空 气相 液相	分子蒸馏 热扩散	 分离扩散		 沉降 沉降 浮选	超速离心 旋风分离 旋液分离 离心 超速离心	质谱 电集尘 电泳 磁力分离
非均匀空间	多孔滤材{气相 液相}			液体扩散 过滤集尘 过滤 重力过滤 离心过滤(包括超滤、微滤)			
	膜{凝胶相 固相}	渗透气化	透　析	气体透过 反渗透			电泳 电渗析

表 3-6　反应分离操作

项目		反应	分　离
反应体	再生型	可逆的或平衡交换反应分离	离子交换,螯合交换反应,反应萃取,反应吸收
	一次性	不可逆反应分离	反应吸收,反应晶析,中和沉淀,氧化还原(化学解吸)
	生物体		活性污泥
无反应体		电化学反应	湿式精炼

3. 吉丁斯（Giddings J. C.）分类法

吉丁斯总结从现象学分类方法的不足，提出了以场和流的类型不同来进行分类，亦称为场-流分类法。

这种分类方法从反映溶质迁移和在体系空间中展现出的平衡模式出发，把能够控制其迁移的选择性和最终平衡态的总化学势（μ^*）分为三大类，即连续性 μ^* 模式（以 c 表示）、非连续性 μ^* 模式（以 d 表示）和连续与非连续相结合的 μ^* 模式（以 cd 表示）。同时考虑到系统是否使用流来实现分离，而且在使用流的情况下，考虑到流与 μ^* 梯度方向的关系，将流分为三类，即静止（非流）体系（以 S 表示）、流与 μ^* 梯度平行的流体系［以 F（=）表示］和流与 μ^* 梯度方向垂直的流体系［以 F（+）表示］。

按上述不同 μ^* 模式和不同流条件进行排列组合就产生了表 3-7 所示的 9 种可能分离领域。将各种分离方法按表 3-7 列出即得表 3-8。

表 3-7　9 种基本的分离领域

连续 μ^* 模式	非连续 μ^* 模式	连续与非连续相结合模式
Sc	Sd	Scd
F(=)c	F(=)d	F(=)cd
F(+)c	F(+)d	F(+)cd

表 3-8　9 种基本分离领域中的各种分离方法

流条件	c(连续 μ^* 模式)	d(非连续 μ^* 模式)	cd(连续与非连续 μ^* 模式)	流条件	c(连续 μ^* 模式)	d(非连续 μ^* 模式)	cd(连续与非连续 μ^* 模式)
S	电泳 等电聚焦 速率-区带沉降 等密度沉降 等速电泳	简单分离 萃取 吸附 结晶 蒸馏 蒸发 挥发 离子交换 渗析 沉淀	电沉积 电沉降 电精制 电渗 平衡沉降	F(=)	淘析 逆流电泳	过滤 超滤 可逆电渗 加压渗析 区带熔融	
				F(+)		色谱 逆流分配 精馏 浮选分级 多步-二相过程	场级分离 热重分离 电倾析

表 3-8 的分组排列或多或少地改变了大部分分离方法传统的分类，如：①色谱、逆流分配与蒸馏；②电泳与速率-区带沉降；③等电聚焦与等密度沉降；④可逆电渗与超滤；⑤萃取与沉淀等分别列在同一领域中。但是，该表也建议新的结合，如萃取与渗析，区带熔融与过滤法等。

二、分析化学中对分离方法的分类

分析化学中对分离方法的分类研究远不如工业生产中对分离过程的研究多，一般只是将其按性质分为物理分离法和化学分离法两大类。

物理分离法是以被分离对象所具有的不同物理性质为依据，采用合适的物理手段进行分离。常用的方法有气体扩散法、离心分离法、质谱分离法、热扩散法和喷嘴射流法等。

化学分离法主要是利用待分离对象在化学性质上的差异，通过合适的化学过程使它们分离。常见的方法有沉淀和共沉淀分离法、溶剂萃取法、离子交换色谱法、萃取色谱法以及电化学分离法等。另外，对于一些基于待分离对象的物理化学性质，如沸点、熔点、离子的电荷数和迁移率等的不同而建立的分离法，如蒸馏法、区带熔融法、电迁移法和膜分离法等物理化学分离法，通常也归为化学分离法。本章主要介绍化学分离法。

化学分离方法历史悠久，而且在不断发展之中，一些新的分离方法常常是几种分离方法原理或技术的结合。本章只能将一些主要方法归纳为四节加以简略介绍，有些方法的更详细介绍，请参阅有关专著。

第二节　沉淀和共沉淀分离法

沉淀和共沉淀是经典的化学分离方法。早期，它曾为分析化学和放射化学的发展做出过重大贡献。例如离子定性鉴定的硫化氢分离分组系统，岩石定量全分析的经典系统都是建立在沉淀分离基础上的。又如在发现原子核裂变的研究中，人们对中子轰击铀核之后的变化曾展开过激烈的学术争论，最后利用共沉淀放射化学分离技术，出色地证实了铀裂变现象，为核能的开发与利用奠定了基础。共沉淀分离法广泛用于放射性元素或核素的浓集、核反应化学研究、人工放射核素的生产和分析等领域。在工业分析化学广阔领域里，不仅在原材料分析、产品鉴定中，甚至在过程控制分析中，基体元素的分离，微量及痕量元素的分离富集中均有着广泛的应用，甚至形态分析中也可运用沉淀和共沉淀分离法。

一、沉淀分离法

沉淀分离法是指通过沉淀反应把待测组分和干扰组分分开的方法，依据溶度积原理，利用某种沉淀剂有选择性地沉淀某些离子而其他离子因不能形成沉淀则留于溶液中，运用过滤、离心等方法将固液分开，从而达到分离的目的。

沉淀分离法主要用于常量组分分离。常量组分的沉淀分离可分为两类：一是沉淀为难溶的无机化合物；二是沉淀为难溶的有机化合物（主要是与有机配合剂形成的难溶螯合物）。

（一）沉淀为难溶的无机化合物

难溶的无机物有氢氧化物、某些硫酸盐、某些卤化物及硫化物、碳酸盐、磷酸盐、碘酸盐、高碘酸盐、铬酸盐、砷酸盐等。其中氢氧化物沉淀、硫化物沉淀均可通过控制不同条件来达到不同组分分离的效果。碘酸盐、硫酸盐和氟化物沉淀分离对某些组分的分离也常常很有效。

由于氢氧化物和弱酸盐的溶解度与 pH 值有关，pH 值的变化常常引起沉淀溶解度的变化。因此利用控制 pH 值可以使金属的弱酸盐及氢氧化物由于溶解度的不同而进行分离。

在分析实践中，某些微溶金属氧化物悬浊液和缓冲溶液能控制 pH 值。ZnO 悬浊液控制 pH 值的分离方法特别适用于 Fe(Ⅲ)、Al(Ⅲ)、Cr(Ⅲ)与 Co(Ⅱ)、Ni(Ⅱ)、Mn(Ⅱ)的分离。例如合金钢中钴的测定就是用 ZnO 悬浊液分离除去干扰离子，然后用亚硝基红盐分光光度法测定钴。Fe(Ⅲ)、Al(Ⅲ)、Cr(Ⅲ)、Ti(Ⅳ)、Zr(Ⅳ)、Nb(Ⅴ)、Ta(Ⅴ)等能被 ZnO 悬浊液定量沉淀为氢氧化物，Cu(Ⅱ)沉淀不完全，Co(Ⅱ)、Ni(Ⅱ)、Mn(Ⅱ)等不沉淀。除 ZnO 悬浊液外，$CaCO_3$、$MgCO_3$、MgO 和 HgO 等也有类似作用。值得指出，采用上述方法控制 pH 值时，只有在引入的相应金属离子不干扰下一步的测定时才能应用。

不同的缓冲溶液所能控制的 pH 值的范围不同。对同一缓冲溶液，当酸和盐的比例改变时，其缓冲的 pH 值也会改变。因此，应用缓冲溶液控制 pH 值可进行金属的氢氧化物或碱式盐的沉淀分离。

为了减少其他元素的共沉淀以及改善沉淀的物理性质，可采取均匀沉淀方法。

均匀沉淀又称均相沉淀。它是溶液中均匀地产生沉淀剂，从而使沉淀反应在整个溶液中缓慢而均匀地进行。这一方法可获得粗大的晶粒，减少表面吸附的杂质，不需陈化，易于过滤和洗涤。表 3-9 列出某些均匀沉淀类型及其应用。

（二）沉淀为难溶的有机化合物

有机沉淀剂的相对分子质量大，在水中的溶解度小，吸附无机杂质少，选择性高，有利于选择性分离和重量法测定。

难溶有机化合物种类繁多，在分离富集中的应用也很广泛，按有机试剂和金属离子生成沉淀的反应类型可分为三类。

（1）生成有机螯合物沉淀　有机螯合物沉淀剂至少具有两种官能团。一种为一个可取代的酸性官能团，如—COOH、—OH、═NOH、—SH 和—SO_3H 等；一种是配位基，即在分子中至少有一个未结合的电子对，如—$\ddot{N}H_2$、═$\ddot{N}$H、═C═O$\ddot{N}$：等。金属离子与有机螯合沉淀剂反应时，通过酸性基团和配位基团的共同作用，生成微溶于水的螯合物。许多有机沉淀剂能与金属离子形成螯合物而沉淀下来，这种螯合物难溶于水而易溶于非极性或极性较小的有机溶剂，如三氯甲烷、四氯化碳等。

表 3-9 某些均匀沉淀类型及其应用

沉淀类型	试剂	被沉淀离子
氢氧化物和碱式盐	尿素	Al^{3+},Ca^{2+},Fe^{3+},Ga^{3+},Sb(Ⅱ,Ⅳ),Th^{4+},Zn^{2+},Zr(Ⅳ),RE^{3+}
	乙酰胺	Ti^{4+}
	EDTA	Fe^{3+}
	六亚甲基四胺	Bi^{3+},Cd^{2+},Cu^{2+},Pb^{2+},Th^{4+}
	安息香酸胺	Fe^{3+}
	氧化锌悬浊液	Fe^{3+}
草酸盐	草酸二甲酯	Al^{3+},Ca^{2+},Ce^{4+},RE^{3+},U^{4+}
	草酸二乙酯	Ca^{2+},Mg^{2+},Th^{4+},Zn^{2+},RE^{3+}
	尿素,草酸盐	Ca^{2+}
	EDTA,草酸盐	Ce^{3+},Th^{4+},Y^{3+}
磷酸盐	磷酸三甲酯	Zr(Ⅳ)
	磷酸三乙酯	Hf(Ⅳ),Zr(Ⅳ)
	焦磷酸四乙酯	Zr(Ⅳ)
	偏磷酸	Zr(Ⅳ)
硫酸盐	硫酸二甲酯	Ba^{2+},Ca^{2+},Sr^{2+},Pb^{2+}
	尿素,硫酸盐	Al^{3+},Ga^{3+},Sn(Ⅳ),Th^{4+}
	氨基磺酸	Ba^{2+}
	硫酸甲酯-钾盐	Ba^{2+}
	EDTA,过硫酸铵	Ba^{2+}
硫化物	硫代乙酰胺	As(Ⅲ,Ⅴ),Bi^{3+},Cd^{2+},Cu^{2+},Fe(Ⅱ,Ⅲ),Hg^{2+},Mn^{2+},Mo(Ⅵ),Pb^{2+},Sn(Ⅱ,Ⅳ)
	硫脲	W(Ⅵ),Cd^{2+},Cu^{2+},Hg^{2+},Pb^{2+}
	硫代硫酸铵	Cd^{2+},Cu^{2+},Bi^{3+},Pb^{2+}
	巯基乙酸	Cd^{2+},Cu^{2+},Bi^{3+},Pb^{2+}
	三硫代碳酸(H_2CS_3)	Cu^{2+},Zn^{2+},Mo(Ⅵ)
	硫代甲酰胺	As(Ⅲ,Ⅴ),Cu^{2+},Ir^{3+},Pd^{2+},Pt(Ⅱ,Ⅳ),Rh^{3+}
碳酸盐	三氯乙酸	La^{3+},Ce^{3+},Pr^{3+},Nd^{3+},Sm^{3+}
氯化物	氯化物,乙酸 2-羟基乙酯	Ag^{+}
砷酸盐	亚砷酸盐,硝酸	Zr(Ⅳ)
	砷酸盐	As(Ⅲ,Ⅴ),Hf(Ⅳ),Zr(Ⅳ)
碘酸盐和高碘酸盐	碘,氯酸盐	Th^{4+},Zr(Ⅳ)
	高碘酸盐,乙酰胺	Fe^{3+},Th^{4+},Zr(Ⅳ)
	高碘酸盐,乙酸 2-羟基乙酯	Th^{4+},Fe^{3+}
	高碘酸盐,二乙酸亚乙酯	Th^{4+}
	酒石酸,过氧化氢,高碘酸钾	Ce^{4+}
	溴酸盐,碘酸钾	
溴酸盐	溴化物,溴酸	Bi^{3+}
铬酸盐	尿素,重铬酸盐或铬酸盐	Ba^{2+}
	溴酸盐,Cr^{3+}	Pb^{2+}
苦杏仁酸盐	苦杏仁酸	Zr(Ⅳ),RE^{3+}
四氯邻苯二甲酸	四氯邻苯二甲酸	Th^{4+}
螯合物	丁二肟	Ni^{2+}
	苯并三唑	Ag^{+},Cu^{2+}
	1-亚硝基-2-萘酚	Co^{2+}

(2) 生成离子缔合物沉淀　某些有机沉淀剂在水溶液中能够电离出大体积的离子，这种离子与金属离子或金属配离子结合成溶解很小的缔合物沉淀，这些试剂大多数是属于 R^+ 或 RH^+ 类型的，例如氯化四苯钾、四苯硼酸钠等。$(C_6H_5)_4AsCl$ 在水溶液中以 $(C_6H_5)_4As^+$ 及 Cl^- 形式存在，当溶液中含有某些金属含氧酸根或金属卤化物的络阴离子时，体积庞大的有机阳离子与其结合成离子缔合物。其反应式为

$$(C_6H_5)_4As^+ + MnO_4^- = (C_6H_5)_4AsMnO_4\downarrow$$

$$2(C_6H_5)_4As^+ + Hg_2Cl_2^{2-} \longrightarrow [(C_6H_5)_4As]_2 \cdot Hg_2Cl_2 \downarrow$$

当然，有机沉淀剂也可以是于水溶液中形大体积阴离子的试剂，它们可直接沉淀溶液中的金属阳离子（或金属配阳离子）。

（3）生成三元配合物有机沉淀　三元配合物有机沉淀剂能与金属离子和其他的配位体形成具有固定组成的三元配合物。它具有选择性好、沉淀速度快、组成稳定、称量形式的相对分子质量大等优点，适用于微量元素的重量法分析。例如用2,4-二硫代-6-苯胺-1,3,5-三氮杂苯（ATD）可使微克级的Cu、Cd或Pb分别在pH值为4～9和6～9时定量地沉淀出来，在柠檬酸盐存在下，几毫克到几十毫克的Al、Fe(Ⅲ)、V(Ⅴ)、Zn、As(Ⅲ)、As(Ⅴ)、Ni、Ce和Mn(Ⅱ)不会生成沉淀而产生干扰。

重要的有机沉淀剂及萃取剂有四苯硼酸钠、氯化四苯钾、8-羟基喹啉（C_9H_7ON）（缩写为Oxine）、*N*-苯甲酰苯羟胺（BPHA）、铜试剂（DDTC）、苯甲酸铵、丁二酮肟和铜铁试剂等。

二、共沉淀分离法

共沉淀现象是由于沉淀的表面吸附作用、混晶或固溶体的形成、吸留或包藏等所引起的。在重量分析中，由于共沉淀现象的发生，使获得的沉淀混有杂质而产生误差，因此必须设法消除共沉淀现象。但在分离方法中，却可利用共沉淀现象分离和富集痕量组分，例如水中痕量的汞（$0.02\mu g \cdot L^{-1}$），由于含量太低，不能直接使其沉淀下来。如果在水中加入适量的Cu^{2+}，再用S^{2-}作沉淀剂，则利用生成的CuS作载体，使痕量的HgS共沉淀而富集。这里，载体CuS又称为共沉淀剂。依据共沉淀剂性质不同，可分为无机共沉淀法和有机共沉淀法。

（一）无机共沉淀法

无机共沉淀方法依其反应机理不同，可分为三类。

（1）吸附共沉淀分离法　常用的吸附共沉淀剂为$Fe(OH)_3$、$MnO(OH)_2$、$Al(OH)_3$等胶状沉淀，其优点是：①它们与溶液接触的总表面积大，沉淀表面吸附能力也很大，故易于将欲分离的痕量元素的离子共沉淀下来；②胶状沉淀的晶核生成速度快，凝聚时易将欲分离与富集的痕量元素的离子机械地包藏其中，使共沉淀效率提高。缺点是吸附共沉淀的选择性不高。

（2）混晶共沉淀分离法　生成混晶沉淀的条件一般是被分离的离子与载体晶格中的同样电荷离子的大小相近似（两者相差不大于10%～15%），并且生成的化合物与载体晶体属于同一晶系。利用形成混晶沉淀进行分离的选择性比吸附沉淀的方法高，但应注意载体本身引入的离子以及载体的用量，以防给下一步分析工作带来麻烦。

（3）形成晶核共沉淀分离法　在溶液中的某些痕量元素的离子，由于含量实在太低，使它们形成难溶化合物沉淀是不可能的，但可把它作晶核，在能形成痕量离子的难溶化合物的同时也形成可吸附它们的载体，将其共沉淀下来达到分离与富集的目的。在含有Au、Ag、Pt、Pd等金属元素的阳离子的酸性溶液中，加入少量Na_2TeO_3，再加入还原剂如$SnCl_2$或H_2SO_3，上述微量的贵金属就会被还原为金属微粒，成为晶核，而亚碲酸同时被还原析出的游离碲聚集在贵金属晶核表面，使晶核长大，尔后一道凝聚下沉，从而与溶液中的大量Fe、Zn、Co、Ni等离子分离。

（二）有机共沉淀分离法

与无机共沉淀分离法相比，有机共沉淀分离法的优点是分离的选择性高，分离效果好；共沉淀剂经灼烧后能除去，达到痕量组分与载体的分离；适宜于痕量组分的分离富集，欲分离或富集的组分含量可低至$1\times10^{-10}g \cdot ml^{-1}$或更低。

有机共沉淀分离法，依其共沉淀机理不同，主要有两类。

（1）惰性共沉淀剂共沉淀法　常用共沉淀剂为酚酞、*β*-萘酚、间硝基苯甲酸及*β*-羟基萘甲酸等，由于它们在水中较难溶解，可将微量难溶化合物共沉淀出来，例用8-羟基喹啉或铜试剂等螯合剂沉淀海水中的微量Ag^+、Co^{2+}、Cu^{2+}、Fe^{3+}、Mn^{2+}、Ni^{2+}、Zn^{2+}等时，由于上述离子含量极微，生成难溶化合物不会沉淀析出，如果加入含酚酞的乙醇溶液，由于酚酞在水中沉淀析出，能使上述各种螯合物共同沉淀下来。

(2) 利用形成螯合物或离子缔合物进行共沉淀　例如，甲基紫可使溶液中痕量 Zn^{2+} 以 $[Zn(SCN)_4]^{2-}$ 的形式共沉淀下来。实验证明，在含有痕量 Zn^{2+} 的大量 Al^{3+} 及 Ca^{2+} 的酸性溶液中，加少量 NH_4SCN，继以加甲基紫溶液，这时并无沉淀产生，但随着过量 NH_4SCN 的加入，溶液中过量的甲基紫大阳离子（以 Vit^+ 代表）与过量的 SCN^- 结合成大量微溶的 (Vit)SCN 正盐。与此同时，原先形成但不能析出的难溶正盐 $[(Vit)_2]Zn(SCN)_4$ 便溶于其中，形成固溶体共沉淀下来，过滤、洗涤后便与大量 Al^{3+}、Ca^{2+} 分离，用这个方法可在 100ml 溶液中富集 1μg Zn。

三、沉淀和共沉淀分离法的应用

沉淀和共沉淀是常用的化学分离方法之一，由于它具有方法简便，实验条件易于满足，在某些情况下还能直接为放射性测量提供固体样品源，省去其他的制样步骤等优点，在使用较少量载体时更显得适宜。所以，在痕量元素或放射性核素的分析中，沉淀和共沉淀分离法仍是一种常用的富集与分离方法。

（一）基体沉淀分离

基体沉淀法主要用于常量元素的分析和分离，在痕量分析中用于多种待测痕量元素的同时富集。只要在适当的条件下，基体元素可以用沉淀法除去，而待测痕量元素定量地留在水溶液中。表 3-10 列出一些痕量杂质为 $ng \cdot g^{-1}$ 级或低于 $\mu g \cdot g^{-1}$ 级的高纯金属和化合物中基体沉淀法的应用实例。

表 3-10　基体沉淀法的应用

基体	沉淀形式	痕量元素	测定技术
Pb	$Pb(NO_3)_2$	Ag、Al、Bi、Cd、Co、Cu、Fe、Ga、In、K、Mg、Mn、Na、Ni、Pd、Tl、Zn	AAS
Pb	$PbCl_2$	Ag、Al、Au、Bi、Cd、Co、Cu、Fe、Ga、In、K、Mg、Mn、Na、Ni、Sb、Tl	AAS、分光光度法
Pb	$PbSO_4$	Al、Cd、Co、Cu、Ga、In、Mn、Ni、Pd、Zn	AAS
Pb	PbS_2O_3	Zn	分光光度法
Tl	TlI	Bi、Cd、Co、Cu、Fe、In、Ni、Pb	发射光谱法、分光光度法
Hg	Hg	Bi、Cd、Co、Cu、Fe、Mg、Mn、Ni、Pb、Tl、Zn	伏安法、发射光谱法、分光光度法
Ag	Ag 汞齐	As、Cd、Cu、Fe、Ga、In、Mn、Ni、Pb、Ti、Zn	伏安法、发射光谱法、分光光度法
Ni	高氯酸六氨镍	Co	分光光度法
Te	TeO_2	Cu、Pb	分光光度法、极谱法
Si、Ge	硅酸钠或锗酸钠	B	分光光度法
Cu	$Cu(SCN)_2$	Fe、Pb	分光光度法
Cu	CuS	Cd、Co、Fe、Mn、In、Ni、Pb、Zn	AAS

（二）载体沉淀分离痕量元素

当溶液中待测痕量元素的含量低于 $1mg \cdot L^{-1}$ 时，采用常规的沉淀技术难以进行定量沉淀和分离。这时采用载体沉淀法可确保痕量元素的定量回收。载体沉淀法是将溶液中待测痕量元素以共沉淀方式或简单的机械载带作用被捕集到 1mg 的沉淀物上，这种沉淀物叫作捕集沉淀剂（载体或聚集沉淀剂）。典型的捕集沉淀剂有 Fe(Ⅲ)、Al(Ⅲ)、Mn(Ⅳ)、Bi(Ⅲ)、Sn(Ⅳ)的氢氧化物、Cu(Ⅱ)、Pb(Ⅱ)、Cd(Ⅱ)、Hg(Ⅰ)的硫化物以及砷、硒、碲、氟化钙、氟化镧、氟化钇等无机物和硫萘试剂、双硫腙、试银灵、1-亚硝基-2-萘酚、2-巯基苯并噻唑、2-巯基苯并咪唑、8-羟基喹啉铜配合物等有机物。载体沉淀法广泛地用于富集淡水、海水和废水中痕量元素，对许多低于 $\mu g \cdot L^{-1}$ 级的重金属来说，回收率大于 90%，富集倍数为 10^3 是容易达到的，而大多数的碱金属和碱土金属则留在溶液中。

载体沉淀法在痕量杂质元素为 $ng \cdot g^{-1}$ 级或低于 $\mu g \cdot g^{-1}$ 级的浓缩高纯金属或其他试样

中也适用，见表 3-11。选择适当的载体和掩蔽剂，富集倍数可大于 10^3，若再度沉淀，则富集倍数还能提高。

表 3-11 高纯金属和其他无机固体样品中痕量元素的载体沉淀

基 体	痕 量 元 素	捕集沉淀剂或沉淀剂	测 定 技 术
Cu	As	$Fe(OH)_3$	分光光度法
Ag	Bi、Pb、Te	$Fe(OH)_3$	极谱法
Al	Mn	$Fe(OH)_3$	分光光度法
Ni	Cu	$Fe(OH)_3$	极谱法
Cr	P	$Al(OH)_3$	分光光度法
Ag	Bi	$Al(OH)_3$	极谱法
Fe	Sb、Ti	$Cr(OH)_3$	极谱法
Ag、Cd、Cu、Zn	Fe	$Cr(OH)_3+Ti(OH)_4$	XRF
Na	Co、Cr、Fe、Mn、Ni	$La(OH)_3$	发射光谱法
Cu	As、Bi、Fe、Pb、Sb、Se、Sn、Te	$La(OH)_3$	AAS
Fe	Cr、Sn	$Be(OH)_2$	极谱法
Al	Fe、Mn、Ti、Zn	$Zr(OH)_4$	AAS、极谱法
Mg	Co、Cu、Fe、Zn	$Sn(OH)_4$	发射光谱法
Mo、W	Ti、Zr	$Co(OH)_2$	XRF
Al	Cr、Cu、Fe、Mg、Mn、Zn	$Ni(OH)_2$	AAS
Fe	Sb	MnO_2	分光光度法
Cu	Sn	MnO_2	极谱法
Pb	Sb、Ti	MnO_2	分光光度法
Ni	Bi、Pb	MnO_2	AAS
In	Au、Bi、Cd、Hg、Mo、Pd、Sb	CuS	发射光谱法
Ag	Au	Ag_2S	NAA
铀矿石	Th	LaF_3	发射光谱法
Be、Ti、U、Zr	稀土	$CaF_2+MgF_2+YF_3$	发射光谱法
U、Zr	稀土	$TeF_4\cdot NH_4F$	XRF
U	Ag	TlI	分光光度法
Ag、Cr、Cu、Mg、Ni、Zn	Pb	$BaCrO_4$	极谱法
Pb	Se	$PbSO_4$	分光光度法
Ag、Cu、Hg、Ni	Pd	AgCN	发射光谱法、分光光度法
Cu、Pb、耐热合金	Se、Te	As	分光光度法、AAS、XRF
Cu	Au	Te	分光光度法
碲酸	Pb	Te	分光光度法
Pb	Ag、Au、Bi、Cu、Pd	Pb	AAS
In	Bi、Fe、Hf、Mo、Nb、Sn、Ta、Ti、V、W、Zr	铜铁灵-铁	发射光谱法
钢	Zr	铜铁灵-铁	分光光度法
石膏	Al、Fe、Tl	铜铁灵	XBF
Al	Bi、Cd、Co、Fe、In、Ni、Pb、Tl、Zn	APDC(Cu)载体	AAS
K 和 Na 盐	Cu、Fe、Mn、Ni、Pb、Sn、Zn	8-羟基喹啉+巯萘剂	发射光谱法
KCl	39 个元素	8-羟基喹啉+鞣酸+巯萘剂(载体内)	发射光谱法
Cd	Ag、Bi、Cr、Cu、Fe、In、Ni、Pb	2-苯偶酰二肟+CdS+MnO	AAS

在放射化学分离中，共沉淀分离的应用更为广泛。Pb-Ba 双载体法是目前一种比较有效的分离镭的共沉淀法。所谓 Pb-Ba 双载体法，即在 Pb 载体中加入少量的 Ba，其 Ba 含量通常只是 Pb 含量的百分之几，甚至更少。在掩蔽剂存在下进行镭的共沉淀，是除去某些干扰元素的有效方法。

在环境水样中，钚的浓度非常低，一般在 $10^{-15}Bq\cdot L^{-1}$ 数量级。要测定如此低浓度的钚，通常采用共沉淀富集方法，如在 pH=8~10 和室温条件下，用活性 MnO_2 可使海水中钚的回收率达到 80%。在活化分析中经常需要分离除去基体放射性，用 5-苯氨基蒽醌-2-磺酸沉淀基体钠，可将溶液中的钠含量降至 $2.5\mu g\cdot ml^{-1}$。

铂、钯、铑、铱等贵金属在矿石中含量很低，为$10^{-5}\%\sim10^{-7}\%$。即使选择最灵敏的分析方法，也不能在极大量贱金属存在下测定其含量。应该在$c(HCl)=0.05\sim1mol\cdot L^{-1}$酸度内，用硫代苯酰胺和惰性共沉淀剂二苯胺定量地共沉淀贵金属，使微量铂族金属富集之后再进行测定。

第三节 溶剂萃取分离法

溶剂萃取分离法是指在被分离物质的水溶液中，加入与水互不相溶的有机溶剂，借助于萃取剂的作用，使一种或几种组分进入有机相，而一些组分仍留在水相，从而达到分离的目的。

无机盐类溶于水并发生离解形成水合离子。如$Al(H_2O)_6^{3+}$和$Fe(H_2O)_2Cl_4^-$等，它们易溶于水而难溶于有机溶剂，这种性质称为亲水性。许多有机化合物（如油脂、萘、蒽等）难溶于水而易溶于有机溶剂，这种性质称为疏水性。如果要从水溶液中将某些无机离子萃取至有机溶剂中，必须设法将其亲水性转化为疏水性。最常用的方法是加入某种试剂，使金属离子与该试剂结合成不带电荷、难溶于水而易溶于有机溶剂的分子，这种试剂称为萃取剂。因此萃取过程的本质是将物质由亲水性转化为疏水性的过程。

物质亲水性强弱的规律是：①亲水性的物质多半是离子型化合物；②物质含亲水基团越多，其亲水性越强。常见的亲水基团有$—OH$、$—SO_3H$、$—NH_2$和$=NH$等；③物质含疏水基团越多，相对分子质量越大，其疏水性越强。常见的疏水基团有：烷基如$—CH_3$、$—C_2H_5$、卤代烷基等，芳香基如苯基、萘基等。

应当注意，在一定的外界条件下，物质的亲水性和疏水性是可以互相转化的。因此既可以把待分离的物质从水相萃取得到有机相，也可以把有机相的物质转入到水相中，后者称为反萃取。萃取与反萃取配合使用，可提高萃取分离的选择性。

溶剂萃取分离法可用于大量元素的分离，又适合于痕量元素的富集与分离。几十年来，它在无机化学、分析化学、放射化学，特别是在有色金属提取、燃料回收以及锕系元素、稀土元素和裂变产物的分离和分析方面都获得广泛的应用。溶剂萃取分离法应用如此之广，主要是由于具有下列特点：仪器设备简单，操作简便快速；易于自动控制，回收率高，选择性好，应用范围广；溶剂萃取分离技术除了用于分离外，还能作为富集手段。溶剂萃取分离适用于周期表中大多数元素，甚至化学性质非常相似的元素，例如Zr-Hf、Nb-Ta、Ra-Ba，以及镧系元素或锕系元素之间的彼此分离，都可获得良好的结果。此外，溶剂萃取还适用于同一元素不同价态放射性核素的分离和测定。其缺点是：大多数有机溶剂是挥发性很强的液体，具有一定的毒性；大多数萃取剂价格昂贵，虽可回收但成本高；多数萃取的操作手续较烦且费时。若将萃取剂负载到树脂上制成萃淋树脂，用柱色谱法操作，则可克服上述不足，并提高效率。

一、萃取分离的基本参数

（一）分配系数

设物质A在萃取过程中分配在互不相溶的水相和有机相中，

$$A_{水}\rightleftharpoons A_{有}$$

在一定温度下，当分配达到平衡时，物质A在两种溶剂中的活度比保持恒定，即分配定律，可用式(3-1)表示为

$$K_D=a_{A_{有}}/a_{A_{水}} \tag{3-1}$$

如果浓度很稀时，可以用浓度代替活度。式(3-1)可写为

$$K_D=[A]_{有}/[A]_{水} \tag{3-2}$$

式中，K_D 为分配系数，又称为分配常数。分配系数大的物质，绝大部分进入有机相中；分配系数小的物质仍留在水相中，可将物质彼此分离。因此，分配定律是溶剂萃取分离的基本原理。

（二）分配比

分配系数仅适用于溶质在萃取过程中不发生化学反应，溶质在两相中应以相同的形态存在且在两相中均不产生缔合、离解等副反应。然而，在实际工作中所遇到的情况往往是复杂的，有的溶质在两相中存在的状态是不同的，并受各种条件的影响。因此，分析时必须知道溶质在两相中的总浓度。两相中物质总浓度之比称为分配比，一般用 D 表示。

$$D=c_{A_{有}}/c_{A_{水}} \tag{3-3}$$

式中，$c_{A_{有}}$、$c_{A_{水}}$ 分别为溶质 A 在有机相、水相中的总浓度。在简单体系中，溶质在有机相中不发生聚合，在水相中不发生解离或形成配合物时，K_D 等于 D。

I_2 在四氯化碳和水中的分配过程，是溶剂萃取最典型的简单示例，如果水溶液中有 I^- 存在，I_2 和 I^- 形成络离子（I_3^-）。

$$I_2+I^- \rightleftharpoons I_3^- \qquad 稳定常数\ K_f=\frac{[I_3^-]}{[I_2][I^-]}$$

I_2 分配在两种溶剂中

$$I_{2水} \rightleftharpoons I_{2有} \qquad K_D=\frac{[I_2]_{有}}{[I_2]_{水}}$$

分配比为

$$D_{I_2}=\frac{[I_2]_{有}}{[I_2]_{水}+[I_3^-]_{水}}=\frac{K_D}{1+K_f[I^-]} \tag{3-4}$$

从式(3-4) 看出，D_{I_2} 随水溶液中的 $[I^-]$ 而改变，当 $[I^-]=0$ 时，$D_{I_2}=K_D$；$[I^-]$ 逐渐增大时，D_{I_2} 逐渐降低。因此，分配比是随着萃取条件的变化而改变的。分配比的大小与溶质本性、萃取体系和条件等有关。

（三）萃取率

在分析化学中，更有实际意义的是常用萃取率（E）来表示萃取完全的程度。它与分配比的关系为

$$E=\frac{溶质\ A\ 在有机相中的总量}{溶质\ A\ 在两相中的总量}=\frac{c_{有}V_{有}}{c_{水}V_{水}+c_{有}V_{有}} \tag{3-5}$$

式(3-5) 中分子和分母同除以 $c_{水}$ 和 $c_{有}$，则

$$E=\frac{(c_{有}/c_{水})}{(c_{有}/c_{水})+(V_{水}/V_{有})}=\frac{D}{D+(V_{水}/V_{有})} \tag{3-6}$$

式中，$c_{有}$、$c_{水}$ 分别为有机相、水相中溶质 A 的浓度；$V_{水}$、$V_{有}$ 分别代表水相、有机相的体积；$V_{有}/V_{水}$ 为体积比，又称为相比。当 $V_{水}=V_{有}$ 时，即用等体积的溶剂来进行萃取时，则

$$E=\frac{D}{D+1} \tag{3-7}$$

由此可见，分配比越大，萃取率越大，萃取效率也越高。当 D 值较小时，采用连续几次萃取的方法提高萃取率。在生产实践中，萃取率的要求取决于待测物质的含量和对结果准确度的要求。一般情况下，微量元素的分离要求 E 达到 95％或 90％以上即可，而常量分离要求达到 99.9％以上。

（四）分离系数

上面讨论的是一种元素在两相中的分配，为了定量描述两种元素彼此之间的分离效率，

一般用分离系数（β，又称为分离因数或分离因子）来表示。它表示两种待分离的物质在同一萃取体系内，在同样萃取条件下，它们彼此分离的程度，其计算用它们分配比的比值来表示。如 A、B 两物质进行分离，则分离系数为

$$\beta = D_A / D_B \tag{3-8}$$

如果 D_A、D_B 之间相差越大，则 β 值越大，表示两种物质的分离效果越好。若 D_A、D_B 相等或很接近时，则表示两种物质在该萃取体系中难以分离。通常要求把 99%待萃取物质萃取，而不需要萃取的物质最多只允许萃取 1%，即该两种物质的 β 值必须达 10^4 以上才能用萃取法分离。否则，就要采取其他措施，以提高分离效率。

（五）萃取常数

对于螯合物萃取体系来说，萃取反应的平衡常数 K_{ex} 称为萃取常数。

对于萃取反应：$M^{n+}_{水} + n\,HL_{有} \rightleftharpoons ML_{n有} + n\,H^+_{水}$

其平衡常数 K_{ex} 为

$$K_{ex} = \frac{[ML_n]_{有}[H^+]^n_{水}}{[M^{n+}]_{水}[HL]^n_{有}} = \frac{K_{D(ML_n)}\beta_n}{[K_{D(HL)}K^H_{HL}]^n} \tag{3-9}$$

式中，$K_{D(ML_n)}$、$K_{D(HL)}$ 为螯合物和螯合剂的分配系数；β_n 为螯合物累积形成常数；K^H_{HL} 为螯合剂的质子化常数（即 $1/K_a$）。

（六）半萃取 pH 值

当两相体积相等时，被萃取物有 50%被萃取时的 pH 值称为该体系的半萃取 pH 值，以 $pH_{1/2}$ 表示。此数值对于形成金属螯合物类型的萃取来说，是表征各种金属离子萃取曲线的特性，对二价金属离子而言，$pH_{1/2}$ 的差值至少有两个 pH 单位才能一次分离完全；对三价金属离子来说，$pH_{1/2}$ 之差可以小些。

二、萃取体系的分类

根据相似相溶规则，极性化合物易溶于极性溶剂中，而非极性化合物易溶于非极性的溶剂中。无机化合物中只有少数共价分子，如 I_2、HgI_2、$HgCl_2$、$GeCl_4$、$AsCl_3$、SbI_3 等可以直接用有机溶剂萃取。大多数无机化合物在水溶液中离解成离子，并与水分子结合成水合离子而易溶于水。如果要从水溶液中萃取水合离子，显然比较困难。为了使无机离子的萃取过程能顺利地进行，必须在水中加入一定的萃取剂。由于萃取剂种类繁多，所涉及的范围很广，它们与金属离子反应的机理也多种多样。过去不少学者对萃取体系提出了各种不同的分类方法。1962 年，我国学者根据萃取机理或萃取过程中生成的萃合物的性质，将萃取体系分为简单分子萃取、螯合物萃取、离子缔合萃取、中性配合物萃取、协同萃取及高温萃取六类。这种分类方法较为科学合理，这里分别介绍六种体系。

（一）简单分子萃取体系

简单分子萃取是中性分子在水相和有机相的物理分配过程，其特点是被萃取物在水相和有机相中都以中性分子形式存在，有机溶剂萃取时，被萃取物与有机溶剂之间没有化学结合，也不外加萃取剂。有些简单分子萃取过程中，虽然被萃取物在水中可能存在离解或聚合过程，但有机萃取时被萃取物与有机溶剂仍无化学反应，被萃取物仍以简单分子被萃取。例如 OsO_4 在水相可有两性的电离平衡：

$$OsO_4 + H_2O \rightleftharpoons H_2OsO_5 \begin{cases} \rightleftharpoons H^+ + HOsO_5^- \\ \rightleftharpoons HOsO_4^+ + OH^- \end{cases}$$

而它在有机相中可能聚合为 $(OsO_4)_4$：

$$4OsO_{4(有)} \rightleftharpoons (OsO_4)_{4(有)}$$

但决定它是简单分子萃取体系的关键是 CCl_4 从水溶液萃取中性分子 OsO_4，且 OsO_4 与

CCl_4 之间无化学结合。

（二）中性配合物萃取体系

中性配合物萃取是被萃取物与中性萃取剂分子形成中性配合物分子而被萃取。例如在 HNO_3 介质中用磷酸三丁酯（TBP）萃取 $RE(NO_3)_3$ 是由于生成了 $RE(NO_3)_3 \cdot 3TBP$ 中性配合物而被萃取。这一类萃取体系的特点是：①尽管萃取剂和被萃取物在一定条件可能会发生电离，但萃取机理是中性萃取剂分子和中性被萃取物分子发生反应而生成了中性配合物被萃取；②溶液的酸度（本例中 HNO_3）是影响萃取的一个重要因素。当然为了保证水相中 H^+ 和 NO_3^- 的足够浓度，加入 $NaNO_3$ 和 $Al(NO_3)_3$ 等盐类也是有效的。

（三）金属螯合物的萃取体系

许多有机试剂，其结构中原含有一个或两个亲水基团，在水中有较大的溶解度，但它们与金属离子作用生成中性螯合物分子后就丧失了亲水性，这类金属螯合物难溶于水而易溶于有机溶剂，因而能被有机溶剂所萃取。

这类萃取机理的特点是：①萃取剂是弱酸 HL 或 H_2L，它既溶于有机相也溶于水相（通常在有机相中溶解度较大），在两相间的分配系数依赖于水相组成，特别是水相 pH 值；②在水相中的金属离子以阳离子 M^{n+} 或能离解为 M^{n+} 的络离子 ML_x^{n-xb}（b 为配位体的负价）的形式存在；③在水相中 M^{n+} 与 HL 或 H_2L 作用生成中性螯合物，该中性螯合物不含亲水基团，难溶于水，易溶于有机溶剂而被萃取；④螯合萃取受酸度变化影响显著，这可从下述反应看出：

$$M^{n+} + nHL \rightleftharpoons ML_n + nH^+$$

因此，可以通过控制水相 pH 值来实现一些组分的分离。根据萃取平衡理论推导和实验表明，分配比 D 与萃取平衡常数（K_{ex}）、过量试剂在有机相中浓度（$[HL]_{有}$）、金属离子价态（n）及水相 pH 值（n 倍）有关，而与被萃取组分的浓度无关。因此这类萃取既适用于痕量组分的分离，也适用于常量组分的分离。

研究金属螯合物萃取分离时，往往需要通过实验做出不同金属离子的萃取酸度曲线（E-pH 值曲线）。图 3-1 为 $c(C_9H_7NO)=0.1mol \cdot L^{-1}$ 的 8-羟基喹啉的三氯甲烷溶液萃取 Cu^{2+}、Zn^{2+}、Pb^{2+} 的 E-pH 值曲线。由图 3-1 看出，Cu^{2+}、Zn^{2+}、Pb^{2+} 的 $pH_{1/2}$ 分别为 1.4、3.3、5.1。显然，Cu^{2+}-Zn^{2+}、Zn^{2+}-Pb^{2+} 间的分离是不完全的，而 Cu^{2+}-Pb^{2+} 之间的分离是令人满意的。

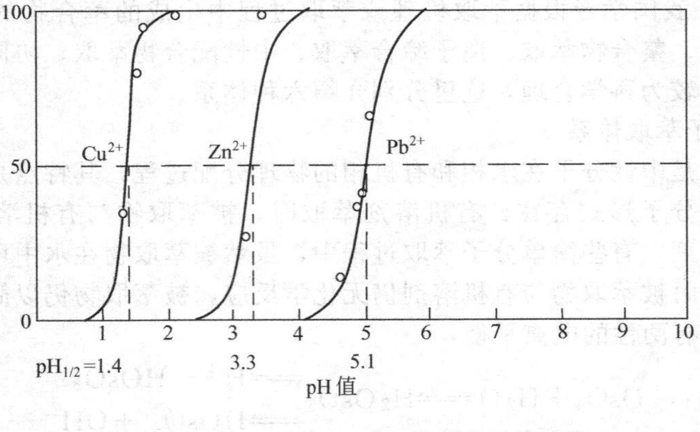

图 3-1 Cu^{2+}、Zn^{2+}、Pb^{2+} 的萃取酸度曲线

某些金属离子的 $pH_{1/2}$ 值相差不大，仅采用调节 pH 值的办法难以分离时，可结合应用掩蔽剂，如氰化物、EDTA、酒石酸盐等以提高萃取的选择性达到分离目的。

(四) 离子缔合物的萃取体系

金属元素除以阳离子形式存在于溶液外，也能以各种络阴离子形式存在，如 WO_4^{2-}、VO_3^-、$GaCl_4^-$、$TlBr_4^-$、$P(Mo_2O_7)_4^{3-}$、ReO_4^- 等。要使这些络离子由亲水性转化为疏水性，通常利用一种分子的相对质量大的有机阳离子（RH^+）通过静电引力与金属络阴离子（A^-）结合成一种不带电的化合物（离子缔合物）。离子缔合物萃取体系通常可分为 4 种。

(1) 碱性染料离子缔合物的萃取　碱性染料在酸性溶液中都能与 H^+ 结合形成大阳离子，它与金属络阴离子缔合后而丧失亲水性，故能被有机溶剂萃取。例如罗丹明 B 在酸性溶液中与 $GaCl_4^-$ 缔合，可用苯和丙酮混合液萃取。与此类似的有三苯基甲烷染料（如结晶紫、灿烂绿等）与金属卤络阴离子结合都能形成离子缔合物。例如用灿烂绿在 HCl 介质中萃取光度法测定 Sb，首先 Sb(Ⅴ) 形成 $SbCl_6^-$，然后与灿烂绿的阳离子缔合（$RH^+SbCl_6^-$）而被苯萃取显绿色，过量的灿烂绿仍以阳离子形式存在，因带电荷而不被萃取。能与灿烂绿阳离子缔合的阴离子还有 TlX_4^-、AuX^-、FeX_4^-（X 为 Cl^-，Br^-）等，其缔合物都能被苯、三氯甲烷或甲苯萃取。

(2) 镁盐的萃取　含氧的有机萃取剂如醚类、醇类、酮类和酯类等，它们的氧原子具有孤对电子，能与 H^+ 或其他阳离子结合形成镁离子，它可以与金属络阴离子（或其他阴离子）结合成易溶于有机溶剂的镁盐（或中性分子）而被萃取。例如在 HCl 介质中，用乙醚萃取 Fe^{3+} 反应为

$$C_2H_5-O-C_2H_5 + H^+ \rightleftharpoons \left[C_2H_5-\overset{\overset{\displaystyle H}{|}}{O}-C_2H_5\right]^+$$

$$\left[C_2H_5-\overset{\overset{\displaystyle H}{|}}{O}-C_2H_5\right]^+ + FeCl_4^- \rightleftharpoons \underbrace{\left[C_2H_5-\overset{\overset{\displaystyle H}{|}}{O}-C_2H_5\right]^+ \cdot [FeCl_4^-]}_{\text{离子缔合物}}$$

此例中，乙醚既是萃取剂又是有机溶剂。实践证明，含氧有机溶剂形成镁盐的能力按 R_2O（醚类）＜ROH（醇类）＜RCOOH（酸类）＜RCOOR′（酯类）＜RCOR′（酮类）＜RCHO（醛类）次序增强。

(3) 铵盐的萃取　含氮的有机萃取剂可以和 H^+ 结合成铵离子型的大阳离子，与金属络阴离子缔合形成铵盐而被有机溶剂萃取。例如在 H_2SO_4 介质中萃取 B^{3+}，B^{3+} 与 F^- 形成 BF_4^- 络阴离子。亚甲基蓝在酸性条件下与 H^+ 结合成铵离子型的大阳离子，与 BF_4^- 缔合成铵盐缔合物。再用 1,2-二氯乙烷萃取分离后，进行光度法测定。

(4) 高分子胺的萃取　各种高分子胺也是离子缔合萃取剂，高分子胺是指相对分子质量较大的有机胺类化合物。如 $C_nH_{2n+1}NH_2$，其中 $n=6\sim12$，相对分子质量为 250～600。由于分子中有疏水性的大烷基，所以难溶于水而易溶于有机溶剂中。其实质是利用胺类萃取剂本身与水溶液中的无机酸作用生成相应的疏水性胺盐并进入有机相。即

$$R_3N_{(有)} + HX_{(水)} \rightleftharpoons [R_3NH^+ \cdot X^-]_{(有)}$$

R 表示长链脂肪族或芳香族基团，X 为酸根阴离子或金属的络阴离子（如 $FeCl_4^-$）。有机相中的胺盐与阴离子交换相似，它与水相中的金属络阴离子（如 $FeCl_4^-$、$CoCl_4^{2-}$）进行交换，形成可萃取的离子对或形成离子缔合物：

$$[R_3NH^+ \cdot X^-]_{(有)} + FeCl_4^- \rightleftharpoons [R_3NH^+ \cdot FeCl_4^-]_{(有)} + X^-_{(有)}$$

而被萃取。由于胺的弱酸性，萃取后有机相用碱溶液处理，使高分子胺再生。分析上常用的胺类萃取剂如三烷基胺（N_{235}），它为高分子叔胺类化合物。在 HCl 介质中，N_{235} 能够萃取多种金属离子，如 Zn^{2+}、Fe^{2+}、Fe^{3+}、Co^{2+}、Cu^{2+} 等。该类萃取反应与阴离子交换树脂的交换反应相似，所以高分子胺的有机溶剂也称为“液体阴离子交换剂”。

（五）共萃取和协同萃取体系

共萃取是指某一元素（通常为微量元素）单独存在时不被萃取，或很少被萃取，但当另一元素（通常为常量元素）存在而被萃取时，难萃取元素萃取率大为提高的现象。共萃取机理比较复杂，但在许多情况下，是由于生成复杂多核配合物、异金属多核配合物、复杂离子缔合物和混配配合物等多元配合物，增加了可萃性。例如用甲基异丁基酮于 HNO_3 介质中萃取铀（Ⅵ）时微量 Cs^+、Ca^{2+}、La^{3+}、Sr^{2+} 将以 $Cs[UO_2(NO_3)_3]$、$Ca[UO_2(NO_3)_3]_2$、$Sr[UO_2(NO_3)_3]_2$、$La[UO_2(NO_3)_3]$形式共萃取。在 HCl 介质中，用乙酸酯萃取 $H[FeCl_4]$ 时，微量锂和钙以 $Li[FeCl_4]$及 $Ca[FeCl_4]_2$ 形式共萃取。显然，这种共萃取现象，有时将影响萃取分离的选择性，有时可利用它来分离富集溶液中的低含量难萃取的组分。

两种或两种以上的萃取剂组成的多元萃取体系中，金属离子的萃取分配比 $D_{混}$ 显著地大于每一种萃取剂在相同条件下单独使用时的分配比之和（$\sum D$），这种现象称为协同萃取效应（严格地说，为正协同萃取效应，反之为负协同萃取效应）。例如，在 0.1mol · L^{-1} HNO_3 介质中，用 PMBP 萃取溶液中的 UO_2^{2+} 时，加入中性磷类萃取剂 TBP、DBPP、TBPO 为协萃剂，可提高对 U(Ⅵ) 的萃取率，其萃合物通式为 $UO_2(PMBP)_2 \cdot B \cdot H_2O$（B 代表 TBP、DBPP 或 TBPO）。

（六）高温萃取体系

根据某些萃取体系中加入盐析剂可以提萃取效率的原理，有人研究了以高沸点有机溶剂从低熔点的熔融盐介质中萃取金属元素的可能性。结果表明，Co^{2+}、Eu^{3+}、Nb^{3+}、Am^{3+}、Np（Ⅵ）、U（Ⅵ）在 $LiNO_3$-KNO_3（熔点 120℃）的熔融盐中用磷酸三丁酯萃取时，分配比的数值要比磷酸三丁酯从浓 HNO_3 中萃取时大 10^2～10^3 倍。

如：从 15.6mol · L^{-1} HNO_3 中萃取 Eu^{3+} 时，D 为 0.032；在上述熔融盐中萃取时则为 16，是浓 HNO_3 介质中的 500 倍。

三、溶剂萃取的操作方法

溶剂萃取的操作方法有多种，这些方法主要是间歇萃取（又称分批萃取）、连续萃取和逆流萃取。另外实际工作中常有除去杂质的回洗法和将被萃物转入水相的溶出技术。

（1）分批萃取法　分批萃取法通常用手摇或机械振荡器使分液漏斗里试样水溶液和有机溶剂充分接触，待平衡后，两个相即可分开，然后将下面的一相通过活塞排放出来。如果分配比不足够大，则用新溶剂重复两次或多次进行萃取，然后将这些有机相合并在一起。对于给定的溶剂用量来说，每次使用少量溶剂进行多次萃取就能得到较好的结果。

（2）连续萃取法　当分配比很小以至于无法重复进行分批萃取时，采取连续萃取法最有效。该法有很多种类型，但主要的是将一些溶剂循环使用。

（3）色层萃取法和逆流萃取法　当被分离的各元素的分配比在相同数量级时可应用这些技术达到成功的分离。如液体分配色层法是利用溶质在以适当惰性固体为载体的液体固定相和液体移动相之间的分配差异采用液滴逆流色层法，大量移动相的液滴通过一系列内径很小的装有固定相的柱子，液滴在里面的湍动促进了溶质在两相之间的分配。

（4）回洗法　在进行萃取之后，有机相可能含有少量的基体元素，它们是与待测痕量元素一起被萃取或以小水滴形式被夹带上的。为了除去这些基体元素，可将有机相与含有适当试剂的少量水溶液一起振荡一次或几次，使基体元素选择性地反萃取或转移到水相。在适当条件下，几乎不出现待测痕量元素的损失。该技术称为回洗法（或洗涤法）。

（5）溶出法　含有待测痕量元素的有机溶剂可直接用分光光度法、发射与吸收光谱法和放射性测量等技术进行测定。众所周知，在火焰发射和吸收光谱分析中存在有机溶剂时信号增强。然而，在测定之前往往需要将所萃取的待测痕量元素从有机相转移到水相。这个过程称为溶出法。有两种方式：一是将待测痕量元素在可萃取配合物被破坏的条件下，反萃取到含有酸或其他试剂的水相里（反萃取）；二是通常在少量水和无机酸存在下蒸发有机溶剂。

四、溶剂萃取的应用

溶剂萃取在工业分析中的应用是比较广泛的。萃取技术与某些仪器分析方法（如分光光度法、原子吸收光谱法等）联用，促进了痕量元素分析的发展。下面仅就其应用归纳为几个方面。

（1）萃取分离　例如测定钢铁中痕量的稀土元素，可在微酸性溶液中加入铜铁试剂作为萃取剂，再加三氯甲烷或四氯化碳萃取，此时主体元素铁及钢铁中经常可能存在的元素，如Cr、Mn、Co、Ni、Cu、V、Nb、Ta等基本上被萃取进入有机相，留于水相中的稀土元素用偶氮胂分光光度法测定。又如测定矿石中或烟道灰中锗时，可在较浓的盐酸试液中用四氯化碳萃取$GeCl_4$，而与试样中的其他元素分离，溶剂相中的$GeCl_4$可用水反萃取进入水相后，以苯基荧光酮显色后测定。再如性质相近的元素Nb和Ta；Zr和Hf；Mo和W以及Re都能利用溶剂萃取法进行分离。

（2）萃取富集　溶剂萃取法也是微量元素富集的有效手段。预先使用有机溶剂萃取富集，能提高测定的灵敏度，改善检出限。例如用于萃取富集Au的有机试剂就很多，常用的有高分子胺类、有机硫化物和中性萃取剂。

（3）萃取光度法分析　萃取分离时，加入适当的试剂，可使待萃取的组分形成有色化合物（因为不少萃取剂同时也是一种显色剂），在有机相中直接测定吸光度。该方法灵敏度高、选择性好、操作简便。例如，测定合金、矿石中痕量钒，可利用V(Ⅴ)在强酸介质中与钽试剂生成紫色的疏水性配合物，并用三氯甲烷萃取。然后在有机相中测定其含量。8-羟基喹啉与许多金属离子形成的螯合物，溶于三氯甲烷后具有很深的颜色，如Fe(Ⅲ)、V(Ⅴ)、Ce(Ⅳ)、Ru(Ⅱ)形成绿色或墨绿色螯合物，U(Ⅵ)、Ti(Ⅳ)、Tl(Ⅲ)等形成黄色的螯合物，然后用分光光度法测定，双硫腙可以和21种金属离子螯合，所生成的螯合物溶于三氯甲烷或四氯化碳并具有各种不同的颜色。但由于双硫腙的三氯甲烷或四氯化碳溶液也都呈绿色，因此用双硫腙进行萃取光度法测定时，要设法消除萃取剂本身对光度测定的干扰作用。在形成离子缔合物的萃取体系中，只要在阳离子或阴离子中有一种是有色的，萃取后均可以直接用光度法测定。此外，许多金属离子螯合物的有机溶剂萃取液有很强的荧光，可用荧光光度法测定。

（4）萃取浮选　在一定条件下，金属离子与某些有机配位剂形成疏水的沉淀，可以浮升至有机溶剂液面形成第三相而分离，这种浮选叫作萃取浮选。如在$c(HNO_3)=0.5mol\cdot L^{-1}$介质中，硅与钼酸盐形成硅钼酸，与罗丹明B(RhB)缔合生成多元配合物$[(RhB)_4\cdot SiMo_{12}O_{40}]$，可用异丙醚浮升分离。继之将浮升物溶解于乙醇中，于555nm进行光度法测定，这是测定痕量硅的最灵敏的方法之一。

五、萃取分离富集的新技术

近几十年来，随着生产和科研的需要，人们将溶剂萃取分离富集技术与其他技术相结合，产生了一系列高效分离富集的新方法和新技术。这些新方法新技术包括超临界流体萃取法、萃取色谱分离法、双水相萃取法、反微团萃取、膜基萃取等。

（一）超临界流体萃取法

超临界流体萃取（SFE）是利用超临界流体（SCF），即在临界温度和临界压力附近具有特殊性能的溶剂进行萃取的一种新分离方法。

当流体的温度和压力处于它的临界温度和临界压力以上时所处的状态，称为超临界流体状态，简称为超临界流体或致密气体。一些超临界流体萃取剂的临界性质见表3-12，其中气体CO_2超临界流体和液体性质比较见表3-13。显然，超临界流体的密度与液体相近，其黏度、扩散系数与气体相近。

表 3-12　一些超临界流体萃取剂的临界性质

萃取剂	临界温度/K	临界压力/bar	临界密度/g·cm^{-3}
二氧化碳	304.1	73.8	0.469
氙气	289.7	58.4	1.109
乙烷	305.4	48.8	0.203
乙烯	282.4	50.4	0.215
丙烷	369.8	42.5	0.217
丙烯	364.9	46.0	0.232
环己烷	553.5	40.7	0.273
苯	562.2	48.9	0.302
甲苯	591.8	41.0	0.292
对二甲苯	616.2	35.1	0.280
三氟一氯甲烷	302.0	38.7	0.579
一氟三氯甲烷	471.2	44.1	0.554
甲醇	512.6	80.9	0.272
乙醇	513.9	61.4	0.276
异丙醇	508.3	47.6	0.273
氨气	405.5	113.5	0.235
水	647.3	221.2	0.315

注：1bar＝0.1MPa。

表 3-13　气体 CO_2 超临界流体和液体性质的比较

性质	相态		
	气体	超临界流体	液体
密度/g·cm^{-3}	10^{-3}	0.7	1.0
黏度/mPa·s	10^{-3}～10^{-2}	10^{-2}	10^{-1}
扩散系数/cm^2·s^{-1}	10^{-1}	10^{-3}	10^{-5}

注：超临界流体是指在 32℃和 13.78MPa 时的二氧化碳。

由于超临界流体具有与液体相似的密度，所以许多固体、气体在其中有较大的溶解度。并且溶质在超临界流体中的溶解度大致可以认为随超临界流体的密度增大而增大。但是超临界流体的密度又不同于液体的密度，它会随流体压力和温度的变化而发生十分显著的变化。利用这一性质，可在较高压力下使溶质溶于超临界流体中，然后使超临界流体的压力降低或温度升高，这时溶解于超临界流体中的溶质就会因超临界流体的密度下降而溶解度降低并析出，这就是超临界流体萃取的基本原理。其萃取流程如图 3-2 所示。

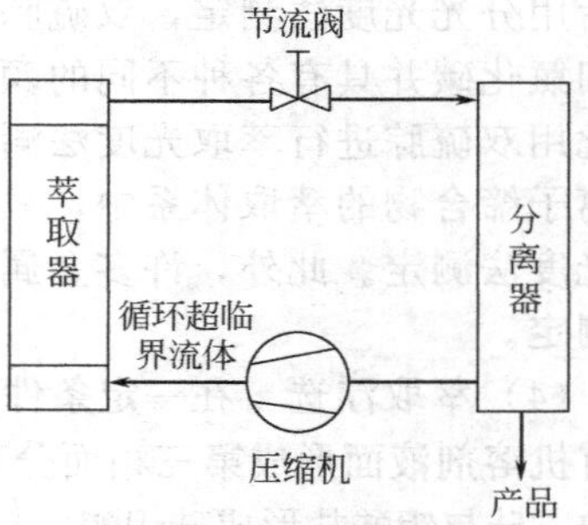

图 3-2　分批操作的超临界流体萃取流程示意

超临界流体萃取的主要特点是：①由于 SCF 的密度与通常液体溶剂密度相近，因此具有与液体相同的溶解能力；同时，它又保持了气体所具有的传递特性，能更快达到平衡，所以速度快；②超临界流体萃取的突出特点是它的萃取能力取决于流体的密度，而流体的密度很容易通过调节温度和压力来加以控制；因此，萃取后溶质与溶剂分离方便，而且精确地控制 SCF 的密度变化，可实现像精馏分离一样使同系物逐一分离；③高沸点有机物质往往能大量地、有选择地溶解于 SCF 中，而形成流体相，由于超临界流体萃取不一定需要在高温下操作，故特别适合于分离易受热分解的物质；④由于超临界流体萃取是一种闭路循环工艺（见图 3-2），对环境的污染很少，同时还可以用来处理“三废”，是一种环保型工艺；⑤超临界流体萃取是一种节能工艺，因为整个工艺过程中除压缩机需消耗一定能量外，其余均为自发过程或等焓过程；⑥超临界流体萃取易与其他分析方法在线联用，实现自动化。

因此，超临界流体萃取在分析化学以及化工过程（特别是医药、食品、精细化工等行业）中得到了应用并有广阔前景。就分析化学中的应用来说，由于它能在较低温度下分析热稳定性不好、挥发性差、分子量较大的有机化合物，这就弥补了气相色谱和高效液相色谱的不足，在GC、HPLC的极限条件领域显示出特殊的活力，可用于生物、医药及高分子化合物分析。它还很适用于微量分析，是一种微量高效萃取技术，如果用超临界流体萃取处理样品，与GC、SFC等技术联用检测，特别适用于环境固体、食品、农产品、高分子及生物材料中痕量有机物的快速测定。

（二）萃取色谱分离法

萃取色谱法又称反相色谱分离法或固相萃取法，它是溶剂萃取和柱色谱技术相结合的分离方法。该法兼有溶剂萃取的高选择性和色谱分离的高效率两大特点。色谱分离可以是正相色谱，也可以是反相色谱，萃取色谱用的是反相色谱。所谓反相分配色谱，即与通常的正相分配色谱相反，它是将萃取剂负载在惰性载体上作为固定相，水溶液作为流动相。其特点是：被分离物质能在固定相和流动相之间多次分配，因此在较短的时间内能将相似的元素或化合物很好地分离。由于在分离过程中，待分离富集的组分由液相转入固相，因此也称称为固相萃取。它与静态萃取相比，不用复杂的设备；柱子上萃取剂的用量通常比相似的静态分离所需的用量小得多，柱往往能反复使用；在静态萃取条件下产生乳状液的萃取剂可以适用于萃取色谱法。

在萃取色谱中，可用作固定相的萃取剂种类繁多，各种含磷化合物、胺类、醚和酮类萃取剂，各种螯合萃取剂，甚至混合萃取剂都已应用。负载萃取剂用的惰性载体可以是聚三氟氯乙烯粉、聚四氟乙烯粉、硅烷化硅球、苯乙烯-二乙烯苯小球（树脂骨架）等。负载方法，可以用上述材料（粒度为过40～140号筛，视所用柱子大小而定）加以低沸点溶剂溶解的萃取剂混匀，然后蒸发除去溶剂而成；也可以在树脂骨架合成工艺中加入萃取剂，使萃取剂吸附包裹于其中，所得负载着萃取剂的树脂称为萃淋树脂。如CL-TBP为TBP萃淋树脂。萃淋树脂比前法制备的负载树脂负载量大、负载牢固并且使用寿命长（萃取剂不易流失）。

萃取色谱分离法原理、操作及分辨率计算均和液相色谱法相同。

萃取色谱法在放射化学上的应用比分析化学上更多。该法不仅对涉及化学性质相似的痕量元素的分离特别有效，而且也适用常量、微量元素的分离，如从放射铂靶分离无载体金同位素，从铁中分离无载体锰，从常量稀土元素中分离其他某些痕量元素等。萃取色谱还用于制备超纯氧化铳、氧化钆和氧化镝等。

在分析化学中的应用也有其突出优点，早年曾从纯稀土试样中分离痕量的其他元素，然后用中子活化法、光谱法和分光光度法等进行测定。萃取色谱法与活化分析法联用，可以测定铌及高放射性基体中的痕量杂质。萃取色谱法和离子交换色谱法联用，可以把各组分的混合物分离为小组和单个组分。近十余年来，在环境调查与监测、医疗检验与药物分析、食品中添加剂和污染物监控中得到广泛研究和应用。

随着科学技术的发展，今后随着对惰性支持体和色层粉制备方法的不断研究和改进，以及新材料和新技术的应用，萃取色谱法在无机和放射化学分离和分析领域中，将不断获得新的进展。

（三）固相微萃取和顶空固相微萃取

固相微萃取技术（SPME）是在固相萃取技术（SPE）的基础上发展起来的一种新的萃取分离技术。其原理与SPE相似，其装置为状似气相色谱柱的微量注射器，由手柄和萃取纤维头两部分构成。纤维头上薄膜由极性的聚丙烯酸酯、聚乙二醇，或非极性的聚二甲基硅氧烷组成。使用SPME时，先将纤维头缩进不锈钢管内，使不锈钢针管穿过盛装待测样品瓶的隔垫，插入瓶中并推动手柄杆使纤维头伸出针管，纤维头可以浸入待测样品或置于样品顶空，待测物吸附于纤维涂膜上，通常20～30min吸附达到平衡，缩回纤维头，然后将针管退出样品瓶。最后，将SPME针管插入GC进样器，被吸附物经热解吸后进入气相色谱柱或将 SPME 针管插入 SPME/HPLC 接口解析池，开启流动相通过解析池洗脱进样。

当固态样品置于样品瓶中并加入提取溶剂密封后，使 SPME 针管插入样品瓶中，推动手柄杆使纤维头伸出针管置于样品提取液顶空，让待分离物质吸附在纤维涂膜上。这是一个包含了固体、液体和气体的三相体系，当达到固-液（溶解）、液-气（扩散）、气-固（吸附）平衡时，吸附在纤维涂膜上的待分离物质的量与样品中待分离物浓度呈正比，这就是顶空固相微萃取（HS-SPME）。它把提取与分离有机结合在一起。

固相微萃取及顶空固相微萃取与固相萃取相比，具有操作时间短、样品用量少、无需萃取溶剂、适于分析挥发性与非挥发性物质等优点，与常规液-液萃取、液相色谱相比，其效益更加显著。因此，它在食品分析、环境调查与监测中得到了越来越广泛的研究和应用。

（四）双水相萃取分离法

双水相萃取法是利用物质在互不相溶的两水相间分配系数的差异来进行萃取的方法。不同的高分子溶液相互混合可产生两相或多相系统，如葡聚糖（Dextran）与聚乙二醇（PEG）按一定比例与水混合，溶液浑浊，静置平衡后，分成互不相溶的两相，上相富含 PEG，下相富含葡聚糖，如图 3-3 所示。许多高分子混合物的水溶液都可以形成多相系统。如明胶与琼脂或明胶与可溶性淀粉的水溶液混合，形成的胶体乳浊液可分成两相，上相含有大部分琼脂或可溶性淀粉，而大量的明胶则聚集于下相。

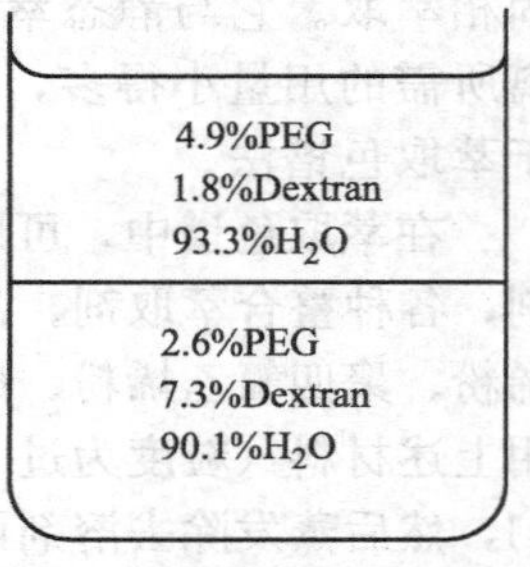

图 3-3　5％葡聚糖 500 和 3.5％聚乙二醇 6000 系统所形成的双水相的组成

当两种高聚物水溶液相互混合时，它们之间的相互作用可以分为三类：①互不相溶（incompatibility），形成两个水相，两种高聚物分别富集于上、下两相；②复合凝聚（complex coacervation），也形成两个水相，但两种高聚物都分配于一相，另一相几乎全部为溶剂水；③完全互溶（complete miscibility），形成均相的高聚物水溶液。

离子型高聚物和非离子型高聚物都能形成双水相系统。根据高聚物之间的作用方式不同，两种高聚物可以产生相互斥力而分别富集于上、下两相，即互不相溶；或者产生相互引力而聚集于同一相，即复合凝聚。

高聚物与低相对分子质量化合物之间也可以形成双水相系统，如聚乙二醇与硫酸铵或硫酸镁水溶液系统，上相富含聚乙二醇，下相富含无机盐。

表 3-14 和表 3-15 列出一系列高聚物与高聚物、高聚物与低相对分子质量化合物之间形成的双水相系统。

表 3-14　高聚物-高聚物-水系统

高聚物(P)	高聚物(Q)	高聚物(P)	高聚物(Q)
PEG	Dextran FiColl	羧甲基葡聚糖钠	PEG NaCl 甲基纤维素 NaCl
聚丙二醇	PEG Dextran	羧甲基纤维素钠	PEG NaCl 甲基纤维素 NaCl 聚乙烯醇 NaCl
聚乙烯醇	甲基纤维素 Dextran	DEAE 葡聚糖盐酸盐 (DEAE Dextran · HCl)	PEG Li_2SO_4 甲基纤维素
FiColl	Dextran	Na Dextran Sulfate	羧甲基葡聚糖钠 羧甲基纤维素钠
葡聚糖硫酸钠 (Na Dextran Sulfate)	PEG NaCl 甲基纤维素 NaCl Dextran NaCl 聚丙二醇	羧甲基葡聚糖钠 (Na Dextran Sulfate)	羧甲基纤维素钠 DEAE Dextran · HCl NaCl

表 3-15　高聚物-低相对分子质量化合物-水系统

高聚物	低相对分子质量化合物	高聚物	低相对分子质量化合物
聚丙二醇	磷酸盐	聚丙二醇	葡萄糖
甲氧基聚乙二醇	磷酸盐		甘油
PEG	磷酸盐	葡聚糖硫酸钠	NaCl(0℃)

两种高聚物之间形成的双水相系统并不一定是液相，其中一相可以或多或少地成固体或凝胶状，如 PEG 的相对分子质量小于 1000 时，葡聚糖可形成固态凝胶相。

多种互不相溶的高聚物水溶液按一定比例混合时，可形成多相系统，见表 3-16。

表 3-16　多相系统

三相	Dextran (6) -HPD (6) -PEG (6) Dextran (8) -FiColl (8) -PEG (4) Dextran (7.5) -HPD (7) -FiColl (11) Dextran-PEG-PPG
四相	Dextran (5.5) -HPD (6) -FiColl (10.5) -PEG (5.5) Dextran (5) -HPD; A (5) -HPD; B (5) -HPD; C (5) -HPD
五相	DS-Dextran-FiColl-HPD-PEG Dextran (4) -HPD; a (4) -HPD; b (4) HPD; c (4) -HPD; d (4) -HPD
十八相	Dextran Sulfate (10) -Dextran (2) -HPD_a (2) -HPD_b (2) -HPD_c (2) -HPD_d (2)

注：括号内数字均为质量百分含量；

Dextran 指 Dextran500 或 D48；PEG 相对分子质量为 6000；PPG 为聚丙二醇，单体相对分子质量为 424；DS 为 Na Dextran Sulfate 500；HPD 为羟丙基 Dextran 500；A、B、C、a、b、c、d 分别表示不同的取代率。

双水相系统形成的两相均是水溶液，它特别适用于生物大分子和细胞粒子。自 20 世纪 50 年代以来，双水相萃取已逐渐应用于不同物质的分离纯化，如动植物细胞、微生物细胞、病毒、叶绿体、线粒体、细胞膜、蛋白质和核酸等。溶质在两水相间的分配主要由其表面性质决定，通过在两相间的选择性分配而得到分离。分配能力的大小可用分配系数 K 来表示。

$$K=\frac{c_t}{c_b} \tag{3-10}$$

式中，c_t、c_b 为被萃取物在上、下相中的浓度，$mol \cdot L^{-1}$。

分配系数 K 与溶质的浓度和相比无关，它主要取决于相系统的性质、被萃取物质的表面性质和温度。

在双水相萃取系统中，悬浮粒子与其周围物质具有复杂的相互作用，如氢键、离子键、疏水作用等，同时，还包括一些其他较弱的作用力，很难预计哪一种作用占优势。但是，在两水相之间，净作用力一般会存在差异。将一种粒子从相 2 移到相 1 所需的能量如为 ΔE，则当系统达到平衡时，萃取的分配系数可用式(3-11) 表示。

$$\frac{c_1}{c_2}=e^{\frac{\Delta E}{kT}} \tag{3-11}$$

式中，k 为波尔兹曼常数，$J \cdot K^{-1}$；T 为热力学温度，K；c_1 为溶质在相 1 中的浓度，$mol \cdot L^{-1}$；c_2 为溶质在相 2 中的浓度，$mol \cdot L^{-1}$。

显然，ΔE 与被分配粒子的大小有关，粒子越大，暴露于外界的粒子数越多，与其周围相系统的作用力也越大。故 ΔE 可看作与粒子的表面积 A 或相对分子质量 M 成正比。

$$\frac{c_1}{c_2}=e^{\frac{\lambda A}{kT}} \tag{3-12}$$

$$\frac{c_1}{c_2}=e^{\frac{\lambda M}{kT}} \tag{3-13}$$

式中，λ 为表征粒子性能的参数（与表面积或相对分子质量无关）。

如果粒子所带的净电荷为 Z，则在两相间存在电位差 U_1-U_2 时，ΔE 中应包括电能项 $Z(U_1-U_2)$，即有

$$\frac{c_1}{c_2}=\exp\frac{\lambda_1 A+Z\ (U_1-U_2)}{kT} \tag{3-14}$$

式中，λ_1 为与粒子大小和净电荷无关，而决定于其他性质的常数。

总之，分配系统由多种因素决定，如粒子大小、疏水性、表面电荷、粒子或大分子的构象等。这些因素微小的变化可导致分配系数较大的变化，因而双水相萃取有较好的选择性。

两种高聚物的水溶液，当它们以不同的比例混合时，可形成均相或两相，可用相图来表示，如图 3-4 所示，高聚物 P、Q 的浓度均以百分含量表示，相图右上部为两相区，左下部为均相区，两相与均相的分界线叫双节线。组成位于 A 点的系统实际上由位于 C、B 两点的两相所组成，同样，组成位于 A' 点的系统由位于 C'、B' 两点的两相组成，BC 和 $B'C'$ 称为系线。当系线向下移动时，长度逐渐减小，这表明两相的差别减小，当达到 K 点时，系线的长度为零，两相间差别消失，K 点称为临界点。

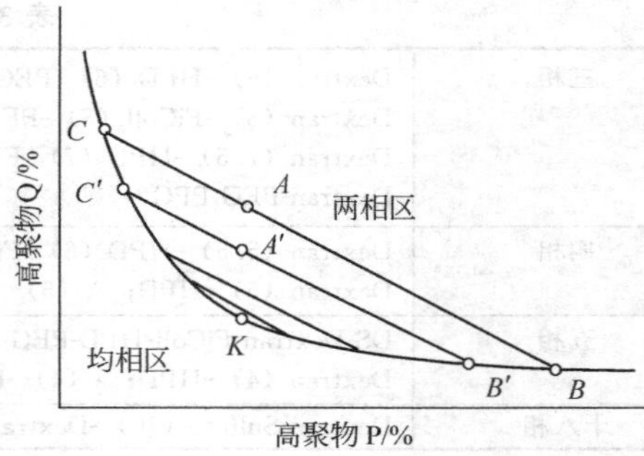

图 3-4　两水相系统相图

假设系统总量为 m_0，高聚物 P 在上、下相中的含量分别为 m_t、m_b，则

$$m_t+m_b=m_0 \tag{3-15}$$

$$100m_t=V_t\rho_t c_t \tag{3-16}$$

式中，V_t 为上相体积；ρ_t 为上相密度；c_t 为高聚物 P 在上相的浓度，$mol\cdot L^{-1}$。

对于下相，同样有

$$100m_b=V_b\rho_b c_b \tag{3-17}$$

其中下标 b 表示下相。设 c_0 为高聚物在系统中的总浓度（$mol\cdot L^{-1}$），则由物料衡算可得

$$100m_0=(V_t\rho_t+V_b\rho_b)\ c_0 \tag{3-18}$$

将式(3-16)、式(3-17) 和式(3-18) 代入式(3-15)，得

$$\frac{V_t\rho_t}{V_b\rho_b}=\frac{c_b-c_0}{c_0-c_t} \tag{3-19}$$

由图 3-4 可得

$$\frac{c_b-c_0}{c_0-c_t}=\frac{\overline{AB}}{\overline{AC}}$$

将上式代入式(3-19)，得

$$\frac{V_t\rho_t}{V_b\rho_b}=\frac{\overline{AB}}{\overline{AC}} \tag{3-20}$$

双水相系统含水量高，上、下相密度与水接近（1.0～1.1），因此，如果忽略上、下相的密度差，则由式(3-20) 可知，相比可用系线上 AB 与 AC 的距离之比来表示。

双水相系统的相图可以由实验来测定。将一定量的高聚物 P 浓溶液置于试管内，然后用已知浓度的高聚物溶液 Q 来滴定。随着高聚物 Q 的加入，试管内溶液由均相突然变浑浊，记录 Q 的加入量。然后再在试管内加入 1ml 水，溶液又澄清，继续滴加高聚物 Q，溶液又变浑浊，计算此时系统的总组成。以此类推，由实验测定一系列双节线上的系统组成点，以

高聚物 P 浓度对高聚物 Q 浓度作图，即可得到双节线。相图中的临界点是系统上、下相组成相同时由两相转变为均相的分界点。如果制作一系列系线，连接各系线的中点并延长到与双节线相交，该交点 K 即为临界点，见图 3-4。

双水相萃取既可用于浓缩，又可用于分离，特别是生物活性物质的分离检测。例如分离氨基酸、蛋白质、核酸、酶、人体生长素、干扰素等的分离、纯化以及免疫分析、生物分子间相互作用的测定和细胞数的测定等。

（五）反微团萃取

反微团，又称反胶束，它是表面活性剂在非极性有机溶剂中形成的一种聚集体。通常表面活性剂分子由亲水憎油的极性头和亲油憎水的非极性尾两部分组成。将表面活性剂溶于水，并使其浓度超过临界微团浓度（CMC，critical micelle concentration）时，表面活性剂就会在水溶液中聚集在一起而形成聚集体。通常情况下，这种聚集体是水溶液中的微团，称为正常微团（normal micelle）。在某些情况下，聚集体也可以为双脂层（bilyer）、脂质体（liposome）等。在微团中，表面活性剂的排列方向是极性头在外，与水接触，非极性尾在内，形成一个非极性的核心。此核心可以溶解非极性的物质。若将表面活性剂溶于非极性的有机溶剂中，并使其浓度超过临界微团浓度，便会在有机溶剂内形成聚集体，这种聚集体称为反微团（或反胶束）。正常微团与反微团的结构比较见图 3-5。在反微团中，表面活性剂的非极性尾在外与非极性的有机溶剂接触，而极性头则排列在内形成一个极性核。此极性核具有溶解极性物质的能力，极性核溶解了水后，就形成了“水池”。当含有此种反微团的有机溶剂与蛋白质的水溶液接触时，由于蛋白质分子大小与反微团的大小相匹配，同时反微团“水池”内表面电荷与蛋白质表面电荷存在静电作用，蛋白质就会溶于此“水池”。由于周围水层和极性头的保护，蛋白质不会与有机溶剂接触，从而不会造成失活。蛋白质在反微团中的溶解示意见图 3-6。这种蛋白质在反微团中溶解情况的解释称为“水壳”模型。

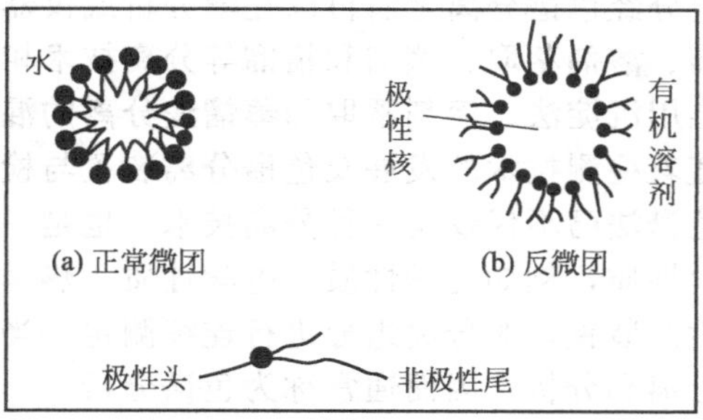

图 3-5 正常微团与反微团的结构比较

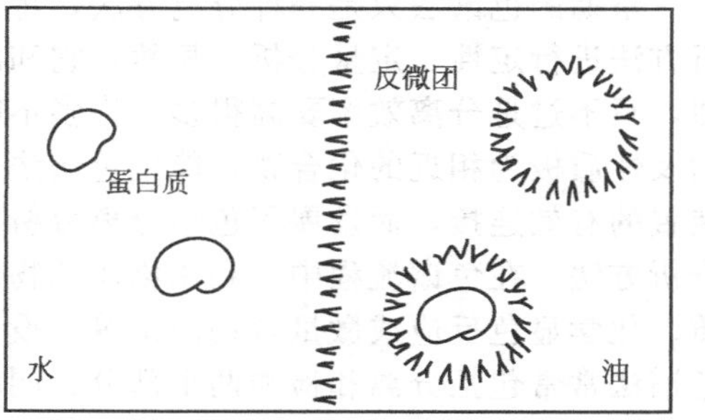

图 3-6 蛋白质在反微团中的溶解示意

现在已知的可以通过反微团溶于有机溶剂的蛋白质有：细胞色素-C（cytochrome-C）、α-胰凝乳蛋白酶（α-chymotrypsin）、胰蛋白酶（trypsin）、胃蛋白质酶（pepsin）、磷脂酶 A_2（phospholipase A_2）、乙醇脱氢酶（alcohol dehydrogenase）、核糖核酸酶（ribonuclease）、溶菌酶（lysozyme）、过氧化氢酶（peroxidase）、α-淀粉酶（α-amylase）、羟基类固醇脱氢酶（hydroxysteroid dehydrogenase）等。

用于产生反微团的表面活性剂通常为阳离子表面活性剂（季铵盐）和阴离子表面活性剂（AOT）。AOT 为丁二酸-2-乙基己基磺酸钠的简称。在反微团萃取的早期研究中多用季铵盐，目前研究中用得最多的是 AOT。人们普遍使用 AOT 的原因有两个：一是 AOT 所形成的反微团较大，有利于大分子的蛋白质进入；二是 AOT 形成反微团时不需要加助表面活性剂（cosurfactant）。当表面活性剂为 AOT 时，最常使用的有机溶剂为异辛烷。

反微团的形状通常为球形，但也有人认为反微团应是椭球形或棒形。其半径一般为

$(10\sim100)\times10^{-10}$ m。通常认为这样小的反微团其大小是均一的（monodipered）。反微团的大小取决于反微团的含水量 W_0。W_0 的定义为反微团中水分子数与表面活性剂分子数之比。因表面活性剂基本上都参与形成反微团，因而含水量（W_0）约等于水的量比上表面活性剂的量，即有机溶剂中水的摩尔浓度与表面活性剂的摩尔浓度之比。AOT 形成的反微团的 W_0 最大可达 50～60，而季铵盐形成的反微团的 W_0 一般小于 3。

在存在水相与有机相平衡的情况下，W_0 取决于表面活性剂和溶剂的种类、助表面活性剂、水相中盐的种类和盐的浓度等。在无平衡水相存在的情况下，W_0 可以人为地在一定范围内调节。

蛋白质或其他生物分子进入反微团中后，肯定会引起反微团的结构，如大小、聚集数和 W_0 等发生变化。这些变化的具体情况有待进一步研究。

反微团萃取，目前主要在蛋白质、氨基酸、核酸和多肽等生物活性物质分离中应用较多。

第四节　色谱分离法

色谱法又称为色层法或层析法，是一种物理化学分离方法。它是近代分析化学中发展最快、应用最广的分离分析技术。这种分离方法是基于物质溶解度、蒸气压、吸附能力、立体结构或离子交换等物理化学性质的微小差异，使其在流动相和固定相之间的分配系数不同，而当两相做相对运动时，不同组分在两相间进行连续多次分配，从而达到彼此分离。极为精巧的设计使色谱法能将分子的各种性质差别用于分离分析，并且只需极少量的样品即可。没有任何一种单一分离技术能比色谱法更有效、更普遍适用，色谱法是现代分离科学的基础。

一、色谱分离和色谱分析

早期的色谱法只是一种分离方法，将待分离组分经色谱分离之后再以化学分析或仪器分析方法进行定性、定量分析。显然，它和沉淀分离、溶剂萃取、蒸馏和精馏等分离技术相类似，只不过是分离效率要高得多。许多不能或很难用沉淀法、溶剂萃取和蒸馏法分离的混合物及性质极为相近的化合物，能用色谱法分离。随着检测技术的发展及色谱分离装置与检测装置的有效连接，而发展了色谱分离分析方法。色谱法已不仅仅是一种分离技术，也是一种分析方法。在色谱流程中，利用物质的物理或化学性质，例如光学性质、电学性质、热学性质、化学显色反应或微量自动滴定等，设计各种检测装置，对分离组分进行连续测定。当今色谱法常常包括分离和检测两个部分，同时实现分离和分析，因而通常称为色谱分析。

近三十多年来，各种色谱方法，如气相色谱、高效液相色谱、薄层色谱等在化学、生物学、医药学、环境科学及生命科学等诸多领域得到广泛应用。国际上有关文献和分析仪器产销量均长期处于分析化学学科的领先地位。它不仅是解决各种复杂混合物分离和分析的重要手段，而且是研究物质物理化学性质、化学反应机理的有效手段。特别在工业分析化学中，色谱法是自动化分析和自动控制的有效手段。因此，色谱法不仅发展最快、应用最广，而且是潜力最大的领域之一。

色谱分析是现代仪器分析的重要组成部分，在仪器分析教学中已有较为深入的介绍。本节重点介绍色谱分离方法的分类，以便对色谱法有一较为全面和系统的了解，并从中领会各种色谱法之间的联系与区别。另外对于仪器分析中讲述较少的离子交换柱色谱和平面色谱法作一简略介绍。

二、色谱法的分类

色谱法是包括多种分离类型、检测方法和操作方式的分离分析方法，色谱术语的命名也比较混乱，分类方法多种多样。因而有时一种色谱体系或类型常有几种不同的名称。这里介绍几种主要的分类方法。

（一）按流动相和固定相的聚集状态分类

流动相为气态的称为气相色谱（GC），流动相为液态的称为液相色谱（LC），而固定相也可以是液态或固态两种，这样可组合四种色谱类型：

气-固色谱（gas-solid chromatography，GSC）；

气-液色谱（gas-liquid chromatography，GLC）；

液-固色谱（liquid-solid chromatography，LSC）；

液-液色谱（liquid-liquid chromatography，LLC）。

还有一种超临界流体色谱（supercritical fluid chromatography，SFC），流动相不是一般的气体或液体，而是采用临界温度及临界压力以上高度压缩的致密气体（超临界流体）作流动相，其密度比一般气体大得多，而与液体相似，又称为高密度气相色谱法或高压气相色谱法。至今研究较多的是 CO_2 超临界流体色谱。这种色谱方法能分析气相色谱法不能或难于分析的许多沸点高、热稳定性差的物质，而比液相色谱更容易获得高的柱效率。尽管已证明 SFC 不能取代 GC 和 HPLC，但它能从不同方面弥补两者的不足。

（二）按固定相的形态分类

（1）柱色谱　固定相装在色谱柱内称为柱色谱（column chromatography）。根据色谱柱的尺寸、结构和制备方法不同，又分为填充柱（packed column）色谱和毛细管柱（capillary column）色谱或开管柱（open tubular column）色谱。GC、HPLC 均为柱色谱。

（2）平面色谱　固定相呈平板状称为平面色谱［平板色谱（planar chromatography）或开床式色谱］，它包括薄层色谱和纸色谱。固定相以均匀薄层涂敷在玻璃或塑料板上，或将固定相直接制成薄板状，称为薄层色谱（TLC）。用滤纸作固定相或固定相载体的色谱，称为纸色谱（PC）。还有所谓棒色谱实际上是薄层色谱的一种变异形式。

这两类色谱法所得色谱图展开方式是不同的，柱色谱图为外色谱图，平板色谱的色谱图为内色谱图。

（三）按分离过程物理化学原理分类

（1）吸附色谱　用固体吸附剂作色谱固定相，样品各组分在吸附剂上吸附力的大小不同，因而吸附平衡常数不同，据此可将各组分分离，叫吸附色谱（adsorption chromatography），如气-固吸附色谱、液-固吸附色谱。

（2）分配色谱　用液体作固定相，利用试样组分（亦称为溶质）在固定相中溶解、吸收或吸着（sorption）能力不同，因而在两相间分配系数不同将组分分离。如气-液分配色谱、液-液分配色谱。在液-液分配色谱中，根据流动相和固定相相对极性不同，又分为正相分配色谱和反相分配色谱。一般来说，以强极性、亲水性物质或溶液为固定相，非极性、弱极性或亲脂性溶剂为流动相，称为正相分配色谱（normal phase partition chromatography），简称正相色谱（NPC）。若以非极性、亲脂性物质为固定相，极性、亲水性溶剂或水溶液为流动相，则称为反相分配色谱（reversed phase partition chromatography），简称反相色谱（RPC）。正相色谱和反相色谱的概念，现已推广应用到其他类型的液相色谱中。

（3）离子交换色谱　用离子交换剂为固定相，分离离子型化合物的色谱方法称为离子交换色谱（ion-exchange chromatography）。

（4）离子对色谱　样品离子与相反电荷的对离子（counter-ion）形成离子对，在两相间分配系数不同，分离离子型化合物的色谱方法称为离子对色谱（ion-pair chromatography）。

（5）凝胶色谱　用化学惰性的多孔性凝胶作固定相，试样组分按分子大小（严格来讲是流体力学体积）进行分离。水或水溶液作流动相的凝胶色谱（gel chromatography）称为凝胶过滤色谱（gel filtration chromatography）；以有机溶剂作流动相的凝胶色谱称为凝胶渗透色谱（gel permeation chromatography）。这类方法，也有的称为体积排除（排阻或排斥）色谱。

（6）络合色谱　也称为螯合物色谱（chelating chromatography），利用被分离组分与配合剂或螯合剂在色谱柱前或柱内形成配合物或螯合物的稳定性不同或与流动相、固定相作用力不同，因而分配系数不同，使组分分离称为配合色谱（complexation chromatography），一般用于分离金属或金属离子。若固定相为具有配合物或螯合物生成能力的有机液体或有机溶液，而流动相为水溶液，分离过程中离子性的溶质由水相转移到有机相，伴随配合物的形成及溶剂化等化学变化，则称为萃取色谱（extraction chromatography），是配合物液-液分配色谱的一种特殊形式。

（7）亲和色谱　以共价键将具有生物活性的配位体（如酶、辅酶、抗体、激素等）结合到不溶性固体支持物或基质上作固定相，利用蛋白质或大分子与配位体之间特异的亲和力进行分离的液相色谱方法，称为亲和色谱（affinity chromatography）。它主要用于蛋白质和各种生物活性物质的分离与纯化。

（四）按色谱动力学过程分类

（1）淋洗法　又称为冲洗法、洗提法。样品加在色谱柱的一端，流动相连续通过色谱固定相，一般是流动相与固定相作用力比样品弱，样品各组分按先后顺序从固定相洗出。绝大多数色谱分析是淋洗法。淋洗法有等度淋洗或恒溶剂淋洗（isocratic elution）和梯度淋洗（gradient elution），因而有等度淋洗色谱和梯度淋洗色谱之分。前者淋洗过程中流动相组成不变；后者在淋洗过程中控制流动相组成间断或连续地变化。梯度淋洗在液相色谱中主要用来提高极性相差很大的组分的分离选择性和分析速度。在气相色谱中，流动相组成变化对分离选择性影响很小，采用分离过程中色谱柱程序升温来提高广沸程试样的分离选择性和分析速度。因而分为恒温色谱和程序升温色谱。此外，还有恒流色谱和程序变流色谱，即分离过程中流动相流速不变和流速随时间线性或非线性升高。梯度淋洗、程序升温、程序变流等称为淋洗色谱法的程序技术。GC、HPLC 分析均为淋洗色谱法。

（2）置换法　也称排代法、顶替法。流动相是置换剂，它与固定相的吸附力或溶解能力比样品组分强。样品从色谱柱一端加入，置换剂流经色谱柱，依次将组分置换出来，吸附力或溶解力弱的组分先被置换。这种方法用于族分析，如石油产品中烷烃、烯烃、芳烃的分析。

（3）前沿法　也称为迎头法。样品本身就是流动相，连续流经色谱柱时，在固定相上吸附力或溶解力弱的组分首先以纯物质的状态流出色谱柱，其次是吸附力或溶解力较强的第二个组分与第一个组分的混合物流出色谱柱，以此类推。此方法只适用于简单混合物的分离与纯化。

（五）其他色谱分类

由于色谱过程的特殊物理化学原理或特殊的操作方式等，还可分出其他一些色谱类型。

（1）化学键合相色谱　通过化学反应使固定相与载体表面的特定基团，例如硅胶表面上的 $-\overset{|}{\underset{|}{Si}}-OH$ ，发生化学键合，在载体表面形成均匀的固定相层。化学键合固定相具有耐高温、耐溶剂的特性，在气相色谱、高效液相色谱中广泛应用。使用这类固定相的色谱称为化学键合相色谱（bonded phase chromatography）。

（2）制备色谱　制备色谱是指采用色谱技术制备纯物质，即分离收集一种或多种纯物质。因此，试样用量大，所用色谱柱和薄层板的尺寸较大，是实验室常用分离、纯化技术，现已发展成为工业规模的分离工程技术。

（3）裂解色谱法　大分子量试样在严格控制的操作条件下进行热或激光等裂解，其裂解的小分子产物直接导入色谱系统进行分离分析，称为裂解色谱法（pyrolysis chromatography）。主要应用在气相色谱领域研究合成或天然高分子化合物的分离分析。

（4）二维色谱法　二维色谱法（two-dimensional chromatography）利用多通阀、切换阀、中间陷阱转换（柱色谱），中间换向展开（平板色谱）等，使样品同时或先后在两个不同色谱体系上进行分离。类似地有多维色谱（multi-dimensional chromatography），系先后或同时利用多种色谱系统使样品获得满意分离的色谱方法。

色谱法的分类可大致归纳如下。

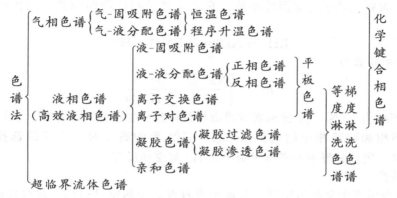

- 色谱法
  - 气相色谱
    - 气-固吸附色谱
    - 气-液分配色谱
    - （恒温色谱；程序升温色谱）
  - 液相色谱（高效液相色谱）
    - 液-固吸附色谱
    - 液-液分配色谱
      - 正相色谱
      - 反相色谱
    - 离子交换色谱
    - 离子对色谱
    - 凝胶色谱
      - 凝胶过滤色谱
      - 凝胶渗透色谱
    - 亲和色谱
    - （平板色谱；等度淋洗色谱；梯度淋洗色谱）
  - 超临界流体色谱
  - （化学键合相色谱）

三、离子交换色谱分离法

利用离子交换剂与试液中的离子发生交换反应进行分离的方法，称为离子交换分离法。离子交换剂可以分为两大类：一类为无机化合物，称为无机离子交换剂，自然界存在的黏土、沸石、人工制备的某些金属氧化物或难溶盐类都属这一类；另一大类是有机化合物，称为有机离子交换剂，其中应用最广泛的是离子交换树脂，它是人工合成的带有离子交换官能团的有机高分子聚合物。这里主要介绍有机离子交换树脂及其应用。

（一）离子交换树脂及其特性

离子交换树脂是一种高分子聚合物，主要由两部分组成：一是高分子聚合物的骨架，通常称为母体树脂（或树脂骨架），它具有网状结构且化学性质稳定，对于酸、碱和一般溶剂都不起作用；二是具有可被交换的活性基团（交换基），这种活性基团可与溶液中的离子进行离子交换反应。按照可交换的活性基团的不同，离子交换树脂通常分为阳离子交换树脂、阴离子交换树脂和特种离子交换树脂三类。特种离子交换树脂为某些特殊目的而合成，包括选择性树脂、螯合树脂、氧化还原树脂、大孔树脂以及离子交换膜和离子交换纤维等。

离子交换树脂的特性可以从交联度、交换容量、选择性系数、分配系数等几个方面来描述。

1. 交联度和交换容量

使各单元交联而成树脂的物质称为交联剂，如二乙烯苯。树脂中交联剂的百分含量通常称为“交联度”，用符号“X”表示。标有“X-4”、“X-8”的树脂即表示树脂的交联度为4%和8%。国产树脂含二乙烯苯4%～14%，树脂的交联度越大，交换剂在加水后树脂的膨胀性越小，网状结构的网眼小，交换反应慢，体积大的离子不易进入树脂。交联度小时则相反，加水后树脂膨胀性大，交换快，大小体积的离子都容易进入树脂，因而交联度的不同对离子的交换具有一定的选择性。

干树脂的颗粒置于水或水溶液中，树脂会吸收水分而发生溶胀，但在浓电解质中的溶胀不如在水或稀溶液中大。

交换容量实质上就是树脂的交换能力，其数值大小直接与树脂中活性基团的数量有关，活性基团越多，交换容量越大。衡量交换容量的单位有质量单位和容量单位之分。质量单位是表示单位质量的干燥树脂所能交换离子的物质的量，通常以1g树脂能交换离子的mmol表示。一般树脂的交换容量为2～9mmol·g^{-1}；容量单位是表示单位体积的膨胀树脂的交换能力，可用mmol·ml^{-1}表示。交换容量的大小可以通过实验的方法测定。

2. 选择性系数

当溶液中离子与树脂活性基团上的离子的交换反应达到平衡时的平衡常数，称为溶液中该离子对树脂上离子的选择性系数。它表示离子与树脂间亲和力的大小。例如对交换反应：

$$RH^+ + Na^+ \rightleftharpoons RNa^+ + H^+$$

该式的平衡常数为

$$K_{H}^{Na} = \frac{[Na^+]_R}{[Na^+]_S} \times \frac{[H^+]_S}{[H^+]_R}$$

式中，$[Na^+]_R$、$[Na^+]_S$ 分别表示树脂相和溶液相中的钠离子浓度；$[H^+]_R$、$[H^+]_S$ 分别表示树脂相和溶液相中的氢离子浓度；K_{H}^{Na} 为钠离子对氢离子的选择性系数。当 $K_{H}^{Na}>1$时，Na^+就能较好地与氢型树脂上的H^+起交换反应。

3. 分配系数

它是用来表示离子交换树脂对于某离子吸着性大小的定量指标。其意义是在一定条件下，当离子交换反应达到平衡时某一离子在树脂中的浓度与残留在液相中的浓度之比。

$$K_D = \frac{[M^{n+}]_R}{[M^{n+}]_S}$$

分配系数 K_D 表示的是离子在树脂中与溶液中的浓度比值，单位为[mmol/g(干树脂)]/[mmol/ml(溶液)]。

（二）离子交换过程

待分离组分在柱上的离子交换过程可以这样来描述，试液倾入交换柱后，柱上端的一小部分树脂被试液中的组分所交换。接着用洗脱液进行洗脱，这时已交换的组分被洗脱下来，但遇到较下端的树脂又可以发生交换，接着又被不断流过的洗脱液所洗脱。于是在洗脱过程中，沿着交换柱就不断地发生洗脱、再交换、再洗脱的分配过程。通过许多次的反复分配后，交换亲和力略有差异的各种带相同电荷的离子可以逐渐地得到分离。离子交换柱色谱分离的原理及影响柱效率的因素，可用经典的塔板理论和速率理论来描述，这一点在仪器分析的色谱分析中已系统讨论过。

（三）离子交换分离操作技术

离子交换方式大致可分为静态和动态两种。静态交换是将树脂放在一定的容器中振摇的方法。在分析工作中，为了分离或富集某种离子，一般采用动态交换，这种方法在交换柱中进行。其操作过程大致分为4个阶段。

(1) 树脂的选择和处理　分析化学中应用最多的为强酸型阳离子交换树脂和强碱型阴离子交换树脂。树脂的颗粒的大小对交换的流速和交换容量影响很大，因此太大或太小的颗粒都不适宜，一般使用树脂的粒度0.25～20mm（指在水中膨胀后的粒度）。一般商品树脂都含有一定量的杂质，所以在使用前必须进行净化处理。对强碱型和强酸型阴、阳离子交换树脂，通常用c(HCl)＝4mol·L^{-1}溶液浸泡1～2d以溶解各种杂质，然后用蒸馏水洗至中性，这样就得到活性基团上含有可被交换的H^+或Cl^-树脂，即H-型阳离子交换树脂或Cl-型阴离子交树脂。其他特种树脂依树脂基团性质及其应用而定。

(2) 装柱和交换　装柱时要防止树脂层中夹有气泡，应在柱中充满水的情况下，把处理好的树脂装入柱中。树脂的高度一般为柱高的90%，树脂顶部应保持一定的液面，防止树脂干裂。交换柱如图3-7所示。装好柱后，一般应以不含待分离离子、和待分离试液具有相同介质的溶液淋洗交换柱，使之达到平衡。然后，将待分离的试液缓慢地倾入柱内，以适当的流速从上向下经交换柱进行交换作用。交换完成后，用洗涤液洗涤除去残留的试液和树脂中被交换下来的离子。

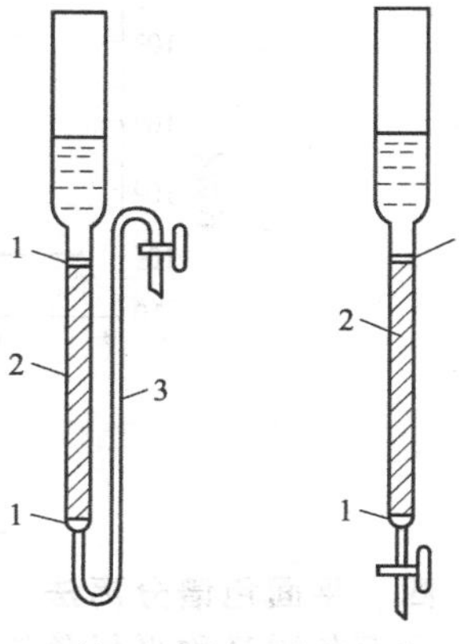

图3-7　交换柱
1—玻璃纤维；2—离子交换树脂；3—毛细管

(3) 洗脱　将交换到树脂上的离子，用洗脱剂（淋洗剂）置换下来的这一过程称为洗脱。阳离子交换树脂常用HCl作洗脱剂；阴离子交换树脂常用HCl、NaCl或NaOH作洗脱剂。洗脱展开技术包括简单洗脱、分步洗脱（用几种淋洗液按照洗脱能力增加的顺序洗脱离子混合物）、梯度洗脱（淋洗液的浓度或组成可通过比较简单的装置使其逐渐地、有规律地发生改变）。

(4) 再生　把柱内的树脂恢复到交换前的形式，这一过程称为树脂再生。一般来说，洗脱过程也就是树脂的再生过程，再用去离子水洗涤后可以重复使用。

（四）离子交换分离法的应用

离子交换分离法是目前应用最广泛的化学分离方法之一。该法就其适用的分离对象而言，几乎可以用来分离所有的无机离子，同时也能用于许多结构复杂、性质相似的有机化合物的分离。该法就其可适用的分离规模而言，它不仅能适应工业生产中大规模分离的要求，而且可用于实验室超微量物质的分析和分离。

离子交换法的主要应用，归结起来有几个方面。①用于净化自来水和提纯化学试剂；②分离干扰离子；③分离不同价态离子，以进行价态分析，如Cr(Ⅲ)与Cr(Ⅵ)的分离与测定；④稀土元素和锕系元素（含钚及钚后元素）等性质相近的元素的分离，如图3-8和图3-9所示用Dowex50树脂分离轻、重稀土元素的实例；⑤天然水、海水、造纸厂废水、土壤抽提物、血清等试样中总盐含量的测定；⑥有机分析中可电离化合物，如羧酸、芳香族磺酸盐、糖类、维生素、嘌呤、腺苷、氯基酸、肽类、抗生素等的分离分析。

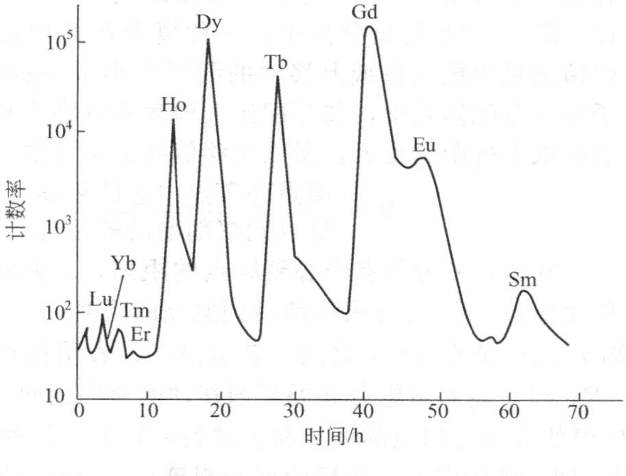

图3-8　钇组稀土氧化物的离子交换色谱分离
分离条件：柱长97cm，截面积0.26cm²，树脂粒径0.0999～0.1203mm，pH值为3.28，温度100℃，淋洗液为4.75%柠檬酸

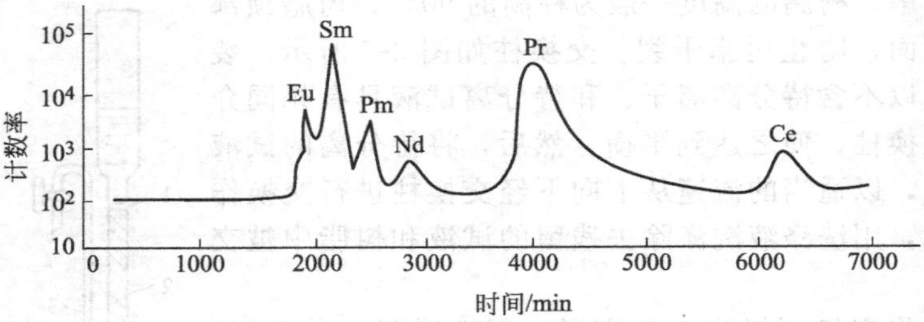

图 3-9　钐组稀土的离子交换色谱分离

分离条件：pH 值为 3.33，其余同图 3-8

四、平面色谱分离法

平面色谱又称平板色谱，主要是纸色谱和薄层色谱。它们的特点是设备简单，操作方便，分离效率高，检出限低，所以发展迅速而且应用范围极广。无论是在有机、无机、临床检验、药物、染料、贵金属和稀有元素的分离，鉴定和定量等方面都有广泛的应用。

（一）纸色谱法

纸色谱（又称纸层析或纸上色层）是以纸作载体的分离方法。它的分离原理一般认为是分配色谱，滤纸被看成是一种惰性载体，滤纸纤维素中吸附着的水分为固定相，有机溶剂及其混合物（即展开剂）作为流动相。易溶于展开剂的物质随流动相移动快，难溶于展开剂的物质移动则慢，不溶于展开剂的物质则不移动。分离过程与连续萃取相似，借溶质在两相中的分配比不同而使试样中混合物得到分离。所以纸色谱法是根据物质在两种不相混溶的溶剂中，各种物质分配性质不同的特殊性来分离物质的。该法适于痕量组分的分离。

1. 比移值（R_f）

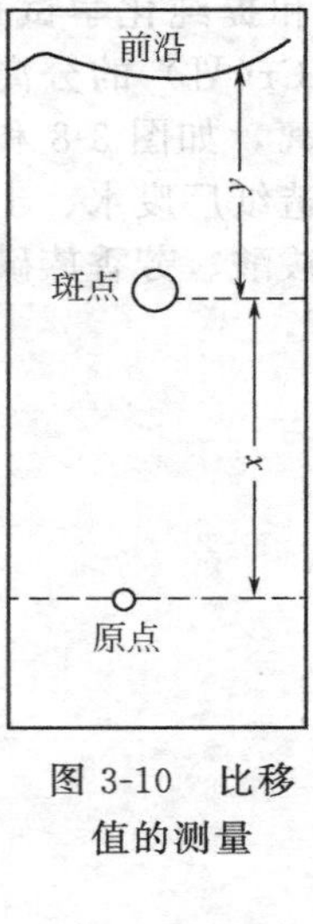

图 3-10　比移值的测量

纸色谱过程实质上是固定相对溶质的吸附和展开剂对溶质洗脱两种作用竞争的过程。因此溶质对固定相亲和力的大小都可用分配系数和移行速率来说明。溶质对固定相的分配系数大，即表示对固定相的亲和力大，其在展开的过程中则移行速率小，有的可以小至接近于零；反之，移行速率大，一直可以大至与展开剂的移行速率相等。由于物质的分配比不同，在滤纸上展开时就以不同的速率向前移动。每种物质的移动距离 d_1 与溶剂移动距离 d_2 的比值称为物质的比移值（R_f 值）。在纸色谱分离中，一种离子在两种互不相混的溶剂中的分配情况是用斑点在纸上移动的距离大小来表示的（见图 3-10）。某离子在一分配体系中，如分配比大即表示其在有机相中的溶解度大，斑点在纸上的距离也大，所以比移值决定于该物质的分配比。

$$R_f=\frac{\text{原点到斑点中心的距离}}{\text{原点到溶剂前沿的距离}}=\frac{x}{x+y}$$

式中，x 为斑点中心到原点的距离；y 为展开剂前沿到斑点中心的距离；$x+y$ 为开展剂前沿到原点的距离。

R_f 值一般由实验测出。R_f 值在 0～1 之间，若 $R_f\approx0$，表明该组分基本留在原点未移动，即没有被展开；若 $R_f\approx1$，表明该组分和展开剂移动的速率相同，即待测组分在固定相中的浓度接近于零。R_f 值的大小与物质的性质和色谱条件有关，每种物质都有它特定的 R_f 值。当实验条件一致时（即一定的温度、相同的展开剂等），R_f 值为物质的特征值，故可用来定性。但影响 R_f 值的因素很多，最好用已知的标准样品作对照。一般来说，物质的 R_f 值只要相差 0.02 以上，就能彼此分离。例如在用甲基异丁酮＋HF＋HNO_3＝88＋8＋4 的展开剂中，Nb、Ta及其他大量伴生元素存在时，可先将每张色层纸的2/3部分用NH_4NO_3浸湿烘干后，进行Nb、Ta的纸上色谱展开，得出Ta的R_f值为0.9，Nb的R_f值为0.6，而W、Ti、Fe等大量杂质的R_f值均接近于零，故可将它们分离。

2. 纸色谱法操作技术

(1) 色层纸的选择 色层纸必须质地纯净、平整、厚薄均匀、强度较大而不易破裂。色层纸分快、中、慢速三种，通常用中速色层纸。

(2) 展开剂 常用的展开剂是用有机溶剂、酸和水混合配成的。根据分离的对象，从实践中去选择展开剂的成分和比例。展开剂中各组分之间不应发生化学反应；物质在两相间的分配平衡应能迅速达到；还要注意展开剂中试剂的纯度和稳定程度。

(3) 试液的点放 在色层纸一端2～3cm处，用铅笔画一横线，然后用毛细管或针筒将试液点放上去，控制试液渗透斑点的直径在1cm左右，红外灯烘干或风干后再继续点放。如试液体积大，也可以点放成一横条。滤纸的长短及宽窄，因分离的目的和设备而异。

(4) 展开的方法 展开的方法有上行法、下行法和环形法3种。3种展开方法都属于单向纸色谱法。如样品中含有两种或两种以上的物质，其R_f值相近或相等时，则需采用双向纸色谱法才能将它们分离。

(5) 显色 对于有色物质，展开后即可直接观察到各个色斑。对于无色物质，可用各种物理的或化学的方法使之显色。例如从钨精矿中分离出的Nb、Ta，采用$20g \cdot L^{-1}$的单宁溶液喷洒，即显出Nb、Ta和单宁配合物的橙黄色斑点。

(6) 测量R_f值 用尺测量出试样原点至色斑中心点及至溶剂前沿的距离，可算出R_f值。

(7) 定量测定 采用化学定量法和物理定量法。生产中主要是化学测定。

(二) 薄层色谱法

薄层色谱是柱色谱与纸色谱结合发展起来的一种新技术。它是在一平滑的玻璃条上，铺一层厚约0.25mm的吸附剂（氧化铝、硅胶、纤维素粉等）代替滤纸作固定相，把试样点放在薄层玻璃板的一端，放在密闭容器中，用适当的溶剂展开。借助薄层板的毛细作用，展开剂由下向上移动。由于固定相对不同物质的吸附能力不同，当展开剂流过时，不同物质在吸附剂与展开剂之间发生连续不断的吸附、解吸、再吸附、再解吸等过程。易被吸附的物质移动得慢些，较难吸附的物质移动得快些。经过一段时间的展开，不同物质彼此分离，最后形成相互分开的斑点。试样分离情况也可用比移值衡量。由上述可知，薄层色谱法的原理和展开方法与纸色谱法基本相同。

此法的优点是展开所需时间短，比柱色谱法和纸色谱法分离速度快，效率高。斑点不易扩散，其检出灵敏度比纸色谱法高10～100倍。薄层色谱法多用于天然产物和有机化合物的分离与鉴定。近年来，在检出和测定方法中发展了薄层扫描仪，可以根据色斑的大小与吸光度直接定量。在分析中，如将无机阳离子按硫化氢系统分组后，逐组进行薄层分析，则比全部用硫化氢系统节省时间和劳力。最近有用铝片（厚度不小于0.2mm）或铝丝（直径小于1mm）经阳极氧化，使其表面覆盖一薄层氧化铝（厚度为1～6nm）以供色谱分离用。可分离染料、农药以及微克（μg）级金属螯合物，如双硫腙的金属螯合物以及二乙氨荒酸的金属螯合物。也有用氧化铟（厚1nm）作薄层分析，可分离ng级的染料。

第五节 其他分离方法

本章第一节归纳的分离方法很多，除前几节所述方法外，本节简略介绍气态分离法、电化学分离法、泡沫浮选分离法、磁性分离法等分离富集技术。限于篇幅，有些方法就不一一介绍。

一、气态分离法

气态分离方法包括挥发、升华、蒸馏和气体发生等。气态分离与各种灵敏检测方法联用是痕量分析的发展方向之一。挥发、蒸馏等分离是利用物质挥发性的差异进行分离的方法。在无机分析中，挥发和蒸馏分离法主要用于非金属元素和某些金属元素的分离。最常见的例子是氮的测定。首先将各种含氮化合物中的氮经适当处理后转化为NH_4^+，在浓碱存在下利用NH_3的挥发性把它蒸馏出来并用酸吸收，根据氨的含量多少选用适宜的测定方法。很多元素如Ge、As、Sb、Sn、Se等的氯化物，Si的氟化物都有挥发性，可借控制蒸馏温度的办法把它们从试样中分离出来。例如金属中C、S的测定就是在高温炉中通氧燃烧，使C、S转化为CO_2和SO_2从基体中分离出来之后再进行测定。在环境监测中，不少有毒物质如Hg、CN^-、SO_2、S^{2-}、F^-、酚类等，都能用蒸馏分离法分离与富集，然后用适当方法测定。挥发分离法还可用于物质的提纯，如氨水、HCl等的提纯。

气态分离在痕量元素的分离富集中也有广泛的应用。简单热蒸发是使基体元素直接以气态化合物形式从溶液中挥发除去。无机酸、有机试剂以及挥发性液态无机物料（$GeCl_4$、$SiHCl_3$、$SiCl_4$等）的挥发浓缩都是其应用实例。升华、真空蒸馏是基体元素直接以气态形式从固体试样中分离的方法，常用于Zn、Cd、Hg、Se、Te等的分离。

利用气相反应进行试样的溶解挥发具有很多优点，受到人们的普遍注意。氢化物发生与AAS、AFS或ICP-AES联用已广泛用于环保、冶金物料和电子材料中As、Se、Te、Bi、Sb、Ge、Sn等的分析。

把痕量元素转化为挥发性化合物分离也是一种行之有效的分离方法，特尔格早在1979年曾以S、Se、Si、B、Hg、Tl为例讨论过载气蒸馏及有关实验装置。

二、电化学分离富集法

根据原子或电子的电性质以及离子的带电性质和行为进行化学分离的方法称为电化学分离法。常用的电化学分离法有电解、自发电沉积、电泳和电渗析等。

1. 电解

电解分离法实际上是沉淀分离法的一种。电解是指电解液中的离子，在外加电动势的恒电流作用下沉积在电极上。通过电解，使各离子还原为金属而沉积在阴极上或成为氧化物沉积在阳极上，从而达到分离的目的。常用的电解分离法有恒电位电解分离和汞阴极电解分离等。常用的电极有固体电极和汞电极等。简单介绍如下。

（1）在固体电极上的电解　通过电解，溶液中各种元素在适当条件下能沉积在固体电极上，例如Ag、Au、Bi、Cd、Co、Cu、Fe、Hg、Ni、Pb、Pd、Sb、Sn、Te和Zn是以金属形式沉积在铂阴极上；Co、Mn、Ni、Pb和Tl以氧化物形式沉积在铂阳极上；Cl、Br、I或S以卤化物或硫化物形式沉积在银阳极上。在控制电位的电解过程中，其工作电极的电位相对于参比电极来说要保持极为恒定，可使有不同沉积电位的各种元素彼此分离。

（2）在汞阴极上的电解　汞阴极电解分析法已广泛用于痕量分析。因为汞能与多种金属形成汞齐，它对氢具有很大的超电压，因而大多数元素能从酸性水溶液中沉积出来。适用于汞阴极电解的，包括微量或超微量样品溶液的各种电解池早有介绍。汞池或涂汞的固体电极可作阴极使用，而铂、铂-铱合金等可作阳极使用。

2. 自发电沉积

一种元素的离子自发地沉积在另一种金属电极上的过程称为自发电沉积（内电解）或电化学置换。能置换与否主要取决于它们各自的电极电位的大小。作为沉积的电极可以是金属片或金属粉末。该法只能沉积少数贵金属元素。在分离几个元素时往往效率不高，但在分离和测定个别不活泼的放射性元素，如Po等，却是一种有效的分离方法。

3. 电泳

电泳是在电场作用下电解质溶液中带电粒子向两极做定向移动的一种迁移现象。电泳法分离的依据是带电粒子在迁移速率上的差别。电泳有两种基本类型：前流的和区带的。前者在无支持体的溶液中进行，而后者是在多孔材料的支持体上（如纸）上进行的，以消除非定向运动所引起的电泳带的变宽，称为区带电泳。常用的支持体有滤纸、生淀粉、聚丙烯酰胺凝胶和琼脂等。区带电泳是将色谱与电泳相结合的方法，故又称电色谱法。该法设备简单，操作方便。在两个电解槽中放入适宜的电解质溶液，将加有样品的支持体连接两个电解槽，然后通入直流电，即可将各组分分开。

电泳法中还包括等速电泳、电压电泳、毛细管电泳和离子聚焦电泳等方法，是近年来发展起来的快速有效的分离方法。特别毛细管电泳发展十分活跃，已在DNA分析、肽和蛋白分析、手性分离、药物分析和临床检测、环境监测和离子分析、单细胞和单分子监测中得到应用。毛细管电泳芯片技术和毛细管阵列电泳仪的开发更是为其展现了无限前景。

三、泡沫浮选分离法

浮选分离是利用气泡的作用，使溶液中有表面活性的成分或能与表面活性剂结合的非表面活性成分聚集在气-液界面上从与母液分离的方法。这种技术用于分析化学仅40多年。由于它具有装置简单、分离快速、能处理大量试样等优点，因此受到普遍的重视。国外已成功地用于工业废水的净化，海水中痕量元素的提取，贵重试剂、金属的回收，高纯材料以及环保试样中痕量元素的预富集等。到目前为止，已研究了60种以上元素的浮选分离特性，并有专著评述浮选分离在分析化学中的应用。

根据浮选分离的机理不同，浮选分离一般可分为离子浮选和沉淀浮选。典型应用实例见表3-17。

表3-17　浮选分离在分析中的应用

浮选类型	试　样	浮　选　元　素	主要浮选条件	回收率/%
沉淀浮选	水	Cu、Zn	$Fe(OH)_2$、甲基纤维素、pH＝8.1～8.3	96
	海水	Sn	$Fe(OH)_3$、SDS、pH＝4.1±0.2	>98
	天然水	As	$Fe(OH)_3$、油酸钠、pH＝8～9	95
	人工水与海水	Cr、Mn、Fe、Co、Ni、Cu、Zn、Pb	$Al(OH)_3$、油酸钠、pH＝9.5	>95
	海水	Cr、Mn、Co、Ni、Cu、Cd、Pb	$In(OH)_3$、油酸钠、pH＝9.5	96
	海水	U、Mn	$Th(OH)_4$、SDS、pH＝5.7	90
	Pb、Zn	Cu、Ag	双硫腙、甲基纤维素，0.1mol·L^{-1} HNO_3	>96
	Mg、Zn、Na	As、Au、Co、Cu、Fe	氯化十四烷基二甲苄胺与乙醇	90
离子浮选	水	甲基氯化汞	BuXn、CTMAB、pH＝9.0	95
	Ni、Co、Cu、Mn、Al、Ga、Cr	Cd、Pb、Bi、Sb、Sn	CTMAB、CPC、Zepn、0.01～3.7mol·L^{-1} HBr	95～100
	水	Si	安替比林基双(4-苄基甲基氨苯基)甲醇、硅钼酸比例为2∶1,1.5mol·L^{-1}	
	盐酸介质	Zn、Sb、Bi、Tl、Hg、Sn、Cd、Fe、Co等	H_2SO_4、CPC	87～100
	Ca、Mg、Ni、Mn、Pb、Al、Cr	Co、Zn、Cu、Hg、AgPd、Fe、In、Bi	CTMAC、CPC、CTMAB、8.5×10^{-4}～1.0mol·L^{-1}硫氰酸盐	95～98
	血清	Cu	向红亚铜灵、SDS、pH＝4.6～8.0、4-甲基-2-戊酮和1，2-二氯乙烷(4+1)	97

金属离子-有机螯合物-阳离子表面活性剂离子缔合物多属于离子浮选。其中溶剂浮选法多以形成高配合比的离子缔合物为特征。因而大幅度提高了灵敏度，很有发展前途。

沉淀浮选对于大体积溶液中痕量元素的富集尤为有效，可用于水或金属试样中痕量元素的分离富集。

离子浮选理论研究、以表面活性剂为代表的有机化合物的应用研究、状态分析上的应用、浮选装置以及操作的连续化和自动化是今后研究浮选法的方向。

四、磁性分离法

磁性分离法是20世纪末才兴起的一种新的分离技术。它是在磁场的作用下将目标产品（待测组分）从混合物中分离出来的一种分离技术。

在磁场的作用下对磁场可以产生响应的组分可以进行定向的移动，使目标产品从混合物中得到分离。目前在磁场作用下的分离方式通常有两种。第一种，当分离的液体体积较小时，可在盛放分离液容器的一边放置磁场，使组分分离，该方法在分离上属于吉丁斯分类法中的Sc类。第二种是最常用的方法，当分离的液体体积较大时，为了避免建造大的磁体，通过利用重力或动力的方法使液体流过一个细小的管子，在管子的中间放置磁场，使形成的磁场梯度与流动方向垂直，这样就可以实现在较小的磁场梯度下使组分得到分离，如图3-11所示，该分离属于垂直连续流$F_{(+)}c$。

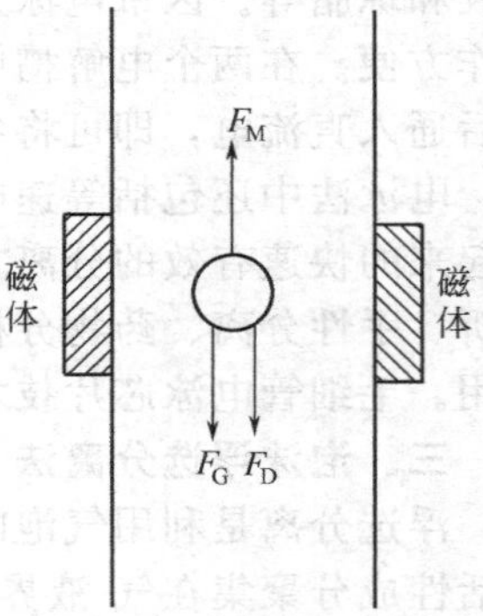

图3-11 粒子在磁场梯度分离作用时受力示意

组分在磁场中进行分离时，通常采用第二种方法，受到的作用力如图3-11所示，主要包括以下三个方面：一是物质在磁场中受到的磁场引力F_M；二是粒子受到的地球引力F_G；三是作用于流体的阻力F_D。F_M可表示为

$$F_M = m x_0 H(dH/dx) \tag{3-21}$$

式中，m为物质的质量；x_0为物体的比磁化率；dH/dx为磁场强度在空间的变化率。

如果假定要分离的粒子是直径为d的球形，这三个力可以分别使用式(3-22)、式(3-23)和式(3-24)表示：

$$F_M = (\pi/6)d^3 \rho x_0 H(dH/dx) \tag{3-22}$$

$$F_G = (\pi/6)d^3 \rho g \tag{3-23}$$

$$F_D = 3\pi \eta d v \tag{3-24}$$

式中，d为粒子直径；ρ为粒子的密度；g为重力加速度；η为流体黏度；v为物体通过的流速；x为磁场梯度距离。

只有在$F_M > F_G + F_D$时，该组分才能被磁场力所吸引，由式(3-22)、式(3-23)和式(3-24)知，所需的磁场力可表示为

$$H(dH/dx) > g/x_0 + 18\eta v/(d^2)x_0\rho \tag{3-25}$$

由式(3-25)可知，在磁分离中需要的磁场力由被分离组分的d、ρ、x_0、流体的性质η和磁分离中的操作条件v所决定。

从式(3-25)中还可看出，当其他条件固定时，粒子的直径越大，所需要的磁场梯度越小，溶液的黏度越高，则所需要的磁场梯度越大，这与实际分离的结果一致。

近年来，磁性分离技术得到了迅速的发展，能在外加磁场的作用下迅速达到与其他物质分离或者达到预定目标，操作简单，费用低廉，在分析化学、临床医学、生物工程、环境保护等多种学科研究中得到应用。使用这种技术可分离的目标产物有病毒、细胞、细菌、核酸、蛋白质、抗生素和重金属等。例如，郭立安等人使用磁场分离技术对基因重组干扰素-α进行了纯化。方法是将含有对磁场有响应的Fe_3O_4-琼脂糖-单抗载体（直径100μm），直接置入表达干扰素后的菌体裂解液中，然后在3000Gs的磁场作用下，吸附琼脂糖磁性亲和载

体，直接从浑浊的裂解液中获得了纯度大于95％的产品。这种方法较传统的亲和色谱方法简单、快速、回收率高，而且无需离心和超滤除杂，大大减少了操作步骤。有人使用磁场分离除去工业废水和河流中的有毒重金属也已获得成功。

习题和复习题

3-1. 简述沉淀及共沉淀、溶剂萃取、超临界流体萃取、双水相萃取、离子交换色谱、薄层色谱、磁性分离法的基本原理。

3-2. 某矿样溶液含 Fe^{3+}、Al^{3+}、Mg^{2+}、Mn^{2+}、Cr^{3+}、Cu^{2+}、Zn^{2+}、UO_2^{2+}、Th^{4+} 等，加入 NH_4Cl 和氨水后，哪些离子以什么形式存在于溶液中？哪些离子以什么形式存在于沉淀中？分离是否完全？

3-3. 如将上述矿样用 Na_2O_2 熔融，以水浸取，加热煮沸，澄清过滤，其分离情况如何？如在该浸取液中加入 EDTA，结果又将如何？

3-4. 某溶液含 Fe^{3+} 10mg，将它萃取入某有机溶剂中时，分配比 $D=99$，问用等体积溶剂萃取1次，萃取2次，剩余的 Fe^{3+} 量各是多少？若在萃取2次后，合并分出的有机相，用等体积洗涤液洗涤一次，会损失 Fe^{3+} 多少？

3-5. 用甲基异丁酮和乙酰丙酮萃取 Fe^{3+}，要求 pH 值为 1～2，而单独用甲基异丁酮萃取 Fe^{3+}，则要求6～8mol·L^{-1}的 HCl 溶液，为什么它们的酸度差别这么大？

3-6. 何谓离子交换树脂的交联度和交换容量？它们的大小与什么因素有关？

3-7. 第2题所述溶液，为了把 UO_2^{2+} 与其他元素分离，请提出一种用离子交换法分离的可行方案。

3-8. 提出3个从混合稀土溶液中分离出单个稀土元素的方案，并比较它们的优缺点。

第四章 岩石全分析

人类赖以生存的地球的外壳是一个岩石圈，岩石圈外为土壤圈、气圈、水圈和生物圈。岩石圈是地球的骨架，它是由各种矿物组成，矿物又是由各种天然化学元素及其化合物构成的。整个岩石圈的岩石按其形成条件的不同，可分为火成岩、沉积岩和变质岩三大类。组成各种岩石的矿物可分为自然元素、氧化物和氢氧化物、硫化物、硅酸盐、碳酸盐、磷酸盐、硫酸盐等类。其中数量最多的是硅酸盐类，自然界的硅酸盐矿物有800多种，占2000多种已知矿物的1/3左右，是组成地壳的三大岩类的主要成分。按质量计，硅酸盐占地壳质量的85%以上。碳酸盐岩石在地壳中分布也较广，已知碳酸盐矿物有约80种，约占地壳质量的1.7%。其中分布最广的是含钙和镁的碳酸盐岩石。磷酸盐矿物种类繁多，约占已知矿物的18%，但其质量仅占地壳质量的0.7%左右。主要矿物有磷灰石（氟磷灰石、氯磷灰石、锰磷灰石）、磷铈镧矿（独居石）、铀云母类矿物、磷酸氯铅矿、磷锂铝矿、兰铁矿等。磷灰石是磷的主要工业矿物，独居石是钍和稀土元素的重要工业矿物。土壤圈是岩石长期受到风和雨等气候条件和生物（含人类）活动影响而形成、以不完全连续的状况存在于陆地表面、可供植物生长和微生物繁殖的疏松层。土壤基本组成包括固体部分和孔隙部分，固体部分包括矿物质和有机质，孔隙部分是土壤气体和土壤水分（溶液）。其中矿物质部分与硅酸盐岩石组成相类似。

硅酸盐岩石和矿物不仅数量多，分布广，而且组成复杂，因此，在地质样品、环境样品及工业原料及废渣分析中硅酸盐岩石全分析很有代表性。本章以硅酸盐岩石为重点，同时介绍碳酸盐岩石和磷灰石的全分析。

第一节 概　　述

自然界的矿物都有固定的化学组成和结构。但是，在地球这样一个天然体中，纯的、独立的矿物却很少，一种矿物常常和另外一种或数种矿物结合在一起组成某种岩石。当岩石中某种有用矿物的含量（俗称品位）达到当时工业技术水平可以开采利用时，则称为矿石。岩石、矿物和矿石中的化学成分常常比较复杂，而且这些组分的含量随它们的形成条件不同而有所不同，工业分析工作者对岩石、矿物、矿石中主要化学成分进行系统的全面测定，称为全分析。

一、岩石全分析的意义

由于全分析是对分析对象中的各种主要化学成分进行系统的、全面的测定，它在地质学的基础理论研究和地质普查勘探事业中，在工业建设中都具有十分重要的意义。

在地质学中，不仅矿物定名，需要全分析结果。而且根据岩石全分析结果，还可以了解岩石内部成分的含量变化、元素在地壳内部的迁移情况和变化规律、元素的集中和分散，岩浆的来源及可能出现的矿物，可以进行矿体岩相划分与对比，阐明岩石的成因，进行成矿规律的研究，指导地质普查勘探工作等。

在工业建设方面，首先，许多岩石和矿物，其本身就是工业上、国防上的重要材料和原料，如硅酸盐岩石中的云母、长石、石棉、滑石、高岭石、石英砂等；碳酸盐岩石中的大理石、白云石、石灰石等；磷酸盐岩石中的磷灰石、独居石等。其次，有许多元素，如锂、铍、硼、铷、铯、锆等提取，主要取于硅酸盐岩石；在我国，铀主要产于花岗岩岩石；镁主要取自白云石、菱镁矿；磷主要取自磷灰岩等。第三，工业生产过程中常常需要对原材料、中间产品及产品和废渣等进行与岩石全分析相类似的全分析，以指导、监控生产工艺过程及对产品质量进行鉴定。

二、岩石的组成和分析项目

1. 硅酸盐

硅酸盐岩石和矿物的组成，简单地说，可以看成由 SiO_2 和金属氧化物（M_2O、MO、M_2O_3）所组成：$iM_2O \cdot mMO \cdot nM_2O_3 \cdot gSiO_2$，因此，在地质上，通常根据 SiO_2 含量的不同，将硅酸盐划分为五类。

极酸性岩，SiO_2＞78%；酸性岩，SiO_2 65%～78%；中性岩，SiO_2 55%～65%；基性岩，SiO_2 38%～55%；超基性岩，SiO_2＜38%～40%。

但从结构上看，硅酸盐岩石和矿物实际上并不是简单地由 SiO_2 和金属氧化物组成的。它们的基本结构单元是 SiO_4 硅氧四面体。这些硅氧四面体以单个或通过共用氧原子连接存在于小的基团、小的环状、无限的链或层中。因此，依结构不同，硅酸盐可划分为如下几类。

（1）简单正硅酸盐矿物　如硅铍石 Be_2SiO_4、硅锌矿 Zn_2SiO_4 等，它们存在着简单的、单个的正硅酸根阴离子 SiO_4^{4-}。

（2）缩合硅酸盐矿物　由两个或两个以上的硅氧四面体通过共用氧原子结合而成缩合硅酸盐阴离子。它们是单个存在的非环状的硅酸盐阴离子。这类矿物中最简单的形式是焦硅酸盐类矿物，如钪硅矿 $Sc_2Si_2O_7$、异极矿 $Zn(OH)_2Si_2O_7 \cdot H_2O$ 等。

（3）环状硅酸盐矿物　具有通式为 $Si_nO_{3n}^{2n-}$ 的 $Si_3O_9^{6-}$、$Si_5O_{15}^{10-}$ 等，它们是由 SiO_4 硅氧四面体构成环型矿物。如绿柱石 $Be_2Al_2Si_3O_{18}$等。

（4）无限链状硅酸矿物　这类矿物的阴离子是由 SiO_4 硅氧四面体以通式（SiO_3^{2-}）$_n$ 的形式构成单股链的线状链硅酸盐，或以通式（$Si_4O_{11}^{4-}$）$_n$ 的形式构成双股、交联的链（或带）的层状链硅酸盐，前者如辉石类，后者如闪石类。

（5）无限层型硅酸盐矿物　SiO_4 硅氧四面体以无限二维空间的网状方式联结时，构成阴离子的经验通式为（$Si_2O_5^{2-}$）$_n$ 的无限层型硅酸盐矿物，如云母类。

（6）骨架型硅酸盐矿物　从简单 SiO_4 中的每个氧原子为两个四面体所共有而成为三维空间的结构，其通式为（SiO_2）$_n$。如长石类、锆石类和群青类硅酸盐矿物。这一类是自然界中分布最广泛、组成最复杂和最有用的硅酸盐矿物。

硅酸盐类矿物和岩石的种类繁多，依其生成条件的不同，它们的化学成分也各不相同，加上在硅酸盐矿物和岩石中，由于类质同像比较普遍，致使其化学组成复杂化。因此，就总体上说，周期表中的大部分天然元素几乎都可能存在于硅酸盐岩石中。组成硅酸盐岩石和矿物的化学成分中最主要的元素是氧、硅、铝、铁、钙、镁、钠、钾。其次是锰、钛、硼、锆、锂、氢、氟、氯、硫、磷、碳等，某些矿物和岩石中还含有铬、钒、稀土元素、锶、钡、铜、钴、镍、铍、铷、铯、铌、钽、铀、钍、贵金属等。它们主要是形成惰性气体型离子的元素和部分过渡型离子的元素，其中金属元素一般都是以阳离子状态存在，非金属元素都是以阴离子状态存在。铝在硅酸盐中行为最为特殊，一方面它可以代替硅而参与形成阴离子，另一方面它又可以呈阳离子形态形成铝盐。因此，硅酸盐岩石中既有铝的硅酸盐存在，又有金属的铝硅酸盐存在，有时还有铝的铝硅酸盐。另外，氢在硅酸盐中主要以 OH^- 和 H_2O 两种形式存在。H_2O 在大多数情况下，以沸石水或层间水形式存在，只有少数以结晶水形式存在。

既然硅酸盐矿物和岩石成分复杂，在工业分析过程中，分析项目的选定应根据应用的要求和仪器定性、半定量分析的结果来确定。通常的硅酸盐岩全分析测定 13～16 个项目。

13 项的分析包括：SiO_2、Al_2O_3、Fe_2O_3、FeO、CaO、MgO、Na_2O、K_2O、TiO_2、MnO、P_2O_5、H_2O^-、烧失量。

16 项的分析包括：上述 13 项中去掉烧失量，加上 H_2O^+、CO_2、S 和 C。

依矿物岩石组成的不同，有时还要测定 F、Cl 以及 V_2O_5、Cr_2O_3、BaO 等。

硅酸盐全分析的测定结果，并不是要求对样品中所有组分都进行准确测定，只要求各项的质量分数总和接近 100%（国家储备委员会规定两个级别：Ⅰ，99.3%～100.7%；Ⅱ，98.7%～101.3%）。

用于地球化学找矿的样品还要求测定其中微量元素。微量元素分析的项目，依岩石类型不同而不同。如混合花岗岩，一般测定钛、锆、钍、铀、铜、铅、锌、铬、钡、钼、钴、铍、镍等。

2. 碳酸盐

自然界的碳酸盐矿物，虽然种类不少，但主要是钙和镁的碳酸盐。其基本成分是碳酸钙（镁），常含硅、铝、铁等杂质，有些矿物中有钴、镍、锰、锌等元素以类质同像加入。

碳酸盐岩石分析，依应用要求不同，需作简项分析或全分析。简项分析测定的项目包括 CaO、MgO、酸不溶物（A. I.）或 SiO_2、R_2O_3 等。全分析需要测定 CaO、MgO、SiO_2、Al_2O_3、Fe_2O_3、TiO_2、MnO、P_2O_5、K_2O、Na_2O、SO_3、H_2O^-、H_2O^+、CO_2、C 以及烧失量等。

3. 磷酸盐

磷在自然界除个别以焦磷酸盐或磷化物形式存在外，矿物中磷总是呈正磷酸盐形式存在，磷灰石、铀云母类矿物、磷钇矿、独居石等都是正磷酸盐。而且从工业分析的角度讲，即使偶尔遇有磷呈焦磷酸盐或磷化物存在的情况，在分解试样时也将转变为正磷酸盐。

磷灰石的基本成分是钙的磷酸盐。由于类质同像等原因，它的阴离子部分常杂有其他原子（或基团），因此而有氟磷灰石、氯磷灰石、氢氧磷灰石、碳磷灰石等多种变种。铀云母类矿物则由于阳离子 Ca^{2+} 被 UO_2^{2+}（或 U^{4+}）、Cu^{2+}、Ba^{2+} 等所部分或全部代替而有钙铀云母、铜铀云母、铁铀云母、铝铀云母、钡铀云母、磷铀矿、磷铀稀土矿、芙蓉铀矿等。

磷灰石中常见伴生元素为硅、铝、铁、锰、镁、钾、钠和稀土等。其中含量变化较大的是二氧化硅，可由百分之几至百分之几十。铁、铝含量由千分之几至百分之十。镁一般含量很低，当伴有白云石矿物时，氧化镁含量最高可达百分之十至十四，有机物是磷矿的常见杂质，它们的含量由万分之几至百分之二到三。有些样品中含有锶、钡。

磷灰石分析中，一般简项分析只测 P_2O_5 和酸不溶物。组合分析中测定 P_2O_5、R_2O_3（或 Al_2O_3、Fe_2O_3）、CaO、MgO 及 SiO_2、F、CO_2 和有效磷。其中铁、铝、钙、镁，根据工业要求，有时只测其酸溶量。全分析根据分析要求及光谱定性分析资料确定增加分析项目，一般除上述组分外，需增加测定 FeO、TiO_2、MnO、BaO、K_2O、Na_2O、S、Cl、H_2O^+ 和 H_2O^- 或烧失量等。根据需要，有时还要测定 SrO、V_2O_5、Mo、U、RE 等。

三、全分析的试样分解方法

（一）硅酸盐

在硅酸盐岩石矿物中，除少数简单的碱金属硅酸盐较易溶解于水或酸以外，大部分层状、链状、环状、骨架型硅酸盐都是难溶的。因此，在硅酸盐全分析中一般都是熔融分解，也可以用氢氟酸溶解。现将主要分解方法简略介绍如下。

1. 碳酸钠熔融分解法

将样品与过量的无水碳酸钠混匀在高温下熔融，难溶于水和酸的石英及硅酸盐岩石转变为易溶的碱金属硅酸盐混合物，如

$$\underset{(石英)}{SiO_2} + Na_2CO_3 = Na_2SiO_3 + CO_2$$

$$Mg_3Si_4O_{10}(OH)_2 + 4Na_2CO_3 = 4Na_2SiO_3 + 3MgO + 4CO_2 + H_2O$$

碳酸钠与试样熔融时主要是发生了复分解反应，使试样矿物结构发生变化，而转变成易溶解于水或酸的混合物，由于是在高温下进行，并有空气中的氧气可能参加反应，因此，当试样中有某些处于低价状态的变价元素时，也可以发生氧化还原反应。如

$$2MnO_2 + 2Na_2CO_3 + O_2 = 2Na_2MnO_4 + 2CO_2$$

用碳酸钠熔融来分解试样时，试剂用量的多少与试样性质有关。对于酸性岩石，试剂用量应为试样量的 5～6 倍；如为基性岩石，则需 10 倍以上的熔剂。试样一般应粉碎通过 200 号筛，并且在熔前仔细将试样与熔剂混匀，并在表面覆盖一层熔剂。操作时宜于 300～400℃的温度下放入高温炉中，然后逐步升温到混合物熔融，并在 950～1000℃下熔融 30～40min。熔融需在铂坩埚中进行。

无水碳酸钠单一熔剂，对于某些含铬铁矿、锆英石等的硅酸盐岩石的分解不完全。另外，由于其熔点高，需采用铂器皿在高温下较长时间地熔融，给操作带来不便。为此，有时可采用混合熔剂。

一类混合熔剂是碳酸钾钠，即无水碳酸钾和无水碳酸钠按组成比为(1∶1)～(5∶4)组成。这种熔剂的最大优点是熔点较低（约为 700℃），比单独使用碳酸盐时可在较低的温度下进行。它的缺点是碳酸钾易吸湿，在使用前必须先驱水；钾盐被沉淀吸附的倾向也比钠盐大，从沉淀中将其洗出较为困难，因此碳酸钾钠混合熔剂未被广泛应用。

另一类混合溶剂是用碳酸钠加适量的硼酸或 Na_2O_2、KNO_3、$KClO_3$ 等。这类混合熔剂由于加入酸性熔剂或氧化剂可增强其分解能力，使复杂硅酸盐岩石试样中不为单独使用碳酸钠所分解的矿物分解完全。如 Na_2CO_3-H_3BO_3 适用于含锆英石、耐火黏土、锡石、铬铁矿的试样。Na_2CO_3-Na_2O_2（KNO_3 或 $KClO_3$）适用于含铬铁矿、红宝石等的试样。

2. 苛性碱熔融分解法

氢氧化钠、氢氧化钾都是分解硅酸盐岩石矿物的有效熔剂，硅酸盐岩石矿物都可以被它们熔融分解后转变为可溶性的碱金属硅酸盐。氢氧化钠或氢氧化钾可单独使用，也可用其混合物。混合苛性碱熔融分解试样，所得熔块易于提取。氢氧化钾和氢氧化钠的熔点均较低，故可将熔剂与试样混合后并覆盖一层熔剂，放入 350～400℃高温炉中，保温 10min，再升至 600～650℃，保温 5～8min 即可。

苛性碱熔融分解法与 Na_2CO_3 法比较，主要是熔融分解的温度较低，不必使用铂器皿。但是其分解能力不如 Na_2CO_3 熔融法，有些较难分解的硅酸盐和金属矿物分解不完全。若放入适量的过氧化钠，可以提高其分解能力。对于含硫化物高的样品，熔样前先于瓷坩埚中在 700℃灼烧去硫，或于熔样时加 0.2g KNO_3 以氧化样品中的硫化物。

苛性碱会严重侵蚀铂器皿，一般在铁、镍、银、金坩埚或石墨坩埚中进行。金坩埚特别耐氢氧化物熔融体侵蚀，但价格较贵，质地太软，易变形，故较少使用。铁、镍、银坩埚虽有一定的耐腐蚀性，但是长时间熔融时，坩埚材料即被腐蚀。银坩埚被侵蚀后，会有部分银进入熔融物，提取液用盐酸酸化时形成氯化银沉淀，该沉淀在较浓的盐酸介质中转变为 $AgCl_2^-$ 而溶解，借此可将 Ag^+ 洗涤除去。

3. 锂硼酸盐熔融分解法

三氧化二硼是各种金属氧化物、硅酸盐和一些难溶物料的强有力的熔剂。过去常用四硼酸钠来熔融分解一些难溶的硅酸盐岩石（如云母、电气石等），含铝、铁、锆、铌、钽、钴的氧化物矿（如刚玉、锆石等）。但是，硼砂熔样的制备溶液不能用于钠和钾的测定。20 世纪 70 年代起，人们研究采用锂硼酸盐作为熔剂来分解岩矿试样，不仅具有分解能力强的优

点，而且制得熔融物可固化后直接进行 X 射线荧光分析，或把熔块研成粉末后直接进行发射光谱分析，也可将熔融物溶解制成溶液，进行包括钠和钾在内的多元素的化学系统分析。

常用锂盐熔剂有：偏硼酸锂、四硼酸锂、碳酸锂与氢氧化锂（2＋1）、碳酸锂与氢氧化锂和硼酸（2＋1＋1）、碳酸锂与硼酸(7～10)＋1、碳酸锂与硼酸酐(7～10)＋1 等。

用锂盐熔融分解时，试样粒度一般要求过 200 号筛。熔剂与试样比约为 10∶1。熔融温度 800～1000℃，熔融时间 10～30min。容器为铂、金、石墨坩埚等。

在使用锂硼酸盐分解试样时，有熔块较难脱离坩埚、熔块难溶解或酸性溶液中硅酸发生聚合作用而影响二氧化硅测定等缺点。若将碳酸锂与硼酸酐或硼酸的混合比严格控制在(7～10)＋1，熔剂用量为试样的 5～10 倍，并于 850℃熔融 10min，所得熔块易于被盐酸浸取。另外，有的将石墨坩埚的空坩埚先在 900℃灼烧 30min，小心保护形成的粉状表面，这样有利于熔块的取出；将试样和熔剂混匀，用滤纸包好，在有石墨粉垫里的瓷坩埚中熔融，熔块也易取出；采用机械搅拌、超声波搅拌，或将熔块粉碎等物理方法有利于熔块的溶解。使用大体积、低酸度溶液提取，使提取液中硅酸的浓度尽可能稀，可使硅酸的聚合减少。目前普遍认为较为理想的办法是，熔融完成，出炉后趁热将未凝固的熔融体直接倒入盛有稀酸溶液的容器里，熔融物迅速炸开分散，在磁力搅拌或超声波水浴上数分钟即可完全溶解，不会产生硅酸析出问题。

4. 氢氟酸分解法

氢氟酸是分解硅酸盐试样唯一最有效的溶剂，这是因为 F^- 可与硅酸盐中的主要组分硅、铝、铁等形成稳定的易溶于水的配离子。硅酸盐矿物中，除斧石、锆石、尖晶石、绿柱石、石榴石外均可溶解完全。然而绿柱石、石榴石通过容器加盖并延长时间（2～4h）等办法也可溶解，其余难溶试样在使用增压分解法时可分解完全。

氢氟酸分解的几种常用方法是：①用氢氟酸或氢氟酸加硝酸分解样品，用于测定 SiO_2（注意：对于 0.1g 样品，用 10ml 氢氟酸分解，最后溶液体积保护不少于 5ml。）；②用氢氟酸加硫酸（或高氯酸）分解样品，用于测定钠、钾，或测定除 SiO_2 外的其他项目；③用氢氟酸于 120～130℃温度下增压溶解，所得制备溶液可进行系统分析测定 SiO_2、Al_2O_3、Fe_2O_3、MnO、TiO_2、CaO、MgO、K_2O、Na_2O、P_2O_5 等。

其他湿法或干法分解方法，由于它们的局限性，在硅酸盐全分析中很少应用，当然在某些单项分析中有时还是很有效的。

（二）碳酸盐

碳酸盐岩石的分解取决于其杂质成分及含量。纯碳酸盐易被盐酸所分解；含二氧化硅 5%以下的石灰岩样品经 950～1000℃灼烧后，可用盐酸分解；对于硅酸盐含量高（如二氧化硅、铁和铝等杂质大于 5%）的样品，则应按分解硅酸盐岩石的方法处理。

碳酸盐岩石系统分析时常采用碳酸钠、氢氧化钠（钾）熔样分解试样。对于白云岩、石灰岩、菱镁矿和含锰石灰岩等均可用碳酸钠熔融分解。用氢氧化钠（钾）分解白云岩、菱镁矿时，温度不能超过 500℃，否则氧化镁会损失，使结果偏低。

（三）磷酸盐

磷矿试样的分解，视测定要求和样品性质不同而不同。

测定有效磷时，常用弱有机酸浸取，并以中性柠檬酸铵及 2%柠檬酸应用最广。

测定样品中总磷时，一般用 HNO_3、HCl 或 HNO_3＋HCl 分解试样。含锰高的样品，宜用 HCl 或 HCl＋HNO_3 分解。酸溶时，若加热蒸发至干，则应避免温度过高，防止磷的损失。若将溶液蒸得过甚，干渣难溶解会使磷的测定结果偏低，特别是当试样含铁高时，尤其明显。样品中含钛、锆、钍、锡量较高时，在加热蒸发、硅酸脱水过程中它们的磷酸盐沉淀也将与硅酸一起析出。若需测定这些元素或作磷的精确分析时，结果都将受到影响。

磷酸盐矿的系统分析常用碳酸钠、氢氧化钠（钾）、过氧化钠熔融分解。样品中含有机物较多时，需先于瓷坩埚中550℃灼烧除去。不宜使用含 SO_4^{2-} 的溶剂分解磷酸盐试样，因为长时间的硫酸冒烟，会引起磷的损失。

第二节　全分析中的分析系统

一、系统分析和分析系统

一份称样中测定一、两个项目称为单项分析；若将一份称样分解后，通过分离或掩蔽的方法，消除干扰离子对测定的影响之后，系统地、连贯地进行数个项目的依次测定，称为系统分析。

在系统分析中从试样分解、组分分离到依次测定的程序安排称为分析系统。在一个样品需要测定其中多个组分时，如能建立一个科学的分析系统，进行多项目的系统分析，则可以减少试样用量，避免重复工作，加快分析速度，降低成本，提高效率。

从广义设计学的系统论和控制论观点出发，岩石全分析系统具备构成一个系统的三个基本条件，是由相互联系、相互作用的诸要素组成的具有一定功能的有机整体，符合系统论中“系统”的意义。同时，岩石全分析试样分解、分离、掩蔽和测定方法的选择以及分析系统的建立过程，是一个在事物发展可能性空间有方向选择的过程，是实现系统有目的变化的活动，属于研究有组织的控制系统的控制论的问题。因此，在建立或评价一个全分析系统时，既要从系统的基本性质和基本观点出发，考虑到系统的整体性、相关性、结构性、层次性、动态性、目的性和环境适应性。同时又考虑事物的可能性空间和控制能力，从而建立既具科学性又具有先进性和适用性的全分析系统。

分析系统的优劣不仅影响分析速度和成本，而且常常影响到分析结果的可靠性。一个好的分析系统必须具备下述条件。

(1) 称样次数少　一次称样可测定项目较多，完成全分析所需称样次数少，不仅减少了称样、分解试样的操作，节省了时间和试剂。并可以减少由于这些操作所引入的误差。

(2) 尽可能避免分析过程的介质转换和引入分离方法　这样不仅可以加快分析速度，而且可以避免由此引入的误差。

(3) 所选测定方法必须有好的精密度和准确度　这是保证分析结果可靠性的基础。同时，最好方法的选择性高，这是保证操作快捷的前提。

(4) 适用范围广　这包含两方面的含义：一方面分析系统适用的试样类型多；另一方面分析系统中各测定项目含量变化范围大时均可适用。

(5) 称样、试样分解、分液、测定等操作易与计算机联机，实现自动分析。

二、硅酸盐岩石分析系统

硅酸盐试样的系统分析已有100多年的历史，从20世纪40年代后期以来，由于试样分解方法的改进和新的测试方法与测试仪器的应用，至今已有多种分析系统。这些分析系统习惯上被粗略地分为经典分析系统和快速分析系统两大类。这里择要介绍几个代表性的分析系统。

(一) 经典分析系统

经典分析系统基本上是建立在沉淀分离和重量分析方法的基础上的一个系统，是化学定性分析中元素分组法的定量发展，是有关岩石全分析中问世最早、在一般情况下可获得准确分析结果的多元素分析流程。

该分析系统，通常称样0.500～1.000g。试样于铂坩埚中用 Na_2CO_3 在950～1000℃熔融分解，熔块用水提取，盐酸酸化，蒸干后在110℃烘约1h，用HCl浸取，滤出沉淀；滤液重复蒸干、熔烘、酸浸、过滤，把两次滤得的沉淀置于铂坩埚中灼烧、称重。用H_2F_2-H_2SO_4驱硅，灼烧并称量残渣，失重部分即为SiO_2质量。

残渣经$K_2S_2O_7$熔融，稀盐酸提取后并入滤出SiO_2后的滤液中。滤液用氨水两次沉淀铁、铝、钛等的氢氧化物，灼烧、称重，测得三氧化二物（R_2O_3）含量。再用$K_2S_2O_7$熔融灼烧称重过的R_2O_3残渣，稀硫酸提取，溶液分别用重铬酸钾或高锰酸钾滴定法测定Fe_2O_3含量，用过氧化氢光度法测定TiO_2含量，用差减法计算Al_2O_3含量。酸提取时不溶性白色残渣，滤出，灼烧称重，于R_2O_3中减去此量并加入SiO_2含量中。

在分离氢氧化物沉淀后的滤液中，用草酸铵沉淀钙，并于950～1000℃灼烧成氧化钙，用重量法测定钙含量；或将草酸钙沉淀溶于硫酸，用高锰酸钾滴定草酸，以求出CaO含量。

于分离草酸钙后的滤液中，在有过量氨水存在下加入磷酸氢二铵，使镁以磷酸铵镁形式沉淀，于1000～1050℃灼烧成$Mg_2P_2O_7$后称重，即可求得MgO含量。

在经典分析系统中，一份称样只能测定SiO_2、Fe_2O_3、Al_2O_3、TiO_2、CaO、MgO六项，而K_2O、Na_2O、MnO、P_2O_5需另取试样测定，不属一个完善的全分析系统。

试样中含有重金属元素时，它们不仅在用碳酸钠分解试样时会损坏铂坩埚，而且会影响其他组分的测定，故必须予以分离。一般先用王水处理试样，使重金属元素转入溶液中；酸不溶物再用碳酸钠熔融分解，熔融物用盐酸提取，与主液合并，蒸干，使SiO_2脱水。将分离SiO_2后的滤液调节酸度，通入硫化氢以除去硫化氢组的重金属元素。加热除去硫化氢，并加溴水氧化，再加热赶去过量的溴，以后按普通硅酸盐分析系统进行分析测定。

事实上，在目前的例行分析中，经典分析系统已几乎完全被一些快速分析系统代替。但由于其分析结果比较准确，适用范围比较广泛，目前在标准试样的研制、外检试样的分析及仲裁分析中仍有应用。然而在采用经典分析系统时，除SiO_2的分析过程仍保持原状外，其余项目常综合应用配位滴定法、分光光度法和原子吸收光谱法进行测定。

（二）快速分析系统

硅酸盐经典分析系统的主要特点是具有显著的连续性。但是，由于测定各个组分时，需要反复沉淀，过滤分离，再结合灼烧、称重等重量法操作。因此难以满足快速分析的要求。随着近代科学技术的发展与大批物料分析和例行分析的需要，从1947年开始，陆续出现了一些快速分析系统。这些快速分析系统随着试样分解方法和各主要组分测定方法的改进，分析系统不断变化和发展。20世纪40年代后期，EDTA滴定法的发展和对钙、镁等组分测定方法的成熟，快速分析系统逐步建立，到50年代形成以重量法、滴定法和比色法等纯化学方法为主的完善的快速分析系统。60年代后，由于H_2F_2、锂硼酸盐分解试样方法和原子吸收光谱法、等离子体光谱法、X射线荧光法、电化学分析方法等仪器分析方法的迅速发展和应用到硅酸盐岩石分析中，计算机及在分析化学中应用的迅速发展，使快速分析系统不断改进，出现了很多以仪器分析方法为主、完成整个流程所需时间越来越少的新的快速分析系统。这些快速分析系统以分解试样的手段为特征，可分为碱熔、酸溶、锂硼酸盐熔融三类。

1. 碱熔快速分析系统

这类分析系统的特征是以Na_2CO_3、Na_2O_2或NaOH(KOH)等碱性熔剂与试样混合，在高温下熔融分解，熔融物以热水提取后用盐酸（或硝酸）酸化，无需经过复杂的分离手续，可直接分液分别进行硅、铝、锰、铁、钙、镁、磷的测定。钾和钠需另取样测定。

这类分析系统中，各组分的测定方法在不同单位、不同时期而略有不同。20世纪50年代快速分析系统中硅是以沉淀重量法测定、动物胶凝聚沉淀硅酸后的滤液用于其他七个组分的测定：铁是以$K_2Cr_2O_7$滴定法，钛用H_2O_2比色法，钙和镁用EDTA滴定法，铝用酸碱滴定法，磷是用磷钼黄比色法。70～80 年代后，硅用氟硅酸钾沉淀分离的酸碱滴定法或硅钼蓝光度法；铁、钙、镁、锰等用原子吸收光谱法，铝、钛、磷用分光光度法。铁、铝、钙、镁也曾普遍采用 EDTA 滴定法，锰用高碘酸盐光度法。钾和钠是用火焰光度法或原子吸收光谱法。

图 4-1 为碱熔快速分析系统的一个实例。但必须指出的是，图 4-1 只划出两份称样测定 10 项的流程图。实际工作中要综合 13～16 项测定，按系统论的特点与要求，绘出网络图，以实现程序化和最优化。

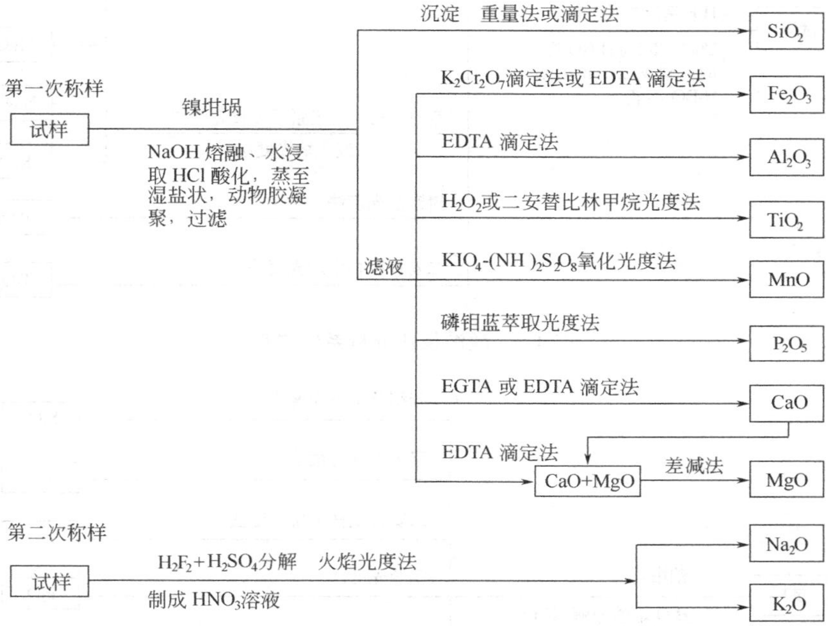

图 4-1　NaOH 熔融快速分析系统

2. 酸溶快速分析系统

酸溶快速分析系统的特点是：试样在铂坩埚或聚四氟乙烯烧杯中用 H_2F_2 或 H_2F_2-$HClO_4$、H_2F_2-H_2SO_4 分解，驱除 H_2F_2，制成盐酸、硝酸或盐酸-硼酸溶液。溶液整分后，分别测定铁、铝、钙、镁、钛、磷、锰、钾、钠和碱熔快速系统相类似，硅可用无火焰原子吸收光谱法、硅钼蓝光度法，氟硅酸钾滴定法测定，铝可用 EDTA 滴定，无火焰原子吸收光谱法、分光光度法；铁、钙、镁常用 EDTA 滴定法、原子吸收光谱法；锰多用分光光度法、原子吸收光谱法；钛和磷多用光度法，钠和钾多用火焰光度法、原子吸收光谱法测定。图 4-2是酸溶快速分析系统流程的实例。

3. 锂盐熔融分解快速分析系统

在热解石墨坩埚或用石墨粉作内衬的瓷坩埚中用偏硼酸锂或碳酸锂-硼酐（8∶1）或四硼酸锂于 850～900℃熔融分解试样，熔块经盐酸提取后以 CTMAB 凝聚重量法测定硅。整分滤液，以 EDTA 滴定法测定铝，二安替比林甲烷光度法和磷钼蓝光度法分别测定钛和磷，原子吸收光谱法测定铁、锰、钙、镁、钾、钠。也有用盐酸溶解熔块后制成盐酸溶液，整分溶液，以光度法测定硅、钛、磷，原子吸收光谱法测定铁、锰、钙、镁、钠。也有用 HNO_3-酒石酸提取熔块后，用笑气-乙炔焰原子吸收光谱法测定硅、铝、钛，用空气-乙炔焰原子吸收光谱法测定铁、钙、镁、锰、钾、钠。图 4-3 为锂硼酸盐溶液快速分析系统的一个实例。

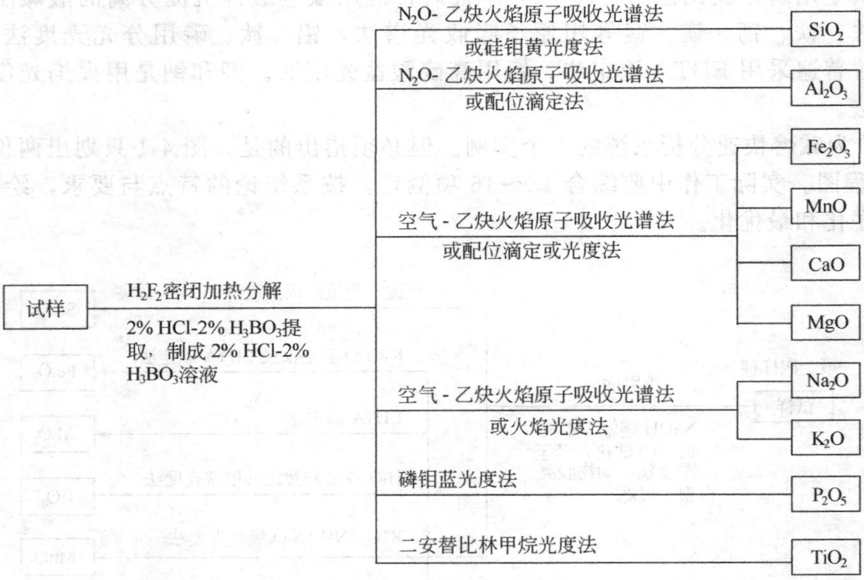

图 4-2 酸溶快速分析系统流程

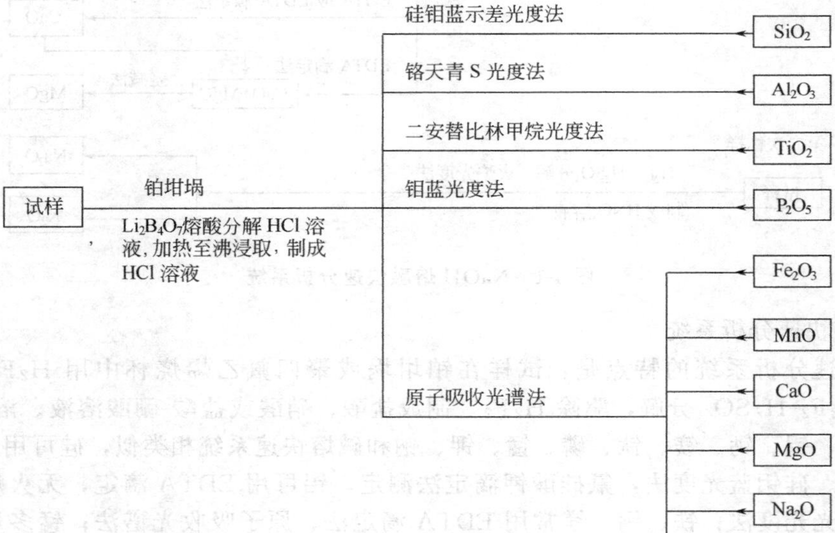

图 4-3 四硼酸锂熔融快速分析系统流程

总之，硅酸盐岩石全分析的分析系统及其中项目的测定方法是在不断改进中得到了迅速的发展。

当前，硅酸盐岩石全分析的快速分析系统及各组分的测定方法，大致具有如下特点。

(1) 选用新的试样分解方法 锂硼酸盐熔融分解法和氢氟酸或氢氟酸与其他无机酸组成的混合酸密闭分解法、微波加热分解法，是提高分析速度、减少称样次数的有效方法。

(2) 分取溶液进行各个组分的测定，已成为快速分析发展的趋势。硅酸盐试样中十个主量元素可以在一次或二次称样制成的溶液中，分取溶液进行测定，避免了繁琐的分离手续，大大缩短了分析流程，加快了分析速度，如果采用自动分液装置和数据处理的自动化程序，可进一步提高分析效率。

(3) 在分析方法上大量使用原子吸收光谱法、X 射线荧光光谱法、ICP-MS 法、ICP-AES 法，加快了分析速度。但是，原子光谱法对某些元素的测定仍有其局限性。因此，原子吸收光谱法（或 ICP-AES 法）、分光光度法等多种分析方法联用仍是当前快速系统分析的主流。如果在这些仪器中配以计算机系统，能自动测量、计算和打印分析结果，则可进一步提高分析速度。这里必须特别指出的是，近年来碱熔-X 射线荧光光谱测定岩石中 14 个主次量成分和酸溶-ICP-MS 法测定岩石中 44 个微量元素相结合，实现了除水分以外的 50 多个元素的真正意义上的全分析。为此，在第三节中专门介绍相关方法。

(4) 系统分析取样量逐渐减少　20 世纪 60 年代硅酸盐系统分析一次取样量为 0.5～1g，随着分析方法的改进，近年来采用 0.1～0.2g 试样进行测定的半微量分析系统大量出现，不仅节约了试剂，降低了成本，减轻了劳动强度和环境污染，同时，也可加快了分析速度、降低了测定不确定度。

三、碳酸盐岩石分析系统

由于碳酸盐岩石样品主要由钙、镁的碳酸盐组成，样品可直接用 KOH 熔融，或先在高温下灼烧，然后用盐酸溶解，稀至一定体积。整分溶液，分别用滴定法、光度法测定钙、镁、硅、铁、铝、钛、锰、磷等。硅也可在熔（溶）样之后，用重量法测定。这时在滤液中测定其他项目。测定钾和钠需另行称样，用 HNO_3、$HClO_4$ 和 H_2F_2 分解，以碳酸铵分离大量钙后，以火焰光度法测定。图 4-4 为较纯碳酸盐的系统分析流程。

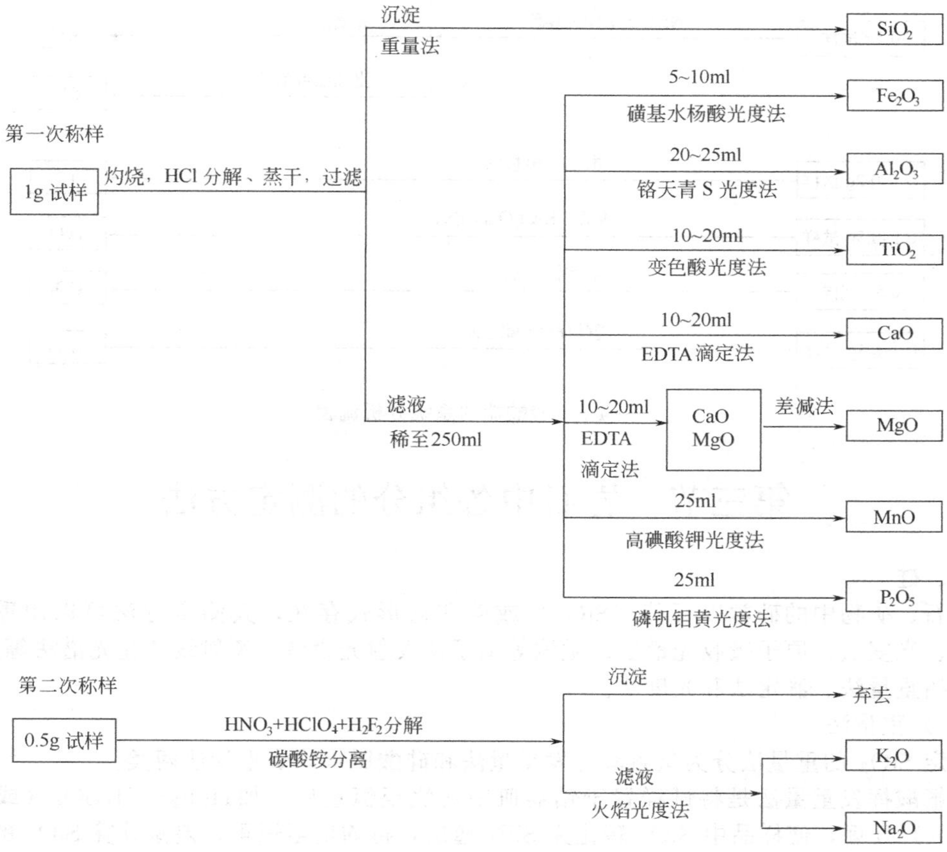

图 4-4　碳酸盐的系统分析流程

四、磷酸盐岩石分析系统

磷酸盐岩石属沉积岩类，其中组成矿物较复杂，全分析时需要测定组分较多，铁、铝、硅、钙、镁、锰、磷、钾、钠等可作系统分析，其他项目常另称样测定，有的单独称样测定二氧化硅。图 4-5 是一磷酸盐系统分析流程实例。

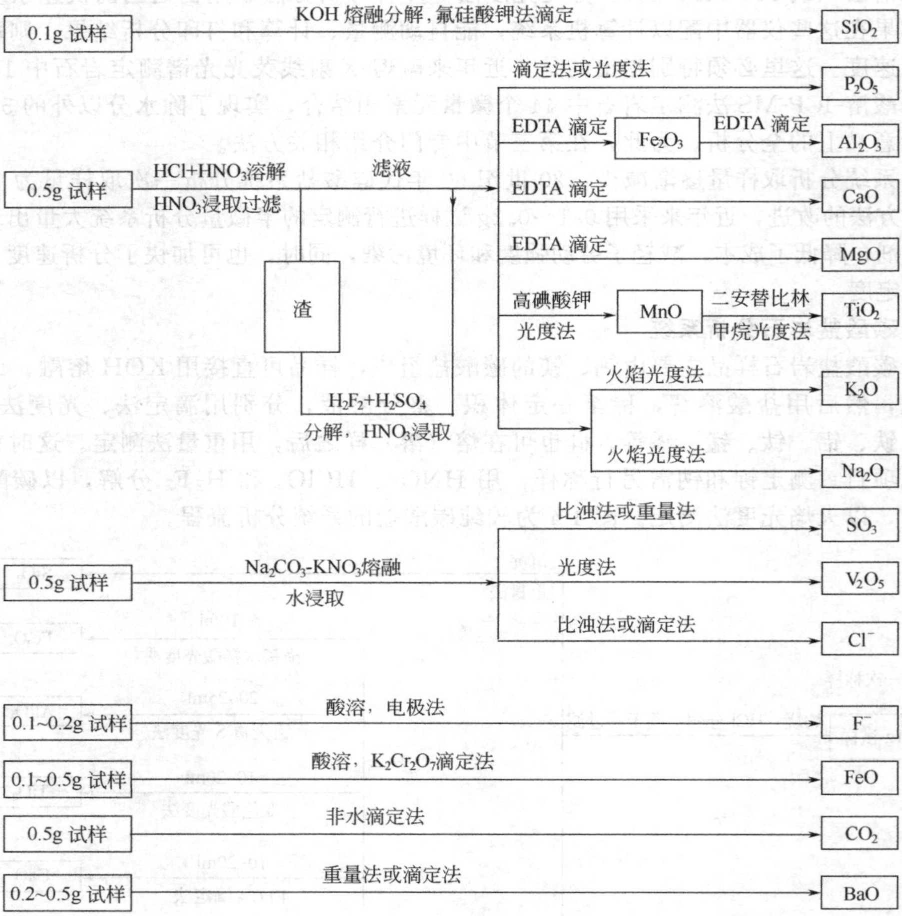

图 4-5　磷酸盐的系统分析流程

第三节　岩石中各组分的测定方法

一、硅

岩石、矿物中的硅常以石英（SiO_2）或硅酸盐形式存在，其测定方法可以用重量法、滴定法、光度法、原子吸收光谱法、微波等离子体发射光谱法、X 射线荧光光谱法等。这里重点介绍重量法、滴定法和光度法。

（一）重量法

测定 SiO_2 的重量法分为氢氟酸挥发重量法和硅酸脱水灼烧重量法两类。

氢氟酸挥发重量法是将试样置于铂器皿中灼烧至恒重后，加 $H_2F_2+H_2SO_4$（或 $H_2F_2+HNO_3$）处理，使样品中 SiO_2 转化为 SiF_4 逸出，再灼烧至恒重，差减计算 SiO_2 的含量。这种方法只能适用于较纯的石英样品中 SiO_2 的测定，没有很大实用意义。

硅酸脱水灼烧重量法在经典和快速分析系统中都得到应用。其中两次盐酸蒸干脱水重量法是经典分析系统中的方法，曾被公认为是对高、中含量 SiO_2 的测定的最精确方法；而用动物胶、聚环氧乙烷、十六烷基三甲基溴化铵、聚乙烯醇等凝聚硅酸胶体的快速重量法，则是快速分析系统中较长时间采用的方法，曾较普遍地用于例行分析中。

硅酸有多种形式，其中偏硅酸是硅酸中最简单的形式。它是二元弱酸，其电离常数 K_1、K_2 分别为 $10^{-9.3}$ 和 $10^{-12.16}$。在 pH＝1～3 或大于 13 的低浓度（$<1mg \cdot ml^{-1}$）硅酸溶液中，硅酸以单分子形式存在。当 pH 值小于 1 或大于 3，硅酸即胶体化，且聚合速度迅速加快，在 pH＝3～8，尤其 5～6 时，聚合速率最快，并形成二聚物。二聚物的水溶性甚小。所以，在含有 EDTA、柠檬酸等配位剂配合铁(Ⅲ)、铝、铀(Ⅳ)、钍等金属离子以抑制它们沉淀的介质中，滴加氨水至 pH 值为 4～8，硅酸可几乎完全沉淀。这是硅与其他元素分离的方法之一。

天然石英和硅酸盐岩石矿物试样与苛性钠、碳酸钠共熔时，试样中的硅酸盐全部转变为硅酸钠。

$$\underset{\text{(石英)}}{SiO_2} + Na_2CO_3 \longrightarrow Na_2SiO_3 + CO_2\uparrow$$

$$\underset{\text{(正长石)}}{K[AlSi_3O_8]} + 3Na_2CO_3 \longrightarrow 3Na_2SiO_3 + KAlO_2 + 3CO_2\uparrow$$

$$\underset{\text{(橄榄石)}}{4(Mg,Fe)_2[SiO_4]} + 6Na_2CO_3 + O_2 \longrightarrow 4Na_2SiO_3 + 4MgO + 4NaFeO_2 + 6CO_2\uparrow$$

熔融物用水提取，盐酸酸化时，偏硅酸钠转变为难离解的偏硅酸，金属离子均成为氯化物。

$$Na_2SiO_3 + 2HCl \longrightarrow H_2SiO_3 + 2NaCl$$

$$KAlO_2 + 4HCl \longrightarrow KCl + AlCl_3 + 2H_2O$$

$$NaFeO_2 + 4HCl \longrightarrow FeCl_3 + NaCl + 2H_2O$$

$$MgO + 2HCl \longrightarrow MgCl_2 + H_2O$$

提取液酸化时形成的硅酸存在有三种状态：一部分呈白色片状的水凝聚胶析出；一部分呈水溶胶，以胶体状态留在溶液中，同时，还有一部分以单分子溶解状态存在，但这些单分子的硅酸，能或快或慢地聚合，变成溶胶状态。

硅酸溶胶胶粒带有负电荷，是由于胶粒本身的表面层的电离而产生的，胶核 $(SiO_2)_m$ 表面的 SiO_2 分子与水分子作用，生成 H_2SiO_3 分子，部分的 H_2SiO_3 分子离解生成 SiO_3^{2-} 和 H^+，而这些 SiO_3^{2-} 又吸附在胶粒的表面，使胶粒带负电荷。设离解的 H_2SiO_3 为 n 个分子，则会产生 n 个 SiO_3^{2-} 和 $2n$ 个 H^+，这 $2n$ 个 H^+ 中有 $2(n-x)$ 个处于吸附层内与胶核构成胶体粒子，其余 $2x$ 个则分布在扩散层中，其结构如下：

$$\underbrace{\underbrace{[\underbrace{(SiO_2)_m}_{\text{胶核}} \cdot \underbrace{yH_2SiO_3 \cdot nSiO_3^{2-} \cdot 2(n-x)H^+}_{\text{吸附层}}]^{2x-}}_{\text{胶粒}} \cdot \underbrace{2xH^+}_{\text{扩散层}}}_{\text{胶体}}$$

显然，硅酸溶胶胶粒均带有负电荷，同性电荷相互排斥，降低了胶粒互相碰撞结合成较大颗粒的可能性。同时，硅酸溶胶是亲水性胶体，在胶体微粒周围形成紧密的水化外壳，也阻碍着微粒互相结合成较大的颗粒，硅酸可以形成稳定的胶体溶液。要使硅酸胶体聚沉，必须破坏其水化外壳和加入强电解质或带有相反电荷的胶体，以减少或消除微粒的电荷，使硅酸胶体微粒凝聚为较大的颗粒而聚沉。在岩石系统分析中测定 SiO_2 的各种凝聚重量法就是依据这些原理进行的。

盐酸蒸干脱水重量法：试样与碳酸钠或苛性钠熔融分解，用水提取，盐酸酸化后，加入浓盐酸时，只有一部分水溶胶转变为水凝胶析出。为了使其全部析出，一般将溶液蒸干脱水，并在 $105\sim110℃$ 温度下烘干 $1.5\sim2h$。将蒸干破坏了胶体水化外壳而脱水的硅酸干渣，用浓盐酸润湿，并放置 $5\sim10min$，使蒸发过程中形成的铁、铝、钛等的碱式盐和氢氧化物与盐酸反应，转变为可溶性盐类全部溶解，过滤，将硅酸分离出来。所得硅酸沉淀经洗涤干净后，连同滤纸一起放入铂坩埚内。置高温炉，逐步升温，使其干燥并使滤纸炭化、灰化，再升至 $1000℃$ 灼烧 $1h$，取出冷却称重即得 SiO_2 量。对于磷酸盐样品，其含硅量较低，也可采用高氯酸蒸发冒烟使硅酸脱水。

硅酸凝聚重量法：使用最广泛的凝聚剂是动物胶。动物胶是一种富含氨基酸的蛋白质，在水中形成亲水性胶体。因为其中氨基酸的氨基和羧基并存，在不同酸度条件下，它们或接受质子或放出质子，显示为两性电解质。当 $pH=4.7$ 时，其放出和接受的质子数相等，动物胶粒子的总电荷为零，即体系处于等电态。在 $pH<4.7$ 时，其中的氨基—NH_2 与 H^+ 结合成—NH_3^+ 而带正电荷；$pH>4.7$ 时，其中的羧基电离放出质子，成为—COO^-，使动物胶粒子带负电荷：

$$pH<4.7 \quad R\genfrac{}{}{0pt}{}{NH_2}{COOH} \quad +H^+ \Longrightarrow R\genfrac{}{}{0pt}{}{NH_3^+}{COOH}$$

$$pH>4.7 \quad R\genfrac{}{}{0pt}{}{NH_2}{COOH} \Longrightarrow R\genfrac{}{}{0pt}{}{NH_2}{COO^-} \quad +H^+$$

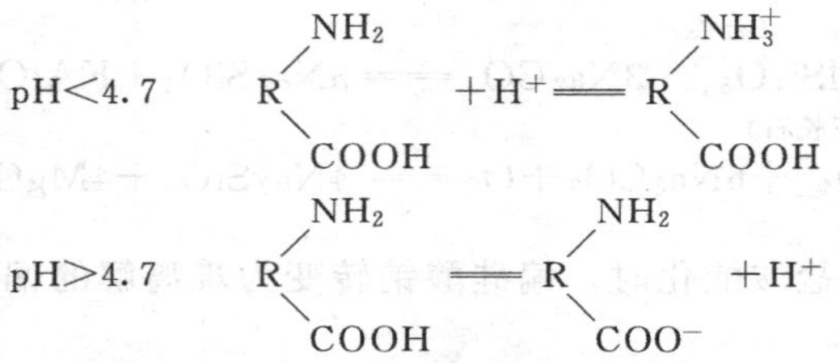

在酸性介质中，由于硅酸胶粒带负电荷，动物胶质点带正电荷，可以发生相互吸引和电性中和，使硅酸胶体凝聚。另外，由于动物胶是亲水性很强的胶体，它能从硅酸质点上夺取水分，破坏其水化外壳，促使硅酸凝聚。

用动物胶凝聚硅酸时，其完全程度与凝聚时的酸度、温度及动物胶的用量有关。由于试液的酸度愈高，胶团水化程度愈小，它们的聚合能力愈强，因此在加动物胶之前应先把试液蒸发至湿盐状，然后加浓盐酸，并控制其酸度在 $8mol \cdot L^{-1}$ 以上。凝聚温度控制在 $60\sim70℃$，在加入动物胶并搅拌 100 次后，保温 $10min$。温度过低，一方面凝聚速度慢，甚至不完全，另一方面吸附杂质多。温度过高，动物胶会分解，使其凝聚能力减弱。过滤时应控制液温在 $30\sim40℃$，以降低水合二氧化硅的溶解度。动物胶用量一般控制在 $25\sim100mg$，少于或多于此量时，硅酸复溶或过滤速度减慢。

用动物胶凝聚的重量法，只要正确掌握蒸干、凝聚条件、凝聚后的体积，以及沉淀过滤时的洗涤方法等操作，滤液中残留的二氧化硅和二氧化硅沉淀中存留的杂质均可低于 $2mg$，在一般例行分析中，对沉淀和滤液中的二氧化硅不再进行校正。但是，在精密分析中需进行校正。另外，当试样中含氟、硼、钛、锆等元素时，将影响分析结果，应视具体情况和质量要求做出必要的处理。

若分析碳酸盐样品，用熔剂 KOH 分解白云石、菱镁矿时，温度不能超过 $500℃$，以防止镁的损失。对于 $CaCO_3$ 含量大于 95% 的石灰石样品，可以先将样品灼烧，然后用盐酸分解，动物胶凝聚。

在分析磷灰石时，由于其中氟含量高而将导致结果偏低。为此，必须用三氯化铝或硼酸除去氟。三氯化铝量控制在氟比铝为 $(5\sim10):1$。

硅酸凝聚重量法测定二氧化硅，其凝聚剂除动物胶以外，还可以采用聚环氧乙烷、十六烷基三甲基溴化铵、聚乙烯醇等。

聚环氧乙烷（PEO），在酸性溶液中可与溶液的 H^+ 结合而形成带正电荷的阳离子。

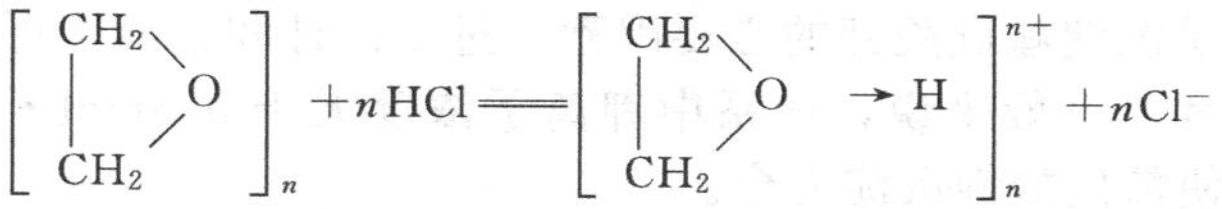

$$\begin{bmatrix} CH_2 \\ | & O \\ CH_2 \end{bmatrix}_n + n\,HCl \Longrightarrow \begin{bmatrix} CH_2 \\ | & O \rightarrow H \\ CH_2 \end{bmatrix}_n^{n+} + n\,Cl^-$$

因而，它可以如动物胶那样中和硅酸胶体的负电荷而使硅酸凝聚。聚环氧乙烷比动物胶的凝聚效果好，试液蒸至 $10\sim15\mathrm{ml}$ 即可，不必蒸至湿盐状；加入凝聚剂后，搅拌，放置 $3\sim5\mathrm{min}$ 即可过滤，不必加热保温和较长时间的搅拌；酸度范围广，凝聚时盐酸浓度为 $3\sim8\mathrm{mol}\cdot\mathrm{L}^{-1}$ 均可。并且回收率在 99% 以上，一般例行分析不必回收滤液中的二氧化硅。在精密分析中需要回收滤液中的二氧化硅时，可不必破坏聚环氧乙烷而直接用硅钼蓝光度法进行测定。

十六烷基三甲基溴化铵（CTMAB）是一种长链季铵盐，在酸性介质中，它的正电荷胶束 $CH_3\text{-}(CH_2)_{15}\text{-}N^+(CH_3)_3$ 与负电荷硅酸胶体电性中和而使硅胶凝聚。凝聚时酸度应控制大于 $8\mathrm{mol}\cdot\mathrm{L}^{-1}$ 的盐酸浓度，CTMAB 为 $0.2\%\sim1\%$ 均可，并以 0.5% 为佳。控制试液体积为 $10\sim20\mathrm{ml}$，加入CTMAB约 $50\mathrm{mg}$，搅匀并温热至室温后滤出水合二氧化硅。本法二氧化硅的回收率可达 99%。

PEO 或 CTMAB 凝聚硅酸，过滤后的滤液均可用于测定铁、铝、钛、锰、钙、镁、磷等。

（二）滴定法

测定样品中二氧化硅的滴定分析方法都是间接方法，依据分离和滴定方法的不同，有硅钼酸喹啉法、氟硅酸钾法及氟硅酸钡法等。其中以氟硅酸钾法应用最为广泛，这里重点介绍氟硅酸钾法。

氟硅酸钾法，确切地说是氟硅酸钾沉淀分离-酸碱滴定法，其基本原理是，于强酸介质中，在氟化钾、氯化钾的存在下，可溶性硅酸与 F^- 作用时，能定量地析出氟硅酸钾沉淀，该沉淀在沸水中水解析出氢氟酸，可用标准氢氧化钠溶液滴定，并间接计算出样品中二氧化硅的含量，主要反应如下。

$$SiO_3^{2-} + 3H_2F_2 \Longrightarrow SiF_6^{2-} + 3H_2O$$
$$SiF_6^{2-} + 2K^+ \Longrightarrow K_2SiF_6 \downarrow$$
$$K_2SiF_6 + 3H_2O \Longrightarrow H_2SiO_3 + 2KF + 2H_2F_2$$
$$H_2F_2 + 2NaOH \Longrightarrow 2NaF + 2H_2O$$

氟硅酸钾法测定二氧化硅时，试样可用氢氟酸分解，也可以用氢氧化钾或氢氧化钠熔融分解。用氢氟酸分解时，试样中硅转变为 H_2SiF_6 形态存在于溶液中；用苛性碱熔融分解后，水提取，硅呈 Na_2SiO_3 形态存在于溶液中，酸化之后转变为 H_2SiO_3。用苛性碱熔融温度较低、速度较快，含氟矿物在熔融时硅也不至于因为温度高而呈四氟化硅挥发损失。但对于含铝、钛高的样品，宜用氢氧化钾，而不应用氢氧化钠，以防生成溶解度小的氟铝酸钠和氟钛酸钠而影响二氧化硅的测定。

氟硅酸钾沉淀的生成与介质、酸度、氟化钾用量、氯化钾用量以及沉淀时的温度、体积等有关。

氟硅酸钾沉淀的介质可以是盐酸、硝酸或者盐酸与硝酸的混合液。在盐酸介质中进行沉淀时，铝、钛允许量较小，沉淀速度较慢，但大量铁、钙、镁共存时影响较小；在硝酸介质中沉淀，因为氟铝酸钾和氟钛酸钾的溶解度比在盐酸中大，可减少铝、钛的干扰，但当同时有 Ca^{2+} 共存时有影响。所以，当试样中铝、钛、钙均较高时，以硝酸与盐酸的混合酸介质为好。因此，在一般情况下多用硝酸或硝酸与盐酸的混合酸。硝酸酸度宜控制在 $2.9\sim3.8\mathrm{mol}\cdot\mathrm{L}^{-1}$，大多是在 $3\mathrm{mol}\cdot\mathrm{L}^{-1}$ HNO_3 介质中进行。酸度太低，容易生成其他氟化物沉淀；酸度太高，增加氟硅酸钾的溶解度和分解作用，使沉淀不完全。

钾离子和氟离子是沉淀氟硅酸钾的必要因素。过量的钾和氟离子可抑制氟硅酸钾的离解而有助于降低其溶解度。一般来说，体系中钾离子浓度大于 $0.5mol \cdot L^{-1}$，氟离子浓度大于 $0.2mol \cdot L^{-1}$ 时可使氟硅酸钾沉淀完全。

沉淀时溶液的温度与体积也必须注意。一般控制试液体积为50ml左右，温度为30℃以下。温度过高或体积太大，都会增加氟硅酸钾的溶解量，使之沉淀不完全；但体积太小，溶液中离子浓度过大，易生成其他氟化物沉淀而干扰测定。

氟硅酸钾沉淀，宜放置10min左右至6h，放置时间过长，由于杂质的吸附和共沉淀将给结果带来误差。由于氟硅酸钾在水中溶解度较大（$K_{sp,K_2SiF_6}=8.6\times10^{-7}$，在17.5℃ 100ml水可溶解0.12g K_2SiF_6），沉淀过滤时，不能用水洗涤，宜用被氯化钾所饱和的乙醇-水溶液（1+1）或5%氯化钾-40%乙醇溶液洗涤3～5次，以除去大部分游离酸。

氟硅酸钾沉淀水解的过程是沉淀溶于热水中，SiF_6^{2-} 先解离为 SiF_4，而后 SiF_4 迅速水解生成 H_2F_2。

$$K_2SiF_6 \rightleftharpoons 2K^+ + SiF_6^{2-}$$

$$SiF_6^{2-} \rightleftharpoons SiF_4 + 2F^-$$

$$SiF_4 + 3H_2O \rightleftharpoons 2H_2F_2 + H_2SiO_3$$

四氟化硅的水解是吸热反应，所以必须在热水中进行。为此，需加入 $pH\approx7.6$ 的中性沸水，并保持滴定过程中溶液温度在70～90℃。如果滴定时温度低于50℃，反应速率慢，滴定终点不稳定，所得结果偏低。

氟硅酸钾沉淀水解之后产生了硅酸和氢氟酸。氢氟酸的电离常数为 $K_a=7.2\times10^{-4}$，远比硅酸的电离常数大。因此，用氢氧化钠滴定时，氢氟酸首先被滴定。但是为了防止硅酸离解而被滴定，必须控制好滴定终点的pH值在7.5～8.0之间。否则，当pH>8.5时，将有部分硅酸被滴定。滴定用指示剂宜用中性红（pH=6.8～8.0，红至亮黄）、酚红（pH=6.8～8.0，黄至红）和0.1%溴百里酚蓝-0.1%酚红水溶液变色点（pH值为7.5，黄至紫）。还可采用硝嗪黄、酚红-亚甲基蓝、酚红-草酚蓝等。

样品中含有大量铝、钛、硼、铀、钍、稀土元素、铌、钽、铍、锆、铪等与氟离子形成配合物或沉淀，影响硅的测定；当溶液中铁、钙均达数十毫克时，影响终点观察；高含量的铝-钙、铝-镁、钠-铝共存时使结果偏高，但是在一般硅酸盐样品中，除铝、钛含量较高外，其他元素含量较低，均不影响测定。对于碳酸盐样品，则铝、钛不高，只是钙、镁较高。

铝离子在酸性溶液能与氟离子生成多种配位数的配离子 AlF_n^{3-n}。当铝含量高、氟离子浓度大时可以生成氟铝酸盐沉淀，夹杂于氟硅酸钾沉淀中而影响硅的测定。若有这种干扰情况存在时，进行氟硅酸钾水解滴定操作过程可以观察到如下异常现象：滴定终点不稳定，不断褪色，并且溶液中出现白色絮状沉淀，滴定结果显著偏高。为了防止氟铝酸盐的影响，可以采取控制氟离子浓度、采用钾盐熔样而防止引入大量钠盐、在硝酸介质中沉淀、控制好操作条件（如，缩短沉淀的搅拌和放置时间）、加入适量的铝离子使 AlF_n^{3-n} 转变成配位数较低不生成氟铝酸盐沉淀的状态等。

钛的干扰主要是由于钛含量高时生成较难溶解的氟钛酸盐，或大量氟硅酸钾吸附氟钛离子所引起的，因此，钛的干扰程度还与硅的含量有关，硅含量高，钛干扰显著。实验表明，硅含量低的试样，钛量多至20mg还没有明显干扰；硅量较高的试样，4mg钛就有干扰。沉淀前加入过氧化氢或草酸盐，使钛生成 $[TiO(H_2O_2)]^{2+}$ 或 $[TiO(C_2O_4)_2]^{2-}$，而不沉淀。

（三）光度法

硅的光度分析方法中，以硅钼杂多酸光度法的研究和应用最为广泛，不仅可以用于重量法测定二氧化硅后的滤液中或碳酸盐中的硅，而且采用少分取试液的方法或用全差示光度法可以直接测定硅酸盐样品中高含量的二氧化硅。

硅钼杂多酸光度法的原理是：在一定的酸度下，硅酸与钼酸生成黄色硅钼杂多酸（硅钼黄）$H_8[Si(Mo_2O_7)_6]$，可用于光度法测定硅。若用还原剂进一步将其还原成钼的平均价态为＋5.67价的蓝色硅钼杂多酸（硅钼蓝），亦可用光度法测定硅，而且更灵敏、更稳定。

硅酸与钼酸的反应如下：

$$H_4SiO_4 + 12H_2MoO_4 = H_8[Si(Mo_2O_7)_6] + 10H_2O$$

产物呈柠檬黄色，最大吸收波长为350～355nm，摩尔吸光系数约为10^3，此法为硅钼黄光度法。硅钼黄可在一定酸度下，被硫酸亚铁、氯化亚锡、抗坏血酸等还原剂所还原，还原反应为

$$H_8[Si(Mo_2O_7)_6] + 2C_6H_8O_6 = H_8\left[Si\begin{matrix}(Mo_2O_6)_2\\ \\(Mo_2O_7)_4\end{matrix}\right] + 2C_6H_6O_6 + 2H_2O$$

产物呈蓝色，最大吸收波长为810nm，摩尔吸光系数为2.45×10^4。为了便于在可见分光光度计上进行测定，常在650nm波长下测定，这时摩尔吸光系数为8.3×10^3。此法为硅钼蓝分光光度法。该波长下虽然灵敏度稍低，但恰好更便于较高含量硅的测定。

单硅酸的获得与显色条件的控制是本法的关键。

1. 正硅酸溶液的制备

硅酸在酸性溶液中能逐渐地聚合，形成双分子聚合物、三分子聚合物……多种聚合状态。高聚合状态的硅酸不能与钼酸盐形成黄色硅钼杂多酸，仅单分子正硅酸能与钼酸盐生成黄色硅钼杂多酸。因此，正硅酸的获得是光度法测定二氧化硅的关键。

硅酸的聚合程度与硅酸的浓度、溶液的酸度、温度及煮沸和放置的时间有关。硅酸的浓度愈高、溶液酸度愈大，加热煮沸和放置时间愈长，则硅酸的聚合现象愈严重。如果控制二氧化硅浓度在$0.7mg\cdot ml^{-1}$以下，溶液酸度不大于$0.7mol\cdot L^{-1}$，则放置8d，也无硅酸聚合现象。

为了防止硅酸的聚合，也可以采用返酸化法和氟化物解聚法。

返酸化法：将碱熔后的水浸出液，不用浓酸去酸化，而是将碱性溶液迅速倒入1＋1或更稀的盐酸溶液中，使溶液迅速越过最容易发生聚合作用的pH＝3～7的范围，达到pH＝0.5～2.0。

氟化物解聚法：在酸性溶液中加入氟化物，使硅酸转变成H_2SiF_6状态而解聚。然后加入铝盐和钼酸铵，由于Al^{3+}与F^-生成配离子，解离出来的SiO_4^{4-}和钼酸铵反应生成硅钼杂多酸。

2. 显色条件的控制

正硅酸与钼酸铵生成黄色硅钼杂多酸有两种形态：α-硅钼酸和β-硅钼酸。这两种不同形态的硅钼酸组成相同，结构不同，稳定性和吸光度也不同。而且它们被还原后形成的硅钼蓝的吸光度和稳定性也不相同，α-硅钼酸黄色可稳定数小时，其最大吸收在350～355nm处，摩尔吸光系数约为10^3，可用于硅的测定，甚至用于硅酸盐、碳酸盐、水泥、玻璃等样品分析时，其结果可与重量法媲美。但许多金属离子将沉淀或水解，常影响二氧化硅的测定。β-硅钼酸因稳定性差而难直接用于分析。但其被还原后的产物呈深蓝色，$\lambda_{max}=810nm$，颜色可稳定8h以上，分析中广泛应用。

硅钼杂多酸的不同形态的存在量与溶液的酸度、温度、放置时间及稳定剂的加入等因素有关。

酸度对生成黄色硅钼酸的形态影响最大。当溶液酸度在pH＜1.0时，形成β-硅钼酸，并且反应迅速，但是不稳定，很容易转变为α-硅钼酸；当pH在3.8～4.8时，主要生成α-

硅钼酸，且较稳定；pH＝1.8～3.8时，α-和β-硅钼酸均有。实际工作中，若硅钼黄（宜用α-硅钼酸）来测定硅，可控制在pH＝3.0～3.8；若用硅钼蓝光度法测硅，宜控制生成硅钼黄（β-硅钼酸）的酸度pH＝1.0～1.8（以pH＝1.3～1.5为最好）。将β-硅钼酸还原为硅钼蓝的酸度宜控制在0.8～1.35mol·L^{-1}，酸度过低，磷和砷的干扰亦大，同时可能有部分钼酸盐被还原。有实验证明，若以赤霉素-葡萄糖-氯化亚锡为还原剂，在0.2mol·L^{-1} HNO_3介质中还原，生成硅钼杂多蓝，λ_{max}＝801nm，$\varepsilon=1.28\times10^4$，还原速率快，稳定性较好。

硅钼黄显色温度以室温（20℃左右）为宜。低于15℃时，需放置20～30min；15～25℃时，需放置5～10min；高于25℃时，放置3～5min即可。温度对硅钼蓝显色影响较小，但温度低时反应较慢，一般加入还原剂后，需放置5min测定吸光度。

在溶液中加入甲醇、乙醇、丙醇、丙酮等有机溶剂，可以提高β-硅钼酸的稳定性，丙酮还能增强它的吸光度，从而改善硅钼蓝光度法测定硅的显色效果。

硅钼杂多酸根阴离子，能与某些碱性染料如三苯甲烷类或罗丹明B类染料的阳离子，借静电引力而缔合，生成体积庞大的离子缔合物，可用光度法测定。此类方法灵敏度高，选择性、萃取性及稳定性均好，适宜痕量硅的测定，不适宜硅酸盐岩石样品的分析，但适宜许多工业原料和工业产品中痕量硅的测定。硅钼杂多酸与罗丹明B反应，生成组成为$(C_2H_3ON_2O_3)_2\cdot SiMo_{12}O_4$的缔合物，$\lambda_{max}$＝555nm，$\varepsilon=5\times10^5$，属高灵敏度光度法。

3. 干扰元素及其消除

PO_4^{3-}和AsO_4^{3-}与钼酸铵作用形成同样的黄色杂多酸，还原后也同样生成蓝色杂多酸。增大还原时的酸度，可以抑制磷钼酸和砷钼酸的还原，而且有利于硅钼酸的还原。因此，硅钼蓝光度法采用较大的还原酸度。但是它们含量太高时仍将有一定影响。故本法不适宜作磷酸盐样品中硅的测定。

实验表明，mg级的铀、钍、铁、钒、钨、稀土元素、铜、钴、铅等对结果均无影响。但是大量Fe^{3+}存在会降低Fe^{2+}的还原能力，使硅钼黄还原不完全。这时可加入草酸使Fe^{3+}生成$Fe(C_2O_4)_3^{3-}$配离子来消除。然而必须注意，加入草酸1min后，应立即加入还原剂，以防硅钼黄被草酸所分解而影响结果。钛、锆、钍、锡的存在，则由于生成硅钼黄时溶液酸度很低，会水解产生沉淀，带下部分硅酸，而使结果偏低。对于钛、锆、钍的影响，可加入EDTA溶液来消除。若用银坩埚熔融分解试样，会带下一定量的银，银量高时，胶态银会还原游离的钼酸而影响测定。可在加入钼酸铵后，滴加少量高锰酸钾溶液至呈微红色，以消除其影响。大量Cl^-使硅钼蓝颜色加深，大量NO_3^-使硅钼蓝颜色深度降低。

（四）原子吸收光谱法

试样以锂盐熔融分解后制备成硝酸溶液，加入酒石酸以抑制铝、钛、钙、镁等元素的干扰，以镧盐抑制硅的电离，选择251.6nm、250.7nm、251.4nm、288.2nm波长的锐线测定，其灵敏度［g·(ml·1%吸收率)$^{-1}$，下同］分别为2.0、10.0、10.0和50.0 SiO_2。大量PO_4^{3-}有负干扰，不能直接测定磷酸盐中的二氧化硅。

硅的XRF、ICP-AES法测定，放在本节“十五　多组分的仪器分析方法”中统一介绍。

二、铝

铝的测定方法很多，有重量法、滴定法、光度法、原子吸收光谱法、等离子体发射光谱法、微波等离子体发射光谱法、X射线荧光分析法、微堆中子活化法、交流示波极谱法等。重量法中有磷酸铝法、8-羟基喹啉法及差减法等；由于手续较繁琐，现在已很少采用。滴定法中有酸碱滴定法、配位滴定法（EDTA或CyDTA滴定法）、8-羟基喹啉-溴酸盐法等，以前两种方法应用较普遍。光度法测定铝，由于新的显色剂和新显色体系不断出现，方法很多，特别是以三苯甲烷类和荧光酮类显色剂的显色体系研究最为活跃，加入表面活性剂等，形成多元配合物，灵敏度、选择性和稳定性均大有提高。另外，用化学计量学方法进行铝和铁的联测也有报道。应用较多的是铝试剂法、铬菁 R 法、铬天青 S 法。原子吸收光谱法测定铝，由于在空气-乙炔焰中铝易生成难溶性化合物，测定灵敏度极低，而且共存离子干扰严重，因此需用笑气-乙炔焰，这影响了它的普遍应用。但有人研究添加有机溶剂四甲基氯化铵作为基体改进剂，于空气-乙炔焰中测定铝，获得了较好效果。

硅酸盐岩石中铝含量常常较高，多用滴定分析法；碳酸盐和磷酸盐岩石中铝含量较低，常用光度法。这里简要介绍 EDTA 滴定法、酸碱滴定法、铬天青 S 法。XRF、ICP-AES、微堆中子活化分析法将在本节“十五多组分的仪器分析方法”中介绍。

（一）配位滴定法

铝与 EDTA 等氨羧配位剂能形成稳定的配合物（Al-EDTA，pK＝16.13；Al-CyDTA，pK＝17.6）。因此，可以用配位滴定法测定铝。但是由于铝与 EDTA 形成配合物的反应速率较慢，铝对二甲酚橙、铬黑 T 等指示剂有封闭作用，这给 EDTA 滴定法直接滴定铝带来了一定困难。对此，在找到 CyDTA 等配位剂前，人们对 EDTA 滴定铝的方法，提出了三类方案：直接滴定法、返滴定法和置换滴定法。其中以置换滴定法应用最广。

直接滴定法：在 pH＝3 左右的制备溶液中，以 Cu-PAN 为指示剂，在加热的条件下用 EDTA 滴定。加热是为提高铝与 EDTA 形成配合物的反应速率，但给操作带来麻烦。

返滴定法：在含铝的酸性溶液中加入过量的 EDTA，将溶液煮沸，调节溶液 pH 值至 4.5，再加热煮沸使铝与 EDTA 形成配合物的反应完全。然后，选择适宜的指示剂，用其他金属的盐返滴定过量的 EDTA，从而得出铝量。用锌盐返滴定时，可选二甲酚橙或双硫腙为指示剂；用铜盐返滴定时，可选 PAN 或 PAR 为指示剂：用铅盐返滴定时，可选二甲酚橙为指示剂。返滴定法的选择性差，需预先分离铁、钛等干扰元素。因此，本法只适用于简单的矿物岩石中铝的测定。

氟化物置换滴定法：在待测溶液中，加入过量的 EDTA，加热使 Al^{3+} 与 EDTA 形成配合物的反应完全。然后用金属盐滴定过量的 EDTA，再加入氟化钠（钾），以置换 Al-EDTA 配合物中的 EDTA。然后，再用金属盐滴定释放出来的 EDTA，从而求得铝的含量。此法选择性较高，曾较为普遍使用，但钛有与铝相同的反应，其测定结果为铝钛合量。

不管采用哪种方式，酸度是影响 EDTA 与 Al^{3+} 配位反应的主要因素。

在含铝溶液中加入 EDTA 后，溶液中存在着如下平衡关系：

Al^{3+}	+	Y^{4-}	$\rightleftharpoons$	AlY^{-}	
+		+		+	+
OH^{-}		H^{+}		OH^{-}	H^{+}
$\Updownarrow$		$\Updownarrow$		$\Updownarrow$	$\Updownarrow$
$AlOH^{2+}$		HY^{3-}		Al（OH）Y^{2-}	AlHY
（水解效应）		（酸效应）		（混合配位效应）	

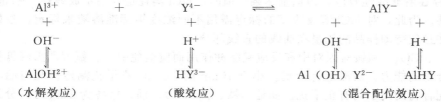

显然，铝与 EDTA 形成配合物的反应同时受到酸效应和水解效应的影响，并且这两种效应的影响结果是相反的。因此，必须控制好适宜的酸度。依计算得到，在 pH＝3～4 时形成配离子的百分率最高。但是，对于返滴定法，在适量 EDTA 存在下，溶液 pH 值可增大至 4.5，甚至 pH 值为 6。然而酸度太低，Al^{3+} 水解生成动力学上惰性的铝的多核羟基配合物，妨碍着铝的测定。对此，在实践中可采用如下几种办法。

① 在 pH＝3 左右，加入过量 EDTA，加热促使 Al^{3+} 与 EDTA 形成配合物的反应完全。加热的时间取决于溶液的 pH 值、其他盐类的含量、配位剂过量的情况、溶液的来源等。

② 在酸性较强的溶液中（pH＝0～1）加入 EDTA，然后用六亚甲基四胺或缓冲溶液等弱碱性溶液而不用氨水、NaOH 溶液等强碱性溶液来调节试液的 pH 值至 4～5。

③ 在酸性溶液中加入酒石酸，使其与 Al^{3+} 形成配合物，这样既可阻止羟基配合物的生成，又不影响 Al^{3+} 与 EDTA 形成配合物。

滴定剂除 EDTA 外，还常用 CyDTA，由于 Al-CyDTA 的稳定常数为 $10^{17.8}$，同时，CyDTA 与铝生成配合物的反应速率也比 EDTA 快。因此，在室温和大量钠盐存在下，CyDTA 能与铝定量地生成配合物，并且它允许试液中铬、硅的量较高。

各种干扰离子对本法测定铝的影响可分如下几种类型。

① Cu^{2+}、Pb^{2+}、Zn^{2+}、Co^{2+}、Ni^{2+}、Cd^{2+}、Fe^{3+}、Cr^{3+} 等均能与 EDTA 生成较稳定的配合物，在直接滴定法和返滴定法中均干扰铝的测定。而在氟化物置换法中，由于它们与 F^- 生成的配合物的稳定常数较小，不能置换出 EDTA，故不干扰，但是其中的有色离子含量较高时，颜色深，影响终点观察。

② Ti^{4+}、Zr^{4+}、Th^{4+}、Sn^{4+}、U^{4+} 等也能与 EDTA 形成稳定的配合物，加入氟化物后，由于它们的氟配合物稳定常数较大，也能定量释放出 EDTA。因此，在返滴定法、直接滴定法、氟化物置换法中均干扰测定。在一般的硅酸盐、碳酸盐中仅钛量稍高，其影响不容忽视。而钍、锆、锡含量低，可以不考虑。在磷酸盐岩石分析中，有时铀、钍量也较高，不容忽视。消除钛的干扰的办法是：a. 另行测定钛之后，差减法求铝量；b. 加入钽试剂、磷酸盐、乳酸或酒石酸等掩蔽剂掩蔽钛；c. 作钛-铝连续测定：如在 Al^{3+}、Ti^{4+} 与 EDTA 配位，用 Cu^{2+} 盐滴定过剩 EDTA 之后，先加磷酸盐置换出 Ti-EDTA 中的 EDTA，用 Cu^{2+} 盐滴定。再加氟化物置换出 Al-EDTA 中的 EDTA，继续用 Cu^{2+} 滴定，求得铝量。

③ Mn^{2+} 的存在使滴定终点不稳定。量小时影响不大；量大时，必须分离。

④ PO_4^{3-} 存在时，在 pH＝5.4～6.0 的溶液中，铝会形成 $AlPO_4$ 沉淀，使结果偏低，提高滴定酸度，在 pH＝4.3 的溶液中以铋盐返滴定，可以消除 PO_4^{3-} 的影响。

⑤ 在碳酸盐或磷酸盐分析中，钙含量大于 40％时，由于在 pH＝5～6 时有部分钙与 EDTA 生成配合物，将使铝的测定结果偏高 0.1％～0.3％。

（二）酸碱滴定法

在弱酸性介质中，Al(Ⅲ)与酒石酸钾钠形成配合物。于中性溶液中加入氟化钾溶液，使铝生成氟铝配合物，并释放出与铝等化学计量量的游离碱，然后用盐酸标准溶液滴定，可测定铝的含量。

这种方法可直接单独测定铝，操作也较简便，但是必须注意如下事项。

① 本法存在着非线性效应，即铝量达某一值时，HCl 消耗量与铝不成线性。铝量愈高，结果偏低愈甚。为此，对 HCl 溶液浓度的标定需用不同浓度铝标准溶液来标定，最好做出校正曲线，并且使待测样品的铝量在曲线的直线部分。

② SiO_3^{2-}、CO_3^{2-} 和铵盐因对中和反应起缓冲作用而应避免引入；氟因严重降低铝与酒石酸生成配合物的能力，对测定有干扰。小于 10mg 的 Fe(Ⅲ)不干扰测定。凡与酒石酸及氟形成稳定配合物的离子均有正干扰。如钍、钛、铀（Ⅳ）、钡、铬各为 2mg 时，分别给出相当于 0.5mg、0.5mg、0.35mg、0.36mg、0.05mg Al_2O_3 的正误差。

（三）铬天青 S 法

铝与三苯甲烷类显色剂普遍有显色反应，而且大多数在 pH＝3.5～6.0 的酸度下显色。铝与铬天青 S（简写为 CAS）的显色反应在 pH＜5.4 时，随介质酸度的提高，吸光度呈直线上升，至 pH＝5.4 时出现峰值。一般控制在 pH＝4.5～5.4 的条件下使铝与 CAS 反应而显色。该显色反应是由于铝与 CAS 生成了组成为 1∶2 的有色配合物，并且显色反应迅速完成，可稳定约 1h，在 pH＝5.4 条件下，有色配合物的最大吸收波长为 545nm，其摩尔吸光系数为 4×10^4。该体系可用于测定试样中低含量的铝。

铍(Ⅱ)、铜(Ⅱ)、钍(Ⅳ)、锆(Ⅳ)、镍(Ⅱ)、锌、锰(Ⅱ)、锡(Ⅳ)、钒(Ⅴ)、钼(Ⅵ)和

铀存在时干扰测定；氟的存在，与铝生成配合物而产生严重的负误差，必须事先除去。铁(Ⅲ)的干扰可加抗坏血酸消除，但抗坏血酸用量不能过多，以加1%抗坏血酸溶液2ml为宜，过多的抗坏血酸会破坏铝-CAS配合物。少量钛(Ⅳ)、锆(Ⅳ)的影响可加入磷酸盐掩蔽，0.5%磷酸二氢钠溶液2ml可掩蔽100μg的二氧化钛。低于500μg的铬(Ⅲ)、100μg的五氧化二钒不干扰测定。低于2mg的锰(Ⅱ)，在中和前加入1%盐酸羟胺溶液6ml，可消除其影响。碱金属、碱土金属的存在均不影响测定，大量中性盐使结果偏低，可在制作标准曲线时加入与试样相同数量的空白试样来消除其影响。

在Al-CAS法中，引入阳离子或非离子表面活性剂，使之生成Al-CAS-CPB或Al-CAS-CTMAB等三元配合物，其灵敏度和稳定性都显著提高，如：Al-CAS-CTMAB，显色条件pH=5.5～6.2，$\lambda_{max}=620nm$，$\varepsilon_{620}=1.3\times10^5$，配合物迅速生成，且稳定4h以上。

三、铁

随环境及形成条件不同，铁在岩石矿物中可以呈二价或三价状态存在。在许多条件下，不仅需要试样铁的总含量，而且需要分别测定其中三价铁和二价铁的含量。这里先介绍总铁或三价铁的测定方法，而二价铁的测定放在下一节讲述。

铁的测定方法很多，目前常用的是滴定法、光度法、原子吸收光谱法、微堆中子活化法、ICP-AES法、X射线荧光法、电化学分析法等。在滴定法中，一类是以形成配合物的反应为基础的配位滴定法；另一类是以氧化还原反应为基础的氧化还原滴定法。前者如EDTA滴定，后者如重铬酸钾滴定法。光度法中，有许多灵敏的光度分析方法，其中应用较多的是磺基水杨酸光度法、2,2-联吡啶法、硫氰酸盐法、3,5-Br_2-PADAP法等。

这里介绍重铬酸钾滴定法、EDTA滴定法和磺基水杨酸光度法。XRF法等在“十五 多组分仪器分析方法”中统一介绍。

(一) 重铬酸钾滴定法

重铬酸钾滴定法是测定岩石矿物中铁的经典方法，具有简便、快捷、准确、稳定等优点，在实际工作中得到广泛的应用，在测定岩石矿物试样中的全铁、高价铁时，首先要将制备溶液中的高价铁还原为低价，然后再用重铬酸钾溶液滴定。依据所用还原剂不同，又有不同的测定体系，较常用的体系是$SnCl_2$还原-重铬酸钾滴定法（又称汞盐重铬酸钾法）、$TiCl_3$还原-重铬酸钾滴定法、硼氢化钾还原-重铬酸钾滴定法等。

1. 氯化亚锡还原-重铬酸钾滴定法

此法的原理是：在热盐酸介质中，用$SnCl_2$作还原剂，将溶液中的Fe^{3+}还原成Fe^{2+}（$E^{\ominus}_{Fe^{3+}/Fe^{2+}}=0.77V$，$E^{\ominus}_{Sn^{4+}/Sn^{2+}}=0.15V$），过量的$SnCl_2$用$HgCl_2$除去（$E^{\ominus}_{Hg^{2+}/Hg_2^{2+}}=0.63V$），在硫-磷混合酸存在下，以二苯胺磺酸钠为指示剂，用$K_2Cr_2O_7$标准溶液滴定Fe^{2+}，至溶液呈现稳定的紫色为终点（$E^{\ominus}_{Cr_2O_7^{2-}/Cr^{3+}}=1.36V$，$E^{\ominus}_{In}=0.85V$）。在实际工作中，为了使$Fe^{3+}$能较为迅速地还原完全，常将制备溶液加热到小体积时，趁热滴加$SnCl_2$溶液至黄色褪去。趁热加入$SnCl_2$溶液，是因为Sn^{2+}还原Fe^{3+}的反应在室温下进行得很慢，提高温度到近沸，可大大加快反应过程。浓缩至小体积，则一方面提高了酸度，可防止$SnCl_2$的水解；另一方面提高反应物浓度，有利于Fe^{3+}的还原和还原完全时颜色变化的观察。

但是，加$HgCl_2$除去过量的$SnCl_2$必须在冷溶液中进行，并且在加入$HgCl_2$溶液后放置3～5min后滴定。因为在热溶液中，$HgCl_2$可氧化Fe^{2+}，使测定结果不准确；加入$HgCl_2$溶液后不放置，或放置时间太短，反应不完全，Sn^{2+}未除尽，同样会与$K_2Cr_2O_7$反应，使结果偏高；放置时间过长，已被还原的Fe^{2+}可被空气中氧所氧化，使结果偏低。

滴定前加入硫-磷混合酸的作用为：加H_2SO_4是保证滴定所需的酸度；H_3PO_4与Fe^{3+}形成无色配离子$[Fe(HPO_4)_2]^-$，既可消除$FeCl_3$黄色对终点变色的影响，又可降低$Fe^{3+}/$

Fe^{2+}电对的电位，使突跃范围变宽，便于指示剂的选择。但是，必须注意，在H_3PO_4介质中，Fe^{2+}的稳定性较差，加入硫-磷混合酸后应尽快进行滴定。

二苯胺磺酸钠与$K_2Cr_2O_7$的反应速率本来很慢，由于微量Fe^{2+}的催化作用，使其与$K_2Cr_2O_7$的反应迅速进行，变色敏锐。由于指示剂被氧化时也消耗$K_2Cr_2O_7$，应严格控制其用量。

铜、钛、砷、锑、钨、钼、铀、铂、钒、硝酸根及大量的钴、镍、铬、硅酸等存在，均可能产生干扰。铜、铀、钛、砷、锑、钨、钼、铂在测定铁的条件下，可被$SnCl_2$还原至低价，而后低价的离子又可被$K_2Cr_2O_7$滴定，所以产生正干扰。钒因本身变价较多，若被$SnCl_2$还原完全，则使结果偏高；若部分还原，剩余部分可能导致Fe^{2+}被氧化，使结果偏低。NO_3^-对Fe^{3+}的还原和Fe^{2+}的滴定都有影响。大量钴、镍、铬存在，离子本身颜色影响终点观察。较大量的硅酸呈胶体存在时，由于吸附或包裹Fe^{3+}，使其还原不完全，导致结果偏低。

钛的存在量少于试样中铁含量时，可以在$SnCl_2$还原Fe^{3+}之前加入适量的NH_4F来消除。当TiO_2含量大于铁含量时，加NH_4F也无法消除钛对测定铁的干扰。钨、钼、铬、钒、砷、锑等的影响，可将试样用碱熔，然后水提取，使铁被沉淀，过滤分离。用碳酸钠小体积沉淀，可分离铀、钨、钼、砷、钡等。砷、锑的量大时，也可以在硫酸溶液中加入氢溴酸，加热冒烟，使砷、锑呈溴化物挥发除去。铜、钴、镍、铂可用氨水沉淀分离。NO_3^-在一般试样中很少。在重量法测定SiO_2的滤液中的铁时，不必考虑硅酸的影响。

2. 无汞盐-重铬酸钾滴定法

由于汞盐剧毒，使用它将污染环境，危害人体健康，人们提出了改进还原方法——避免使用汞盐的重铬酸钾法。三氯化钛还原的方法使用较为普遍。

此法原理是：在盐酸介质中，用$SnCl_2$将大部分Fe^{3+}还原为Fe^{2+}后，再用$TiCl_3$溶液将剩余的Fe^{3+}还原。或者，在盐酸介质中，直接用$TiCl_3$溶液还原。过量的$TiCl_3$以铜盐为催化剂，用空气中氧将其氧化或以$K_2Cr_2O_7$溶液氧化除去。然后加入硫-磷混合酸，以二苯胺磺酸钠作指示剂，用$K_2Cr_2O_7$溶液滴定。

用$TiCl_3$还原，Fe^{3+}被还原完全的终点指示，可以用钨酸钠、酚藏花红、甲基橙、中性红、亚甲基蓝、硝基马钱子碱、靛蓝二酸钠、硅钼酸等。其中以钨酸钠应用较多，当无色钨酸钠溶液转变为蓝色（钨蓝）时，表示Fe^{3+}已定量还原。用$K_2Cr_2O_7$溶液氧化过量的$TiCl_3$至钨蓝消失，表示正好$TiCl_3$已被氧化完全。

本法可允许试样中低于5mg的铜存在。当铜含量更高时，宜采用在硫酸介质中，以硼氢化钾为还原剂的硼氢化钾还原-重铬酸钾滴定法。硼氢化钾还原方法中，$CuSO_4$既是Fe^{3+}被还原的指示剂，又是它的催化剂，因此允许有较大量的铜存在，适用于含铜试样中铁的测定。

3. 重铬酸钾滴定铁（Ⅱ）的非线性效应和空白值

用$K_2Cr_2O_7$标准溶液滴定Fe^{2+}时，存在着不甚明显的非线性效应：$K_2Cr_2O_7$对铁的滴定度随铁含量的增加而微增，即当用同一滴定度计算时，铁的回收率随铁量增加而偏低。为了校正非线性效应，可取不同量铁的标准溶液按分析程序用$K_2Cr_2O_7$溶液滴定。将滴定值通过有线性回归程序的计算器处理或绘制滴定校正曲线，以求得$K_2Cr_2O_7$溶液对各段浓度范围的滴定度。

由于在无Fe^{2+}存在的情况下，$K_2Cr_2O_7$对二苯胺磺酸钠的氧化反应速率很慢。在进行空白溶液滴定以求取空白值时，不易得到准确结果。为此，可于按分析手续预处理的介质中，分三次连续加入等量的Fe(Ⅱ)标准溶液，并用$K_2Cr_2O_7$溶液作三次相应的滴定。将第一次滴定值，减去第二、三次滴定值的平均值，其差值即为包括指示剂二苯胺磺酸钠消耗

$K_2Cr_2O_7$ 在内的准确的空白值。

（二）EDTA 滴定法

本法基于 Fe^{3+} 与 EDTA 在酸性介质中能生成稳定配合物的反应，控制在 pH＝1.8～2.5 的条件下，以磺基水杨酸为指示剂，用 EDTA 直接滴定溶液中的三价铁。由于在该酸度下 Fe^{2+} 不能与 EDTA 生成稳定配合物而不被滴定，所以测定总铁时，应先将溶液中的 Fe^{2+} 氧化成 Fe^{3+}。

酸度控制是本法的关键。实验控制 pH＝1.8～2.5 是因为酸度太大（pH＜1）时，EDTA 及磺基水杨酸与 Fe^{3+} 生成配合物的能力降低，磺基水杨酸不能作为合适的指示剂，EDTA 与 Fe^{3+} 生成配合物也不能定量完全；酸度太小（pH＞3）时，铁、铝等易水解，磺基水杨酸可以与 Fe^{3+} 生成稳定的$[Fe(Sal)_2^-]$或$[Fe(Sal)_3^{3-}]$配离子，影响 EDTA 滴定铁的置换作用，而且 pH 值太大时，对铁的滴定有干扰的元素也将增多。

由于磺基水杨酸铁与 EDTA 的反应速率较慢，所以滴定时的温度宜控制在 50～70℃。温度过低时，容易滴过终点；温度过高时，由于有铝与 EDTA 生成配合物而将导致结果偏高。

EDTA 滴定法测定铁时的主要干扰是：凡是 $\lg K_{M\text{-}EDTA}>18$ 的金属离子，依滴定介质 pH 值的波动均可或多或少地产生正干扰。钍是定量正干扰；钛、锆因其强烈水解而不与 EDTA 反应；当存在 H_2O_2 时，钛与 H_2O_2 和 EDTA 可生成稳定的三元配合物，产生干扰；铈（Ⅳ）可被磺基水杨酸还原，消耗磺基水杨酸而不被 EDTA 滴定；氟离子干扰情况，随溶液中铝含量而定，当试样中含有毫克量铝时，约 10mg 氟不干扰。PO_4^{3-} 的干扰，依操作方法而定，滴定前调节试液 pH 值时，若将 pH 值提高到大于 4，则所形成磷酸铁难以在 pH＝1.8～2.5 的介质中复溶，故试样中含磷高时，铁的测定结果将偏低，若调节 pH 值时能控制试液 pH 值不大于 3 或采用化学计量法控制 pH 值，则高品位磷矿所含 PO_4^{3-} 也不影响铁的测定。

EDTA 滴定法滴定铁之后的溶液还可以进一步用返滴定法测定铝和钛，以实现铁、铝、钛的连续测定。通常是在测铁后的试液中加入过量的 EDTA，使之与铝、钛生成稳定的配合物，调节酸度至 pH＝5.7，以二甲酚橙为指示剂，用醋酸锌标准溶液滴定过量的 EDTA。然后分别以苦杏仁酸及氟化钾释放 TiY 及 AlY^- 中的 EDTA，再以醋酸锌溶液滴定释放出来的 EDTA，从而计算钛、铝的含量。

（三）磺基水杨酸光度法

在不同的 pH 值下，Fe^{3+} 可以和磺基水杨酸生成不同组成和颜色的几种配合物。在 pH＝1.8～2.5 溶液中，形成红紫色的$[Fe(Sal)]^+$；在 pH＝4～8 的溶液中，生成褐色的$[Fe(Sal)_2]^-$；在 pH＝8～11.5 的氨性溶液中，生成黄色的$[Fe(Sal)_3]^{3-}$。光度法测定铁时，选用 pH＝8～11.5 氨性溶液所生成黄色配合物，其最大吸收为 420nm。在该最大吸收波长下，配合物的线性关系良好。

在强氨性溶液中，PO_4^{3-}、F^-、Cl^-、SO_4^{2-}、NO_3^- 等均不干扰测定。铝、钙、镁、钍、稀土元素和铍与磺基水杨酸生成可溶性无色配合物，消耗显色剂，可用加大磺基水杨酸的用量来消除它们的影响。铜、铀、钴、镍、铬和某些铂族元素在中性或氨性溶液中与磺基水杨酸生成有色配合物，导致结果偏高。铜、钴、镍可用氨水分离。大量钛产生的黄色，可加过量氨水来消除。锰在氨性溶液中易被空气中氧所氧化，形成棕红色沉淀影响铁的测定。锰量不高时，可在氨水中和前加入盐酸羟胺还原来消除其影响。

（四）原子吸收光谱法

原子吸收光谱法测定铁，简单快捷，干扰少，在生产中得到广泛的应用。

原子吸收光谱法测定铁的介质与酸度，一般选用盐酸或过氯酸，并控制其浓度在 10％

以下即可。若它们浓度过大，或选用磷酸或硫酸介质，则其浓度大于3%时，都将引起铁的测定结果偏低。

测定的仪器条件，依具体仪器选择。由于铁是高熔点、低溅射金属，为了使铁空心阴极灯具有适当的发射强度，需要选用较高的灯电流。但是，铁是多谱线元素，在所测定的吸收线附近，存在着单色器不能分离的邻近线，使测定的灵敏度下降及工作曲线弯曲。为此宜采用较小的通带。铁的化合物比较稳定，在低温火焰中仅有一小部分离解为原子，为了提高测定的灵敏度，需要采用温度较高的空气-乙炔、空气-氢气富燃火焰。选用248.3nm、344.1nm、372.0nm锐线，以空气-乙炔焰激发，铁的灵敏度分别为0.08μg、5.0μg、1.0μg。若采用笑气-乙炔火焰，其灵敏度较空气-乙炔火焰激发可提高2～3倍。

四、亚铁

亚铁的含量是岩石氧化程度的重要标志，在岩石矿物分析中具有重要意义。亚铁的测定方法，常用$K_2Cr_2O_7$滴定法、邻二氮菲（又称邻菲啰啉）光度法、向红菲啰啉光度法等。

（一）$K_2Cr_2O_7$滴定法

测定岩石矿物中亚铁的$K_2Cr_2O_7$滴定法的方法原理，与测定全铁的$K_2Cr_2O_7$法一样，所不同的只是试样分解方法，而对于亚铁测定来说，如何使试样分解完全，而在分解过程中亚铁又不被氧化是其关键所在。目前常用的方法是硫酸-氢氟酸法，也有采用NH_4F-H_3PO_4-H_2SO_4法。

硫酸-氢氟酸法，于铂坩埚或聚四氟乙烯坩埚中，先加入近沸的硫酸，然后迅速加入氢氟酸，并加盖迅速加热至沸，煮沸10～15min。先加入热硫酸溶液，并迅速加热，其目的在于产生大量酸气，阻止空气进入，以防止亚铁被氧化。加热时间不宜过长，而且依分解容器的大小和电炉温度的高低注意适当控制好加热时间，若混合酸浓缩过甚，结果可能偏低。

有人提出了硫酸-氢氟酸封闭溶解法，即于盛待测试样的聚乙烯或聚丙烯塑料瓶中通CO_2或加入$NaHCO_3$，然后再加入HF-H_2SO_4混合酸，密闭后于水浴上加热分解试样，可防止Fe^{2+}被氧化，获得良好效果。

NH_4F-H_3PO_4-H_2SO_4分解法，是在预先加入$NaHCO_3$的条件下，加入NH_4F溶液，然后再加入近沸的硫-磷混合酸，加盖煮沸15～20min。加入$NaHCO_3$的目的在于加酸后产生大量的CO_2，使分解容器中呈CO_2气氛，防止分解产生的亚铁被空气中的氧所氧化。

重铬酸钾滴定法测定亚铁时，硫、锰是主要干扰元素。试样中含硫化物时，被酸分解而产生硫化氢，可将部分Fe^{3+}还原为Fe^{2+}，使结果偏高，Mn^{4+}在试样分解过程中会氧化Fe^{2+}，而使测定结果偏低。磁黄铁矿和铀（Ⅳ）却使结果偏高。有机碳能还原$K_2Cr_2O_7$，也使结果偏高。

对于硫、锰干扰的消除，最好改变试样分解方法。试样在pH＝3.5的醋酸-醋酸钠缓冲溶液中，加入过氧化氢热浸取，以消除它们的影响。用盐酸-氟化钠分解法测定残余试样（浸取时不溶解的残渣）中的亚铁，从浸出液中回收测定硫化物、碳酸盐和部分可溶性硅酸盐中的亚铁。将两项结果合并，得到试样中亚铁的总含量。另外，在硫酸-氢氟酸分解时，混合酸中加入$HgCl_2$也可消除一定量硫的干扰，可适用于含硫低于4%的样品中亚铁的测定。有机碳可用快速过滤方法除去。对于铀（Ⅳ）的影响较难消除，最好改用邻二氮菲光度法测定。

（二）邻二氮菲光度法

铁(Ⅱ)与邻二氮菲（又称1,10-菲啰啉或邻菲啰啉）在pH＝2～8的条件下，生成1∶3的螯合物，该螯合物呈红色，在500～510nm处有一吸收峰，其摩尔吸光系数为9.6×10^3。红色螯合物的生成，在室温条件下约30min即可显色完全，并可稳定16h以上，方法简便快捷，条件易控制，稳定性和重现性好。

实际工作中常以酒石酸钠或柠檬酸钠缓冲溶液来控制溶液的 pH 值，同时它们可与许多共存金属离子生成配合物而抑制共存金属离子的水解沉淀。其量可控制在 2g 以下。

以邻二氮菲光度法测定亚铁时，50ml 显色溶液中，SO_4^{2-}、PO_4^{3-}、NO_3^- 各 50mg，氟 10mg，铀、钍、钒各 1mg，钴、镍、钼、稀土元素各 0.2mg 不干扰；少于 0.05mg 铜不干扰，铜量较高时，将有类似反应，产生正干扰。

邻二氮菲只与铁（Ⅱ）起反应，而不与铁（Ⅲ）生成配合物。但在显色体系中加入抗坏血酸，可将试液中的铁（Ⅲ）还原为铁（Ⅱ）。因此，邻二氮菲光度法，不仅可以测定亚铁，而且可以连续测定试液中亚铁和高铁，或者测定它们的总量。

还有向红菲啰啉光度法，向红菲啰啉是邻菲啰啉的衍生物，结构及反应机理相类似。在有吐温-40 或 TritonX-100 存在下，于水相中显色测定，其灵敏度较邻菲啰啉高 2 倍。

测定试样中亚铁的方法，除上述介绍的方法外，以偏钒酸铵氧化亚铁后，用标准亚铁溶液回滴过剩偏钒酸铵的间接方法，通常简称为五氧化二钒法，在实践中也有一定的应用。对于难溶试样中亚铁的测定，五氧化二钒法较常用的 $K_2Cr_2O_7$ 法好。

五、钛

钛的测定方法很多，有重量法、滴定法、光度法、X 射线荧光光谱法、ICP-MS 法、电化学分析方法等。对于岩石试样来说，由于其中含钛量较低，通常采用光度分析方法和 ICP-MS 法。这里介绍光度分析方法。

钛（Ⅳ）除了能和 H_2O_2、磷钼杂多酸显色外，尚能与数百种有机试剂显色而进行光度测定。这些有机显色剂中，较重要的是含羟基的有机试剂、安替比林类染料、三苯甲烷类染料、偶氮化合物等以及它们和表面活性剂等形式的多元配合物，并有不少方法属高灵敏度分光光度法（$\varepsilon > 1\times10^5$）。这些光度分析方法中，已较长时间成功地应用在岩石矿物分析中的主要是 H_2O_2 光度法、钛铁试剂光度法、铬变酸光度法、二安替比林甲烷光度法、铬变酸-二安替比林甲烷光度法等。H_2O_2 光度法简便快速，但灵敏度和选择性均较差，其他有机试剂显色的光度法的灵敏度一般都较高。二安替比林甲烷光度法，不仅灵敏度较高，而且易于掌握，重现性和稳定性好。钛铁试剂光度法不仅灵敏度高，而且可用于微量钛、铁的连续测定。

（一）过氧化氢光度法

在酸性条件下，TiO^{2+} 与 H_2O_2 生成黄色的 $[TiO(H_2O_2)]^{2+}$ 配离子，其 $\lg K = 4.0$，$\lambda_{max} = 405nm$，$\varepsilon_{405} = 740$。

显色反应可以在硫酸、硝酸、过氯酸或盐酸介质中进行。然而，在盐酸溶液中，当 Cl^- 浓度很大时，钛以 $TiCl_6^{2-}$ 状态存在，它与 H_2O_2 作用时生成的黄色配离子的颜色较浅。因此，一般都是在 5%～6%的硫酸溶液中进行显色。显色反应的速率和配离子的稳定性（即颜色的稳定性）受温度影响，温度低时，稳定时间长，但显色反应速率慢；温度高（在大于 30℃）时，显色速率快，但稳定时间短。通常在 20～25℃显色，3min 可显色完全，稳定时间在一天以上。过氧化氢的用量，以控制在 50ml 显色体积中，加 3%过氧化氢 2～3ml 为宜。由于生成配合物的稳定性较小，量少了，显色不完全。而量多了，过氧化氢易分解放出氧气，妨碍光度测量。

为了防止铁(Ⅲ)离子黄色所产生的正干扰，需要加入一定量的磷酸。但是钛与过氧化氢配合物溶液的颜色随磷酸浓度的增加而降低。这是由于 PO_4^{3-} 与钛(Ⅳ)生成配离子的结果。因此必须控制磷酸浓度在 2%左右，并且在标准系列中也加入等量的磷酸，以减少它的影响。

铀、钍、钼、钒、铬和铌在酸性溶液中能与过氧化氢生成有色配合物，铜、钴和镍等离子具有颜色，它们含量高时对钛的测定有影响。6mg 铀(Ⅵ)、0.6mg 钼、1mg 钒分别给出相当于 20μg、45μg、75μg TiO_2 的正误差。F^-、PO_4^{3-} 与钛形成配离子，可以产生负误差。

大量碱金属硫酸盐，特别是硫酸钾的存在，会降低钛与过氧化氢配合物的颜色强度。溶液中存在银(Ⅰ)时，乳浊状银(Ⅰ)的过氧化物影响钛的光度测量。用 NaOH 或 KOH 沉淀钛，可有效地分离钼和钒；用氨水沉淀钛、铁，可使铜、镍、钴分离。试样本身存在一定量铝(或加入一定量的铝)，与 F^- 生成稳定的 AlF_6^{3-} 配离子，可消除 F^- 的干扰。对于碱金属硫酸盐的影响，可以采取提高溶液中硫酸浓度至 10%，并在标准中加入同样的盐类，以消除其影响。

(二) 二安替比林甲烷光度法

在酸性介质中，钛(Ⅳ)与二安替比林甲烷(DAPM)生成组成为 1∶3 的黄色配合物：

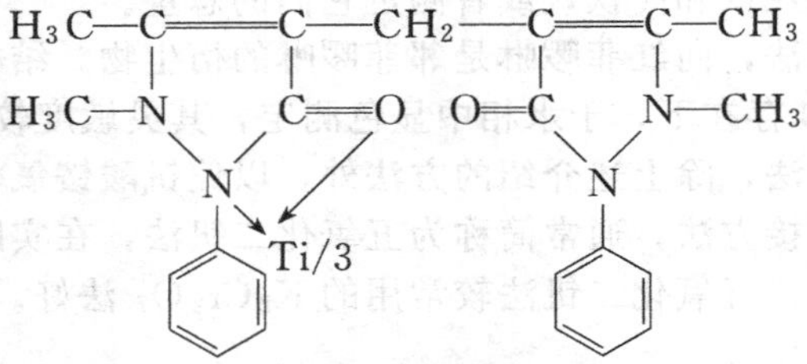

此配合物的最大吸收波长为 390nm，摩尔吸光系数为 1.47×10^4。

显色反应的速率，随酸度的提高和显色剂浓度的降低而减缓。为了使显色反应有较高的选择性，常选择 2～3mol·L^{-1} 盐酸。当显色剂浓度为 0.03mol·L^{-1}时，1h 可显色完全，并至少稳定 24h 以上。显色的介质，也可选用硫酸溶液。

该方法不仅操作简便，易于掌握，重现性好，灵敏度高，适用含量范围广，而且有较高的选择性。在此条件下大量的铝、钙、镁、铍、锰(Ⅱ)、锌、镉、钇及 BO_3^{3-}、SO_4^{2-}、EDTA、$C_2O_4^{2-}$、NO_3^- 和 100mg PO_4^{3-}、5mg Cu^{2+}、Ni^{2+}、Sn^{4+}、3mg Co^{2+}、Sb(Ⅴ)、钍、2mg 铀、铋(Ⅲ)、砷(Ⅲ)、0.1mg 铂均不干扰。Fe(Ⅲ)与 DAPM 生成棕色配合物，铬(Ⅲ)、钒(Ⅴ)、铈(Ⅳ)本身具有颜色，它们都可以用抗坏血酸来还原，钒也可用硫脲还原。钨、钼能与 DAPM 生成白色沉淀而影响测定，可以通过提高酸度来减小它们的影响。钍、锆、铈、铌量大时引起负干扰，可加酒石酸并延长显色时间至 4h 以上，以消除其影响；F^-、ClO_4^-、H_2O_2 能与钛或 DAPM 生成配合物或沉淀，应避免。另外，大量硅存在对测定有影响，但用分离硅酸的滤液测定钛很方便。

配离子$[Ti(DAPM)_3]^{4+}$可与 Br^-、I^-、SCN^-、$SnCl_3^-$、邻苯二酚紫等生成疏水性的离子缔合物，用有机溶剂萃取它们的离子缔合物，可进一步提高测定的灵敏度。

(三) 钛铁试剂光度法

钛铁试剂，又名试钛灵，化学名称为 1,2-二羟基苯-3,5-二磺酸钠，也称邻苯二酚-3,5-二磺酸钠。试剂在 pH=4.7～4.9 的条件下与钛生成黄色配合物，$\lambda_{max}=410nm$，$\varepsilon_{410}=1.5\times10^4$。试样溶液中加入显色剂后 30～40min 即可显色完全，并稳定 4h 以上。线性范围为 50ml 溶液中含 TiO_2 为 0～200μg。

铜、钒、钼、铬、钨等与钛铁试剂生成有色配合物，含量高时干扰测定。但一般岩石样品中含量甚微。铝、钙等能与钛铁试剂生成无色配合物，消耗显色剂，可采用适当增加钛铁试剂用量，以消除其影响。

铁(Ⅲ)与钛铁试剂在该条件下生成蓝紫色配合物，于波长 565nm 处有最大吸收，可用于铁的测定。但对钛的测定却有影响。然而加入还原剂抗坏血酸或亚硫酸钠将 Fe^{3+} 还原为 Fe^{2+}，蓝紫色消失，铁对钛的干扰即可消除。

六、钙和镁

钙和镁都是碱土金属，在岩石试样中常常一起出现，常需同时测定，在岩石分析的经典系统中将它们分开后，分别以重量法（或滴定法）测定；在快速分析系统中，常常在一份溶液中控制不同条件分别测定它们的含量。如配位滴定法、原子吸收光谱法、等离子体发射光谱法、X射线荧光光谱法等都是如此。钙和镁的光度分析方法也很多，并有不少高灵敏度的分析方法，如Ca^{2+}与偶氮胂M及各种偶氮羧酸试剂的显色反应，一般都很灵敏，$\varepsilon>1\times10^5$；Mg^{2+}与铬天青S、漂蓝6B、苯基荧光酮类试剂的反应，在有表面活性剂存在下，生成多元配合物，$\varepsilon>1\times10^5$。由于岩石中Ca、Mg含量不很低，这里重点介绍配位滴定法和原子吸收光谱法。

（一）配位滴定法

在一定的条件下，Ca^{2+}、Mg^{2+}能与EDTA形成稳定的1∶1的配合物（Mg-EDTA的$K_稳=10^{8.89}$，Ca-EDTA的$K_稳=10^{10.59}$）。选择适宜的酸度条件和适当的指示剂，可以用EDTA滴定钙、镁。

1. 酸度控制

EDTA滴定Ca^{2+}时最高允许酸度为pH>7.5，滴定Mg^{2+}时的最高允许酸度为pH>9.5。实际操作中，常常控制在pH=10时滴定Mg^{2+}和Ca^{2+}的合量；于pH>12.5时滴定Ca^{2+}。单独滴定Ca^{2+}时控制在pH>12.5是为了使Mg^{2+}生成难离解的$Mg(OH)_2$，以消除Mg^{2+}对Ca^{2+}测定的影响。

2. 滴定方式

EDTA配位滴定钙、镁，一般有两种方式。一种是分别滴定法，即在一份试液中，以氨-氯化铵缓冲溶液控制溶液pH=10，用EDTA滴定钙、镁合量；在另一份试样中，以KOH溶液调节pH=12.5～13，在氢氧化镁沉淀的情况下，用EDTA滴定钙，差减确定镁含量。另一种是连续滴定法，即在一份试液中，用KOH溶液先调至pH=12.5～13，用EDTA滴定钙；然后将溶液酸化，再调至pH=10，继续用EDTA滴定镁。

3. 指示剂的选择

配位滴定法测定钙、镁的指示剂很多，而且还不断研究出一些新的指示剂。

滴定钙时，可以使用紫脲酸铵、钙试剂、钙黄绿素、酸性铬蓝K、二安替比林甲烷、埃罗蓝黑R、偶氮胂Ⅲ、双偶氮钯、百里酚酞络合腙等。滴定镁时，可以用铬黑T、酸性铬蓝K、铝试剂、钙镁指示剂、偶氮胂Ⅲ等。对钙来说，紫脲酸铵应用较早，因变化不够敏锐，试剂溶液不稳定，现在已很少用，而钙黄绿素和酸性铬蓝K应用较多。对镁来说，铬黑T和酸性铬蓝K用得较多。

钙黄绿素是一种常用的荧光指示剂，在pH>12时，指示剂本身无荧光，但与Ca^{2+}、Mg^{2+}、Sr^{2+}、Ba^{2+}、Al^{3+}等形成配合物时呈现黄绿色荧光。它对Ca^{2+}特别灵敏，是滴定钙时一种良好指示剂。但是，有时在合成或贮存时分解产生荧光黄，会使滴定终点时仍有残余荧光。对此，可以对指示剂进行提纯处理，或加吖啶等中性荧光物质或以酚酚、百里酚酞溶液加以遮蔽。另外，钙黄绿素也能与钾、钠产生微弱的荧光，而钠的这种作用又较钾为强，因此尽量避免使用钠盐。

酸性铬蓝K是一种酸碱指示剂，在酸性溶液中呈玫瑰红色，在碱性溶液中呈蓝色。它在碱性溶液中能与Ca^{2+}、Mg^{2+}形成玫瑰色的配合物，既可用作滴定钙的指示剂，也可用作滴定镁的指示剂。为了使终点变化敏锐，常加入萘酚绿B作为衬色剂。酸性铬蓝K与萘酚绿B用量的比例，一般为1∶2左右，但需根据试剂质量，通过试验来确定。

4. 干扰情况及其消除方法

EDTA滴定钙、镁时的干扰有两类：一类是钙和镁的相互干扰；另一类是其他元素对钙镁测定的干扰。

EDTA 滴定测定钙、镁时，铁、铝、钛、锰、铜、铅、锌、镍、铬、锶、钡、铀、钍、锆、稀土等金属元素及大量硅、磷等均有干扰。它们含量低时可用掩蔽方法来消除，量大时必须予以分离。

掩蔽剂可选用三乙醇胺、氰化钾、二巯基丙醇、硫代乙醇酸、二乙基二硫代氨基甲酸钠（铜试剂）、L-半胱氨酸、酒石酸、柠檬酸、苦杏仁酸、硫酸钾等。三乙醇胺可以掩蔽铁（Ⅲ）、铝、铬（Ⅲ）、铍、钛、锆、锡、铌、铀（Ⅳ）和少量锰（Ⅲ）等；氰化钾可以掩蔽银、镉、铜、钴、铁（Ⅱ）、汞、锌、镍、金、铂族元素、少量铁（Ⅲ）和锰等；二巯基丙醇可掩蔽砷、镉、汞、铅、锑、锡（Ⅳ）、锌及少量钴和镍等；硫代乙醇酸可掩蔽铋、镉、汞、铟、锡（Ⅱ）、铊（Ⅰ）、铅、锌及少量铁（Ⅲ）等；铜试剂可掩蔽银、钴、铜、汞、锑（Ⅲ）铝、镍、锌等；L-半胱氨酸可掩蔽少量的铜、钴、镍等；酒石酸可掩蔽铁（Ⅲ）、铝、砷（Ⅲ）、锡（Ⅳ）等；苦杏仁酸可有效掩蔽钛，硫酸钾可掩蔽锶和钡。实际工作中，常用混合掩蔽剂，如三乙醇胺-氰化钾、酒石酸-三乙醇胺-铜试剂、三乙醇胺-氰化钾-L-半胱氨酸等。

对于钙、镁与其他元素的分离，常用六亚甲基四胺-铜试剂小体积沉淀法。于小体积中在 pH＝6～6.5 的六亚甲基四胺溶液中，铝、钛、锡、铬（Ⅲ）、钍、锆、铀（Ⅳ）呈氢氧化物沉淀；铜试剂能和铜、铅、锌、钴、镍、镉、汞、银、锑（Ⅲ）等形成配合物沉淀。铁（Ⅲ）先形成氢氧化物沉淀，然后转变为铁（Ⅲ）-铜试剂沉淀。锰在 pH＝6～6.5 时只部分沉淀。若控制在 pH 值大于 8 时沉淀（这里需用氨水代替六亚甲基四胺），锰才能沉淀完全。当试液中含量大量铁、铝时，磷、钼、钒亦可沉淀完全。沉淀时溶液的温度应控制在 40～60℃时加入铜试剂，温度太低时，沉淀颗粒小、体积大，容易吸附钙和镁；温度太高时，铜试剂易分解。另外，酸度太小，铜试剂也容易分解，因此，一般控制在 pH＝6 左右沉淀为好。

EDTA 滴定法测定钙镁时，它们的互相影响，主要是由于镁含量高及钙与镁含量相差悬殊时的互相影响。例如，在 pH≥12.5 的条件下滴定钙时，若镁含量高，则生成的氢氧化镁的量大，它吸附 Ca^{2+}，将使结果偏低；它吸附指示剂，使终点不明显，滴定过量，又将导致结果偏高。

为了解决钙、镁在配位滴定中的相互干扰，除用各种化学分离方法将钙、镁分离，然后分别测定之外，还可以采取如下方法来解决。

(1) 加入胶体保护剂，以防止氢氧化镁沉淀凝聚　在大量镁存在下滴定钙时，可在滴定前加入糊精、蔗糖、甘油或聚乙烯醇等作为氢氧化镁的胶体保护剂，使调节酸度时所生成的氢氧化镁保持在胶体状态而不致凝聚析出沉淀，以减少氢氧化镁沉淀吸附钙的影响。这些保护剂中，糊精效果良好，应用较为普遍。

(2) 在氢氧化镁沉淀前用 EDTA 降低钙离子的浓度　为了减少氢氧化镁沉淀吸附 Ca^{2+} 所造成的误差，可以在酸性条件下加入一定量的 EDTA 标准溶液。这样，在调节酸度至氢氧化镁沉淀时，试液中的 Ca^{2+} 就已经部分或全部地与 EDTA 生成了配合物，被氢氧化镁吸附而造成误差就大大减小。具体操作方法有两种：一种是加入过量 EDTA，然后调至 pH＝12.5～13，用钙标准溶液滴定过剩的 EDTA；另一种是加入一定量（按化学计量比约相当于钙量的 95%）的 EDTA，再调至 pH＝12.5～13，加入适当的指示剂，再用 EDTA 滴定至终点。

(3) 改用其他的配位剂作为滴定剂　氨羧配位剂中，除 EDTA 外，其他许多配位剂均能与 Ca^{2+}、Mg^{2+} 形成稳定配合物，可用于配位滴定测定钙和镁，特别是 1,2-二胺环己烷四乙酸（简写为 CyDTA 或 DCTA）和乙二醇-双（β-氨基乙基）醚-N,N,N',N'-四乙酸（简写为 EGTA），它们与 Ca^{2+}、Mg^{2+} 等生成配合物的形成常数的对数值如下：

	EDTA	CyDTA	EGTA
Ba^{2+}	7.78	8.4	8.41
Ca^{2+}	10.69	12.10	10.97
Mg^{2+}	8.69	11.02	5.21

利用它们配合物形成常数的差异，恰当地选择其中两种配位剂加以配合使用，可以很好地解决钙、镁配位滴定中的相互干扰问题。

对于大量镁存在下，钙的滴定，可以采用如下方法。

控制在 pH＝7.8±0.2 条件下，直接用 EGTA 滴定混合溶液中的钙。由于镁-EGTA 的形成常数小，而不干扰测定。

对于大量 Ca^{2+} 存在时，镁的滴定，可以采用如下方法。

一种方法是基于 Mg-CyDTA 的形成常数较大（11.02），在 pH＝10 时，加入草酸掩蔽 Ca^{2+}，然后以 CyDTA 直接滴定镁。

另一种方法是基于 Ga-EDTA 的稳定性较大，Mg-EGTA 的稳定性小，于 pH＝12.5 时用 EGTA 滴定钙，并加过量 EGTA 掩蔽 Ca^{2+}。然后，于 pH＝10 时用 EDTA 或 CyDTA 滴定镁。

另外，还可以利用 Ca^{2+}、Ba^{2+}、Mg^{2+} 与 EGTA 形成配合物的形成常数的差别，于混合溶液中加入多于 Ca^{2+} 量（按化学计量比）的 Ba-EGTA 溶液和硫酸钠溶液，反应结果生成 Ca-EGTA 和硫酸钡沉淀（不需过滤），然后按常法用 EDTA 滴定镁。此法可允许 150 倍的钙存在。

（4）选用其他选择性金属指示剂　有机试剂的广泛研究，出现了许多新的金属指示剂。这些新的金属指示剂，有的具有相当高的选择性。例如 EDTA 滴定法测定钙时，应用双偶氮钯［化学名称为 2,7-双(对肿基苯偶氮)-1,8-二羟基-3,6-二磺酸］作指示剂，在 0.1mol·L^{-1} 氢氧化钠介质中滴定，10mg 镁的存在，可准确滴定 1～10mg 钙。该指示剂发生颜色转变的机理是：在碱性介质中，于氢氧化镁沉淀上形成蓝色的钙-镁-双偶氮钯三元配合物，以 EDTA 滴定钙至终点时，钙已与 EDTA 生成更稳定的配合物，指示剂与金属离子的显色产生转变成红紫色的镁-双偶氮钯二元配合物。因此，不仅颜色变化敏锐，而且镁的存在不干扰钙的测定。

（二）原子吸收光谱法

原子吸收光谱法测定钙和镁，是一种较为理想的分析方法，其最大特点是操作简便、选择性好、灵敏度高。

原子吸收光谱法测定钙、镁时，铁、铝、锆、铬、钒、铀以及硅酸盐、磷酸盐、硫护剂和其他一些阴离子，都可能与钙、镁生成难挥发的化合物，妨碍着钙、镁的原子化过程的进行，为消除这种影响，可以在溶液中加入释放剂和保护剂。常用的释放剂是氯化锶和氧化镧；常用的保护剂有 EDTA、8-羟基喹啉、甘油等。

钙的测定：宜在盐酸或过氯酸介质中进行，不宜在硝酸、硫酸、磷酸介质中进行，因为它们将与钙、镁生成难溶盐类，而影响它们的原子化，使结果偏低。盐酸浓度 2%、过氯酸浓度 6%、氯化锶浓度 10%对测定结果无影响。实际工作中，常控制在 1%盐酸溶液中，加入氯化锶消除干扰，用空气-乙炔火焰进行测定。

镁的测定：介质的选择与钙的相同，只是盐酸的最大允许浓度更大，可为 10%。实际工作中可以控制与钙完全相同的化学条件。

钙、镁测定的仪器工作条件，依具体仪器来选定。422.7nm 波长下测定钙，其灵敏度为 0.084μg(CaO)/ml；在 285nm 波长下测定镁，其灵敏度 0.017μg(MgO)/ml。在 1%盐酸介质中，有氯化锶存在下，大量的钠、钾、铁、铝、硅、磷、钛等均不影响测定，钙、镁之间即使含量相差悬殊，也互不影响分析结果。另外，溶液中存在 1%的动物胶溶液 1ml 及

1g 氯化钠，不影响测定，因此可以直接分取测定二氧化硅的滤液，用于钙、镁的原子吸收光谱分析，也可以用氢氟酸、过氯酸分解试样，制成盐酸或过氯酸溶液，用于钙、镁的测定。

七、锰

锰的测定方法有滴定法、分光光度法、原子吸收光谱法、等离子体发射光谱法等。岩石样品中锰含量很低，通常采用分光光度法和原子吸收光谱法。

原子吸收光谱法测定锰，可于 1%～4%盐酸介质中用空气-乙炔焰进行测定。样品中的大量组分均不干扰测定。选用 279.5nm 波长测定时，其灵敏度为 0.033μg(MnO)/ml；选用 403.1nm 波长测定时，其灵敏度为 0.65μg(MnO)/ml。

分光光度法测定锰的具体方法很多，这些方法可分为两大类：一类是基于锰与焦磷酸等无机显色剂，或与醛肟、双硫腙、偶氮类、二安替比林甲烷类、苯基荧光酮类、卟啉类等有机显色剂反应生成有色配合物进行光度测定；另一类是基于酸性介质中以高碘酸钾或过硫酸铵将低价锰氧化至七价，借助于 MnO_4^- 的颜色，进行光度测定。前者方法很多，以苯基荧光酮类、卟啉类以及 3,3-Cl_2-DEPAP、3,5-Br_2-PADAP、5-Br-PADAP 等偶氮类、二安替比林甲烷类的显色反应灵敏度较高（$\varepsilon>1\times10^5$），对微量、痕量分析应用较多。后者为锰的灵敏、特效方法，实际工作中被长期广泛使用。这里重点介绍高锰酸盐光度法。

显色的介质与酸度：将锰(Ⅱ）氧化成锰(Ⅶ)，宜在 HNO_3 和 H_2SO_4 介质中进行，硫酸酸度以 5%～10%为好，酸度低了显色速率慢；酸度高了，显色不完全。若在 HNO_3 介质中，硝酸浓度选用 0.32～3.2mol·L^{-1}。盐酸，由于 Cl^- 具有还原性，不能使用。若在 H_3PO_4 介质中，锰(Ⅱ）被氧化时可呈多种价态，且不够稳定，对某一价态来说，很难达到按化学计量完成，因此不宜单独使用。但是，在 HNO_3 或 H_2SO_4 介质中氧化锰(Ⅱ）到锰(Ⅶ）时，加入 H_3PO_4，使其浓度为 0.5～1.0mol·L^{-1}，可以防止锰的碘酸盐、过碘酸盐及二氧化锰沉淀生成，从而保证锰(Ⅱ）顺利氧化为高锰酸。同时，H_3PO_4 的存在，可与试液中的 Fe^{3+} 生成 $[Fe(HPO_4)_2]^-$ 配离子，消除 Fe^{3+} 的颜色干扰。

氧化剂的选择：常用的氧化剂有高碘酸钾和过硫酸铵。用过硫酸铵氧化时，必须加入硝酸银作催化剂。也可以采用高碘酸钾和过硫酸铵混合溶液作氧化剂。依此，有的依据使用氧化剂不同，分别称为高碘酸钾法、过硫酸铵-银盐法、混合氧化法。其主要反应是：

$$2Mn^{2+}+5IO_4^-+3H_2O \Longrightarrow 2MnO_4^-+5IO_3^-+6H^+$$

$$2Mn^{2+}+5S_2O_8^{2-}+8H_2O \xrightarrow{AgNO_3} 2MnO_4^-+10SO_4^{2-}+16H^+$$

显色的温度及煮沸时间：为了加快显色速率，需要加热。以过硫酸铵-银盐氧化时，反应速率较快，一般煮沸 2～3min 即可完成。但在显色后，过剩的过硫酸铵分解放出的 H_2O_2，可对高锰酸起还原作用，使颜色的消退加速。为此，在显色完全之后，仍应继续煮沸破坏过剩的过硫酸铵。然而，若温度过高，时间过长，高锰酸又可能分解。一般控制在 3～4min。包括显色时间，共煮沸 5～7min。以高碘酸钾氧化时，其反应速率较慢，一般要将溶液煮沸 20～30min，才能显色完全。但一经显色，在过量高碘酸钾存在下，至少可稳定 4h，若将显色溶液置暗处保持，则最少可稳定 1d 以上。

干扰情况：大量的铁(Ⅲ)、铝、钙、镁和 mg 级的铀、钍、铜、镍、钴、铅、锌、镉、钼、稀土元素、钒不干扰锰的测定。大量的钛和锆因形成磷酸盐沉淀而使显色液混浊，但可适当提高硫酸浓度使其溶解。硫化物、亚硝酸盐、溴化物、碘化物、氯化物、草酸盐、有机物（如动物胶）以及其他还原性物质，会破坏 MnO_4^-，对测定有干扰，可用 HNO_3 或 HNO_3-H_2SO_4 混合酸加热蒸发除去。Fe^{2+}、As^{3+}、Sn^{2+} 等的还原性对锰(Ⅶ）有反应，但在用高碘酸钾或过硫酸铵氧化时会破坏（已氧化成高价），不影响锰的测定。

八、磷

磷的测定方法有重量法、滴定分析法、光度分析法、原子吸收光谱法（间接法）、极谱法等。

重量法有磷钼酸铵重量法、磷酸铵镁重量法、二安替比林磷钼酸重量法及8-羟基喹啉重量法等，由于手续繁琐，已很少使用。

磷的滴定分析方法有酸碱滴定法、配位滴定（间接）法、沉淀滴定法等。根据磷酸的铋、锆、钍、镁盐的难溶性特点，利用镁、铋、锆、钍标准溶液滴定试液中的 PO_4^{3-}，使之生成沉淀，这就是沉淀滴定法；若于试液中加入过量的金属盐类，使这些金属的磷酸盐沉淀完全，然后以 EDTA 来滴定过剩的金属离子，这就是配位滴定的间接测定法。这些方法都有一定的局限性。实际工作中应用较多的还是基于磷酸根在酸性溶液中与钼酸铵或钼酸盐和喹啉生成磷钼酸铵或磷钼酸喹啉沉淀，以强碱溶液溶解，用强酸滴定过剩碱的酸碱滴定法。

磷的光度分析方法：大多数是基于酸性条件下生成磷钼杂多酸、磷锑钼杂多酸、磷钒钼杂多酸的光度法，还有将磷钼杂多酸、磷铋钼杂多酸、磷锆钼杂多酸还原为杂多蓝的光度法以及这些杂多酸与碱性染料、表面活性剂形成多元配合物的光度法研究与应用较多。

硅酸盐、碳酸盐岩石中磷含量都较低，一般采用光度分析方法。磷酸盐岩石矿物中磷含量较高，常用酸碱滴定分析法测定。

（一）酸碱滴定法

在酸性溶液中，磷酸可与钼酸铵或钼酸和喹啉生成磷钼酸铵或磷钼酸喹啉沉淀。以过量氢氧化钠标准溶液将沉淀溶解后，以盐酸标准溶液滴定过剩的氢氧化钠，可确定试样中磷的含量。基于生成磷钼酸铵沉淀的方法通常简称为磷钼酸铵滴定法或磷钼酸铵法；基于生成磷钼酸喹啉沉淀的方法通常称为磷钼酸喹啉滴定法或磷钼酸喹啉法。它们的主要反应如下：

$$H_3PO_4 + 12MoO_4^{2-} + 2NH_4^+ + 22H^+ \longrightarrow (NH_4)_2HPO_4 \cdot 12MoO_3 \cdot H_2O + 11H_2O$$

$$(NH_4)_2HPO_4 \cdot 12MoO_3 \cdot H_2O + 24OH^- \longrightarrow 2NH_4^+ + HPO_4^{2-} + 12MoO_4^{2-} + 13H_2O$$

$$H_3PO_4 + 12MoO_4^{2-} + 3C_9H_7N + 24H^+ \longrightarrow (C_9H_7N)_3 \cdot H_3PO_4 \cdot 12MoO_3 + 12H_2O$$

$$(C_9H_7N)_2 \cdot H_3PO_4 \cdot 12MoO_3 + 26OH^- \longrightarrow 3C_9H_7N + HPO_4^{2-} + 12MoO_4^{2-} + 14H_2O$$

从上述有关化学反应方程式可见，在磷钼酸铵法中，磷酸与 OH^- 之间的化学计量关系是 1∶24；磷钼酸喹啉法中，磷酸根与 OH^- 之间的化学计量关系是 1∶26。但实际测定时，磷钼酸铵法，有时得到 1∶23 的结果。这是由于洗涤沉淀采用的是稀硝酸钾溶液，在洗涤过程中沉淀发生了转化：

$$(NH_4)_3PO_4 \cdot 12MoO_3 \cdot H_2O + 2K^+ \longrightarrow NH_4K_2PO_4 \cdot 12MoO_3 + 2NH_4^+ + H_2O$$

这样：

$$NH_4K_2PO_4 \cdot 12MoO_3 + 23OH^- \longrightarrow NH_4^+ + 2K^+ + HPO_4^{2-} + 12MoO_4^{2-} + 11H_2O$$

因此，PO_4^{3-} 与 OH^- 之间的化学计量关系就成了 1∶23。

磷钼酸铵沉淀的生成，是在柠檬酸-硝酸-硝酸铵介质中加热煮沸条件进行的。硝酸浓度以 0.5～2.0mol·L^{-1}为宜，以 1.4～1.6mol·L^{-1}为最好。柠檬酸的作用是使铁、钒、砷等形成配合物，以减少杂质对沉淀的沾污，并保证在煮沸条件不致析出钼酸沉淀。硝酸铵不仅可以加速沉淀反应的进行，并可降低沉淀的溶解度。SO_4^{2-} 和大量 Cl^- 存在，会阻止和沾污沉淀，因此沉淀反应不宜在 H_2SO_4 和 HCl 介质中进行。

磷钼酸喹啉沉淀宜在柠檬酸-硝酸（或盐酸）-丙酮介质中加热煮沸的条件下进行。介质酸度以 5%～10%的硝酸（或盐酸）为宜。同样不能在硫酸介质中进行，因为在硫酸介质中钼酸会析出沉淀。加入丙酮的目的在于使沉淀速度加快，沉淀结晶大，便于过滤和洗涤；同时，丙酮能结合 NH_4^+，可消除 NH_4^+ 对磷钼酸喹啉沉淀的沾污。

砷、氟、铀、钍各达 5mg，SiO_3^{2-} 达 100mg，HCl 浓度低于 0.1mol·L^{-1}时不影响磷的测定；5～20mg SO_4^{2-}、1～8mg 钒（Ⅴ）分别给出相当于 1mg 和 0.5mg P_2O_5 的正误差。

（二）磷钒钼黄光度法

于 0.6～1.7mol·L^{-1}的硝酸介质中，正磷酸与钼酸铵、钒酸铵反应生成黄色的磷钒钼杂多酸：

$$2H_3PO_4+2NH_4VO_3+22(NH_4)_2MoO_4+46HNO_3 = P_2O_5\cdot V_2O_5\cdot 22MoO_3\cdot nH_2O+46NH_4NO_3+(26-n)H_2O$$

该配合物在 380nm 处有最大吸收，$\varepsilon_{380}=2.6\times10^3$。由于在紫外部分，用一般可见分光光度计测量不便；加之显色剂最大吸收在 360nm 处，对比度小，实际工作中常在 420nm 波长下测定，这时 $\varepsilon_{420}=1.3\times10^3$。

显色时溶液的酸度太小，则硅、砷的正干扰显著；酸度太大，显色反应缓慢，灵敏度和稳定性降低。在 0.6～1.7mol·L^{-1}硝酸介质中，室温条件下，20～30min 即显色完全，并可稳定 24h。温度低于 10℃时，宜于水浴中加热到 50～60℃，保温 20min。

SO_4^{2-}、Cl^- 各 50mg，铀(Ⅵ)、铁(Ⅲ)、钙、镁各 10mg，铜、钴、镍各 1mg；砷(Ⅴ)、钍、钛、锆、稀土各 0.5mg 对磷的测定均无影响。亚铁、抗坏血酸等还原剂存在，将会还原钼酸成钼蓝，影响测定。

（三）磷钼蓝光度法

在酸性溶液中，磷酸与钼酸生成黄色的磷钼杂多酸，可被硫酸亚铁、二氯化锡、抗坏血酸、硫酸肼等还原成蓝色的磷钼杂多酸（磷钼蓝），其反应方程式如下：

$$H_3PO_4+12H_2MoO_4 = H_7[P(Mo_2O_7)_6]+10H_2O$$

$$H_7[P(Mo_2O_7)_6]+4FeSO_4+2H_2SO_4 = H_7\left[P\begin{matrix}(Mo_2O_6)_2\\(Mo_2O_7)_4\end{matrix}\right]+2Fe_2(SO_4)_3+2H_2O$$

磷钼蓝杂多酸的吸收峰在 905nm 处，$\varepsilon_{905}=5.34\times10^4$；通常在 690nm 波长处测量吸光度，这时 $\varepsilon_{690}=1.30\times10^4$，0～2μg($P_2O_5$)/ml 范围内线性关系良好。

溶液的酸度、钼酸铵的浓度和还原剂的用量是影响显色反应的主要因素。显色酸度必须严格控制在硫酸浓度为 0.15～0.4mol·L^{-1}，酸度低于 0.15mol·L^{-1}，钼酸本身也能被还原而产生蓝色；酸度大于 0.4mol·L^{-1}时，磷钼蓝会被破坏，至 0.6mol·L^{-1}时，磷钼蓝即不能生成，通常在 0.35mol·L^{-1} H_2SO_4 的条件下显色。同时，显色酸度还与显色剂的用量有关，它是随 $(NH_4)_2MoO_4$ 用量增加而增高的。但是显色剂用量本身又不是越多越好。显色剂过少，显色不完全或显色速度慢；过多，则部分游离钼酸有可能被还原，而使结果偏高。一般控制 $(NH_4)_2MoO_4$ 的含量为 0.1%～0.2%。还原剂中，使用最广泛的是抗坏血酸，其含量可在 0.08%～0.32%之间。

温度和催化剂对显色反应速率有很大影响。在该体系条件下，在室温下显色反应速率很慢，需 24h 才能显色完全。若在沸水浴中加热煮沸数分钟即可显色完全。若加入铋(Ⅲ)或锑(Ⅲ)盐作催化剂，即使在室温下也能较迅速地充分显色，一般加入显色剂后 15min 即完全。

除硅、砷外，岩石、矿石、矿物中的其他常见元素几乎不干扰测定。硅已在制备分析溶液时除去，砷在一般情况下含量很少。当砷量大时，可于 pH=4 的水相中加入铜试剂后用氯仿萃取除去；也可以加入碘化钾将砷(Ⅴ)还原至砷(Ⅲ)来消除其影响。

（四）原子吸收光谱法

原子吸收光谱法测定磷是先使磷与钼酸和钒酸形成磷钒钼杂多酸，用异戊醇萃取（分离过剩钼）后，直接将有机相喷入空气-乙炔火焰中，用 331.3nm 吸收线测定钼，换算成磷量。本法虽为间接方法，但用异戊醇萃取磷钒钼杂多酸，不仅可以消除钒、铁等元素的干扰，而且钼与磷的化学计量关系为 22∶1。钼对磷的放大作用，大大提高了方法的灵敏度。其灵敏度可达 0.006μg(P)/ml(异戊醇)。另外，异戊醇还具有对磷钒钼酸萃取量大［6mg(P_2O_5)/10ml 异戊醇］和在火焰中燃烧稳定的优点。对于浓度较高的磷，可以通过改变空气与乙炔的流量比或选用钼的次灵敏吸收线 317.0nm、376.4nm、386.4nm 来测定。

（五）有效磷的测定

有效磷是指枸溶性磷，即磷矿中能被稀的弱有机酸所溶解的磷，也就是指能被植物所吸收的磷。它是对磷矿的一个评价指标，由有效磷可推测磷矿可否用作磷肥。

严格来说，磷矿或磷肥中的磷依其溶解性情况不同可分为水溶性磷、枸溶性磷和不溶性磷三部分。有效磷是其中的枸溶性磷。然而在岩矿分析中测定的有效磷，实际为水溶性磷和可溶性磷之和。

有效磷的测定方法，大多采用酸碱滴定法，当然也可采用其他方法，这些方法与测定全磷时相比，所不同只是试样分解方法。

有效磷的试样分解方法有：①有 2%柠檬酸水溶液浸取样品，振摇 30min；②用 pH＝7 的中性柠檬酸铵溶液（彼得曼溶液）于 65℃浸取 1h（每隔 5min 振荡一次）；③用 2%甲酸或 2%酒石酸或 2%乳酸水溶液浸取。

按这些方法处理样品，制备分析溶液所得实验值，除与试样晶体的物理化学性质、共生组合关系有关外，尚与试样的粒度、溶剂的性质、溶剂中有机弱酸的浓度、溶解时的温度及时间等有关。为此，一般规定：试样粒度为过 100 号筛，溶剂用 2%中性柠檬酸钾水溶液，浸取温度控制在 60℃，浸取时间 1h。

九、钠和钾

钾和钠的测定方法有重量法、滴定法、火焰光度法，原子吸收光谱法、等离子体发射光谱法、X 射线荧光光谱法、离子选择性电极法等。

在硅酸盐经典分析系统中，钾和钠是用重量法测定的。即以氯化物重量法测定钾和钠的总量，然后以 K_2PtCl_6 或 $KClO_4$ 沉淀重量法测定钾，差减得到钠量。由于重量法手续繁琐，准确度也较差，而且所用的试剂（如氯铂酸）价格昂贵，目前已很少使用。

滴定分析方法，目前对测定钾的方法研究较多，测定钠的方法很少。有人提出了 CyDTA 滴定法，基于钠与 CyDTA 的配合物形成常数为 2.5×10^4，以 CsOH 溶液将试液酸度调至 pH＝12.5 时，用 CyDTA 为滴定剂进行电位滴定。由于电位滴定方法本身的局限性，没有在实际中得到推广。滴定分析测定钾的方法，有四苯硼化钠-EDTA 法、四苯硼化钠-季铵盐法、钴亚硝酸钠-EDTA 法等，目前以四苯硼化钠-Hg-EDTA 法应用较多。

该方法基于 K^+ 在强酸性溶液中能与四苯硼化钠反应生成四苯硼化钾沉淀，过滤后以丙酮溶解四苯硼化钾，加入过量的 Hg-EDTA 溶液，在 pH＝5.9 的条件下，用 PAN 为指示剂，以标准锌盐溶液滴定释出的 EDTA，从而计算出钾的含量。钾和钠的火焰光度法、原子吸收光谱法、离子选择性电极法研究和应用较多。

（一）火焰光度法

火焰光度法测定钾和钠是基于在火焰光度计上钾和钠原子被火焰热能（空气-乙炔焰温度 1840℃；空气-煤气焰温度 2225℃）激发后将发射出具有固定波长的特征辐射。钾的火焰为紫色，波长 766.5nm；钠的火焰为黄色，波长 589.0nm，可分别用 765～770nm（钾）和 558～590nm（钠）的滤光片将钾、钠的辐射分离出来，以光电池或光电管和检流计进行检测。由于光电流的大小即特征辐射的强度，与样品中钾、钠的含量有关，可以用标准比较法或标准曲线法确定钾、钠的含量。

介质与酸度的选择：一定量的 Cl^-、SO_4^{2-}、ClO_4^-、NO_3^- 均对结果无妨，即可在一定的 HCl、H_2SO_4、$HClO_4$、HNO_3 等介质中进行。但这些酸作为介质时，以硝酸介质中的测定结果较稳定，重现性较好。因此，常于 0.5% 的硝酸溶液中进行测定。试样分解方法，以 H_2F_2 和 H_2SO_4 使用最为广泛，也可以采用锂盐或铵盐分解方法。若试样分解时使用了氢氟酸，则应在试样分解完全后加热除尽氟，并转为硝酸介质，尽快测定，以防 F^- 对器皿的腐蚀，引起结果偏高。

由于自吸现象比较严重，钾、钠火焰光度测定时的非线性效应较为突出，标准曲线呈弓形；同时钾、钠的相互干扰，特别当钾、钠含量相差悬殊时，比较严重。用稀溶液进行测定，并改用比较法确定样品含量，可减少非线性效应对结果的影响。钾、钠的相互干扰，可采用标准溶液配制时，尽可能保持标准溶液中的钾钠比与样品中的钾钠比相近，以抵消它们的相互影响。另外，加入易电离的铯盐，也可减小它们之间的相互影响。

干扰元素的影响程度，与干涉滤光片的质量有关。使用性能良好的滤光片时，大量的铁、铝、钙、镁对测定均无干扰。但当滤光性能较差时，或铁、钙、镁含量太高时，需用碳酸铵沉淀分离铁、钙、镁后再测定。另外，加入一定量硫酸铝溶液可以消除钙的影响（铝能抑制钙的发射）。磷酸根含量对钠的测定无妨，而对 K^+ 的测定产生负干扰，这时宜于标准溶液中加入一定量的 PO_4^{3-}，以抵消其影响。NH_4^+ 含量高时，冷却结晶于喷嘴，也将影响钾和钠的测定。

（二）原子吸收光谱法

原子吸收光谱法测定钾和钠是一种干扰少、灵敏度高、简便快速的分析方法。该方法是于浓度小于 $0.6mol \cdot L^{-1}$ 的盐酸、硝酸或过氯酸介质中，用空气-乙炔火焰激发，分别选择 766.5nm 线作为钾的分析线，589.0nm 线作为钠的分析线，测量相应的吸光度，氧化钾和氧化钠浓度小于 $5\mu g \cdot ml^{-1}$ 时，线性关系良好，其灵敏度分别为：氧化钾 $0.12\mu g \cdot ml^{-1}$，氧化钠 $0.054\mu g \cdot ml^{-1}$。

本法的选择性较高。铁、钙、镁、氟、SO_4^{2-}、PO_4^{3-} 含量小于 $500\mu g \cdot ml^{-1}$，铝、钠含量小于 $200\mu g \cdot ml^{-1}$，不影响钾的测定；铝、钙、镁、SO_4^{2-}、PO_4^{3-} 含量小于 $500\mu g \cdot ml^{-1}$，铁、钾含量小于 $200\mu g \cdot ml^{-1}$，不影响钠的测定。氟使钠的结果严重偏高，这可能是由于 HF 腐蚀玻璃器皿造成的。

由于钾、钠易电离，在火焰中钾、钠基态原子的电离将导致它们的吸收值降低。对钾来说，这一现象尤其明显。对此，可以通过适当提高燃烧器高度或加入氯化锂至锂的浓度达到 $2\mu g \cdot ml^{-1}$ 来消除。

（三）离子选择性电极法

于 pH=9.0～9.4 的硝酸-三乙醇胺缓冲溶液中，用套管充注了 $0.1mol \cdot L^{-1}$ 的氯化锂溶液的 217 型饱和甘汞电极作参比电极，钾电极作指示电极，电磁搅拌 5min 后测量溶液中 K^+ 的响应电位值。然后，换为 232 型甘汞电极和钠电极，电磁搅拌 5min 后测量溶液中 Na^+ 的响应电位。于相应的标准曲线中由响应电位值求得钾、钠的含量。在电极质量稳定的情况下，与火焰光度法相比较，钾的测定结果的绝对偏差不大于 0.3%，钠的测定结果的绝对偏差小于 0.5%。

溶液的酸度和离子选择性电极的性能是影响电极法测定的主要因素。测定钾的适宜酸度为 pH=8.5～10.8，测定钠的适宜酸度为 pH=8～11。选用 pH 值为 9.0～9.4 硝酸-三乙醇胺缓冲溶液，则一份试液同时适应于钾和钠的测定。但是，钾电极的电位随缓冲溶液的用量增加而增加，钠电极则相反。因此，必须严格控制硝酸-三乙醇胺缓冲溶液的用量一致。三乙醇胺的作用，除作为缓冲溶液的组成，用于控制溶液的 pH 值外，还可以有效地掩蔽铁(Ⅲ)、铝、钛、铀(Ⅵ)、钍等金属离子和抑制 $Mg(OH)_2$ 沉淀。钾离子选择性电极的主要商品电极是4,4-二叔丁基苯并-30-冠-10醚作为活性材料的聚氯乙烯膜电极；钠离子选择性电极主要是玻璃膜电极，它们的质量易波动，电极易老化，特别是钠的电极。人们还研制过其他的电极，但均未获得性能质量稳定的电极，影响本法的质量和推广应用。

岩石样品中的常见元素，包括大量的铁、锰、钙、磷以及钾钠之比在(1∶20)～(20∶1)之间均无影响。但钠、钾量大或相差悬殊时影响较大。另外，NH_4^+ 对钾产生正干扰，而且这种影响程度随钾含量的变化而变化。

十、水分

根据水分与岩石、矿物的结合状态不同，一般将水分分为吸附水和化合水两类。吸附水常以符号 H_2O^- 表示；化合水则以 H_2O^+ 表示。

吸附水，又称吸着水、吸湿水、湿存水、非化合水等，是存在于矿物岩石的表面或孔隙中，形成很薄的膜，它不参与矿物组成的晶体构成，在低温烘干时就容易逸出除去。吸附水的量与矿物的性质（主要是其吸水性）、试样加工的程度（主要是粒度的大小）、环境的湿度及存放的时间等有关。有的矿样，如花岗岩岩石样品，在存放过程中，干燥失重或吸湿增重约为矿样自重的0.03%；而另外的矿物，如绿泥石化玄武岩样品，置空气中存放后吸温增重可达矿样自重的0.84%。

吸附水的测定方法是：对一般样品，取风干样品于105～110℃温度下烘2h；对于含水分多（即吸湿性强）或易被氧化（如含FeO或硫化物高）的样品，宜在真空恒温干燥箱中干燥后称重测定或较低温度（60～80℃）下烘干测定。

由于吸附水并非矿物内的固定组成，因此在计算总量时，该组分不参与计算总量。对于像绿泥石化玄武岩这样一类易吸湿的试样，为了减少测定过程中因试样吸湿，对全分析结果的影响，应该在测定其中各项时，同一时间称出各份分析试样，并测定吸附水加以扣除。

化合水又包括结晶水和结构水两部分。结晶水是以 H_2O 状态存在于矿物晶格之中，如石膏 $CaSO_4 \cdot 2H_2O$、光卤石 $KCl \cdot MgCl_2 \cdot 6H_2O$ 等。它们虽为矿物晶格的组成部分，但与矿物中其他基本组分之间结合的稳定性较差，在较低的温度（低于300℃）下灼烧即可排出；有的甚至在105～110℃烘干测定吸附水时，则可能部分逸出。结构水是以化合状态的氢或氢氧根存在于矿物的晶格中，并且结合得非常牢固，加热到300～1300℃才能分解而放出水。

化合水的测定方法有重量法、气相色谱法、库仑法等。

重量法又有双球管（化合水管或称平菲尔管）灼烧重量法、灼烧分解-直接吸收重量法、灼烧分解-直接冷凝重量法等。

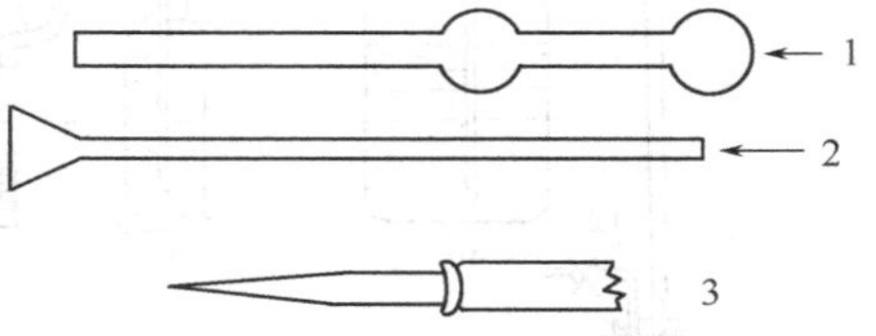

图4-6　双球管法器皿

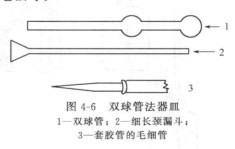

1—双球管；2—细长颈漏斗；3—套胶管的毛细管

双球管法所用玻璃器皿如图4-6所示。双球管由硬质玻璃制成，长150～200mm。测定化合水时，通过已插入双球管内的长颈漏斗，将0.5～1.0g试样盛入已知质量、干燥洁净的双球管球底。抽出长颈漏斗，称重，求得试样质量。在双球管的开口一端套上有胶管的毛细管，用浸过冷水的布条裹住中间玻球。用喷灯低温灼烧装有试样的玻球，并使管子保持水平状态，同时不断转动管子，使试样受热均匀；加强热10min后，将装有试样的玻球熔化，并拉掉弃去。冷却至室温，将湿布及毛细管取去，用干布擦干玻管外壁，称重。然后在105～110℃温度下烘干，冷却，再称重；两次质量之差即为总水量，减去吸附水得化合水量。本法设备简单，但外界影响因素（如室温、空气湿度等）较多，结果的精密度较差。另外，当矿样中易挥发成分如硫、氟、汞、砷、有机碳、CO_2 等含量较高时，结果的重现性也不佳。

直接吸收法所用仪器装置如图 4-7 所示。将试样置瓷舟或石英舟内置 1100℃的管式炉中加热，排出其中水分，用无水氯化钙（或过氯酸镁，或浓硫酸）吸收，称重以测定水分。无水氯化钙中经常杂有氧化钙，而氧化钙吸收二氧化碳，所以无水氯化钙事先要用二氧化碳饱和。为了防止其他挥发性组分如硫、卤素等同时被吸收，在试样与吸收装置之间装有灼烧过的氧化铅（二氧化铅与四氧化三铅的混合物）和铬酸铅。另外，管中铜丝圈为阻挡层，同时铜及其表面氧化物对卤化物、氧化硫也有吸收作用。本法较双球管法受外界及样品中易挥发组分的影响较小，结果的精密度较好。

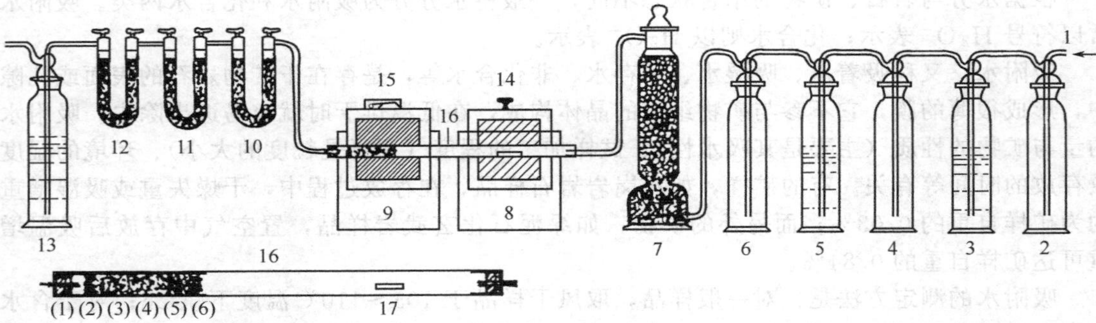

图 4-7　直接吸收法仪器装置

1—氧气或空气进口；2,4,6—缓冲瓶；3,13—硫酸洗气瓶；5—40%氢氧化钾洗气瓶；7—棒状无水氯化钙、氢氧化钠干燥塔；8—管式炉（1000℃）；9—管式炉（400℃）；10～12—无水氯化钙吸收管；14—热电偶；15—高温计；16—燃烧管（长 70cm、内径 15～20mm、壁厚 1.5～2.5mm）；17—瓷舟
燃烧管靠近水分吸收管的一端内装：(1)—橡皮塞；(2)～(4)—铜丝卷；(5)—氧化铅（10cm）、铬酸铅（3cm）；(6)—银丝卷

直接冷凝法的仪器如图 4-8 所示。其灼烧分解、排出水分的原理和方法与直接吸收法相同。所不同的是，排出的水分不用无水氯化钙等吸水剂吸收，而是将水分直接冷凝于 U 形双球管中，直接称重求得化合水的质量。本法装置简单，测定手续简便快速，其准确度也与直接吸收法相近。

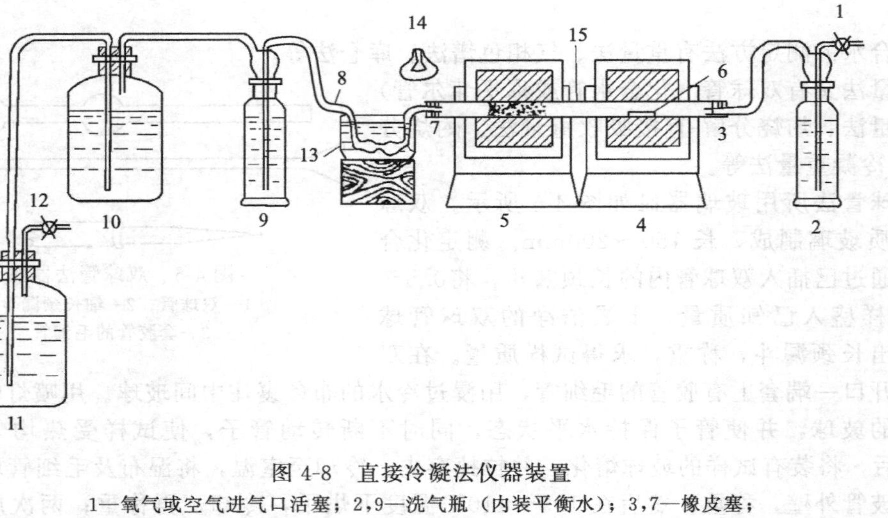

图 4-8　直接冷凝法仪器装置

1—氧气或空气进气口活塞；2,9—洗气瓶（内装平衡水）；3,7—橡皮塞；4,5—管式炉（温度分别为 1100℃和 400℃）；6—瓷舟；8—U 形双球管；10,11—水位抽气瓶；12—放气活塞；13—冷却水槽；14—红外灯；15—燃烧管

气相色谱法测定岩石矿物试样中的化合水，是在一种特制的气相色谱仪中进行的。该色

谱仪配有灼烧试样用的高温炉，试样经高温炉灼烧释放出的水分，随载气带入气相色谱仪中进行分离和测定。本法操作简便、快速，干扰较少。

库仑法测定化合水，常用 Pt-P_2O_5-H_2O 体系电量法。样品经高温灼烧释放出的水分，随载气流入一个安装涂有五氧化二磷的铂电极的电解池中，在直流电的作用下，发生如下的化学吸附和电解反应：

$$H_2O(气)+P_2O_5 \xrightarrow{化学吸附} P_2O_5 \cdot H_2O \xrightarrow{电解} P_2O_5+H_2\uparrow+O_2\uparrow$$

依法拉第定律，电解 9.01g 水需要 96500C 电量。根据电解电流积分计算值，可以确定样品中化合水的含量。此法灵敏度高，但由于电解池小，它只适用于微量水分的测定。

十一、烧失量

烧失量，又称为灼烧减量，它是试样在 1000℃灼烧后所失去的质量。灼烧减量主要包括化合水、二氧化碳以及少量的硫、氟、氯、有机质等，在一般情况下主要是化合水和二氧化碳。在硅酸盐全分析中，当亚铁、二氧化碳、氟、氯、硫、有机质含量很低时，可以用灼烧减量代替化合水等易挥发组分，参加总量计算，使平衡达到100%，也可以满足地质工作的一般要求。在碳酸盐的简项或全分析中，以灼烧减量代表其中以二氧化碳为主的易挥发性组分的含量。

但是，当试样的组成复杂或上述组分中某些组分的含量较高时，高温灼烧过程中的化学反应比较复杂。除有易挥发组分的挥发引起试样失重外，尚有一些组分在高温下发生化学反应而增重，亦有些组分之间的化学反应不定量地进行。例如，当试样中亚铁含量高时，在高温灼烧时转变成三氧化二铁后增重，每一份 FeO 转变为 Fe_2O_3 将增重 11.13%，灼烧减量的测定结果即偏低，甚至出现负值。而样品中含有机质较多，并且 Fe_2O_3 或 MnO_2 亦高时，Fe_2O_3 和 MnO_2 被有机质还原也会引起失重，这又导致灼烧减量的结果偏高。另外，当试样中有碳酸盐与黄铁矿共存时，将同时发生如下的失重和增重的化学反应。

$$4FeS_2+11O_2 \longrightarrow 2Fe_2O_3+8SO_2 \qquad 失重$$

$$CaCO_3 \longrightarrow CaO+CO_2 \qquad 失重$$

$$CaO+SO_2 \xrightarrow{[O]} CaSO_4 \qquad 增重$$

因此，严格地说，灼烧减量是试样中各组分在灼烧时的各种化学反应所引起的增重与失重的代数和。在样品较为复杂时，测定灼烧减量就没有意义。

十二、CO_2 和有机碳

岩石矿物中常有一定量的碳，它可能包括碳酸盐中的无机碳和有机质中的有机碳。无机碳常以 CO_2 表示，有机碳以 $C_{有}$ 表示，总碳以 $C_{总}$ 表示。二氧化碳的测定，常以酸分解或灼烧分解试样后用重量法、滴定法、气量法、气相色谱法、电量法和红外光谱法测定；有机碳的测定，常以混合酸湿法氧化或富氧燃烧氧化后用重量法、滴定法和气相色谱法测定。

（一）燃烧重量法测定总碳量和有机碳

试样置于管式燃烧炉内，在通氧条件下，于 900～960℃灼烧，其中碳酸盐分解产生二氧化碳，有机碳燃烧转变成二氧化碳。所得二氧化碳气随载气，经洗涤净化除水之后，以烧碱石棉吸收。通过对盛烧碱石棉的 U 形管在吸收前后的称重，测得试样中的总碳量。

为了防止样品在灼烧时释放出的水分、SO_3、含卤素的气体等和环境中水分及酸性气体等对测定的影响，在测定碳的总装置系统中，进入管式炉部位的载气需通过盛装浓硫酸的洗气瓶和盛装钠石灰的吸碳瓶；吸收管之后排气终端要接一盛装碱石灰的吸碳瓶；管式炉瓷管与吸收管之间接上用于除去样品燃烧时释出的水分、SO_3 和吸收卤素气体的 $KMnO_4$-浓 H_2SO_4 洗气瓶。

本法测定的二氧化碳为试样中的总碳量。如果将试样先用 5%盐酸煮沸分解排除碳酸盐中二氧化碳后，再将残渣置瓷舟内送到燃烧炉内燃烧测定二氧化碳，即为有机碳含量。

（二）酸分解-非水滴定法连续测定二氧化碳和有机碳

酸分解-非水滴定法测定二氧化碳和有机碳的装置如图 4-9 和图 4-10 所示。

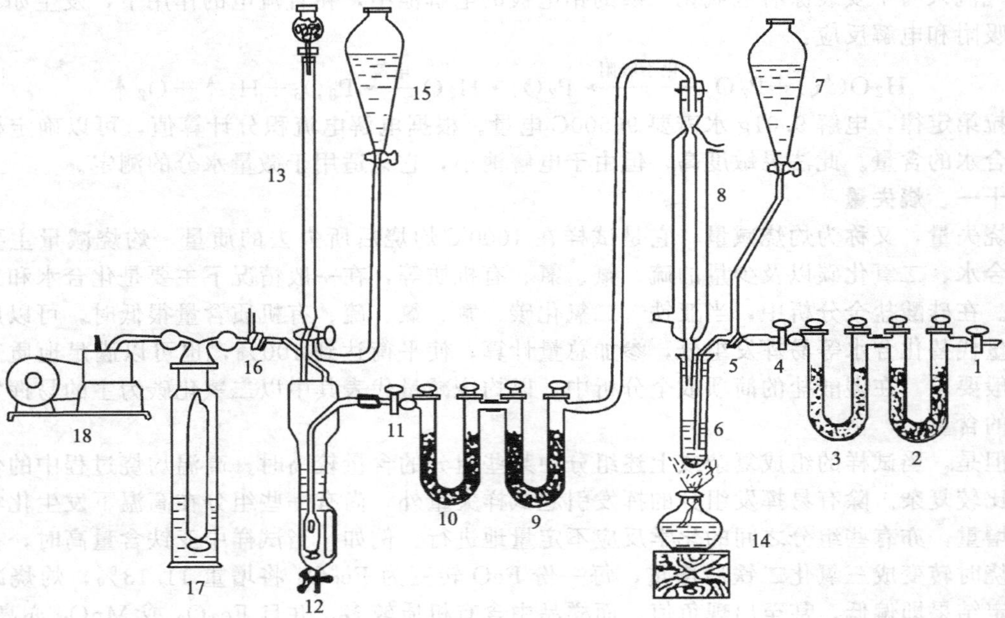

图 4-9　非水滴定法测定 CO_2 的装置

1—进空气活塞；2—硅胶干燥管（吸收空气中的水分）；3—烧碱石棉管（吸收空气中的二氧化碳）；4,11—两通活塞；5,16—三通活塞；6—试样分解瓶（可用 100ml 比色管截取一半后烧熔成圆底而制成）；7—分液漏斗（储分解用酸）；8—冷凝管；9—硅胶干燥管（吸收试样分解后气体中的水分）；10—无水硫酸铜干燥管（吸收试样分解后气体中的硫化氢）；12—二氧化碳吸收管；13—滴定管，具进液支管（装滴定液滴定用）；14—酒精灯；15—分液漏斗（内装吸收滴定液）；17—洗气瓶（内装水）；18—水位抽气瓶或抽气泵

试样置于分解瓶中，用（1＋1）硫酸加热，使岩石矿物中的碳酸盐分解释放出二氧化碳，以乙醇-乙醇胺（或 EDTA）非水吸收液吸收，以百里酚酞为指示剂，以乙醇钾标准溶液滴定。然后，加入 CrO_3 的硫酸溶液，加热使试样中有机碳湿法氧化成二氧化碳，继续用非水吸收液吸收，用乙醇钾滴定。第一次滴定，测得试样中的二氧化碳含量，第二次滴定，测得试样中有机碳的含量。

硫酸与试样作用时，试样中的碳酸盐矿物被分解并释放出二氧化碳。于硫酸或磷酸介质中加入铬酸或重铬酸盐，在加热的条件下，试样中有机碳被氧化成二氧化碳：

$$3C+2H_2Cr_2O_7+6H_2SO_4 = 3CO_2+2Cr_2(SO_4)_3+8H_2O$$

用水吸收二氧化碳时，由于它在水中的溶解度小，常常吸收不完全。同时，碳酸的离解常数 K_{a1}、K_{a2} 分别为 4.2×10^{-7} 和 4.8×10^{-11}，难以用酸碱滴定法准确滴定。而选用恰当的非水吸收液来吸收二氧化碳并以适宜的非水碱溶液滴定，则可将二氧化碳吸收完全，并获得确切、敏锐的滴定终点。

吸收二氧化碳的非水溶剂有甲醇-丙酮、乙醇-乙二胺、乙醇-乙二醇-丙酮、乙醇-EDTA等，有机溶剂的介电常数小，低碳醇是既能使弱酸中给出质子的倾向增强，又能使弱碱接受质子的能力增强的两性溶剂，它们对二氧化碳的吸收能力强。乙醇胺、EDTA 等有机胺的加入可增强对二氧化碳的吸收能力。丙酮的加入不仅可以增强对二氧化碳的吸收能力，而且还可以减弱体系的极性，降低表面张力，分散气泡，使滴定终点更为明显。乙二醇、丙三醇则是一种稳定剂，加入稳定剂可以防止体系中乙醇钾生成的浓度过大，并能促进它们的溶解。

十三、硫

岩石矿物中硫的测定，在一般情况下只测定总硫量，有些需要分别测定硫酸盐硫，硫化物硫（或黄铁矿硫）等。

测定硫的化学方法有 $BaSO_4$ 沉淀-重量法、$PbSO_4$ 沉淀-EDTA 滴定法和燃烧分解-碘滴定法或碱滴定法等。

硫酸钡沉淀重量法是于酸性溶液中加入氯化钡溶液，将 SO_4^{2-} 沉淀为 $BaSO_4$，于 800～850℃灼烧后称重，将所得结果换算成 SO_3 或 S。

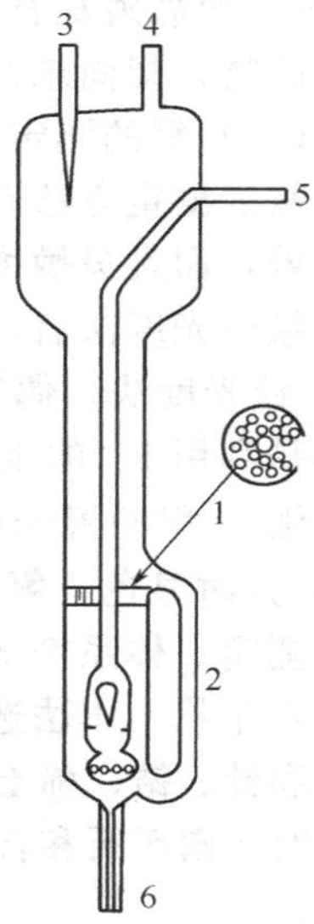

图 4-10　CO_2 吸收器
1—多孔筛板；2—回流管；3—滴定管；4—出气管；5—进气管；6—放液管

硫酸铅沉淀-EDTA 滴定法是在硝酸为 1.5%～3.0%、乙醇为 20%～40%的 HNO_3-C_2H_5OH-H_2O 体系中，加入硝酸铅溶液，将 SO_4^{2-} 沉淀为 $PbSO_4$ 沉淀。分离后，以乙酸溶液将 $PbSO_4$ 溶解，在 pH=5.6～5.8 的乙酸-乙酸钠缓冲介质中，以二甲酚橙或半二甲酚橙为指示剂，用 EDTA 标准溶液滴定铅，间接计算出试样中的含硫量。硫酸铅沉淀可使 SO_4^{2-} 与铍、镁、钙、锰、铁、钴、镍、铜、锌、铝、铀、铬(Ⅲ)、钒(Ⅵ)等分离。钍被硫酸铅载带沉淀，10mg 钍引起约相当于 1mg SO_4^{2-} 的正误差，并使终点不够敏锐。钼(Ⅵ)与铅形成难溶于乙酸的 $PbMoO_4$ 沉淀，致使结果偏低，但在试样分解之后加入一定量的酒石酸或柠檬酸，使钼与它们形成配合物，可消除 5～10mg 钼的干扰。另外，Cl^- 大于 50mg 时使结果偏高，PO_4^{3-} 大于 10mg 时使终点回头和结果稍偏高，因此不宜在盐酸和磷酸介质中沉淀。

碘滴定法和碱滴定法是将燃烧分解时释放出来的 SO_2 用水溶液吸收，然后用 I_2 标准溶液或碱标准溶液进行滴定。碘滴定法适用于低于 1%硫的样品分析，碱滴定法适用于较高含量的测定。

测定岩石矿物中的总硫量时常用的试样分解方法是 Na_2CO_3-KNO_3（12：1）和 Na_2CO_3-ZnO(1：1)烧结分解，前者控制在 700～750℃下进行，后者可于 800℃温度下进行。分解过程中试样中难溶的硫酸盐转变为易溶的碱金属硫酸盐，硫化物被 KNO_3 或空气中氧化成 SO_4^{2-} 并呈碱金属（或锌）的硫酸盐状态存在。在无硫铁粉或锡粒作为助熔剂的情况下，于管式燃烧炉中用高温燃烧法分解，也可使样品中硫化物硫和硫酸盐硫转变成 SO_2，是测定全硫量的又一常用试样分解方法。

测定试样中的硫酸盐硫的常用分解方法是用 10% Na_2CO_3-1% NaOH-2%乙醇溶液煮沸分解的方法。这时，不仅可溶性硫酸盐转入溶液，而且难溶性硫酸盐（如 $BaSO_4$），在转化为碳酸盐的同时，SO_4^{2-} 也进入溶液中，使硫酸盐矿物分解完全，而硫化物硫不被分解。

测定岩石矿物中的硫化物总量，一般不直接测定硫，而是在以 $CuSO_4$-H_2F_2-H_2SO_4 溶液将试样中的铁氧化物、硅酸盐、碳酸盐等溶解之后，将残渣用 HAc-H_2O_2 溶剂选择性溶解铁的硫化物，然后用测铁方法滴定试液中的铁，由铁量换算成硫化物硫。

在岩石分析中，若已测定总硫量的硫酸盐硫，则它们的差值即为硫化物硫。

十四、氟和氯

卤素元素在地壳中的含量都很低，其中含量较高的氟和氯在地壳中的平均含量分别为 0.066%和 0.017%。氟在自然界，除以萤石、冰晶石等氟化物矿物存在外，主要作为硅酸盐、磷酸盐矿物中的组分而存在。硅酸盐中氟含量变化很大，一般富含云母或角闪石时，则含有氟；而氟磷酸钙则是磷灰石的主要矿物之一。氯在硅酸盐中含量很低，一般不超过

0.3%。而氯磷灰石却是常见的含氯矿物。在铀矿石中，已发现有铀烧绿石和铀细晶石等含氟铀矿物，却尚未发现含氯的铀钍矿物。

（一）氟的测定

氟的测定方法有重量法、滴定法、光度法和离子选择性电极法。重量法和滴定法不仅手续较繁，而且灵敏度差，现在已很少应用于岩石试样中氟的测定。

氟的光度法有两类：一类是以 F^- 的褪色作用为基础的褪色法，如茜素-锆光度法、偶氮胂Ⅰ-钍光度法、偶氮胂Ⅲ-锆光度法、锆-二甲酚橙光度法等，都是属于这一类的间接法；另一类是利用 F^- 的生色作用的正色法，如镧-茜素氨羧配位剂-氟三元配合光度法，是直接法。

锆-二甲酚橙光度法：于 $1.44mol \cdot L^{-1}$ 盐酸介质中，锆浓度为 $4\mu g \cdot ml^{-1}$，二甲酚橙为0.005%时显色，氟浓度为 $0.005 \sim 1\mu g \cdot ml^{-1}$ 时，吸光度差与氟浓度呈线性关系，可用于氟的测定。体系 20min 显色完全，并稳定 8h 以上。当放置 2h 后测定，可以容许 1mg 铝存在而不干扰。本法选择性较好，试样碱熔、水浸取分离大量共存离子后即可显色测定。除磷矿石和钍、锆、稀土等含量较高的试样中氟的测定结果会偏低外，其他一般岩石样品都可应用。对于磷矿石和含钍、锆、稀土元素高的样品，可预先用蒸馏或高温热解的方法分离后再测定。

镧-茜素氨羧配位剂-氟三元配合物光度法：在 pH=4.3 的 HAc-NaAc 缓冲溶液中，镧与茜素氨羧配位剂、氟形成淡蓝色异配位体三元配合物，可借以测定氟。其反应式如下：

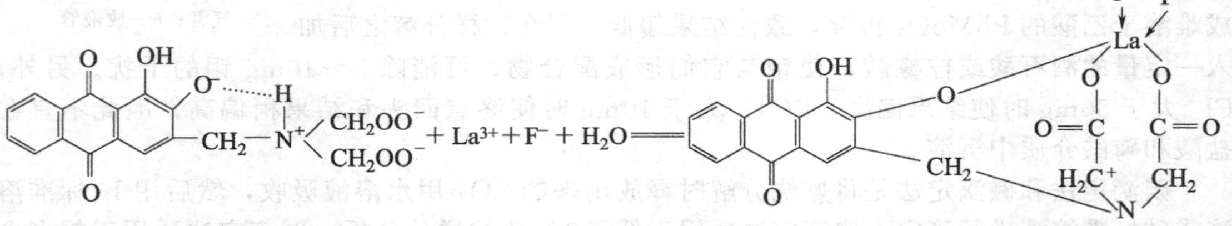

氟离子选择性电极法：在 pH=5～7 的酸性溶液中，F^- 选择性电极对 F^- 产生响应，依电极质量的优劣及总离子强度调节缓冲剂的不同，F^- 浓度为 $5 \times 10^{-5} mol \cdot L^{-1}$ 或 $1 \times 10^{-5} \sim 1 \times 10^{-1} mol \cdot L^{-1}$ 时，其响应电位与氟离子浓度的关系符合能斯特方程，可用于氟的测定。能与氟生成稳定的配合物的金属离子有干扰。硅酸盐岩石中常见的铝，在熔融分解、水浸取时不能分离，需加入配位剂与铝形成稳定配合物而将氟释放出来。适用的配位剂有柠檬酸钠、柠檬酸钠-EDTA-NaCl、柠檬酸钠-硝酸钾、磺基水杨酸铵、磷酸等。

（二）氯的测定

岩石样品中氯的测定常用光度法和离子选择性电极法。

硫氰酸汞间接光度法：在硝酸溶液中，Cl^- 能置换硫氰酸汞中的 SCN^-，加入三价铁盐，使置换出来的 SCN^- 与 Fe^{3+} 作用，生成红色的硫氰酸铁配合物，可用光度法间接测定氯。

$$2Cl^- + Hg(SCN)_2 = HgCl_2 + 2SCN^-$$

$$Fe^{3+} + 6SCN^- = [Fe(SCN)_6]^{3-}$$

离子选择性电极法：在 pH=4～10 的条件下，氯离子选择性电极对 Cl^- 产生响应，$NaNO_3$ 浓度为 $0.02 \sim 0.2mol \cdot L^{-1}$ 时，响应电位值稳定。以 Ag_2S-AgCl 固态膜电极为指示电极时，线性范围为 $10^{-4} \sim 0.2mol \cdot L^{-1}$（$Cl^-$）。氰化物、硫化物、溴化物、碘化物产生正干扰。但岩石样品中这些组分一般很少，或者在试样分解时已被除去。

十五、多组分的仪器分析方法

前面一至十四介绍的是 20 世纪 60～80 年代各分析测试单位广泛使用的化学分析方法，它们充分利用各组分的重要分析化学特性，实现对岩石、矿物、水质沉积物、环境土壤等对象中主要组分的准确测定，对岩石全分析作出了重要贡献。但是，除要求分析工作者要有严格的技能训练外，速度较慢，效率不高。随着分析化学学科的技术进步，出现了一系列快速测定岩石、矿物中常量组分、微量组分及痕量组分的仪器分析方法，它们能在一份制备样品中实现常量、微量及痕量组分的连续或同时测定，大大提高分析速度和效率。这里择要介绍几种多组分测定的仪器分析方法。

（一）ICP-AES法

原子发射光谱分析在工业分析化学发展史上发挥过重大作用。19世纪60年代到20世纪初，科学家利用原子发射光谱技术发现了十几个新元素。20世纪中期原子发射光谱技术曾经是无机多元素分析的最有效手段之一，特别是在地矿样品分析领域中，其地位尤其重要。然而，由于电弧火花光源，在检出限、精密度、准确度以及分析速度等方面的局限性，使其在岩矿定量分析方面难以满足研究或生产单位对分析结果的要求。这时，电弧光源的原子发射光谱法主要用于定性、半定量分析和某些对象中其他方法较难测定组分的分析。但1975年第一台ICP-AES商品仪器问世后，ICP-AES在检测限、精密度、准确度、动态线性范围，以及同时或顺序多元素测定能力的优越性，使其得到越来越广泛的应用，并为多组分的测定提供了便利。这里列举两个较常用的方法。

1. 偏硼酸锂熔融-ICP-AES法测定主、次量元素

试样于石墨坩埚中，加入3倍量试样的脱水偏硼酸锂，在1000℃高温下熔融。取出坩埚后立即将流动性熔融物倒入盛有稀王水（1+19）的烧杯中，在超声波水浴上快速溶解后，转入容量瓶中，加入镉内标后，用稀王水定量。然后在电感耦合等离子体发射光谱仪上进行测定。仪器工作条件依不同仪器略有不同，TJA-IRIS-Advantage型ICP-AES工作参数见表4-1，选用分析谱线见表4-2。

表4-1 TJA-IRIS-Advantage型ICP-AES工作参数

工作参数	设定值	工作参数	设定值
RF功率/W	1150	冷却气流量/$L \cdot min^{-1}$	15.0
辅助气流量	低	载气压力/MPa	0.19
曝光时间/s	短波20，长波10	溶液提升量/$ml \cdot min^{-1}$	1

表4-2 选用分析谱线及相关内标

测定元素	分析谱线（级次）	内标
Si	251.612 nm（134）	Cd 228.802 nm（147）
Al	237.312 nm（141）	Cd 228.802 nm（147）
K	766.491 nm（44）	
Na	589.592 nm（57）	
P	213.618 nm（157）	Cd 228.802 nm（147）
Fe	240.488 nm（140）	Cd 228.802 nm（147）
Ca	317.933 nm（105）	
Mg	383.826 nm（87）	
Ti	334.941 nm（100）	
Mn	260.569 nm（129）	Cd 228.802 nm（147）
Sr	407.771 nm（082）	
Ba	455.403 nm（074）	
Zr	349.621 nm（096）	

本方法适用于硅酸盐岩石类试样中主要成分SiO_2、Al_2O_3、$T_{Fe_2O_3}$、CaO、MgO、K_2O、Na_2O、TiO_2、MnO、P_2O_5、Sr、Ba、Zr 13项测定。另取样测定灼烧减量，可得试样全分析结果，主量元素质量分数加和可达到99.3%～100.7%。本法对主量元素测定的精密度好，但受等离子炬稳定性影响。一般应在点燃等离子炬后稳定至少45min以上。最好

在测定次量和微量组分后（约 2h 以上），再测定主量元素。

2. 四酸分解-ICP-AES 法测定 28 种主、次、痕量元素

试样用硝酸、盐酸、氢氟酸、高氯酸分解，赶尽高氯酸，用（1+1）HCl 溶解后，制备成 10ml 分析溶液，用 ICP-AES 测定主量组分 Al_2O_3、$T_{Fe_2O_3}$、CaO、MgO、K_2O、Na_2O、次量及痕量元素 Ba、Be、Ce、Co、Cr、Cu、Ga、Ha、Li、Mn、Mo、Nb、Ni、P、Pb、Rb、Sc、Sr、Th、Ti、V、Zr 共 28 个组分。该方法可适用于岩石、土壤和水系沉积物分析，各组分测定范围见表 4-3 和表 4-4。

本法在试样分解过程中应注意并非四酸同时加入，而是先将 2ml HCl 和 2ml HNO_3 加到置有 0.1g 试样的聚四氟乙烯坩埚内，盖上坩埚盖，于 110℃加热 1h。然后取下坩埚盖，加入 1ml HF 和 1ml $HClO_4$，盖上坩埚盖，110℃加热 2h，升温至 130℃，加热 2h，取下坩埚盖，升温至 160～180℃，待 $HClO_4$ 烟冒尽。但赶高氯酸时间又不能过长，以致使干至焦煳状，否则铝等元素结果偏低。

表 4-3　主量元素分析线，背景校正及测量范围

组分	波长（级次）	截取宽度	截取高度	读出宽度	背景校正	测量范围
CaO	445.589（75）	19	3	3	右 15	0.01%～35%
$T_{Fe_2O_3}$	271.441（123）	15	3	3	左 1	0.003%～20%
Al_2O_3	237.312（141）	15	3	3	右 12	0.01%～20%
K_2O	766.490（44）	25	4	3	左 1	0.003%～10%
MgO	277.669（121）	15	3	3	左 1，右 14	0.01%～50%
Na_2O	589.592（57）	25	4	3	左 1	0.001%～10%

注：分析线波长计量单位为 nm；截取宽度、截取高度为待测元素谱图窗口尺寸大小，以像素（pixel）计；读出宽度为待测组分中心波长处测量区域，宽度大小仍以像素计。

表 4-4　次痕量元素分析线、背景校正、主要干扰及校正系数、测量范围

元素	波长（级数）	截取宽度	截取高度	读出宽度	背景校正	主要干扰元素及校正技术	测量范围 /$\mu g \cdot g^{-1}$
Ba	413.066（81）	15	3	3	左 1		2～5000
Be	234.861（143）	15	3	3	左 4		0.02～1000
Ce	418.660（80）	15	3	3	左 5，右 12		2～1000
Co	228.616（147）	15	3	3	左 1	Ti：0.001	0.7～1000
Cr	267.716（126）	15	2	2	左 1		0.7～1000
Cu	324.754（103）	21	4	2	左 7	Mg：0.00025 Fe：0.00005	2～5000
Ga	294.364（114）	15	3	1	左 5，右 12		7～1000
La	408.672（82）	21	3	3	左 5，右 12		0.7～1000
Li	670.784（50）	27	4	2	左 1		0.2～1000
Mn	257.610（131）	15	3	3	左 1		0.07～3000
Mo	202.030（166）	15	2	3	右 1，右 11		0.3～1000
Nb	319.498（105）	15	3	3	左 1	Fe：0.0004	1～1000
Ni	231.604（145）	15	3	3	左 4		0.7～1000
P	214.914（156）	15	3	3	左 14		10～45000
Pb	220.353（152）	23	2	2	左 8，右 18		2～1000
Rb	780.023（43）	19	2	2	左 4		30～1000
Sc	361.384（93）	21	2	2	左 2		0.1～1000
Sr	346.446（97）	15	3	3	左 1，右 14		2～2000
Th	332.512（101）	15	2	2	左 5，右 11		7～2000
Ti	26（118）	25	4	2	左 1		7～6000
V	292.402（115）	15	3	3	左 1，右 14		1～1000
Zn	213.856（157）	15	3	3	左 1，右 14		0.1～1000

注：表中相关计量单位同表 4-3 的表注。

(二) X 射线荧光法

XRF 技术于 1948 年问世，20 世纪 60 年代后得到迅速发展，80 年代走向成熟，目前仍是无机多元素分析领域的主导分析技术之一。

XRF 技术在地质行业得到了最为成功的应用，其原因有二：其一是 XRF 技术是主、次元素分析精度、准确度和自动化程度最高的元素分析方法之一：其二是该技术用于地质物料分析时，一般采用压片法，即便使用熔片法，也不同于酸或碱分解法，不会造成环境污染，是一种环境友好的洁净分析技术，而且方便快捷。

1. XRF 法的制样技术

适于 XRF 分析的试样形态有气溶胶、液体和固体等，一般来说，接收试样时的形态以及分析要求的准确度和精密度将决定试样处理方法。

对于气溶胶试样，一般是通过抽滤微孔膜上，直接送仪器检测。对于液体试样，根据具体需要，可用液体试样盒、直接或处理后滴至滤纸上测定。对于固体试样又分块状、片状和粉末状等不同。由于 XRF 分析方法，试样的尺寸与形状、试样密度的均匀性以及试样组成的不均匀性都将直接影响其分析精密和准确度。因此，选择适宜的制样技术，使制备用于 XRF 分析试样的体积和形状能够代表整个试样，即用于分析测试的样品体积本身能够代表送检试样，并且在分析之前及分析测试过程中保持稳定。为此，制样技术与方法的选择与应用要在制样手续与分析精度之间寻找平衡点，以确定最佳制样方案。对于固态金属、玻璃、陶瓷或塑料成品，可用金刚石刀具或冲孔器切割出适当尺寸的试样或适当抛光；片状的纤维或布匹通常可夹在由两片聚酯薄膜固定的试样池中，或者与掺有树脂的聚合物混浇铸成块体；对于岩石、矿物、水系沉积物、土壤等样品，宜通过粉碎的适当粒度，以保证其均匀性，再制成一定形状的测试用样品。粉碎的粒度宜细，一般要过 325 目以下，有的甚至过 500 目。制成代表性测量样品的方法有粉末压片法、玻璃熔片法和松散粉末法。这里主要简略介绍粉末压片法和玻璃熔片法。

(1) 粉末压片法　本类方法又分为直接压制法、压环法、镶进（衬里）法及试样环法。

直接压制法：自成型性能较好的粉末试样，可直接放入圆柱形压模中直接压制。其优点是易于固定试样的使用量，克服试样厚度的影响。而且不使用压环、衬里、黏结剂等，无消耗、无试剂或衬里材料的沾污。在操作中注意不要使其边缘受损。注意采用逐步施压，反复放压，使空气释放后，再增压到目标值，效果较好。直接压制法的缺点是对模具的加工质量要求较高，模具的清洗比较费时。另外，球粒状的颗粒（SiO_2 粉末、灼烧残留物等）常常出现成型困难的情况。

压环法：将样品置于平板式压模或圆柱式压模中用手工或机械压制成型。所用样品环一般为铝环或 PVC（聚氯乙烯）环，有的也用铁环或铝环或 O 形橡胶圈，视样品性质而定。

镶边（衬里）法和试样环法在地质试样分析方面，国内普遍采用的是低压聚乙烯或硼酸镶边衬底技术。即在压制试样时，在圆柱形压模内嵌入一个带三个定位棱的圆筒，筒内装入试样，整平后，在其上方及压模与圆筒之间的缝隙加镶边物料，取出定位圆筒后压制。相对于直接在压模中装入试样的压制方法，镶边法的优点是压模的清洗简单，样片牢固，对模具的加工精度要求也较低。但对于穿透深度大的短波 X 射线，要注意镶边物料的杂质干扰。

一般来说，如果样品粉末颗粒的直径小于 50μm（300 目），试样通常应在 230～310MPa 的压力下压制。如果自成型特性好的粉末或许在 30～80MPa 的压力下压制即成；而自成型特性很差的粉末则需使用黏结剂。

黏结剂可以是甲基纤维素、乙基纤维素、聚乙烯、硬脂酸、聚苯乙烯等树脂类粉末，硼酸、尿素、淀粉、乙醇或聚乙烯醇水溶液等。通过粉样机混合粉碎后加压成型。黏结剂与试剂的混合比（指质量计）不超过 1∶10（例如 1∶20），以防止不均匀性效应影响。若黏结剂以溶液形式加入，则试样中加入黏结剂溶液后，需再加入蒸馏水，使全部粉末均被溶液浸湿，充分搅拌均匀后干燥。在压制前，尽可能进行粉碎处理。另外，黏结剂的选择，除了要求黏结剂有良好的自成型特性外，还应不含污染元素和干扰元素，且质量吸收系数必须低（除非需要人为增加基体的质量吸收系数）。并且黏结剂在真空和辐射条件下还必须稳定。

(2) 玻璃熔片法　玻璃熔片法是将试样与熔剂（四硼酸锂等）、脱模剂（如 LiBr 等）、氧化剂（如 KNO_3、$LiNO_3$ 等）一起在适当的坩埚（如石墨坩埚）中，于 1000～1250℃温度下熔融，混匀，快速冷却后，制成玻璃片，供光谱仪进行 XRF 分析。

熔融的目的是使试样中的化合物与混合熔剂在高温下进行化学反应形成其溶液，并严格控制熔融物冷却的相变过程，使之形成固态玻璃体（即完全非晶质），以得到均匀、可控尺寸的玻璃片。本法的优点是：①消除了矿物效应、粒度效应等造成的不均匀效应；②因熔剂的稀释作用，共存元素效应减小；③可使用试剂配制标准试样；④分析主成分元素时的试样用量小（1g 以下）；⑤使高精度的分析成为可能。因此，这种方法主要适用于波长色散 X 射线荧光高精度定量分析氧化物粉末中主、次量元素组成。

玻璃熔片法所用熔剂，主要硼酸盐类熔剂，还有磷酸盐类。另外，碳酸盐、硫酸氢盐也是好熔剂，却不易成型，需粉碎压片或溶解于水中进行分析。硼酸盐又有偏硼酸盐和四硼酸盐的锂盐和钠盐之分，以锂盐较好，应用较多，而且偏硼酸锂和四硼酸锂及它们的混合物效果最佳，改变它们之间混合比几乎可适用于各种不同对象的要求。表 4-5 简要列举几种不同熔剂的比较。

玻璃熔片法使用的坩埚以石墨坩埚和铂金坩埚（Pt95%-Au5%）为最好。铂金坩埚几乎完全不被硼酸盐的熔融化合物润湿，避免了化合物的损失，而且坩埚清洗容易得多。但铂金坩埚长期连续使用会使其内表面变得粗糙，这不仅使熔片表面变粗糙，而且使熔融时形成的气泡不易赶尽，还会使熔片不易脱模。这就必须对坩埚内壁定期抛光，必要时重新加工。

表 4-5　玻璃熔片法不同熔剂的比较

熔剂类型	熔剂组成	特性	应用
硼酸盐	$LiBO_2$ 或 $LiBO_2+Li_2B_4O_7$ (4+1)	力学性能好，对 X 射线的吸收弱	酸性氧化物（SiO_2、TiO_2）、硅铝质耐火材料
	$Li_2B_4O_7$	熔片易破裂，对 X 射线的吸收弱	碱性氧化物（Al_2O_3），金属氧化物，碱金属、碱土金属氧化物，碳酸盐岩石，水泥
	$Na_2B_4O_7$	熔体黏度大，熔片易吸湿	金属氧化物，岩石，耐火材料，铝土矿
磷酸盐	$NaPO_3$ 或 $LiPO_3$ 或 $LiPO_3+LiCO_3$	熔融温度较低，玻片均匀，可较长时间使用	各种氧化物（MgO、Cr_2O_3）含铬矿石、铬镁耐火材料
碳酸盐	Na_2CO_3 或 K_2CO_3	不适合制备玻璃片，需熔融后粉碎压片	硅酸盐岩石
硫酸盐类	$NaHSO_4$ 或 $Na_2S_2O_4$	不适合制备玻璃片，需熔融后粉碎压片	非硅酸盐矿物（铬铁矿、钛铁矿）

2. X 射线荧光光谱法同时测定岩石中主、次量组分

试样用锂盐于 1150～1250℃高温熔融，制成玻璃样片，在 X 射线荧光光谱仪上进行测量，除镍、铜、锶和锆用康普顿散射线作内标校正基体外，其余各分析元素均用理论 *X* 系数校正元素间的吸收-增强效应，根据荧光强度计算主、次成分的量。

样片的制备与保存：试样用无水四硼酸锂熔融，以硝酸铵为氧化剂，加氟化锂和少量溴化锂作助熔剂和脱模剂，试样与熔剂的质量比为 1∶8。在铂-金合金坩埚（95%Pt+5%Au）中，置于自动火焰熔样机上，以丙烷气为燃气，氧气助燃，于 1150～1250℃熔融 10～

15min，其间要转动和摇动坩埚，使熔融物混匀。熔样机自动将熔融物倾入已加热至800℃的铂-金合金铸模中，移离火焰，冷却，脱模。取出样片，贴上标签，置于干燥器中保存。

X射线荧光光谱分析：在X射线管电压为50kV，电流为50mA，粗狭缝，视野光直径为30mm的条件下，各主次成分量分析元素的测量条件见表4-6，测量范围见表4-7。

表4-6　X射线荧光光谱分析测量条件

组分	分析线	分析晶体	2θ/(°)		计数时间/s		探测器	pHA②	衰减器	干扰谱线
			峰值⑤	背景	峰值	背景				
Na_2O	K_α	TAP	55.15	58.50	100	40	F-PC③	7～35	1	
MgO	K_α	TAP	45.17	48	100	20	F-PC	7～35	1	Ca $K_{\alpha2}$
Al_2O_3	K_α	PET	144.70	140	20	10	F-PC	7～35	1	Ca $K_{\alpha2}$
SiO_2	K_α	SbIn	144.66	140	20	10	F-PC	10～35	1/3	
P_2O_5	K_α	Ge(111)①	141.15	144	40	10	F-PC	10～35	3	
K_2O	K_α	LiF(200)	136.70	140	20	10	F-PC	10～30	1	
CaO	K_α	LiF(200)	113.15	110	20	10	F-PC	10～35	1	
$TiO_2$④	K_α	LiF(200)	86.19	88.50	40	10	F-PC	10～30	3/3	
V_2O_5	K_α	LiF(200)	77.00	78	40	20	F-PC	5～35	1	
Cr_2O_3	K_α	LiF(200)	69.40	70.50	40	20	F-PC	5～35	1	Ti $K_{\beta1}$
MnO	K_α	LiF(200)	63.01	64.50	40	20	F-PC	5～35	1	V $K_{\beta1}$
Fe_2O_3	$L_{\alpha1}$	LiF(200)	57.52	55	20	10	SC⑥	7～35	1	Cr $K_{\beta1}$
BaO	K_α	LiF(200)	87.23	88	40	20	F-PC	10～30	1/3	
Ni	K_α	LiF(200)	48.66	49.70	40	20	SC	7～35	1	Ti K_α
Cu	K_α	LiF(200)	45.02	47	40	20	SC	7～35	1	
Sr	K_α	LiF(200)	25.13	25.70	40	20	SC	7～35	1	
Zr	K_α	LiF(200)	22.54	23.20	40	20	SC	7～35	1	Sr $K_{\beta1}$
Rh	$K_{\alpha,c}$	LiF(200)	18.84		10		SC	7～35	1	

① 对P K_α 线推荐采用不反射二级线的Ge(111)晶体。若用PET晶体，扣除Ca K_β Ⅱ线对P K_α 线的干扰。
② 脉冲高度分析器的下限和上限。
③ 流气正比计数器。
④ 用于校正钒对铬的谱线重叠干扰。
⑤ 闪烁计数器。
⑥ 峰值是指实测值而非理论值。

表4-7　硅酸盐岩石中主、次成分量的X射线荧光光谱分析测定范围

成分	测定范围/%	成分	测定范围/%	成分	测定范围/%	成分	测定范围/%
Na_2O	0.3～7	P_2O_5	0.01～0.95	Cr_2O_3	0.005～1.5	Ni	0.002～0.25
MgO	0.2～41	K_2O	0.1～7.4	MnO	0.02～0.32	Cu	0.002～0.12
Al_2O_3	0.3～36	CaO	0.1～20	TFe_2O_3	0.3～24	Sr	0.005～0.12
SiO_2	19～98	TiO_2	0.02～7.5	BaO	0.02～0.21	Zr	0.009～0.15

（三）电感耦合等离子体质谱法（ICP-MS）

ICP-MS具有灵敏度高、背景低、干扰少的优点，特别适合地质试样中的痕量元素分析。特别是其试样处理方法与ICP-AES法相同或相似，若以ICP-AES法测K、Na、Fe、Al、Ca、Mg、Mn、P等常量组分与之配合，则可在一份试样制备液中同时用两种方法测定多达50多项常量、微量及痕量组分。这里介绍几个典型的分析方法。

1. 封闭压力酸溶-ICP-AES、ICP-MS法测定56个常量、微量及痕量组分

试样（一般以0.1g为宜）于聚四氟乙烯高压反应罐内以$HF-HNO_3$于190℃增压溶解，除去HF后，用（1+1）HCl于130℃保温溶解残渣，水稀释后制成10ml制备液可用ICP-AES测定Fe、Al、Ca、Mg、K、Na、Ti、Mn、P、V、Ba、Be、Ce、Co、Cr、Cu、Ga、La、Li、Mo、Nb、Ni、Pb、Rb、Sc、Sr、Th及Zn 28项。分取1ml，稀至10ml或

100ml，用ICP-MS测定Li、Be、Sc、Ti、V、Cr、Mn、Co、Ni、Cu、Zn、Ga、Ge、As、Rb、Sr、Y、Zr、Nb、Mo、Cd、In、Sn、Sb、Te、Cs、Ba、RE、Hg、Ta、W、Tl、Pb、Bi、Th、U等49个元素，测定限（10s）为0.002～1$\mu g \cdot g^{-1}$。两种方法可测定项目有21项是相同的，实际给出总计56项测定结果。用ICP-MS测定时的仪器工作参数依不同仪器大同小异，以IJAEXCellⅡ型ICP-MS为例的仪器工作参数见表4-8，被分析元素选用的测定同位素、测定限及干扰见表4-9。

表4-8 IJAEXCellⅡ型ICP-MS工作参数

仪器工作参数		数据获取参数	
ICP功率	1350W	模式	跳峰
冷却气流量	15.0L·min⁻¹	点数/质量峰	3
辅助气流量	0.7L·min⁻¹	停留时间	10ms/点
雾化气流量	1.0L·min⁻¹	扫描次数/样品	40
取样锥孔径	1.0mm	总测量时间	60s
截取锥孔径	0.7mm		

痕量元素Te、Cd、In、Tl或低灵敏度元素As的停留时间为30ms/点，较高含量元素如Ti、Sr、Ce、Rb、Zr、Mn等的停留时间为4ms/点。

表4-9 选用同位素、内标、试样中测定限及干扰离子组合

分析同位素	内标	测定限（TOSD）/$\mu g \cdot g^{-1}$	主要干扰离子组合
^{7}Li	^{103}Rh	0.5	
^{9}Be	^{103}Rh	0.03	
^{45}Sc	^{103}Rh	0.05	$^{12}C^{16}O^{1}H$、$^{13}C^{16}O_2^+$、$^{14}N_2{}^{16}O^{1}H^+$
^{47}Ti	^{103}Rh	1.5	$^{13}C^{35}Cl^+$
^{51}V	^{103}Rh	50	$^{35}Cl^{16}O^+$
^{52}Cr	^{103}Rh	0.5	$^{40}Ar^{12}C^+$、$^{35}Cl^{16}O^{1}H^+$
^{55}Mn	^{103}Rh	0.25	$^{40}Ar^{14}N^{1}H^+$
^{59}Co	^{103}Rh	0.1	$^{43}Ca^{16}O^+$、$^{42}Ga^{16}O^{1}H^+$、$^{24}Mg^{35}Cl^+$、$^{36}Ar^{23}Na^+$
^{60}Ni	^{103}Rh	0.5	$^{44}Ga^{16}O^+$、$^{43}Ca^{16}O^{1}H^+$
^{65}Cu	^{103}Rh	0.1	$^{49}Ti^{16}O^+$、$^{40}Ar^{25}Mg^+$、$^{36}Ar^{14}N_2{}^{1}H^+$
^{66}Zn	^{103}Rh	1	$^{50}Ti^{16}O^+$
^{71}Ga	^{103}Rh	0.1	$^{55}Mn^{16}O^+$、$^{36}Ar^{35}Cl^+$、$^{142}Ce^{2+}$、$^{142}Nd^{2+}$、
^{74}Ge	^{103}Rh	0.1	$^{37}Cl_2{}^+$、$^{36}Ar^{38}Ar^+$、$^{58}Fe^{16}O^+$、$^{148}Sm^{2+}$、$^{148}Nd^{2+}$
^{75}As	^{103}Rh	3	$^{40}Ar^{35}Cl^+$
^{85}Rb	^{103}Rb	0.5	
^{85}Sr	^{103}Rh	0.1	
^{89}Y	^{103}Rh	0.005	
^{90}Zr	^{103}Rh	0.03	
^{93}Nb	^{103}Rb	0.005	
^{98}Mo	^{103}Rh	0.1	
^{111}Cd	^{103}Rh	0.01	$^{94}Zr^{16}O^{1}H^+$、$^{95}Mo^{16}O^+$
^{114}Cd	^{103}Rh	0.01	$^{114}Sn^+$、$^{98}Mo^{16}O^+$
^{115}In	^{103}Rh	0.003	$^{115}Sn^+$
^{120}Sn	^{103}Rh	0.1	
^{121}Sb	^{103}Rh	0.03	
^{126}Te	^{103}Rh	0.05	
^{133}Cs	^{103}Rh	0.01	
^{135}Ba	^{103}Rh	0.25	
^{139}La	^{185}Re	0.005	

续表

分析同位素	内标	测定限（TOSD）/$\mu g \cdot g^{-1}$	主要干扰离子组合
^{140}Ce	^{185}Re	0.005	
^{141}Pr	^{185}Re	0.005	
^{146}Nd	^{185}Re	0.005	$^{98}Mo^{16}O_3^+$
^{147}Sm	^{185}Re	0.005	
^{151}Eu	^{185}Re	0.002	$^{135}Ba^{16}O^+$
^{157}Gd	^{185}Re	0.005	$^{140}Ce^{16}O^1H^+$、$^{141}Pr^{16}O^+$、$^{138}Ba^{19}F^+$
^{159}Tb	^{185}Re	0.002	$^{142}Nd^{16}O^1H^+$、$^{143}Nd^{16}O^+$
^{163}Dy	^{185}Re	0.002	$^{147}SM^{16}O^+$
^{165}Ho	^{185}Re	0.002	$^{149}SM^{16}O^+$
^{166}Er	^{185}Re	0.002	$^{150}Nd^{16}O^+$、$^{150}Sm^{16}O^+$
^{169}Tm	^{185}Re	0.002	$^{153}Eu^{16}O^+$
^{172}Yb	^{185}Re	0.005	$^{156}Gd^{16}O^+$
^{175}Lu	^{185}Re	0.002	$^{159}Tb^{16}O^+$
^{178}Hf	^{185}Re	0.005	
^{181}Ta	^{185}Re	0.03	
^{182}W	^{185}Re	0.05	
^{205}Tl	^{185}Re	0.05	
^{208}Pb	^{185}Re	0.05	
^{209}Bi	^{185}Re	0.03	
^{232}Th	^{185}Re	0.4	
^{238}U	^{185}Re	0.002	

注：1. 测定限按稀释倍数 1000 求出。

2. 表中所列测定限是测定试液^{115}In（$1\mu g \cdot ml^{-1}$）计数率为 $2\times10^4 s^{-1}$时得出。仪器型号及条件改变时测定限应根据实测得出。

这里重点讨论几个问题。

① ICP-AES 和 ICP-MS 均可测定的 20 余项组分到底采用何种方法测定并确定最终可靠结果，要依据样品的性质（样品的类型、样品中待测组分的含量范围、样品中基体及相关组分的存在对待测物组分的可能影响）及测定介质来确定。可以预先确定选用其中一种方法测定，也可以先同时用两种方法，然后根据对测定结果的合理性选择一种测定方法的测定结果报出。若有 ICP-AES-MS 联用仪，则 56 种组分可同时测定。

② $HF-HNO_3$ 高温高压溶样是一种有效的试样分解方法，但必须将 HF 赶尽，否则稀土等元素会生成难溶氟化物，导致这些组分测定结果偏低。而蒸发过干又会造成某些组分复溶困难。采用复溶时再次高温步骤使该问题有所改善。采用盐酸复溶残渣，利用氯离子的配合作用可促进复溶，稀土及一些难溶元素都能有效复溶，效果良好。但复溶引进大量氯离子，干扰钒、砷等的测定。虽然可以进行扣除校正，但影响了其测定下限（例如，钒的测定下限：硝酸复溶和盐酸复溶分别为 $1\mu g \cdot g^{-1}$ 和 $50\mu g \cdot g^{-1}$；砷的测定下限：硝酸复溶和盐酸复溶分别为 $0.5\mu g \cdot g^{-1}$ 和 $3\mu g \cdot g^{-1}$）。钒可采用 ICP-AES 的测定结果。另外，在温度 190℃下，当取样量为 0.1g 时，溶样时间宜保持 48h，而取样量为 50mg 时，可减少为 24h。

③ 空白值控制的重要性。由于 ICP-MS 技术的灵敏度很高，且受进样溶液总含盐量的限制，稀释倍数往往高于 1000 倍。环境和试剂引入的微小污染放大 1000 倍后可能严重影响低含量组分的测定。本法在溶解过程中酸不挥发而在系统内反复回流，仅用很少量的纯化酸即可完成样品分解，而且环境和试剂对试样的污染可能性也大大降低，从而保证了很低的空白值。测定前，要先用超纯水检查仪器本底值，检查仪器是否有以前高含量试样的记忆效应，确定背景很低，才能开始校准和试样测定。

④ 质谱干扰的校正。ICP-MS测定的49个组分中，有些元素的测定存在同质异位素或氧化物、氢氧化物、卤化物的干扰（见表4-9），如^{151}Eu受到$^{135}BaO^{+}$的干扰，^{151}Eu受到$^{135}Ba^{16}O^{+}$的干扰，^{157}Gd受到$^{141}PrO^{+}$和$^{140}CeOH^{+}$的干扰，^{74}Ge受到$^{37}Cl_2^{+}$、$^{58}FeO^{+}$的干扰等。由于氧化物和双电荷离子形成与仪器调谐状态有关，其干扰非固定值，需在试样上机测定流程中通过测定较高含量的Ba、Pr、Ce、Sm、Nd等求出干扰系数加以扣除。^{115}In受到^{115}Sn（0.36%）的干扰，可通过计算直接扣除。测定Cd常用同位素^{111}Cd，受到$^{94}ZrOH^{+}$的干扰，虽然干扰系数很低，在地质样品中由于Cd含量非常低（$0.0x\sim0.x\mu g \cdot g^{-1}$），而Zr的含量常常很高，造成Cd的测定误差较大。改用^{114}Cd进行测定，虽然受到^{114}Sn（0.65%）的直接干扰，但由于样品中Sn的含量常常较低，通过计算扣除干扰后，可得较为可靠的结果。而且^{114}Cd的丰度（28.7%）高于^{111}Cd（12.8%），有利于低含量Cd的测定。对于待测组分若能选择一种以上（两种或两种以上）同位素，得到的结果有助于分析工作者检查可能的质谱干扰。

⑤ 关于Al、Te、Zr、Hf的测定。对于$\omega_{Al}>20\%$的试样，用ICP-AES法测定结果仍会偏低，这时宜稀释后另行测定。Te为非金属，灵敏度低，试样中含量一般也较低，本法直接测定的灵敏度不能满足要求，这时宜采用乙醇增强法补测，可提高灵敏度2.5倍。乙醇增强法采取5ml试液，加入0.2ml无水乙醇，摇匀待测。对于古老的高压变质岩中Zr、Hf的测定，本法的试样分解不甚完全，Zr、Hf的测定结果将偏低，这是宜采用偏硼酸锂或过氧化钠分解试样，提取液在强碱性条件下沉淀，过滤分离掉大量熔剂后氢氧化物沉淀用酸复溶，再用ICP-MS测定。该制备液还可同时测定稀土元素及Mn、Co、Sr、In、Ba、Th、Nb、Ta、Ti等共26个组分，Zr的检测限为$0.5\mu g \cdot g^{-1}$、Hf的检测限为$0.05\mu g \cdot g^{-1}$。

2. 王水溶样-ICP-MS测定砷、锑、铋、银、镉、铟

将0.2～0.5g试样置于25ml比色管中，加入10ml新配制的（1+1）王水，置沸水浴中加热溶解2h（中间隔30min摇动一次）。取下，冷却后水稀释至刻度，摇匀。在ICP-MS仪器上测定。仪器工作参数见表4-10，待测组分选用的测定同位素及测定限见表4-11。该方法适用于岩石、矿石、土壤和水系沉积物中As、Sb、Bi、Ag、Cd、In的测定，测定下限为$0.00x\sim0.x\mu g \cdot g^{-1}$。

表4-10 等离子质谱仪工作参数（以TJAPQ-EXCEll ICP-MS为例）

仪器工作参数		数据获取参数	
ICP功率	1300W	跳峰	3点/质量
冷却气流量	$13.0L \cdot min^{-1}$	停留时间	10ms/点
辅助气流量	$0.85L \cdot min^{-1}$	扫描次数	80次
雾化气流量	1.0mm	测量时间	12s
取样锥孔径	0.7mm		

表4-11 被分析元素选用的测定同位素、测定限及干扰

分析同位素	测定限/($10s/\mu g \cdot g^{-1}$)	干扰	干扰扣除方式	干扰系数
^{75}As	0.2	$^{40}As^{35}Cl$	实时	I_{75}：$-3.129\times I_{40Ar^{37}Cl}$ I_{77}：$-0.826\times I_{82Se}$ I_{82}：$-1.001\times I_{83Kr}$
^{107}Ag	0.01	$^{91}Zr^{16}O$, $^{90}Zr^{16}O^{1}H$	脱机	约0.0003
^{111}Cd	0.01	$^{94}Zr^{16}O^{1}H$	脱机	约0.001
^{114}Cd	0.01	^{114}Sn	实时	I_{114}：$-0.0846\times I_{117Sn}$
^{115}In	0.005	^{115}Sn	实时	I_{115}：$-0.0442\times I_{117Sn}$
^{129}Sb	0.01			
^{209}Bi	0.005			

本法的主要优点是王水只能溶解很少量的锆和锡，从而避免了锆的氧化物和氢氧化物对痕量银测定的严重干扰，也减少了锡对镉和铟测定的同质异位素的干扰。但仍然要对少量锆和锡对镉和铟测定的干扰进行校正。测定溶液为20%的王水介质，含有大量氯离子，干扰砷的测定，可以由计算在线扣除。若改用逆王水分解试样，可减少氯离子的干扰，降低砷的测定限，改善痕量砷测定的准确度。而氯离子的减少会使锑发生水解，当锑含量为$\mu g \cdot g^{-1}$级以上，其结果可能偏低50%。因此，要依试样相关组分含量变化确定试样分解试剂。另外，一般塑料制品的添加剂都会有锑，可被稀酸溶液少量浸出。若用塑料容器需立即测定，放置时间不超过5天。

（四）微堆中子火花分析法

中子活化分析具有灵敏度高，精密度好，准确度高，选择性高，基体效应小，分析速度快，无需样品预处理，适宜于非破性分析等一系列优点，只因核反应堆设备昂贵，使它的广泛应用受到一定影响。随着微型核反应堆的商品化生产，促使它的应用得到了快速的发展。这里简略介绍一种微堆中子活化分析测定地质样品中34种元素的方法。

试样（约0.1g）用经过（1+1）HNO_3处理的聚乙烯薄膜包成1cm×1cm的样靶，用快速气动样品传输系统将样品靶和标准物质靶送入中子通量为$1\times10^{12}n \cdot s^{-1} \cdot cm^{-2}$微型核反应堆内辐射孔道，利用中子进行轰击，待元素经（n，γ）反应后生成放射性核素，用多道能谱仪系统测量待测核素的特征γ射线强度，计算出各测定元素的含量。该方法适用于岩石、土壤、水系沉积物等试样中铝、砷、溴、钸、钴、镝、铕、铁、镓、铪、钬、碘、铟、钾、镧、镥、锰、钠、钕、铷、钪、锑、钐、钽、铽、钍、钛、铀、钒、钨、镱、锌等34种元素的测定。照射和测量条件见表4-12、核参数见表4-13、检测限和测量范围见表4-14。

表4-12 照射和测量条件

项目	中子通量 $/(n \cdot s^{-1} \cdot cm^{-2})$	照射时间	冷却时间	测量时间	测量元素
热中子	2×10^{11}	2min	600s	600s	Al、Ga、Mg、Mn、Na、Ti、V
	5×10^{11}	15h	7d	1200s	La、Sm、Yb、K
			10～30d	3600s	Ba、Ca、Co、Cs、Eu、Fe、Hf、Lu、Nd、Rb、Sr、Tb、Th、Ta
超热中子	8×10^{11}	10min	15min	600s	I、In、V
	5×10^{11}	15h	1～2d	1200s	As、Br、Sb、W

表4-13 核参数

核素	丰度 /%	热中子反应截面 $\sigma^0/10^{-28}m^2$	超热中子共振积分截面 $I/10^{-28}m^2$	生成核	半衰期	γ峰能量 /keV	干扰
^{23}Na	100	0.513	0.30	^{24}Na	14.96h	1368.60	^{24}Mg（n，p）
^{27}Al	100	0.226	0.16	^{28}Al	2.24min	1778.99	^{28}Si（n，p）
^{39}K	6.73	1.46	1.41	^{42}K	12.36h	1524.58	
^{45}Sc	100	26.3	11.3	^{46}Sc	83.8d	889.28	^{46}Ti（n，p）
^{50}Cr	4.35	15.2	8.1	^{51}Cr	27.72d	324.08	^{147}Nd（319.4）
^{50}Ti	5.4	0.171	0.115	^{51}Ti	5.76min	320.08	
^{51}V	99.85	4.88	2.63	^{52}V	7.76min	1434.08	^{55}Mn（n，α）
^{55}Mn	100	13.2	13.9	^{56}Mn	2.587h	846.76	^{56}Fe（n，p）
^{58}Fe	0.28	1.31	1.28	^{59}Fe	44.5d	1099.25	
^{59}Co	100	37.13	74	^{60}Co	5.27a	1332.50	^{60}Ni（n，p）

续表

核素	丰度 /%	热中子反应截面 $\sigma^0/10^{-28}m^2$	超热中子共振积分截面 $I/10^{-28}m^2$	生成核	半衰期	γ 峰能量 /keV	干扰
^{64}Zn	48.6	0.726	1.42	^{65}Zn	243.9d	1115.55	
^{71}Ga	39.9	4.61	30.6	^{72}Ga	14.1h	630.02	
^{75}As	100	3.86	52.5	^{76}As	26.32h	559.10	
^{81}Br	49.31	2.43	49.8	^{82}Br	35.3h	776.5	^{99}Mo (777.9)
^{85}Rb	72.17	0.49	7.31	^{86}Rb	18.66d	1076.6	
^{115}In	95.7	157	2638	^{116}I	54.2min	416.86	^{71}Ge (416.3)
^{121}Sb	57.3	6.33	209	^{122}Sb	2.7d	564.24	
^{127}I	100	4.04	100	^{125}I	24.99min	442.9	^{149}Nd (443.5)
^{130}Ba	0.106	9.14	224	^{131}Ba	11.8d	498.26	
^{133}Cs	100	30.7	390	^{134}Cs	2.06a	795.85	
^{139}La	88.48	0.58	11.6	^{140}La	32.5d	145.44	^{235}U (n，f)
^{140}Ce	99.91	9.34	0.48	^{141}Ce	40.27h	1596.21	^{235}U (n，f)
^{146}Nd	17.22	1.45	2.9	^{147}Nd	10.98d	91.4，531	
^{152}Sm	26.7	220	3168	^{153}Sm	46.27h	103.18	
^{151}Eu	47.8	5900	5564	^{152}Eu	13.33a	1408	
^{159}Tb	100	23.8	426	^{175}Tb	72.3d	879.38	
^{174}Yb	31.8	128	58.9	^{169}Yb	4.19d	396.33	
^{176}Lu	2.6	2100	1060	^{177}Lu	6.71d	208.36	
^{180}Hf	35.1	13.5	34	^{181}Hf	42.4d	482.18 (0.806)	
^{181}Ta	99.99	20.4	679	^{182}Ta	114.5d	1221.4 (0.271)	
^{186}W	28.6	38.7	530	^{187}W	23.9h	685.74 (0.264)	
^{232}Th	100	7.4	85	^{233}Pa	27d	312.01 (0.36)	
^{238}U	99.27	2.75	284	^{239}U	23.47min	74.66	

表 4-14 检测限和测定范围（w_B：$\mu g \cdot g^{-1}$）

元素	检出限	测定范围	元素	检出限	测定范围
Al	200	600～200000	Lu	0.02	0.06～5000
As	0.4	1.2～5000	Mn	4	12～5000
Br	0.2	0.6～5000	Na	10	30～5000
Ce	0.8	3～5000	Nd	1.0	3～5000
Cs	0.3	0.9～5000	Rb	4	12～5000
Co	0.2	0.6～5000	Sc	0.1	0.3～5000
Cr	2	6～5000	Sb	0.02	0.06～5000
Dy	0.8	2.4～5000	Sm	0.04	0.12～100000
Eu	0.1	0.3～5000	Ta	0.1	0.3～100000
Fe	200	600～200000	Tb	0.2	0.6～100000
Ga	2	6～5000	Th	0.5	1.5～100000
Hf	0.2	0.6～5000	Ti	100	300～100000
Ho	0.4	1.2～5000	U	0.1	0.3～5000
I	0.5	1.5～5000	V	3	9～5000
In	0.02	0.06～5000	W	0.5	1.5～5000
K	500	1500～10000	Yb	0.2	0.6～5000
La	0.3	0.9～5000	Zn	20	60～5000

干扰校正的方法如下。

① 有些核素某个 γ 谱与另一核素 γ 谱重叠在一起，造成谱干扰，必须扣除干扰核素的能峰贡献。辐照有干扰核素的标准，求得干扰核素的干扰能量 I 与主峰能量 P 的分支比，按式（4-1）求得扣除干扰后的特征峰的净峰面积。

$$A_{ji}=A_{jiI}-R_{iP}\times A_P \tag{4-1}$$

式中，A_{ji}为待测核素j扣除干扰后的i特征峰的净峰面积；A_{jiI}为待测核素j未扣除的i特征峰的净峰面积；R_{iP}为干扰核素的干扰能量I与主峰能量P的分支比；A_P为干扰核素的主峰能量P的净峰面积。

② 铀裂变干扰的修正。地质试样都会含有铀，经热中子辐照后，发生裂变反应（n，f），裂变产物对某些元素的测定有干扰，测量时要考虑裂变干扰的贡献，加以校正。由于铀的裂变与中子谱成分有关，因此，将铀标准溶液及被干扰核素的标准与待测试样和标准物一起在同样条件下照射，按式(4-2) 计算出每微克铀裂变对被干扰核素的贡献，进行铀裂变干扰校正。

$$w_x=\frac{A_x}{A_s}\times\frac{m_s}{m_x}\times(w_s+f_U\times w_{Us})\times e^{\lambda(t_x-t_s)}-f_U\times w_{Ux} \tag{4-2}$$

式中，f_U为某核素的铀裂变系数；w_{Us}、w_{Ux}为标准、试样中铀的质量分数，10^{-6}；w_s、w_x为标准、试样中待测元素的质量分数，10^{-6}；m_s、m_x为标准、试样的质量，g；t_s、t_x为标准、试样计数的起始时间；A_s、A_x为标准、试样的峰面积。

③ 元素$Z+1$的（n，p）反应及元素$Z+2$的（n，α）反应都能产生元素Z的（n，γ）反应相应的产物，这种干扰的程度与样品中靶核的相对浓度、快中子通量比值有关。但（n，p）及（n，α）反应的截面与（n，α）反应的截面相比一般很低，因此当相对含量差别不大时可以忽略。如果干扰元素的含量远大于待测元素时应进行干扰修正。通过辐照干扰元素的标准，求得每克干扰元素相当于待测元素的质量（μg），将此参数输入中子活化分析软件进行干扰修正。

④ 从表4-13可知，^{127}I、^{238}U、^{75}As、^{82}Br、^{186}W、^{115}In、^{71}Ga的超热中子共振积分截面I与热中子反应积分截面σ_0之比I/σ_0较大；而相应基体元素如^{27}Al、^{55}Mn、^{23}Na、^{58}Fe等核素的I/σ_0较小。因此，采用超热中子辐照，降低了这些核素的活性，抑制了基体所产生的本底，相对增强了I、Br等元素的信号，从而改善检出限。

第四节　全分析结果的表示和计算

一、分析结果的表示

岩矿全分析结束时，应提交分析报告单。分析报告中各组分的测定结果的表示形式，应按该组分在岩石矿物中实际存在状态表示。但是，岩石矿物的结构分析会大大增加分析测试的难度和工作量。在未对岩石矿物中各元素的赋存状态作出鉴定的情况下，将各种含氧酸盐矿物、岩石都视为由组成酸根的非金属氧化物和各种金属氧化物所构成的。因此，结果都表示为氧化物的形式也是合理的。当然，有些组分，如硫，依其在矿物中结合状态不同，应分别表示为硫化物硫（S）、黄铁矿硫（FeS_2）和硫酸盐硫（SO_3）等。同样，试样中的铁，依其存在状态不同，应分别表示为全铁［TFe或Fe_2O_3(T)］、三氧化二铁（Fe_2O_3）、氧化亚铁（FeO）、黄铁矿铁（FeS_2）、金属铁（Fe）等。

分析结果的表示方法，一般来说，高、中、低含量均以质量分数表示。对于含量很低的稀有分散元素，可以$\mu g\cdot g^{-1}$、$ng\cdot g^{-1}$表示；含量极少量难以准确测量的，以“痕量”表示；测不出来的，用“—”表示；对可能存在而未测定的项目，用“未测定”表示。

二、对分析结果的要求

岩石全分析各组分的测定中，国家及有关主管部门对其测定结果的允许误差都有一定的要求，实际测定结果不能超过规定的允许误差。例如：《岩石矿物分析允许误差范围》中对硅酸岩、超基性岩、煤灰中主要组分测定结果的允许误差见表4-15。

岩石全分析结果各组分质量分数的总和，一般规定不得低于 99.3%，不高于 101.2%，在测定质量要求高的试样时，此总和应控制在不低于 99.5%，不高于 100.75%。如果有不能合理相加的组分存在或缺少某些组分时，则可不受此限制。

表 4-15 硅酸岩、超基性岩、煤灰中主要组分测定结果的允许误差

组 分	含量/%	允许绝对误差/%	组 分	含量/%	允许绝对误差/%
SiO_2	>50	0.7	K_2O 或 Na_2O		0.3
	<50	0.6	MnO(全锰)	>1	0.3
Al_2O_3	>20	0.7		<1	0.2
	<20	0.5	TiO_2		0.2
Fe_2O_3	>5	0.5	FeO		0.5
	<5	0.3	SO_3(全硫)		0.2
CaO	>5	0.6	P_2O_5		0.1
	<5	0.4	烧失量		0.5
MgO	>10	0.6	H_2O^+		0.5
	<10	0.4	H_2O^-		0.3

三、分析结果的审查和校正

为了提供岩石全分析的可靠数据，就必须严格检查与合理处理分析数据。除内外检查和单项测定的误差控制外，常用计算全分析各组分质量分数总和的办法来检查各组分的分析质量。同时，借此检查是否存在“漏测”组分，检查一些组分的结果表示形式是否合理，即是否符合其在矿物中的实际存在状态。

（一）总量产生偏差的原因、情况及处理方法

在全分析结果计算中，各组分分析结果的百分含量的总量若产生了显著的偏差，不在规定范围之内，则可能原因主要如下。

（1）分析工作可能存在系统误差或偶然误差　这有方法本身的问题，也有仪器试剂及操作人员的误差，如用火焰光度法测定氧化钾和氧化钠时，若它们含量较高，分析结果容易出现偏低的现象，这是方法本身的局限性造成的。

（2）主要成分漏测　试样中若存在着影响总量计算的主要成分漏测，将使总量计算结果偏低。当试样中存在着较大量的非常规分析项目而又未先做光谱半定量全分析时，容易出现这种情况。例如，若试样中存在一定量的氟或氯，而全分析未测氟和氯，假如试样中氟和氯是与钙结合呈 CaF_2 或 $CaCl_2$ 状态存在，将它们表示为 CaO，则 1%的氟存在将使结果偏低 0.58%；1%的氯将使结果偏低 0.78%。

（3）干扰元素的存在使结果产生偏差　干扰元素对测定结果的影响较为复杂。不同元素对不同项目的不同方法的干扰情况不同。例如试样中的 PO_4^{3-} 含量较高，当试样中同时存在钡、锶、铌、钽、钛时，重量法测定二氧化硅时必须将灼烧过的二氧化硅再用氢氟酸处理，否则二氧化硅结果将偏高，而 PO_4^{3-} 对某些方法测定铁（Ⅲ）、铝、钛、钙、镁产生负干扰，又使结果偏低。铀的存在，对重铬酸钾法测定铁产生正干扰，1%的八氧化三铀将使 FeO 结果偏高 0.17%，使 Fe_2O_3 测定结果偏高 0.19%；1%的二氧化铀可使 FeO 测定结果偏高 0.51%。但以硝酸亚汞法测定全铁或者以邻二氮菲光度法测定亚铁或全铁，均不受铀的干扰。以 EDTA 滴定法测定三氧化二铝，钒、锆、锡的正干扰，或者钍的存在对二甲酚橙指示剂阻塞使终点滴过，都将使铝的测定结果偏高。

（4）结果计算整理方面的不合理，使总量出现偏差　这主要表现在两个方面，一方面是结果表示形式不合理所引起的偏高或偏低；另一方面是结果计算时，有时该进行卤-氧或硫-氧当量校正的，未作卤-氧或硫-氧当量校正。例如经测定样品中有一定量的硫，若样品中本是黄铁矿硫，而计算结果时，硫以 SO_3 形式表示，与其相对应的铁以 Fe_2O_3 形式，这样计

算中加进氧，使结果偏高。相反，若样品中硫本是硫酸盐硫，而计算结果时以硫化物硫（S）表示，这又引起结果偏低。另外，试样中若含亚铁（FeO、$FeCO_3$、Fe_3O_4 等）较高，烧失量的测定结果偏低，计算总量未加校正，引起总量偏低。当试样中存在一定量氟、氯、硫，它们的盐是以氧化物计算，氟、氯、硫单独计算，并计入总量，未作卤-氧、硫-氧当量校正。则1%的氟、氯、硫分别将使结果偏高0.42%、0.23%、0.437%。

以上四个方面的原因，造成了总量偏低或偏高，可分别采用如下的方法来检查和处理。

对于分析工作本身的系统误差或偶然误差，可以采用内外检查分析的方法来检查，查出后针对性进行处理。为了防止主要组分漏测，可以通过光谱半定量分析来检查与发现漏测项目，对漏测项目进行补测。对于干扰元素的影响，可针对测定结果所得元素含量，对各组分的测定方法逐个进行分析，查清干扰情况后，采用掩蔽或分离方法消除干扰，或改用其他方法重新测定。对于结果计算整理中的问题，主要是应特别注意亚铁、氟、氯、硫的含量及其结果表示形式。如果它们的含量较高，则烧失量不宜参与总量计算，应该以 H_2O^+、CO_2、氟、氯、硫的结果代替烧失量结果。同时，要检查亚铁、硫的结果表示形式，不正确的部分加以改进，并注意进行卤-氧、硫-氧当量校正。

（二）数据处理中的几个问题

1. 铁和硫的测定结果的表示形式

当试样中的亚铁和硫含量较高时，应该测定其中酸溶性氧化亚铁和黄铁矿中的亚铁，并根据黄铁矿中亚铁含量确定相应的硫含量。根据全硫和黄铁矿硫含量的对比，确定其中铁和硫的存在状态和结果表示形式。

当全硫含量小于黄铁矿硫含量时，说明该岩石中除存在黄铁矿外，尚存在其他非硫化物中的亚铁，这时亚铁的测定结果应同时用 FeS_2%和 FeO%表示，其中 FeS_2%量由测得的全硫实测结果换算而得。

若样品中全硫与黄铁矿硫含量相当时，说明全部硫以黄铁矿形式存在，即以 FeS_2%表示结果，不计 S%。

如果试样中全硫大于黄铁矿硫，说明试样中除存在黄铁矿外，可能还有磁黄铁矿（Fe_7S_8%）及其他金属硫化物，这时亚铁以 FeO%表示，硫以 S%表示，并进行硫-氧当量校正。但是当钡、锶含量高于0.8%，还得测定硫酸盐硫，测定结果以 SO_3%表示，硫化物硫以 S%表示。

几个有关计算公式如下：

$$Fe_2O_3\% = Fe_2O_3(T)\% - 酸溶\ FeO\% \times 1.1113 - FeS_2\% \times 0.6658$$

$$Fe_2O_3\% = Fe_2O_3(T)\% - 酸溶\ FeO\% \times 1.1113 - 黄铁矿\ Fe\% \times 1.4297$$

$$S\% = S(T)\% - SO_3\% \times 0.4004$$

2. 氟、氯、硫的氧当量校正

各种岩石中的氟、氯、硫是以阴离子形式与金属离子形成盐类。但在计算各组分的测定结果时，金属离子以氧化物的形式表示，氟、氯、硫又另以单质形式表示。这时氧化物中氧的量有一部分便是额外加入的，应在总量计算中加以校正。这就是所谓氧当量校正。

由于在岩石试样中氟和氯总是呈一价状态存在，即两个氟或氯才相当于一个氧。这样

$$氟\text{-}氧当量 = \frac{O}{2F} = \frac{15.9994}{2 \times 18.9984} = 0.4211$$

$$氯\text{-}氧当量 = \frac{O}{2Cl} = \frac{15.9994}{2 \times 35.453} = 0.2256$$

即全分析结果中有1%的氟时，应该从总量中减去0.42%；有1%的氯时，应该从总量中减去0.23%。

由于硫在岩石中与金属离子结合形成化合物的情况比较复杂，硫-氧当量的计算与校正应视具体情况而定。

当试样中只含黄铁矿而其他金属硫化物的含量低至可以忽略不计时，若铁的分析结果以 Fe_2O_3%表示，硫以 S%表示，则由 $2FeS_2$ 相当于 Fe_2O_3 得到

$$硫\text{-}氧当量=\frac{3O}{4S}=\frac{3\times15.9994}{4\times32.064}=0.374$$

若铁的分析结果以 FeO%表示，硫以 S%表示，则由 FeS_2 相当于 FeO 得到

$$硫\text{-}氧当量=\frac{O}{2S}=\frac{15.9994}{2\times32.064}=0.2495$$

如果试样中只含磁黄铁矿时，当以 Fe_2O_3%表示铁的含量，以 S%表示硫含量，由 $2Fe_7S_8$ 相当于 $7Fe_2O_3$ 得到

$$硫\text{-}氧当量=\frac{21O}{16S}=\frac{21\times15.9994}{16\times32.064}=0.655$$

若磁黄铁矿中铁以 FeO%表示，则

$$硫\text{-}氧当量=\frac{7O}{8S}=\frac{7\times15.9994}{8\times32.064}=0.437$$

如果试样中同时存在着黄铁矿和磁黄铁矿及其他金属硫化物时，则必须先分别测定黄铁矿和磁黄铁矿中的硫，再进行校正。

3. 烧失量的取舍

在建筑材料、耐火材料、陶瓷坯料等物料的全分析中，烧失量的测定结果对工艺过程具有直接指导意义。然而，对于地质勘探中所要求的岩石全分析，烧失量的取舍应视岩石的组成情况而定，否则，烧失量的取舍不当，将造成分析结果总量的偏高或偏低。

① 下述情况，可测烧失量，并将烧失量测定结果直接计入总量：试样组成比较简单的硅酸盐、碳酸盐、磷酸盐岩石。

② 下述情况，由于试样组成较复杂，在高温灼烧时试样中各组分的化学反应比较复杂，灼烧后的失量与增量随成分与环境条件的不同而不同。因此，应测定 H_2O^+、CO_2、硫、氟、氯等组分，不测烧失量：试样中硫化物、萤石、易氧化还原的物质（如氧化亚铁、二氧化锰、有机质等）含量较高；碳酸盐和硫化物共存的试样；黄铁矿和磁黄铁矿共存的试样；硫、氟共存的复杂的蚀变围岩。

③ 下述情况，可以不测 H_2O^+、CO_2、C 等，而是测定烧失量，并将烧失量计入总量，但必须进行必要的校正：

对于含亚铁较高的样品，计入总量的烧失量数值应加以校正，即

$$烧失量=实测值+FeO\%\times0.11$$

对于只含黄铁矿，而不含碳酸盐的试样，烧失量数值应该减去硫含量并加上相应的硫-氧当量，即

$$烧失量=实测值-S\%+S\%\times0.372$$

对于含氟较高的硅酸盐试样，视含氟量的大小及共存组分情况，分别采用不同的措施。当含氟量不很大（4%以下）时，烧失量＝实测值－F%；总量计算时还得减去 F%×0.42。当氟含量在 4%以上，如果氟主要以氟化钙形式存在，则测定烧失量的温度应控制在 800℃，因为超过 900℃时，烧失量的测定得不到稳定的结果。

四、岩石全分析总量的计算

岩石的组成不同，全分析的测定项目和总量计算方法也不同。

1. 硅酸盐岩石

总量＝SiO_2＋Al_2O_3＋Fe_2O_3＋FeO＋TiO_2＋MnO＋CaO＋MgO＋K_2O＋Na_2O＋P_2O_5＋烧失量

如果需要测定 BaO、F、Cl 及硫酸盐硫-SO_3，则将此四项组分的量计入总量（均以质量分数计），并进行相应的氧当量校正。

如果需要测定 H_2O^+、CO_2、有机碳的含量，则不测烧失量，而将此三组分的含量计入总量。

2. 碳酸盐岩石

总量＝SiO_2＋Al_2O_3＋TiO_2＋Fe_2O_3＋FeO＋CaO＋MgO＋MnO＋P_2O_5＋烧失量

如果总量与 100％相差较远，则可根据光谱半定量全分析结果和送样单位的要求，增测 K_2O、Na_2O、BaO、SO_2 等组分，并计入总量。

如需测定 CO_2 和有机碳，则可不测烧失量而测定 H_2O^+，并将此三项组分计入总量。

3. 磷酸盐岩石

总量计算基本上同硅酸盐岩石，但根据岩石的组成情况，有时需要测定 V_2O_5 和 RE_2O_3 等，测得结果计入总量。有时需要测定氟、氯，测得结果也计入总量，但这时对烧失量和总量应考虑到有关校正。

4. 含硫化物矿的岩石

(1) 含黄铁矿，不含磁黄铁矿的岩石

总量＝SiO_2＋Fe_2O_3＋酸溶性 FeO＋FeS_2＋AlO_3＋
MnO＋TiO_2＋CaO＋MgO＋(F－F×0.421)＋(烧失量－S＋S×0.372)

根据总量的具体情况，必要时可增测 BaO、SO_2、P_2O_5、K_2O、Na_2O 等组分，并计入总量。

(2) 含磁黄铁矿、黄铁矿而不含其他硫化物的岩石

总量计算基本同上，但总量中应减去相应的 Fe_7S_8 中的硫-氧当量，即减去

$$\left(\text{硫化物 S\%}-FeS_2\%\times\frac{2S}{FeS_2}\right)\times\frac{7O}{8S}=(\text{硫化物 S\%}-FeS_2\%\times 0.535)\times 0.437$$

(3) 有硫化物、碳酸盐、硫酸盐共存的岩石

总量＝SiO_2＋Fe_2O_3＋酸溶性 FeO＋FeS_2＋Al_2O_3＋TiO_2＋MnO＋CaO＋MgO＋
P_2O_5＋K_2O＋Na_2O＋H_2O＋C＋CO_2＋硫酸盐 SO_3＋硫化物 S＋F－F×0.0421

根据光谱半定量结果，若需增测 BaO、Ca、Pb、Zn 等组分，并计入总量。若从黄铁矿 Fe 和 Cu、Pb、Zn 等的含量和总硫化物含量推算出有磁黄铁矿存在，则应计算出磁黄铁矿硫量，并从酸溶性 FeO 量中减去相应的磁黄铁矿的硫-氧当量，即减去 Fe_7S_8％×0.437。

习题和复习题

4-1. 何谓岩石全分析？它在工业建设中有何意义？

4-2. 组成硅酸盐岩石矿物的主要元素有哪些？硅酸盐全分析通常测定哪些项目？

4-3. 碳酸盐岩石的主要成分是什么？主要的伴生、共生的元素有哪些？碳酸盐岩石的简项分析通常测定哪些项目？全分析通常测定哪些项目？

4-4. 磷在自然界中主要以什么状态存在？磷的主要岩石矿物是什么？磷灰岩的基本成分是什么？其中常常含有哪些主要成分？磷酸盐岩石的简项分析、组合分析和全分析通常测定哪些项目？

4-5. 硅酸盐、碳酸盐、碳酸盐岩全分析时的试样分解方法有哪些？纯碳酸盐和含 $SiO_2$5％以下的碳酸盐岩石样品常用什么方法分解？测定磷酸盐岩石矿物中有效磷和全磷时常用什么方法分解试样？

4-6. 何谓系统分析和分析系统？一个好的分析系统必须具备哪些条件？硅酸盐、碳酸盐、磷酸盐分析的主要分析系统有哪些？硅酸盐经典分析系统与快速分析系统各有什么特点？

4-7. 重量法测定二氧化硅的方法有哪些？各有什么优缺点？

4-8. 请画出硅酸胶团的结构示意图，并加以解释。

4-9. 动物胶凝聚重量法测定二氧化硅的原理是什么？加入动物胶溶液之前将试液蒸至湿盐状的作用是什

么？过滤时洗涤沉淀的作用和注意事项有哪些？

4-10. 氟硅酸钾沉淀分离-酸碱滴定法测定二氧化硅的原理是什么？常用的分解试样的溶（熔）剂是什么？为什么？沉淀和水解滴定时应控制好哪些主要条件？为什么？本法的主要干扰元素有哪些？在测定碳酸盐或磷酸盐试样时，为什么有时会产生偏高结果？

4-11. 硅钼蓝光度法测定二氧化硅的原理与关键是什么？如何控制好这些关键？本法的主要干扰元素有哪些？

4-12. EDTA配位滴定法测定铝的滴定方式有几种？为什么通常不用直接滴定法？

4-13. EDTA配位滴定测定铝的返滴定法的酸度如何控制？返滴定剂如何选择？为什么 Cu^{2+}、Zn^{2+} 均较常用？若将滴定剂改为CyDTA，有何优点？

4-14. 简述氟化物置换EDTA配位滴定法测定铝的方法原理，本法的主要干扰组分有哪些？如何消除？

4-15. 酸碱滴定法测定铝时，酒石酸钾钠和氟化钾的作用是什么？本法的主要干扰元素有哪些？铁、钛干扰如何消除？

4-16. 简述铬天青S光度法测定铝的原理，本法的主要优缺点是什么？

4-17. 重铬酸钾滴定法测定铁时，空白值应如何确定？为什么？对于 $K_2Cr_2O_7$ 滴定 Fe(Ⅱ) 的非线性效应应如何解决？

4-18. 无汞盐-重铬酸钾法测定铁，还原高价铁时，选用什么样的指示剂？原理是什么？

4-19. 试述EDTA配位滴定测定硅酸盐系统分析溶液中铁、铝、钙、镁的主要反应条件。

4-20. Fe(Ⅲ) 与磺基水杨酸形成配合物的反应随酸度变化而变化的情况如何？磺基水杨酸光度法测定常选择什么介质与酸度？干扰情况如何？

4-21. 测定岩石中亚铁的关键是什么？常用的测定方法有哪几种？

4-22. 重铬酸钾法测定亚铁时，常用的试样分解方法是什么？操作中应注意些什么？主要干扰元素有哪些？如何消除？

4-23. 邻菲啰啉光度法测定亚铁时，加入酒石酸钠或柠檬酸钠的作用是什么？铜的干扰机理及消除方法如何？

4-24. 在钛的测定中，H_2O_2 光度法和二安替比林甲烷光度法的显色介质各是什么？为什么选择这样的条件？两种方法各有什么优缺点？

4-25. EDTA配位滴定钙、镁时，消除其他元素干扰的主要掩蔽剂有哪些？六亚甲基四胺-铜试剂小体积沉淀分离法有何优点？能分离哪些干扰元素？

4-26. 原子吸收分光光度法测定铁、钙、镁、钾、钠时介质及仪器条件应如何选择？

4-27. 在 $pH=7.8\pm0.2$ 的条件下，直接用EGTA滴定 Ca^{2+}，即使有大量 Mg^{2+} 存在，亦不干扰钙的测定，这是为什么？试通过计算加以说明。

4-28. 在氧化锰的测定中，过硫酸铵-银量法和高碘酸钾法各有何特点？通常反应在什么介质中进行？该介质的作用如何？

4-29. 测定试样中的 P_2O_5 以磷钼酸铵或磷钼酸喹啉沉淀为基础的酸碱滴定法中：(1) 写出沉淀生成和溶解的有关化学反应方程式；(2) 磷钼酸铵法中 PO_4^{3-} 与 OH^- 之间的化学计量关系如何？为什么有时候实验测定值与理论值不一致？(3) 磷钼酸喹啉法中，沉淀剂如何配制？指出沉淀剂（喹钼柠酮溶液）中各组分的作用。为什么该法中受 NH_4^+ 影响？

4-30. 测定五氧化二磷的光度法主要有哪几种？各有何特点？

4-31. 何谓有效磷？测定有效磷的试样分解方法有哪些？

4-32. 火焰光度法测定钾、钠时，常用什么介质？为什么？火焰光度计的分光系统和检测系统是什么？分析结果的求算常用什么方法？

4-33. 岩石矿物试样中的水分有哪几种存在形式？各有何特点？各用什么符号表示？各自有哪些测定方法？

4-34. 全分析结果总量产生偏差的可能原因有哪些？总量偏低或偏高的主要原因各有哪些方面？检查与处理方法如何？

4-35. 称取某岩石样品1.000g，以氟硅酸钾沉淀分离-酸碱滴定法测定，滴定时消耗浓度为 $0.100mol\cdot L^{-1}$ NaOH标准溶液19.00ml，试求该试样中二氧化硅的百分含量。

4-36. 某硅酸盐样品，全分析时测定其亚铁和全硫的含量分别为：FeO%=1.81，S%=1.08。试写出该样品亚铁和硫的测定结果的正确表示形式，并简述你所写表示形式的理由。

4-37. 有两硅酸盐样品，其分析结果如下，请写出它们的总量计算的正确表示式，并计算出结果。

(1) SiO_2(66.82)　Al_2O_3(12.32)　FeO(1.21)　Fe_2O_3(T)(2.43)
TiO_2(1.15)　MnO(0.35)　CaO(4.21)　MgO(3.70)
Na_2O(3.49)　K_2O(2.81)　P_2O_5(0.30)　F(1.76)
H_2O^+(1.05)　CO_2(0.41)　△(3.20)

(2) SiO_2(65.69)　Al_2O_3(12.31)　FeO(2.11)　Fe_2O_3(T)(5.26)
TiO_2(0.95)　CaO(4.10)　MgO(3.20)　Na_2O(2.40)
K_2O(2.01)　P_2O_5(0.40)　MnO(0.11)　H_2O^+(1.00)
CO_2(0.52)　BaO(1.50)　SO_2(0.63)　△(2.01)

[注：△表示烧失量；Fe_2O_3(T)表示全铁；括号内数字为该组分的百分含量]

4-38. 试比较本章所介绍的四类多组分联合测定的仪器分析方法的优缺点和适用对象。

第五章 核燃料分析

第一节 铀的分析

铀在元素周期表中位于第七周期第三副族，属于锕系元素，原子系数 92，原子量 238.0289，是天然放射性元素。1789 年，德国化学家克拉普罗特（M. H. Klaproth）从沥青铀矿中分离出来，用 1781 年新发现的一个行星——天王星命名它为 Uranium，元素符号定为 U。1841 年，佩利戈特（E. M. Pelogot）用金属钠还原四氟化铀，第一个制取了金属铀。1939 年，哈恩（O. Hahn）和斯特拉斯曼（F. Strassmann）发现了铀原子核的裂变现象，自此以后，铀变得身价百倍，原子能工业飞速地发展起来。

铀的用途主要是作核燃料，实际上用作裂变燃料的是 ^{235}U、^{233}U 和 ^{239}Pu 三种同位素。天然铀中占 99.28% 的 ^{238}U 在生产性反应堆中俘获慢中子后，接连发生二次 β 衰变可得到 ^{239}Pm、^{235}U 和 ^{239}Pu，都是能自行持续裂变的物质，裂变时伴随着释放出大量核能，可用作核反应堆和核武器中的燃料，称为核燃料。

铀是亲氧元素，铀在地壳中的平均含量为 $2.7\times10^{-4}\%$，主要是富集于地壳上部的硅、铝层内，以单矿物、类质同象和吸附等形式赋存于各种岩石之中。铀还表现出一定的分散性，几乎所有的岩石、土壤和天然水中均含有痕量铀。由于铀的亲氧性，决定了铀在自然界中形成的矿物大多是氧化物或含氧酸盐。据统计，目前已知铀矿物达 200 种左右，其中简单氧化物只有 6 种，复杂氧化物有 20～30 种，85% 以上都是各种铀酰化合物，即在氧化带中形成的次生铀矿物。

一、铀的主要分析化学特性和试样分解方法

（一）铀的主要化学性质

铀在元素周期表中与镧系元素在同一副族，故铀在某一方面呈现出与稀土元素相似的性质，铀有多价化合价，主要以四价和六价状态存在，所以它的化学性质又与第六副族的铬、钼、钨有相似之处。

铀的化学性质很活泼，所以自然界中不存在游离的金属铀，铀常以三种同位素混合体存在于铀矿石中。金属铀是通过铀矿石水冶工艺制备铀浓缩物，再经纯化还原、氟化等工艺流程而制得。金属铀的新鲜表面呈银白色光泽，在空气中氧化而变暗，粉末状金属极易自燃，在空气甚至水中都能自燃。铀能和许多金属元素如 Cu、Zn、Hg、Al 等化合物生成金属互化物，也能和非金属（惰性气体除外）互相化合，生成二元化合物。

铀能与酸作用，与苛性碱无作用，但加入过氧化物（如 H_2O_2）能形成水溶性过氧酸盐。

铀的价电子构型为 $5f^36d^17s^2$，因而铀是一种多价态的变价元素，铀在水溶液中有 U(Ⅲ)、U(Ⅳ)、U(Ⅴ)、U(Ⅵ) 四种价态。各种价态的铀的化学性质各不相同。U(Ⅲ)不稳定，具有很强的还原性，容易被空气氧化成四价。U(Ⅳ)在水溶液中较稳定，特别是 U(Ⅳ)与磷酸形成的配合物更加稳定。U(Ⅴ)很不稳定，在溶液中歧化成U(Ⅳ)和U(Ⅵ)。U(Ⅵ)是铀所有价态中最稳定的，在酸性或中性溶液中以铀酰离子 UO_2^{2+} 形式存在，当溶液的 pH 值增大到 3～4 就开始水解，水解后生成多核铀酰基离子，水解产物比较复杂。铀酰离子在碱性或氨性溶液中则以重铀酸盐或多铀酸盐、正铀酸盐的形式存在

或析出。

不同价态的铀在水溶液都具有各自特征的颜色，U(Ⅲ)溶液呈玫瑰红色，U(Ⅳ)呈绿色，UO_2^{2+} 呈黄绿色，U(Ⅴ)在水溶液中很不稳定，其颜色不易确定。这几种离子的溶液各有特征的吸收光谱，据此可以鉴定溶液中铀的价态。

（二）铀的物理性质及核性质

铀是一种带有银白色光泽的金属，具有很好的延展性，很纯的金属铀能直接拉成直径0.35mm的细丝，或展成厚度0.1mm薄箔。铀的密度很大，与黄金差不多，其密度为$(19.05\pm0.02)g\cdot cm^{-3}$；熔点1132℃，沸点3818℃，共有三种结晶变体：斜方晶体、四方晶体及体心立方体。

铀在自然界中有三种同位素^{238}U、^{235}U及^{234}U，在天然铀中的百分含量分别为99.28%、0.71%和0.005%，它们都是α辐射体，化学性质完全一样，区别在于原子量、半衰期和α辐射线的能量。^{238}U、^{235}U在衰变过程中产生一系列同位素子体。最后一个子体是无放射性的稳定铅同位素。

（三）铀的化合物

1. 铀的氧化物

铀的稳定氧化物有UO_2、U_3O_8和UO_3，不稳定氧化物有U_3O_7和U_2O_5。对于铀分析有意义的是前三种氧化物以及只能以水合物形式存在的过氧化铀$UO_4\cdot 2H_2O$

(1) 二氧化铀（UO_2） 为褐色粉末，由U_3O_8或UO_3在有还原剂如氢、草酸存在下于650～800℃灼烧而得。UO_2不溶于水和碱溶液，微溶于稀H_2SO_4和HCl。但在有H_2O_2存在时，一般稀酸都能溶解UO_2，生成相应的铀酰盐。UO_2^{2+}极易溶于HNO_3而生成$UO_2(NO_3)_2$，与浓硫酸共沸生成UO_2SO_4，与浓HCl反应生成UCl_4，在高氯酸中加热至冒白烟生成$UO_2(ClO_4)_2$，与H_3PO_4共沸形成三磷酸氢合铀（Ⅳ）阴离子$[U(HPO_4)_3]^{2-}$。UO_2几乎不溶于HF，但溶于H_2SO_4-HF混合溶液中并生成UF_4沉淀。UF_4不溶于碱，但能溶于过氧化钠溶液，生成过铀酸钠，各种含H_2O_2的碱性试剂都能与UO_2反应生成过铀酸盐。

(2) 三氧化铀（UO_3） 又称铀酐，其颜色取决于制备方法，可由红色至棕黄色。加热六水合硝酸铀酰［$UO_2(NO_3)_2\cdot 6H_2O$］至200～350℃即得UO_3。UO_3是两性化合物，与酸作用生成铀酰盐，与碱作用生成铀酸盐，三氧化铀用途较广泛，主要用于制取其他各种铀化合物和六氟化铀。

(3) 八氧化三铀（U_3O_8） 为黑色或带绿色的黑色粉末，是于800～900℃高温灼烧铀盐或铀的有机配合物而制得。U_3O_8组成恒定，其中四价铀和六价铀的比为1∶2，通常把它看成铀的正亚氧化物的混合物，它是在空气中最稳定的氧化物，因此是重量法测定铀的主要形式和制备铀溶液的基准物质。

U_3O_8不溶于水和碱，易溶于沸腾的浓硫酸、近冒烟的高氯酸和硝酸中生成相应的铀酰盐。在无氧化或还原物的浓磷酸中加热溶解形成三磷酸氢合铀U（Ⅳ）和三磷酸氢合铀酰两种阴离子。在非氧化性酸如盐酸、稀硫酸、稀高氯酸中，即使加热煮沸也难溶解，但加入过氧化氢后U_3O_8即迅速溶解。

(4) 过氧化铀（$UO_4\cdot 2H_2O$） 向pH 0.3～3.5微酸性铀酰溶液中加入过氧化氢，即生成淡黄色过氧化铀水合物

$$UO_2^{2+}+H_2O_2+2H_2O \longrightarrow UO_4\cdot 2H_2O\downarrow +2H^+$$

过氧化铀实际上是四氧化铀的水合物，没有无水的过氧化铀。过氧化铀的特点是显酸性，不溶于酸性介质。上述反应为铀的高选择性的沉淀反应，利用此反应可使铀与许多金属离子，包括碱土金属和过渡金属离子分离。将过氧化铀加热到120℃以上即脱水氧化转变成

三氧化铀，经灼烧可转化为 U_3O_8。利用它可作铀的定量分析或制备纯铀化合物。

过氧化铀沉淀可溶于碱性溶液，生成深黄色过铀酸盐溶液。

2. 铀的卤化物

铀的卤化物有铀的氟化物、氯化物、溴化物和碘化物。其中铀的氟化物是铀的卤化物中最重要的化合物。铀的氟化物主要有 UF_3、UF_4、UF_5 和 UF_6，其中 UF_4 和 UF_6 是铀工艺中最有应用价值的化合物。

UF_4 的制备方法有多种，有以“干化学法”在 500～700℃将 UO_2 与无水 HF 反应生成 UF_4，也可将 UO_2^{2+} 酸性水溶液还原后用氟化物沉淀而制得。UF_4 晶体具有美丽的亮绿色，不溶于水，不挥发，室温下化学性质比较稳定，但其化学活性会随温度的增高而增高。UF_4 可被还原为 UF_3 和金属铀。在 UF_4 还原反应中最重要的是用 Ca 或 Mg 还原 UF_4，以生产金属铀：

$$UF_4+2Ca \longrightarrow U+2CaF_2$$

现已实现工业生产。UF_4 不溶于酸和碱，在硫酸或高氯酸中加热至冒烟驱氟后，UF_4 转化成铀酰盐。

UF_6 是 UF_4 与 F_2 在温度高于 230℃的条件下进行反应而制得，$UF_4+F_2 \longrightarrow UF_6$ 这一反应的重大意义，在于它是工业生产采用的方法。UF_6 在常温下是白色固体，是铀化合物中唯一易挥发的化学性质稳定的化合物，因此在原子能工业上用来分离铀的同位素。

3. 铀酰盐和铀酸盐

① 铀酰盐是铀的重要化合物，较为常见的铀酰盐有 $UO_2(NO)_2$、UO_2SO_4、UO_2Cl_2、UO_2F_2、$UO_2(Ac)_2$ 等，都是由相应的酸溶解 UO_3 而制得，多为黄色或黄绿色的晶体，易溶于水和有机溶剂。在有过量相应的阴离子存在下，上述铀酰盐均能形成带负电荷的络阴离子，利用上述性质，可采用乙酸乙酯、磷酸三丁酯、三辛胺等萃取剂进行铀的富集和纯化。

黄色的 $UO_2C_2O_4$、UO_2CO_3、UO_2HPO_4 和红棕色的 $(UO_2)_2Fe(CN)_6$ 为在微酸性或中性溶液中形成的难溶盐，但可溶于强酸中。其中 UO_2HPO_4 于 850℃灼烧后可形成具有固定组成的二铀三氧焦磷酸盐 $U_2O_3P_2O_7$，可作为重量法测定铀的称量形式。利用亚铁氰化钾遇铀酰离子能生成红棕色的亚铁氰化铀酰 $(UO_2)_2Fe(CN)_6$ 沉淀反应检定铀。

② 铀酸盐主要是指单铀酸盐、重铀酸盐和三铀酸盐，可用通式 $M_2U_nO_{3n+1}$表示。在铀酰盐溶液中，加苛性碱或氯水就能沉淀出相应的重铀酸盐。

$$2UO_2(NO_3)_2+6NaOH \longrightarrow Na_2U_2O_7+4NaNO_3+3H_2O$$

重铀酸盐易溶于酸而转变成铀酰盐

$$Na_2U_2O_7+6HNO_3 \longrightarrow 2UO_2(NO_3)_2+2NaNO_3+3H_2O$$

重铀酸盐为黄色沉淀物，灼烧后生成 U_3O_8。

4. 铀的配合物和螯合物

铀(Ⅳ)和铀酰离子具有很强的形成配合物的倾向，它们能与许多无机配位体和有机配位体形成配合物或螯合物，广泛应用于铀的分离与测定。

(1) 铀(Ⅳ)和铀酰离子的无机配合物　U^{4+} 高电荷，离子半径较小（IR＝0.093nm），能与卤素离子、含氧酸根和硫氰酸根形成配离子或中性配合物；其中 U^{4+} 与卤素离子形成的配合物稳定性较小。UO_2^{2+} 与卤素离子形成的配合物中，UO_2^{2+} 与 F^- 的配合物最稳定，UO_2^{2+} 与 I^- 难以形成配合物。

UO_2^{2+} 与含氧酸可形成多种配合物，主要有 $UO_2(NO_3)_3^-$、$UO_2(NO_3)_4^{2-}$、$UO_2(SO_4)_2^{2-}$、$UO_2(SO_4)_3^{4-}$、$UO_2(CO_3)_3^{4-}$ 和 $[UO_2(HPO_4)_3]^{4-}$、$[U(HPO_4)_3]^{2-}$ 等配阴离子，其中 UO_2^{2+} 与硝酸形成的配合物对水不稳定，UO_2^{2+} 与硫酸形成的配合物比前

者稳定，碳酸铀酰配合物稳定性更大，常利用这种性质将铀与其他金属离子分离。

U^{4+} 与 UO_2^{2+} 都能与磷酸反应生成多种磷酸铀酰配合物，但要求较高的磷酸酸度。如果酸度低，则生成 $U(HPO_4)_2$ 和 UO_2HPO_4 沉淀。

(2) 铀(Ⅳ)和铀酰离子的有机配合物与螯合物　U^{4+} 与 UO_2^{2+} 可与种类繁多的有机试剂形成多种配合物与螯合物。这些有机试剂主要有含氧配位体、含氮和氧氮配位体和含硫配位体三类。

U^{4+} 和 UO_2^{2+} 和有机含氧配合物如乙酸、草酸、柠檬酸、酒石酸等都能形成不同价态的配合物。与含氧氮有机配位体试剂如氨三乙酸（NTA)、乙二胺四乙酸（EDTA)、1,2-二胺环己烷四乙酸（CyDTA）等，与 U^{4+} 形成 1∶1 的螯合物；与 UO_2^{2+} 形成 1∶1 或 2∶1 的螯合物，但不甚稳定。含氮的有机配位体如高分子胺、8-羟基喹啉类试剂与铀形成的螯合物稳定，用于铀的分离。偶氮类试剂如偶氮胂Ⅲ［1,8-二羟基萘-3,6-二磺酸-2,7-双(偶氮-2)苯胂酸］，TAR［4-(2-噻唑偶氮)间苯二酚］与铀形成有色螯合物，可用于光度分析。含硫有机配位体如二乙基二硫代氨基甲酸盐和乙基黄原酸盐，于微酸性溶液中与 UO_2^{2+} 生成螯合物沉淀，可被氯仿、四氯化碳有机溶剂萃取，用于微量铀的富集分离。

(四) 试样分解方法

矿样中铀的测定都要选择一种适当的溶剂，使矿样中的铀分解后全部转入溶液，再进行分离和测定。对不同性质的矿石，应选用不同溶剂和不同分解方法。常用的分解方法有如下三种。

1. 混合酸分解法

一般铀矿样，如晶质铀矿、沥青铀矿、菱铀矿、钙铀矿、钙铀云母等都可用盐酸-过氧化氢（或氯酸钾)、王水、磷酸-过氧化氢、磷酸-盐酸-过氧化氢等混合酸分解。

对含硅量高的矿物及硅酸盐矿物，例如硅钙铀矿、钍石等可用盐酸-氢氟酸、硝酸-氢氟酸、硫酸-氢氟酸、磷酸-氢氟酸等混合酸进行分解。但对于一些含氧化铝、氧化铬较多的硅酸盐矿物较难分解，应加入适量的高氯酸或硝酸，以破坏矿石中可能存在的非硅晶格。其另一作用，可使铀(Ⅳ)氧化成铀(Ⅵ)，避免产生四氟化铀沉淀。加氢氟酸分解矿样后，必须把残余的氢氟酸除尽，否则对以后的测定有影响。

浓磷酸在 200～300℃时，具有非常强的分解能力。因此一般矿样都可以用磷酸或磷酸-过氧化氢、磷酸-盐酸、磷酸-硫酸-盐酸、磷酸-盐酸-硫酸-过氧化氢混酸进行分解。难溶矿样例如铜钇铀矿、钛铀矿、铌钽酸矿等可用磷酸-氢氟酸分解，但分解矿样时，磷酸在高温脱水后，易形成焦磷酸使溶液黏稠，甚至生成焦磷酸盐沉淀，用水提取困难，故应采用混酸分解，温度控制在 250℃左右，加热分解时间不宜过长，一般为 10～15min，避免生成焦磷酸。

2. 混合铵盐熔解法

混合铵盐熔矿方法是 20 世纪 80 年代初核工业系统推行的方法，因其对矿样分解能力强，分析结果有保证，已被多数实验室采用。

混合铵盐是将氟化铵、氯化铵、硝酸铵、硫酸铵按 3∶1∶1∶0.5 质量比混合制成的熔剂。试样与 10～20 倍混合铵盐于瓷坩埚或玻璃器皿中充分混匀，加热分解，从低温熔化逐渐升至高温白烟冒尽。铵盐分解的无机酸与矿样中的铀反应形成可溶性盐。

混合铵盐熔矿的特点是兼有酸溶和碱熔两种作用，但主要是利用其酸效应，它优于酸溶之处是铵盐分解生成的无机酸比相应的液体酸浓度大，分解温度高，溶解能力强；与碱熔相比，铵盐高温加热易分解出酸和氨，不会引进钠(钾)阳离子，但熔解时有大量白烟逸出，不易从通风橱排出，对操作人员健康不利，故本法使用越来越少。

3. 碱性熔剂熔融分解法

特别难分解的铀矿物如锆英石、重晶石等可用碱性熔剂分解法。常用的碱性熔剂有两类，一类是 NaOH、KOH、Na_2O_2 等苛性碱和碱金属氧化物，为强碱性熔剂；另一类是 Na_2CO_3、$Na_2B_2O_7 \cdot 10H_2O$、$K_2S_2O_7$ 碱性盐，为弱碱性熔剂。分别采用熔融和烧结的方式熔解样品。

Na_2O_2 是岩石矿物分析中最有效的熔剂，用 Na_2O_2 熔解矿样要在刚玉坩埚（高铝坩埚）中进行，于 600～700℃下熔融 10～15min，冷却后用水提取，熔解方法迅速，分解能力强，其他弱碱性熔剂如 Na_2CO_3 需用铂坩埚在 950～1000℃下烧结 30～60min，熔解温度高，时间长，操作条件苛刻，对铀矿石的分解应用少。

二、铀的分离富集方法

铀在岩石矿物中总是与其他元素共生，而且大多数矿样中铀含量较低，所以在测定前常需将铀与共存元素分离，以消除共有元素的干扰，同时使铀得到富集，从而提高分析测试的选择性和灵敏度。铀与共存元素的分离方法很多，有沉淀法、溶剂萃取法、离子交换法、萃取色谱法、吸附法、液膜分离法等，其中离子交换法、萃取色谱法、溶剂萃取法是测定微量铀的常用方法。

1. 离子交换分离法

用离子交换法分离铀的树脂有阳离子交换树脂、螯合树脂和阴离子交换树脂三种。用阳离子交换树脂和螯合树脂分离铀需在微酸性或中性溶液中进行，酸度低，缺乏选择性，因此离子交换法分离铀多采用强碱性阴离子交换树脂。

用阴离子交换树脂可在硫酸或盐酸两种介质中进行，从盐酸溶液中吸附铀的反应为

$$R{-}N(CH_3)_3Cl + UO_2Cl_3^- \rightleftharpoons R{-}N(CH_3)_3UO_2Cl_3 + Cl^-$$

在大于 $4mol \cdot L^{-1}$ 盐酸溶液中铀形成 $UO_2Cl_3^-$ 氯配阴离子，被阴离子树脂吸附，共存的碱金属、碱土金属、稀土、钍、钛、锆、钒、铁(Ⅲ)、钴、镍等分配系数等于或接近于零，因而可随流出液出柱，与铀分离。溶液中铁(Ⅲ)浓度高时会被树脂吸附，降低铀的有效容量，为消除铁(Ⅲ)影响，上柱前在 $2mol \cdot L^{-1}$ 盐酸溶液中加入固体抗坏血酸，使铁(Ⅲ)还原以消除干扰。继续用 $4mol \cdot L^{-1}$ 盐酸淋洗柱上残余杂质，最后用水将铀淋洗下来，完成铀与共存离子分离。使用过的离子交换树脂经标准加入回收实验检查，若铀的回收率明显降低，表明杂质离子在树脂中已积累，可用 $2mol \cdot L^{-1}$ H_2SO_4 淋洗，将杂质除去，然后用 $4mol \cdot L^{-1}$ 盐酸将树脂转化成氯型后，再用于分离。

树脂从硫酸溶液中吸附铀的反应为：

$$[R{-}N(CH_3)_3]_2SO_4 + UO_2(SO_4)_2^{2-} \rightleftharpoons [R{-}N(CH_3)_3]_2UO_2(SO_4)_2 + SO_4^{2-}$$

铀在树脂上的分配系数随硫酸浓度的增高而降低，因此铀的吸附应选择低酸度溶液中进行。铀在 0.05～$0.25mol \cdot L^{-1}$ 硫酸溶液中形成 $[UO_2(SO_4)]_2^{2-}$ 硫酸铀酰配阴离子，被阴离子树脂吸附，共存元素铬、钼、钨、钽、铌、锆等也同时被吸附，钙、锶、钡、铅含量高的试样易生成硫酸盐沉淀。载带铀影响铀的吸附容量，需用 $4mol \cdot L^{-1}$ 盐酸对树脂转型，提高分离的选择性，因而增加了操作程序。树脂上吸附的铀不易用水淋洗，需用酸性 NaCl 或 NH_4NO_3 洗脱，不适于后续铀的测定，故从硫酸溶液中分离铀多用于水冶工艺，在铀的分析测试中很少采用。

2. 溶剂萃取分离法

能用于铀的分离富集的萃取剂和萃取体系种类繁多，分类方法有多种、按萃取体系分类，有中性配合萃取体系、螯合萃取体系、离子缔合萃取体系和协同萃取体系四类。其中中性配合萃取体系的磷酸三丁酯（TBP）、三辛基氧膦（TOPO），螯合萃取体系的苯基-3-甲基-4-苯甲酰基吡唑酮-5(PMBP)，离子缔合萃取体系的高分子胺是萃取铀常用的萃取剂。

(1) TBP 萃取法　用 TBP 萃取铀时，常用的稀释剂有煤油、苯、甲苯、二甲苯、异丁

基甲基酮、四氯化碳、异辛烷等。以硝酸钠或硝酸作盐析剂在 pH＝1～3 的硝酸介质中萃取铀，能与大量干扰元素分离。TBP 对铀的分配系数较大，用 4～6mol·L^{-1} 盐酸淋洗残存杂质，用水反萃取铀。TBP 对铀的萃取是通过磷酰基（$\equiv P=O$）中的氧，以配位键与中性盐 $UO_2(NO_3)_2$ 中 UO_2^{2+} 形成可萃性的中性配合物。在盐酸介质中 TBP 萃取铀有较高的分配系数，但缺乏选择性。因此常选用硝酸或硝酸盐为水相介质，铀与 TBP 萃取反应可用下式表示：

$$UO_2(NO_3)_{2(水)} + 2TBP_{(有)} \longrightarrow UO_2(NO_3)_2 \cdot 2TBP_{(有)}$$

用 TBP 萃取铀，在水相酸度 pH＝1～3，有盐析剂存在下铀的萃取选择性较高，仅钍、金被完全萃取。锆、铜、稀土元素被部分萃取，可用 4～6mol·L^{-1} 盐酸萃洗除去，而与铀分离。

（2）TOPO 萃取法　TOPO 萃取剂，常用苯、甲苯、煤油、环已烷等作为稀释剂，水相和有机相的相比很大时，也能定量萃取铀，TOPO-苯体系定量萃取铀时萃取水相的硝酸浓度为 0.5～7.0mol·L^{-1}，在水相中加入适当的掩蔽剂如 EDTA、CyDTA、氟化钠等，能掩蔽的干扰元素有铝、砷、金、铈、铬、铁、钼、铂、钕、锑、锡、钍、钛、钒等，适量的磷酸根、氯根、硫酸根也不影响铀的萃取。在铀的分析中，将 TOPO-苯溶于乙醇，在水-乙醇介质中加入偶氮胂Ⅲ显色剂，显色后用光度法测定铀。

TOPO 萃取铀的机理和萃合反应式与 TBP 萃取铀相似。对于铀的萃取在盐酸介质中缺乏选择性，因而要选用硝酸介质萃取，由于 TOPO 分子中磷酰基氧与金属离子形成配合键能力强，故 TOPO 对铀的萃取能力大于 P_{350}，更强于 TBP，但萃入有机相中的铀很难完全反萃取，因此在铀的分析中常在有机相中加入显色剂，直接显色测定。

（3）PMBP 萃取法　PMBP 是萃取铀的有效螯合萃取剂。当用苯作稀释剂时，在盐酸介质中六价铀的选择性不高，但在有 EDTA-Zn（浓度为 0.06mol·L^{-1}）存在的 pH＝3.7 甲酸盐缓冲溶液中，或有足够量的 EDTA 存在下，pH＝4.7 的乙酸缓冲溶液中能掩蔽钍、锆、铈、钇、铝、铁、钙、镁、锌、铜、铅、镍、铋、汞、锡、镓、锰、钡、钼等元素，选择性地萃取铀。用 PMBP-苯萃取铀的萃取体系为：

$$UO_2^{2+}/pH3.7\ 甲酸/EDTA\text{-}Zn/PMBP(0.03mol \cdot L^{-1})\text{-}苯$$

用上述萃取体系萃取铀可获得大于 95% 萃取率，但由于此萃取剂缺乏选择性，故水相引入 EDTA 或 EDTA-Zn 抑萃共存离子，从而使这种体系成为萃取铀的专属体系。用稀的强酸易从有机相中萃取铀。

（4）高分子胺萃取法　离子缔合萃取体系中高分子胺有伯胺（RNH_2）、仲胺（R_2NH）、叔胺（R_3N）、季铵（R_4NX）四类，其中叔胺和季铵类是铀的主要萃取剂。在铀的分析中常用叔胺类萃取剂进行分离富集。三脂肪胺（TFA 或 N_{235}）、三辛胺（TOA）是叔胺中萃取铀的主要试剂。

用三脂肪胺（N_{235}）萃取铀常选用中等浓度的盐酸或微酸性的硫酸溶液作为萃取体系的水相。在两种水相中萃取反应分别为：

$$R_3N_{(有)} + HCl_{(水)} \rightleftharpoons R_3N \cdot HCl_{(有)}$$

$$R_3N \cdot HCl_{(有)} + UO_2Cl^-_{3(水)} \rightleftharpoons R_3N \cdot HUO_2Cl_{3(有)} + Cl^-_{(水)}$$

$$2R_3N_{(有)} + H_2SO_{4(水)} \rightleftharpoons (R_3NH)_2SO_{4(有)}$$

$$(R_3NH)_2SO_{4(有)} + UO_2(SO_4)^{2-}_{2(水)} \rightleftharpoons (R_3NH)_2UO_2(SO_4)_{2(有)} + SO^{2-}_{4(水)}$$

用 N_{235} 从盐酸体系中萃取铀，当盐酸浓度高于 4mol·L^{-1} 时，水相中的 Fe^{3+} 以 $FeCl_4^-$ 形式被萃取，其他共存离子如铌、锆等也部分被萃取，因此常用以下体系萃取铀

$$UO_2^{2+}/HCl(4mol \cdot L^{-1})抗坏血酸(1\%)/N_{235}(0.1\sim0.15mol \cdot L^{-1})\text{-}二甲苯$$

N_{235}萃取剂浓度不宜过高，为避免出现第三相，常用小于2%辛醇作为添加剂。水相中存在ClO_4^-、F^-和NO_3^-时会使萃取剂有效浓度降低和部分UO_2^{2+}形成相应的配阴离子，不利于铀的完全萃取。当水相中NO_3^-浓度大于$1mg \cdot mL^{-1}$时铀的萃取率明显降低，故应避免引入NO_3^-。萃入有机相中铀可用水或稀盐酸反萃取。

在微酸性的硫酸盐水相中，N_{235}对铀的萃取比盐酸中有更高的分配系数。在含有SO_4^{2-}的水相中，铀主要以$UO_2(SO_4)_2^{2-}$形式被萃取。因此控制水相的酸度和SO_4^{2-}的浓度是保证取得最高分配系数的关键。因水相酸度过高，部分形成HSO_4^-，使SO_4^{2-}的有效浓度降低；酸度过低，UO_2^{2+}容易水解，SO_4^{2-}过低，铀以UO_2SO_4形式存在而不被萃取；SO_4^{2-}浓度过高，铀以$UO_2(SO_4)_3^{4-}$形式存在不利于铀的萃取。因此宜用如下体系：

$$UO_2^{2+}/pH=1, SO_4^{2-}(0.1 \sim 0.2mol \cdot L^{-1})/0.1mol \cdot L^{-1} N_{235}\text{-煤油}$$

萃取铀的分配系数可达1.3×10^3，萃入有机相中的铀可用稀盐酸和碳酸盐反萃取。此体系多用于铀水冶工艺提取铀。

其他萃取体系，如P_{204}-TBP、TOPO-TBP、TRPO-P_{204}等协同萃取体系在铀分析中由于选择性不高应用不多，在铀水冶工艺中已有采用。

溶剂萃取法的特点是简单快速，是冶金、化学等工业中的重要工艺。在化学分析中，溶剂萃取与光度法、原子吸收等技术相结合可有效提高分析方法的专属性、测定的准确度和灵敏度，因而是分析化学中分离和富集的常用手段之一。

3. 萃取色谱分离法

萃取色谱是溶剂萃取与色谱相结合的一种分离技术，亦称反相萃取色谱法。所谓反相是与正相萃取相对而言的。在正相萃取中，有机相为流动相，水相为固定相，而在反相萃取色谱中，水相是流动相，有机相是固定相。水相中的溶质在色谱过程中，有多次逆流萃取行为，因而比单一的溶剂萃取具有较高的萃取率和分离效率。

固定相由萃取剂和惰性载体组成，萃取剂应对载体有一定的浸润能力，水溶性和黏度均要小，分配系数大，与共存离子的分离度要高。在铀的萃取色谱中常用的萃取剂有磷酸三丁酯(TBP)、甲基膦酸二甲庚酯(P_{350})、三正辛胺(N_{235})、二(2-乙基己基)膦酸(P_{204})等。

要求载体具有一定的化学惰性、热稳定性、憎水性和机械强度，比表面积较大，对萃取剂吸附牢固和吸附容量大的特点。常用的载体有硅胶、硅烷化硅胶、聚三氟氯乙烯粉、聚四氟乙烯粉和各种吸附树脂和聚氨酯型泡沫塑料等。在铀分离中常用TBP萃取剂负载于聚三氟氯乙烯载体上作为固定相。

将固定相装入内径0.5～1.2cm的玻璃柱中构成萃取色谱柱，当4～5$mol \cdot L^{-1}$硝酸含铀溶液流经色谱柱时，铀与TBP萃取剂形成中性配合物被吸附，萃取反应如下：

$$UO_2(NO_3)_2 + 2TBP \longrightarrow UO_2(NO_3)_2 \cdot 2TBP$$

铀与大量的钙、镁、铁、铝、钛、锰、镍、钴、砷、钼、钒等无机元素分离，用4$mol \cdot L^{-1}$盐酸淋洗残余杂质，再用水淋洗铀。

萃取色谱中，另一类固定相是萃淋树脂。萃淋树脂是在用苯乙烯-二乙烯苯合成树脂过程中加入相应的萃取剂，萃取剂渗入树脂骨架，被包裹其中，并非化学键合。萃取剂分布均匀，结合比较牢固，与上述调制的萃取剂——聚三氟氯乙烯粉固定相比较，具有很多优点。用不同萃取剂可合成各种萃淋树脂。在铀分析中有使用价值的萃淋树脂有CL-TBP、CL-P_{350}、CL-P_{567}、CL-5209、CL-7301、CL-7402等。

萃淋树脂研制成功，萃取色谱法分离铀，固定相用TBP萃淋树脂取代了TBP-聚三氟氯乙烯粉。TBP萃淋树脂与TBP-聚三氟氯乙烯固定相比，在相同的分离条件下，TBP萃淋树脂稳定性好，萃取剂不易流失，使用次数多，寿命长，对杂质分离效果好，分析结果有保证。由于萃淋树脂的应用，使萃取色谱法分离效果明显提高，应用范围也逐步扩大。

微色谱柱萃取色谱法：采用内径 3mm、高度 90mm 玻璃交换柱，装填小于 100 目的 TBP 萃淋树脂为固定相，用负压抽吸操作，零空床洗脱技术与常规柱（内径 6～8mm），树脂粒度 60～80 目相比，减小涡流扩散和传质阻力，穿漏量和柱容量增加，柱效明显提高，吸附流速可控，淋洗体积减小，只需 1～2ml，显色体积可在 5～10ml 中进行，灵敏度显著提高。测定铀含量 $1.2\mu g \cdot g^{-1}$的标准样品，测定结果与标准值完全吻合。实验表明用微色谱柱分离富集微量铀，操作简单，节省试剂和分析时间，测定结果准确可靠。

微色谱柱技术除测定铀外，已成功地用于复杂物料中 40 余种元素的离线和在线分离富集和测定，为消除基体组分干扰提供了可靠的技术，解决了矿石中痕量元素测定的困难，并为吸附理论的研究提供了有力手段，是值得推广的好方法。

三、铀的测定方法

铀的测定方法，有重量法、滴定法、光度法、荧光法、电化学分析法、X 射线荧光法、放射性分析法、电感耦合等离子体发射光谱法等。重量法有重铀酸铵沉淀法、8-羟基喹啉等沉淀法，由于手续烦琐，已很少应用。滴定法、光度法是 20 世纪 90 年代前常用的方法。90 年代以后，X 射线荧光光谱法、电感耦合等离子体发射光谱法、等离子体质谱法应用较普遍。本节将对上述方法予以简要介绍。

（一）滴定法

铀的滴定分析主要有螯合滴定和氧化还原滴定两类。螯合滴定使用的滴定剂主要是 EDTA，由于滴定时干扰元素较多。事先必须分离，再者是没有一种较好的指示剂，其终点变化不明显，所以未能在生产实际中应用。

氧化还原滴定法，此类滴定法可分为氧化滴定法和还原滴定法两种。还原滴定法是基于酸性溶液中采用三氯化钛、硫酸亚铁等为滴定剂，直接滴定六价铀到四价，但由于滴定剂易于被氧化，且方法的选择性不佳，故很少应用。

氧化滴定法是滴定分析中用得最普遍的方法，所用的氧化剂有高锰酸钾、硫酸高铁、硫酸铈（Ⅳ）、钒酸铵、重铬酸钾等，其中钒酸铵是用得最多的滴定剂。其优点是钒酸铵可配成很低浓度（$0.002 \sim 0.005 mol \cdot L^{-1}$），并长期稳定不变，因而可用于微量铀的测定。重铬酸钾通常用于高含量铀的测定。

1. 钒酸铵滴定法

（1）方法原理　在磷酸介质中，用 $FeSO_4$、$TiCl_3$ 或 $SnCl_2$ 溶液将铀还原至四价，过量的还原剂用 $NaNO_2$ 氧化，剩余的 $NaNO_2$ 被尿素分解，然后在 $3 \sim 5 mol \cdot L^{-1}$磷酸介质中，以 *N*-苯基邻氨基苯甲酸和二苯胺磺酸钠作为指示剂，用钒酸铵标准溶液滴定铀（Ⅳ）至溶液出现微紫色即为终点。铀（Ⅲ）被还原的主要反应式如下：

$$H_4[UO_2(HPO_4)_3]+2FeSO_4+4H_3PO_4 \longrightarrow H_2[U(HPO_4)_3]+2H_3[Fe(PO_4)_2]+2H_2SO_4+2H_2O$$

$$H_4[UO_2(HPO_4)_3]+2TiCl_3+6H_3PO_4 \longrightarrow H_2[U(HPO_4)_3]+2H_2[Ti(HPO_4)_3]+6HCl+2H_2O$$

在磷酸介质中亚铁和亚钛试剂之所以能还原铀（Ⅵ），主要是由于溶液中的 Fe（Ⅲ）/Fe（Ⅱ）氧化还原电位，随磷酸浓度的增加而降低，而 UO_2^{2+}/U^{4+} 的电位随磷酸浓度的增加而升高。Fe（Ⅲ）/Fe（Ⅱ）和 UO_2^{2+}/U^{4+} 的标准电位分别为 0.771V 和 0.334V。磷酸浓度小于 $2mol \cdot L^{-1}$亚铁不能还原铀（Ⅵ）。磷酸浓度增至 $5mol \cdot L^{-1}$以上，Fe（Ⅲ）/Fe（Ⅱ）电位降至 0.44V，UO_2^{2+}/U^{4+} 电位升至 0.58V，二者电位差为−0.14V，在煮沸条件下亚铁能还原铀（Ⅵ）至铀（Ⅳ）。

三氯化钛为强还原剂，在磷酸介质中氧化还原电位随磷酸浓度的增加而下降，在 $1mol \cdot L^{-1}$ 磷酸中电位为 $-0.05V$，$5mol \cdot L^{-1}$ 磷酸中电位为 $-0.15V$，因此用亚钛还原无须严格控制酸度，在 $1.5mol \cdot L^{-1}$ 磷酸，室温下即可将铀（Ⅵ）还原至铀（Ⅳ）。

过量还原剂的氧化可用 $NaNO_2$、溴水、次溴酸钠或浓硝酸氧化，但多数选用 $NaNO_2$ 为氧化剂，用 $NaNO_2$ 氧化时，温度应低于 30℃（防止 U^{4+} 氧化），加入 $NaNO_2$ 氧化过量亚铁时反应产物 NO，立即与未被氧化的 $FeSO_4$ 生成棕褐色化合物。

$$FeSO_4 + NaNO_2 + 3H_3PO_4 \longrightarrow H_3[Fe(PO_4)_2] + NaH_2PO_4 + NO\uparrow + H_2SO_4 + H_2O$$

$$TiCl_3 + NaNO_2 + 3H_3PO_4 \longrightarrow H_2[Ti(HPO_4)_3] + NaCl + NO\uparrow + 2HCl + H_2O$$

$$NO + FeSO_4 \longrightarrow \underset{\text{棕褐色}}{[Fe(NO)]SO_4}$$

利用棕褐色的出现和消失的色变指示氧化终点。氧化操作应尽可能快，使剩余 $NaNO_2$ 在溶液中停留时间短，以免 U^{4+} 被氧化，而导致结果偏低。此外，在氧化前要加入 1ml 浓盐酸，使试液中盐酸浓度为 2%左右，加速亚铁的氧化，并有助于消除钒的干扰。

剩余的 $NaNO_2$ 用尿素分解

$$2NaNO_2 + (NH_2)_2CO + 2H_3PO_4 \longrightarrow 2N_2\uparrow + CO_2\uparrow + 2NaH_2PO_4 + 3H_2O$$

在氧化过量 $FeSO_4$ 的反应中，当 $[Fe(NO)]SO_4$ 的棕褐色消失，立即加入尿素溶液，使剩余 $NaNO_2$ 分解，并不断摇动，至试液中大气泡消失，表示剩余的 $NaNO_2$ 分解完毕。

（2）铀（Ⅳ）的滴定和指示剂的选择　用钒酸铵滴定铀（Ⅳ）的反应式如下：

$$H_2[U(HPO_4)_3] + 2NH_4VO_3 + 4H_3PO_4 \longrightarrow$$
$$H_4[UO_2(HPO_4)_3] + V_2O_2(HPO_4)_2 + 2NH_4H_2PO_4 + 2H_2O$$

VO_2^+/VO^{2+} 的标准电位为 1.000V，在磷酸介质中，VO_2^+/VO^{2+} 的电位随磷酸浓度的增高而上升，当试液中磷酸浓度为 $4mol \cdot L^{-1}$ 时，VO_2^+/VO^{2+} 的电位约为 1.05V，而 UO_2^{2+}/U^{4+} 的电位为 0.58V，从而可得敏锐的与化学计量点基本一致的终点，为此，滴定前应控制磷酸浓度在 $3.5 \sim 4.5mol \cdot L^{-1}$ 范围内，过低或过高会使终点推后或提前。滴定时体积应控制在 50～60ml，温度低于 30℃，对于低含量铀必须在不断摇动下缓慢滴定，否则易滴过终点。

选用 *N*-苯基邻氨基苯甲酸和二苯胺磺酸钠为指示剂，其电位分别为 1.08V 和 0.85V。在用钒酸铵标准溶液滴定铀（Ⅳ）的磷酸介质中，VO_2^+/VO^{2+} 的电位为 1.05V，而 UO_2^{2+}/U^{4+} 的电位为 0.58V，因而变色点与化学计量点基本一致，反应敏锐，滴定终点清晰，是氧化还原滴定法测铀最佳的指示剂。

（3）共存元素的干扰及消除　与铀共存于试样中的非变价元素，一般均无影响。钒、钼、铁（Ⅲ）分别大于 3mg、40mg、50mg 时干扰测定。在磷酸溶液中还原铀（Ⅵ）时，钒和钼分别被还原成 V^{3+} 和 MoO_2^+。在用 $NaNO_2$ 氧化过量还原剂，部分 V^{3+} 有可能被氧化至 VO_2^+ 后氧化 U^{4+}，从而使铀的测定结果偏低。而部分 MoO_2^+ 可能不被氧化至六价，低价钼的存在消耗钒酸铵滴定液，使铀的结果偏高。铁（Ⅲ）大于 50mg 时，影响铀（Ⅵ）的完全还原，使铀的分析结果偏低。在一般情况下，试液中 2～5mg 钒、10mg 钼对测定结果无影响。若在用 $NaNO_2$ 氧化前于试液中预加 20%尿素 5ml、浓盐酸 1ml，则可抑制钒不被氧化至五价，钒的允许量增至 10mg，但钼的允许量被降至 5mg。所以钒、钼含量较高的试样应预先分离钒、钼后再测定铀。

（4）钒酸铵滴定法应用实例

实例 1：亚铁还原钒酸铵滴定法测定矿石中铀。

矿样用磷酸、过氧化氢、盐酸、硫酸分解，在大于 33%磷酸介质中，用硫酸亚铁铵将铀（Ⅵ）还原到铀（Ⅳ），过量的亚铁和被还原至低价的一些离子，用亚硝酸钠氧化，过量的亚硝酸钠用尿素破坏，溶液总体积控制在 60ml，磷酸浓度在 28%～38%之间，以二苯胺磺酸钠为指示剂，用钒酸铵标准溶液滴定至溶液呈微紫色为终点，根据消耗钒酸铵的量计算铀的含量。

本方法适用于矿石中 0.05%～2.0%铀的测定。

实例 2：亚钛-次溴酸钠-钒酸铵微容量法测定矿石中微量铀。

本法是对常量滴定法（60ml 滴定体积）进行一些改进后建立的测定方法。

称取小于 0.5g 矿样于聚四氟乙烯烧杯中，加 1ml 浓盐酸、0.5ml 过氧化氢、3ml 磷酸和 1ml 氢氟酸，于 200℃恒温电热板上加热 10～15min 分解矿样。溶解物转移至 10ml 离心管中，用（1+4）磷酸洗涤烧杯，溶液总体积控制在 10ml；置离心机上离心 10min。将上层清液倒入 50ml 烧杯中，放电磁搅拌器上开动电源搅拌，滴加 3 滴 10%硫酸亚铁铵溶液，2～3 滴 $TiCl_3$ 至溶液呈紫色，再过量 1 滴溴加次溴酸钠溶液至溶液呈淡紫色，加 1 滴尿素-亚硝酸混合溶液，出现棕黑色，加 7～8 滴次溴酸钠溶液至棕黑色褪去，滴加 10 滴尿素-亚硝酸混合溶液，产生大量气泡，继续搅拌至气泡消失，放置 1～2min，滴加 2～3 滴二苯胺磺酸钠指示剂，用钒酸铵标准溶液经 2ml 微量滴定管，滴至微紫红色为终点。

本方法的优点是矿样用磷酸在 200℃恒温下加热溶解 10min，加热时间短，分解能力强。溶解物用离心分离比漏斗分离过滤快，分离效果好，试液体积小（10ml）。滴定在电磁搅拌器上操作，不用人力摇动，既轻便，又易于观察滴定终点。使用微量滴定管 1～5ml，分度值小，滴定误差少，钒酸铵滴定液浓度低（$T_{NH_4VO_3/U}=0.150mg\cdot mL^{-1}$），滴定值准确。

总之本法与常量滴定法相比，从样品溶解和过滤以及滴定等一系列操作都进行了改进，使方法变得更加简便，快速，又节省试剂（每个试样节省 12ml 磷酸），分析结果准确，深受分析工作者青睐。适用于铀水冶厂含铀 0.003%～0.5%矿石、浸渣和 2～100mg · L^{-1} 液体样品中铀的测定。

2. 重铬酸钾滴定法

重铬酸钾滴定法是高含量铀的一种测定方法，在大于 9mol · L^{-1} 的磷酸介质中，于室温下用 $FeSO_4$ 还原铀（Ⅵ）。在氨基磺酸存在下，以钼酸铵催化，用硝酸氧化过量的 Fe(Ⅱ)，最后在 3mol · L^{-1} 磷酸、1.2mol · L^{-1} 硫酸中，以二苯胺磺酸钠做指示剂，用 $K_2Cr_2O_7$ 溶液滴定至紫色稳定 1min 为终点，其各步反应如下：

$$H_2[UO_2(HPO_4)_3]+2FeSO_4+4H_3PO_4 \longrightarrow H_2[U(HPO_4)_3]+3H_3[Fe(PO_4)_2]+2H_2SO_4+2H_2O$$

$$2FeSO_4+HNO_3+4H_3PO_4 \longrightarrow 2H_3[Fe(PO_4)_2]+HNO_2+2H_2SO_4+H_2O$$

$$2H_2[U(HPO_4)_3]+K_2Cr_2O_7+2H_3PO_4 \longrightarrow 3H_2[UO_2(HPO_4)_3]+2CrPO_4+3KH_2PO_4+H_2O$$

在磷酸介质中，当磷酸浓度大于 9mol · L^{-1}时 UO_2^{2+}/U^{4+} 与 Fe（Ⅲ）/Fe（Ⅱ）电位差大于 0.170V。Fe（Ⅱ）即使在室温下也能瞬间还原铀（Ⅵ）至铀（Ⅳ）。过量的 Fe（Ⅱ）在有钼酸盐作催化剂的条件下用硝酸氧化。在硝酸氧化剩余 Fe（Ⅱ）的过程中产生 HNO_2，HNO_2 会缓慢氧化铀（Ⅳ），同时产生 NO。

$$H_2[U(HPO_4)_3]+2HNO_2 \longrightarrow H_4[UO_2(HPO_4)_3]+2NO$$

NO 与 HNO_3 反应又形成 HNO_2：

$$2NO+HNO_3+H_2O \longrightarrow 3HNO_2$$

为保护铀（Ⅳ）不被氧化，于体系中引入氨基磺酸以分解氧化过程中形成的 HNO_2：

$$HNO_2+NH_2SO_3H \longrightarrow N_2+H_2SO_4+H_2O$$

并借助于操作中的剧烈振摇，以加速驱除 NO，使 HNO_3 无条件形成 HNO_2，避免铀（Ⅳ）被氧化，导致结果偏低。

用 $K_2Cr_2O_7$ 标准溶液滴定铀（Ⅳ），$Cr_2O_7^{2-}/2Cr^{3+}$ 电位随磷酸浓度的增加而上升。当磷酸浓度为 $3mol \cdot L^{-1}$ 时，$Cr_2O_7^{2-}/2Cr^{3+}$ 电位为 1.10V 左右，选择二苯胺磺酸钠作指示剂，可得指示剂变色点与化学计量点基本一致的终点。

滴定时磷酸的浓度过大或过小，会使终点提前或滞后，滴定温度以 18～25℃为宜。钒的存在使铀的测定结果偏高，本方法适于测定铀含量大于 1%的样品。

（二）光度法

铀的光度法最初以无机试剂，如亚铁氰化钾、过氧化氢、硫氰酸盐、叠氮化钠等作显色剂，对铀的反应不够灵敏。随着有机合成工业的发展，种类繁多的有机试剂不断出现，用有机试剂比无机试剂测铀有更高的灵敏度，所以目前多采用有机试剂。铀的光度分析中常用的有机试剂有五类，即变色酸偶氮类、杂环偶氮类、三苯基甲烷类、氧肟酸类和多元配合物类，其中变色酸双偶氮类和杂环偶氮类是目前光度法中测定铀的主要显色剂；三苯基甲烷类染料作为胶束增溶光度法测定铀和三元缔合物萃取光度法测定铀的显色剂具有很高的灵敏度，但由于选择性和稳定性不佳的原因，其实际应用尚不普遍。

变色酸偶氮类染料依其成盐基团的不同，有偶氮胂Ⅲ、偶氮氯膦Ⅲ、偶氮胂 M 等试剂，这些试剂在一定条件下均能与铀（Ⅵ）、铀（Ⅳ）呈显色反应，尤其是偶氮胂Ⅲ。在铀的光度法中得到普遍应用。

杂环偶氮类试剂很多，有吡啶偶氮类、噻唑偶氮类、安替比林偶氮类等。吡啶偶氮类试剂有 2-(5-溴-吡啶偶氮)-5-二乙氨基苯酚（简称 5-BrPADAP）、2-(2-噻唑偶氮)-5-二氨基苯酚（简称 TAR）、4-(2-噻唑偶氮)间苯二酚（简称 PAR），均可在中性或碱性介质中与铀（Ⅵ）、铀（Ⅳ）形成深色螯合物，其中用得最广的是 5-BrPADAP。这里主要讨论偶氮胂Ⅲ和 5-BrPADAP 与铀（Ⅵ）的显色反应条件及应用方法。

1. 铀（Ⅵ）-偶氮胂Ⅲ光度法

偶氮胂Ⅲ全称 2,7-双(2-苯胂酸偶氮)-1,8-二羟萘-3,6-二磺酸，分子量为 776.38，为暗红色晶体状粉末，化学性质稳定数年不变，它的分子中有三种成盐基团，即磺酸基（$—SO_3H$）、胂酸基（$—AsO_3H_2$）、羟基（—OH），根据三种成盐基解离常数的不同，偶氮胂Ⅲ在不同酸度介质中呈现不同的色泽。在浓硫酸中呈绿色，在 pH=3 酸性溶液中呈桃红色，pH>5 时呈蓝色。在不同酸度的溶液中它与许多金属离子显色，形成 1∶1 螯合物，其结构式如下：

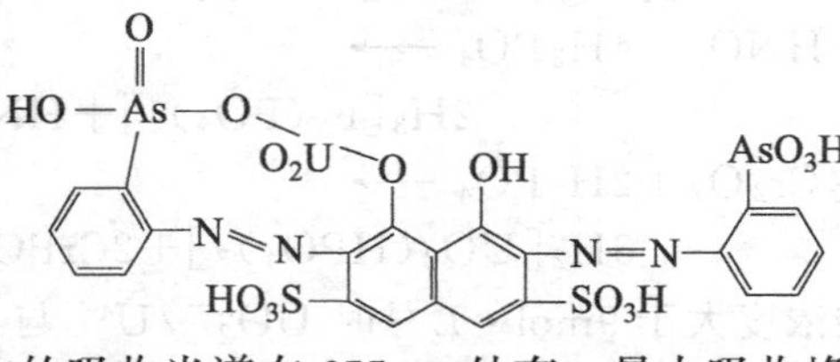

UO_2^{2+}-偶氮胂Ⅲ螯合物的吸收光谱在 655nm 处有一最大吸收峰，在相同酸度下，偶氮胂Ⅲ试剂的吸收峰在 540nm，对比度=115nm。摩尔吸收光系数 $\varepsilon = 5.3 \times 10^4 L \cdot mol^{-1} \cdot cm^{-1}$。

铀（Ⅵ）-偶氮胂Ⅲ光度法测定铀，有水相和有机相中显色两种形式，其中微酸性水相中显色，是光度法测定铀的主要方法。这里主要讨论微酸性水相中铀（Ⅵ）与偶氮胂Ⅲ的显色反应和应用。

（1）铀（Ⅵ）与偶氮胂Ⅲ显色反应条件选择　显色酸度和缓冲介质的选择：铀（Ⅵ）与偶氮胂Ⅲ反应与溶液酸度有关，在强酸介质（$5 \sim 7mol \cdot L^{-1}$）的盐酸、硝酸或高氯酸中，要比微酸性介质中的反应灵敏度高、选择性好、干扰元素少。螯合物的摩尔吸光系数大（ε=7.1～8.8×10^4），虽然有很多优点，但因酸度太大，对仪器等损失也大，所以一般很少采用。在微酸性无配合物作用或有氯乙酸-乙酸钠、柠檬酸钠的缓冲介质中，吸光度随 pH 值增加而增大，pH 1.6～2.5 最大，pH＞2.5 开始下降，两种缓冲介质的恒吸收范围为 pH2.0～2.5，表明两种缓冲溶液对铀（Ⅵ）-偶氮胂Ⅲ螯合物有相同的稳定性，因此 pH2.5-氯乙酸-乙酸钠和柠檬酸-NaH_2PO_4 都可以用作本显色体系的缓冲溶液。

偶氮胂Ⅲ用量与比耳定律范围：偶氮胂Ⅲ加入量是基于试液中铀的浓度和偶氮胂Ⅲ的纯度，而主要是根据一定浓度铀充分显色所需偶氮胂Ⅲ最低用量的实验而确定。一般实验结果是 50μg 铀，偶氮胂Ⅲ用量 0.5mg 就能充分显色，但实际加入量应为此值的 1.5～2.5 倍，更加稳妥。

在 25ml(0～50μg) 含铀溶液中加入 2ml 0.05%偶氮胂Ⅲ（1mg），显色后测定吸光度，铀浓度与吸光度呈线性关系，符合比耳定律，则本显色体系的比耳定律范围为 0.04～4.0μgU·ml^{-1}。

显色速率和稳定性：铀（Ⅵ）与偶氮胂Ⅲ反应几乎瞬间即充分显色，且至少稳定 8h。

共有离子的干扰及其消除：铀（Ⅵ）-偶氮胂Ⅲ显色，干扰元素有钍、锆、铁、钒、铬、稀土和锕系元素等，干扰元素较多。可用掩蔽剂 EDTA、TTHA、磺基水杨酸等掩蔽，或用离子交换法、萃取色谱法使铀与干扰元素分离，消除干扰。测定矿石中微量铀伴生元素多，必须采用适当分离手段，才能保证分析结果准确。

(2) 偶氮胂Ⅲ光度法测定铀的要点　通过偶氮胂Ⅲ与铀显色反应条件的选择和共存离子干扰和消除试验，得出以偶氮胂Ⅲ为显色剂测定铀的方法要点是：在微酸性（pH2.5）氯乙酸-乙酸钠缓冲介质中，铀与偶氮胂Ⅲ形成有色螯合物，加 EDTA、TTHA、磺基水杨酸掩蔽干扰离子，在波长 660nm 处，用 1cm 或 3cm 比色皿，以试剂空白为参比测定吸光度。

(3) 铀（Ⅵ）-偶氮胂Ⅲ光度法应用实例

实例 1：742 阴离子交换树脂分离偶氮胂Ⅲ光度法测定矿石中微量铀。

样品经混合铵盐分解后，用 4mol·L^{-1}盐酸提取，用 742 阴离子交换树脂分离富集铀，在 4mol·L^{-1}盐酸溶液中，树脂转换成氯型，铀以氯配阴离子 $UO_2Cl_3^-$ 形式与树脂进行交换吸附，与钍、稀土、锆、钛、钒等干扰元素分离，树脂上吸附的铀用水洗脱。在 pH2～2.5 氯乙酸-乙酸钠缓冲介质中，以偶氮胂Ⅲ显色，生成有色配合物，于波长 660nm 处，用 1cm 比色皿，以试剂空白为参比测定吸光度。计算铀量。

本法适用于 0.001%～0.5%铀的测定。

实例 2：Cl-TBP 萃淋树脂分离-偶氮胂Ⅲ光度法测定矿石中微量铀

试样经磷酸-氢氟酸加热分解，制成 2～9mol·ml^{-1}硝酸溶液，用 Cl-TBP 萃淋树脂分离干扰元素富集微量铀，此时铀即以 $UO_2(NO_3)_2$·2TBP 中性配离子形式吸附在萃淋树脂上而与大量的伴生元素铁、铝、钙、镁、钒、钼、铜、钛、磷、铌、钽及少量稀土元素分离，钍的干扰用盐酸洗脱，用水解脱铀，在 pH2～2.5 氯乙酸-乙酸钠缓冲介质，以偶氮胂Ⅲ显色生成有色配合物，于波长 660nm 处，用 3cm 比色皿以试剂空白为参比，测定吸光度计算铀量。

本法适用于 0.000x%～0.0x%铀的测定。

2. 铀（Ⅵ）-5Br-PADAP 光度法

5Br-PADAP 为紫色粉末，分子量 349，难溶于水，易溶于醇、酮、酯、醚、三氯甲烷及水-醇、水-酮混合溶液。在 5%乙醇中，依溶液 pH 不同，5Br-PADAP 分子中氮原子质子化和羟基解离 H^+ 的解离常数的不同呈现出不同颜色，在 0.05mol·L^{-1} 硫酸中呈橙色，pH2～10 呈橙黄色，在强碱性溶液中呈红色。在微酸性至微碱性介质中能与许多金属离子形成螯合物；在水-乙醇介质中，铀（Ⅵ）与5Br-PADAP形成1∶1螯合物，但由于UO_2^{2+}的水解作用，当介质pH大于5.5时形成UO_2(Br-PADAP) OH，并进一步形成UO_2OH^+致使螯合物极不稳定，放置过程中吸光度迅速降低。当介质pH值为7.7～8.6时，加入一定量F^-形成UO_2^{2+}∶Br-PADAP∶F=1∶1∶1三元螯合物，稳定性增大，氨羧配合剂的存在对显色的灵敏度也无影响。三元螯合物的结构式如下：

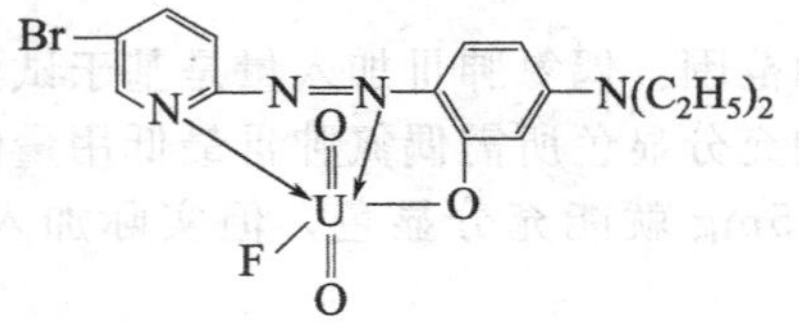

[UO_2(Br-PADAP)] F螯合物的吸收光谱在578nm处有一最大吸附峰，5Br-PADAP试剂的吸收光谱为470nm，对比度$\Delta\lambda=108$nm，摩尔吸光系数$\varepsilon=7.1\times10^4$L·mo$L^{-1}$·$cm^{-1}$。

铀（Ⅵ）-5Br-PADAP光度法测定铀，由于5Br-PADAP是疏水性试剂，不宜在水相中显色，应选用水-乙醇、水-苯-乙醇、水-环已醇-乙醇相中显色，一般多采用水-乙醇中显色。本节主要讨论微碱性介质中铀（Ⅵ）与5Br-PADAP的显色条件和应用。

(1) 5Br-PADAP光度法测铀的方法提要　在pH值为7.7～8.6的三乙醇胺（TEA）-$HClO_4$缓冲介质中控制乙醇的体积分数为30%～60%，在CyDTA-磺基水杨酸-NaF混合掩蔽剂存在下，UO_2^{2+}与5Br-PADAP及F^-形成有色螯合物，在波长578nm处，用1cm或3cm比色皿，以试剂空白为参比测定吸光度。

显色酸度和缓冲液的选择：铀（Ⅵ）与5Br-PADAP显色反应在微碱性（pH7.7～8.6）溶液中螯合物吸光度最大，并几乎恒定。用硼酸盐、异丙胺、三乙醇胺等缓冲液均可控制这一范围的pH值。其中三乙醇胺对5Br-PADAP有助溶作用，同时又是部分金属离子的掩蔽剂，故选用三乙醇胺-无机酸作缓冲溶液，无机酸以$HClO_4$或HNO_3为宜，三乙醇胺浓度应小于0.18mol·L^{-1}，否则吸光度下降。

显色速率和稳定性：铀（Ⅵ）与5Br-PADAP的显色反应，室温下30min已充分显色，并至少稳定40h。

助溶剂的选择和用量：由于5Br-PADAP的疏水性，需在水相中加入有机溶剂为助溶剂配成混合液，在混合液中显色。常用的混合液是水-乙醇，乙醇用量以30%～60%为适宜，低于30%溶液浑浊，高于60%吸光度降低，若用丙酮助溶，丙酮的体积分数应大于30%。

5Br-PADAP用量和比耳定律范围：5Br-PADAP与铀质量比5∶1时，UO_2^{2+}可充分显色，过量4倍，不影响螯合物的吸光度。铀浓度0～3μg·ml^{-1}遵循比耳定律。

共存离子的干扰和消除：在UO_2^{2+}与5Br-PADAP显色介质中，Fe^{3+}、Cd^{2+}、Co^{2+}、Mn^{2+}等20余种金属离子能与5Br-PADAP显色，因而这些离子对测定铀呈正干扰。但当采用CyDTA-磺基水杨酸-NaF作掩蔽剂时，大部分金属离子可被掩蔽。其中CyDTA为主掩蔽剂，可以消除绝大部分金属离子的干扰，磺基水杨酸可抑制铍、铝、钛、钍、锆的沉淀，或与CyDTA协同掩蔽它们的显色，而使之不干扰。

掩蔽剂NaF中F^-是UO_2^{2+}与5Br-PADAP反应必要的配位体，显色体系中无F^-时，仅给出正常状态80%左右的吸光度，且1h后开始褪色，F^-又可掩蔽那些形成氟配合物的金属离子。

在操作规程给定的混合掩蔽剂存在下，尚有某些金属离子如Fe^{3+}、Cu^{2+}、Ti（Ⅳ）等干扰，使吸光度偏高或降低，需要通过分离手段除去。

显色溶液中引入表面活性剂乳化剂——OP，形成 UO_2^{2+}-5Br-PADAP-F-OP（1：1：1：2）的四元配合物显色，既节省了大量有机溶剂，又能使方法的灵敏度和选择性有所改善，尤其对 $PO_4{}^{3+}$ 的允许量大大提高，得到较为普遍的应用。

（2）铀(Ⅵ)-5Br-PADAP 光度法应用实例

① TBP 萃淋树脂色谱分离 5Br-PADAP 光度法测定岩石中的痕量铀 试样用混合铵盐分解，制备成（1+2）硝酸溶液，经 TBP 萃淋树脂色谱分离干扰元素并富集铀，用水洗脱吸附在萃淋树脂上的铀。在混合掩蔽剂存在下，用三乙醇胺作缓冲液（pH＝7.8），5Br-PADAP 和乳化剂 OP 显色，于波长 578nm 处，用 5cm 比色皿，以试剂空白为参比，测量吸光度，计算铀含量。

本法适用于 0.0001%～0.01%铀的测定。

② TRPO 萃取-5Br-PADAP 光度法测定矿石中的微量铀 试样用氢氟酸、硝酸、盐酸混合酸加热分解，制备成 $1mol \cdot L^{-1}$ 的硝酸溶液，加入 NaF，用 TRPO-环己烷萃取铀，再用 CyDTA-NaF 混合液反萃取铀。用 5Br-PADAP 显色，生成紫红色三元螯合物，于波长 575nm 处，用 3cm 比色皿，以试剂空白为参比，测量吸光度，计算铀含量。

本法适用于 0.000x%～0.x%铀的测定。

（三）荧光分析法

早在 1852 年就发现铀酰盐的固溶体或液体在紫外辐射激发下，产生黄绿色的荧光，在一定条件下荧光强度与铀浓度成正比。据此建立了铀的荧光分析法，有固体荧光法和液体荧光法两种。

固体荧光法是将含铀溶液加入 NaF 经高温熔融后转换成固溶体，被激发后依其产生的荧光强度测定铀。液体荧光法是将含铀酰盐溶液激发后，依其产生的荧光强度而进行铀的定量测定，与固体荧光法相比，它的灵敏度较差，应用不普遍。由于激光技术的引入，以氮分子激光器产生的 337.1nm 的强辐射为激发源的激光荧光分析仪的应用，使荧光法的灵敏度和精密度有明显提高。

激光荧光法测定液体样品中微量铀的原理是铀在液体中以 UO_2^{2+} 存在，加入一种抗干扰荧光增强剂，使铀酰离子配合成具有荧光效率很高的单一配合物，该配合物在氮分子激光器发生的脉冲激光照射下产生 500nm、522nm、540nm 波长的荧光。荧光强度与溶液样品中铀的含量成正比。由 $F=2.303\Phi I_0 \varepsilon Lc$ 定量关系式，可知采用激光使荧光强度大大增强，因而激光荧光法的灵敏度比一般荧光法提高 2～3 个数量级，检测下限为 $0.05\times10^{-9}g \cdot ml^{-1}$ 铀，测量范围为 $(0\sim20)\times10^{-9}g \cdot ml^{-1}$。

激光荧光法不仅可以测定溶液中的铀，配合适当的分离技术也可以测定岩石和矿物中的铀。由于激光荧光铀分析仪是一种结构紧凑、精密的电光学仪器，具有精密度高，检出限低，测定速度快，读数直观，操作简单，取样少，仪器体积小，携带方便等特点，除实验室应用外，还应用于野外铀矿普查、环境保护、卫生等部门使用。

（四）X 射线荧光光谱法

X 射线荧光分析法有定性分析和定量分析，定量分析的依据是 X 射线荧光的强度与待测元素的含量成正比。这里围绕铀、钍的 X 射线方法定量分析进行讨论。

定量分析的影响因素主要来自样品，有基体效应、粒度效应和谱线干扰。

定量分析方法有标准曲线法、内标法、增量法和数学法。为了提高定量分析的精度，发展了直接数学计算法，这类方法主要有经验系数法和基本参数法。此外，还有多重回归法及有效波长法等，这些基本方法发展很快，将成为 X 射线荧光分析法的主要方法。

X 射线荧光分析法的应用和优点如下。

随着计算机技术的普及，X 射线荧光分析的应用范围不断扩大，已被定为国际标准

(ISO) 分析方法之一，其主要优点如下。

① 分解灵敏度高，适合多种类型的固态和液态物质的测定，样品在激发过程中不受破坏，便于进行无损分析。

② 元素谱线的波长不随原子序数呈周期性变化，因而谱线简单，谱线干扰现象比较少，且易于校准和排除。

③ 在物质的成分分析上，在冶金、地质、化工、石油建筑、农业、医药、环境、天文、考古等部门都获得广泛的应用。

④ 分析范围包括周期表中 $Z \geqslant 3$ (Li) 的所有元素，检出限达 $10^{-5} \sim 10^{-9} g \cdot g^{-1}$。

⑤ 能有效地用于测定薄膜的厚度和组成，如冶金镀层或金属薄片的厚度等。

随着 X 射线荧光光谱仪测量技术的改进和日益发展，将成为各科研和生产部门广泛采用的一种极为重要的分析方法。

X 射线荧光光谱起因于内层电子跃迁，与元素的化学性质无关，只和原子序数有关。铀的原子序数大，所以 X 射线荧光光谱特别适合于铀的分析，不仅能测定常量铀，而且能测定高含量铀和微量铀，并具有快速、准确和非破坏性的优点，同一样品可重复测定。

X 射线荧光光谱法测定铀、钍：采用熔融法制备样片，用散射内标法与经验 α 系数相结合的方法进行基体效应的校正。用波长色散 X 射线荧光光谱仪测定。

准确称取 0.8g（精确至 0.0001g）试样和 4g 高纯无水四硼酸锂，置于铂金坩埚中搅匀，加入 3～4 滴碘化锂溶液，然后用自动熔融制样机制样，整个熔融制样过程为 15min，最后制得均匀透明、无气泡的直径为 31mm 的玻璃状样片。放入干燥器中，待测。

选用不同含量和不同岩性的国际标准物质和国家一级标准物质作标准，根据需要在标准物质中加配适当人工混合标准补充。按制样步骤制备样片，并制作校准曲线，标样数目不得少于 30 个。校准曲线范围为：U_3O_8，0.004%～3.8%；ThO_2，0.009%～1.2%。

用 Rh 靶管作激发光源，将管压、管流逐步调整至 50kV、50mA；真空光路，调节 P10 气体（氩气 90%＋10%甲烷混合气）压力 101325Pa，流量为 $1L \cdot h^{-1}$。按仪器测量参数测量。

为了准确测量，首先要用标准物质样片放入试样室校准元素的峰值角度，然后测量标准样片中各元素的强度，两次测量的相对误差小于 1%，表示仪器稳定，可进行试样测量。

背景校正采用一点或两点扣背景。

一点法计算公式：

$$I_n = I_p - I_b \tag{1}$$

式中，I_n 为扣除背景的分析线强度；I_p 为峰值强度；I_b 为背景强度。

两点法扣背景公式：

$$I_n = I_p - \frac{I_a + I_b}{2} \tag{2}$$

式中，I_n 为扣除背景的分析线强度；I_p 为峰值强度；I_a 为背景点 a 处的背景强度；I_b 为背景点 b 处的背景强度。

校准：基体效应校正和谱线重叠干扰校正采用数学方法进行回归。计算公式如下：

$$w(B) = [E(B)R(B) + D(B)][1 + \sum \alpha(B)_j w_j] + \cdots \sum \beta_k(B) w_k \tag{3}$$

式中，$w(B)$ 为分析元素 B 的质量分数，%；$E(B)$ 为待测元素 B 的校正曲线的斜率；$D(B)$ 为待测元素 B 的校正曲线的截距；$R(B)$ 为待测元素 B 的相对强度（或内标强度比）；$\alpha(B)_j$ 为某元素 j 对分析元素 B 的影响系数（理论 α 系数或经验系数）；w_j 为共存元素 j 的质量分数；$\beta_k(B)$ 为干扰元素 k 对分析元素 B 的谱线重叠干扰系数；w_k 为干扰元素 k 的质量分数（或 X 射线强度）。

标准试样分析元素B的推荐值经理论 α 系数校正基体效应得表观含量。待测元素的测量强度和表观含量用式(3) 回归计算，求得校准曲线常数 E(B)、D(B)。

次量元素则以强度与 RhK_α 线康普顿散射强度的比值与推荐值回归分析进行校准。

先输入待测元素的测量参数，理论 α 系数实验测定（结果见表5-1）和标准试样中各元素的含量。测量标准试样，然后回归分析，再测量待测试样。

表5-1　铀、钍测量干扰元素及校正系数

干扰元素	Uα 系数	Thα 系数	干扰元素	Uα 系数	Thα 系数
K	1.632	1.489	Mn	6.528	6.143
Na	0.797	0.797	DWSi	0.06227	0.835
Ca	2.878	2.878	U	12.998	14.914
Mg	0.845	0.749	Ti	5.028	4.784
Fe	6.728	−0.9157	P	0.999	0.835
Al	0.895	0.793	Th	12.316	13.434

测得待测试样分析元素的强度，由计算机软件按式（3）计算质量分数并自动打印分析结果。

熔片质量：需确保标准物质和试样的制样条件完全相同，熔片中不能含有气泡等缺陷。

干扰校正：不同仪器条件下的干扰校正系数不同，需要仔细测量，以得到最佳的校正系数。

本法对铀、钍的测定下限分别为：U_3O_8 0.0030%，ThO_2 0.0036%，分析结果的精密度和准确度较好，能够满足地质工作的需要。

（五）电感耦合高频等离子体发射光谱法测定铀和钍

试样采用硝酸、高氯酸、氢氟酸混合酸加热溶解至高氯酸白烟冒尽，用 $4mol \cdot L^{-1}$ 盐酸提取，制成10ml小体积溶液，用单道扫描型光谱仪测定。

单道扫描型光谱仪的上机测量工作参数为：功率0.7kW，冷却气流量 $12L \cdot min^{-1}$，载气流量 $0.7L \cdot min^{-1}$，辅助气流量 $0.3L \cdot min^{-1}$，观测高度为负载线圈上方16mm，测量方式为一点式峰高测量，波长选择U 385.958nm、U 409.014nm、Th 332.512nm。

背景干扰和校正：

Fe对U 385.958nm分析线存在线翼重叠干扰；Ca对U 409.014nm分析线存在轻微背景干扰。Fe对Th 332.512nm有谱线干扰，可通过计算机扣除干扰和背景进行校正。

采用仪器推荐的工作参数，使用铀和钍的标准溶液（$1.0\mu g \cdot ml^{-1}$）进行参数最佳化，使所用铀钍谱线波长处具有最佳的信背比。然后在最佳条件下，制作铀、钍校准曲线。校准曲线的浓度范围，可依据需要测定的试样大致浓度范围确定。在本法溶样条件下，被测试样中铀、钍的含量范围为 $10^{-6} \sim 10^{-2}$ 时，对应上机溶液中铀、钍的含量范围为 $0.010 \sim 100\mu g \cdot ml^{-1}$，据此决定校准曲线的含量范围。测量时，先测量空白，然后测量标准溶液。测完标准溶液后，需清洗至空白水平，再测量试样溶液。每次试样测量之间，应保持足够的清洗时间。仪器数据处理系统根据称取试样量、试液体积和测得铀、钍浓度，给出试样中铀、钍的含量。

传统方法经常用碱熔法对铀、钍试样进行分解。由于碱熔法引入大量基体，通常需要分离才能进行ICP-AES法测定。采用酸溶法溶样，可以直接使用ICP-AES法测定。对钍的测定，需要将试样消解时间增加至一周，本法测定铀、钍的范围为 $0.000x\% \sim 0.x\%$。对矿石中铀的测定下限为0.0002%。

（六）电感耦合等离子体质谱法

铀的分析早在1931年就有人利用质谱法对其进行分析。相继1935年Dempster和1939

年 Nier 用质谱仪发现了天然铀中的同位素，并测定了铀的三种天然同位素的相对质量。

质谱分析法除应用于铀同位素分析之外，在铀元素的化学分析，特别是利用同位素稀释法测定痕量铀方面也显示出了它的突出特点。20 世纪 90 年代兴起的电感耦合等离子体质谱（ICP-MS）技术具有检出限低，动态范围宽，基体效应小，准确度和精密度高，在整个原子能工业体系中，从找矿、采矿、冶金、反应堆元件加工、核燃料后处理工艺，以及许多基础和应用研究，如铀矿成矿理论、地球化学、海洋化学等研究中得到了比较广泛的应用。目前应用较多的尚有激光烧蚀 ICP-MS。

这里具体讨论电感耦合等离子体质谱（ICP-MS）法测定地质样品中重稀土元素和铀、钍的方法。

本法采用封闭常压，四酸（硝酸、氢氟酸、盐酸、高氯酸）溶样，滤渣用过氧化钠熔融，合并酸溶和碱熔所得溶液，最后用 ICP-MS 测定，仪器的工作参数见表 5-2。

表 5-2 工作参数（以美国热电 X-Ⅱ型 ICP-MS 仪为例）

工作参数	设定值	工作参数	设定值
射频功率	1300W	扫描方式	跳峰
雾化气流量	$0.82L \cdot min^{-1}$	测量点/峰	3
采样深度	15mm	积分时间	24s
冷却气流量	$13.01L \cdot min^{-1}$	氧化物离子产率	<3%
辅助气流量	$0.801L \cdot min^{-1}$	双电荷离子产率	<2%

1. 分析元素同位素和内标元素的选择

一般地，ICP-MS 法分析中待测元素质量数的选择遵循一定原则，即同位素丰度较大，质谱干扰尽量少，灵敏度高。内标元素的使用可对基体效应具有明显的补偿作用，并能有效地校正分析信号的漂移。内标元素的选择要根据尽量与待测元素质量数相近，且样品中含量很低的原则。本法选择铑、铼作为内标元素。

2. 质谱干扰及校正

有些稀土元素测定中会存在质谱干扰，须加以扣除。有些干扰可以在测试中通过测定较高含量的干扰元素的纯溶液，求出干扰系数加以扣除，有些干扰可用仪器自带软件推荐公式进行校正。

本法采用酸溶和碱熔相结合的方法溶解样品，用 ICP-MS 法同时测定重稀土元素和铀、钍，具有如下特点。

① 采用封闭常压四酸消解样品，杯内有一定压力，样品分解能力强，简便、安全，可一次处理大批量样品。酸用量较少，能有效降低空白。

② 样品经四酸处理后，绝大部分已溶解，只对微量滤渣用少量过氧化钠碱熔，降低了盐分，减少测定过程中盐量太多，对仪器的雾化器和炬管的堵塞，以及基体干扰。

本法由于改进样品溶解方法，加大了称样量，减少了试剂用量，降低了试剂空白，采用 ICP-MS 仪器测定，操作简便，经岩石、水系沉淀物国家一级标准物质验证，结果准确可靠。铀和钍的检出限分别为 $0.069\mu g \cdot g^{-1}$、$0.024\mu g \cdot g^{-1}$，是用来测定地质样品中痕量铀、钍极为有效的方法。

四、铀的形态分析

铀是变价元素，在地球化学环境中，铀是比较容易迁移的元素，在广泛变化的环境，不同的氧化还原条件下，形成不同价态的铀矿物。利用铀的价态分量，进行地球化学找矿和铀迁移活动规律的研究已引起极大的关注，因此，建立有效的铀价态分析方法实为必要。

（一）差减法测定铀矿石中铀（Ⅳ）和铀（Ⅵ）

在试样分解过程中，采用选择性溶解方法，使试样中铀（Ⅳ）或铀（Ⅵ）溶解而进入溶液。而另一种价态化合物不溶解，残留于溶液中。另取样全溶解，测定总量，差减法求另一价态铀的量，这类方法有如下几种。

1. 磷酸分解法

① 于4～5℃低温下，用稀磷酸分解，试样中铀（Ⅵ）被溶解而进入溶液，铀（Ⅳ）不被分解，取溶解液用荧光法测定铀（Ⅵ），而铀（Ⅳ）由总量减去铀（Ⅵ）而得。

② 用浓磷酸于电炉上低于220℃温度下加热煮沸5～8min，试样中铀（Ⅳ）和铀（Ⅵ）均可溶解，迅速冷却以防止铀（Ⅳ）被氧化。在室温下直接用钒酸铵滴定试样中的铀（Ⅳ），只要严格控制好溶样时加热的温度和时间，即可防止铀（Ⅳ）被氧化而导致结果偏低。

2. 盐酸分解法

试样用含有盐酸羟胺的1.2mol·L^{-1} HCl溶解，并加入钛做载体，用铜铁灵沉淀U（Ⅳ），过滤后分别在沉淀和滤液中测定U（Ⅳ）和U（Ⅵ）。由于盐酸羟胺的加入，它既可以抑制U（Ⅳ）的氧化而又不还原U（Ⅵ）。此法较早用于磷灰岩沉积物中铀的形态分析。

3. 氢氟酸分解法

试样在邻菲啰啉、硫酸羟胺、硫酸、氧化钙、硫酸钍及碳酸钠等作为稳定剂、助溶剂、掩蔽剂的条件下，用浓氢氟酸在约40℃温度下分解试样。这时铀（Ⅳ）形成UF_4沉淀，铀（Ⅵ）形成UO_2F_2存在于溶液中，快速过滤分离。UF_4沉淀用硝酸、高氯酸分解后以滴定法或激光荧光法测定。铀（Ⅵ）的含量可用总铀量减去铀（Ⅳ）求得。本法对消除铁、钼、钨等元素的干扰效果较好，应用范围较广。

4. 碳酸盐分解法

试样用5%～10%碳酸铵-0.2%硫酸羟胺混合溶液在密闭加压条件下，于60℃电热恒温箱中加热3～4h，铀（Ⅵ）溶解，溶出的铀（Ⅵ）形成$[UO_2(CO_3)_3]^{4-}$配合物，过滤使其与不溶的铀（Ⅳ）分离，滤液用滴定法或光度法测定铀（Ⅵ）的含量，铀（Ⅳ）的含量用总含量减去（Ⅵ）求得。

（二）试样中不同形态铀的同时测定

1. 沥青铀矿中铀（Ⅳ）和铀（Ⅵ）的测定

准确称取0.005～0.01g试样置于聚四氟乙烯烧杯中，加入3ml HF-H_2SO_4混合液，放置5min，加入3～5mg二氧化硅粉末，加入10ml近沸的6mol·L^{-1} H_2SO_4，加热煮沸8～10min，稍冷转入100ml锥形瓶中，用25%磷酸洗涤烧杯，洗涤液合并于锥形瓶中，用钒酸铵滴定法测定铀（Ⅳ）含量。

试样经氢氟酸、硫酸分解，四价铀以四氟化铀形成沉淀，加入二氧化硅后，四氟化铀溶解：

$$2UF_4+2SiO_2+6H_2SO_4 = 3U(SO_4)_2+2H_2SiF_6+4H_2O$$

在磷酸介质中用钒酸铵滴定法测定铀（Ⅳ）含量。铀（Ⅵ）含量由总铀量减去铀（Ⅳ）含量求得。

2. 铀的顺序提取形态分析

采用顺序提取方法是用不同试剂提取砂岩铀矿地质试样中铀及伴生元素钒、钼、硒、铼、铅的各种形态，以ICP-MS法进行测定。

铀及其伴生元素各种形态的顺序提取方法如下。

称取1g试样置于50ml离心管中，用不同试剂按顺序提取5种形态。首先用水搅拌浸泡3h，提水溶态，依次用0.11mol·L^{-1} HAc（pH5.0）浸泡5h。提取磷酸盐结合态，用0.04mol·L^{-1} NH_2OH·HCl溶液在（95±1）℃恒温下加热提取铁、锰氧化物结合态，用0.02mol·L^{-1} HNO_3和H_2O_2在（86±1）℃搅拌浸出提取硫化物和有机物结合态，最后将残余物用HNO_3+HF微热消解后，再用（1+1）HNO_3提取为残余态。对5种形态试样用

ICP-MS测定铀和伴生元素的含量（$\mu g \cdot g^{-1}$）。

铀的形态分析工作虽然起步较早，但主要集中于价态分析和矿物中铀的化学物相分析。随着环境科学和生命科学的发展对铀在环境中和生物体内存在形态的测定和表征越来越重要，应引起科学工作者们足够的重视。

五、放射性分析方法及铀、钍、镭同位素比值测定

1. 放射性分析方法

放射性分析方法：是以原子核物理学为理论基础的方法，它根据放射性元素衰变时放出的射线来测定元素的含量。这种方法的特点是不破坏样品，测定简便快速，容易实现自动化，因此是铀矿冶生产中在线分析的重要手段。

放射性元素在衰变过程中放出的射线是一些基本粒子。这些基本粒子可分为三类，一类是带电粒子（如α粒子和β粒子），一类是中性粒子（如中子），另一类是光子-电磁波（如γ射线）。放射性测量是用核辐射探测装置，它包括两个部分，第一部分是将辐射能转变成电能的能量转换器——辐射探测器；第二部分是各种不同作用的电子线路，如放大器、定标器、脉冲辐射分析器等。

用放射性测量分析放射性元素的依据是射线的强度与样品放射性元素的含量成正比。具体测量方法归纳如下：

① 利用各种射线的放射性总强度，例如β-γ法测定矿石中铀。

② 采用某一种射线不同能量区间的强度，如利用γ能谱法测定矿渣中镭。

③ 前两种类型的相互配合，如β-γ′-γ″能谱分析法测定铀、钍、镭。

放射性分析法的误差：由于放射性测量的结果与原子蜕变的统计涨落、仪器的工作状态及某些干扰元素的影响有关，因此不可避免地存在一定的误差。但是只要保证足够的计数时间，这种统计涨落的误差为可控范围。

在放射性测量中，由于原子核衰变是一种随机现象，在任一特定时间内，无法确定有多少原子核发生衰变，也不能确定哪一种原子在什么时间发生衰变。因此，每一次测量中测得的总计数会有统计的涨落，各种测得的结果是不完全相同的，必然产生误差。

用放射性分析法测定铀，具有成本低、操作简单、速度快、效率高等优点，如果工作中对测量条件加以严格控制，并经常用标准源对仪器进行校正，可得到令人满意的结果。

2. 铀、钍、镭的同位素比值测定

铀的同位素活度比$A(^{234}U)/A(^{238}U)$和钍、镭的同位素活度比$A(^{230}Th)/A(^{232}Th)$、$A(^{228}Ra)/A(^{226}Ra)$在铀矿勘探中具有广泛的应用。对于上述活度比的测量，传统方法主要有：α能谱法、γ能谱法和放射化学法。这些方法早年对于铀、钍、镭同位素活度比的测定做出过贡献。但是由于需要作一些化学处理和长时间的计数，生产效率低，成本高。近十余年来不少学者运用现代质谱技术对含铀试样中铀同位素比值的测定进行过许多研究，其中包括无需样品预处理的表面解吸化学电离质谱（SDAPCI-MS）、简单分离处理的等离子体质谱（ICP-MS）、热表面电离质谱（TIMS）等，这些方法具有灵敏度高、精密度好和分析速度快的优点，有可能被广泛应用。这里重点介绍TIMS方法。因为可以同时方便地测定$^{230}Th/^{232}Th$、$^{228}Ra/^{226}Ra$，所以这里一并介绍。

样品溶解：试样用氢氟酸和盐酸溶解，以盐酸转型提取，制备成待分离的盐酸溶液。

纯化液的制备：溶解的混合液于$6mol \cdot L^{-1}$ HCl条件下采用氯型阴离子交换树脂将铀与钍、镭分离，柱上的铀用水解吸后于$8mol \cdot L^{-1}$介质中通过氯型阴离子交换树脂分离铁等，得到铀的纯化液；过柱液中的钍和镭，于$8mol \cdot L^{-1}$ HNO_3介质中通过氯型阴离子交换树脂时钍被树脂吸附，其解吸液于$8mol \cdot L^{-1}$ HNO_3介质中通过氯型阴离子交换树脂进一步纯化；过柱液中镭用氢型阳离子交换树脂和锶特效交换树脂进一步处理，得到镭的纯化液。

TIMS 的测量：采用三带点样技术测定 μg 级天然铀。中间电离带采用高纯铼带，内侧和外侧蒸发带均采用钽带。由电子倍增器（ETP）和法拉第杯相结合的方法研究表明，采用动态多接收和静态多接收两种模式对天然铀样品（铀质量为 100～1000ng）中 $^{234}U/^{238}U$ 进行测量，动态多接收在线校正法明显好于静态多接收离线校正法，能有效地克服增益系数不稳定带来的测量误差，可满足天然铀中 $^{234}U/^{238}U$ 的精密准确测定。

钍的测量同样采用三带点样技术（中间为铼带，边带为钽带）。由于钍 230 的丰度较高，因此可采用静态法拉第杯多接收模式测定沥青铀矿中的 $^{230}Th/^{232}Th$。方法是将制备的钍 230 溶液在铼带上分别点三个样品，每个样品中钍质量在 1μg 左右，在优化 TIMS 测量条件下测量样品中 $^{230}Th/^{232}Th$ 的比值。

为了提高镭的电离效率，镭的点样采取单带加钽发射剂技术。由于铀矿样品中天然镭 228 的含量一般很低，故采用 ETP 跳峰方式测定 $^{228}Ra/^{226}Ra$。该方法对镭的同位素测定最小用量为 50fg，测量的外精度小于 0.20%，内精度小于 0.10%，能满足含铀矿物中镭的同位素比值的测定。

第二节　钍的分析

钍在元素周期表中位于第七周期第三副族，属于锕系元素，原子序数 90，价电子层构型 $6d^27s^2$，钍是仅次于铀的天然放射性元素。它的主要同位素是 ^{232}Th，其次是少量 ^{228}Th，它们都是 α 衰变，半衰期很长，衰变的最终产物为稳定的铅同位素 ^{208} 铅。

钍是亲石元素，在自然界中形成钍矿物。钍在地壳中比铀丰富，其克拉克值平均为 5.6×10^{-6}。钍的独立矿物主要是钍石（$ThSiO_4$）和方钍石（ThO_2），其他几种矿物如独居石含钍可达 5%～12%，是主要的含钍矿物，是钍资源的主要来源之一。

钍是不可裂变的材料，但在反应堆中俘获中子后发生两次 β 衰变，生成易裂变核素 ^{233}U，释放出巨大的能量，故 ^{232}Th 是重要的次级核燃料。

一、钍的主要化学特性及试样分解方法

（一）钍的主要化学特性

1. 概述

金属钍是银白色，熔点 1750℃，室温下既不为空气氧化，也不会燃烧，但是粉状钍则具有可燃性质，在空气中加热则生成 ThO_2。钍与稀 HF、HNO_3、H_2SO_4 或 H_3PO_4 作用缓慢，浓 HNO_3 能使钍钝化，金属钍易溶于王水，碱液对钍的作用很弱。

钍离子仅有一种价态为 +4 价，高的正电荷和较小的离子半径（0.110nm），使钍具有较强的水解倾向。在水溶液中缓慢水解形成 $Th(OH)^{3+}$、$Th(OH)_2^{2+}$……一系列水解产物。水解程度取决于溶液的 pH 值、钍的浓度、溶液组分等因素，当溶液酸化时，钍的水解离子即被破坏转化为 Th^{4+}。

2. 钍的主要化合物

金属钍很容易形成合金，当温度升高到数百度时，金属钍便开始与氧、氮、硫、碳、磷以及卤素作用形成相应二元化合物。此外尚有钍的氧化物、卤化物、含氧酸盐、配合物等多种化合物，在此不逐一阐述，只对与钍分析有关的几种化合物做如下介绍。

（1）氧化物和氢氧化物　二氧化钍（ThO_2）可用钍的氢氧化物、硝酸盐、草酸盐或硫酸盐等在高温下灼烧而制得。ThO_2 为白色粉末，熔点 3200℃，是钍的唯一稳定的氧化物，也是迄今为止已知氧化物中最难溶物之一。ThO_2 不溶于稀 HCl 和稀 HNO_3，易溶于热的浓 H_2SO_4 溶液中，加入少量 HF 或氟化物可加速 ThO_2 的溶解。用 $KHSO_4$、$K_2S_2O_7$ 或

$Na_2S_2O_7$ 在 550～650℃下熔融，ThO_2 被转化为 $K_2Th(SO_4)_3$ 或 $Na_2Th(SO_4)_3$ 复盐。用碱金属碳酸盐或苛性碱也不能分解，但用 Na_2O_2 熔融时大部分 ThO_2 可被溶解。

(2) 过氧化钍　于 $ThCl_4$、$Th(NO_3)_4$、$Th(ClO_4)_4$、$Th(SO_4)_2$ 等钍盐的稀溶液中加入 H_2O_2 并使溶液的酸度为微酸性至碱性，即生成白色胶状组成不定的过氧化钍，过氧化钍在水中溶解度很小，为 $10^{-10}mol \cdot L^{-1}$：不溶于稀酸和氨水，但易溶于较浓的强酸。用 Na_2O_2 熔解含钍样品，用水提取时所得的沉淀物即为过氧化钍，而不是 $Th(OH)_4$。

(3) 氢氧化钍　钍盐溶液与不含碳酸根的氨水、六亚甲基四胺、碱溶液等作用即生成白色晶状氢氧化钍沉淀。钍盐溶液在 pH2.5 时水解生成白色胶状水合氢氧化钍沉淀，至 pH6.0 时沉淀完全，$Th(OH)_4$ 呈碱性不溶于过量氨水和苛性碱溶液中，初生的 $Th(OH)_4$ 易溶于无机酸和 Na_2CO_3 或 K_2CO_3 溶液中，沉淀经陈化后则较难溶解。

(4) 硝酸钍　用硝酸溶解氢氧化钍或碳酸钍就能得到硝酸钍，硝酸钍含 4～12 个不同数目的结晶水。分析试剂硝酸钍常含四个结晶水 $Th(NO_3)_4 \cdot 4H_2O$，它是无色结晶，易潮解，易溶于水和多种有机试剂（如醇、酮、酯、醚）。硝酸钍稀溶液长期放置时会逐渐水解，析出组成不定的碱式硝酸钍 $Th(OH)_2(NO_3)_2$。因此用硝酸钍做标准溶液时必须标定后使用。

(5) 草酸钍　在 pH0.7～2.0 的含钍溶液加入草酸或碱金属草酸盐，生成白色晶状草酸钍 $Th(C_2O_4)_2 \cdot 6H_2O$ 沉淀。此反应可用于钍与铀（Ⅵ）、铌、钽、钛、锆的分离。草酸钍可溶于过量的 $Na_2C_2O_4$ 或 $(NH_4)_2C_2O_4$ 中，其溶解机理主要是形成 $Th(C_2O_4)_4^{4-}$ 配合物，所以钍的草酸盐重量法测定不宜选草酸钠或草酸铵为沉淀剂。

(6) 钍的配合物和螯合物　无机配合物：Th^{4+} 几乎可与所有无机阴离子形成配合物，如 CO_3^{2-}、F^-、NO_3^-、SO_4^{2-} 与 Th^{4+} 形成的配合物，都是钍的分析或分离中的重要配合物。如用 $(NH_4)_2CO_3$ 能洗脱吸着阳离子交换树脂上的钍，是由于形成 $[Th(CO_3)_3]^{2-}$ 阴离子配合物而出柱，$[Th(CO_3)_3]^{2-}$、$[Th(SO_4)_3]^{2-}$ 等配合物都被应用于钍的阴离子交换树脂分离。

有机配合物和螯合物：有机含氧配位体，如羧酸、多元羧酸、羟基多羧酸、β-二酮类试剂，亚硝基酚类试剂和膦类试剂均可与 Th^{4+} 形成配合物或螯合物。这些配合物和螯合物，主要用于钍的分析测定中，如变色酸偶氮类试剂与钍形成有色配合物，可用作钍光度分析的显色剂。氨基多羧酸类如 EDTA、CyDTA、TTHA 等与钍可形成稳定配合物，用作钍滴定分析的滴定剂。

（二）试样分解方法

矿石中钍常与许多其他元素伴生，分解时应根据矿石类型及采用的分离测定方法，综合考虑选择分解方法。钍的分解常用酸分解法、碱熔融法和混合铵盐分解法三种。

1. 酸分解法

对钍矿石及硅酸盐矿物以及含大量铌、锆、钛矿样采用氢氟酸、高氯酸分解较为完全。用氢氟酸分解时，钍、稀土和铀等形成氟化物沉淀，然后用高氯酸除氟，使钍转入溶液中。

独居石试样用硫酸长时间加热分解，然后转入冷水中提取钍，为使分解完全，可将残渣再用硫酸处理一次。但此方法对矿样中的石英、锆英石、钛铁矿、金红石和部分锡石都不溶解，在使用上有一定的局限性。

2. 碱熔融法

对难溶于酸的矿样，可用过氧化钠熔融。过氧化钠是强氧化性的碱性试剂，能分解许多难熔矿物，如铬铁矿、锆英石、独居石、锡石等，几乎可使所有的矿样分解。过氧化钠熔融物极易用水浸出，并可使一些元素相互分离。用水浸出时，铁、钴、镍、锰、镁、钛、钍、稀土等形成高价氢氧化物定量地沉淀铝、铬、砷、磷、锑、硅、钼、钒等形成含氧酸根进入溶液。

目前，对含钍矿物的分解，多数是采用过氧化钠熔融法，在三乙醇胺存在下，用水提取，操作简便，对干扰元素分离十分有利。

3. 混合铵盐分解法

采用混合铵盐溶解具有分解能力强、快速简便的优点，生产中常用的混合铵盐质量比为氯化铵：硝酸铵：氟化铵：硫酸铵＝1：1：3：0.5，矿样粒度应小于200目，称样质量0.5g左右，用混合铵盐加热至白烟冒尽，再用王水和高氯酸加热分解熔融物至白烟冒尽除氟，用4mol·L^{-1}盐酸加热提取，转成待测溶液。

二、钍的分离富集方法

钍在岩石矿物中是微量组分，常与其他元素伴生，其中多数对钍的测定有干扰，为此，分离富集试样中的钍是钍的化学分析过程中必不可少的程序。钍的分离方法很多，应用较多的有四类，即沉淀分离法、溶剂萃取法、离子交换法和萃取色谱法，上述方法各有优缺点，应根据试样中钍和伴生元素的含量，酌情择优选用。

（一）沉淀分离法

沉淀分离法使用的沉淀剂有无机沉淀剂（氨水、氢氟酸、碘酸盐、磷酸盐和焦磷酸盐），有机沉淀剂（吡啶、六亚甲基四胺-草酸、苯甲酸等）两大类，从分离效果来看，有的试剂可使钍与一般常见元素分离，有的试剂可使钍与稀土元素分离。下面介绍钍与干扰元素分离的沉淀法。

1. 钍与一般元素的分离

采用苛性碱或氨水使钍生成$Th(OH)_4$沉淀，可与碱金属、碱土金属、锌、镍、铜、银等元素分离。当溶液中SO_4^{2-}含量较高时需加过量氨水才能完全沉淀钍，微量钍可用Fe^{3+}作载体，在pH4～5几乎完全沉淀。

氢氟酸于1～2mol·L^{-1}硝酸介质中能使钍形成难溶的ThF_4沉淀，可与铁、铝、锰、铌、钼、锆、钛等元素分离。

用草酸在0.3～1.5mol·L^{-1}硝酸或盐酸介质中，或在pH0.5～2.0介质中，可用二草酰丙酮为沉淀剂，钍以草酸盐形式沉淀，可与铁、锰、锆、钛、铍、锡、铋、磷酸根等元素分离。铀与少量稀土与钍一起沉淀。

2. 钍与稀土元素分离

吡啶或六亚甲基四胺在pH＝4.4～5.0介质中，以Fe^{3+}为载体沉淀，钍可与稀土元素分离。过氧化氢在微酸性至碱性介质中能沉淀钍为过氧化钍，而与稀土、碱金属、钛、铀、锡、铍等分离，铈部分共沉淀。

碘酸盐在6mol·L^{-1}硝酸溶液中可沉淀大量钍。在0.5～1mol·L^{-1}硝酸溶液中，以Fe^{3+}为载体，可用6%碘酸钾沉淀微量钍，可与稀土、铀、锆、钛、钪等元素分离。

苯甲酸溶液（1%）在pH＝2～2.8盐酸或硝酸介质中沉淀钍，可与稀土、钙、铀、铍、锰（Ⅲ）、锌、镍、钴、锶、钡、镉等元素分离。

（二）溶剂萃取分离法

钍的溶剂萃取和铀的萃取相类似，大体归纳为四类体系，即中性配合萃取体系、螯合萃取体系、离子缔合萃取体系和协同萃取体系。其中中性配合萃取体系的TBP，螯合萃取体系的PMBP，离子缔合萃取体系的高分子胺类是钍的重要萃取剂。

TBP萃取分离：在中等浓度硝酸或硝酸-硝酸盐水相中，钍按下式被TBP萃取

$$\underset{(水)}{Th(NO_3)_4}+\underset{(有)}{2TBP} \rightleftharpoons \underset{(有)}{Th(NO_3)_4\cdot(TBP)_2}$$

用TBP萃取钍的稀释剂与萃取铀时相同，在6～8mol·L^{-1}硝酸中，100%TBP萃取

钍，分配系数为 10^2 级，常取下列体系萃取钍

$$Th^{4+}/HNO_3(6\sim7mol\cdot L^{-1})/TBP(0.6\sim1mol\cdot L^{-1})\text{煤油或}CCl_4$$

在萃取钍的条件下，UO_2^{2+}、Au^{3+} 被完全萃取，Hf^{4+}、Zr^{4+}、Mo^{5+}、Sc^{3+}、Lu^{3+}、Y^{3+}、Cu^{2+} 被部分萃取，但后 7 种离子可被 $6\sim7mol\cdot L^{-1}$ 硝酸萃洗除去。用 $6mol\cdot L^{-1}$ 硝酸反萃取钍，铀仍留在有机相中与钍分离，这是由于在 $6mol\cdot L^{-1}$ 盐酸中铀与 TBP 的分离系数很高，而钍的分离系数在 10^{-1} 级以下之故。

PMBP 萃取分离：PMBP 与金属离子螯合能力强，在不同酸度下可与多种金属离子形成螯合物。它是钍的主要螯合萃取剂。用 PMBP 萃取钍，依 PMBP 浓度不同，钍被完全萃取的 pH 值也有差异。PMBP 萃取钍的反应式为

$$\underset{(水)}{Th^{4+}}+\underset{(有)}{4HPMBP}\rightleftharpoons\underset{(有)}{Th(PMBP)}+\underset{(水)}{4H^+}$$

用 $0.01mol\cdot L^{-1}$ PMBP-苯等容萃取时，水相酸度为 pH0.5～2.5，用 $0.05mol\cdot L^{-1}$ PMBP-$CHCl_3$ 萃取时，水相为 $0.2\sim0.5mol\cdot L^{-1}$ HCl；用 $0.1mol\cdot L^{-1}$ PMBP-苯萃取时，水相为 $0.25\sim1.0mol\cdot L^{-1}$ HCl。通常使用 $0.01mol\cdot L^{-1}$ PMBP-苯萃取钍，萃取钍的常用体系如下：

$$Th^{4+}/pH=0.5\sim2.5\ \text{磺基水杨酸}(2\%)\text{抗坏血酸}(2\%)/PMBP(0.01mol\cdot L^{-1})\text{-苯}$$

萃取体系水相中加磺基水杨酸可抑制 Ti^{4+}、Zr^{4+}、Al^{3+} 的水解而不载带钍的萃取，加抗坏血酸是为了还原 Fe^{3+}、Ce^{4+} 至低价而不被萃取，水相酸度控制 pH 值小于 5，PO_4^{3-} 对钍无明显抑制效应。

高分子胺类萃取：在一定条件下，伯胺、仲胺、叔胺、季铵都可以作钍的萃取剂。但其中仲胺和季铵两种萃取剂对钍的萃取选择性不佳，应用较少，而季铵和伯胺对钍的萃取率高、选择性好、酸度范围宽、不需加盐析剂等优点在钍的萃取分离中得到广泛应用。

季铵类萃取剂如氯化三烷基甲铵，国内代号为 N_{263}，为黏稠状液体，可用二甲苯、甲苯、煤油、环已烷等作稀释剂，在 $1\sim7mol\cdot L^{-1}$ 硝酸介质中对钍的萃取反应式为：

$$\underset{(有)}{2R_4N\cdot NO_3}+\underset{(水)}{Th(NO_3)_6^{2-}}\rightleftharpoons\underset{(有)}{(R_4N)_2\cdot Th(NO_3)_6}+\underset{(水)}{2NO_3^{2-}}$$

应用于矿样中钍的分离萃取体系：

$$Th^{4+}/HNO_3(1.0\sim7mol\cdot L^{-1})/N_{263}(5\%)\text{-环已烷}$$

当等容萃取时 2min 左右即达平衡，有机相中钍可用 $1\sim8mol\cdot L^{-1}$ 盐酸反萃取。水相中硝酸浓度以 $2mol\cdot L^{-1}$ 左右为宜，此萃取体系最适于从稀土中分离钍。

伯胺是萃取钍选择性最好的胺类萃取剂。仲碳伯胺（代号 N_{1923}）可在小于 $3mol\cdot L^{-1}$ 硫酸介质中萃取钍。水相中加入抗坏血酸和 $1mol\cdot L^{-1}$ 磷酸可抑制铈、锆、钛的萃取，萃入有机相中的钍可用 $0.2\sim0.5mol\cdot L^{-1}$ $HClO_4$、$0.5\sim1.0mol\cdot L^{-1}$ HNO_3 或 $6mol\cdot L^{-1}$ HCl 等容反萃取。

（三）离子交换法

离子交换分离法是利用钍元素与钛、锆、铀、稀土元素在强碱性阴离子交换树脂或强酸性阳离子交换树脂上分配系数的差异，用不同成分的淋洗液定量分离出钍元素，因此适用于钍与许多元素的分离。

阳离子交换树脂分离：强酸性阳离子交换树脂的型号很多，国内多采用 743 大孔强酸性阳离子交换树脂。钍在氢型阳离子交换树脂上的分配系数，随介质酸度的增加而降低，在酸性溶液中钍在阳离子交换树脂上有极高的分配系数，其交换反应可用下式表示：

$$4RSO_3H+Th^{4+}\rightleftharpoons(RSO_3)_4Th+4H^+$$

在钍的分离中常用 $4mol\cdot L^{-1}$ HCl 进柱，此时钍可被树脂完全吸着，钛、铝、铀、铁

等近40种金属离子均可随流动相出柱，再用10倍于树脂层的$4mol \cdot L^{-1}$ HCl，可将吸着的稀土几乎完全洗提，若进柱液含$0.3mol \cdot L^{-1}$酒石酸，则80%锆随流动相出柱，留柱部分可$4mol \cdot L^{-1}$ HCl完全洗提，再用3～5倍树脂层体积的水洗去余酸，然后用氯化铵转型，被吸着的钍可用草酸铵或10%碳酸铵溶液完全洗脱。

阴离子交换树脂分离：鉴于Th^{4+}能形成硝酸配阴离子和硫酸配阴离子，所以可采用阴离子交换树脂吸着分离钍。强碱性阴离子交换树脂型号很多。目前国内实验室多采用742大孔强碱性阴离子交换树脂，在$8mol \cdot L^{-1}$ HNO_3介质中吸附钍，在较浓的硝酸中钍以硫硝酸钍配合物$Th(NO_3)_6{}^{2-}$阴离子形式存在，才能使离子交换反应得以进行

$$2RSO_3 + Th(NO_3)_6^{2-} \rightleftharpoons R_2Th(NO_3)_6 + 2SO_3^-$$

与钍共同吸着的离子仅有铀、金、汞、铋，可用$0.2mol \cdot L^{-1}$ HNO_3淋洗除去，最后用$4mol \cdot L^{-1}$ HCl洗脱钍。因钍在盐酸氯型阴离子交换树脂上分配系数等于零，可以淋洗出柱。

离子交换树脂分离法是分离钍效果较好的方法，其中阳离子交换树脂与阴离子交换树脂分离比较，前者上柱酸度低，淋洗杂质效果好，操作简便，是测定矿石中微量钍广泛采用的方法。

（四）萃取色谱分离法

萃取色谱柱分离是钍的分离方法中发展最快和最有前途的方法之一，特别是新的萃淋树脂，如N_{263}、TBP、P_{350}、PMBP等对分离钍已取得良好的效果和广泛应用。现介绍常用的两种萃取色谱分离体系。

1. N_{263}-DA_{201}萃取色谱分离以N_{263}做萃取剂，DA_{201}为载体组成固定相，以硝酸溶液为流动相，组成如下萃取色谱分离体系：

$$N_{263}\text{-}DA_{201}/Th^{4+}\ HNO_3(1\sim7mol \cdot L^{-1})/HNO_3(2mol \cdot L^{-1})\text{-}4mol \cdot L^{-1}\ HCl$$

固定相用$2mol \cdot L^{-1}$ HNO_3润湿后装柱，流动相中硝酸浓度为$1\sim7mol \cdot L^{-1}$，上柱液通过色谱柱钍被萃取，与铀、锆、铁和稀土等杂质分离，最后用$4\sim5mol \cdot L^{-1}$ HCl淋洗钍。

2. 萃淋树脂Cl-TBP萃取色谱分离

以Cl-TBP为固定相，以硝酸为流动相组成的萃取色谱分离体系如下：

$$Cl\text{-}TBP/Th^{4+}\ HNO_3(5mol \cdot L^{-1})/HNO_3(5mol \cdot L^{-1})\text{-}6mol \cdot L^{-1}\ HCl$$

用Cl-TBP萃取钍时流动相的硝酸浓度大于$4mol \cdot L^{-1}$，Th^{4+}可被定量萃取，仅Au^{3+}、UO_2^{2+}被完全萃取。被部分萃取的稀土、铌、钽可用$5mol \cdot L^{-1}$ HNO_3淋洗除去。用$6mol \cdot L^{-1}$ HCl洗提钍时，Au^{3+}、UO_2^{2+}继续留柱，则钍与铀、金得以分离。

三、钍的测定方法

钍的测定方法有重量法、滴定法、光度法、电化学分析法、发射光谱法、质谱分析法等。其中光度法仪器设备简单，灵敏度高，适合低含量钍的测定，是应用较普遍的方法。ICP-AES法和ICP-MS法灵敏度高，特异性好，简便，快捷，得到越来越广泛的应用。重量法由于过程冗长，手续繁琐，目前很少应用。本节主要介绍滴定法、光度法、ICP-AES和ICP-MS测定钍的方法。

（一）滴定分析法

滴定法在钍的分析技术中是比较简便快速的，由于钍是非变价元素，因此不能直接用氧化还原滴定法测定。滴定法测定钍有碘量法、钼酸盐法和螯合滴定法。氨基多羧酸的螯合滴定法是较常用的方法。几乎所有的氨基多羧酸都可以作为Th^{4+}的滴定剂。其中EDTA是最常用的试剂。滴定法适用于测定试样中含量大于0.1%的钍。

采用EDTA滴定法测定钍，为防止试样中共存离子的干扰，有沉淀分离-EDTA滴定法、萃取分离-EDTA法、萃取色谱分离-EDTA法、离子交换分离-EDTA法多种分离测定

方法。在此不便逐一介绍，现将 P_{350} 萃取分离-EDTA 滴定法简介如下。

P_{350} 萃取分离-EDTA 滴定法测定矿石中钍：矿样用 Na_2O_2 熔解，用含 5%三乙醇胺和 EDTA 的水溶液提取，在硝酸铝存在下，1～2mol·L^{-1} 硝酸介质中，用 P_{350}-煤油溶液萃取钍，有机相中钍用乙酸钠溶液反萃取，在 pH2～3 酸度下用二甲酚橙为指示剂，以 EDTA 标准溶液滴定，至溶液呈亮黄色为终点，根据消耗 EDTA 溶液体积计算钍的含量。

用 P_{350} 从硝酸溶液中萃取钍，硝酸浓度 4～5mol·L^{-1} 有较大的分配系数，在一定量硝酸铝存在下可在 1～2mol·L^{-1} 硝酸介质中萃取钍，可使钍与铁、钛、钒、铬等元素分离。

EDTA 滴定钍的适宜酸度为 pH2～3。若 pH<2，螯合物稳定性差，致使滴定终点不敏锐，或反应不完全；若 pH>3，钍的螯合物分解，同时共存离子的干扰也将增加。

在测定溶液中含 F^-、PO_4^{3-}、Cl^-、SO_4^{2-} 各 200mg，钛、稀土各 30mg，铋、锡各 20mg，铀 10mg，锆、铌、钽小于 5mg 不影响钍的测定。

用过的 P_{350} 有机相，用 5%碳酸钠等容萃洗 2～3 次，用水萃洗一次，再用 1mol·L^{-1} 硝酸等容萃洗一次，可重新使用。

本方法适用于矿石中含 0.1%以上钍的测定。

（二）光度法

光度法是测定矿石中钍含量的主要方法，具有灵敏度高、准确度好的优点，特别适合于矿石中低含量钍的测定。

由于钍的高电荷和较小的离子半径，能与有机染料呈灵敏的显色反应。其中已被用来测定钍的染料可归纳为四类：萘酚类、五羟基荧光酮类、变色酸双偶氮类、酸性三苯基甲烷类。除了应用二元显色体系外，更多地应用胶束增溶光度分析法。

在变色酸双偶氮类试剂中，偶氮胂Ⅲ、偶氮氯膦Ⅲ、偶氮胂 M、三溴偶氮胂、对乙酰偶氮胂、间硝基偶氮氯磷、氨基 G 酸偶氮氯膦等都是光度法测定钍的有效显色剂。它们都能在高酸度条件下与钍发生灵敏的显色反应，摩尔吸光系数均接近或超过 10^5。若加入阳离子表面活性剂，形成多元配合物，灵敏度可进一步提高。

变色酸双偶氮类试剂中偶氮胂Ⅲ是被广泛应用的显色剂，有沉淀分离-偶氮胂Ⅲ法、溶剂萃取分离-偶氮胂Ⅲ法、离子交换分离-偶氮胂Ⅲ法、萃取色谱分离-偶氮胂Ⅲ法等多种用偶氮胂Ⅲ为显色剂测定微量钍的方法。本节将介绍钍与偶氮胂Ⅲ的显色反应条件和几种测定方法。

1. 偶氮胂Ⅲ与钍的显色反应条件

偶氮胂Ⅲ在中等浓度的盐酸中与钍形成 1∶1 螯合物，当偶氮胂Ⅲ过量时形成 1∶2 螯合物，此螯合物在 625nm 和 665nm 分别呈峰，高吸收峰在 665nm 处，$\Delta\lambda=125$nm，摩尔吸光系数 $\varepsilon=1.1\times10^5$。由于方法有很高的灵敏度，通过分离富集后，可准确测定矿石中低至 $n\times10^{-4}$%的钍。

显色介质与酸度的选择：钍与偶氮胂宜在盐酸和高氯酸介质中显色，在后一种介质中灵敏度比盐酸介质中高 5%～10%。在盐酸介质中随盐酸浓度的增加，螯合物吸光度逐渐增大，盐酸浓度在 5～6mol·L^{-1} 吸光度最大，但为了保持抗坏血酸还原 Fe^{3+} 的效能和草酸对 Zr^{4+} 掩蔽剂效能以及减少酸雾的影响，盐酸浓度选择 3.6～4.0mol·L^{-1} 比较合适。

螯合物显色速率和稳定性：钍与偶氮胂Ⅲ在秒级时间内充分显色，经 2h 后，吸光度渐降。显色溶液中含草酸时，下降更明显。

偶氮胂Ⅲ的适宜用量和比耳定律范围：优质偶氮胂Ⅲ与钍质量比为 25 时，钍可以充分显色，随着偶氮胂Ⅲ在显色溶液中浓度增加，比耳定律适用范围的下限上移。若偶氮胂Ⅲ浓度为 25μg·ml^{-1}，则螯合物的比耳定律范围为 0.1～1.0μg（Th）·ml^{-1}。

共存离子的影响和消除：每 10ml 显色溶液中，当 F^- 达 0.1mg 时产生负干扰，但可与

Al^{3+}形成配合物而消除。U^{4+}定量正干扰，铀（Ⅵ）大于 1μg，稀土大于 4～6μg 正干扰。100μgZr^{4+}的干扰，0.25g 草酸可彻底掩蔽。实验表明偶氮胂Ⅲ能与多种金属离子形成稳定的螯合物，它不是钍的专属试剂，因此测定矿石或复杂样品中微量钍，必须选用适当掩蔽剂或一定分离方法消除干扰，才能得到准确的结果。

2. Cl-TBP 萃淋树脂分离偶氮胂Ⅲ光度法测定矿石中的钍

矿样用过氧化钠在 750℃熔融，用 5％三乙醇胺溶液提取，过滤，沉淀用含酒石酸的（1＋2）硝酸溶解，经 Cl-TBP 萃淋树脂分离富集钍，用 5mol·L^{-1}盐酸洗脱，洗脱液中加少许尿素，以偶氮胂Ⅲ-TPC（氯化十四烷基吡啶）溶液显色，生成有色配合物，在光度计上波长 665nm 处测定吸光度，计算钍含量。

显色介质的酸度随盐酸浓度的增加逐渐上升，当盐酸浓度大于 5mol·L^{-1}时，配合物的吸光度在很大范围内显示出平坦区。配合物瞬间显色，在室温 30℃时放置 2h 后吸光度逐渐下降。

显色体系中含有少量从固定相中淋洗下来的硝酸根，影响钍的测定，在显色前加入几滴 400g·L^{-1}尿素可消除其干扰。为了提高测定灵敏度，显色剂中可加入阳离子表面活性剂 TPC。

以 Cl-TBP 萃淋树脂分离钍，流动相中硝酸浓度必须大于 5mol·L^{-1}，否则钍的萃取回收率会受到影响。大量铀、铁、铝、钛、碱土金属不干扰钍的测定，但锆和稀土的允许量小。上柱液中加入酒石酸可防止铌、钽、锆、钛发生水解形成磷酸盐沉淀。

被固定相萃取的铀，在用盐酸洗脱钍时仍留在色谱柱中，可用水或 0.2mol·L^{-1}硝酸溶液洗脱。

本方法适用于矿石中 1～100μg·g^{-1}钍的测定。

3. 743 型大孔阳离子交换树脂分离偶氮胂Ⅲ光度法测定矿石中的微量钍。

矿样用过氧化钠熔融，水浸取，过滤。沉淀用 4mol·L^{-1}盐酸溶解，在酒石酸存在下，用 743 型大孔阳离子交换树脂分离富集钍，用 4mol·L^{-1} HCl 介质，20％氯化铵将树脂转成铵型，再用 4％草酸铵洗脱钍，用偶氮胂Ⅲ显色测定钍含量。

在酸性溶液中阳离子交换树脂与高价正电荷钍的交换反应式为：

$$4RSO_3H + Th^{4+} \rightleftharpoons (RSO_3)_4Th + 4H^+$$

钍在树脂上的分配系数随介质酸度的增加而降低。盐酸浓度在 0.1～5mol·L^{-1}范围内，树脂定量吸附钍，但对其他离子的吸附能力则随盐酸浓度增加而减弱。因此为了更好地分离干扰离子，选用 4mol·L^{-1}盐酸作为上柱介质，钛、铀、钼等不被吸附，稀土也基本不吸附。

稀土含量高时可采用增加 4mol·L^{-1}盐酸淋洗液用量消除其干扰。试液中加入 2ml 40％酒石酸可以消除锆、铈的干扰，不影响钍的吸附。

吸附于氢型阳离子交换树脂上的钍，不易被一般酸或盐洗脱，故在解吸钍之前将树脂用氯化铵转成铵型，在铵型树脂中钍的分配系数大大降低，从而易被草酸铵洗脱出柱。

在本实验条件下，试样中存在 50mg 铀、钛、锆、稀土、碱土金属、铜、锰以及 100mg 铁、硫酸根、磷酸根、硝酸根，不影响 5μg 以上钍的测定。

本方法适用于矿石中 1～100μg·g^{-1}钍的测定。

4. 偶氮氯膦-MN 溴化十六烷基三甲基铵光度法

试样用 Na_2O_2 熔融，熔融物用三乙醇胺和水提取，过滤，沉淀用 2mol·L^{-1}盐酸溶解，不经分离，在草酸-抗坏血酸和阳离子表面活性剂溴化十六烷基三甲基铵（CTMAB）存在下，直接用偶氮氯膦-mN 显色，在光度计上波长 680nm 处进行光度法测定。

偶氮氯膦-mN 是间硝基偶氮氯膦的简称。它与钍形成二元配合物，摩尔吸光系数 ε_{680}＝

7.07×10^4，显色体系中加入 CTMAB 溶液形成三元配合物，摩尔吸光系数 $\varepsilon_{680}=1.22\times10^5$，这是由于 CTMAB 阳离子表面活性剂的加入产生较强的增敏作用，使摩尔吸光系数增加近一倍，加入 CTMAB 除对显色反应有增敏作用外，还对铀、铈的显色有一定抑制减敏作用。其他干扰如锆、铁采用草酸、抗坏血酸、CyDTA 掩蔽，因而具有较高的选择性，可不经分离直接进行钍的测定。

本方法适用于 0.001%～0.2%钍的测定。

（三）电感耦合等离子体发射光谱法

1. ICP-AES 测定地球化学样品中的钍

样品用过氧化钠溶解，在三乙醇胺-EDTA 存在下用水提取过滤分离，用 $10g\cdot L^{-1}$ NaOH 洗涤沉淀，再用 40%盐酸溶解，按仪器工作参数上机测量钍的含量。

使用 ICP-AES6300 电感耦合等离子体发射光谱仪（美国 Thermo 公司），仪器参数见表 5-3。

表 5-3　ICP-AES 仪器工作参数

工作参数	设定值	工作参数	设定值
RF 功率	1150W	观测方式	垂直
辅助气流量	$0.50L\cdot min^{-1}$	垂直观测高度	12.0mm
雾化气流量	$0.70L\cdot min^{-1}$	泵稳定时间	5s
雾化气压力	0.20～0.30MPa	积分时间	20s
氩气分压	0.55～0.65MPa	积分次数	2 次
泵速	$50r\cdot min^{-1}$	样品冲洗时间	20s

分析谱线的选择：由于 ICP-AES 的光源激发能量高，具有大量的发射谱线，几乎每种元素的分析谱线均受到不同程度的干扰。因此，分析谱线的选择要综合考虑元素的检出限、共存元素的干扰、背景干扰和待测元素的线性范围。通过对样品溶液的光谱扫描，比较了图谱、背景轮廓和强度值，选择出背景低、信噪比高、干扰小的谱线为待测元素的分析线。在选定的最佳仪器条件下，通过实验选择 401.913nm、335.123nm、287.041nm 三条谱线为分析谱线，又以标准物质为参考样品，进行光谱扫描，结果确定 401.913nm 为最佳分析谱线。

干扰消除：分析中主要干扰为光谱干扰和基体干扰，对于光谱干扰的消除，选择信噪比高、干扰少的谱线进行测定；对于基体干扰消除，采用样品用碱熔，在三乙醇胺-EDTA 掩蔽剂存在下用水提取后直接过滤，用 40%盐酸溶解沉淀的方法，解决了大部分溶解性高盐类的基体干扰，比一般酸溶 ICP-AES 测定方法的检出限（$0.6\sim0.7\mu g\cdot g^{-1}$）降低 $0.4\sim0.5\mu g\cdot g^{-1}$。

本方法由于改进样品的处理方法，提高了分析速度，减小了基体干扰，降低了 ICP-AES 测定钍的检出限（$0.21\mu g\cdot g^{-1}$）。方法简便，快速，适合于地球化学样品中钍的批量快速检测的要求，有利于地质成图。

2. ICP-AES 测定稀土矿石中的钍

样品经 Na_2O_2 碱熔，三乙醇胺-EDTA-NaOH 混合液提取熔块，酸化。采用高峰扣背景法和干扰元素重叠校正（IEC）法相结合的方法校正背景干扰和光谱干扰，选择最佳分析线上机进行钍的测定。

采用美国 PerkinElmer 公司 Optima 5300 DV 全谱直读电感耦合等离子体发射光谱仪测定，仪器工作参数见表 5-4。

表 5-4　仪器的主要工作参数

工作参数	设定值	工作参数	设定值
发生功率	1300W	辅助气流量	$0.2L \cdot min^{-1}$
试样提升量	$1.5ml \cdot min^{-1}$	雾化气流量	$0.8L \cdot min^{-1}$
等离子体气流量	$15L \cdot min^{-1}$		

分析谱线的选择：用钍元素的标准溶液和稀土基体元素标准溶液混合溶液在钍的不同分析波长处进行扫描测量，通过对所得这些元素的谱线扫描轮廓图的比较，选择三条钍的分析谱线为 283.73nm、339.20nm、401.91nm，这三条分析谱线除稀土以外的共存元素均对钍的强度无明显影响。在分析谱线 339.20nm、401.91nm 处，铈对钍有严重的谱线重叠干扰，在分析谱线 283.73nm 处，铈对钍有一定的影响，选择 283.73nm 为钍的最佳分析谱线，求得钍的检出限为 $1.86\mu g \cdot g^{-1}$。

干扰消除：本光谱仪具有背景校正功能。选用波长 283.73nm 分析谱线测定钍，采用离峰左右两点法进行背景校正，可消除测量中背景干扰。结合干扰重叠校正（IEC）法可消除铈的干扰，提高了分析准确度。

本方法采用过氧化钠熔融，三乙醇胺-EDTA 混合液提取，酸化，用 ICP-AES 光谱仪测定。测量时采用离峰左右两点法和干扰元素重叠校正（IEC）法相结合，消除光谱干扰提高分析准确度。

（四）电感耦合等离子体质谱法

详见本章第一节铀的分析：电感耦合等离子体质谱法（ICP-MS）测定地质样品中重稀土元素和铀、钍。

第三节　钚的分析

一、钚的主要化学特性

钚也是一种放射性元素，可作为核燃料和核武器的裂变剂，是核工业的重要原料，也是世界卫生组织国际癌症研究机构公布的致癌物清单初步整理参考中的一类致癌物之一。

钚是 94 号超铀元素，钚有 20 种放射性核素，由于大部分钚的同位素半衰期不长，自然界只找到两种钚同位素，一种是从氟碳铈镧矿中找到微量钚 244，其半衰期为 8.26×10^7 年，为已知钚的同位素中寿命最长的，可能是地球上原始存在的。另一种是从含铀矿物中找到的钚 239，是铀 238 吸收自然界中的中子而形成的。其他钚的同位素都是通过人工核反应制备的。表 5-5 列出了几种重要的钚同位素的核性质。

表 5-5　几种重要的钚同位素的核性质

质量数	238	239	240	241	242	244
半衰期/a	87.74	2.441×10^4	6550	14.4	3.763×10^5	8.26×10^7
衰变类型	α	α，SF	α	α，β	α	α

最重要的钚同位素 ^{239}Pu，它是由 ^{238}U 俘获中子而获得：

$$^{238}U(n,\gamma)^{239}U \xrightarrow{\beta^-} {}^{239}Np \xrightarrow{\beta^-} {}^{239}Pu$$

（一）金属钚

1943 年 11 月，鲍姆巴赫和柯克第一次用金属钡还原 PuF_4，制得金属钚。金属钚在室温和其熔点（640℃）之间有五次相变，所以钚有六种同素异形体，这是钚的独特的物理性质。在室温下，钚以 α 相存在，当加热到 115℃时形成 β 相，继续加热到 185℃、310℃、452℃和 480℃，分别形成 γ 相、δ 相、δ′相、ε 相。在 α、β、γ 和 ε 相中，钚像多数金属一样，受热时膨胀，但在δ相和δ′相时，它受热时却收缩。钚的相变温度低，热膨胀时的各向异性，以及在相变时各种同素异形体的密度变化较大。因此，在制作反应堆燃料元件时，只能使用钚和其他金属形成的合金，而不能使用金属钚。

金属钚的化学性质活泼，在干燥空气中缓慢氧化，生成二氧化钚保护膜，生成的氧化膜能阻止水汽的进一步侵蚀。但遇湿汽即迅速生成氧化钚和氢化钚的混合物，金属钚在空气中的氧化速度与相对湿度有关，钚与少量水蒸气作用，生成氧化物和氢化物的混合物，随着表面的氧化，使金属钚变成青铜色，进一步氧化则变为蓝色，最后由于形成了松散的氧化层，金属表面呈现暗黑色或绿色。金属钚在空气中能自燃，需要贮存于干燥的惰性气氛中。在高温下，金属钚与氢、氮、氨和卤素等反应，生成相应的化合物。金属钚易溶于盐酸、氢溴酸、氢碘酸、高氯酸、磷酸、氨基磺酸和三氯乙酸中。钚与硝酸及浓硫酸不发生作用，但能与稀硫酸缓慢反应，钚在含 F^- 的沸腾浓硝酸中迅速溶解。由于金属钚的化学性质活泼，贮存起来有一定困难，在干燥空气环境下能较好地保持金属钚。

（二）钚的化合物

除惰性气体和硼外，钚与所有非金属元素都能形成化合物，并能生成含有一种以上其他元素的许多复杂化合物。Pu（Ⅲ）和 Pu（Ⅳ）的化合物比较稳定，因而对它们的研究和了解也比较多。Pu（Ⅴ）和 Pu（Ⅵ）化合物比较少，它们不如相应价态的铀化合物稳定。这里介绍两种在核工业中实用价值较大的钚化合物。

1. 二氧化钚

所有钚化合物中二氧化钚（PuO_2）最重要，这是因为它与 UO_2 一样，具有一些很理想的性质，如熔点高、辐照稳定性好、易与其他金属混用以及容易制备等，使它可以单独或与其他化合物（如 UO_2）混合后作为动力堆的燃料使用。通常钚的过氧化物、氢氧化物、草酸盐和硝酸盐等在空气中至800～1000℃时都能生成纯的化学计量的 PuO_2。PuO_2 一般为绿色，但因其颜色与纯度和颗粒有关，故颜色随制备方法而异，在高温下制得的二氧化钚是十分难溶的物质。沸腾的 HNO_3-HF 溶液可以溶解 PuO_2，但高温下生成的氧化物在这种混合酸中的溶解速率很慢。常用熔融技术来溶解 PuO_2，可以采用的熔剂有 $NaHSO_4$、$KHSO_4$、NH_4HF_2 等。

2. 碳化钚

碳化钚比 PuO_2 具有潜在的优越性，它具有较高的热导率，并能增大燃料中钚的密度。钚的碳化物有 PuC、Pu_2C_3、PuC_2 等几种形式，适合用作核燃料的是 PuC，它可通过在1100℃的真空中用石墨粉还原二氧化钚，或者用金属钚粉末（或钚的氢化物）在550℃下直接与石墨粉反应来制得。PuC 比铀的同类物（UC）反应活性要大得多。

除以上的化合物之外，钚还以一些卤化物和含氧酸盐的形式存在，如易溶性的含氧酸盐有 $Pu(NO_3)_4$、$Pu(SO_4)_2$、$PuO_2(NO_3)_2$ 等，难溶性的含氧酸盐有 $Pu(C_2O_4)_2$ 和 $(NH_4)_4[PuO_2(CO_3)_3]$。$Pu(SO_4)_2 \cdot 4H_2O$ 具有稳定性好、组成固定和纯度高的特点，常用作钚分析的基准物。

（三）钚的水溶液化学

1. 钚在水溶液中的氧化态

钚在水溶液中有五种价态，如 Pu（Ⅲ）、Pu（Ⅳ）、Pu（Ⅴ）、Pu（Ⅵ）和 Pu（Ⅶ），它们以 Pu^{3+}、Pu^{4+}、$[PuO_2]^+$、$[PuO_2]^{2+}$ 和 $[PuO_5]^{3-}$ 的水合离子形式存在，各具有不同的颜色，见表5-6，可作为识别它们的特征。Pu^{4+} 在水溶液中最稳定，$[PuO_5]^{3-}$ 只能在碱性溶液中存在。钚水溶液化学的最大特点是水溶液中钚的前四种价态同时存在，并形成热力学稳定体系，钚是周期表中唯一有这种现象的元素。Pu（Ⅴ）不稳定，在稀酸溶液中极易歧化，形成四种价态同时存在的局面。除了中间价态的歧化之外，溶液中钚的价态在存放时也能变化，这是由于钚本身α辐射引起的辐解作用造成的。钚在溶液中进行α衰变时，能导致周围的水分子发生辐射分解。辐解产物与钚作用，会改变钚的价态，称为α自还原作用，辐解的程度取决于同位素组成。

表 5-6 钚不同氧化态水溶液中的颜色

氧化态	Ⅲ	Ⅳ	Ⅴ	Ⅵ	Ⅶ
存在形态	Pu^{3+}	Pu^{4+}	$[PuO_2]$	$[PuO_2]^{2+}$	$[PuO_5]^{3-}$
水合离子颜色	蓝色	黄棕色	粉红色	粉橘色	绿色①

① 其颜色还和与其相配合的阴离子有关，在不同介质中，与它相配位的阴离子不同，水合离子颜色也会发生变化。

（1）Pu^{4+}的歧化　许多研究者曾详细研究过Pu^{4+}的歧化反应，在低酸度溶液中Pu^{4+}可发生如下歧化反应：

$$3Pu^{4+}+2H_2O \xlongequal{} 2Pu^{3+}+PuO_2^{2+}+4H^+$$

在不考虑辐射效应的前提下，Pu（Ⅳ）的歧化反应与温度、酸度、酸的种类、是否存在配合剂以及钚本身浓度等因素有关。Pu^{4+}在 HCl 和 HNO_3 中的歧化程度小，因为被配合的Pu^{4+}比较稳定。歧化反应受介质中H^+的浓度、Pu^{4+}的浓度及温度的影响很大。在较高的HNO_3浓度下，由于H^+的浓度增高，歧化平衡常数下降，Pu^{4+}基本上不发生歧化；另一方面是由于NO_3^-对Pu^{4+}的配合作用，有利于抑制它的歧化。温度对Pu^{4+}歧化反应不容忽视，在 HCl 溶液中，温度从 25℃升高到 45℃时，平衡常数约增大 70 倍。此外，降低Pu^{4+}的浓度，也有利于抑制Pu^{4+}的歧化。通常，Pu（Ⅳ）在低温和较高的酸度下是稳定的。温度升高，歧化反应加快。在酸性溶液中，酸度增高可抑制歧化反应的进行。

Pu^{4+}的歧化反应在后处理中对Pu^{4+}的萃取不利，因而应采取措施抑制它的歧化。

（2）$PuO_2{}^+$的歧化　$PuO_2{}^+$的歧化总反应式为：$2PuO_2^+ +4H^+ \xlongequal{} Pu^{4+}+PuO^{2+}+2H_2$　$2PuO_2^+ +4H^+ \longrightarrow Pu^{4+}+PuO_2^{2+}+2H_2O$

$PuO_2{}^+$的稳定性与酸度、钚浓度及温度均有关系。一般来说，在 pH=1～5 范围内最稳定，当 pH 值小于 1.5 或大于 7 时，歧化作用变快。PuO_2^+溶液在室温时非常稳定，放置 6 天后仅发生微小的歧化反应。pH 值不变时，PuO_2^+的稳定性随钚浓度的升高而显著降低。当钚浓度高时，升高温度同样也会导致PuO_2^+的稳定性降低。

（3）辐照效应对溶液中氧化态的影响　除上面所讨论的歧化反应外，溶液中钚离子的价态还受自身α辐射或外部γ和 X 射线照射的影响，所以这些辐照对钚溶液的处理过程和贮存都是要考虑的重要因素。辐照对溶液中氧化态的影响是指钚溶液中的辐射效应，辐射效应是一个复杂的过程，它与溶液的组成、状态及射线的性质有关，研究钚的辐射效应对处理和贮存钚溶液具有重要意义。

2. 钚的配合行为

（1）Pu^{4+}的配合　一般来说，阳离子生成配合物的倾向决定于离子的电荷数与离子半径之比，离子半径较小、电荷高的离子，如Pu^{4+}容易生成配合物，四价钚的水溶液化学实际上大部分就是Pu^{4+}的配合物化学，生成配合物的能力按下面的顺序减小：

$$Pu^{4+} > Pu^{3+} > PuO_2^{2+} > PuO_2^+$$

在 Pu 的配合物中，Pu^{4+}的配合物最为重要，它能和多种阴离子如硝酸根、硫酸根、氯离子、草酸根、乙二胺四乙酸根等形成配合物或螯合物，其他价态的钚离子生成配合物的能力较低。

阴离子与Pu^{4+}形成配合物的能力和它们与氢离子的亲和力相仿，也就是说，酸越弱，Pu^{4+}与阴离子形成配合物的能力越强，比较常见的一价和二价阴离子与Pu^{4+}配合能力的递减次序为：

$F^- > NO_3^- > Cl^- > ClO_4^-$，　$CO_3^{2-} > SO_3^{2-} > C_2O_4^{2-} > SO_4^{2-}$

除 F^- 和 NO_3^- 对 PuO_2^{2+} 的配合趋势相反外，这个次序对其他价态的钚离子也是适用的，二价阴离子通常比一价阴离子对 Pu^{4+} 有更强的配合能力。

从后处理角度看，在所有 Pu^{4+} 的配合物中，最值得研究的是 Pu^{4+} 的硝酸盐配合物，NO_3^- 能与 Pu^{4+} 配合形成从 $PuNO_3{}^{3+}$ 到 $Pu(NO_3)_6{}^{2-}$ 的一系列配合物，在浓 HNO_3 溶液中，$Pu(NO_3)_6^{2-}$ 是主要的配合物。Pu^{4+} 与氟离子的配合能力很强，在氢氟酸溶液中是逐级配合的，研究表明，主要是生成阳离子配合物，如 PuF^{3+} 和 PuF_2^{2+}，没有发现生成阴离子配合物。Pu^{4+} 与 $C_2O_4^{2-}$ 有着很强烈的配合反应，水合 $Pu(C_2O_4)_2$ 在草酸钾或草酸铵溶液中的溶解度随着草酸浓度的增加而增加的现象，定性地证明了四价钚的草酸配合物的存在。Pu^{4+} 在硫酸溶液中具有很强的配合能力，当硫酸浓度低于 $1mol \cdot L^{-1}$ 时，也有 Pu^{4+} 的阴离子配合物存在，随着硫酸浓度的升高，能生成含有 1、2、3 和 4 个硫酸根的配合物。Pu^{4+} 的氢氧化物在碳酸盐溶液中的溶解度增加表明，有 Pu^{4+} 的碳酸根配合物存在。如果把 Pu^{4+} 的草酸盐在碱金属碳酸盐溶液中，能生成 CO_3^{2-} 配合物，如 $Pu(CO_3)_4^{4-}$、$Pu(CO_3)_5^{6-}$、$Pu(CO_3)_6^{8-}$，各种配合物的量与碳酸盐浓度有关。在生产中，处理或溶解不合格的草酸盐沉淀和草酸盐沉淀反应器中的结垢物，就是利用 Pu（Ⅳ）与 CO_3^{2-} 有强烈配合作用的原理来实现的。此外，Pu^{4+} 还能与 HPO_4^{2-} 生成 $Pu(HPO_4)_3^{2-}$、$Pu(HPO_4)_4^{4-}$、$Pu(HPO_4)_5^{6-}$ 配合物。

(2) Pu^{3+} 的配合　三价钚形成配合物的能力很小，大部分有关三价钚的配合物形成的研究工作仍处于定性阶段。Pu^{3+} 与 NO_3^- 形成的配合物主要有 $PuNO_3{}^{2+}$、$Pu(NO_3)_2^+$ 和 $Pu(NO_3)_3$ 三种形式。Pu^{3+} 的草酸盐配合物有 $Pu(C_2O_4)_2^-$、$Pu(C_2O_4)_3^{3-}$ 和 $Pu(C_2O_4)_4^{5-}$。它们较硝酸盐配合物稳定，向 Pu^{3+} 的硝酸溶液中加入草酸，可生成草酸钚（Ⅲ）的九水化合物沉淀 [$Pu_2(C_2O_4)_3 \cdot 9H_2O$]。

(3) PuO_2^{2+} 的配合　大部分关于 PuO_2^{2+} 的研究工作仅仅处于定性阶段，目前已知道 PuO_2^{2+} 能形成一系列配合物。如氯离子与 PuO_2^{2+} 形成配合物的能力要比硝酸根大，而其他价态的钚形成这两种配合物与此恰恰相反。在稀硝酸溶液中，硝酸根与 PuO_2^{2+} 形成配合物的倾向很弱，即使在 $10mol \cdot L^{-1}$ HNO_3 溶液中，PuO_2^{2+} 也主要以阳离子形式存在。当 HNO_3 浓度继续增加时，开始形成一定量的三硝酸根配合物 $PuO_2(NO_3)_3^-$，其生成量随 HNO_3 浓度的进一步增加而增加。六价钚与硝酸根可能形成的配合物形式有 $PuO_2NO_3^+$、$PuO_2(NO_3)_2$ 和 $PuO_2(NO_3)_3^-$。

3. 钚的水解和聚合

钚在水溶液中的水解是最重要的反应之一，Pu^{4+} 的离子半径比较小、电荷高，水解最显著，实验表明，钚离子水解趋势的次序是：$Pu^{4+} > PuO_2^{2+} > Pu^{3+} > PuO_2^+$。

(1) Pu^{3+} 的水解　Pu^{3+} 的水解性质类似于稀土元素 Ce（Ⅲ）。其水解倾向较小，一般在 pH<7 时，不发生显著的水解；当 pH>7 时，才发生显著的水解。加碱时水解加剧，直到沉淀出 $Pu(OH)_3$，其溶度积为 2×10^{-20} 左右。

(2) Pu^{4+} 的水解和聚合　Pu^{4+} 比其他价态的钚离子更容易水解，Pu^{4+} 的水解反应式为：

$$Pu^{4+} + H_2O \longrightarrow PuOH^{3+} + H^+$$

当溶液中的 $[H^+] > 0.3mol \cdot L^{-1}$ 时，Pu^{4+} 一般不会发生水解；当 $[H^+] < 0.3mol \cdot L^{-1}$ 时，即可发生如上的水解反应。当 pH 值增高至 pH=2 时，即析出难溶的 Pu^{4+} 氢氧化物沉淀，$Pu(OH)_4$ 的溶度积为 7×10^{-56}。在水溶液中 Pu^{4+} 除了水解生成 $Pu(OH)_4$ 沉淀外，还存在着

聚合反应，特别是在弱酸性溶液中，形成一种胶体状聚合物。Pu^{4+}聚合物的形成与酸度、Pu^{4+}浓度、其他离子的存在和温度等因素有关。酸/钚比低的溶液最容易聚合，但在较高的酸度下，如提高钚的浓度，也会发生聚合作用。反之，在仅含微量Pu^{4+}的溶液中，需要较高的pH值才能形成胶体。提高温度有利于Pu^{4+}的聚合，在室温下稳定的钚溶液，加热时可形成聚合物。Pu^{4+}的聚合物经常在不稳定的条件下偶然形成，但聚合物一旦形成就不易被破坏。以水稀释酸性的Pu^{4+}溶液时，经常在局部的低酸区内发生聚合作用，尽管此溶液的最后酸度仍然很高，不足以引起整个溶液发生聚合反应。因此在稀释钚溶液时，必须用酸不能用水。在钚溶液处理过程中，聚合物的形成会使管道堵塞，影响离子交换分离，在溶剂萃取中引起乳化作用，在蒸发过程中产生更多的泡沫，并且能造成钚的局部浓集而带来严重的临界危险。因此在钚的处理过程中，应很谨慎地控制条件，以防止聚合作用的发生。如一旦发生了聚合，应立即将聚合物破坏掉。氟离子和硫酸根等强配合剂以及强氧化剂如高锰酸根和重铬酸根等能促进解聚。

(3) PuO_2^+的水解　PuO_2^+的水解倾向较小，仅在pH值很高时，才按下式进行水解：

$$PuO_2^+ + H_2O \longrightarrow PuO_2(OH) + H^+$$

(4) PuO_2^{2+}的水解　PuO_2^{2+}的水解程度是随着溶液中pH值的提高而增大的，在pH>3.5时水溶液中开始水解。当溶液中pH=4.16时，开始生成$PuO_2(OH)_2$沉淀；在pH=4～6范围内，溶液中主要水解形式是$PuO_2(OH)^+$和$PuO_2(OH)_2$；当pH<7.5时，溶液中水解的主要形式为$[(PuO_2)_2(OH)_3]^+$；在pH=7.5～8.9范围内，PuO_2^{2+}氢氧化物的溶解度最小，实际上主要是$PuO_2(OH)_2$；当pH>8.4时，主要形式为$[(PuO_2)(OH)_3]^-$。

二、样品的分解方法

含钚的环境样品主要有水样、土壤和空气。大体积水样中的钚在碱性条件下与钙镁的氢氧化物共沉淀，用6～8mol·L^{-1}硝酸溶液溶解沉淀，可以制成样品溶液。土壤样品的分解主要采用无机酸分解，如硝酸浸取法，在样品中加入一定量化学产额失踪剂^{242}Pu，然后加入适量8mol·L^{-1}硝酸，在电炉上加热煮沸10～15min，可以将钚浸取出来。也可以采用混合酸分解，如HNO_3-HF-$HClO_4$或H_2SO_4-$HClO_4$-HNO_3-HF-HCl混合酸分解法，在试样中加入一定量化学产额指示剂^{242}Pu，在混合酸的作用下加热分解。样品中如果有机质含量高，需要先在马弗炉高温灰化后再用混合酸处理。分解后的样品进一步采用阴离子交换法或柱色谱法进行分离富集。

三、钚的分离富集方法

钚主要在核反应堆中产生，在核燃料后处理过程中，为了提取和纯化铀钚，人们发展了广为应用的水法后处理工艺——Purex流程，该流程基于铀、钚、裂片元素在硝酸水溶液和TBP-煤油相中分配系数的不同，进行铀、钚与裂片元素的分离净化；基于Pu^{3+}和Pu^{4+}在硝酸水溶液和TBP-煤油有机相中分配系数的差异，在一定条件下，使Pu^{4+}还原成Pu^{3+}，以达到铀、钚分离的目的。环境样品中的钚主要来自于核武器试验造成的全球沉降，或核装置中的钚材料在事故条件下的释放。环境样品中钚的含量非常低，在分析测定之前，也常常需要采用有效的分离富集方法对其分离。这里介绍一下核燃料后处理过程中钚的提取和纯化所采用分离方法以及环境样品分析时钚的分离富集方法。

(一) TBP萃取

Pu(Ⅳ)和Pu(Ⅵ)容易被有机磷化合物、酮类、醚类和胺类萃取剂萃取，萃取剂对不同氧化态的钚的萃取性能不同，Pu(Ⅲ)在这些萃取剂中的分配比很小，Pu(Ⅴ)几乎不被萃取。TBP萃取法从辐照核燃料中回收铀、钚，以煤油（或正十二烷）稀释的TBP为萃取剂，硝酸为盐析剂，采用适当的方法调节钚的价态，来实现铀、钚的回收和分离，以及对裂变产物的净化。在硝酸溶液中，四价钚能以 Pu^{4+}、$Pu(NO_3)^{3+}$、$Pu(NO_3)_2^{2+}$、$Pu(NO_3)_3^{+}$、$Pu(NO_3)_4$、$Pu(NO_3)_5^{-}$ 及 $Pu(NO_3)_6^{3-}$ 等多种形式存在，能被 TBP 萃取的只有 $Pu(NO_3)_4$，TBP 结合成 $Pu(NO_3)_4 \cdot 2TBP$ 中性溶剂配合物（或称溶剂化物）而进入溶剂相，其结构式为：

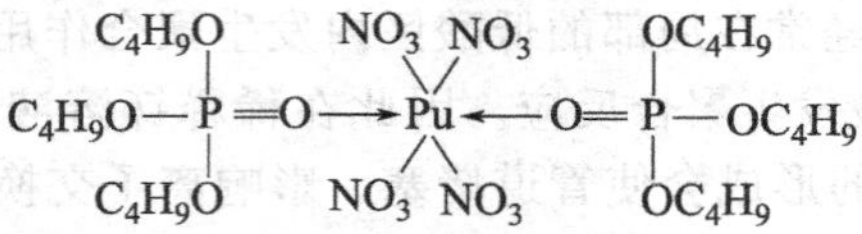

在一般情况下，TBP 对不同氧化态的金属离子硝酸盐的萃取次序，与金属离子形成配合物的相对稳定性趋势一致，对于各种氧化态的钚，存在着如下次序：

$$Pu(Ⅳ) > Pu(Ⅵ) > Pu(Ⅲ)$$

增加 TBP 的浓度会提高钚的分配比，有利于萃取，降低 TBP 的浓度虽然会降低萃取效率，但也会降低杂质元素的萃取率，因此选择 TBP 浓度应根据具体情况做出决定，在后处理工艺中，为了减少 ^{239}Pu 的损失，常选用 30% 的 TBP 进行萃取。水相 HNO_3 浓度对分配比有很大影响，是工艺过程中最重要的控制因素之一。随着 HNO_3 浓度的增加，钚的分配比逐渐增加，但只有在 HNO_3 浓度较低时才符合这个关系，在高浓度的范围内继续增加 HNO_3 浓度，分配比不但不增加，反而减少。这是由于 HNO_3 也能和 TBP 形成溶剂配合物而被萃取，成为 Pu(Ⅳ)的竞争者，随着 HNO_3 浓度的增加，这种竞争作用加剧。升高温度，有利于 Pu(Ⅳ)与 NO_3^- 的较高级配合物向较低级的配合物转化。因此当平衡有利于 Pu(Ⅳ)的 NO_3^- 配合阴离子转化为 $Pu(NO_3)_4$ 时，分配比将增大。在 TBP 萃取四价硝酸盐时，容易出现第三相，增加有机相和水相的相比，降低溶液中金属离子的浓度、适当降低酸度等措施都有利于第三相的消除。

（二）胺类萃取

胺类萃取剂具有较好的选择性和耐辐照性能，在胺-稀释剂-硝酸体系中，钚的分配系数比其他锕系元素及锆、铌、钌等裂片元素的分配系数要大得多。比如，当水相硝酸浓度为 $1\sim4mol \cdot L^{-1}$，有机相为 20% 三月桂胺-正十二烷溶剂时，Pu(Ⅳ)的分配系数约为 10^3，而锆和钌的分配系数为 10^{-3} 和 0.01～0.4，U(Ⅵ)的分配系数也只有 1 左右。因此通过胺类萃取来实现钚与铀及裂片元素间的分离是比较容易的。

萃取钚最有效的胺类萃取剂是含有 8～12 个碳原子的烷基叔胺，如三月桂胺（TLA）、三辛胺(TOA)及三辛癸烷基叔胺（N_{235}）。叔胺具有很高的辐照稳定性。但胺类萃取容易形成第三相。另外，稀释剂（芳烃）的闪点低、易挥发等缺点给操作带来困难，因而目前各国已较少使用胺类萃取剂。

（三）阴离子交换分离

由于 Pu(Ⅳ)能与 NO_3^- 生成稳定的络阴离子 $[Pu(NO_3)_6]^{2-}$，很容易被阴离子交换树脂吸附。而 U(Ⅵ)和裂片元素与 NO_3^- 生成络阴离子的能力较弱，有的离子甚至不能与 NO_3^- 形成配阴离子，所以用阴离子交换法来实现钚与其他杂质元素之间的分离，具有很高的选择性。用于纯化钚的阴离子交换树脂的种类很多，其中性能较好的有 201×4（聚苯乙烯季铵型强碱性）树脂、256×4（聚苯乙烯吡啶型强碱性）树脂、Dowex-1×4（聚苯乙烯季铵型强碱性）树脂等。

在硝酸溶液中，只有 Pu(Ⅳ)能与 NO_3^- 形成稳定的配阴离子，因而料液在进行离子交换吸附之前，必须使钚全部转化为四价状态并将酸度调到一定范围。钚调价可用亚硝酸钠或过氧化氢作氧化还原剂。为了避免引入杂质，通常用过氧化氢，在 $3\sim3.5mol \cdot L^{-1}$ 的硝酸介质中，过氧化氢首先将 Pu(Ⅵ)和 Pu(Ⅳ)还原为 Pu(Ⅲ)，过量的过氧化氢分解后，Pu(Ⅲ)便被硝酸根自催化氧化。

阴离子交换树脂吸附 Pu(Ⅳ)的反应式为：

$$2(R_4N)NO_3 + Pu(NO_3)_6^{2-} \longrightarrow (R_4N)_2Pu(NO_3)_6 + 2NO_3^-$$

Pu（Ⅳ）的分配系数随着硝酸浓度的增加开始是上升的，到达某一硝酸浓度时分配系数达到最大值，此后随着硝酸浓度的增加，分配系数逐渐减小。U（Ⅵ）在硝酸浓度为 6～8mol · L^{-1}的溶液中可以形成 $[UO_2(NO_3)_3]^-$ 配合阴离子，但比 Pu（Ⅳ）形成配阴离子的能力弱得多，故阴离子交换对铀有很高的净化作用，钚中去铀的分离系数可达 10^3 以上，钚的回收率可达 99.9%。锆、铌、铈等元素的分配系数也比相同酸度下 Pu（Ⅳ）的分配系数要小得多。阴离子交换树脂吸附金属离子的过程是放热反应。随着温度的升高，Pu（Ⅳ）分配系数减小，酸度和温度对 Pu（Ⅳ）吸附平衡分配系数的影响见图 5-1。

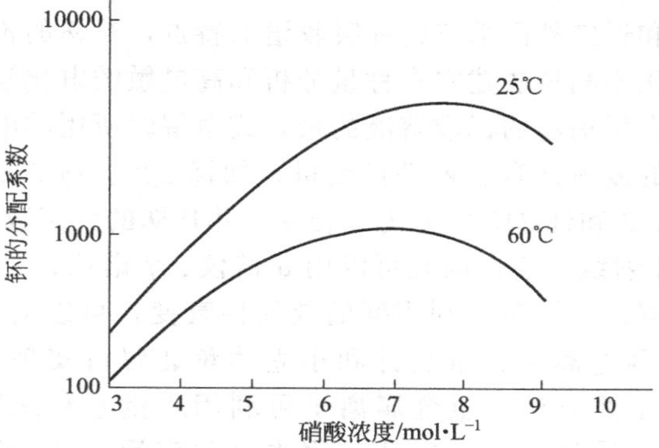

图 5-1　硝酸浓度和温度对 Pu（Ⅳ）分配系数的影响（树脂 Dowex-1×4）

洗涤的目的是除去树脂空隙间以及吸附在树脂上的铀、裂片元素和其他化学杂质。洗涤剂通常为硝酸，其酸度、流速、温度等条件保持与吸附时基本相同。

淋洗过程分稀酸淋洗和还原淋洗两种类型，对于稀酸淋洗，低酸高温条件对钚的解吸是有利的。但酸度过低会引起钚的水解，故 HNO_3 浓度一般不能低于 0.35mol · L^{-1}；温度过高会破坏树脂的稳定性，通常限制在 50～60℃之间。与稀酸淋洗相比，还原淋洗可以获得较高的淋洗率和较低的淋洗剂消耗，并且整个操作过程可在常温下进行。但还原淋洗也有明显的缺点，如羟胺还原速率缓慢，淋洗过程要产生气泡；抗坏血酸对钚的还原是有效的，但会形成某些三价和四价钚的沉淀产物；用氨基磺酸亚铁作淋洗剂会向产品液引入大量的铁离子，因此目前用得较多的还是稀酸淋洗。

对于环境样品如土壤样品中的钚进行分离富集时，常采用强碱性阴离子交换树脂 251×8，控制柱床高度 70mm，使用前先用 1+1 的硝酸溶液平衡离子交换柱，将样品溶液制备成 7～8mol · L^{-1}的 HNO_3 溶液，钚以 $Pu(NO_3)_6^{2-}$ 阴离子形式被阴离子交换树脂所吸附。用 8mol · L^{-1}盐酸和 3mol · L^{-1} 硝酸依次淋洗交换柱以除去钍、铀等干扰离子。最后用 0.36mol · L^{-1}盐酸-0.01mol · L^{-1}氢氟酸溶液使 Pu（Ⅳ）还原为 Pu（Ⅲ），实现钚的还原洗脱。

（四）萃取色谱法

在进行水样和土壤样品中钚的分离富集时，色谱法也是常用的方法之一。采用三正辛胺(TOA)-二甲苯-聚三氟氯乙烯（40～60 目）色谱柱，控制柱床高度 60mm，使用前先用 1+1 的硝酸溶液平衡色谱柱。将样品分解提取后获得的试样溶液经还原、氧化后，使钚以

$Pu(NO_3)_5^-$ 或 $Pu(NO_3)_6^{2-}$ 阴离子形式存在于溶液中，调节溶液酸度至 6～8mol·L^{-1}的硝酸介质并使其通过三正辛胺萃取色谱柱，钚以（$R_3NH)Pu(NO_3)_5^-$ 或（$R_3NH)HPu(NO_3)_6^{2-}$ 配合物形式被吸附，用10mol·L^{-1}的盐酸和3mol·L^{-1}的硝酸依次洗涤色谱柱，可以除去铀、钍等干扰离子，从而进一步纯化钚，最后用0.025mol·L^{-1}草酸-0.150mol·L^{-1}硝酸解析钚。

四、钚的测定方法

钚的测定方法主要有重量法、容量法、分光光度法、电化学法、放射性法、X射线法和质谱法。重量法测量钚所需的仪器设备和对操作的要求都比较简单，在钚的早期测量中应用广泛。但对于剧毒、强放射性的钚，重量测量法所需的样品量大，一般为mg或g量级，比较容易沾污设备，对于安全防护的要求较高。钚的容量测定法随着指示剂、配合剂的改进和操作技巧的提高也在不断发展，有些容量法因选择了能够凭目测就能判断出指示终点的指示剂，在钚取样量为30～40μg时，能够得到满意的测量结果。钚的分光光度法是利用钚的四种主要氧化态在可见光和近红外区都有特征吸收谱的特点，对钚的价态进行分析，并对钚的总量进行测量。钚的电化学测量法建立在称量分析和高灵敏的电化学检出终点基础之上，通过准确获取调节钚的价态所消耗的标准溶液的量，或电解时所用的电量来确定钚的量。钚的放射性测量法是利用钚的放射性衰变来进行测量，如钚238、钚239、钚240和钚242主要为α衰变；钚241、钚243和钚245主要为β衰变，并且钚的大多数同位素在发生α、β衰变的同时，都伴随着γ、X射线产生，因此可以用α谱仪、γ谱仪、X射线探测器和低本底液体闪烁计数器对钚进行测量。同时，利用钚的放射性衰变，可以对钚进行绝对测量，如利用液体闪烁计数器、栅网电离室、量热计和小立体角装置可实现钚的绝对测量。放射性测量是目前钚测量中的主要方法。重金属离子可利用质量差别采用质谱分析技术进行测量，钚作为重金属离子，质谱分析的方法应用也日益广泛。钚的质谱分析方法是将钚的同位素电离成离子，按其质荷比的不同实现分离，然后用离子探测器测量各种质荷比的离子束流强度，完成对不同同位素的测量。钚常用的质谱测量方法有电感耦合等离子体质谱法（ICP-MS）、热表面电离质谱法（TIMS）、加速器质谱法（AMS）、共振电离质谱法（RIMS）、次级离子聚合光谱法（SIMS）和辉光放电质谱法（GDMS）。目前比较常用的是电感耦合等离子体质谱法。加速器质谱法是潜在的能够进行更低水平测量的新方法，但测量费用比较高。

目前比较常见的是放射性测量和质谱测量法，下面对这两种方法进行简要介绍。

（一）低本底α计数器或α能谱仪测量

低本底α计数器是一种测量低水平α放射性强度的仪器，可用于水、食品、土壤、建材、矿石、气溶胶、沉积物等样品的总α放射性测量，在核电、检验检疫、辐射防护、环境保护、医疗、生物、水质检测等领域有广泛应用。α能谱仪测量是在外加偏压的作用下，致电离粒子在耗尽区被阻止并激发电子空穴对，由于α粒子能量不同，电离出来的电子空穴对数量也不同，由此产生一个正比于被阻止粒子能量的电流脉冲读数。根据该特性，实现对放射性核素的定性和定量测量。

钚的分析测定采用低本底α计数器或α能谱仪测量时，先将解析后的样品溶液置于电沉积槽中，沉积槽置于流动的冷水浴中。控制极间距离4～5mm，电流密度为500～800mA·cm^{-2}，在pH1.5～2.0电沉积60min。然后加入1～2ml质量分数为25%～28%的氢氧化铵溶液，继续电沉积1～3min。沉积结束后将镀片用水和无水乙醇洗涤，用红外灯烘干后在400℃灼烧1～3min，然后用低本底α计数器或α谱仪测量。方法的最低可探测限为2.0×10^{-4}Bq。

（二）同位素稀释 ICP-MS 法

电感耦合等离子体质谱（ICP-MS）法以其检测限低，样品源制作简单、测量速度快等优点，可应用于环境中低水平放射性核素的分析，根据质量数的差异能准确测定痕量钚的浓度以及钚的同位素。通过同位素稀释，利用 ICP-MS 可以测定待测元素的同位素丰度比。同位素稀释法的基本原理是在样品中加入已知量的某一被测元素的浓缩同位素后，测定该浓缩同位素与该元素的另一参考同位素的信号强度之比。从加入和未加入浓缩同位素稀释剂样品中的比值变化可以计算出该元素的浓度。同位素稀释质谱法的应用中需要测量稀释剂、稀释前和稀释后的样品。在钚的测定中，需要加入稀释剂^{242}Pu，通过质谱法分析确定稀释剂中^{239}Pu 与^{242}Pu 的丰度比值和加入稀释剂后混合试样中^{239}Pu 与^{242}Pu 的丰度比值，就可以求出待测样品中^{239}Pu 的量。

用 ICP-MS 测定超痕量钚时，主要存在质谱干扰和基体干扰问题，质谱干扰主要由多原子离子的干扰、氧化物离子的干扰、同量异位素及双电荷离子的干扰组成。而其中多原子离子的干扰是质谱干扰中影响分析测定的准确度和精密度最重要的因素之一，由于其来源比较复杂，有等离子区、样品本身及溶剂中未完全分解的分子的电离，或者它们相互结合形成的不同离子，而这些离子的质量数又与待测元素的质量数发生重叠，因而多原子离子的干扰是 ICP-MS 中最严重的干扰。在测量环境样品中的钚时主要质谱干扰为天然铀产生的$^{238}UH^{+}$峰干扰，通过对样品进行分离富集和纯化，可以降低甚至消除质谱干扰。基体干扰为测量溶液中较高含盐量对钚信号的抑制效应，是指在 ICP 中易电离元素浓度的增大，导致 ICP 中的电子数量增加，对待测元素的质谱信号产生抑制或增强效应，当待测元素的含量较低或电离度较低时，受基体元素的影响较严重。基体效应的干扰程度可以通过优化仪器工作参数减弱，基体效应较弱，采用加入内标元素即可得到校正。由于质谱测量的干扰相对简单，不同于 α 谱测量时存在能量谱干扰和自吸收干扰，因此其化学和去污过程相对比较简单。

ICP-MS 仪器工作参数（以美国 PE 公司 ELAN DRC-e ICP-MS 为例）见表 5-7 所示。

表 5-7　仪器工作参数

名称	设定值	名称	设定值
雾化气流量	0.92L · min^{-1}	模拟信号电压	−1900V
辅助气	1.2L · min^{-1}	脉冲信号电压	1100V
等离子体气流	17L · min^{-1}	动态反应池电压	−16V
透镜电压	7.5V	低质量截取	0.4V
射频发生器功率	1100W		

习题和复习题

5-1. 简述铀、钚、钍的主要分析化学的特点和试样分解方法。

5-2. 溶剂萃取法分离富集铀、钚、钍的萃取剂各有哪几类？每类举出一至数种试剂萃取铀或钍的机理，主要条件及分离情况如何？

5-3. 铀、钚、钍的离子交换分离富集方法中为什么都既可用阳离子交换法，又可以用阴离子交换法，而且阴离子交换法分离效果较好？在硫酸介质中，用阴离子交换树脂分离铀时，用 4～6mol HCl 对树脂进行转型有什么好处？

5-4. 萃取色谱法分离富集铀、钍的常用固定相有哪些？

5-5. 测定铀的滴定分析方法主要有哪几种？亚铁法、亚钛法的异同何在？通过计算说明，为什么在大于 5mol · L^{-1} H_3PO_4 介质中能用亚铁还原 U(Ⅵ)为 U(Ⅳ)？

5-6. 铀和钍的光度分析显色剂有哪几类？各举一例说明。简述偶氮胂Ⅲ光度法测定铀、钍的主要测定体系的显色条件和光度特性、干扰情况。写出偶氮胂Ⅲ和偶氮氯膦Ⅲ的结构式及它们与铀、钍生成配合物的结构式。

5-7. 简述 UO_3^{2+} 与 Br-PADAP 的反应特性，解释其吸收光谱出现双峰的原因。Br-PADAP 光度法中加氟化钠、三乙醇胺及磺基水杨酸、CyDTA 的作用是什么？

5-8. 简述固体荧光法和液体激光荧光法测定铀的原理。

5-9. 简述放射性能谱分析法和 ICP-MS 法测定铀、钚和钍的原理、操作要领和适用样品对象。

第六章　稀土元素和贵金属分析

第一节　稀土元素分析

一、概述

稀土元素是指元素周期表中ⅢB族，原子序数21的钪（Sc）、39的钇（Y）和57的镧（La）至71的镥（Lu）共17个元素。原子序数57～71的15个元素称为镧系元素。它们位于周期表的57号位置上。由于钇与镧系元素在化学性质上极为相似，钪与镧系元素有共同的特征氧化态（Ⅲ），在某些方面也有共同点，因此1968年，国际应用化学联合会（IOPAC）将钪、钇和镧系元素一起称为稀土元素。但由于钪的化学性质不像钇那样相似于镧系元素，在镧系矿物中也很少发现钪，所以在一般生产工艺和分析测试中不把钪放在稀土元素之中。

根据稀土元素的物理化学性质以及地球化学和矿物化学性质上的差别分为两组，铈组稀土（又称轻稀土），包括镧、铈、镨、钕、（钷）、钐6种元素；钇组稀土（又称重稀土），包括钇、铕、钆、铽、镝、钬、铒、铥、镱、镥10种元素。这种分组同稀土元素在岩石矿物的共生情况是符合的。另外根据稀土的分离工艺，又将稀土元素分为三组：铈组稀土、铽组稀土和钇组稀土，分别称为轻、中及重稀土。

铈组稀土（轻稀土）：镧、铈、镨、钕、钷、钐。

铽组稀土（中稀土）：铕、钆、铽、镝。

钇组稀土（重稀土）：钇、钬、铒、铥、镱、镥。

稀土元素在地壳中的总含量约5×10^{-5}，除钷外，其克拉克值的数量级为10^{-3}～10^{-4}。稀土元素的矿物种类繁多，据统计稀土独立矿物约170种，加上稀土矿物合计超过250种。我国各种稀土矿床中主要的稀土矿物20余种，具有工业价值的主要是独居石、氟碳铈矿、氟碳铈镧矿、烧绿石、褐帘石、磷钇石、褐钇铌矿以及鄂博矿。另外，还有一类，以离子状态被土壤吸附的稀土矿物，称离子吸附稀土矿。

稀土元素和稀土产品用途相当广泛。在石油工业中用作催化剂，在高科技领域用于电子和原子能工业，氧化钇被用作核反应堆的控制棒，稀土合金被用于航空、航天工业以制造飞机、飞船及导弹、火箭的零部件。稀土还用于农业和医疗事业，有促进农作物增产，抗艾滋病等功效。可见稀土是非常有用的元素，稀土矿物是国家重要的战略资源，应引起人们的关注。

（一）稀土元素主要分析化学特性

1. 稀土元素主要化合物及其性质

稀土金属为活泼金属，易被空气氧化成氧化物，与卤、硫形成卤盐或硫化物。稀土金属及其氧化物易溶于酸生成相应的盐类。用碱中和稀土盐溶液至某一pH值时形成氢氧化物沉淀，且不溶于过量的碱中。稀土氧化物具有强碱性，铈组稀土氧化物碱性最强，钇组次之，不溶于水，易溶于强酸。

稀土草酸盐，在稀土溶液中加入草酸，则生成白色细晶形的水合草酸稀土$RE_2(C_2O_4)_3\cdot xH_2O$，钇组稀土草酸盐溶于过量的草酸铵溶液中生成可溶性配合物：

$$Y_2(C_2O_4)_3+3(NH_4)C_2O_4 \longrightarrow 2(NH_4)_3[Y(C_2O_4)_3]$$

铈组稀土不生成这种配合物。因此在以钇组稀土为主要稀土试液中沉淀草酸稀土时，不宜用草酸铵作沉淀剂，否则会造成钇组稀土的严重损失。

硫酸与稀土金属及其氧化物、氢氧化物作用均能得到稀土硫酸盐，如

$$2RE(OH)_3+3H_2SO_4 \xlongequal{} RE_2(SO_4)_3+6H_2O$$

稀土硫酸盐能溶于水，溶解度随温度升高而减少，因此在浸取用硫酸分解稀土矿物的熔融物时，最好使用冰水。稀土硫酸盐的重要特性是能与碱金属硫酸盐生成复盐 $RE_2(SO_4)_3 \cdot M_2SO_4 \cdot nH_2O$（$M=Na^+$、$K^+$或$NH_4^+$）而析出，这些复盐的溶解度从镧到镥依次增大。

将稀土草酸盐、氢氧化物、碳酸盐或硝酸盐在 900℃灼烧，可生成很稳定的各种不同颜色的氧化物：

$$2RE(OH)_3 \xlongequal{\triangle} RE_2O_3+3H_2O$$

稀土离子与无机配位体形成的配合物，都不太稳定，无机含氧阴离子中高价含氧酸阴离子，如PO_4^{3-}、SO_4^{2-}、CO_3^{2-}比低价阴离子NO_3^-、ClO_4^-形成的配合物稳定性强，与有机配位体如氨基多羧酸 EDTA、氨三乙酸（NTA）等能形成较稳定的螯合物，与β-二酮类如 TTA、PMBP、中性磷类P_{350}、酸性磷类P_{204}、P_{507}以及 8-羟基喹啉等可形成稳定螯合物，用于稀土的分离；与有机染料主要是双偶氮变色酸类，如偶氮胂Ⅲ形成二元螯合物，用于稀土元素的光度法测定。

稀土元素都具有稳定的三价，但其中铈、镨、铽有四价，钐、铕、镱有两价状态。

2. 稀土元素的镧系收缩

由稀土元素的电子层结构和离子半径序列看出，稀土元素除钪、钇、铕、镱外，镧系元素的离子半径随原子序数的增加而减少，此现象称为镧系收缩。由于镧系收缩使钇成为稀土元素的成员，常与重稀土元素中相邻元素的离子半径相近，因而它们的性质极为相似，由于镧系收缩使周期表中ⅣB族中的锆和铪、ⅤB族中的铌和钽、ⅦB族中的钼和钨在原子半径和离子半径上较接近，化学性质也相似，造成这三对元素在分离上的困难。镧系收缩还导致镧系元素（Ⅲ）离子与某一试剂形成沉淀或配合物时出现“倒序”现象，如镧系元素的氢氧化物的碱性与偶氮硝羧成配合物的稳定性随原子序数的增加而减弱，则为“倒序”递变之例。

（二）试样分解方法

采用何种溶（熔）剂分解试样应根据试样成分和选用的分析方法来选择。稀土元素的分解方法有酸溶分解法和碱熔融分解法两种。

1. 酸溶分解法

大部分稀土矿物均能为硫酸或酸性溶剂分解，如硅、铍钇矿、铈硅石等一类硅酸盐类矿物，很容易为浓硫酸分解，而磷酸盐类矿物如独居石、磷钇矿等虽不易为浓盐酸分解，但可为 200℃热浓硫酸所分解。对难溶的铌、钽酸盐类矿物，可用氢氟酸和酸性硫酸盐分解。

封闭或微波酸溶（一般为硝酸＋氢氟酸）法是目前非常流行的方法，其特点是速度快，效果好。

2. 碱熔融分解法

几乎所有含稀土元素的矿物均可用Na_2O_2（或 NaOH 加少许Na_2O_2）熔融分解。其优点是熔融时间短，水浸取后可借以分离磷酸根、硅酸跟、铝酸根和氟离子等阴离子，简化了以后的分析过程。

二、稀土元素的分离富集方法

稀土元素的化学性质彼此非常相似，因此在岩石矿物分析中除考虑稀土元素与伴生元素分离外，还应考虑轻重稀土分组和稀土元素间相互分离。这里介绍稀土元素与非稀土元素的分离和稀土元素之间的分离。

（一）稀土元素与非稀土元素的分离方法

稀土元素与非稀土元素的分离方法很多，较为普遍使用的方法仍是沉淀法、溶液萃取法、离子交换法、萃取色谱法。

1. 沉淀分离法

稀土元素的沉淀分离法一般用草酸盐、氢氧化物和氟化物法，有时为了提高分离效果，可将这些方法结合使用。

草酸盐沉淀法：草酸是常用的稀土沉淀剂，可使稀土与大量共生元素如铁、铝、铬、锰、镍、锆、铪和铀分离。稀土与草酸形成溶解度很小的晶形草酸盐沉淀 $RE_2(C_2O_4)_3 \cdot nH_2O$，易于过滤和洗涤，灼烧后即得稀土氧化物。在中性溶液中某些金属离子，如钡、锶、铜、锌、铝等会形成溶解度较小的草酸盐，沾污稀土草酸盐沉淀。因此，沉淀分离应在酸性溶液 pH1.5～2.5 中进行。

近年来常用草酸甲酯或草酸丙酯代替草酸，使发生均相沉淀，改变沉淀晶形，以减少草酸沉淀的沾污。

草酸盐沉淀分离法不能分离钍和钙，故在测定稀土总量时，需与其他分离方法结合使用。

氢氧化铵沉淀法：氢氧化物分离法主要用于稀土与碱金属、碱土金属的分离，不能分离钍，选择性不佳。用 NaOH 沉淀稀土可与铝、铍、锌、钒、钨、钼和砷分离。

稀土氢氧化物是比铁、铝的氢氧化物更强的碱，在中性溶液中溶解度较大，且其碱性和溶解度随稀土原子序数的增加而减少，因此应加过量的氢氧化物进行沉淀分离，一般氢氧化铵过量 10%，稀土的沉淀结果满意。稀土氢氧化物沉淀呈黏液状，不易过滤，通常在热溶液中沉淀，并在沸水浴中保温，必要时在过滤前加少量纸浆吸附凝聚，便于过滤。

氟化物沉淀法：稀土元素的各种化合物中与氟化物的溶解度最小，因此使稀土形成氟化物沉淀，可与其他元素分离。

常用的沉淀剂有氢氟酸、氟化铵，不能用氟化钠或氟化钾。因为溶液中有大量钾、钠时，铌、钽、锆、钛等元素将生成溶解度不大的配合物而干扰分离。分离时一般是在 $1mol \cdot L^{-1}$ 盐酸和 2%～2.5% 氢氟酸介质中进行沉淀，此时铌、钽、钛、锆和铁等保留于溶液中而与稀土定量分离。铀（Ⅵ）、钍与稀土定量沉淀，碱土金属与铅部分沉淀。生成的沉淀呈难过滤的胶状沉淀，且需在塑料器皿或铂皿中进行，因而限制了此方法的应用。但对于铌钽酸盐矿样用此法尤其有效。

2. 溶剂萃取分离法

在稀土分析中，溶剂萃取法不仅可用于稀土元素与非稀土元素分离，而且可以用于稀土元素分组分离，应用范围比沉淀法、离子交换法更为广泛。溶剂萃取常用的萃取剂，根据其结构特征分为下列五类。

含氧溶剂类：主要是酮、醚、醇、酯类化合物用于萃取稀土，萃取率较低，目前很少应用。

有机磷类：常用萃取稀土元素的有中性磷类萃取剂磷酸三丁酯(TBP)、甲基磷酸二甲庚酯（P_{350}），酸性磷类萃取剂有磷酸二丁酯(DBP)、二(2-乙基己基)磷酸酯（P_{204}）、2-乙基己基磷酸-2-乙基己基酯（P_{507}）等。

羧酸类：主要包括丁酸、环烷酸、脂肪混合酸和叔碳酸等，它们都是通过分子中羧基上的 H^+ 与金属离子发生置换反应，形成盐而被萃取，属阳离子交换萃取类型。其中环烷酸在工业上已成功地应用于混合稀土中萃取或提纯氧化钇。

螯合剂类：主要是 β-二酮螯合剂。这类螯合剂应用萃取稀土的有乙酰丙酮、噻吩甲酰三氟丙酮（TTA）、1-苯基-3-甲基-4-苯酰基吡唑酮（PMBP）等。

高分子胺类：有伯胺、仲胺、叔胺和季铵盐四类。高分子胺类萃取稀土时，是以金属配阴离子形式被萃取，萃取机理属于阴离子交换反应。所以胺类萃取剂又称为液体阴离子交换剂。

在稀土分析中常用的萃取剂，主要是有机磷类萃取剂中的中性磷类和酸性磷类萃取剂，以及螯合剂类萃取剂。能与稀土形成配合物并为有机溶剂萃取的有机试剂很多，效果较好的为 PMBP、TTA、BPHA（苯甲酰苯胺），尤其是 PMBP，目前仍是分离矿样中稀土总量的常用萃取剂。PMBP 也是分离稀土与非稀土最好的试剂之一。0.01mol·L^{-1} PMBP-苯与 pH5.0～5.5 介质的稀土溶液等容萃取，可与碱金属、碱土金属、铬（Ⅲ）、铝（Ⅲ）分离，稀土萃取率大于 98%。为了抑制铁、钍、铀、钛、锆等水解而载带稀土，水相需含 2%～4%磺基水杨酸，以提高分离效果。

3. 离子交换分离法

采用离子交换分离是近年来用于分离稀土元素最快和最好的方法之一，它利用稀土元素与其他元素在树脂上分配系数的差异，用不同成分的淋洗液分离稀土元素，即使最难分离的钍也可定量分离。本法的优点是分离效果好，劳动强度低以及引进的杂质少，特别适用于稀土矿物的系统分析，也适用于分离富集岩石矿物中痕量稀土元素。常用的离子交换分离法有如下两种。

阳离子交换树脂分离法：稀土元素在盐酸、硝酸、硫酸溶液中与阳离子交换树脂之间分配系数都很大。但在不同浓度酸介质中分配系数又各异。在 0.5mol·L^{-1}硫酸介质中，稀土的分配系数最大，因此，常用 0.5mol·L^{-1}硫酸为交换介质。

分离时先将稀土元素制备成 0.5mol·L^{-1}硫酸溶液，通过氢型阳离子树脂层，继续用 0.5mol·L^{-1}硫酸淋洗，再用 4mol·L^{-1}盐酸洗脱稀土。也可将稀土制成 50%乙醇 3mol·L^{-1}盐酸溶液，通过交换柱后，再用 50%乙醇 3mol·L^{-1}盐酸溶液淋洗，去除铁（Ⅲ）、铝、钛、镁、锰、镓、铜、铊（Ⅲ）、铋、钼、钴、镍、铅、锌、镉、铍、铀等离子，然后用 4mol·L^{-1}盐酸洗脱稀土，钍、锆继续留柱。阳离子交换树脂如采用大孔树脂，可大大减少洗提溶液的用量，缩短分离流程。

阴离子交换树脂分离法：将稀土（Ⅲ）制成硝酸介质，使稀土形成 $RE(NO_3)_5^{2-}$ 或 $RE(NO_3)_6^{3-}$配阴离子，易被阴离子交换树脂吸附。如在 10% HNO_3-90%丙酮中稀土在硝酸盐型阴离子交换树脂上的分配系数，轻稀土达 1×10^3～2×10^3，重稀土达 2×10^2～6×10^2，因而可被完全吸着，但分配系数较大和稀土元素性质相近的元素如钍、铋、铅、铀（Ⅵ）同时也被吸着。此时可用 0.01～0.05mol·L^{-1} H_2SO_4 溶液淋洗树脂层，使硝酸型树脂转变成硫酸型，稀土元素不被吸着，随流动相出柱，而铬（Ⅵ）、钼、钨、铌、钽、锆、钒（Ⅴ）、铀（Ⅵ）、钍、钪被吸着，从而使稀土与这些元素分离。

4. 萃取色谱分离法

萃取色谱分离具有溶剂萃取的选择性和离子交换树脂分离的高效性。负载于载体上的 P_{507}或者 PMBP，P_{507}萃淋树脂用作固定相能有效地分离稀土元素与其他元素。应用 P_{507}萃淋树脂分离稀土比 P_{204}溶剂萃取具有较高的萃取率和分离效率。

P_{507}萃淋树脂中活性成分为酸性磷类萃取剂 P_{507}，稀土元素与 P_{507}聚合分子中的氢离子进行阳离子交换而被萃取。其反应式如下：

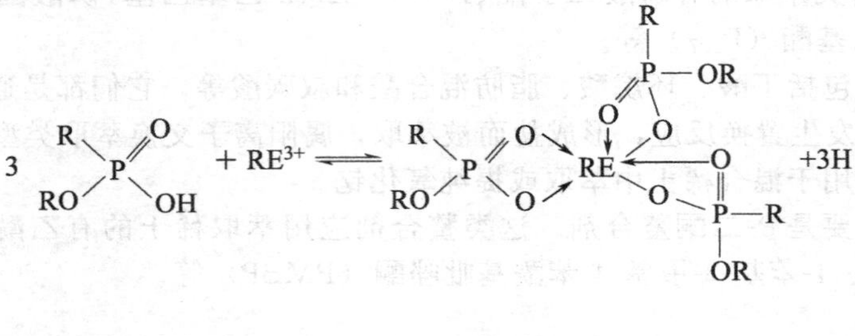

P_{507}是稀土元素的优良萃取剂。将 pH2.2～2.5 的稀土溶液流经 P_{507}色谱柱，稀土元素被吸附，用含抗坏血酸和磺基水杨酸混合液淋洗，与共存离子分离，用 4mol·L^{-1} HCl 或 2mol·L^{-1} HCl-2mol·L^{-1} NaCl 溶液洗脱稀土，洗脱稀土时 Th（Ⅳ）和 Sc（Ⅲ）不被洗脱，仍留在柱上，不干扰稀土元素的测定。

（二）稀土元素间的相互分离

稀土元素在化学性质上极为相似，对 15 种稀土元素一一分离难度很大，过去在稀土分析和稀土提取工艺方面，用溶剂萃取法、萃取色谱法、离子交换树脂等方法进行稀土元素之间的分离，取得一定成效。目前，随着科学技术发展及 ICP-AES、ICP-MS 等先进仪器的使用，可以不经分离直接测定混合稀土溶液中单一稀土元素的含量。因此对过去曾用过的几种分离方法，这里只做简略介绍。

有机溶剂萃取法：对于分离稀土元素是行之有效的方法。如用乙醚萃取四价铈可与其他稀土元素分离。近年来应用 P_{507} 和 P_{204} 萃取分离稀土取得优良的效果，例如用 0.75mol·L^{-1} P_{204}-甲苯萃取时，镧-镥的分离因数可达 3.5×10^{5}，相邻两镧系元素平均分离因数为 2.5。P_{507}性质与 P_{204}相似，相邻稀土元素的分离因数的平均值大于 P_{204}。

萃取色谱分离法包括纸色谱法和柱色谱法，纸色谱法的优点是操作简便，但由于某些稀土元素展开时存在拖尾现象，影响分离效果，应用不多。柱色谱法以负载于三氟氯乙烯粉或多孔硅胶载体上的流动相，可以将稀土元素分成两组、多组或将 15 个稀土元素相互分离。在一般情况下的分离效果，P_{507}优于 P_{204}。以 P_{507}萃淋树脂作固定相的分离，又优于负载在载体上的 P_{507}固定相。柱色谱法分离稀土元素，目前应用最广。

离子交换树脂法：也是分离稀土元素较为有效的方法。此法不但利用稀土元素在交换树脂上交换势的微小差别进行分离，而且更主要的是利用各种稀土元素所形成配合物，其稳定性不同的特性来增进分离效果。常用的配合剂有乙酸铵、EDTA、柠檬酸、磺基水杨酸、乳酸、α-羟基异丁酸等，尤以 α-羟基异丁酸效果较好。

高速离子交换色谱法，不仅使稀土元素相互分离，而且大大地缩短了分离时间，α-羟基异丁酸浓度梯度或 pH 梯度淋洗效果更好，可在 0.5h 内完成 15 个稀土元素相互分离。

总之，对稀土元素间的相互分离，迄今为止各类方法均有其优缺点，在实际使用中有一定的局限性。

三、稀土元素测定方法

稀土元素的测定方法分为两大类，一是稀土总量的测定，其中包括稀土元素分组含量的测定；二是单一稀土含量的测定。

（一）稀土总量的测定

稀土总量的测定，根据各个稀土元素在化学性质上的相似性采用重量法、滴定法和光度法。

重量法：有草酸盐分离-重量法、离子交换分离-重量法。草酸盐分离-重量法是用草酸沉淀稀土元素，再用氟化物分离钛、锆、铌、钽，六亚甲基四胺分离钍等干扰元素，最后将稀土元素沉淀为氢氧化物，再转化为草酸盐沉淀，于 850℃灼烧成稀土氧化物称量。离子交换分离-重量法是利用稀土元素与其他元素在强酸性阳离子交换树脂上分配系数的差异，用不同成分的淋洗液分离出稀土元素，最后将稀土元素沉淀为氢氧化物，灼烧成稀土氧化物称重。

滴定法：主要是 EDTA 滴定法，即在 pH1.8～2.2 试液中用 EDTA 滴定钍之后，加入过量的 EDTA 标准溶液，在 pH5.0 用铜盐回滴过量的 EDTA，计算稀土氧化物的总量。

光度法：光度法测定稀土元素总量，主要是利用 PMBP-苯萃取分离，阳离子交换树脂分离，或 P_{507}萃取分离，用偶氮胂Ⅲ显色，进行光度法测定。但用光度法测定稀土总量，值得注意的是绘制稀土总量工作曲线的标准物质如何选择问题。实验得知，钇-偶氮胂Ⅲ的摩尔吸光系数与其他稀土元素相近，但由于钇的原子量最小，致使钇与其他稀土元素的工作曲线不完全重叠，并且不同矿物中稀土元素相互之间比率又不相同，因此用光度法测定稀土总量时应选用与待测样品组分相近的混合稀土做绘制工作曲线的标准。所以多数是从所分析的矿区，选择具有代表性的矿石中提取纯度为99.9%以上的混合稀土氧化物，作为标准物质，这种方法比较麻烦。因此，有人研究，在配制标准稀土总量溶液时，加入一定量氯化钾（27% KCl 4ml），可以抑制钇和钇组稀土元素有色配合物的吸光度，使各单一稀土元素的工作曲线接近重叠。所以可以选用某些单一稀土元素的标准试剂以一定比例混合后，加入一定量KCl溶液绘制稀土总量工作曲线。此方法简单方便，绘制的工作曲线符合要求，保证稀土总量测定结果的准确度。

（二）稀土分组含量的测定方法

主要是利用阴离子交换树脂或P_{507}萃淋树脂分离富集稀土元素，用不同成分的淋洗液将铈组稀土和钇组稀土分别洗脱下来。用阴离子交换树脂分离，是由于稀土离子在硝酸-脂肪醇（甲醇、乙醇、丙醇、异戊醇等）介质中形成稳定的配阴离子，强烈地吸附在阴离子交换树脂上，以甲醇-3.4mol·L^{-1} HNO_3为淋洗液可将钇组稀土和钐洗脱，再用0.21mol·L^{-1} HNO_3洗脱铈组稀土（镧、铈、镨、钕）。用P_{507}萃淋树脂分离是将pH2.4的稀土试液，流过P_{507}萃淋树脂，全部稀土元素负载于P_{507}萃淋树脂上，先以pH2.5的50g·L^{-1} NH_4Cl-10g·L^{-1}抗坏血酸-20g·L^{-1}磺基水杨酸淋洗除去杂质元素，再以0.12mol·L^{-1} HCl-1mol·L^{-1} NH_4Cl淋洗铈组元素，继以4mol·L^{-1} HCl洗脱钇组稀土元素。分取淋洗后的试液，用偶氮胂Ⅲ光度法测定。

（三）单一稀土含量的测定

单一稀土元素的测定，主要用X射线荧光光谱法、极谱法、石墨炉原子吸收光谱法以及近年来广泛采用的电感耦合等离子体发射光谱法、电感耦合等离子体质谱法，它们已成为稀土元素定量测定的主要手段。尤其是电感耦合等离子体质谱法，其灵敏度高，背景低，干扰相对较少，分析准确度和精密度均优于其他方法，对单一稀土元素的测定更显示其优越性。

下面介绍几种单一稀土元素的测定方法。

1. 熔珠粉末压薄片-波长色散X射线荧光光谱法测定稀土元素

试样经四硼酸锂熔融后，粉碎压成薄片，以透空照射法直接测定15项稀土元素的含量。

混合熔剂：将熔融试剂四硼酸锂和助溶剂氟化锂，按40：1比例混合均匀而成。

E素酒精保护黏合剂。纤维素。

样片制备：称取0.05g试样和200mg混合熔剂四硼酸锂和氟化锂（40：1），置于铂坩埚中，在熔样机上熔融至透明状态，冷却，倒入粉碎磨具中压片，加入100mg纤维素和3mg E素酒精保护黏合剂，在玛瑙乳钵中研磨至干，转入压样模具中，在98kN的压力下，形成直径27mm、厚度0.3mm光洁样片。

按表6-1所列分析条件进行XRT测定

表6-1 分析条件与检出限

元素	线系	晶体	计数器	PHA	光阑	干扰元素	检出限/%
La_2O_3	$L\alpha_1$ Ⅰ	LiF200	PC	70～250	粗		0.0079
CeO_2	$L\alpha_1$ Ⅰ	LiF200	PC	70～250	粗		0.0064
Pr_2O_3	$L\beta_1$ Ⅰ	LiF220	SC	70～350	粗		0.0073
Nd_2O_3	$L\beta_1$ Ⅰ	LiF220	SC	70～350	粗	Dy、La	0.0062
Sm_2O_3	$L\beta_1$ Ⅰ	LiF220	SC	70～350	粗	Tb、Er	0.0083

续表

元素	线系	晶体	计数器	PHA	光阑	干扰元素	检出限/%
Eu_2O_3	$L\alpha_1$ Ⅰ	LiF220	SC	70～350	粗	Pr、Nd	0.0079
Gd_2O_3	$L\alpha_1$ Ⅰ	LiF220	SC	70～350	粗	Nd、Ce	0.0067
Tb_4O_7	$L\alpha_1$ Ⅰ	LiF220	SC	70～350	粗	Pr、Sm	0.0064
Tm_2O_3	$L\alpha_1$ Ⅰ	LiF220	SC	70～350	粗	Dy、Sm	0.0074
Dy_2O_3	$L\beta_1$ Ⅰ	LiF220	SC	70～350	粗	Tm、Sm	0.0074
Yb_2O_3	$L\alpha_1$ Ⅰ	LiF220	SC	70～350	粗	Y	0.0083
Ho_2O_3	$L\alpha_1$ Ⅰ	LiF220	SC	70～350	粗	Gd	0.0069
Lu_2O_3	$L\alpha_1$ Ⅰ	LiF220	SC	70～350	粗	Dy、Ho	0.0082
Er_2O_3	$L\alpha_1$ Ⅰ	LiF220	SC	70～350	粗	Tb	0.0075
Y_2O_3	$K\alpha_1$ Ⅰ	LiF220	SC	70～350	粗		0.0014

在选定的测定条件中，诸元素均选了（除 La、Ce 外）LiF220 晶体和闪耀计数器。这是因为 LiF220 晶体的分辨率好于 LiF200 晶体，而闪耀计数器比流气正比计数器性能稳定。从实验结果看，虽然流气正比计数器比闪耀计数器的计数率要高 6 倍，但从峰背比值来看，闪耀计数器由于背景低，故其峰背比要高 0.7 倍。又由于流气正比计数器通常受气体流量的稳定性、压力、纯度、温度的影响，其稳定性不如闪耀计数器。

关于背景的选择：由于本法采用了低倍数稀释熔融后压制的薄样和透空照射法，其背景强度趋近一致，且背景强度小，所以本法对所有分析元素均采用了元素背景测量，避免了背景干扰对分析结果的影响，提高了测试速度。

用 Lucas-Tooth-Pyne 强度型数学校正方程，对元素之间的谱线重叠影响和基体效应进行校正：

$$w_i = aI_i^2 + bI_j^2 + c + \sum_j \alpha_{ij} I_i + \sum_j \sum_k \beta_{jk} I_j I_k$$

式中，w_i 为元素 i 的真实含量；a、b、c 为校准曲线常数；I_i、I_j、I_k 为元素 i、j、k 的测定强度；α_{ij}、β_{jk} 为元素 j 对元素 i、元素 k 对元素 j 的影响系数。

通过测定校准标准求出公式中各项系数。将未知试样的测定强度带入公式，得到各元素的实际含量 w_i。

本法制样吸取熔融法与薄样法的优点，具有消除基体效应好，稀释倍数小，背景强度低，可不测量背景。

在制样中使用了 E 素酒精保护黏结剂，试样在粉碎研磨中不迸溅、不损失；该试剂无毒，易挥发，定量加入可方便地掌握磨样时间，能较好地控制颗粒度效应，制样精度好，测定含量范围宽，成功率高。

2. 电感耦合等离子体发射光谱法（ICP-AES）测定稀土元素

ICP-AES 法是测定稀土元素的一种有效方法，尤其是分析痕量稀土元素更为出色。用电感耦合等离子体做光源，计算机控制扫描单色仪进行测定，15 个稀土元素都可得到较低的检出限，其精密度一般在 3%左右，由于无基体影响，准确度也很好。对于常量稀土试样可不经分离而直接进行测定。

现介绍使用 Atomsccen 型 ICP-AES 直读光谱仪（美国热电公司）测定地质样品中多种稀土元素的方法。

（1）仪器与工作条件　使用的仪器功率 1350W，观测高度 10mm；载气气压 40Pa；泵速 100r · min^{-1}，溶液酸度 10% HCl，各元素波长：Gd342.247nm，Tb350.917nm，Dy353.170nm，Ho345.600nm，Er396.265nm，Yb369.419nm，Lu261.542nm，Tm342.508nm。

(2) 标准溶液配制和样品处理　用各种元素的光谱纯金属氧化物配成各元素的 $0.5mg \cdot ml^{-1}$ 标准溶液储备液，根据不同元素测定需要配成适当浓度的标准溶液，溶液最终酸度为 10% HCl。

地质样品用 Na_2O_2 碱熔后，三乙醇胺掩蔽铁、铝，EDTA 配合钙、钡，过滤后用 HCl $+H_2O_2$ 溶解沉淀。经强酸性阳离子交换树脂分离富集，盐酸洗提，定容后用 ICP-AES 测定多项稀土元素。

方法检出限和精密度：在所选定的仪器最佳测定条件下，连续平行测定空白溶液 12 次，取 3 倍标准偏差作为检出限，见表 6-2。

表 6-2　检出限和精密度

元素名称	Gd	Tb	Dy	Ho	Er	Tm	Yb	Lu
检出限/$\mu g \cdot g^{-1}$	0.24	0.11	0.12	0.13	0.20	0.02	0.28	0.05
精密度(*RSD*)/%	4.3	1.8	2.0	2.3	2.9	3.2	4.6	0.97

方法的精确度：用本方法对 4 个国家一级标准样品进行分析测定，结果见表 6-3。

表 6-3　方法的准确度

元素名称		Gd	Tb	Dy	Ho	Er	Tm	Yb	Lu
GBW07302	推荐值	9.5	1.80	11.0	2.90	8.0	1.55	11.0	1.60
	实测值	9.0	1.81	11.5	2.50	7.8	1.72	11.0	1.60
GBW07303	推荐值	4.7	0.70	4.0	0.90	2.4	0.43	2.6	0.39
	实测值	4.4	0.78	4.5	0.85	2.7	0.42	2.7	0.40
GBW07401	推荐值	4.6	0.75	4.6	0.87	2.6	0.42	2.7	0.41
	实测值	5.0	0.76	4.3	0.82	2.6	0.40	2.5	0.40
GBW07403	推荐值	2.0	0.49	2.6	0.53	1.5	0.28	1.7	0.29
	实测值	2.7	0.51	2.6	0.55	1.7	0.28	1.8	0.27

表 6-3 结果表明，测定值与标准值相符，准确度完全达到测试要求。

本方法通过对仪器最佳测定条件的选择，碱熔试样，阳离子交换树脂富集稀土元素，提高了对待测元素的检出能力，ICP-AES 法测定快速，精密度好，准确度高，能够很好地满足地质样品中多种稀土元素的测定要求。

3. 复合酸溶-电感耦合等离子体质谱法测定 15 种稀土元素

试样用氢氟酸、硝酸、硫酸分解并赶尽硫酸，用王水溶解，(3+97) HNO_3 稀释后，在等离子体质谱仪上测定。方法利用硫酸的高沸点破坏稀土氟化物，避免了常规四酸溶样稀土元素偏低的问题。适用于水系沉积物、土壤和岩石试样中 15 个稀土元素含量的测定。

以 TJA ExCell 型 ICP-MS 为例的仪器工作参数见表 6-4。

表 6-4　TJA ExCell 型 ICP-MS 工作参数

工作参数	设定值	工作参数	设定值
ICP 功率	1350W	模式	跳峰
冷却气流量	$15.0L \cdot min^{-1}$	点数/质量峰	3
辅助气流量	$0.7L \cdot min^{-1}$	停留时间	10ms/点
雾化气流量	$1.0L \cdot min^{-1}$	扫描次数/样品	40
取样锥孔径	1.0mm	总测量时间	约 60s
截取锥孔径	0.7mm		

点燃等离子体后稳定 15min 后，用仪器调试溶液进行最佳化，要求仪器灵敏度达到计数率大于 $2\times10^4 s^{-1}$。同时以 CeO/Ce 为代表的氧化物产率小于 2%，以 Ce^{2+}/Ce 为代表的

双电荷离子产率小于5%。

测定选用的同位素及其测定范围见表6-5。

表6-5　选用同位素及测定限（10s）

测定同位素	测定限/$\mu g \cdot g^{-1}$	测定同位素	测定限/$\mu g \cdot g^{-1}$	测定同位素	测定限/$\mu g \cdot g^{-1}$
^{89}Y	0.005	^{147}Sm	0.005	^{165}Ho	0.002
^{139}La	0.005	^{153}Eu	0.005	^{166}Er	0.002
^{140}Ce	0.005	^{157}Gd	0.005	^{169}Tm	0.002
^{141}Pr	0.005	^{159}Tb	0.002	^{172}Yb	0.005
^{146}Nd	0.005	^{163}Dy	0.005	^{175}Lu	0.002

注：测定下限按10s计算，稀释倍数为1000。

以高纯水为空白，用$\rho(B)=20.0ng \cdot mL^{-1}$组合标准工作溶液对仪器进行校准，然后测定试样溶液。在测定的全过程中，通过三通在线引入内标溶液。

仪器计算机根据标准溶液中各元素的已知浓度和测量信号强度建设各元素的校准曲线公式，然后根据未知试样溶液中各元素的信号强度，以及预先输入的试样称取量和制得试样溶液的体积，给出各元素在原试样中的质量分数。

第二节　贵金属分析

一、金的测定

金在元素周期表中位于第六周期ⅠB族，原子序数79，与银、铜在同一副族，因而在性质上它们有不少相似之处。由于金原子结构的特点，电离能比较大，电子亲和力较强，电负性较大，这些性质决定了金元素既不易失去电子，也不易获得电子，使其成为惰性元素，这就决定了金在自然界主要以自然金存在。由于金的不活泼性，在自然界中几乎不受pH值的影响，在多种水溶液中的溶解度均较小，使金不容易迁移富集，因而金在岩石矿物中含量较低。

金在自然界含量极低，在地壳中丰度值为4×10^{-9}。金主要以自然金产出，也能和银、铜及铂族元素形成天然合金。自然界也有几种金与碲、锑形成的化合物存在，最常见的为碲金矿、锑金矿和方锑金矿等。已知金矿物共有30余种，它们主要以自然金、合金、金属化合物、碲化物、硒化物、锑化物和硫化物等产出。

纯金呈瑰丽的金黄色，熔点1064.43℃。金具有很大的可塑性和延展性，并具有很好的导热和导电性。

金是唯一在高温下不与氧起化学反应的物质，单质金在空气中很稳定，与非氧化性酸，例如盐酸、氢氟酸、稀硫酸、稀高氯酸、磷酸以及有机酸都不起作用，也不溶于任何单独的氧化性酸而溶于王水，也可溶于含卤素的盐酸以及含氧的氰化物溶液中。

金在溶液中以一价或三价状态存在，但一价金很不稳定，容易发生歧化反应，形成金及其三价金离子。但一价金形成的配离子如$[Au(CN)_2]^-$、$[Au(S_2O_3)_2]^{3-}$和$[Au(SO_3)_2]^{3-}$都很稳定，三价金离子的配位倾向也很大。金较易于被还原。三价金和一价金的溶液很容易被还原剂还原为单质金析出。

（一）试样分解方法

金试样的分解方法可分为干法分解法和湿法分解法两种。干法分解法是火试金和熔融法。湿法分解法有单酸、混合酸以及酸和氧化剂分解法。从分解方式上有封闭式分解法和微波炉分解法。现将金的测定中常用的几种分解方法介绍如下。

1. 王水分解法

王水分解法是金试样常用的分解方法，该方法是基于王水中的硝酸氧化盐酸而产生新生态的氯，其反应式为：

$$HNO_3 + 3HCl \xlongequal{} 2Cl + NOCl + 2H_2O$$

$$2NOCl \xlongequal{} 2NO + \underset{(Cl_2)}{2Cl}$$

新生态氯具有极强的氧化能力，它可以将 Au(0) 氧化成 Au(Ⅲ)，并与溶液中的 Cl^- 形成 $AuCl_4^-$ 配阴离子而达到溶金的目的，是含金矿物最好的溶剂。其反应式如下：

$$Au + HNO_3 + 3HCl \xlongequal{} AuCl_3 + NO\uparrow + 2H_2O$$

王水分解法分为正王水和逆王水分解法。正王水分解法适用于金的氧化矿物的分解，而逆王水分解法适用于含硫、含铅的金试样分解。矿样中的硫被氧化成硫酸盐，而铅以硝酸铅的形式进入溶液。

对于石英和石英硫化物类型的矿样，由于石英内部含有一部分金，采用王水分解，金不能完全溶出，采用王水-氟化物可获得良好结果。

2. 酸-氧化剂分解法

盐酸-氧化剂分解法：盐酸是一种还原性酸，对金没有浸出能力，但稀盐酸中 Cl^- 可与 Au^{3+} 形成氯金酸配合物，尤其是溶液中含有 K^+、Na^+ 其配合物比较稳定。如在盐酸溶液 (1+1) 中加入氧化性试剂，如氯酸钾、过氧化氢、高锰酸钾、二氧化锰、溴水等，则对金有极强的溶解能力，可用来分解含金矿样。其机理是氧化剂在酸性介质中氧化 Cl^- 产生新生态氯，如：

$$6HCl + KClO_3 \xlongequal{} 3Cl_2\uparrow + KCl + 3H_2O$$

新生态氯的强氧化性将矿样中的 Au(0) 氧化成 Au(Ⅲ)，并迅速与溶液中的 Cl^- 形成 $AuCl_4^+$ 配离子进入溶液，达到矿样中金分解的目的。

硝酸+氧化剂分解法：硝酸是一种强酸，也是一种强氧化剂，溶解能力很强。但单独硝酸不能溶解金，硝酸-氯酸钾、硝酸-溴水、硝酸-碘、硝酸-氯化钠等能溶解金。例如硝酸-氯酸钾分解法比王水分解法有更强的分解能力。由于氯酸钾与硝酸作用生成氯酸，而氯酸是一种强氧化剂，氯酸根中正五价的氯，能够从被氧化物中获得 6 个电子，所以氯酸的氧化能力比氯水还强，在酸性介质中可将金分解，其反应如下：

$$KClO_3 + HNO_3 \xlongequal{} HClO_3 + KNO_3$$

$$Cl^{5+} + 6e^- \xlongequal{} Cl^-$$

$$Au + 3Cl^- \xlongequal{} AuCl_3$$

3. 封闭溶样法

由于采用王水溶金，在溶样过程中往往因加热、蒸干样品溅跳造成损失，影响分析的准确度，且污染环境，改用快速封闭溶样技术，解决了常规方法分析试样存在的问题。

封闭溶样法的原理，是基于在溶样瓶中采用王水-NH_4HF_2、HNO_3-NaCl-$KMnO_4$-NH_4HF_2 或 HCl-氧化剂等溶样体系，在封闭水浴溶样器中，在封闭加热条件下进行矿样的分解，随着温度的升高，溶样瓶内酸气浓度和蒸气压力增加，酸性增强，分解过程加快，提高了矿样的分解能力，从而达到了完全分解矿样的目的。

封闭溶样方法的特点，是矿样分解简便快速，分解完全，准确度高，节约试剂和用电成本低，不污染环境，有利于分析人员身体健康。已在全国有关测试部门推广应用。

4. 微波炉加热封闭分解法

指采用特制的微波加热溶金器，由微波管产生的微波对矿样溶液进行加热而溶解的方法。将含金矿样置于聚丙烯溶样瓶中，用王水-氢氟酸或 HNO_3-NaCl-$KMnO_4$-NH_4HF_2 溶样体系，放于微波加热溶金器中，进行加热分解，此分解方法具有如下优点。

① 分解矿样操作简单、快速，周期短，分解一批样品仅需 5min，大大缩短了溶金

时间。

② 分解温度高、压力大，溶剂对矿样分解能力强，使矿样中金分解完全，且防止了因溅跳蒸干造成的损失，提高了测定的准确度。

③ 与常规分解矿样方法相比，节约试剂和用电，降低了成本。

④ 封闭溶样减少环境污染，有利于操作人员身体健康。

（二）金的富集分离方法

金的富集分离方法有活性炭吸附富集分离法、泡沫塑料富集分离法、溶剂萃取富集分离法、离子交换树脂富集分离法、萃取色谱富集分离法、离子交换纤维富集分离法等多种富集分离方法，其中活性炭和泡沫塑料富集分离法是普遍采用的方法。本节将重点介绍，对其他富集分离方法只做简略叙述。

1. 活性炭富集分离法

活性炭具有疏松多孔、比表面积较大的特点，是优良的吸附剂，活性炭吸附法是目前应用最广泛的金富集分离方法，活性炭吸附金有静态吸附和动态吸附两种方式，采用较多的是动态吸附法。

动态吸附法是利用活性炭制备成吸附柱，使含金溶液流经吸附柱而被吸附的方法。动态吸附需使用特制的活性炭动态抽滤装置，该装置是把布氏漏斗与带有抽滤筒的活性炭吸附柱连接在一起，将过滤残渣与吸附富集一次完成。

活性炭吸附金的酸度范围较宽，在稀王水溶液$\varphi_{(王水)}=1\%\sim3\%$或$1\sim3mol\cdot L^{-1}$盐酸介质，吸附温度5～50℃范围内，抽滤速度在$10mL\cdot min^{-1}$左右，金以$[AuCl_4]^-$形式牢固地吸附在活性炭表面，而与砷、硒、碲、锰、铬、钒等分离。吸附金的活性炭，采用灰化灼烧法解脱金。本法与静态吸附法比较，操作简单快速、分离效果好，金吸附率在98%以上，适用于大批量样品分析。

活性炭质量好坏对金的吸附有很大影响。一般的活性炭都含有杂质，使用前应予以处理。处理的方法可以用$3mol\cdot L^{-1}$盐酸煮沸除去杂质，也可以在20%NH_4HF_2溶液中浸泡7天以上，然后用盐酸和水洗净氟离子后使用。或将活性炭用20%王水-5%氟盐浸泡2～3天，用水洗净后使用。

2. 泡沫塑料富集分离法

泡沫塑料是一种多孔性、比表面积很大的高分子有机合成物质。吸附金的泡沫大部分采用聚氨酯泡沫塑料，也有采用聚氨醚泡沫塑料。吸附金的机理初步认为是由于极性基团的吸附作用和氨基离子的交换作用。

泡沫塑料具有一定热稳定性和化学惰性，加热180℃熔化，在紫外线照射下呈棕色，能被热的浓硝酸溶解，碱性高锰酸钾使其还原。

在10%～20%王水介质中泡沫塑料对金具有很强的吸附能力，用泡沫塑料吸附金有静态和动态两种吸附方式。

静态吸附法：是将泡沫塑料置于含金的稀王水溶液中，进行振荡吸附，溶液体积控制50～150ml，振荡20～30min。本法与动态法相比，不需要特殊的设备，只在烧杯或锥形瓶中进行，操作简便，适用于大批量化探样品的分析，其缺点是试样的残渣溶液进入泡沫塑料内部，若用灰化法解脱，残渣量较大，对金的测定会带来不利影响。

动态吸附法：是将泡沫塑料装入吸附柱中，使用与活性炭动态吸附法同样的布氏漏斗连接抽滤筒的吸附装置，试液的过滤与吸附操作同时进行，矿渣留在滤纸上，滤液以$12ml\cdot min^{-1}$的速度通过泡沫塑料吸附柱，在同一柱上实现吸附和解脱。本法操作简便快速、选择性好、回收率高，对于500μg金，有铁（5g）、铜（5g）、铝（8g）、钙（6g）、镁（10g）、钼（0.2g）存在不干扰金的吸附。

泡沫塑料吸附容量较大，1g 泡沫塑料吸附数毫克金，一般泡沫塑料用量视试液中含金量大小而定，可在 0.1～1.0g 之间。泡沫塑料吸附金后可用硫脲、亚硫酸钠（铵）解脱，也可用王水或盐酸-过氧化氢分解，并与选择的测定方法配合使用。

泡沫塑料富集分离法已成为富集分离金的主要方法之一，广泛用于地质物料中金的分离和测定中。

3. 溶剂萃取富集分离法

有机试剂萃取分离富集金，具有简便快速和选择性高的特点。常用的有机溶剂有乙醚、苯、异戊醇、乙酸乙酯、乙酸丁酯、甲基异丁酮、磷酸三丁酯和三正辛胺等，这些有机试剂除单独使用外，还可混合使用，分离效果好、选择性强。但由于有机溶剂固有的缺点，有臭味污染环境，与其他方法相比，应用不十分广泛。

4. 离子交换富集分离法

离子交换树脂富集分离方法是传统的富集金属离子的方法。常用的离子交换树脂有阳离子交换树脂和阴离子交换树脂，离子交换树脂富集金可以采用在稀盐酸、硝酸或王水中用强碱性阴离子交换树脂吸附金的配阴离子的方法，此法可使金与阳离子铜、铁、钴、铊、锑等分离。也可以采用使金以配阴离子形式通过阳离子交换树脂的方法，此时阳离子铁、铜、铅、锌等留在交换柱上与金分离。但实验表明这类树脂有吸附量小、选择性较差、不宜解脱的缺点。近年来成功研制的螯合离子交换树脂、吸附性离子交换树脂、浸渍性离子交换树脂等多种新型离子交换树脂。如双硫腙螯合树脂、硫脲型螯合树脂、壳聚糖螯合树脂等。这类树脂是把离子交换与螯合反应两种过程相结合，克服了离子交换树脂的缺点。在富集分离中具有良好的应用前景。

5. 萃取色谱富集分离法

萃取色谱富集分离法是 20 世纪 50 年代出现的一种富集分离方法，它是液相色谱的一种特殊形式，它把溶剂萃取法中萃取剂的高选择性与色谱分离的高效性结合起来，成为一种有效分离的新技术。萃取色谱法用于金的富集分离，通常采用的载体为聚三氟乙烯、聚四氟乙烯、多孔硅胶、泡沫等，常用的萃取剂为 TBP、P_{350}、亚砜、胺类等。近年来又合成了一种称为萃淋树脂的吸附体，克服了萃取色谱吸附剂制备繁杂，操作不方便，使用次数少的缺点。已有 TBP 萃淋树脂、P_{350} 萃淋树脂、N_{235} 萃淋树脂等，成功应用到岩石、矿物和化探样品中金的富集分离与测定中。样品采用王水分解，经萃取色谱分离，可以采用容量法、光度法、原子吸收法和光谱法测定金。

6. 离子交换纤维富集分离法

离子交换纤维是一种新型的吸附体。离子交换纤维分三类，即阳离子、阴离子和螯合型离子交换纤维。巯基棉、黄原脂棉属于螯合纤维素吸附剂。这类离子交换纤维是一种含有能与金属离子形成螯合物的分析官能团的纤维高聚物，由于在纤维上引入了各种具有高选择性的有机功能团，故这类纤维是一种良好的固体吸附剂，能定量吸附水溶液中多种重金属离子。具有富集倍数大、吸附率高、吸附速度快、选择性好、性能稳定等许多优点，而且制备手续简单，分离操作简便，回收率高。

0.1g 巯基棉可富集 200μg 金，回收率高达 97.6%以上。此法已广泛应用于岩石、矿物、化探试样等微量金的分离富集与测定中。

（三）金的测定方法

金的准确测定必须重视的三个问题，一是试样加工程序，应该按正规加工程序加工，保证加工后试样成分与原样一致；二是保证取样的代表性，应称取较多的试样减少取样误差；三是采用一定的分离富集步骤，分离基体元素的同时，使金得到富集。

金的测定方法很多。经典的有火试金重量法、光度法、微珠目视比色法、原子吸收光谱法。自20世纪90年代以来，用电感耦合等离子体发射光谱法、电感耦合等离子体质谱法测定已经成为金的重要测定方法。中子活化法测金也有应用，但日常生产中应用并不普遍。

1. 重量法-铅试金法

火试金法有铅试金法、锑试金法、铋试金法、锍试金法等。铅试金法是历史悠久，技术成熟的经典火试金法，也是火试金法中应用最普遍的方法。由于称样量大，富集效果好，分析精准度高等优点，因而成为国内含金物料交易中的标准仲裁分析方法。但是该方法也存在实验流程长，劳动强度大，材料能耗高，环境污染大等缺点。

铅试金法是称取50g试样，与70g碳酸钠、8g硼砂的熔剂和50g氧化铅、2g面粉放入试金坩埚中，加5mg银溶液，用食盐覆盖1cm厚度，置熔融炉中在800～1200℃熔融10min，试样与溶剂作用形成硅硼酸盐，而金、银则与氧化铅还原出来的金属铅形成合金而沉入底部。将含有金银的金属铅取出，转入灰皿中，再于850～900℃高温下进行氧化熔炼，使铅彻底除尽，而金、银则不被氧化而以金属珠的形状留在灰皿中。将所得到的金银合粒，用硝酸把银溶解，留下的金直接进行称重，即为金银合粒中金的测定值。依公式计算出试样中金的含量。

本方法分析结果准确度高、精密度好、测定范围宽，对于毫克级地质样品，和高达百分之几的选冶产品都能获得可靠的结果。

2. 滴定法

金的滴定法测定，是基于在一定条件下选用合适的还原剂将溶液中的三价金还原为一价金或零价金。根据选用还原剂和滴定剂的种类，滴定法可分为碘量法、氢醌滴定法、硫酸铈滴定法、亚铁滴定法和催化滴定法等，但应用最广泛的是碘量法和氢醌滴定法。

(1) 碘量法　根据采用滴定剂的种类分为硫代硫酸钠碘量法和亚砷酸碘量法。常用的是硫代硫酸钠碘量法。

硫代硫酸钠碘量法是将矿样中的金用王水溶解后与过剩的盐酸形成氯金酸。

$$Au+3HCl+HNO_3 \longrightarrow AuCl_3+2H_2O+NO$$

$$AuCl_3+HCl \longrightarrow HAuCl_4$$

在10%～40%王水介质中，易于被活性炭吸附与大量共存离子分离，经灰化灼烧，王水溶解使金转变为三价状态，在氯化钠保护下，水浴蒸干，加盐酸去除硝酸，在pH＝3.5～4.0醋酸溶液中，金被碘化钾还原成碘化亚金，并析出等物质的量的碘：

$$AuCl_3+3KI \longrightarrow AuI+I_2+3KCl$$

以淀粉为指示剂，用硫代硫酸钠标准溶液滴定至出现蓝色为终点。

$$I_2+2Na_2S_2O_3 \longrightarrow 2NaI+Na_2S_4O_6$$

根据消耗硫代硫酸钠的量计算金的含量。

碘量法测定金，矿样粒度要求达到200目以上，以保证矿样的代表性。试样溶液经活性炭抽滤吸附时，温度不宜过高，以40～50℃为宜。用KI还原金溶液酸度应控制在pH＝5.0以下，酸度过高KI易被空气氧化，造成结果偏低。在测定条件下，对于5mg金有5mg Fe(Ⅲ)、3mg Pb(Ⅱ)、1mg Bi(Ⅲ)、0.5g Zn(Ⅱ)、Co(Ⅱ)、Ni(Ⅱ)、Hg(Ⅱ)、Te(Ⅳ)不干扰测定。

对于含铅试样，应在王水溶解后，加入20%硫酸钠溶液20ml，使铅成硫酸铅沉淀，留在不溶残渣中，消除其对测定的干扰。

(2) 氢醌滴定法　试样经灼烧后用王水分解，经活性炭吸附后，将活性炭进行灰化灼烧，再以王水溶解金，在水浴上蒸至无酸味，在pH 2.0～2.5的磷酸-磷酸二氢钾缓冲溶液中，以联苯胺为指示剂，用氢醌标准溶液进行滴定，当溶液不再出现黄色时即为终点。根据氢醌溶液的消耗量计算金的含量。

本方法是基于在 pH 2.0～2.5 的缓冲溶液中用氢醌（对苯二酚电位 0.669V）可定量地还原三价金为零价金。其反应式为：

$$2HAuCl_4 + 3C_6H_6O_2 = 2Au + 3C_6H_4O_2 + 8HCl$$

滴定用联苯胺为指示剂，其氧化态为黄色，还原态为无色，变化很敏锐。微克量金（Ⅲ）也可以得到明显的黄色。

当用氢醌标准溶液滴定至溶液黄色消失，即表示三价金已被还原至零价。氢醌对金（Ⅲ）的反应速率较慢，接近终点时应缓慢滴定，如出现回头现象，应继续滴定至黄色不再出现为终点。

滴定溶液中少量铜、银、铁、镍、锌、铅和镉无影响。1mg 以上锑使结果偏低。

滴定法是国内测定金普遍采用的方法，操作简单快速，准确度较高，选择性较好，测定范围宽，方法稳定性较好，易于掌握。尤其是采用活性炭吸附柱富集分离金一步完成，适用于地质生产中大批量样品分析。能测定 $1g \cdot t^{-1}$ 以上的地质物料、冶金产品中的金。如采用低浓度的滴定剂和加大称样量，可测定 $0.1g \sim 1g \cdot L^{-1}$ 的金。

3. 分光光度法

光度法是测定金的主要方法。测定金的显色剂通常可分为染料类离子缔合和硫酮配合两大类。几十种显色剂不可能一一叙述。近年来由于新的高灵敏度、高选择性显色剂研制成功，金的光度法越来越多。本节主要介绍分析测试单位普遍采用的以硫代米蚩酮和金试剂为显色剂的两种测定金的方法。

（1）硫代米蚩酮光度法　硫代米蚩酮试剂名称为 4,4′-双(二甲氨基)硫代二苯甲酮，简称 TMK，分子量 284.42，为暗红色结晶粉末，不溶于水，其结构式为：

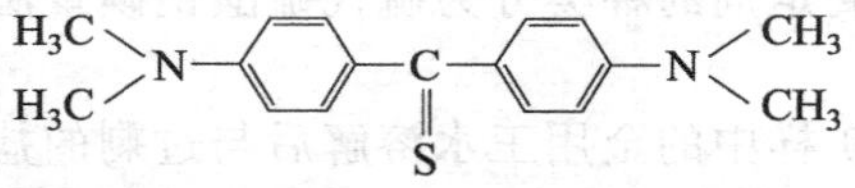

试剂与金形成有色配合物也不溶于水，但溶于 50％乙醇、丙酮、磷酸三丁酯等有机溶剂中。在 pH3～5 磷酸和磷酸盐缓冲溶液中与金形成有色配合物，其反应式如下：

$$Au^{3+} + 2TMK \longrightarrow Au^{+} + 2TMK^{+}\text{（紫色）}$$

$$Au^{+} + TMK + Cl^{-} \longrightarrow AuTMKCl\text{（红色）}$$

形成的有色配合物可被磷酸三丁酯（TBP）萃取，形成的液珠具有稳定性好、灵敏度高的特点。有色配合物在表面活性剂如曲通 X-100、吐温-80、十六烷基三甲基溴化铵（CTMAB）等存在下，产生胶束增溶作用，使配合物可溶于水，使光度测定能在水相中进行。

硫代米蚩酮光度法测定矿石中微量金：矿样用王水溶解，经活性炭分离富集后的含金沉淀用少量盐酸溶解，制成 pH 3～5 磷酸-磷酸二氢钠缓冲溶液，在无水乙醇存在下，用硫代米蚩酮溶液显色，生成红色配合物，在波长 550nm 处进行光度法测定。

测定过程中如发现，加缓冲溶液后溶液发浑，应改用萃取光度法。往比色管中加 5ml 甲基异丁酮（MIBK）或 5ml（1＋1）MIBK 异戊醇溶剂，振荡摇匀后，取有机相用 1cm 比色皿于波长 547nm 处测量吸光度。

硫代米蚩酮光度法测定金的主要干扰元素是 Pt^{4+}、Pd^{2+}、Tl^{3+}、Hg^{2+}、Sb^{5+} 等。锑的干扰严重，1μg 锑得到的吸光度几乎与金相同。消除方法可在磷酸介质中，以三氯化铁作接触剂加入 H_2O_2 煮沸溶液，使锑全部转化成锑酸沉淀过滤除去。

硫代米蚩酮是测定金灵敏度较高的显色剂 $\varepsilon > 10^5$ 级。一般采用萃取光度法或胶束增溶光度法，应用非常广泛，可用于岩石、矿物、化探样品等物料中微痕量金的测定。

（2）金试剂光度法　金试剂是硫代米蚩酮的同系物。试剂名称是 4,4′-双(二乙氨基) 二苯甲硫酮（简称金试剂）。结构式为：

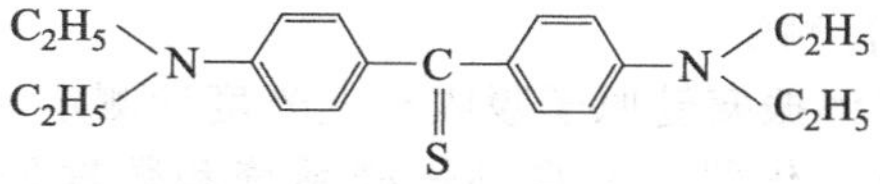

试剂为蓝紫色斜状晶体，熔点 156～158℃，不溶于水，易溶于丙酮、乙醇等有机试剂。与 TMK 不同之处，在于金试剂分子中以活性更强的—$N(C_2H_5)_2$ 基团，取代了 TMK 分子中的—$N(CH_3)_2$，因而试剂对金的灵敏度更高。

在 pH=5.0 磷酸-磷酸二氢钠缓冲溶液中，金试剂与氯金酸形成棕红色配合物。该配合物不溶于水，易溶于 40%乙醇中。配合物的组成比为 [Au]：[HR]=1：4，最大吸收峰 λ_{max}=555nm，$\varepsilon=1.76\times10^5$，配合物在暗处可稳定 3h 以上。在测定的最佳条件下金量 0～15μg · $25ml^{-1}$ 范围内符合比耳定律。

用金试剂光度法测定金，在 25ml 试液中 10μg 金，下列 SO_4^{2-}、Cl^-、NO_3^-、F^-、NO_2^- 阴离子和 Ca^{2+}、Mg^{2+}、Cu^{2+}、Ni^{2+}、Co^{2+}、Bi^{3+} 等阳离子 μg 量级存在不干扰测定。Hg^{2+}、Ag^+、Pt^{4+}、Pd^{2+} 干扰严重，采用 TBP 萃淋树脂分离可以除去。

经多年实践证明，金试剂与 TMK 比较，金试剂在金的光度分析中有更大的优越性，主要表现在金试剂的灵敏度 $\varepsilon_{金试剂}=1.76\times10^5>\varepsilon_{TMK}=1.2\times10^5$，与金形成的有色配合物稳定性强，金试剂抗氧化能力强，测定溶液中允许一定量 NO_3^- 存在，由于金试剂光度法有诸多优越性，深受分析工作者青睐，在微痕量金的测定中已得到广泛应用。

4. 原子吸收光谱法

原子吸收光谱法是测定金的重要方法。对于微量金通常采用火焰原子吸收光谱法，而对于化探样品中的痕量金，只有采用高灵敏度的无火焰原子吸收光谱法才能满足分析测试的要求。

采用原子吸收光谱法测定金，必须经富集分离后才能进行。因此近年来分析工作者发表了近百篇以不同方法分离富集原子吸收光谱法测定金的方法，在此不可能全部阐述，只选择普通常用的两种方法加以介绍。

(1) 泡沫富集-原子吸收光谱法　10g 试样经高温灼烧，王水分解，在 10%～15%王水介质中，用泡沫塑料振荡吸附金与基体分离。泡沫吸附的金用 1%硫脲加热解脱，制成 10ml 待测溶液，采用石墨炉原子吸收法进行测定。

本法用日立 180-50 型原子吸收分光光度计测定。GA-3 型石墨炉，自动进样系统和 056 型双簧记录仪。

表 6-6　仪器工作条件

分析条件		测量条件	
灯电流	10mA	分析方式	AA(直读)
波长	242.8nm	测量方式	峰高
狭缝	1.3nm	方程式方程	线性最小二乘法
取样体积	10μl	背景校正	ON(扣除)
石墨炉原子化器	管型(热解)	记录器输入	持续 0.2s
载体(氩气)	200mg · min^{-1}	打印机	自动

按选定的最佳工作条件在石墨炉原子吸收仪上测定。

使用的泡沫塑料不宜用盐酸浸泡，因为泡沫塑料中的部分氨基易被氯离子取代降低吸附率，可用水洗净晾干备用。解脱金用的硫脲质量不同，空白值不同，测定时要用加入法求出空白值，从测定试样中扣除。

(2) 活性炭吸附富集石墨炉原子吸收法　15g 试样经灼烧后，用王水分解，在 20%王水介质中用小型活性炭柱富集分离金，吸附金的活性炭经高温灼烧后，用王水溶解制成待测溶液，以石墨炉原子吸收法进行测定。

本法使用日立 180-70 型偏振塞曼原子吸收分光光度计测定。

日立 180-70 型石墨炉原子化器（配自动进样系统和数据处理单元），仪器工作条件见表 6-7。

表 6-7 仪器工作条件

工作参数	设定值	工作参数	设定值
光源	空心阴极灯	干燥温度	50～120℃(40s)
波长	553.6nm	灰化温度	350～520℃(30s)
狭缝	1.3nm	原子化温度	2600℃(7s)
氩气	200ml · min^{-1}	进样体积	30μl

在选择的最佳工作条件下测定。

本法在测定 ng · g^{-1}级金时，要注意防止仪器污染，必要时需用王水煮洗处理后使用。

制备好的试液应尽快测定。10ng 金放置 48h 后，测定结果会降低 30%～40%。

原子吸收光谱法测定金具有如下特点。

① 灵敏度高，火焰原子吸收的灵敏度一般为 μg · g^{-1}级，非火焰原子吸收法，绝对灵敏度可达 10^{-10}～10^{-14}g。

② 选择性好，原子吸收谱线带宽度很窄，谱线重叠干扰较少，所以大多数共存离子对测定无影响。

③ 精确度高，火焰法的精确度可达 1%～3%，非火焰法精确度较差，但也能满足地质、冶金部门对分析的需要。

④ 操作简便快捷，自动化程度高，适用于大批量样品的分析，所以原子吸收光谱法已广泛应用到岩石、矿物、矿渣、废水、化探样品等物料中不同含量金的测定。

5. 泡沫塑料富集-电感耦合等离子体质谱法

称取 10g 试样，650℃灼烧后用王水溶解，泡沫塑料吸附金，硫脲解脱制成待测溶液，用 ICP-MS 法测定痕量金。

表 6-8 ICP-MS 工作参数（Thermo Elemental×7 型仪器）

工作参数	设定值	工作参数	设定值
ICP 功率	1250W	扫描次数	100 次
冷却气流量	13.0L · min^{-1}	测量时间	20s
辅助气流量	0.7L · min^{-1}	跳峰	3 点/质点
雾化气流量	0.85L · min^{-1}	停留时间	30ms/点

按表 6-8 仪器工作参数上机测定。

点燃等离子体稳定 15min 后，用仪器调试组合试液进行参数最佳化，要求仪器灵敏度达到 1ng · ml^{-1}，In 的计数率大于 $2\times10^4 s^{-1}$。以 12g · L^{-1}硫脲溶液为零点，金标准溶液为高点进行仪器校准，然后测定试样溶液。测定空白、标准溶液和试样溶液时，通过三通在线加入 Re 内标溶液。

仪器计算机根据预先输入的试样称取量和制得的试样体积，给出金在原试样中的质量分数。

本方法简便快速，检出限低（0.15ng · g^{-1}），灵敏度高，准确度好，适用于矿渣和化探样品中痕量金的测定。

二、银的测定

银在元素周期表中位于第五周期ⅠB 族，原子序数 47，原子量 107.868，与金在同一副族，银在自然界与金通常以姐妹矿的形式存在，这是因为金与银的原子半径和离子半径相似，晶格类型相同，晶胞核长也近乎相等，在自然界中形成连续的类质同象系列。

银在地壳中的含量属于微量元素，其克拉克值为 $5\times10^{-7}\%$，是金含量的20倍。由于银的化学稳定性不如金。在自然界中银有部分呈单质的自然银存在。但主要以化合物状态存在。

银属于亲硫元素，在自然界银主要以硫化物的形式存在，大部分分布在铜、铅、铁、镍的硫化矿床中。已知银矿物有60余种。单独存在的辉银矿（Ag_2S）很少遇见，常与铜矿、铜铅锌矿、铜锌矿、多金属矿和金矿共生形成多种银产物。

纯银为有光泽的银白色，熔点961.93℃，具有极好的延展性，仅次于金，并具有良好的导电性、导热性，在所有的金属中银的导电性最好。

银的电子结构决定了它具有较高的化学稳定性。在常温下甚至加热时也不与水和空气中的氧作用。但在空气中长时间放置会变黑，失去银白色光泽，这是因为银和空气中的 H_2S 化合，生成黑色 Ag_2S 的缘故。其化学反应式为：

$$4Ag+2H_2S+O_2 = 2Ag_2S+2H_2O$$

银与氢、氮和碳不直接发生反应。银对硫具有很强的亲和势，加热时可以与硫直接化合成 Ag_2S。

银不能与稀盐酸和稀硫酸反应放出氢气。银不溶于还原性的酸，是因为生成了难溶的氯化银覆盖在银表面，但银能溶于强氧化性的酸，如硝酸和热的浓硝酸中。

（一）试样分解方法

银试样的分解方法主要是湿法分解，分解方式有烧杯敞口溶样和封闭溶样两种方式。具体的分解方法有数十种之多，在此只介绍几种常用的方法。

1. 硝酸分解法

硝酸是强氧化剂，是银和银硫化物极好的溶剂，用硝酸可以完全分解含银的矿样，其反应式如下：

$$Ag+2HNO_3 = AgNO_3+NO_2\uparrow+H_2O$$

辉银矿和稀硝酸的反应：

$$3Ag_2S+8HNO_3 = 6AgNO_3+3S\downarrow+2NO\uparrow+4H_2O$$

辉银矿和浓硝酸的反应：

$$Ag_2S+4HNO_3 = 2AgNO_3+H_2SO_4+2NO\uparrow+H_2$$

2. 硝酸-氯化钠-高锰酸钾-氟化氢铵分解法

硝酸-氯化钠-高锰酸钾-氟化氢铵溶样体系对 Ag 的溶解能力很强。本体系中硝酸的主要作用是将试样中的硫氧化成硫酸根，使硫化矿物中的银暴露出来，使之进行分解，氯化钠的作用是为银的溶解提供足够的氯离子，一部分氯离子被高锰酸钾氧化成新生态的氯，另一部分则与银形成配阴离子 $AgCl_2^-$ 进入溶液。高锰酸钾的作用，在酸性溶液中它能够将 Cl^- 氧化成新生态的氯，新生态的氯氧化性极强，可将 Ag 氧化成高价，以 $AgCl_2^-$ 配阴离子进入溶液。氟化氢铵的作用是在溶解过程中破坏硅酸盐矿石，使含在硅酸盐矿石中的 Ag 暴露，使样品分解完全，对于30g矿样通常加入0.5～1.0g氟化氢铵即可。

3. 封闭溶样分解法

关于封闭溶样分解法的原理和优点，已在金的测定中做了介绍，在此不再重述。封闭溶样技术不仅在金的测定中广泛应用，在银的测定中也是重要的分析手段。

采用聚丙烯溶样瓶，在封闭溶样器中，可采用王水-H_2O_2 或 HNO_3-H_2O_2-NH_4HF_2 溶样体系，利用封闭溶样法，对含银矿样进行预处理后，用原子吸收法测定，均能获得满意的结果。

另外采用王水-H_2O_2-NH_4HF_2溶样体系对含银精矿进行预处理，对0.2g矿样加10ml浓王水、5ml H_2O_2、0.5g NH_4HF_2采用封闭溶样，对于含银量大于$1000g \cdot t^{-1}$的银精矿也能分解完全。

采用HNO_3-NH_4Cl-$KMnO_4$-NH_4HF_2溶样体系，在聚丙烯溶样瓶内，置于微波加热器中加热2～3min，即可将金精矿中银分解完全，分解的含银溶液采用原子吸收法测定，其结果与王水敞口溶样法一致。本法操作简单快速。分解一批样品仅需5min，大大缩短了溶样时间，充分显示了封闭溶样法的优越性。

（二）银的富集分离方法

银的富集分离方法有沉淀法、溶剂萃取法、离子交换树脂富集分离法、负载泡沫塑料吸附分离法、萃取色谱富集分离法、巯基棉富集分离法、壳聚糖富集分离法等10余种之多。现将银测定中常用的几种方法分述如下。

1. 溶剂萃取富集分离法

溶剂萃取富集分离法是目前测定银常用的方法，由于操作简单，灵敏度高，选择性好，在中小型实验室广泛采用。

萃取银用的萃取剂有双硫腙、甲基异丁酮、二苯硫腙、磷酸三丁酯、高分子胺和二安替比林衍生物等。其中双硫腙和甲基异丁酮是银常用的萃取剂。

双硫腙是一种酸类萃取剂，也称二硫腙、打萨腙。银离子与双硫腙形成黄绿色配合物，不溶于水，但易溶于有机溶剂。

采用双硫腙-乙酸丁酯萃取富集水中的银。其程序如下：取用HNO_3酸化至pH<2的水样50ml，置于分液漏斗中，加入pH5.4柠檬酸-柠檬酸钠缓冲溶液5ml，摇匀，再加入$1g \cdot L^{-1}$双硫腙-乙酸丁酯溶液5ml，振荡2min，静置分层，弃去水相，取有机相用火焰原子吸收法进行测定。回收率为97.7%～104.7%。

甲基异丁酮是银常用的萃取剂，简称MIBK。MIBK萃取银，不能萃取以电中性的氨分子为配位体的配阳离子 $[Ag(NH_3)_2]^+$。仅能萃取以电负性碘离子作配位体的配阴离子$[AgI_2]^-$。在盐酸-碘化钾介质中用MIBK萃取银，Ag以$[AgI_2]^-$的形式被萃取到MIBK中。在盐酸介质中干扰离子Fe(Ⅲ)被MIBK萃取的量，随盐酸浓度的增大而增加，所以不宜选用高的盐酸浓度，但盐酸浓度过低易生成AgCl沉淀，不利于$[AgCl_2]^-$配阴离子的生成，故选用3%盐酸浓度为宜。碘化钾的浓度不宜过低，过低的碘化钾浓度不利于$[AgI_2]^-$的形成，但$[I^-]$过高可能生成高配位配合物，使银萃取率下降，实验表明碘化钾浓度在0.06%～0.1%范围内，银的萃取率最高，选用0.08%碘化钾浓度是适宜的。

2. 离子交换树脂富集分离法

离子交换树脂富集分离法是富集分离银的主要方法，尤其是螯合树脂的合成，在银的富集分离中得到了广泛应用。

离子交换树脂有阳离子交换树脂、阴离子交换树脂、螯合树脂。螯合树脂是以交联聚合物为骨架，连接不同的螯合基团，根据螯合基团的性质，有含巯基、巯基胺、羟基胺酰胺含氮杂环、聚硫醚和罗丹宁等多种新型螯合树脂。

国产717型强碱性阴离子交换树脂对银的富集分离非常有效。采用动态吸附法，在$0.6mol \cdot L^{-1}$ HCl溶液中，银以$[AgCl_2]^-$配阴离子形式被阴离子交换树脂吸附，而与其他元素分离吸附树脂上的银用$1.5mol \cdot L^{-1}$硝酸解脱，也可用氨水解脱。

Dewex1-X8型树脂是常用的阳离子交换树脂，它可以从$0.02 \sim 0.4mol \cdot L^{-1}$ Na_2SO_3的中性或碱性溶液中交换银而与钡、钙、镍、镧等10种元素分离。

螯合树脂在一定条件下与溶液中的贵金属作用，通过离子键和配位键形成多元环状化合物，再于适当条件下选用相应的解脱剂，将吸附在螯合树脂上的贵金属离子解脱下来，从而达到富集分离的目的。近年来，研制很多新型螯合树脂对银有极好的富集分离效果。例如罗丹宁螯合树脂、胍啶树脂、硫脲树脂等。罗丹宁螯合树脂是一种新型螯合树脂，树脂具有

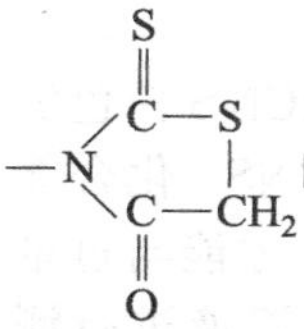

的功能团。对 Au、Ag、Pd 元素有极高的螯合能力，其分配系数均大于 10^4。在含有 Au、Ag 的 100ml 5%王水介质中，采用 0.1g 罗丹宁树脂搅拌 3h，吸附率 100%。在 10%王水介质中，使含 Au、Ag 的溶液以 $1ml \cdot min^{-1}$ 速率通过罗丹宁树脂柱，用 50～70℃6%硫脲溶液进行解脱，Au、Ag 的回收率均能达到 97%以上。罗丹宁树脂对 Au、Ag 的吸附选择性好，对于静态吸附，有 5g Fe、Al、Ca、Mg 存在时，对于动态吸附，有 5g Fe、Ca、Mg、2.5g Al、0.1g Cu 存在对 Au、Ag 的富集分离均无影响。

3. 纤维类吸附剂富集分离法

利用脱脂棉在一定条件下制得的纤维素类吸附剂有巯基棉、黄原酯棉、硝基棉、二苯硫脲棉、二正辛基亚砜棉等都能有效地富集分离 Au^+、Ag^+。例如巯基棉是富集分离银方法简便、效果较好的方法之一。

巯基棉是利用硫代乙醇酸与脱脂棉在酸性条件下进行酯化反应而制得的一种含巯基的纤维素吸附剂。

在硝酸溶液中，Ag^+ 与巯基棉上的巯基功能团形成稳定的五元螯合物，此时银以螯合物沉淀的形式被吸附在巯基棉的表面，从而达到富集分离的目的。

实验表明，采用 0.1g 巯基棉制备吸附柱富集银的条件：吸附最佳酸度为 pH 6～$4mol \cdot L^{-1}$ HNO_3 溶液，在 6～$8mol \cdot L^{-1}$溶液中银完全不被吸附，而且会导致纤维强度下降，甚至将其破坏，在 0～$3mol \cdot L^{-1}$ HNO_3 介质中，以 0.1g 巯基棉制备吸附柱，控制流速为 $5ml \cdot min^{-1}$可获得 95%以上吸附率。选用硝酸与高氯酸介质对比试验，结果表明在 1%～20%高氯酸介质中较同酸度的硝酸介质更稳定，为此选用 5%高氯酸介质进行银的吸附更好。

从巯基棉上洗脱银的洗脱液有硝酸、盐酸、氢溴酸、硫脲等，其中以硫脲洗脱效果最好。试验证明采用 0.5%硫脲-2% HCl 热溶液进行洗脱，4～7ml 洗脱液足以使 10μgAg 从吸附柱上完全洗脱，洗脱液采用原子吸收法测定银。

巯基棉分离银的选择性较好，在 0～$3mol \cdot L^{-1}$ HNO_3 介质中微量银、金、铂、钯、砷、硒、碲同时被吸附。而大量铁、铜、铅、锌、锡、锑、钙、镁等基体元素不被吸附。金、铂、钯不影响原子吸收测定银，其中砷、硒、碲元素在样品用盐酸分解时大部分挥发逸出。

巯基棉富集分离银具有富集倍数大，吸附率高，选择性好，易解脱等优点，且制备手续简单，分离操作简便，回收率高，适用于矿样和废水中银的分离和测定。

(三) 银的测定方法

银的测定方法很多，有火试金法、滴定法、光度法、原子吸收光谱法、X 射线荧光法等，以及 1990 年后国内开始采用电感耦合等离子体质谱法。银的测定应视银的含量和实验室工作条件，可选用不同的分析方法。

1. 滴定法

滴定分析法测定银，根据滴定反应的性质分为：碘量法、硫氰酸盐法、配位滴定法、亚铁滴定法、电位滴定法、电流滴定法、萃取滴定法、催化滴定法 8 种滴定分析法，在此不能逐一介绍，只对常用的硫氰酸盐滴定法做如下简介。

概述：采用硝酸-氟化氢铵-过氧化氢封闭溶样，以黄原酯棉富集分离银，将吸附银的黄

原酯棉灰化，灼烧后的残渣用硝酸溶解，制成 2.5%～12% HNO_3 溶液，转入锥形瓶中；以高铁盐为指示剂，用硫氰酸铵标准溶液滴定至溶液呈微红色为终点，用消耗硫氰酸铵标准溶液体积计算银的含量。

硫氰酸盐滴定法是基于在硝酸介质中 Ag^+ 与 CNS^- 生成一种难溶于水的 AgCNS 白色沉淀。Fe^{3+} 也与 CNS^- 生成可溶性的红色配合物 $[Fe(CNS)_6]^{3-}$，由于 Ag^+ 与 CNS^- 化合能力远比 Fe^{3+} 与 CNS^- 化合能力强，所以只有当 Ag^+ 完全与 CNS^- 反应后，Fe^{3+} 才能与过量的 CNS^- 作用，使溶液出现浅红色，因此采用高铁盐为指示剂以硫氰酸盐标准溶液进行测定，其反应式如下：

$$Ag^+ + CNS^- \longrightarrow AgCNS$$

$$Fe^{3+} + 6CNS^- \longrightarrow [Fe(CNS)_6]^{3-}\text{（浅红色）}$$

当滴定溶液呈现浅红色时即到终点。

黄原酯棉吸附银的最佳条件：酸度为 2.5～12% HNO_3 体积 5～60ml 振荡时间 20～30min，0.5g 黄原酯棉可定量吸附 1500μg Ag，吸附率 95%以上，吸附温度在 5～30℃范围内对吸附率无影响。大量共存离子 Cu^{2+}、Fe^{3+}、Pb^{2+}、Zn^{2+} 等对银的吸附无影响。

硫氰酸铵滴定银的最佳条件：酸度为 2.5%～20% HNO_3 体积 10～60ml。10%铁铵矾指示剂用量为 0.5～2.0ml，滴定温度 20～60℃滴定终点变化明显。Cu^{2+} 含量小于 10mg，Pb^{2+}、Ni、Co^{2+} 小于 300mg 对测定无影响。

硫氰酸法测定银选择性较差，故在滴定前必须进行富集分离，将干扰元素分离除去。应用最广泛的是巯基棉富集、泡沫塑料富集、黄原酯棉富集三种方法。以黄原酯棉富集分离银，吸附黄原酯棉的银，经浓 HNO_3 解脱后，在 5% HNO_3 介质中，采用硫氰酸盐滴定。银含量在 $(0\sim1000)\times10^{-6}$ 范围内与滴定所消耗的硫氰酸铵标准溶液的体积（ml）呈线性关系。该法的选择性较好，大量共存离子不干扰测定。适用于矿石、金精矿中银的测定。

2. 光度法

光度法是测定银应用较广泛的方法，该法具有灵敏度及准确度高、选择性好、操作简单、快速等特点，因此应用范围广。

光度法测定银采用的显色剂种类很多，主要有以下几种。

① 碱性染料，如三苯甲烷类，罗丹明类。

② 偶氮染料，如吡啶偶氮类，罗丹宁偶氮类。

③ 含硫类染料，如双硫腙、硫代米蚩酮、金试剂。

④ 卟啉类染料。

现以含硫类染料为显色剂的两种测定银的光度法作如下简述。

(1) 金试剂分光光度法测定矿石中的银　矿样经烘焙后采用 HNO_3-HF 进行分解，制备成含银溶液。在 pH4.5 乙酸缓冲溶液中，掩蔽剂 EDTA 存在下，采用金试剂-曲通 X-100 显色体系，分光光度法测定银。本法可用于矿石中银的测定。

金试剂在银的光度分析中比 TMK 具有更大的优越性，其灵敏度高，与金属离子形成的有色配合物稳定性强，抗氧化能力亦强，测定溶液中允许一定量 NO_3^- 存在。

在 pH 3.8～6.0 缓冲溶液中，在曲通 X-100 存在下，金试剂与银成有色配合物，其 $\lambda_{max}=495nm$，$\varepsilon=1.32\times10^5$，银量 0～1μg·ml^{-1}范围内符合比耳定律。

本方法选择性好，在 EDTA 存在下，一些常见元素如 Fe^{3+}、Cu^{2+}、Pb^{2+}、Zn^{2+} 存在 10mg 以下不干扰测定。

(2) 双硫腙分光光度法测定含硫矿样中的银　矿样经盐酸-硝酸-液溴分解后，在 pH4.7 乙酸-乙酸钠缓冲溶液中，银与双硫腙生成配合物，并被苯萃取。在波长 620nm 处测量吸光度。在 10ml 苯中含银量在 0～25μg 范围内符合比耳定律。本法操作简便，快速，具有较高的精确度和准确度。

本法采用 HCl-HNO_3-液溴分解硫化物矿样，试样分解完全。与 HCl-HNO_3-$HClO_4$ 分解法相比，具有快速准确、操作简便的优点。

双硫腙属于酸性萃取剂，学名二苯基硫代卡巴腙（简称 H_2D_Z），结构式为

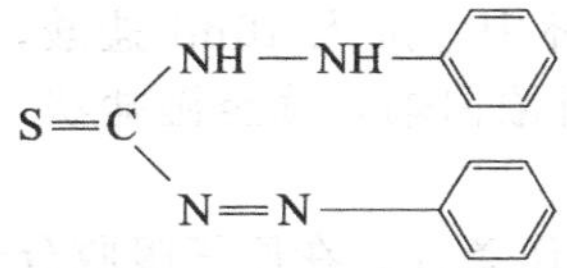

它是一种紫黑色晶体，难溶于 pH<7 的水中，易溶于碱性水中，微溶于乙醇，易溶于氯仿、四氯化碳等有机溶剂。

在 pH4.0 乙酸-乙酸钠缓冲溶液中，银与双硫腙生成的配合物能够被苯萃取，其反应式为：

$$Ag^+(\text{水相})+H_2D_Z(\text{有机相})=\!=\!=AgH_2D_Z(\text{有机相})+H^+(\text{水相})$$

在苯中的萃取配合物 $\lg K=6.3$，表观摩尔吸光系数 $\varepsilon_{620}=7.6\times10^4$，萃取配合物的稳定性强，选择性好，大部分常见元素都得到分离。少量铜的干扰，可加入 EDTA 掩蔽，少量金的影响，可加入 EDTA 溶液煮沸除去。

本方法适用于金精矿、氰渣、尾矿及含硫矿石中银的测定。

3. 原子吸收光谱法

原子吸收光谱法是测定银应用最为普遍的方法。该法是基于将试液变成原子蒸气，用一种能发射和待测元素相同特征谱线的灯作为光源，当它所发射出的光通过原子蒸气时，被蒸气中待测元素的基态原子吸收，由辐射光减弱的程度来求得样品中待测元素的含量。

原子吸收法与其他方法相比，具有以下特点。

① 灵敏度高。对于火焰原子吸收法，其灵敏度可达 0.1×10^{-6}g；对无火焰原子吸收法，绝对灵敏度可达 $10^{-10}\sim10^{-14}$g。

② 选择性好。原子吸收谱线带宽度很窄，谱线重叠干扰较少，所以大多共存离子对测定无干扰。

③ 测定元素范围广。目前，原子吸收法可以测定 70 多个元素，应用较广的有 30 多种。

④ 精确度高。火焰原子吸收法精密度可达 1%～3%，无火焰原子吸收法精密度比火焰原子吸收法差些，但也能满足地质、冶金、化工等部门的要求。

⑤ 操作简单快速，自动化程度高，适用于大批量样品的分析。

由于原子吸收具有独特的优点，在银的分析中占主导地位，因而近年来国内在银的原子吸收法的研究和应用方面发表了大量文章，取得丰硕的成果。例如对不同类型金精矿中银的原子吸收法就有 30 多种，现选择其中两种方法进行简要介绍。

（1）原子吸收分光光度法测定不同类型金精矿中银　根据不同类型金精矿，采用酸分解或经烘焙后酸分解，在高氯酸-硫脲介质中，采用原子吸收分光光度法进行测定。

仪器采用原子吸收分光光度计 WFX-IC 型（配金空心阴极灯）。

仪器工作条件：波长 328.10nm，狭缝宽度 0.2nm，灯电流 0.2mA，燃烧器高度 6mm，乙炔压力 0.06MPa，空气压力 2.0MPa。

对不同类型金精矿进行如下处理。

① 铜金精矿、铅金矿。将矿样置于 250ml 烧杯中，加少量水湿润，加入 5ml 硝酸，加热 3～5min，加入 10ml 高氯酸，继续加热至高氯酸冒浓白烟，蒸至湿盐状，取下冷却，加入 2ml 高氯酸及少量水，加热使盐类溶解。

② 锑金矿。将矿样置于 250ml 聚四氟乙烯烧杯中，加少量水润湿，加入 10ml 盐酸，盖

上表面皿，于低温加热10min，加入20ml氢氟酸、10ml高氯酸，继续加热至高氯酸冒烟。稍冷后，加入10ml盐酸，蒸至冒白烟，再加入10ml盐酸蒸至湿盐状，取下冷却，加入2ml高氯酸及少量水，加热使盐类溶解，加入3ml酒石酸溶液。

③ 硫金精矿。将矿样置于瓷坩埚中，放入马弗炉中，从低温升至600℃焙烧1h，取出冷却，移入250ml聚四氟乙烯烧杯中，加入10ml盐酸，加热10min，加入20ml氢氟酸、10ml高氯酸、继续加热至高氯酸冒浓白烟，蒸至湿盐状，取下冷却，加入2ml高氯酸及少量水，加热使盐类溶解。

对处理好的试样按照选定的工作条件，在原子吸收分光光度计上，测定溶液的吸光度。

金精矿中通常硫含量在25%以上，为此在预处理过程中一定要将硫处理完全，否则分析结果偏低。

含硫金精矿经焙烧可除硫，但在焙烧时，银易与矿样中的硅酸盐矿物形成硅酸银化合物，这种化合物难以用酸分解，为此加入HF，使其生成SiF_4化合物挥发除去。使银释放出，便于被酸分解，否则使分析结果大大偏低。

含锑金精矿在预处理时，加盐酸可使锑形成锑氯化物，在高氯酸蒸至冒白烟时挥发除去。少量锑可加酒石酸进行掩蔽。

(2) 封闭溶样-硫脲介质原子吸收法测定矿石中的银　矿样经浓硝酸除硫后，采用HNO_3-NH_4Cl-$KMnO_4$-NH_4HF_2溶样体系，以封闭溶样法进行分解。然后在硫脲介质中以原子吸收分光光度法测定溶液中的银。

仪器采用

日立180-50原子吸收分光光度计。

(配银空心阴极灯)

仪器工作条件：波长328.1nm，灯电流7.5mA，狭缝2.6nm，燃烧器高度7.5nm，空气流量$1.6kg \cdot cm^{-2}$，乙炔流量$0.3kg \cdot cm^{-2}$。

本法采用HNO_3-NH_4Cl-$KMnO_4$-NH_4HF_2溶样体系进行封闭溶样，矿样中银的分解完全，硝酸浓度低，对仪器腐蚀性小。加入NH_4Cl的主要目的是为溶样体系提供足够的Cl^-，以满足形成$[AgCl_2]^-$配阴离子的需要。

待测溶液中加入10ml 5%硫脲溶液可配合7mg以下的银，在该介质下测定，不但稳定性好，且灵敏度高，将该溶液放置一个星期，其吸光度几乎不变。

本方法选择性好，对于100μg Ag，下列共存离子（mg）不干扰测定：Ca^{2+}(20)、Mg^{2+}(30)、Al^{3+}(30)、Fe^{3+}、Zn^{2+}、Pb^{2+}(80)、Cd^{2+}(10)、Ni^{2+}(4)。Na^+的存在使空白值偏高，应避免引入，大量Cu^{2+}的存在使结果偏高。

本法适用于矿石和金精矿中测定痕量银。

4. 电感耦合等离子体质谱法

ICP-MS具有极高的灵敏度，背景低，干扰较少，操作简单，同时测定元素多，效率高。本节采用王水溶样，测定痕量银，并同时测定砷、锑、铋等6种痕量元素。

使用电感耦合等离子体光谱仪（TJAPQ-ExCell ICP-MS）测定，仪器工作参数见表6-9。

表6-9　等离子体质谱仪工作参数

工作参数	设定值	工作参数	设定值
ICP功率	1300W	数据获取	
冷却气流量	$13.0L \cdot min^{-1}$	跳峰	3点/质量
辅助气流量	$0.7L \cdot min^{-1}$	停留时间	10ms/点
雾化气流量	$0.85L \cdot min^{-1}$	扫描次数	80次
取样锥孔径	1.0mm	测量时间	12s
截取锥孔径	0.7mm		

测定用的组合元素（砷、锑、铋、银、镉、铟）标准工作液和内标元素工作液，仪器调试溶液如下。

组合元素（砷、锑、铋、银、镉、铟）标准工作液：用各元素的标准储备液稀释制备，其中各元素含量为$\rho_{(B)}=20.0ng \cdot ml^{-1}$，介质为5%$HNO_3$。

内标元素工作液：由内标元素储备液稀释制备$\rho_{(Rn,Re)}=10ng \cdot ml^{-1}$。

仪器调试溶液$\rho_{(Co,In,U)}=1.0ng \cdot ml^{-1}$。

上机测定：点燃等离子体后稳定15min，用仪器调试溶液，进行最佳化，要求仪器灵敏度达到计数率大于$2\times10^4 s^{-1}$。以高纯水为空白，用$\rho_{(B)}=20ng \cdot ml^{-1}$组合标准工作溶液对仪器进行校准，然后测定试样溶液。在测定的全过程中通过三通在线，引入内标溶液。

仪器计算机根据标准溶液中各元素的已知浓度和测量信号强度建立各元素的标准曲线公式，然后根据未知试样溶液中各元素的信号强度，以及预先输入的试样称取量和制得的试样溶液体积，给出各元素在原试样中的质量分数。

本法的主要优点是在沸水浴中，用王水溶解锌样品，锆和锡溶解很久。从而避免了锆的氧化物和氢氧化钠对痕量银测定的严重干扰。也减少了锡与镉，铟测定的干扰。

一般银的分析方法是用氢氟酸将硅酸盐分解。本法用王水分解效果好，测定37种岩石、土壤、水系沉积物标准物质中的银，绝大多数结果与标准值符合。

本方法适用于岩石、矿石、土壤和水系沉积物中砷、锑、铋、银、镉的测定，测定下限为$0.00x \sim 0.x\mu g \cdot g^{-1}$。

三、铂和钯的测定

铂族元素是元素周期表中第五和第六周期第八副族的钌（Ru）、铑（Rn）、钯（Pd）、锇（Os）、依（Ir）、铂（Pt）6个元素的统称。铂族元素在地壳中含量极微，属超痕量元素，比稀有元素还少，比稀散元素分散。

在自然界中，铂族元素不但形成单矿物和自然合金，而且与同族元素和邻组元素可构成金属互化物，与非金属元素可组成简单或复杂的化合物。已有铂族矿物104种，其中铂和钯矿物类占70%。

铂族元素均为过渡元素，具有d电子层结构，由于d电子轨道未充满，这就决定了这些元素都是变价元素，并有易形成配合物的性能趋势。在溶液中铂族元素通常都是以各种配离子形式出现，而且这些配离子多较稳定。铂族元素经常以氯配合物的形态参与反应，因此氯配合物在分析工作中应用很普遍。

铂和钯在元素周期表中处于上下对应位置，由于电子层结构相近，因而决定了化学性质最为相似。

铂族金属对常用的酸、碱有抗腐蚀性。铂不溶于盐酸、硝酸、硫酸，在王水中的溶解远较金困难；钯不溶于盐酸，在硝酸中溶解较困难，可被热硝酸溶解，易溶于王水。

铂族金属被人类发现和使用虽然只有200多年，但是在近50年科学技术和现代工业的飞速发展中，它扮演着越来越重要的角色，在经济、金融、科技、工业等诸多方面具有特殊地位和多重功能。

铂族元素的分析是迄今人们公认的一个难题。地球样品中含量极低，基体复杂，样品均匀性差，干扰多，且铂族元素具有相似的化学性质，又多伴生在一起，很难找到一种特效试剂，因此分离测定十分困难。

（一）试样分解方法

试样分解方法繁多，可归纳为两大类。一类是干法分解，包括火试金法、熔融法、烧结法；另一类是湿法分解，包括常压和加压条件下的酸分解法。

1. 火试金法

火试金的种类很多，有铅试金、锍镍试金、锑试金、锡试金、铜铁镍试金等。火试金既是试样的分解方法，又是贵金属分离富集的古老而经典的方法。对贵金属的分离富集有特殊的效果。它的另一优点是可以称取 20～40g 较多试样，从而保证了试样的代表性，可以消除因铂族元素分布不均匀而引起的取样误差。火试金法是铂、钯测定常用的分解方法。

2. 熔融分解法

熔融法应用最多的试剂是过氧化钠或过氧化钠-氢氧化钠。适用于难分解的样品，它最大的优点是对样品的分解能力强，不足和缺点是取样受到限制，过程中引进了大量的无机钠盐，坩埚腐蚀严重，更不利的是会对大型仪器设备某些部件造成堵塞和损坏，因此，在铂族元素测定中应用不甚普遍。

3. 酸分解法

酸分解法也是常用的分解方法。常用溶剂是王水，它所产生的新生态氯，具有极强的氧化能力，是溶解某些铂族元素矿样的有效试剂，适合于水系沉积物和土壤中铂、钯、金的分析。地质样品极其复杂，如铬铁矿、黑色岩石等用酸溶法很难将样品中各种形态的铂、钯分解完全，只有在高温高压特定的条件下才能完全溶解。

（二）铂、钯的分离富集方法

对于铂族元素而言，分离和富集方法极其重要，它是铂族元素准确测定的前提，它不仅可以使大量的基体元素和干扰元素与铂族元素分离，而且使痕量铂元素富集，从而有利于测定。比较常用的分离富集方法有火试金法、共沉淀的沉淀分离法及离子交换法。

1. 火试金法

火试金法是铂族元素分离和富集最有效的方法，它在铂族元素测定中占有重要地位。铂、钯测定中常有铅试金法、锍试金法、锑试金法三种。

铅试金法用于富集铂、钯、铑、铱 4 个非挥发性铂族元素，一次试金能捕集 90% 以上。铅试金法试样的称取量可高达 100g，故取样的代表性好，取样误差可以不考虑，富集的效果好，配料比较复杂。铅试金溶剂对铬铁矿很难分解，夹在铬铁矿颗粒中的铂族元素很难捕集。

锍试金法是用镍的硫化物为捕集剂的主要成分，得到的锍扣能捕集 6 个铂族元素，是目前应用较多的一种火试金法。

锑试金法是用锑捕集铂族元素的火试金法，它能捕集全部贵金属元素，灰吹时包括锇在内的铂族元素均无明显的损失，这是锑试金法的优点。其缺点是捕集贵金属同时铜、镍、钴、铋和铅也同时捕集，又不能灰吹除去，故应用受到限制，仅适用于组成简单的铂族元素单矿物或催化剂中铂族元素的测定。

2. 共沉淀和沉淀分离富集法

用 Te、Se、Hg、Bi、Cu、Mn 等沉淀剂对铂族元素进行共沉淀富集，是将铂族元素与其他贱金属分离的一种手段。此方法在地质样品的铂族元素分析中应用较广。其中硫脲沉淀和碲共沉淀应用较多。共沉淀法也可以采用有机试剂作为共沉淀剂进行分离富集。

3. 离子交换分离富集法

离子交换树脂有阴、阳离子交换树脂和螯合树脂，广泛用于铂族元素的分离富集。在盐酸介质中，铂、钯以氯配阴离子形式与阴离子交换树脂作用而被吸附，与树脂相互作用的强度，决定于配阴离子的电荷数，其中双电荷的 $[PdCl_4]^{2-}$、$[PtCl_4]^{2-}$、$[PtCl_6]^{2-}$、$[InCl_6]^{2-}$、$[RuCl_6]^{3-}$、$[OsCl_6]^{2-}$ 牢固地吸附于树脂上，而三电荷的 $[InCl_6]^{3-}$、$[RnCl_6]^{3-}$、$[RuCl_6]^{3-}$ 与树脂的亲和力很弱，从而达到了铂族元素之间相互分离或与非铂族元素分离的目的。

（三）铂和钯的测定方法

由于铂、钯元素在地球样品中含量极低，基体复杂，干扰元素多的特性，采用常规的光度法和原子吸收光谱法达不到测定痕量和超痕量铂、钯的要求。因此，近年来多采用灵敏度高，检出限低，又能同时测定铂族元素的电感耦合等离子体质谱仪，解决了多年来铂族元素测定难的困境。

本节简要介绍电感耦合等离子体发射光谱法和等离子体质谱法两种测定铂族元素的方法。为了准确测定铂族元素，使痕量铂族元素富集和大量基体元素分离，在测定前必须选择有效的分离方法。多年来实践证明锍试金法是捕集 6 个铂族元素应用较多、效果最好的火试金法。

锍试金分离富集-电感耦合等离子体发射光谱法测定铂、钯、铑、铱、钌、金。

试样经锍试金分离富集后，将所得锍扣进行粉碎，用 HCl 加热分解，加 2mg 碲和二氯化锡溶液，使铂、钯、铑等定量沉淀，过滤，将沉淀于 600℃高温下灰化，再用王水加热溶解至溶液清亮，制成 10ml 待测溶液。用 ICP-AES 光谱仪，在仪器最佳工作参数下测定各元素的含量。各元素的分析波长和测定限见表 6-10。

电感耦合等离子体发射光谱仪工作参数：入射功率 1.2kW、载气流量 1.0L·min^{-1}，溶液提升率 2.4ml·min^{-1}。

表 6-10 分析波长和测定限（10s）

元素	波长/nm	测定限 $w(B)/10^{-9}$	元素	波长/nm	测定限 $w(B)/10^{-9}$
Pt	214.423	6	Rn	343.489	10
Pd	340.458	6	Ir	209.263	20
Ru	245.657	10		215.268	30
	349.894	20	Au	242.795	3

本方法分离效果好，测定限低，适用于测定矿石中痕量铂、钯、铑、铱、钌、金。

试样与锍试金混合熔剂于 1100℃熔融，铂族元素进入镍扣与基体分离，将镍扣用 HCl 加热溶解，加 20mg 碲和二氯化锡溶液，加热后生成沉淀。用滤膜抽滤，将沉淀转入封闭溶样器中，加王水封闭溶解 2～3h，转入 10～25ml 比色管中制成待测溶液，用 ICP-MS 法测定。

主要试剂及仪器工作参数如下。

内标元素混合溶液：含 In、Tl 各 10.0μg·ml^{-1}，在测定过程中通过三通在线引入。

仪器调试溶液：含 Co、In、U 各 1.0μg·ml^{-1}。

等离子体质谱仪：TJAPQ-ExCell ICP-MS，仪器工作参数见表 6-11。

表 6-11 仪器工作参数

工作参数	设定值	工作参数	设定值
ICP 功率	1330W	截取锥孔径	0.7mm
冷却气流量	13.0L·min^{-1}	跳峰	3 点/质量
辅助气流量	0.7L·min^{-1}	停留时间	10ms/点
雾化气流量	0.85L·min^{-1}	扫描次数	100 次
取样锥孔径	1.0mm	测量时间	60s

按仪器工作参数上机测定：

计算机根据标准溶液中各元素的已知浓度和测量信号强度，建立各元素的校准曲线公式。然后根据未知试样溶液中各元素的信号强度，以及预先输入的试样称取量和制得试样溶液的体积，直接给出各测定元素的含量。每批试样必须同时进行数份空白分析，保证分析结果的准确性。

锍试金的熔炼同铅试金相似。锍试金捕集剂的主要成分为氧化镍和硫黄，助熔剂为碳酸钠、硼砂、玻璃粉、氧化钙、面粉等。两者组成混合熔剂，与样品在1100℃高温下熔融，生成硫化物镍扣，镍扣中贱金属硫化物可被HCl溶解。而铂族元素不溶，保留在镍扣中，从而达到分离富集铂族元素的目的。锍试金法是目前应用较多的一种分离富集铂族元素较好的方法，已被各实验单位广为采用。

电感耦合等离子体质谱法（ICP-MS）是检测复杂体系中痕量、超痕量元素的一种强有力的分析方法，该法具有独特的优点：

① 可检测的元素覆盖面广，可测定70多种元素；

② 图谱简单（只有201条谱线）易识，谱线少，光谱干扰相对较低；

③ 灵敏度高，检测限低（从几个$\mu g \cdot L^{-1}$到几个$ng \cdot L^{-1}$）；

④ 分析速度快，多元素可同时测定；

⑤ 仪器线性动态范围大；

⑥ 可同时测定各种元素的同位素及有机物中金属元素的形态分析；

⑦ 易与其他分析技术联用，大大扩展了方法的应用范围。

由于ICP-MS法具备良好的分析性能，很快受到分析工作者的关注和接受。近年来，已被国内地矿、冶金、材料、生化、医药、农业和食品等领域实验室广泛使用，使其获得了极为迅速的发展，已经成为痕量、超痕量铂族元素例行分析的手段。

习题和复习题

6-1. 稀土元素包括哪些元素？它们外层电子结构有何特点？它在自然界的存在有什么特点？轻、重稀土如何划分？

6-2. 简述稀土元素的重要分析化学特性。

6-3. 稀土元素与非稀土元素的分离方法有哪些？并重点总结一下可实现稀土与钍分离的具体方法。

6-4. 稀土元素分组分离和逐个分离的方法主要有哪些？应用TBP、P_{204}、P_{507}等萃取剂如何来实现稀土元素的分组或逐个分离？

6-5. 测定稀土总量的主要方法有哪些？在滴定分析和光度分析中标准问题应如何解决？

6-6. 稀土元素与变色酸双偶氮类衍生物试剂的显色反应有哪些特点？

6-7. 稀土元素的分组测定方法有几类，常用哪一类？

6-8. 发射光谱分析方法、等离子体质谱法和X射线荧光法测定各个稀土元素的含量，具有什么优点？为什么化学分析方法难以逐个测定？

6-9. 何谓贵金属？指出金、银、铂、钯重要分析化学特性和试样分解方法。

6-10. 简述金、银、铂、钯的主要分离富集方法和测定方法。

第七章　金属材料分析

金属材料种类繁多，通常分为两大类：黑色金属材料和有色金属材料。铁、锰、铬及其合金称为黑色金属材料，具体为钢铁、锰及锰合金、铬及铬合金。除黑色金属材料以外统称为有色金属材料，也称为非铁金属材料。我国通常所指的有色金属包括：铜、铅、锌、铝、锡、锑、镍、钨、钼、汞等金属及它们的合金。有色金属可分为重金属（如铜、铅、锌）、轻金属（如铝、镁）、贵金属（如金、银、铂）及稀有金属（如钨、钼、锗、锂、镧、铀）。

本章选择钢铁及铝与铝合金作为两类金属元素的代表，介绍金属材料分析试样的采集、制备与分解方法，金属材料中主要元素的定量分析方法。

第一节　钢铁分析

钢铁分析的概念有两种理解，广义的钢铁分析包括了钢铁的原材料分析、生产过程控制分析和产品、副产品及废渣分析等；狭义的钢铁分析，主要是钢铁中硅、锰、磷、碳、硫五元素分析和铁合金、合金钢中主要合金元素分析。本节简略介绍的是狭义钢铁分析的一些基本知识。

一、钢铁中的主要化学成分及钢铁材料的分类

钢铁中除基体元素铁以外的杂质元素有碳、锰、硅、硫、磷等。对于铁合金或合金钢来说，随其品种的不同常含有一定量的合金元素，如镍、铬、钨、钼、钒、钛、稀土等。钢铁中杂质元素的存在对钢铁的性能影响很大。

碳在钢铁中有的以固溶体状态存在，有的生成碳化物（Fe_2C、Mn_3C、Cr_5C_2、WC、MoC 等）。碳是决定钢铁性能的主要元素之一。一般含碳量高，硬度增强，延性及冲击韧性降低，熔点较低；含碳量低，则硬度较弱，延性及冲击韧性增强，熔点较高。钢铁的分类常常以碳含量的高低为主要依据。含碳低于 0.2%的称纯铁（或熟铁或低碳钢）；含碳量在 0.2%～1.7%之间的称为钢；含碳量高于 1.7%，即为生铁。当然，通常高炉冶炼出来的生铁的碳含量常常更高，在 2.5%～4%之间。另外，碳在钢铁中的存在状态对钢铁的性质影响也不小，灰口铁中含石墨碳较多，性质软而韧；白口铁中含化合碳较多，则性质硬而脆。

锰在钢铁中主要以 MnC、MnS、FeMnSi 或固溶体状态存在。生铁中一般含锰 0.5%～6%；普通碳素钢中锰含量较低；含锰 0.8%～14%的为高锰钢；含锰 12%～20%的铁合金称为镜铁；含锰 60%～80%的铁合金称为锰铁。锰能增强钢的硬度，减弱展性。高锰钢具有良好的弹性及耐磨性，用于制造弹簧、齿轮、铁路道岔、磨机的钢球、钢棒等。

硅在钢铁中主要以 FeSi、MnSi、FeMnSi 等形态存在，也有时形成固溶体或非金属夹杂物，如 $2FeO \cdot SiO_2$、$2MnO \cdot SiO_2$、硅酸盐。在高碳硅钢中有一部分以 SiC 状态存在，硅增强钢的硬度、弹性及强度，并提高钢的抗氧化力及耐酸性。硅促使碳游离为石墨状态，使钢铁富于流动性，易于铸造。生铁中，一般含硅 0.5%～3%，当含硅高于 2%而锰低于 2%时，则其中的碳主要以游离的石墨状态存在，熔点较高，约为 1200℃，断口呈灰色，称为灰口生铁。因为含硅量较高，流动性较好，而且质软，易于车削加工，故灰口铁多用于铸造。如果含硅量低于 0.5%而含锰量高于 4%，则锰阻止碳以石墨状态析出而主要以碳化物状态存在，熔点较低，约为 1100℃，断口呈银白色，易于炼钢。含硅 12%～14%的铁合金称为硅铁，含硅 12%、锰 20%的铁合金称为硅锰铁，主要用作炼钢的脱氧剂。

硫在钢铁中以 MnS、FeS 状态存在。FeS 的熔点低，最后凝固，夹杂于钢铁的晶格之间。当加热压制时，FeS 熔融，钢铁的晶粒失去连接作用而碎裂。硫的存在所引起的这种“热脆性”严格影响钢铁的性能。因此国家标准对碳素钢中硫含量有严格要求。

磷在钢铁中以 Fe_2P 或 Fe_3P 状态存在。磷化铁硬度较强，以致钢铁难于加工，并使钢铁产生“冷脆性”，也是有害杂质。但是当钢铁中含磷量稍高时，能使流动性增强而易于铸造，并可避免在轧钢时轧辊与轧件黏合，所以在特殊情况下又常有意加入一定量的磷以达此目的。

碳、硅、锰、硫、磷是生铁及碳素钢中的主要杂质元素，俗称为“五大元素”。因为它们对钢铁的性能影响很大，一般分析都要求测定它们。

镍能增强钢的强度和韧性，铬使钢的硬度、耐热性和耐腐蚀性增强，钨、钼、钒、钛等元素也能使钢的强度和耐热性能得到改善。

钢铁的分类是依据钢铁中除基体元素铁以外的杂质的化学成分的种类与数量不同而区分的，一般分为生铁、铁合金、碳素钢和合金钢四大类。

生铁中，一般含碳 2.5%～4%、锰 0.5%～6%、硅 0.5%～3%以及少量的硫和磷。由于其中硅和锰含量的不同，碳的存在状态也不同，而又可以分为铸造生铁（灰口铁）和炼钢生铁（白口铁）。

铁合金依其所含合金元素不同分为锰铁、钒铁、硅铁、镜铁、硅锰铁、硅钙合金、稀土硅铁等等。

碳素钢依其含碳量不同，分为工业纯铁（或超低碳钢）（含碳量≤0.03%）、低碳钢（含碳量≤0.25%）、中碳钢（含碳量≤0.25%～0.60%）和高碳钢（含碳量>0.60%）。

合金钢又称为特种钢，依合金元素含量不同分为低合金钢（合金元素量≤5%）、中合金钢（含金元素总量>5%～10%）和高合金钢（含合金元素量>10%）。

当然钢铁的分类，除了按化学成分分类外，还有按品质的分类方法，按冶炼方法的分类方法，按用途的分类方法等。

钢铁产品牌号常用综合考虑几种分类方法，按标准方法用缩写符号表示，有关内容详见国家标准 GB/T 221—2000。例如，A_3F 表示甲类平炉 3 号沸腾钢；40CrVA 表示平均含碳量 0.40%，含 Cr、V，但两者含量均小于 1.5 的优质合金结构钢；Si45 为含硅量为 45%的硅铁。

二、试样的采集、制备与分解方法

（一）试样的采集

任何送检样的采取都必须保证试样对母体材料的代表性。因为钢铁在凝固过程中的偏析现象常常不可避免，所以，除特殊情况之外，为了保证钢铁产品的质量，一般是从质地均匀的熔融液态取送检样，并依此制备分析试样。所谓特殊情况，有两种：一种就是成品质量检验，钢铁成品本身是固态的，只能从固态中取样。另一种是铸造过程中必须添加镇静剂（通常是铝），而又必须分析母体材料本身的镇静剂成分的情况。对于这种情况，需要在铸锭工序后适当的炉料或批量中取送检样。各种钢铁试样的采集方法见相关国家标准。这里概述相关事项如下：

① 常用的取样工具　钢制长柄取样勺，容积约 200ml；铸模 70mm×40mm×30mm（砂模或钢制模）；取样枪。

② 在出铁口取样，是用长柄取样勺舀取铁水，预热取样勺后重新舀出铁水，浇入砂模内，此铸件作为送检样。在高炉容积较大的情况下，为了得到可靠结果，可将一次出铁划分为初、中、末三期，在每阶段的中间各取一次作为送检样。

③ 在铁水包或混铁车中取样时，应在铁水装至 1/2 时取一个样或更严格一点在装入铁

水的初、中、末期各阶段的中点各取一个样。

④ 当用铸铁机生产商品铸铁时，考虑到从炉前到铸铁厂的过程中铁水成分的变化，应选择在从铁水包倒入铸铁机的中间时刻取样。

⑤ 从炼钢炉内的钢水中取样，一般是用取样勺从炉内舀出钢水，清除表面的渣子之后浇入金属铸模中，凝固后作为送检样。为了防止钢水和空气接触时，钢中易氧化元素含量发生变化，有的采用浸入式铸模或取样枪在炉内取送检样。

⑥ 从冷的生铁块中取送检样时，一般是随机地从一批铁块中取 3 个以上的铁块作为送检样。当一批的总量超过 30t 时，每超过 10t 增加一个铁块。每批的送检样由 3～7 个铁块组成。当铁块可以分为两半时，分开后只用其中一半制备分析试样。

⑦ 钢坯一般不取送检样，其化学成分由钢水包中取样分析所决定。这是因为钢锭中会带有各种缺陷（沉淀、收缩口、偏析、非金属夹杂物及裂痕）。轧钢厂用钢坯，要进行原材料分析时，钢坯的送检样可以从原料钢锭 1/5 高度的位置沿垂直于轧制的方向切取钢坯整个断面的钢材。

⑧ 钢材制品，一般不分析，要取样可用切割的方法取样，但应多取一点，便于制样。

（二）分析试样的制备

试样制取方法有钻取法、刨取法、车取法、捣碎法、压延法、锯、抢、锉取法等。针对不同送检试样的性质、形状、大小等采取不同方法制取分析试样。

1. 生铁试样的制备

(1) 白口铁 由于白口铁中 C 主要以碳化物存在，硬度大，只能用大锤打下，砂轮机打光表面，再用冲击钵碎至过 100# 号筛。

(2) 灰口铸造铁 灰口铁中含有较多的石墨碳，硬度较小，可用钻取法取样。但在制样过程中灰口铁中的石墨 C 易发生变化，要防止在制样过程产生高温氧化。清除送检样表面的砂粒等杂质后，用 ϕ20～25mm 的钻头（前刃角 130°～150°）在送检样中央垂直钻孔（钻头转速 80～150r/min），表面层的钻屑弃去。继续钻进 25mm 深，制成 50～100g 试样。选取 5g 粗大的钻屑供定碳用，其余的用钢研钵轻轻捣碎研磨至粒度过 20# 筛（0.84mm），供分析其他元素用。

2. 钢样的制备

对于钢样，不仅应考虑凝固过程中的偏析现象，而且要考虑热处理后表面发生的变化，如难氧化元素的富集、脱碳或渗碳等。特别是钢的标准范围窄，致使制样对分析精度的影响达到不可忽视的程度。

钢水中取来的送检样一般采用钻取方法，制取分析试样应尽可能选取代表送检样平均组成的部分垂直钻取，切取厚度不超过 1mm 的切屑。

半成品、成品钢材送检样的制样：

大断面钢材：用 $\phi\leqslant$12mm 的钻头，在沿钢块轴线方向断面中心点到外表面的垂线的中点位置钻取。

小断面钢材：可以从钢材的整个断面或半个断面上切削分析样，也可以用 $\phi\leqslant$6mm 钻头在断面中心至侧面垂线的中点打孔取样。

薄卷板：垂直轧制方向切取宽度大于 50mm 的整幅卷板作送检样。经酸洗等处理表面后，沿试样长度方向对折数次。由 $\phi>$6mm 钻头钻取，或适当机械切削制取分析样。

（三）试样的分解方法

钢铁试样易溶于酸，常用的酸有盐酸、硝酸、硫酸等，可用单酸，也可用混合酸。有时针对某些试样，还需加 H_2O_2、氢氟酸或磷酸等。一般均用稀酸，而不用浓酸，防止反应过于激烈。对于某些难溶试样，则可用碱熔分解法。

对不同类型钢铁试样有不同分解方法，这里简略介绍如下：

① 对于生铁和碳素钢，常用稀硝酸分解，常用(1+1)～(1+5)的稀硝酸，也有用稀盐酸（1+1）分解的，依测定方法中对介质要求而定。

② 合金钢和铁合金比较复杂，针对不同对象须用不同的分解方法。

硅钢、含镍钢、钒铁、钼铁、钨铁、硅铁、硼铁、硅钙合金、稀土硅铁、硅锰铁合金：可以在塑料器皿中，先用浓硝酸分解，待剧烈反应停止后再加氢氟酸继续分解；或者用过氧化钠（或过氧化钠和碳酸钠组成的混合熔剂）于高温炉中熔融分解，然后以酸提取。

铬铁、高铬钢、耐热钢、不锈钢：为防止生成氧化膜而钝化，不宜用硝酸分解，而应在塑料器皿中用浓盐酸加过氧化氢分解。

高碳锰铁、含钨铸铁：由于所含游离碳较高，且不为酸所溶解，因此试样应于塑料器皿中用硝酸加氢氟酸分解，并用脱脂过滤除去游离碳。

高碳铬铁：宜用 Na_2O_2 熔融分解，酸提取。

钛铁：宜用硫酸（1+1）溶解，并冒白烟 1min，冷却后盐酸（1+1）溶解盐类。

③ 于高温炉中用燃烧法将钢铁中碳和硫转变为 CO_2 和 SO_2，是钢铁中碳和硫含量测定的常用分解法。

三、钢铁中主要元素分析

（一）总碳

钢铁中碳有游离碳和化合碳两种存在形式。一般钢样只需测定总碳含量，而生铁类试样，有时需要区别出总碳中化合碳和非化合碳（游离碳）的含量。通常是测定出总碳和游离碳的含量，二者差减得到化合碳的含量。

钢铁中游离碳因不与硝酸反应，可以用稀硝酸溶解试样，将不溶物（包括游离碳）与溶液（包括化合碳）分开，再用测定总碳的方法测定不溶物中碳含量，即为游离碳含量。

测定钢铁中总碳的方法很多，有物理法（结晶定碳法、红外光谱法）、化学及物理化学法（燃烧-气体体积法、吸收重量法、电导法、真空冷凝法、库仑法）等。下面简单介绍燃烧-气体体积法测定碳含量。

燃烧-气体体积法（也称气体容量法）所用设备见图 7-1。其原理是，将钢铁试样置于1200～1350℃的高温管式炉内，通氧气燃烧，钢铁中的碳和硫被定量氧化为 CO_2 和 SO_2。

$$C+O_2 = CO_2\uparrow$$

$$4Fe_3C+13O_2 = 4CO_2\uparrow+6Fe_2O_3$$

$$Mn_3C+3O_2 = CO_2\uparrow+Mn_3O_4$$

$$4Cr_3C_2+17O_2 = 8CO_2\uparrow+6Cr_2O_3$$

$$4FeS+7O_2 = 2Fe_2O_3+4SO_2\uparrow$$

用脱硫剂（活性 MnO_2）吸收 SO_2

$$MnO_2+SO_2 = MnSO_4$$

然后测量生成的 CO_2 和过量 O_2 的体积，再将其与 KOH 溶液充分接触，CO_2 气体被 KOH 完全吸收。

$$CO_2+2KOH = K_2CO_3+H_2O$$

再次测量剩余气体体积。两次体积之差为钢铁中总碳燃烧所生成的 CO_2 体积，由此可计算出钢铁中总碳含量。

本法中试样分解为燃烧法，分解温度必须足够高，一般试样可控制在 1200～1250℃，难分解试样宜控制在 1250～1300℃。为使试样分解完全，常需加入一定的助熔剂：生铁、钨铁和钒铁可不加助熔剂；碳素钢、合金钢宜用 0.3～0.5g 锡粒；硅铁以 0.5g 锡粒加 5 倍称样量的纯铁粉为好；硅铬铁和其他铁合金可用纯铜和氧化铜各 0.5～1.0g 为助熔剂。另

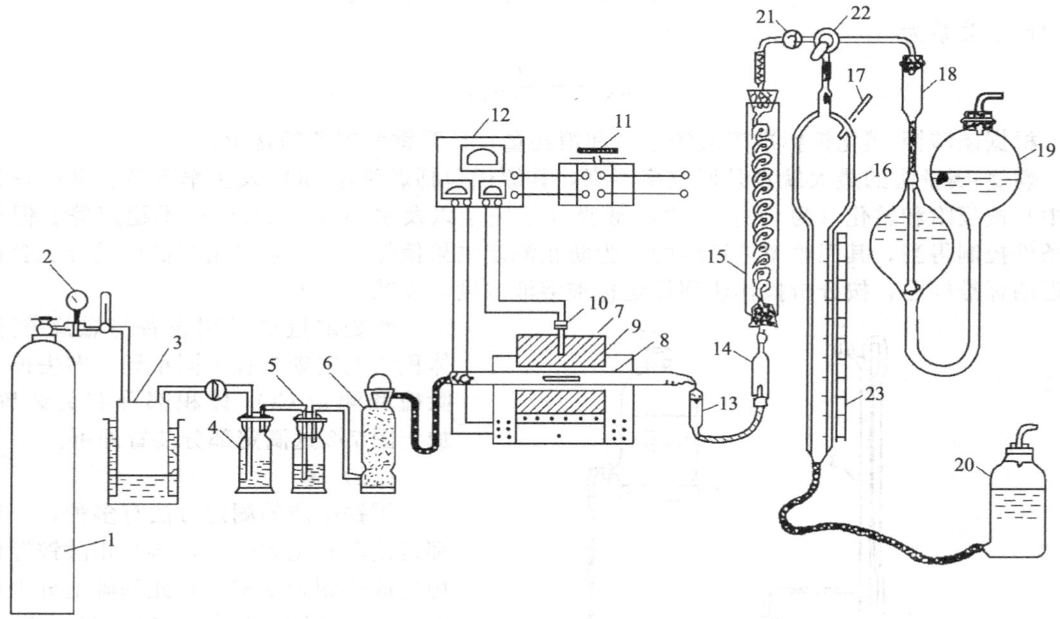

图 7-1 钢铁定碳仪示意

1—氧气瓶；2—压力表；3—缓冲瓶；4,5—洗气瓶；6—干燥塔；7—卧式电炉；8—瓷管；9—瓷舟；10—热电偶；11—调压变压器；12—温度指示仪；13—过滤管；14—脱硫管；15—冷凝管；16—量气管；17—温度计；18—止逆阀；19—贮液瓶；20—水准瓶；21—旋塞；22—三通旋塞；23—标尺

外，整个分析过程中必须保持炉温恒定。

本法以测量生成气体体积来确定碳含量，因此，工作前要检查整套装置有否良好的密封性，并作空白试验，实验结果计算时要注意进行温度、压力校正。另外，由于本法使用氧气，并于高温燃烧，操作中要注意安全。

（二）硫

钢铁中硫的测定，其试样分解方法有两类：一类为燃烧法；另一类为酸溶解分解法。燃烧法分解后试样中硫转化为 SO_2，SO_2 浓度可用红外光谱直接测定，也可使它被水或多种不同组成的溶液所吸收，然后用滴定法（酸碱滴定或氧化还原滴定）、光度法、电导法、库仑法测定，最终依 SO_2 量计算样品中硫含量。酸分解法可用氧化性酸（硝酸加盐酸）分解，这时试样中硫转化为 H_2SO_4，可用 $BaSO_4$ 重量法测定，也可以用还原剂将 H_2SO_4 还原为 H_2S，然后用光度法测定。若用非氧化性酸（盐酸加磷酸）分解，硫则转变为 H_2S，可直接用光度法测定。在这诸多方法中，燃烧-碘酸钾滴定法、氧化铝色谱分离-硫酸钡重量法、高频感应炉燃烧-红外吸收法、还原蒸馏-亚甲基蓝光度法，都被列为标准方法。这里介绍燃烧-碘酸钾滴定法。

燃烧-碘酸钾法原理是钢铁试样在1250～1300℃的高温下通氧气燃烧，其中的硫化物被氧化为二氧化硫。

$$3MnS + 5O_2 = Mn_3O_4 + 3SO_2 \uparrow$$

$$3FeS + 5O_2 = Fe_3O_4 + 3SO_2 \uparrow$$

生成的二氧化硫被水吸收后生成亚硫酸

$$SO_2 + H_2O = H_2SO_3$$

在酸性条件下，以淀粉为指示剂，用碘酸钾-碘化钾标准溶液滴定至蓝色不消失为终点。

$$IO_3^- + 5I^- + 6H^+ = 3I_2 + 3H_2O$$

$$I_2 + SO_3^{2-} + H_2O = 2I^- + SO_4^{2-} + 2H^+$$

化学计量关系为

$$n_S = \frac{1}{3} n_{IO_3^-}$$

根据碘酸钾-碘化钾标准溶液的浓度和消耗量，计算钢铁中硫的含量。

燃烧-碘量法的最大缺点是回收率不高，其原因包括燃烧法 SO_2 发生率不高、SO_2 在管路中易被吸附和转化（为 SO_3）、水溶液吸收不完全以及水溶液中 H_2SO_3 不稳定等。但如果条件控制得当，其回收率是稳定的。为防止测定结果偏低，一般是采用与试样成分、含量相近的标准样品，按分析操作步骤标定标准溶液浓度，以减小误差。

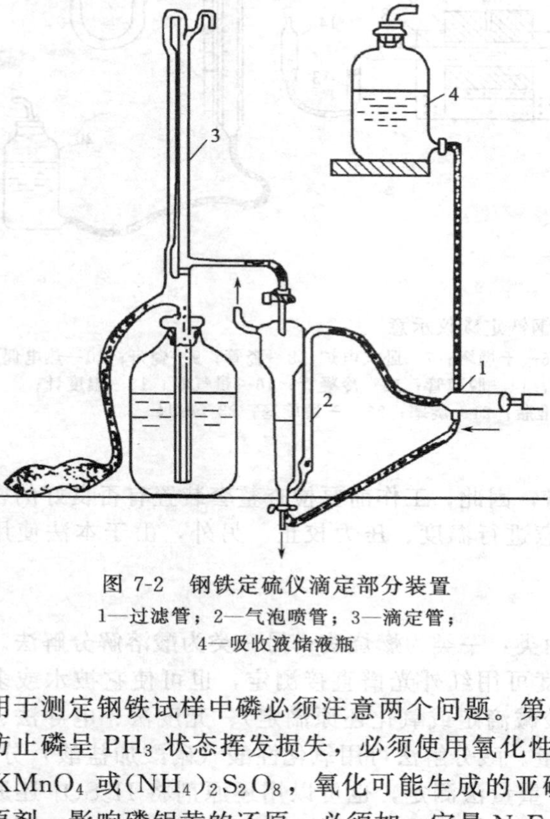

图 7-2　钢铁定硫仪滴定部分装置

1—过滤管；2—气泡喷管；3—滴定管；4—吸收液储液瓶

燃烧碘量法所用设备与燃烧-气体体积法测定碳装置大同小异，即去掉其除硫和测量 CO_2 体积部分有关装置，加上图 7-2 这滴定部分装置即可。

（三）磷

钢铁中磷的测定方法有多种，一般都是使磷转化为磷酸，再与钼酸铵等作用生成磷钼杂多酸，在此基础上分别用重量法（沉淀形式为 $MgNH_4PO_4 \cdot 6H_2O$），滴定法（酸碱滴定）、磷钒钼酸光度法、磷钼蓝光度法等进行测定。其中二安替比林甲烷磷钼酸重量法、乙酸乙酯萃取光度法，磷钼酸铵容量法、锑磷钼蓝光度法和磷钼蓝光度法为标准方法。磷钼蓝光度法不仅对钢铁中磷的测定而且对其他有色金属和矿物中微量磷的测定都有普遍应用。

磷钼蓝光度法测定磷的原理在第四章中已经讨论过，这里不再重复。该方法用于测定钢铁试样中磷必须注意两个问题。第一，试样中磷是以 Fe_3P、Fe_2P 形成存在，为防止磷呈 PH_3 状态挥发损失，必须使用氧化性酸（硝酸或硝酸加其他酸）分解试样，并加 $KMnO_4$ 或 $(NH_4)_2S_2O_8$，氧化可能生成的亚磷酸。第二，为防止试液中大量 Fe^{3+} 消耗还原剂，影响磷钼黄的还原，必须加一定量 NaF，使 Fe^{3+} 形成 ${FeF_6}^{3-}$ 而被掩蔽。

（四）硅

硅的测定方法有重量法（如高氯酸脱水重量法）、滴定法（氟硅酸钾法）、光度法（如还原型硅钼酸盐光度法）等。对含量低的钢铁中的硅的测定，多用还原型硅钼酸盐光度法（通称硅钼蓝光度法）。

硅钼蓝光度法原理在第四章中已经介绍，所不同的是试样溶解后，加入 $KMnO_4$ 氧化 Fe^{2+}，防止基体 Fe^{2+} 过早还原所生成的硅钼黄。同时还有分解碳化物的作用。

由于体系中含大量基体 Fe^{3+}，会降低 Fe^{2+} 的还原能力。为此，加入草酸以配合 Fe^{3+}，降低 Fe^{3+}-Fe^{2+} 电对的电极电位，提高 Fe^{2+} 还原能力，同时不仅可掩蔽 Fe^{3+} 黄色对测定的干扰，而且有助于破坏磷和砷的杂多酸，防止其干扰。

（五）锰

钢铁中锰的测定方法根据含量分为滴定法（氧化还原滴定法、配位滴定法）、光度法和原子吸收光谱法等。其中硝酸铵氧化容量法、亚砷酸钠-亚硝酸钠滴定法、高碘酸钠（钾）光度法、火焰原子吸收光谱法等为国家标准方法。这里介绍过硫酸铵氧化-亚砷酸钠-亚硝酸钠滴定法。

试样经硝酸硫酸溶解，锰转化为 Mn^{2+}，然后在 Ag^{+} 的催化作用下，用过硫酸铵氧化为 MnO_4^-，然后用亚砷酸钠-亚硝酸钠标准溶液滴定。

$$3MnS+14HNO_3 = 3Mn(NO_3)_2+3H_2SO_4+8NO\uparrow+4H_2O$$

$$MnS+H_2SO_4 = MnSO_4+H_2S\uparrow$$

$$3Mn_3C+28HNO_3 = 9Mn(NO_3)_2+10NO\uparrow+3CO_2\uparrow+14H_2O$$

在催化剂 $AgNO_3$ 作用下，$(NH_4)_2S_2O_8$ 对 Mn^{2+} 的催化氧化过程为

$$2Ag^{+}+S_2O_8^{2-}+2H_2O = Ag_2O_2+2H_2SO_4$$

$$5Ag_2O_2+2Mn^{2+}+4H^{+} = 10Ag^{+}+2MnO_4^{-}+2H_2O$$

所产生的 MnO_4^- 用还原剂亚砷酸钠-亚硝酸钠标准溶液滴定，发生定量反应：

$$5AsO_3^{3-}+2MnO_4^{-}+6H^{+} = 5AsO_4^{3-}+2Mn^{2+}+3H_2O$$

$$5NO_2^{-}+2MnO_4^{-}+6H^{+} = 5NO_3^{-}+2Mn^{2+}+3H_2O$$

在溶解试样中还需加入磷酸，这主要是因为它能与 Fe^{3+} 配合为无色的 $Fe(PO_4)_2^{3-}$ 消除 Fe^{3+} 黄色影响终点观察。另一作用是防止在高温下 MnO_4^- 与 Mn^{2+} 生成 $MnO(OH)_2$ 沉淀，这是因为 H_3PO_4 与中间态的 Mn(Ⅲ)形成配合物 $Mn(PO_4)_2^{3-}$，使过硫酸铵将低价锰直接氧化成 MnO_4^-，不使产生其他中间价态的锰而造成误差。

过硫酸铵的量约为锰量的 1000 倍，在锰氧化完毕后，须加热煮沸使多余的过硫酸铵分解，但煮沸时间不宜过长，否则 MnO_4^- 也将分解。

滴定前，须加入 NaCl 使产生 AgCl 沉淀消除 Ag^{+} 对滴定的干扰。因在 Ag^{+} 存在下，滴定产生的 Mn^{2+} 会与氧化剂作用变为高价锰。同时，会因生成 $AgAsO_3$ 沉淀消耗滴定剂造成误差。NaCl 的用量必须与 Ag_3NO_3 的用量相当，如果 NaCl 用量过多也会造成 Cl^- 与 MnO_4^- 反应产生误差。

（六）钢铁中多元素快速分析

1. 碳硫的红外吸收法联合测定

早年的碳硫联合测定方法是将前述测定碳装置（图 7-1）中除硫管用改为图 7-2 的定硫装置，于一份称样于管式炉内通氧燃烧后连续用碘酸钾滴定法测定硫、气体体积法测定碳。现在普遍采用碳硫红外分析仪可以快速进行碳和硫的联合测定，该方法为国家标准（GB/T 20123—2006）。该法的原理是，试样经高频炉加热，通氧燃烧，碳和硫分别转化为 CO_2 和 SO_2，并随氧气流流经红外吸收池，根据它们各自对特定波长红外线的吸收与其浓度的关系，经微机处理运算显示，并打印出试样中碳和硫的含量。该仪器装有机械手和电子天平，具有试样分解完全、转化率高、自动化程度高及速度快等优点。适用于钢、铁、铁合金等试样中碳（0～3.5%）和硫（0～0.35%）的同时测定，也可分别测定碳和硫，也可测定矿石中硫等，仪器通道依不同对象加以选定。

2. 硅、锰、磷的光度法联合测定

试样在过量 $(NH_4)_2S_2O_8$ 存在下，用稀的硫酸-硝酸混合液分解，然后机械分取试液分别以硅钼蓝光度法、过硫酸铵氧化光度法和磷钼蓝光度法同时测定硅、锰、磷，经微机处理数据自动打印出试样中硅、锰、磷的含量。

3. 硅、锰、磷、硫等十三个元素的 X 射线荧光光谱法测定

国家标准［GB/T 223.79—2007 钢铁多元素含量的测定 X 射线荧光光谱法（常规法）］规定了用 X 射线荧光光谱法测定铸铁、生铁、非合金钢、低合金钢中硅、锰、磷、硫、铜、

铝、镍、铬、钼、钒、钛、钨和铌的含量的技术条件。

基本原理为：根据X射线管产生的初级X射线照射到平整、光洁的样品表面上时，产生的特征X射线经晶体分光后，探测器在选择的特征波长相对应的 2θ 角处测量X射线荧光强度。根据校准曲线和测量的X射线荧光强度，计算出样品中硅、锰、磷、硫、铜、铝、镍、铬、钼、钒、钛、钨和铌的质量分数。可测元素的范围见表7-1。

表7-1 元素及测定范围

分析元素	测定范围(质量分数)/%	分析元素	测定范围(质量分数)/%
Si	0.002～4.0	Cr	0.002～5.0
Mn	0.002～4.0	Mo	0.002～5.0
P	0.001～0.70	V	0.002～2.0
S	0.001～0.20	Ti	0.001～1.0
Cu	0.001～2.0	W	0.003～2.0
Al	0.002～1.0	Nb	0.002～1.0
Ni	0.003～1.0		

四、钢铁中合金元素分析

钢铁中合金元素很多，随铁合金或合金钢种类不同，合金元素的种类及其含量也不同。这里选择介绍几种常见合金元素的主要测定方法。

（一）铬

普通钢中铬含量<0.3%，一般铬钢含铬0.5%～2%，镍铬钢含铬1%～4%，高速工具钢含铬5%，不锈钢含铬最高可达20%。钢铁试样中高含量铬常用滴定法测定，低含量铬一般用光度法测定。

铬的滴定法大多是基于铬的氧化还原特性，先用氧化剂将Cr(Ⅲ)氧化至Cr(Ⅵ)，然后再用还原剂（常用 Fe^{2+}）来滴定。氧化剂可以是过硫酸铵、高锰酸钾及高氯酸等。用过硫酸铵氧化时，可加硝酸银作催化剂，也可以不加催化剂。

铬的光度法有三类：一类是基于Cr(Ⅵ)先将显色剂氧化，然后再配位生成有色配合物，如二苯偕肼光度法；另一类是基于 Cr^{3+} 与显色剂直接进行显色反应，Cr^{3+}-EDTA、Cr^{3+}-CAS、Cr^{3+}-XO等；第三类为铬的三元配合物，这包括Cr(Ⅲ)和Cr(Ⅵ)两种价态均有很多灵敏的多元配合物显色体系。杨武等综述的81个高灵敏度显色体系绝大多数都是三元或四元配合物体系，其中约有1/4以钢铁中微量铬的测定为应用对象进行了研究。

基于篇幅限制，这里只介绍国家标准方法：银盐-过硫酸铵氧化的滴定法和二苯碳酰二肼光度法。

1. 银盐-过硫酸铵氧化滴定法

试样用硫-磷混合酸分解，以硝酸破坏碳化物。在硫-磷酸介质中，用银盐-过硫酸铵将Cr(Ⅲ)氧化为Cr(Ⅵ)，直接用亚铁滴定，求得铬量。或者加过量标准亚铁溶液使Cr(Ⅵ)还原为Cr(Ⅲ)，然后用 $KMnO_4$ 回滴过量亚铁，间接求算出铬量。

主要反应是：

$$Cr_2(SO_4)_3+2(NH_4)_2S_2O_8+8H_2O \xlongequal{AgNO_3} 2H_2CrO_4+3(NH_4)_2SO_4+6H_2SO_4$$

$$2H_2CrO_4+6(NH_4)_2Fe(SO_4)_2+6H_2SO_4 =\!=\!= Cr_2(SO_4)_3+3Fe_2(SO_4)_3+6(NH_4)_2SO_4+8H_2O$$

$$10(NH_4)_2Fe(SO_4)_2+2KMnO_4+8H_2SO_4 =\!=\!= 5Fe_2(SO_4)_3+10(NH_4)_2SO_4+2MnSO_4+K_2SO_4+8H_2O$$

试样分解时一般用16% H_2SO_4-8% H_3PO_4 混合液，对于高碳钢宜用12% H_2SO_4-40% H_3PO_4 混合液。氧化时酸度可控制为含3%～8%的 H_2SO_4 介质，因为硫酸浓度过大时，铬氧化迟缓；硫酸浓度过小时，锰易析出二氧化锰沉淀。用亚铁直接滴定时钒会产生正干扰；用亚铁还原 Cr(Ⅵ)为 Cr(Ⅲ)，再以 $KMnO_4$ 反滴定，则钒不干扰。锰的干扰，可用亚硝酸钠或 Cl^-（以 HCl 或 NaCl 形式加入）还原除去。

2. 二苯碳酰二肼光度法

试样以硝酸溶解后，用硫磷酸冒烟以破坏碳化物和驱尽硝酸，用碳酸钠分离铁等共存元素，然后用高锰酸钾将 Cr(Ⅲ)氧化为 Cr(Ⅵ)，用亚硝酸钠还原过量的 MnO_4^-，在0.4mol·L^{-1}酸度下，高价铬与二苯碳酰二肼生成一种可溶性紫红色配合物，在其最大吸收波长 540nm 处，其吸光度与铬量在一定范围内符合比耳定律，以此进行铬的测定。反应的灵敏度为 0.002μg·cm^{-2}。

显色酸度以 0.012～0.15mol·L^{-1} H_2SO_4 介质为宜，酸度低显色慢，酸度高色泽不稳定。

（二）镍

镍在普通钢中的含量一般都小于 0.2%，结构钢、弹簧钢、滚球轴承钢中要求镍含量小于 0.5%，而不锈钢、耐热钢中镍含量从百分之几到百分之几十。

镍的测定方法很多，特别是镍的滴定法和光度法的体系很多。纵观镍的各种测定方法可以发现具有以下特点：(1) 镍试剂（丁二酮肟）是测定镍的有效试剂，依据镍与丁二酮肟的反应，可以用重量法、滴定法、光度法测定高、中、低含量的镍，被列为标准方法的有 GB/T 223.23—1994、GB/T 223.24—1994、GB/T 223.25—1994 等方法；(2) 在测定镍的许多方法中，钴常常容易产生干扰，有的可以较为方便消除，大多难以消除；(3) 适应于低含量测定的灵敏度高的光度法，大多数是多元配合物光度法。

这里介绍基于镍与丁二酮肟反应生成丁二肟镍的重量法、滴定法和光度法的原理。

(1) 重量法　于 pH=6～10.2 的醋酸盐或氨性介质中，Ni^{2+} 与丁二肟反应可生成酒红色的丁二肟镍晶形沉淀，沉淀经过滤、洗涤，可烘干称重或灼烧成 NiO 后称量。

丁二酮肟与镍的沉淀反应为

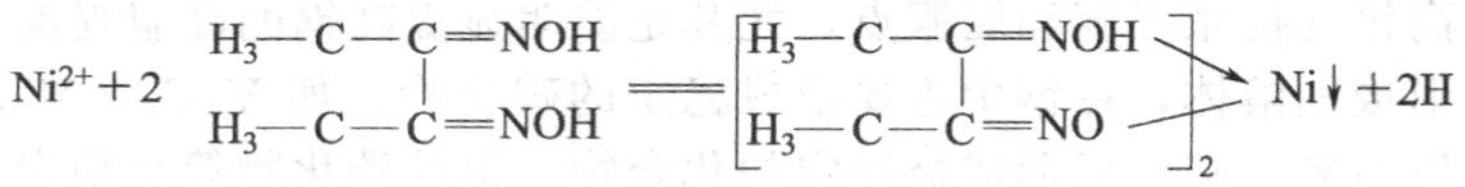

由于丁二酮肟在水溶液中随 pH 值不同而存在下列平衡：

$$C_4H_8N_2O_2 \underset{H^+}{\overset{OH^-}{\rightleftharpoons}} [C_4H_7N_2O_2]^- \underset{H^+}{\overset{OH^-}{\rightleftharpoons}} [C_4H_6N_2O_2]^{2-}$$

而沉淀反应是 Ni^{2+} 与 $[C_4H_7N_2O_2]^-$ 的反应，因此，pH 值过高或过低都会使沉淀溶解度增大，不易沉淀完全。

另外，钴与丁二酮肟也有类似反应，于 pH＝6～7 的醋酸缓冲液中沉淀镍时，钴不沉淀，或者将 Co^{2+} 氧化为 Co^{3+} 也不干扰。

(2) 滴定法　按前述方法得到丁二酮肟镍沉淀后，用 HNO_3＋$HClO_4$ 将沉淀分解，于 pH＝10 氨性缓冲溶液中，以紫脲酸铵为指示剂，用 EDTA 滴定。

(3) 光度法　试样用酸分解，在碱性（或氨性）介质中，当有氧化剂存在时，Ni^{2+} 被氧化成 Ni^{4+}，然后与丁二酮肟生成红色配合物。配合物的组成及稳定性与显色酸度密切相关，若在酸性介质中显色，氧化剂氧化丁二酮肟后的生成物与镍生成鲜红色配合物，但很不稳定。在 pH<11 的氨性介质中生成镍：丁二酮肟＝1：2 的配合物，λ_{max}＝400nm，但稳定性差，放置过程中组成会发生改变，λ_{max}不断变化，难以应用。当 pH≥12 时（强碱性），配合物组成比为1：3，λ_{max}＝460～470nm，此配合物稳定性好，可稳定 24h 以上。

铁、铝、铬在碱性介质中易生成氢氧化物沉淀而干扰测定，过去采用酒石酸盐或柠檬酸盐来掩蔽，铁的酒石酸盐和柠檬盐配合物均有一定颜色，影响测定的灵敏度和准确度。现在改用焦磷酸盐来作掩蔽剂，获得良好效果。

（三）钼

钼在钢中主要以固溶体及碳化物 Mo_2C、MoC 的形态存在。钼可增加钢的淬透性、热硬性、热强性，防止回火脆性，改善磁性等。普通钢中钼含量在1%以下，不锈钢和高速工具钢中可达5%～9%。

由于碳化钼难溶于酸，试样不能用稀盐酸或稀硫酸所分解，但可溶于硝酸并使碳化物破坏。

钼的测定方法很多，有各种重量法、滴定法和光度法。由于钼在钢中含量常常较低。光度法研究和应用最为普遍。曾被作为标准方法使用的有 α-安息香肟重量法、硫氰酸盐-乙酸丁酯萃取光度法等。这里介绍被推荐为国家标准和 ISO 标准的硫氰酸盐光度法。

试样经硝酸分解后，用硫酸（或硫-磷混合酸）或高氯酸蒸发冒烟，以进一步破坏碳化物和控制一定酸度。在酸性性质中，用 $SnCl_2$ 还原 Mo(Ⅵ)为 Mo(Ⅴ)并与硫氰酸盐生成橙红色配合物，于470nm处测量吸光度。主要反应：

$$2H_2MoO_4+16NH_4CNS+SnCl_2+12HCl = 2[3NH_4CNS\cdot Mo(CNS)_5]+SnCl_4+10NH_4Cl+8H_2O$$

还原剂除 $SnCl_2$ 外，也可以用抗坏血酸或硫脲。不同还原剂所需酸度不同，用 $SnCl_2$ 作还原剂时，宜控制 $c(1/2H_2SO_4)$在0.7～2.5mol·L^{-1}；用抗坏血酸作还原剂时，宜控制 $c(1/2H_2SO_4)$为1～3mol·L^{-1}；用硫脲时宜控制显色酸度为8%～10%的盐酸或硫酸介质。

该显色体系显色反应速度快，但稳定性较差，特别是受温度影响较大，在25℃时可稳定30min以上，大于25℃时褪色较快，在32℃以上会因硫氰酸盐分解而迅速褪色。

如果将显色产物用氯仿或乙酸丁酯萃取后在有机相中测定吸光度，稳定性增强。

（四）钒

钢中一般含钒0.02%～0.3%，某些合金钢含钒高达1%～4%。钒能使钢具有一些特殊机械性能，如提高钢的抗张强度和屈服点，尤其是能明显提高钢的高温强度。

钒在生铁中形成固溶体，在钢中主要形成稳定的碳化物，如 V_4C_3、V_2C 等或更复杂的碳化物。钒也可以与氧、硫、氮形成极稳定的化合物。钒的碳化物等很稳定，几乎不溶于硫酸或盐酸，试样要用氧化性较强的 HNO_3、HNO_3+HCl、$HClO_4$ 等溶解。

钒的测定方法主要是滴定法和光度法。滴定法主要是基于氧化还原反应的滴定，常用 $KMnO_4$ 或 $(NH_4)_2S_2O_8$ 氧化剂将钒氧化到五价，然后用亚铁滴定；也可直接用硝酸或硝酸铵氧化后用亚铁滴定，方法简便、迅速。其中高锰酸钾氧化-硫酸亚铁铵滴定法为国家标准方法。钒的光度分析方法很多，特别是多元配合物光度法研究很活跃，杨武等综述的50多个高灵敏度分光光度法中绝大多数为三元、四元化合物，有的摩尔吸光系数在10^6以上。其中钽试剂-氯仿萃取光度法作为标准方法得到了较广泛的应用。另外，火焰原子吸收光谱法也是标准方法之一，但需用氧化亚氮-乙炔焰。这里介绍高锰酸钾氧化滴定法和钽试剂-氯仿萃取光度法。

(1) 高锰酸钾氧化-亚铁滴定法　试样用硫-磷混合酸经高温加热到冒白烟，使试样分解完全，然后在室温下用 $KMnO_4$ 将钒（Ⅳ）氧化为钒（Ⅴ），以 $NaNO_2$ 除去过量 $KMnO_4$，尿素除去过剩的 $NaNO_2$，以N-苯基邻氨基苯甲酸作指示剂，用 Fe^{2+} 滴定 V(Ⅴ)。主要反应

$$5V_2O_2(SO_4)_2+2KMnO_4+22H_2O = 10H_3VO_4+K_2SO_4+22MnSO_4+7H_2SO_4$$

$$2KMnO_4+2NaNO_2+3H_2SO_4 = 5NaNO_3+K_2SO_4+2MnSO_4+3H_2O$$

$$2HNO_2+(NH_2)_2CO = CO_2\uparrow+2N_2\uparrow+3H_2O$$

$$2H_3VO_4+2FeSO_4+3H_2SO_4 = V_2O_2(SO_4)_2+Fe_2(SO_4)_3+6H_2O$$

高锰酸钾氧化 V(Ⅳ)到 V(Ⅴ)，宜在3%～8%硫酸介质中进行。同时注意控制温度在

30℃以下，$KMnO_4$ 用量为滴加至微红色不褪即可。温度太高或 $KMnO_4$ 用量过大，Cr^{3+} 被氧化而产生干扰。用亚铁滴定时酸度宜控制在 $c(H^+)=6\sim8.8mol\cdot L^{-1}$。

(2) 钽试剂-氯仿萃取光度法　试样经混合酸分解，硫-磷酸发烟，在冷溶液中，用 $KMnO_4$ 将钒氧化到五价，用亚硝酸钠或盐酸还原过量的 $KMnO_4$。在酸性介质中，钽试剂(*N*-苯甲酰-*N*-苯基羟胺)与钒(Ⅴ)生成一种可被氯仿萃取的紫红色螯合物，在 535nm 波长下测其吸光度，可测得钒含量。

主要反应：

$$VO_2^+ + H^+ \longrightarrow VO(OH)^{2+}$$

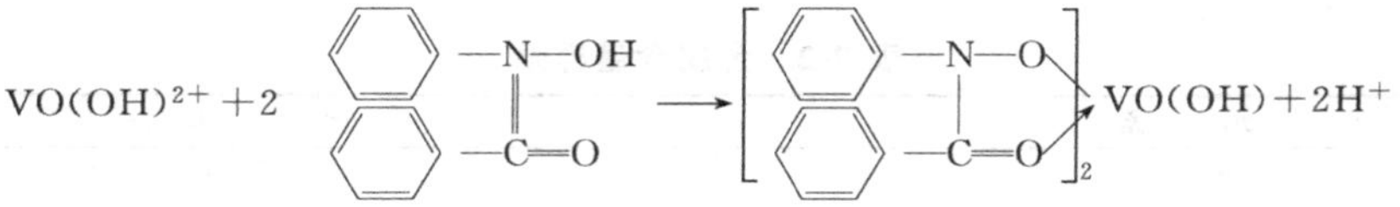

反应必须在酸性介质中进行，且保证钒呈五价状态。萃取的介质可以是 $HCl-HClO_4$、$H_2SO_4-H_3PO_4$、$H_2SO_4-H_3PO_4-HCl$ 等，有人认为以 $H_2SO_4-H_3PO_4-HCl$ 介质为好。

(五) 钛

钛在钢中不仅可以固溶体形式存在，而且还可以 TiC、TiO_2、TiN 等化合态存在。它有稳定钢中碳和氮的作用，可以防止钢中产生气泡。它可以提高钢的硬度、细化晶粒，又能降低钢的时效敏感性、冷脆性和腐蚀性，从而改善钢的品质和机械性能。通常认为钛含量大于 0.025%就称为合金元素。不锈钢含钛为 0.1%～2%，部分耐热合金、精密合金中钛的含量可高达 2%～6%。

钛可溶解于盐酸、浓硫酸、王水及氢氟酸中。但钢中钛的氮化物、氧化物非常稳定，只有在浓 H_2SO_4 加热冒烟时才被分解，或者用 HNO_3+HClO_4，并加热至冒 $HClO_4$ 白烟来分解。同时钛的试样分解时，若产生紫色 Ti(Ⅲ)不太稳定，易被氧化为 Ti(Ⅳ)，而 Ti(Ⅳ)在弱酸性溶液中易水解而生成白色的偏钛酸沉淀或胶体，难溶于酸或水。这一点在操作中要注意。

钛的测定方法很多，沉淀分离-氢氧化物沉淀重量法、变色酸光度法和二安替比林甲烷光度法是测定钢铁中钛的国家标准方法。这些在本书第四章中已讲述，这里不重复。

(六) 钢铁中合金元素系统快速分析

在钢铁产品检验中要对钢铁中的多种合金元素进行测定时，采用系统分析方法可加快速度、降低成本、提高效率。这里介绍两个系统分析实例。

(1) 生铁快速分析系统　试液制备：生铁试样加入预热的硫-硝混合酸及过硫酸铵，加热至近沸点的温度，使试样分解完全，再加 30%过硫酸铵溶液 4ml，并煮沸 2～3min（若有 MnO_2 析出或溶液呈褐色，则滴加 10%的 $NaNO_2$ 溶液使高价锰恰好还原，继续煮沸 0.5～1min)，冷却，转到 100ml 容量瓶中水稀至刻度，用快速滤纸干过滤除去不溶解碳。

各元素的测定：分取试液用磷钼蓝光度法测定磷、硅钼蓝光度法测定硅、过硫酸铵氧化的光度法测定锰、二苯偕肼光度法测定铬（也可从测锰显色液中分取部分来测定)、丁二酮肟光度法测定镍、硫氰酸盐光度法测定钼、双环己酮草酰二腙光度法测定铜。

(2) 碳钢及低合金钢的快速分析系统　试液的制备：试样用 $HClO_4+HNO_3$ 加热分解，并蒸至冒 $HClO_4$ 白烟，冷却，用少量水溶解盐类，移入 100ml 容量瓶中水稀至刻度，摇匀备用。

各元素的测定：分取试液用硅钼蓝光度法测定硅、磷钼蓝光度法测定磷、过硫酸铵氧化光度法测定锰、二苯偕肼光度法测定铬、硫氰酸盐光度法测定钼、PAR 光度法测定钒、丁二酮肟光度法测定镍、变色酸光度法测定钛。

第二节 铝及铝合金分析

铝是银白色金属，相对密度小（2.7），只有铁的三分之一，熔点也很低（657℃），塑性极好，导电性及导热性很高，抗蚀性好，但是强度低。通常纯铝可分为高级铝及工业用铝两大类。前者供科研用，纯度可达 99.98%～99.996%。后者的纯度<99.98%，用于一般工业和配制合金。GB 8005—87 中规定纯铝：铝含量最少为 99.0%，并且其他任何元素的含量不超过表 7-2 规定界限值的金属。

表 7-2 金属含量界限

元素	含量/%
Fe+Si	≤1.0
其他元素，每种	≤0.10

注：1. 其他元素系指 Cr、Cu、Mg、Mn、Ni、Zn。
2. 如果铬和锰含量都不超过 0.05%，铜含量允许为>0.10%～≤0.20%。

铝合金的品种很多，性能和用途也不一样，通常分为铸造用铝合金和变形铝合金，严格的铝合金术语参见 GB 8005—1987。

铸造铝合金分为简单的铝硅合金（Al-Si）、特殊铝合金（如铝硅镁 Al-Si-Mg）、铝硅铜（Al-Si-Cu）、铝铜铸造合金（Al-Cu）、铝镁铸造合金（Al-Mg）、铝锌铸造合金（Al-Zn）等。

变形铝合金根据其性能和用途的不同通常分为铝（L）、硬铝（LY）、防锈铝（LF）、线铝、锻铝（LD）、超硬铝（LC）、特殊铝（LY）和耐热铝等。

铝及铝合金的取样方法与制样方法根据样品不同也有不同的要求，下面具体介绍国家标准中规定的变形铝及铝合金的取样方法。

一、变形铝及铝合金化学成分分析的取样方法

（一）样品的选取

1. 选样原则

① 生产厂在铝及铝合金铸造或铸轧稳定阶段选取代表其成分的样品。仲裁时在产品上取样。

② 代表整批或整个订货合同的样品，应随机选取。在保证其代表性的情况下，样品的选取应使材料的损耗最小。

③ 需方可用拉断后的拉力试样作为选取的样品。

2. 取样数量

① 若样品来自铸造或铸轧稳定阶段，当熔炼炉内熔体成分均一时，每一熔次的熔体至少取一个样品。

② 当样品选自同一牌号、同一批次的产品时，除有特殊规定外，一般都应按下列规定取样。

a. 铸锭，一个铸造批次应取一个样品；

b. 板材、带材每 2000kg 取一个样品，箔材每 500kg 取一个样品；对于单卷质量大于规定量的带卷、箔卷，每卷可取一个样品；

c. 管材、棒材、型材、线材，每 1000kg 产品取一个样品；

d. 锻件小于或等于 2.5kg 时，每 1000kg 产品应取一个样品；大于 2.5kg 的锻件每 3000kg 产品取一个样品；

e. 少于规定量的部分产品，应另取一个样品。

（二）制样规则

① 用于制备化学分析试样所选取的样品应洁净无氧化皮（膜）、无包覆层、无脏物、无油脂等。必要时，样品可用丙酮洗净，再用无水乙醇冲洗并干燥，然后制备试样。样品上的氧化皮及脏点可用适当的机械方法或化学方法予以除去。在用化学方法清洗时，不得改变样品表面的性质。

② 从没有偏析的样品上制取试样时，根据样品的开卷、规格可通过钻、铣、剪等方式取样。从有偏析的半成品铸锭或样品上制取试样时，如钻则需钻透整个样品，如铣、剪则应在整个截面上加工。

③ 制样用的钻床、刀具或其他工具，在使用前彻底洗净。制样的速度和深度应调节到不使样品过热而导致试样氧化。推荐采用硬质合金工具，当使用钢质工具时，应事先清除吸附的铁。

④ 制取碎屑试样时，原则上不需要冷却润滑剂；如遇到高纯铝或较黏合金产品取样时，可采用无水乙醇作冷却润滑剂。

⑤ 钻屑、铣屑或剪屑应用强磁铁细心处理，将所有在制样时带进的铁屑去掉。尽可能避免此类杂质的混入。

⑥ 钻屑、铣屑和剪屑应细心检查，将制样时偶然带入的任何杂物除去。

（三）试样的制备

① 铸锭、板材、带材、管材、棒材、型材或锻件等的样品应用铣床在整个截面上加工，或沿径向或对角线上钻取试样，取点应不少于 4 点且呈等距离分布，钻头直径不小于 7mm。样品厚度不大于 1.0mm 的薄带和薄板可以将两端叠在一起，折叠一次或几次，并将其压紧，然后在剪切边的一侧用铣床加工或在平面上钻取试样。对于更薄的样品，可将数张样品放在一起折叠、压紧、钻取试样。

② 样品太薄、太细，不便使用钻、铣等方式时，可用剪刀剪取试样。

③ 从代表一批产品的样品上钻（铣、剪）取数份（至少四份）等量试样，将它们合成一个试样，并充分混匀。

（四）试样的量和储存

① 已制备的试样应大于四倍分析需要的量，且试样的质量应不少于 80g。

② 对于长期保存的试样，为防止氧化或在大气环境变动的条件下组成有变化，或与纸、纸盒，接触中引起污染，应保存在广口玻璃瓶中，容量约 50ml，用金属的带丝扣的密封盖，最好是塑料盖盖紧。

二、铝及铝合金试样的分解方法

由于铝的表面易钝化，钝化后不溶于硫酸和硝酸。因此，铝及铝合金试样常用 NaOH 溶液或盐酸溶解到不溶时，再加硝酸溶解。常用的分解方法有 $NaOH+HNO_3$，$NaOH+H_2O_2$、$HCl+HNO_3$、$HCl+H_2O_2$ 或 $HClO_4+HNO_3$ 等溶解方法。而且在操作上，常常先加前者，溶解至不溶时，再加后者。例如：用 $NaOH+HNO_3$ 分解的操作及主要反应如下：

先用 20%～30%NaOH 溶解至不溶时，再加入硝酸。其反应：

$$2NaOH+2Al+6H_2O = 2Na[Al(OH)_4]+3H_2\uparrow$$

$$2NaOH+Si+H_2O = Na_2SiO_3+2H_2\uparrow$$

$$Fe+4HNO_3 = Fe(NO_3)_2+NO+2H_2O$$

$$3Cu+8HNO_3 = 3Cu(NO_3)_2+2NO+4H_2O$$

$$Mn+4HNO_3 = Mn(NO_3)_2+2NO_2+2H_2O$$

三、铝的分析

铝是主体元素。金属铝中铝含量在 97%以上，铸造铝合金中铝含量为 80%左右，变形铝中铝含量通常为 90%左右。

高含量铝的测定，通常采用滴定法，以 EDTA 滴定法和基于生成氟铝酸钾的酸碱滴定法。

EDTA 滴定法，通常采用氟化物置换的 EDTA 滴定法，该法的方法原理已在第四章讨论。

氟铝酸钾法是基于铝化物和氟化钾作用生成氟铝酸钾并析出游离碱：

$$Al^{3+}+3OH^{-}=\!=\!=Al(OH)_3$$

$$Al(OH)_3+6KF=\!=\!=K_3AlF_6+3KOH$$

反应中析出的游离氢氧化钾用标准盐酸溶液滴定。通常加入酒石酸掩蔽铁，这时虽会生成铝的酒石酸配合物，但不妨碍铝与氟形成更稳定配合物（K_3AlF_6）。该法于 50ml 溶液中滴定时 50mg 的 Fe_2O_3、20mg 的 CaO 和 MgO、15mg 的 Pb、2mg 的 TiO_2、<10mg 的 ZnO、0.2mg 的 MnO 均不影响铝的测定，对铝和铝合金分析来说是适宜的。但注意实验中不要引入 NH_4^+、CO_3^{2-} 以妨碍测定。

四、铝合金中其他元素的测定

铝合金中常见的合金元素有铜、镁、锰、锌、硅等，少数铝合金还有镍、铬、钛、铍、锆、硼及稀土元素。铝及铝合金分析中经常测定的除铝外，尚有铁、铜、镁、锌、硅和锰。

（一）铁的测定

铝及铝合金中铁作为杂质元素，其含量很低，通常用邻菲罗啉吸光光度法或原子吸收分光光度法测定。

邻菲啰啉光度法是国家标准方法，其标准号为 GB/T 6987.4—2001。该法原理已在第四章中介绍，这是不重述。

原子吸收分光光度法选用较窄的光谱通带，一般在空气-乙炔氧化性火焰中，于 248.3nm 处测量。铝合金中 Si、Ni、V 对铁的测定会产生负干扰，当它们含量较高时，须加入一定量锶盐，以消除其影响。

（二）硅的测定

铝合金中硅的测定有硅酸沉淀灼烧重量法和硅钼蓝光度法。当硅的含量大于 1%时，采用重量法（新国标中将重量法测硅的范围重新确认为 0.3%～25.0%），当硅含量小于 1%时用硅钼蓝吸光光度法。

重量法的试样用 NaOH 溶解，$HClO_4$ 酸化时应加入适量的 HNO_3，促使试样中 Cu 和 Mn 的溶解，对 Sn、Pb、Sb 的含量较高的铝合金试样，在用 $HClO_4$ 冒烟脱水前加入适量的 HBr，使 Sn、Sb 冒烟时以溴化物挥发除去。硅钼蓝吸光光度法的原理与岩石矿物分析及钢铁分析中所介绍的方法相同。即试料以氢氧化钠和过氧化氢溶解，用硝酸和盐酸酸化。用钼酸盐使硅形成硅钼黄配合物（约 pH=0.9）用硫酸提高酸度，以 1-氨基-2-萘酚-4-磺酸或抗坏血酸为还原剂，使硅钼黄转变成硅钼蓝配合物，于波长 810nm 处测其吸光度。

（三）铜的测定

铝及铝合金中铜的测定方法有吸光光度法、火焰原子吸收光谱法、电解重量法等。

1. 恒电流电解重量法

在 H_2SO_4 和 HNO_3 溶液中，放入两个铂电极，用恒电流电解时，能和 Cu 一起析出的金属有 As、Sb、Sn、Bi、Ag、Hg、Au 等，在铝合金中除 Sn 以外的金属含量极微，可以不考虑。对 Sn 的干扰，可在试样处理时，加入 HBr 和溴水使其成溴化物从 $HClO_4$ 溶液中挥发除去。为了使电解沉积 Cu 纯净、光滑和紧密，电解时加入 HNO_3 抑制氢气逸出，加入尿素或氨基磺酸消除 HNO_2 氧化沉积铜。另外，在低温、低电流密度下进行电解，可防止沉积物的氧化作用。在电解操作时，开始阶段溶液中 Cu^{2+} 浓度较高，电解速度很快，要使这一部分Cu沉积完全，需要1～2h，在这段时间内，其他的杂质元素也容易析出，因此，采用电解到一定程度后，用吸光光度法测定残留液中Cu。

2. 吸光光度法

测定铝及铝合金中低含量铜的吸光光度法有双环己酮草酰二腙光度法和新亚铜试剂(2,9-二甲基-1,10-菲啰啉）光度法。在pH＝8～9溶液中，Cu^{2+}与双环己酮草酰二腙(BCO）形成蓝色水溶性配合物（λ_{max}为595～600nm，ε为1.6×10^4)。Cu在0.2～4μg/ml范围内遵守比尔定律。该方法应严格控制溶液pH值，当pH＜6.5时，配合物不形成，pH＞10时，配合物的颜色迅速褪色，而显色最佳的pH＝8～9，铝合金中共存元素不干扰测定。在pH＝3～7溶液中，Cu^+与新亚铜试剂形成黄色配合物，可被三氯甲烷萃取，配合物的λ_{max}为460nm，ε为8.4×10^3，铝及铝合金中一般共存元素均不干扰测定。

3. 原子吸收光谱法

用原子吸收光谱法测定铝合金中Cu的含量，方法简单、快速。于波长324.7nm处，用空气-乙炔火焰测定，铝合金中一般共存元素不干扰测定。在测定条件下，Al在2mg/ml以下，下列浓度的酸：$c(HCl)=1.2mol/L$、$c(HNO_3)=1.4mol/L$、$c(H_2SO_4)=0.18mol/L$对测定不干扰。

（四）镁的测定

铝及铝合金中镁的测定有滴定法、吸光光度法和原子吸收光谱法等。

滴定法是用DDTC沉淀分离Fe、Ni、Cu、Mn等干扰元素，加三乙醇胺掩蔽Fe、Al，在pH＝10条件下，用EGTA掩蔽Ca^{2+}，铬黑T为指示剂，用EDTA滴定。

光度法有铬变酸2R光度法、偶氮氯膦Ⅰ光度法、兴多偶氮氯膦Ⅰ光度法，2-(对磺基苯偶氮）变色酸-CPB-OP光度法等。铬变酸2R光度法是于pH＝10.9碱性溶液中，有丙酮(40%）存在下，铬变酸2R与Mg^{2+}生成棕红色配合物，于570nm波长下测定，ε＝3.7×10^4；兴多偶氮氯膦Ⅰ是在用三乙醇胺掩蔽铁、用邻菲罗啉掩蔽锌镍铜、用酒石酸掩蔽钙、稀土、钛等的pH＝9.15～9.75条件下，与Mg^{2+}形成紫红色配合物，于580nm波长下测定。

原子吸收光谱法测定镁，于5%盐酸、硝酸或高氯酸介质中，用锶盐作释放剂，抑制铝、钛干扰，在空气-乙炔焰中，于285.2nm处测定。该法灵敏度高，对较高含量可稀释或缩短光程。

（五）锌的测定

铝及铝合金中锌量的测定采用EDTA滴定法及原子吸收光谱法。高含量Zn的测定用EDTA滴定法，在测定前必须分离，国标方法采用离子交换法分离，也是目前常用的分离方法，它是在$c(HCl)=2mol/L$溶液中，将被测试液通过强碱性阴离子交换树脂后，再用$c(HCl)=0.005mol/L$溶液洗脱吸附在树脂上的Zn，以双硫腙为指示剂，用EDTA标准溶液滴定。原子吸收分光光度法是测定铝及铝合金中Zn的最好的方法，优点是简单快速。于波长213.9nm，用空气-乙炔氧化火焰测定，含有1mg/ml的Mg、Mn、Cu、Co、Pb、Sr、Ca、Cd、Fe、Al、Ni、Ti等对1μg/ml Zn的测定均不干扰。

（六）钛、铅、镍的测定

钛的测定常用二安替比林甲烷吸光光度法。

铅的测定，采用原子吸收光谱法为好，Pb的灵敏线为217.0nm，其附近有强的背景吸收，必须扣除。吸收线283.3nm，虽然灵敏度较低，但不受背景的干扰，故常被采用。使用217.0nm时，溶液中Al含量大于1mg/ml对测定有抑制作用；使用283.3nm时，溶液中Al含量达到5mg/ml不影响Pb的测定。铝合金中与Pb共存的元素均不干扰测定。试液的酸度允许下列值：$c(HCl)=1.2mol/L$、$c(HNO_3)=1.6mol/L$、$c(HClO_4)=1.2mol/L$。

而 H_2SO_4、H_3PO_4 对测定有干扰。

铝合金中微量 Ni 的测定，通常采用丁二肟吸光光度法和原子吸收光谱法。用原子吸收光谱法测定 Ni 时，在空气-乙炔火焰中，与 Ni 共存的杂质元素几乎没有干扰，试液中 Al 在 2mg/ml 时也不影响 Ni 的测定。试液中 $c(HCl)=1.2mol/L$、$c(HNO_3)=1.4mol/L$、$c(H_2SO_4)=0.35mol/L$、$c(H_3PO_4)=0.3mol/L$ 溶液对测定不干扰。

（七）铝及铝合金中杂质元素的原子发射光谱分析法及进展

铝及铝合金中杂质元素通常采用原子发射光谱法测定。它具有快速、准确、效率高的特点，铝及铝合金的原子发射法已列为国家标准。它又分摄谱法和光电光谱法两种。用摄谱法测定时，需要选择合适的光源和标准试样以及考虑第三元素和组织结构影响的消除。由于铝及铝合金光谱比较简单，除 RE 以外，对一般分析元素来说，用中等色散率的石英棱镜摄谱仪或光栅摄谱仪就能满足要求。原子发射光谱分析的精确度和灵敏度在很大程度上是由激发光源的性能来决定。高压火花光源在放电回路中的电阻和电感降至最小，而振荡放电的峰值电流为最大，可以减少基体影响和组织结构的影响，分析结果具有较高的再现性，是分析铝及铝合金的主要光源之一。当高压火花加入大电感时，有较强的电弧性，可以改善分析的灵敏度，已用于铝及铝合金中高含量合金元素和低含量杂质元素的同时测定。高压整流火花光源的分析的再现性和稳定性比简单火花光源好。高重复率高压火花光源，由于采用了变频线路，使光源每秒钟火花放电重复次数增加几倍，缩短预燃和曝光时间，可以消除组织结构的影响和提高分析的再现性。低压整流火花光源，由于在低压电容放电回路中，电容 C、电阻 R 和电感 L 都可以在较大范围内变化，从而使放电性能从较强的火花性能一直过渡到较强的电弧性，具有放电条件多变性的特点。这种光源放电精度高，激发能力强，可以有效地消除或减少铝合金组织结构影响和第三元素影响，是分析组分复杂的铝合金较合适的光源。交流或直流电弧光源，其中直流电弧适用于痕量元素分析。如纯 Al 中痕量元素的测定，可把金属 Al 经化学处理转化成 Al_2O_3，以粉末法直流电弧为光源进行分析，其检出限为 $1\times10^{-6}\sim1\times10^{-5}$。交流电弧的燃弧稳定性优于直流电弧，但分析灵敏度比直流电弧差，已用于工业高纯铝中 Si、Fe、Cu 和纯铝中微量 Zn、Ga、V、Ni、Cr、B 以及铝合金中 Pb、Zn、Sn、Ni 等元素的分析，其检出限为 $1\times10^{-3}\%$左右。

原子发射光谱分析要求标准试样的化学成分、冶金过程以及形状大小应与分析试样基本一致。制备标准试样时，首先应根据铝及铝合金加工产品化学成分和冶金产品分析用标准样品的技术条件等有关规定，确定制备标准试样的成分元素及含量范围。一般以工业高纯铝和工业纯铝为基本原料，待测元素采用二元合金形式按配料计算加入。在高频感应炉中加热至750℃恒温取样分析，经分析检验成分合格后，浇铸成锭（ϕ164mm×3000mm），浇铸温度715～730℃，浇铸速度 50～60mm/min。铸锭去皮 10mm，切掉头尾在挤压机上加工成棒状 ϕ7mm 或块状∟45mm。然后进行随机取样。以方差法进行均匀度、金相组织检验，确保没有气孔、夹杂、缩孔、偏析现象。送不同试验室进行化学成分测定，按数理统计原则进行数据处理后定值。对于分析试样，一般棒状试样要求直径 6～10mm，长度不小于 60mm，块状试样直径（或长方形边长）35～42mm，高 20～30mm，或者直径 7mm 的半球形高纯铝棒等。低压单向电容放电光源采用锥形的银棒或钨棒为辅助电极。根据使用光源电学参数和合金元素含量不同，通过试验作出预燃曲线，确定预燃时间和可能最长的曝光时间，由此确定分析线对选择、光源激发条件是否合适以及标准试样与分析试样性质是否一致等。第三元素影响和组织结构的影响必须考虑，当分析采用合适的光源条件，有足够长的预燃时间，特别是在控制气氛中激发，能明显地减少或消除第三元素的影响。选择适当的辅助电极、延长预燃时间、采用适当的光源及光源参数，能够消除或减弱组织结构影响。一般分析铝及铝合金均以基体为内标，分析线与内标线最好具有匀称性，不受光源波动的影响。纯铝和铝合金一般采用三标准试样法，其优点是可以免除由于光源激发条件变化所引起的误差，保证分析条件的一致性和分析的准确度。分析组分复杂的铝合金时常遇到第三元素或组织结构的影响，可采用控制试样法分析，即用一个和分析试样的组成和组织结构相同的控制试样。铝及铝合金中杂质元素也可用原子发射光电光谱法测定，一般使用非真空型光电光谱仪测定。近年来，国外生产的光电光谱仪，都配备性能优良的光源，并具有仪器结构小型化、光学系统性能好、自动化程度高的特点，因而提高分析灵敏度和精密度。另外都采用水冷密封充氩试样架，将块状试样置于氩气气氛中激发。需要注意氩气不纯会引起激发不稳的扩散放电影响分析结果的准确性。目前新型的火花光源有可控波形高压火花光源，如美国贾瑞什公司生产的 ECWS 光源，其特性是在整个放电过程中，电流单向流动，不出现“零值”，因而放电电流密度大，激发能力强。由于放电波形、放电电压、放电时间可精确控制，因此提高分析精密度。此种光源可用于组成较复杂的铝合金的分析。还有一种高能预燃火花光源，如美国贝尔德公司 KH-3 型光源，当选用单向电流放电模式时，脉冲输出峰值电压为 950V，预燃时采用大电容，产生大电流脉冲，大能量预燃可使试样表面的金相组织更加均匀化，有利于消除组织影响和第三元素影响，曝光时采用小电容，产生小电流脉冲，能形成精密的放电，使分析具有良好的再现性，这种光源可高精度控制脉冲放电的波形，因而分析精密度高。

电感耦合等离子体原子发射光谱法摆脱原子发射光谱法对固体标准试样的依赖，又不存在试样组织结构影响的问题，基体效应小，分析精密度高，适用性强，可进行铝及铝合金中杂质元素的同时测定。

习题和复习题

7-1. 总结归纳钢铁中除基体元素以外，其他主要有利和有害的杂质元素有哪些？对钢铁性质的影响如何？生铁、碳素钢和合金钢在化学成分上的主要区别如何？

7-2. 简述金属材料一般采制样的原则和方法。

7-3. 综述钢铁试样、铝及铝合金试样的分解方法。

7-4. 列举出钢铁中碳、磷、硅、锰、硫、铬、镍、钼、钒、钛、铝及铝合金中铁、硅、镁、铜、锌的各一种测定法，并简述其方法原理。

7-5. 为什么钢铁分析中一般不测定铁，而铝及铝合金中常要求测定铝？铁不是铝合金中合金元素，为什么常要测定它？

7-6. 参考钢铁中多元素系统分析流程，自拟一个铝合金中多元素系统分析流程。

第八章 化工产品分析

化学工业是利用化学反应改变物质结构、成分、形态来生产化学品的工业部门，它是由工业过程性质相同的企业组合而成。根据国家行业分类标准，化学工业包括有：化学肥料工业，化学农药工业，食品、饲料添加剂工业，无机物工业，基本有机原料工业，医药工业，化学试剂工业，军用化学品工业等十八个部门。这些部门之间存在着相互依存和相互交叉的关系。

化工企业使化工原料经单元反应和单元过程操作而制得的可作为生产资料和生活资料的成品，都是化工产品。其中有些产品如化肥、农药、塑料、合成橡胶等，往往不再供生产其他化学品；而酸、碱、盐等无机产品和烃类等有机产品，常用以再生产其他化学品，这时又可称为化工原料，对于这类成品，在不同场合、根据使用目的不同可称为化工原料或化工产品。

化工产品应符合产品要求的各项指标，如外观、颜色、浓度、黏度、主成分及杂质含量等，产品质量通常以纯度或浓度来表示。根据其质量好坏可分为不同等级，各有一定的规格和指标。

化工产品的分类，依国家标准 GB 7635—1987 划分为九大类产品。

(1) 无机酸类　硫酸、硝酸、盐酸、磷酸、硼酸等。

(2) 氯碱类　烧碱、氯气、漂白粉、纯碱等。

(3) 化肥类　氮肥、磷肥、钾肥、复合肥料、微量元素肥料。

(4) 无机精细化工产品类　无机盐、试剂、助剂、添加剂等。

(5) 石油炼制品类　汽油、煤油、柴油、润滑油。

(6) 石油化工产品类　有机原料（有机酸、酯、醚、酮、醛等）、合成塑料及树脂、合成纤维、合成橡胶。

(7) 有机精细化工产品类　染料、农药、医药、涂料、颜料、表面活性剂、化学助剂、感光材料、催化剂等。

(8) 食品类　饮料、生物化学制品等。

(9) 油脂类　油脂、肥皂、硬化油。

化工产品的主要特征：①化工产品种类多、性能差异大、更新换代快；②化工产品往往具有不稳定性，易分解、挥发、发生副反应；③化工产品多数有毒、易燃、易爆。

化工产品分析是分析化学应用于化工产品检验时而形成的一门实验学科，它的研究对象是化工产品的分析检验。化工产品分析所用的方法一般都用标准方法，而且以国家标准和行业标准为主。在无国家标准和行业标准的情况下，可用地方或企业标准。

第一节　通常项目检测

在化工分析中，测定化工产品的密度、沸点、熔点、凝固点、折射率、色度及水分等，是很重要的内容，应用于原料和成品检验中，以判断产品的纯度、加工深度，进行成本核算和产品定级。色度为感官指标，水分可视为化学成分，其余均为物理常数，这里称为通常测定项目。

一、密度

密度，也称体积质量或质量密度。GB 3102.8—1993 的定义为：质量除以体积。密度的符号为ρ，计量单位为kg/m^3，kg/L。

液体物质的体积受温度的影响。因此，测得的密度应注明温度条件。在生产实际中，国家标准规定，液态产品密度的标准测定温度为20℃。

粉体或颗粒的密度，可以用测量一给定体积的质量或一给定质量粉体所占有的体积来评价。因此常称为表观密度或松装密度。在测定时，都涉及把粉体从原容器转移到测量容器这一过程。由于产品易碎，其流动性或结块性，其粒子的几何形状的变化，加上样品倾注至测量容器而造成不可避免的压缩，因此一般测得的表观密度不同于产品在原容器或包装中的密度。

相对密度是指在规定条件下，所研究物质的密度与参考物质的密度的比值，以符号d表示。这是无量纲量，即

$$d=\rho/\rho_0$$

式中，ρ为所研究的物质（或物体）的密度；ρ_0为所选（或约定）的参考物质的密度。

液态化工产品相对密度的测定方法有密度计法、密度瓶法和韦氏天平法等。

密度计法是测定液体相对密度最便捷而又实用的方法，只是准确度不如密度瓶法。密度计种类多，其刻度也不一致。密度计的原理是以阿基米德原理为依据制作的。设密度计本身的质量为m，密度计浸没在液体中部分的体积为V，液体的相对密度为d，则

$$m=Vd$$

密度计本身的质量m一定，液体相对密度d越大，则V越小，即密度计下沉浸没部分愈小。相反，液体相对密度愈小，密度计下沉部分愈大。实际测定时，由密度计在被测液体中达到平衡状态情况下所浸没的深度读出该液体的相对密度。

密度瓶法测定相对密度是于同一温度下，将密度瓶（比重瓶）用蒸馏水标定其体积，然后测定同体积试样的质量，然后计算其相对密度。该法是准确测定液体相对密度的方法。但密度瓶的容积和形状有多种，其中以侧边有毛细管、附有温度计的精密比重瓶（见图8-1）为好。

韦氏天平法的准确度不如密度瓶，但测定手续简单快速。韦氏天平（见图8-2）也是依据阿基米德原理设计的。测定时，分别测量浮锤（浮沉子）在水和被测试样中的浮力，由游码的读数计算出试样的相对密度。

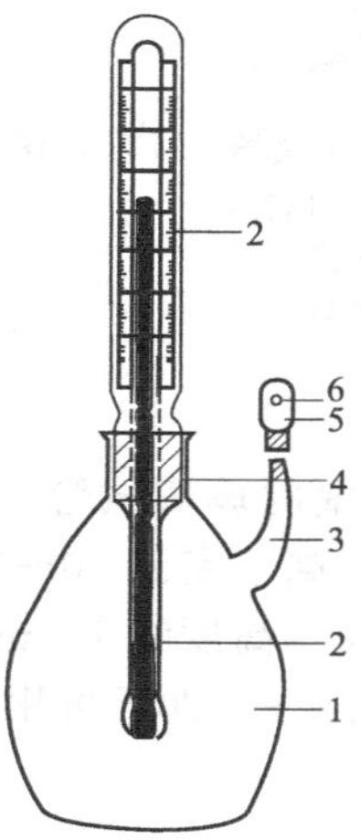

图8-1　精密比重瓶

1—比重瓶主体；2—温度计（0.1℃）；3—支管；4—磨口；5—支管磨口帽；6—出气孔

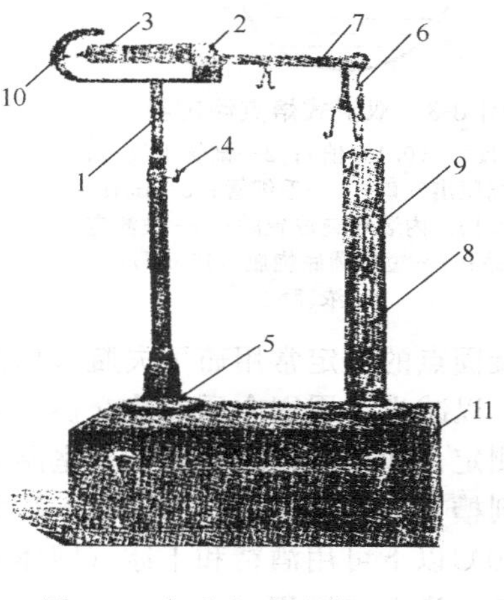

图8-2　韦氏比重天平

1—不等臂梁（带刻度）；2—夹叉（内有刀口）；3—可动支柱；4—调整螺钉；5—水平螺丝；6—平衡锤；7—挂钩；8—浮沉子；9—量筒；10—固定指针；11—携带箱

二、熔点和凝固点

固体物质在大气压力下加热熔化时的温度，称为熔点。物质从开始熔化至完全熔化的温度范围称为熔点范围（或熔程）。实验室测得的熔点，实际上就是该物质的熔点范围。

凝固点是指 1 大气压（1atm＝101.325kPa）下，物质由液态变为固态时的温度。

显然，熔化和凝固是可逆的平衡现象，每一纯物质都有固定的熔点和凝固点，而且两者应该相同。但实际测定结果，熔点较凝固点略低 1～2℃。

固体有机化合物的熔点是极其重要的物理常数，每一纯有机化合物有其固定熔点，依此可用来鉴定有机化合物。

化工产品检验中，固体油脂和硬化油等样品，通过测定熔点以检验产品的纯度或硬化度。液体油脂可测定凝固点来确定纯度。但天然油脂，因为常常不是单一纯化合物，无明显的凝固点。

熔点的测定有毛细管法、广口小管法、膨胀法等，一般常用毛细管法。

毛细管法测定熔点常在专用的熔点测定器（见图 8-3 和图 8-4）中进行。试样置于内径 0.9～1.1mm、壁厚 0.10～0.15mm，长 90mm 以上的毛细管中，置传温液内，在可控温度的加热装置上加热。因为毛细管外侧附内杯式单球温度计。逐步加热使样品熔化，可读出初熔温度和全熔（终熔）温度。

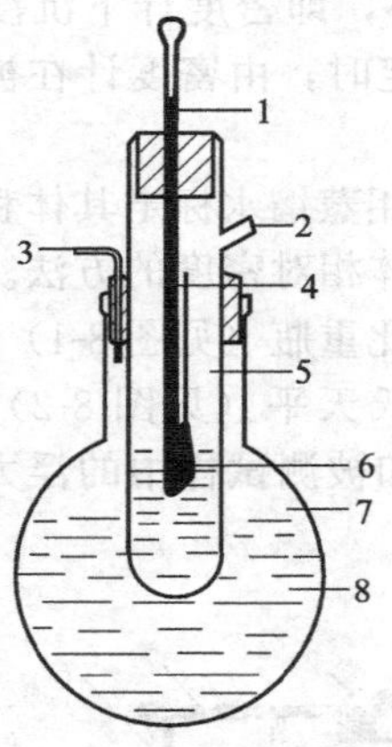

图 8-3　双浴式熔点测定器

1—温度计（0.1℃值）；2—试管出气口；3—烧瓶出气口；4—毛细管；5—试管（200×15）内装较纯浓硫酸；6—被测定样品；7—短颈圆底烧瓶（100ml）；8—浓硫酸

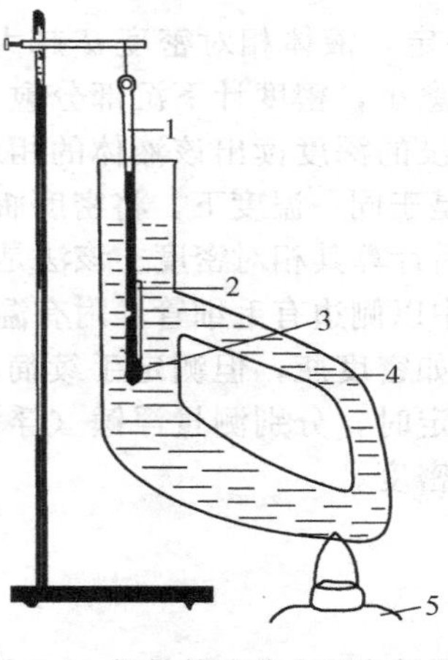

图 8-4　提勒管式熔点测定仪器

1—温度计（0.1℃值）；2—毛细管；3—被测样品；4—熔点管（内装浓硫酸）；5—酒精灯

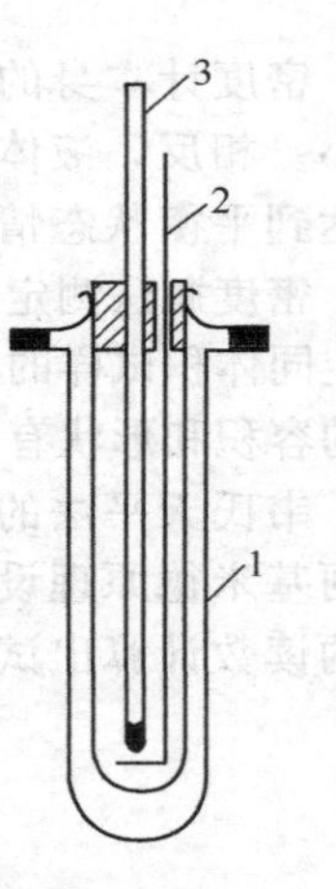

图 8-5　茹可夫瓶

1—茹可夫瓶；2—搅拌器；3—温度计

凝固点的测定常用茹可夫瓶（见图 8-5），它是一个双壁的玻璃试管，将双壁间的空气抽出，以减少与周围介质的热交换。但此瓶仅适用于凝固点高于室温 10～150℃的物质的凝固点测定。如果试样凝固点低于室温，可在茹可夫瓶外，加一高度约 160mm，内径 120mm 的冷剂槽，当测定温度在 0℃以上，可用水和冰作冷剂；在 0～－20℃可用食盐和冰作冷剂；在－20℃以下可用酒精和干冰（固体 CO_2）作冷剂。

三、沸点和沸程

当液体的温度升高时，它的蒸气压随之增加，当它的蒸气压与大气压相等时，开始沸腾。液体在一个大气压（101.325kPa）时的沸腾温度称为它的沸点。纯液态有机化合物有恒定沸点，其沸点范围不超过 1～3℃。不纯的有机化合物没有恒定的沸点，或由于杂质的存在使沸点上升，并且沸点范围会超过3～5℃。因此沸点也是衡量物质纯度的指标之一。

由于不同的液体有机化合物的沸点不同，对于石油产品和某些有机溶剂，是多种有机化合物的混合物，在加热蒸馏时没有固定的沸点，而有一个较宽的沸点范围，称为沸程或馏程。即在标准状况下（0℃，101.325kPa），对样品进行蒸馏，液体开始沸腾，第一滴馏出物流出时，蒸馏瓶内的气相温度称为始沸点（或初馏点）。蒸馏过程中蒸馏烧瓶内的最高气相温度称为干点。蒸馏终结，即馏出量达到最末一个规定的馏出百分数时，蒸馏烧瓶内的气相温度称为终沸点（或终馏点）。由始沸点到干点（或终沸点）之间的温度范围称为沸程（或馏程）。在某一温度范围内的馏出物，称为该温度范围的馏分。干点时的未馏出部分称为残留物。试样量减去馏出量和残留量之差，称为蒸馏损失量。例如，某种车用汽油的沸程规格为：初馏点不低于35℃，10%馏出温度不高于70℃，50%馏出温度不高于105℃，90%馏出温度不高于165℃，终沸点不高于180℃，残留量不大于1.5%，损失量不大于2.5%。因此，沸程（馏程）也是石油产品和某些有机溶剂等重要产品质量指标之一。

沸点的测定方法有蒸馏法和毛细管法，蒸馏法需样品10ml以上，称为常量法；毛细管法只需样品0.25～0.50ml，称为微量法。均有相应的沸点测定器装置（见图8-6和图8-7）。

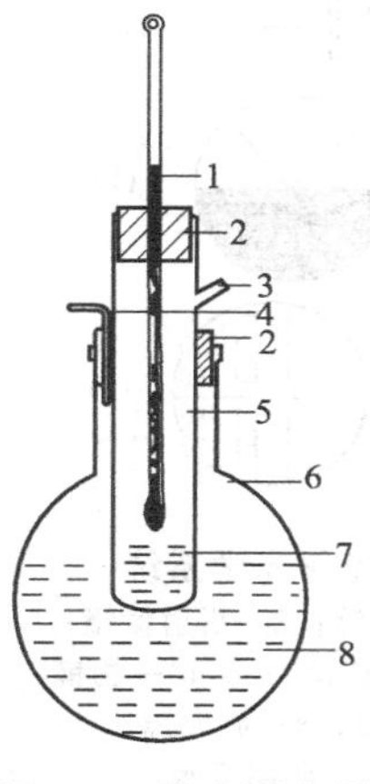

图8-6　沸点测定器

1—温度计（0.1℃值）；2—橡皮塞；3—试管出气口；4—烧瓶出气口；5—试管（100mm×15mm）；6—短颈圆底烧瓶（100ml）；7—被测液体；8—浓硫酸

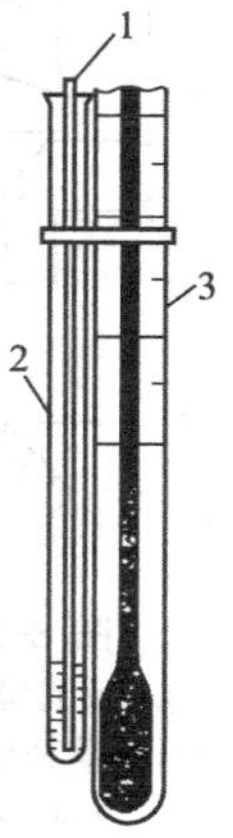

图8-7　毛细管法沸点测定器

1—端封闭的毛细管；2—端封闭的粗玻璃管；3—温度计

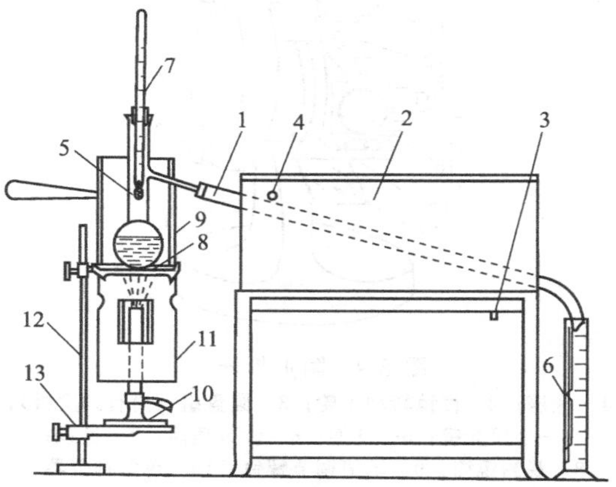

图8-8　沸程测定仪

1—冷凝管；2—冷凝器；3—进水管；4—排水管；5—蒸馏烧瓶；6—量筒；7—温度计；8—石棉垫；9—带手柄的烧瓶罩；10—煤气灯；11—带有观察孔的保温罩；12—支架；13—托架

沸程或馏程是许多石油产品的必测指标。石油产品的馏程有两种表示方法：其一是测定达到规定馏出量时的馏出温度（见前面举例）；其二是测定达到规定馏出温度时的馏出量。沸程的测定，常用图8-8所示沸程测定仪进行测定。但是，必须注意温度和压力校正。在测定规定馏出温度下的馏出量时，应将技术标准中规定的标准气压（101.325kPa）下的馏出温度预先校正为实际大气压力下的温度，再进行测定。如系测定规定馏出量条件下的馏出温度，应将实际大气压力下测得的馏出温度校正为101.325kPa大气压力下的温度，才是正式的测定结果。

四、折射率

折射率（射光率）是有机化合物的重要物理常数之一，折射率的数值可作为液体纯度的标志。

折射率是指光线在空气中（严格地讲应在真空中）传播的速度与在其他介质中传播速度的比值。由于光线在空气中传播速度最快，因而任何介质中的折射率都大于1。折射率通常用 N 表示，它随测量温度及入射光波长的不同而有所变化。通常在字母 N 的右上角注出的数字表示测量时的温度，右下角字母代表入射的波长。例如水的折射率 $n_D^{20}=1.3330$，表示在20℃用钠光灯照射下（钠光谱中D线波长为589.3mm）测得的数值。

折射率的测定常用阿贝折射仪，其结构和光学系统如图8-9和图8-10所示，其原理是利用测定临界角以求得样品溶液的折射率。

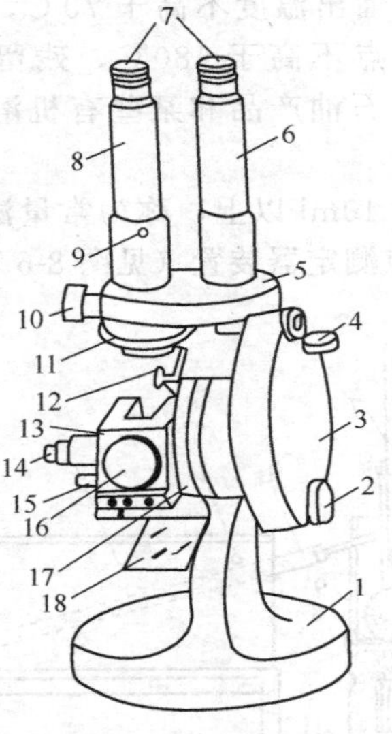

图 8-9　阿贝折光仪

1—底座；2—棱镜转动手轮；3—圆盘组（内有刻度板）；4—小反光镜；5—支架；6—读数镜筒；7—目镜；8—观测镜筒；9—示值调节螺钉；10—色散补偿器；11—色散值刻度尺；12—棱镜销紧手柄；13—棱镜组；14—温度计座；15—恒温水浴接头；16—保护罩；17—主轴；18—反光镜

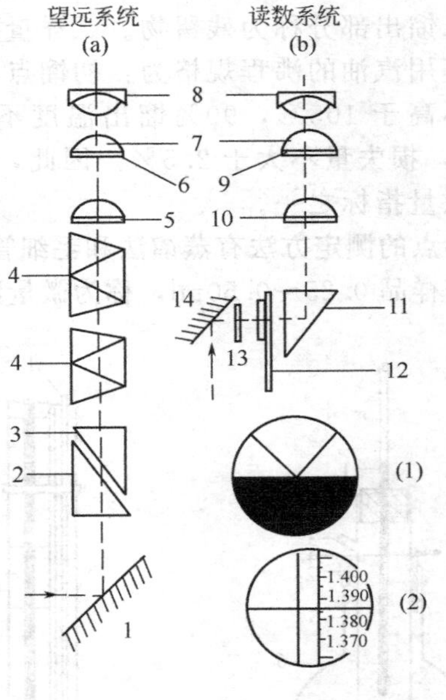

图 8-10　阿贝折光仪光学系统

1—反光镜；2—进光棱镜；3—折射棱镜；4—色散补偿器（阿米西棱镜）；5,10—物镜；6,9—划板；7—目镜；8—放大镜；11—转向棱镜；12—照明度盘；13—毛玻璃；14—小反光镜

五、水分

化工产品中水分也是产品分析的一个重要指标之一。水分同样可分为吸附水和化合水。

吸附水包括吸附于产品的表面由分子间力形成的吸附水和充满在毛细管孔隙中的毛细管水，前者于常温下通风干燥一定时间即可除去，后者于102～105℃烘干即可除去。吸附水的含量与产品的性质、粒质及大气的湿度有关。

化合水包括结晶水和结构水。结晶水是以 H_2O 分子状态结合于物质的晶格中，但是稳定性较差，当加热至300℃，即可分解逸出。结构水则以化合状态的氢或氢氧基存在于物质的晶格中，并结合得十分牢固，必须在300～1000℃的高温下，才能分解逸出。

化工产品中水分的测定，通常用烘干法、卡尔·费休法、共沸蒸馏法、气相色谱法等。

烘干法是测定固体化工产品中吸附水含量的通用方法。适用于稳定性好的无机化工产品、化学试剂、化肥等产品中水分含量的测定。烘干是在105～110℃烘箱中烘干至恒重。依烘干过程中试样减少的质量确定试样中水分含量。但对受热会发生化学反应的某些化工产品，如 $NaHCO_3$ 则不适用。

卡尔·费休法是一种非水溶液氧化还原测定水分的化学分析方法，是一种快速、准确的水分测定方法，被广泛应用于多种化工产品中水分的测定。该法的原理是，以合适溶剂溶解样品（或萃取出样品中的水），加入已知滴定度的卡尔·费休试剂（碘、二氧化硫、吡啶和甲醇组成的溶液）时，水将与 I_2、SO_2 及 C_5H_5N 进行定量反应，依卡尔·费试剂消耗量确定样品中水分含量。主要反应如下：

$$H_2O+I_2+SO_2+3C_5H_5N = 2C_5H_5N\cdot HI+C_5H_5N\cdot SO_3$$

$$C_5H_5N\cdot SO_3+CH_3OH = C_5H_5NH\cdot OSO_2OCH_3$$

无色样品中水分的测定，可用目视法确定滴定终点；对于颜色较深的样品可用“永停”法确定终点。“永停”法原理是：在浸入溶液中的两组电极间加一电压，若溶液中有水分存在，则阴极极化，两极之间无电流通过。滴定至终点时，水分消失，同时有过量的碘及碘化物存在，阴极去极化，溶液导电，电流突然增加至一最大值并稳定 1min 以上，此时即为终点。

蒸馏法采用了一种有效的热交换方式，水分可被迅速移去，测定速度较快，设备简单经济，管理方便，准确度能满足常规分析需要。蒸馏法有多种形式，应用最广的是共沸蒸馏法。该法根据水与苯（或甲苯）不相混溶的原理，将苯（或甲苯）加到待测试样中，将含足量苯（是所取试样中含水量的 15 倍以上）的试样加热蒸馏，这时样品中的水分与甲苯或二甲苯共同蒸出，收集馏出液于具刻度的接收管内，读取水分的体积，从而计算出产品中的水分。

六、色度

化工产品的色度是指化工产品颜色的深浅。产品的颜色及其深浅与产品的类别和纯度有关。因此，产品的颜色是产品的外观指标，检验产品的颜色是鉴定产品质量以达到指导和控制产品生产的目的。

产品色度的测定方法很多，这里介绍铂-钴色度标准法和加德纳色度标准法。铂-钴色度标准法是通用方法，它适用于色调接近铂-钴标准液的澄清、透明、浅色的液体产品的色度测定。利用该法测定时，检测下限为 4 黑曾（Hazen）单位，色度不大于 40 黑曾单位时，测定误差为±2 黑曾单位。加德纳色度标准法广泛应用于干性油、清漆、脂肪酸、聚合脂肪酸和树脂溶液等色泽较深的液体，在一般化工产品中有时也用此法，但用得不多。

铂-钴色度标准法的原理是样品的颜色与标准铂-钴比色液的颜色目视比较确定，并以黑曾（铂-钴）颜色单位表示结果。1 黑曾单位系指每升溶液中含有 1mg 的以氯铂酸（H_2PtCl_6）形式存在的铂、2mg 氯化钴（$CoCl_2\cdot 6H_2O$）的铂-钴溶液的颜色。实际工作中先配制每升含氯铂酸钾 1.245g、六水合氯化钴 1.000g 和盐酸 100ml 的标准比色母液，该母液色度为 500 黑曾单位，于棕色瓶中密封置暗处保存可稳定半年以上，在不同波长下的吸光度允许范围见表 8-1。若不超过该允许范围即可继续使用。用 500 黑曾单位之标准比色母液按表 8-2 进行稀释，即可得用于与样品、样品溶液比较用的稀释溶液，该稀释液于棕色瓶中暗处密封保存，可稳定 1 个月。

表 8-1　500 黑曾单位铂-钴标准液吸光度允许范围

波长 λ/nm	吸光度	波长 λ/nm	吸光度
430	0.110～0.120	480	0.105～0.120
450	0.130～0.145	510	0.055～0.065

加德纳色度标准法是将样品与其色度标准比较来确定色度的色号。标准系列可以固体的色度标准玻片，也可以是液体的标准系列，均分为 18 个色号，并可一一相对应。固体色度标准玻片，有商品化产品，但各个色号应符合规定的彩度坐标和高度透光率。液体标准系列是由氯铂酸钾盐酸溶液和氯化钴与氯化铁的盐酸溶液配制而成。也有以直接用含不同浓度重铬酸钾的浓硫酸溶液作标准。

表 8-2　标准铂-钴比色系列的配制

500ml 容量瓶		250ml 容量瓶	
标准比色母液体积 V/ml	相应颜色，黑曾铂-钴色号	标准比色母液体积 V/ml	相应颜色，黑曾铂-钴色号
5	5	30	60
10	10	35	70
15	15	40	80
20	20	50	100
25	25	62.5	125
30	30	75	150
35	35	87.5	175
40	40	100	200
45	45	125	250
50	50	150	300
		175	350
		200	400
		225	450

第二节　无机化工产品分析

无机化工产品种类繁多，各产品测定项目要求和测定方法各有异同。无机化工产品一般可分为单质、酸、碱、氧化物、无机盐和其他无机物等六大类。这里就酸类、碱类、氧化物类和无机盐类产品中主成分的测定方法及杂质中通用测定项目的方法原理作一简略介绍。各种具体产品的测定项目要求及每个项目的测定方法，需按有关技术标准执行。

一、酸类

酸类是指酸和酸性物质，如盐酸、硝酸、冰醋酸、三氧化硫等。酸类物质的测定通常使用酸碱滴定法，即以强碱来滴定酸性物质。由于酸性物质之酸性有强弱之分，要合理选择适宜指示剂，以正确确定化学计量点。有时对于某些较弱的酸还要采取适当措施使之强化。这里简单介绍工业硫酸和硼酸的测定原理。

（一）工业硫酸中硫酸和游离 SO_3 含量的测定

（1）技术指标　国家标准（GB 534—89）规定，工业硫酸应符合表 8-3 的技术要求。

表 8-3　工业硫酸的技术要求　　质量分数/%

指标名称	特种硫酸	浓硫酸			发烟硫酸		
		优等品	一等品	合格品	优等品	一等品	合格品
硫酸（H_2SO_4） ≥	92.5 或 98.0	92.5 或 98.0	92.5 或 98.0	92.5 或 98.0	—	—	—
游离 SO_3 ≥	—	—	—	—	20.0	20.0	20.0
灰分 ≤	0.02	0.03	0.03	0.10	0.03	0.03	0.10
铁（Fe） ≤	0.050	0.010	0.010	—	0.010	0.010	0.030
砷（As） ≤	8×10^{-5}	0.0001	0.005	—	0.0001	0.0001	—
铅（Pb） ≤	0.001	0.01	—	—	0.01	—	—
汞（Hg） ≤	0.0005	—	—	—	—	—	—
氮氧化物（以 N 计） ≤	0.0001	—	—	—	—	—	—
SO_2 ≤	0.01	—	—	—	—	—	—
氯（Cl） ≤	0.001	—	—	—	—	—	—
透明度/mm ≥	160	50	50	—	—	—	—
色度/ml ≤	1.0	2.0	2.0	—	—	—	—

（2）H_2SO_4 和 SO_3 的测定原理　硫酸是强酸，用 NaOH 标准溶液直接滴定，其化学计量点的 pH 值约为 7，可选用甲基红-亚甲基蓝混合指示剂指示滴定终点。

发烟硫酸中 SO_3 含量的测定，先使 SO_3 与 H_2O 反应生成硫酸，尔后再用 NaOH 标准溶液滴定。

（二）工业硼酸（H_3BO_3）含量的测定

硼酸包括偏硼酸（HBO_2）、正硼酸（H_3BO_3）和多硼酸（$xB_2O_3 \cdot yH_2O$），通常称的硼酸是指正硼酸。

（1）技术指标　国家标准（GB 583—1990）规定，硼酸的质量标准应符合表 8-4 的技术要求。

表 8-4　工业硼酸的技术指标　　　　　　　　　　　　　质量分数/%

指　标　名　称		优　等　品	一　等　品	合　格　品
H_3BO_3		99.6～100.8	99.4～100.8	99.0
水不溶物	≤	0.010	0.040	0.060
硫酸盐(以 SO_4 计)	≤	0.10	0.20	0.30
氯化物(以 Cl 计)	≤	0.050	0.10	0.15
铁(Fe)	≤	0.0020	0.0030	0.005
氨(NH_3)	≤	0.30	0.50	0.70
重金属(以 Pb 计)	≤	0.0010	—	—

注：氨含量是碳氨法硼酸的必测项目，其他方法生产的硼酸免检。如用户不要求，重金属项目可免检。

（2）硼酸的测定原理　硼酸是一种弱酸（$K_{1,2} = 5.7 \times 10^{-10}$），不能用强碱标准溶液直接滴定，其含量的测定采用间接法。国家标准（GB/T 12684.1—1990）规定，在硼酸溶液中加入甘露醇，使硼酸与之生成具有较强酸性的甘露醇硼酸，然后再以酚酞为指示剂，用 NaOH 标准溶液滴定，间接测定硼酸的含量。其主要反应为

$$2 \begin{array}{c} CH_2OH \\ | \\ (CHOH)_4 \\ | \\ CH_2OH \end{array} + H_3BO_3 = \left[\begin{array}{c} H_2CO \qquad OCH_2 \\ \diagdown \quad \diagup \\ HCO—B←OCH \\ | \qquad\qquad | \\ (CHOH)_3 \quad (CHOH)_3 \\ | \qquad\qquad | \\ CH_2OH \quad CH_2OH \end{array} \right] H + 3H_2O$$

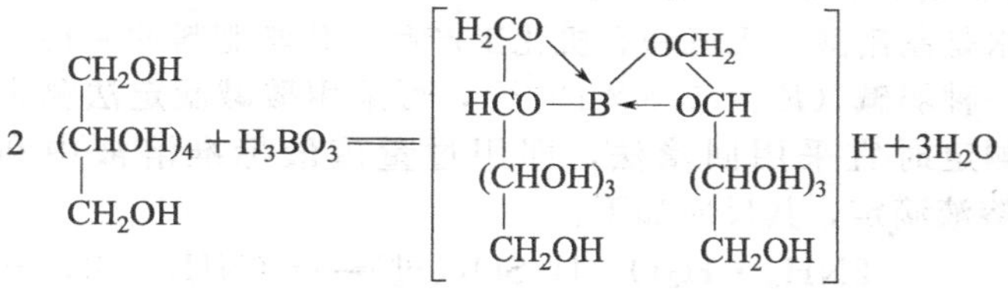

$$\left[\begin{array}{c} H_2CO \qquad OCH_2 \\ \diagdown \quad \diagup \\ HCO—B←OCH \\ | \qquad\qquad | \\ (CHOH)_3 \quad (CHOH)_3 \\ | \qquad\qquad | \\ CH_2OH \quad CH_2OH \end{array} \right] H + NaOH = \left[\begin{array}{c} H_2CO \qquad OCH_2 \\ \diagdown \quad \diagup \\ HCO—B←OCH \\ | \qquad\qquad | \\ (CHOH)_3 \quad (CHOH)_3 \\ | \qquad\qquad | \\ CH_2OH \quad CH_2OH \end{array} \right] Na + H_2O$$

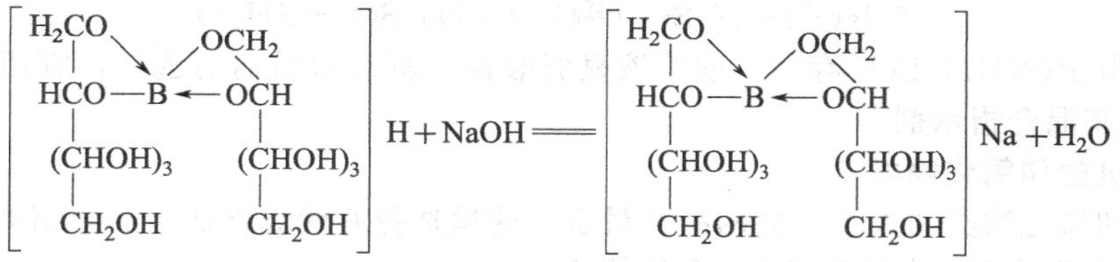

在例行生产中，有的以甘油或转化糖溶液代替甘露醇，其原理也一致。但仲裁分析必须使用甘露醇。

二、碱类

碱类物质包括碱和碱性物质，即可接受质子的物质，如氢氧化钠、氢氧化钾、纯碱（Na_2CO_3）、碳酸氢钠、硼砂等，其含量的测定通常采用酸碱滴定法，即以酸标准溶液滴定碱性物质，根据不同碱与酸反应的化学计量点的 pH 值的不同，选择适宜的酸碱指示剂指示滴定终点。这里简单介绍烧碱中 NaOH 和 Na_2CO_3 含量的测定以及工业氨水中 NH_3 的测定。

（一）烧碱中 NaOH 和 Na_2CO_3 含量的测定

工业氢氧化钠俗称烧碱、苛性碱等，是一种重要的化工原料，在电镀、制革、制皂、制药、纺织、印染、造纸、电池及有机化工等方面均有重要的应用。其生产方法主要是水银法、苛化法和隔膜法，产品形式有固体氢氧化钠和液体氢氧化钠。随着生产方法、产品形式

及产品品级不同，其中 NaOH 及杂质含量也不同。由于 NaOH 易潮解，易与空气中 CO_2 作用，因此苛性碱产品中总是含有一定量的 Na_2CO_3。这就要求测定产品 NaOH 含量时，必须同时测定 Na_2CO_3 的含量，故称为混合碱分析，其分析方法有双指示剂法和氯化钡法。

双指示剂法是以酚酞和甲基橙两种指示剂用盐酸标准液连续两次滴定，依盐酸消耗量计算出 NaOH 和 Na_2CO_3 含量。即于烧碱试样溶液中，先加入酚酞指示剂，用盐标准溶液滴定至溶液由红色刚刚变为无色，其反应为

$$HCl + NaOH = NaCl + H_2O$$
$$HCl + Na_2CO_3 = NaHCO_3 + NaCl$$

此时，试液中 NaOH 已全部被滴定，而 Na_2CO_3 只转变为 $NaHCO_3$。记下盐酸标准液消耗体积 V_1，然后加入甲基橙指示剂，继续用盐酸标准液滴定至溶液由黄色变为橙色，其反应为

$$HCl + NaHCO_3 = NaCl + CO_2\uparrow + H_2O$$

此时，$NaHCO_3$ 全部被滴定，记下消耗盐酸标准液体积 V_2。根据上述反应和 V_1、V_2 可计算出样品中 NaOH 和 Na_2CO_3 的含量。

氯化钡法的原理是等量分取两份试样，一份加入氯化钡溶液，使其中 Na_2CO_3 转变为 $BaCO_3$ 沉淀，再以酚酞为指示剂，用盐酸标准溶液滴定试样中的 NaOH，并直接由盐酸标准液消耗量计算出 NaOH 的含量。另一份试液不加氯化钡，以甲基橙为指示剂直接用盐酸标准液滴定至指示剂变色，将盐酸标准液耗去体积减去 NaOH 消耗盐酸标准液体积，计算出 Na_2CO_3 的含量。

（二）工业氨水中氨含量的测定

工业氨水是制硝酸、无机和有机化工产品、化学肥料的原料，本身也可作化肥使用。

氨水是一种弱碱（$K_b = 1.8\times10^{-5}$），可采用酸碱滴定法测定 NH_3 的含量。由于氨具挥发性，在测定时宜采用回滴法，即用过量硫酸标准溶液中和氨水中氨，剩余的酸用 NaOH 标准溶液滴定，其反应如下：

$$2NH_3\cdot H_2O + H_2SO_4(过) = (NH_4)_2SO_4 + 2H_2O$$
$$2NaOH + H_2SO_4(剩) = Na_2SO_4 + 2H_2O$$

终点时由于 $(NH_4)_2SO_4$ 存在，使溶液显弱酸性，所以指示剂的选择，宜用甲基红或甲基红-亚甲基蓝混合指示剂。

三、无机盐和氧化物类

无机盐和氧化物类两大类产品的品种最多，这里选择有代表性的产品介绍如下。

1. 工业硝酸钠产品中的 $NaNO_3$ 含量的测定

工业硝酸钠中主成分 $NaNO_3$ 的测定常用离子交换法，即将硝酸钠试液注入装强酸性阳离子交换树脂的交换柱中进行交换，当钠离子被交换完后，交换出的氢离子的物质的量与硝酸钠的量相等，用 NaOH 标准溶液滴定交换出来的氢离子，可根据 NaOH 标准溶液的浓度和体积计算出样品中硝酸钠的含量。其反应：

$$NaNO_3 + R{-}SO_3H = R{-}SO_3Na + H^+ + NO_3^-$$
$$NaOH + HNO_3 = NaNO_3 + H_2O$$

工业硝酸钠产品中常含微量的氯化钠或亚硝酸钠，它们也有类似反应，产生正干扰，应在测定它们之后加以扣除。

2. 工业聚合氯化铝中氯化铝含量的测定

聚合氯化铝的最简化学式为 $AlCl_3\cdot 6H_2O$，工业聚合氯化铝主要用于工业水处理及造纸施胶、精密铸造、石油、化工、染料等行业。

原化学工业部标准（HG/T 2677—1995）规定，工业聚合氯化铝有固体和液体二种产

品。其固体产品为黄色或灰色片状、粒状或粉末状固体；液体产品为无色或淡黄色液体，其技术标准见表 8-5（GB 15892—2003）。

聚合氯化铝的测定采用配位滴定法。铝与 EDTA 于 pH＝3 时即可形成稳定配合物（$pK=16.13$）。但是，由于铝离子与 EDTA 反应速度太慢，铝离子对指示剂二甲酚橙等产生封闭作用，因而难以直接滴定，常用回滴法或置换滴定法。若用回滴定法测定，在结果计算时应将铁含量扣除。配位滴定法测定铝的有关原理，在第四章已讲述，这里不再重复。

表 8-5 工业聚合氯化铝的技术要求

项目	液体			固体	
	优等品	一等品	合格品	一等品	合格品
Al_2O_3 含量/% ≥	10.0	—		28.0	27.0
密度(20℃)/(g/ml) ≥	1.15	—	—	—	—
碱度/%	—	45～80	—	45～80	
硫酸盐含量(以 SO_3 计)/% ≤	—	3.5	—	9.0	
pH 值(10g/L)	—	3.5～5.0	—	3.5～5.0	
Fe 含量/%	0.01	—	—	—	—
水不溶物/%	0.1	0.2	1.0	2.0	3.0

3. 漂白粉中有效氯的测定

漂白粉主要是由次氯酸钙和氯化钙组成的复盐[$Ca(ClO)_2 \cdot CaCl_2 \cdot 3H_2O$]及消石灰和氯化钙组成的碱式盐[$CaCl_2 \cdot Ca(OH)_2 \cdot H_2O$]所组成，其有效成分是次氯酸钙。漂白粉的质量是以 ClO^- 中的氯（称为有效氯）的含量表示。HG/T 2496—1993 规定，优等品、一等品、合格品的有效氯含量（质量分数）应分别≥35.0，32.0，28.0；有效氯与总氯量之差（质量分数）应分别≤2.0，3.0，5.0。

漂白粉中有效氯的测定运用间接碘量法。在酸性介质中，漂白粉中的次氯酸根与碘化钾发生氧化还原反应，定量析出单质碘，用硫代硫酸钠标准溶液滴定，以淀粉为指示剂，滴定至蓝色消失为终点，其反应式为

$$ClO^- + 2I^- + 2H^+ = I_2 + Cl^- + H_2O$$

$$2S_2O_3^{2-} + I_2 = S_4O_6^{2-} + 2I^-$$

其化学计量关系为 1mol 硫代硫酸钠相当于 1mol 的氯。

4. 五氧化二钒的测定

工业上五氧化二钒是接触法生产硫酸时将 SO_2 氧化为 SO_3 的催化剂，俗称钒催化剂。五氧化二钒呈橙黄色到深红色、无臭、无味、有毒，是一种强氧化剂。

五氧化二钒的测定可用氧化还原滴定法，于硫酸酸性介质中，五氧化二钒溶解以 VO_2^+ 状态存在，以苯基邻氨基苯甲酸为指示剂，用硫酸亚铁按标准溶液滴定至溶液由紫红色变为亮绿色为终点，其反应为

$$2H^+ + Fe^{2+} + VO_2^+ = Fe^{3+} + VO^{2+} + H_2O$$

四、产品中杂质含量的测定

从前面引述的产品质量标准可见，化工产品质量的优劣，不仅与产品中主成分含量的多少有关，还与其所含的杂质有关。因此，产品中杂质的测定也是重要检测任务，而且其难度常常比主成分测定还大。这里就化工产品中的铁、氯化物、硫酸盐含量的测定进行讨论。

1. 铁的测定

许多化工产品都含少量铁，而且铁对多数产品是有害成分，属限制性指标，其含量常常很低。过去很长一段时间普遍采用硫氰酸盐比色法，误差较大，现在普遍采用邻菲啰啉光度法。

有关邻菲啰啉光度法测定铁的原理，在第四章已经讨论，这里不重复。值得注意的是

Fe^{2+}可与邻菲啰啉产生稳定显色产物，而Fe^{3+}则不能。为此，在制备试液中要加入抗坏血酸将三价铁还原为二价，再加缓冲溶液和显色剂。另外，Bi^{3+}、Cd^{2+}、Hg^{2+}、Zn^{2+}、Al^{3+}等离子与邻菲啰啉在该条件下生成沉淀；Cu^{2+}、Co^{2+}、Ni^{2+}等离子亦能与邻菲啰啉形成有色配合物；铝和磷酸盐含量大时，使反应速度减慢；CN^-的存在将与Fe^{2+}生成更稳定配合物，严重干扰测定。所以，在从事上述有关组分的产品分析时，必须考虑并设法消除基体成分的影响。

2. 氯化物的测定

化工产品中氯化物的测定，通用方法有电位滴定法、汞量法和银量法。

电位滴定法和银量法都是基于氯离子与硝酸银反应生成氯化银沉淀的沉淀滴定法。只是电位滴定法是借助于电位突跃确定反应终点，而银量法是以铬酸钾为指示剂确定滴定终点。电位滴定法是在酸性的水或乙醇-水溶液中进行；而银量法则在中性溶液中进行，因为在pH＜6.5时，铬酸钾会转变成重铬酸钾。另外干扰情况也有显著不同，除能与Ag^+反应的阴离子S^{2-}、SO_3^{2-}、$S_2O_3^{2-}$、CN^-、CNS^-、AsO_4^{2-}、$[Fe(CN)_6]^{4-}$、$[Fe(CN)_6]^{3-}$、Br^-、I^-等对两种方法均有干扰外，有色离子Cu^{2+}、Ni^{2+}、Co^{2+}等及能与CrO_4^{2-}反应的Ba^{2+}、Pb^{2+}等对银量法有干扰，而对电位滴定法不干扰。

汞量法是国家标准中测定氯化物的仲裁法。适用于氯化物（以Cl计）含量为0.01～80mg的样品，当使用的硝酸汞浓度小于$0.02mol\cdot L^{-1}$时，滴定应在乙醇-水溶液中进行。

汞量法的原理是在pH＝2.5～3.5的弱酸性的水或乙醇-水溶液中，用强电离的硝酸汞标准溶液滴定氯离子，使其生成难电离的$HgCl_2$，稍过量的Hg^{2+}与二苯偶氮碳酰肼指示剂生成紫红色配合物指示终点，反应式为：

$$Hg(NO_3)_2+2Cl^- \longrightarrow HgCl_2+2NO_3^-$$

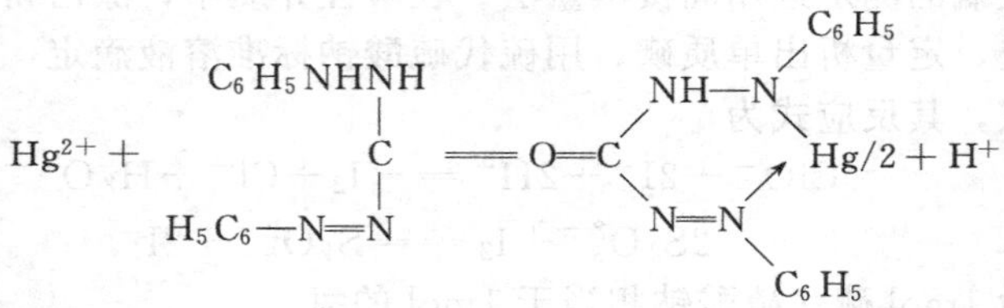

汞量法除要求严格控制好酸度外，还必须注意两个问题：(1) 由于存在非线性效应，对于不同浓度的氯化物，应采用不同浓度的硝酸汞标准溶液滴定。实际工作中，可根据实际样品中氯化物含量参照表8-6来选定滴定用$Hg(NO_3)_2$标准溶液的浓度。(2)Fe^{3+}、Al^{3+}、Co^{2+}、Ni^{2+}、Cu^{2+}、Cr^{3+}、Mn^{2+}、Hg^{2+}、Ag^{2+}、NH_4^+、S^{2-}、CO_3^{2-}、SO_4^{2-}、CrO_4^{2-}、CN^-、$[Fe(CN)_6]^{4-}$、$[Fe(CN)_6]^{3-}$、CNS^-、NO_2^-等离子有干扰，当它们的量较高时，应设法消除它们的影响。

表 8-6　氯化物量与选用 $Hg(NO_3)_2$ 浓度的关系

样品中Cl^-量/mg	0.01～2	2～25	25～80
标准溶液浓度/$mol\cdot L^{-1}$	0.001～0.02	0.02～0.03	0.03～0.10

3. 硫酸盐的测定

化工产品中硫酸盐含量较低，GB 9728—1988规定用目视比浊法，其检测范围为0.4～4mg/ml（以SO_4计）。

目视比浊法的原理是，在试样的酸性介质中，加入氯化钡，使SO_4^{2-}与Ba^{2+}生成硫酸钡白色悬浮微粒，所产生的浊度与标准浊度比较，确定硫酸盐含量。如果样品是硝酸盐，则降低出晶速度，应先在水浴上蒸干，使其转变为氯化物；如果样品中主成分与Ba^{2+}会形成沉淀也应通过加入过量盐酸，使其转变为氯化物来消除；如果样品中主成分有颜色也影响比浊，可在配制标准比浊液时加入相当量的不含硫酸盐的样品，以抵消主成分颜色的影响。

第三节 基本有机化工产品分析

基本有机化工产品是由天然资源（如煤、石油、天然气）及其初级加工品和副产品（如电石、油渣等）经化学合成方法加工成的最基本的有机产品，它是有机合成工业重要的物质基础。基本有机化工产品通常分为烯烃、炔烃、醇类、酚类、酯类、醛和酮、羧酸及其衍生物、碳水化合物等。它们是以官能团的化学反应为基础的官能团定量分析，这类反应的专属性比较强，其他共存组分干扰较少，一般不必分离。但是官能团反应受分子中其他部分的组成和结构的影响，同时还受反应条件（介质、酸度、温度等）的影响，因此必须正确选择分析方法和实验条件。这里主要介绍醇、醛和酮、羧酸和酯类的主要分析方法。

一、醇类

醇类的测定常常是根据羟基化学性质而建立的方法。由于醇类中与羟基直接相连接部分的组成和结构不同，不同醇分子中羟基的化学性质也不完全相同。因此，根据羟基的某一化学性质建立的测定方法是不能通用的，即使测定方法相同，测定时的条件也不一样。

醇的测定通常是根据醇容易被酰化成酯的性质、用酰化法测定。其中以乙酰化法应用最为普遍。苯二甲酸酐酰化法应用也较为广泛。这两种方法各有所长，前者快速简便，后者抗干扰能力较强但速度慢，它们都只适用于测定伯醇和仲醇。

叔醇的羟基在酰化过程中，易脱水而生成烯烃，所以通常不用酰化法测定，可采用在冰醋酸中与溴化氢作用生成叔溴化物和水，用乙酸钠冰醋酸标准溶液来滴定过量的溴化氢，依据空白实验与样品滴定所消耗乙酸钠冰醋酸标准溶液量之差求得叔醇的量。也可以用三氟化硼为催化剂的醋酸-三氟化硼乙酰化法测定反应中生成的水量来计算羟基含量。

相邻碳原子上的多元醇羟基，也称 α-多羟基醇，它具有一般醇羟基的性质，同时又容易被氧化而断链。它们的测定常用高碘酸钾氧化法或重铬酸钾氧化法。高碘酸钾氧化法被称为测定 α-多羟基醇的专属分析法。

微量醇含量的测定常用光度法，它是将醇氧化成相应的羰基化合物或将醇酯化后用光度法测定。

1．酰化法

酰化法是测定伯醇和仲醇的最常见方法，通常是用乙酰化试剂进行乙酰化反应。乙酰化反应是以乙酰基取代醇分子中羟基上的氢原子生成乙酸酯的化学反应过程。常用的乙酰化试剂主要是乙酸酐，也有的用乙酰氯。乙酰氯比较活泼，酰化反应较快，但较易挥发，而且反应过程中常常伴随着发生副反应，如不饱和键上氯化氢加成、分子重排、整合化或烯醇化等，反应条件较难控制。乙酸酐的稳定性好，不易挥发，副反应少，但酰化反应速度较慢。为此必须加催化剂，必要时还可适当提高反应温度。最常用的催化剂是吡啶和高氯酸，也可以用乙酸钠作催化剂。

乙酸酐-吡啶-高氯酸乙酰化法的原理是，当醇与过量的乙酸酐在高氯酸和吡啶溶液中进行酰化时，产生乙酸和乙酸酯。反应完成后加入水，使剩余的乙酸酐水解成二分子的乙酸。然后，用碱标准溶液滴定所生成的乙酸。同时做一空白试验，测定空白与样品消耗标准碱溶液的差值，即为样品乙酰化所消耗的酸酐量，从而计算出样品中醇的含量。主要反应如下。

乙酰化反应

$$ROH+(CH_3CO)_2O+C_5H_5N \xlongequal{H^+} CH_3COOR+(C_5H_5NH)^+(CH_3COO)^-$$

水解反应　$(CH_3CO)_2O+2C_5H_5N+H_2O = 2(C_5H_5NH)^+(CH_3COO)^-$

滴定反应 $(C_5H_5NH)^+(CH_3COO)^- + NaOH = CH_3COONa+C_5H_5N+H_2O$

高氯酸能提供氢离子与乙酸酐作用生成活化的乙酰基阳离子，有利于乙酸酐与醇反应，从而起催化作用。而吡啶是有机弱碱，除作溶剂外，还可以和乙酰化反应生成的乙酸作用生成乙酸吡啶盐，从而防止乙酸的挥发损失，并促使反应正向进行。同时，生成的酯在吡啶溶液中也不水解，保证反应完全。

酚、伯胺、仲胺、硫醇、环氧化物和低分子量的醛等干扰乙酰化反应。有伯胺或仲胺存在时，酰化反应后，用皂化法测定酯，可消除酰胺的影响，或改乙酸钠为催化剂也可避免酰胺的影响。为防止酚、醛的干扰，可改用邻苯二甲酸酐酰化法。

2. 高碘酸氧化法

高碘酸钾法是测定 α-多羟基醇的方法。所谓 α-多羟基醇就是在醇的分子中有多个羟基，其中两个或两个以上的羟基处于相邻的碳原子上。这种醇在酸性介质中能定量地被高碘酸所氧化，碳碳键断裂，生成相应的羰基化合物和羧酸，其反应可用下述通式表示。

$$CH_2OH(CHOH)_nCH_2OH+(n+1)HIO_4 \longrightarrow 2HCHO+nHCOOH+(n+1)HIO_3+H_2O$$

高碘酸氧化 α-多羟基醇后，可以通过测定剩余的高碘酸或测定氧化产物醛或酸来计算 α-多羟基醇含量。一般常用的方法有碘量法和酸量法，这里以碘量法为例进行讨论。

在室温或低于室温的条件下，在 pH＝4 的酸性介质中，试样中加入一定量过量的高碘酸，氧化反应完全后，加入碘化钾溶液，剩余的高碘酸和反应生成的碘酸被还原析出碘，用硫代硫酸钠标准溶液滴定。同时做空白试验，由空白与试样滴定消耗硫代硫酸钠标准溶液的差值计算出试样中 α-多羟基醇含量。以丙三醇为例，其反应过程如下。

氧化
$$\begin{matrix} CH_2OH \\ | \\ CHOH \\ | \\ CH_2OH \end{matrix} +2HIO_4 = 2HCHO+HCOOH+H_2O+2HIO_3$$

还原
$$HIO_4+7KI+7H^+ = 7K^+ +4H_2O+4I_2$$
$$HIO_3+5KI+5H^+ = 5K^+ +3H_2O+3I_2$$

滴定
$$I_2+2Na_2S_2O_3 = 2NaI+Na_2S_4O_6$$

从上述反应可以看出：(1) 碘酸被还原析出碘量是高碘酸被还原所析出碘量的 3/4，即 75%。因此，在滴定过程中若样品溶液滴定时 $Na_2S_2O_3$ 时消耗量不足空白溶液消耗量的 75%，说明高碘酸用量不足，必须重测。(2) 丙三醇与硫代硫酸钠标准液之间的化学计量关系由丙三醇≎$2HIO_4$≎$6I_2$≎$12Na_2S_2O_3$ 得丙醇的物质的量 n 为 n(丙三醇)＝$1/12n(Na_2S_2O_3)$。

另外，除 α-多羟基醇外，糖类、α-羰基醇、多羟基二元酸（如酒石酸、柠檬酸）等有机物，在酸性条件也能被高碘酸定量氧化，但反应完成时间可能不同，化学计量关系也不同，这一点值得注意。

二、醛和酮

醛和酮是羰基化合物，它们都含有羰基官能团。醛和酮在化学性质上有相似的一面，都具有羰基的特征反应，如与肼缩合生成腙，与羟胺缩合生成肟等。但是，醛的羰基上连有一个氢原子，而酮羰基上没有氢原子，这种结构上的差异，使醛和酮又具有一些不完全相同的化学性质。一般来讲，醛比酮更活泼，某些反应为醛所特有。例如醛易被弱氧化剂氧化，并且能与希夫试剂反应，而酮难以被氧化，也不与希夫试剂反应。

测定羰基化合物的方法有：羟胺肟化法、2,4-二硝基苯腙法（称量法或光度法）、亚硫酸氢钠加成法、次碘酸钠氧化法和银离子氧化法等。其中羟胺肟化法和亚硫酸氢钠加成法应用较广泛。

醛和酮与2,4-二硝基苯肼缩合生成2,4-二硝基苯腙固体沉淀，可用称量法测定。此法在生产中应用较少，但对于一些不能用羟胺肟化法测定的羰基化合物或在复杂的混合物中测定醛或酮时，往往可以得到较为满意的结果。另外，对于微量醛或酮的测定，利用2,4-二硝基苯腙的颜色，于480nm波长下测定，当醛或酮浓度为$10^{-4}\sim10^{-6}mol\cdot L^{-1}$时，线性关系良好。

甲醛可被次碘酸钠（NaIO）溶液定量氧化，即具有CH_3CO—结构的醛或酮都能与次碘酸钠发生碘仿反应。反应完全后，测定过量碘，即可求出被测物的含量。此法常用于测定水溶液中少量甲醛或丙酮的含量。

醛易被氧化银或银氨配合物氧化，定量生成酸和释放出银。氧化反应完全后，加入过量碱，再用酸标准溶液回滴。或用硫氢酸铵（或碘化钾）滴定过量的银离子，或用称量法测定沉淀的银，都可以求出醛的含量。

另外，醛类与希夫试剂（消色品红试剂、品红醛试剂）作用生成紫蓝色化合物也是测定微量醛的一个较常用的方法。

这里重点讨论应用较为广泛的羟胺肟化法和亚硫酸氢钠法。

1. 羟胺肟化法

羟胺肟化法是测定醛和酮较普遍应用的方法，其原理是将样品与盐酸羟胺进行缩合反应，根据羟胺的消耗量可以算出样品中醛和酮的量。

$$\begin{matrix}R\\ \quad\diagdown\\ \quad\quad C\\ \quad\diagup\\ (H)R\end{matrix}=O+H_2NOH\cdot HCl = \begin{matrix}R\\ \quad\diagdown\\ \quad\quad C\\ \quad\diagup\\ (H)R\end{matrix}=NOH+H_2O+HCl$$

为了使反应的平衡向生成肟的方向移动，在使用过量试剂的同时，还应在混合物中加入碱以中和反应后析出的盐酸。反应完全后，测定所消耗羟胺的量一般采用两种方法：一种是酸碱滴定法，即用酸标准滴定反应后剩余的碱。同时进行空白试验，由样品与空白滴定的差值算出反应后产生的盐酸的量，即与样品反应所消耗的羟胺量。另一种方法是氧化还原滴定法，先用碱把剩余的盐酸羟胺转化为羟胺，然后用氧化剂（如铁氰化钾）氧化所剩余的羟胺。同时做空白试验，由样品与空白两次滴定反应的差值来求样品中醛和酮的含量。

在常量分析中，多采用盐酸羟胺-吡啶肟化酸碱滴定法。其基本原理是，醛和酮样品在有吡啶存在下，与过量（常过量一倍）的盐酸羟胺发生肟化反应，反应释放出的盐酸与吡啶生成盐酸盐，使肟化反应趋于完全。乙醇能增大试样的溶解度，又可以稀释生成的水的浓度，抑制逆反应，有助于整个反应。然后以溴酚蓝为指示剂，用NaOH标准溶液滴定吡啶盐酸。试样中若有酸性或碱性物质存在时，必须事先另取一份试样进行滴定校正。另外，羟胺是强还原剂，氧化性物质也有干扰。

2. 亚硫酸氢钠法

亚硫酸氢钠在水溶液中电离生成亚硫酸根离子。它是亲核性离子，很容易加到羰基中的碳原子上，而电离生成的氢离子则加到羰基氧原子上，这样可以生成α-羟基磺酸钠：

$$NaHSO_3 = Na^+ + H^+ + SO_3{}^{2-}$$

$$\begin{matrix}R\\ \quad\diagdown\\ \quad\quad C\\ \quad\diagup\\ (H)H_3C\end{matrix}=O+NaHSO_3 = \begin{matrix}R\quad\quad OH\\ \diagdown\quad\diagup\\ C\\ \diagup\quad\diagdown\\ (H)H_3C\quad\quad SO_3Na\end{matrix}$$

其加成速率受烷基空间阻碍而放慢。醛和甲基酮能有上述反应，其他酮的烷基较大而难以反应或不能反应。

加成反应是可逆反应，室温下醛和酮的羟基磺酸钠的离解常数常在 10^{-3}～10^{-7}。甲醛和乙醛等离解常数很小（相当于 10^{-6} 或更小），生成的羟基磺酸钠比较稳定，反应较为完全。一般来说，如果醛的加成物的离解常数为 10^{-4} 或更小，用这种方法测定都能得到较好的结果。如果离解常数大于 10^{-3}，例如丙酮，则必须使用大过量的亚硫酸钠，并在低温下进行滴定。

该类方法的具体操作又分两种方法。

一是酸碱滴定法，鉴于亚硫酸氢钠的不稳定性，实际测定中采用亚硫酸钠加标准硫酸（即临用时新制备亚硫酸氢钠），再用标准碱溶液滴定过量硫酸。其反应如下：

$$2Na_2SO_3 + H_2SO_4 = 2NaHSO_3 + Na_2SO_4$$

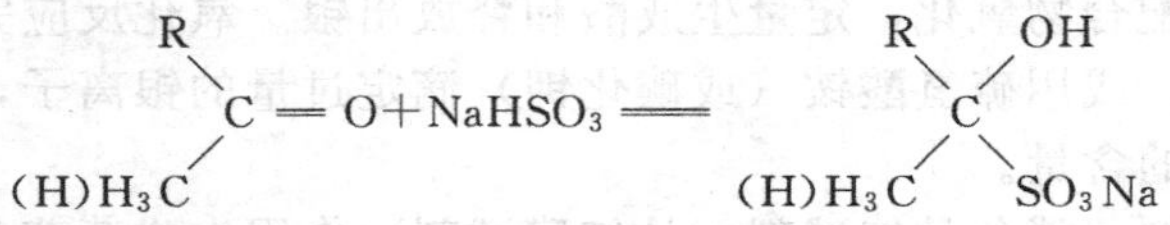

$$2NaOH + H_2SO_4 = Na_2SO_4 + 2H_2O$$

由于加成产物羟基磺酸钠呈弱碱性，中和硫酸的化学计量点在 pH＝9.0～9.5，宜选用酚酞或百里酚酞作指示剂。但是，由于亚硫酸钠和羟基磺酸钠的存在，有一定的缓冲作用，使指示剂颜色变化不明显，最好用电位滴定法确定终点。

另一种是碘量法，于试样中加入已知量的过量亚硫酸氢钠溶液，待反应完全后，用碘标准溶液直接滴定过量的亚硫酸氢钠，或者加入过量的碘标准溶液，用硫代硫酸钠标准溶液回滴。

必须指出的是，不饱和醛、羰基与双键共存时，不饱和双键也能加成，考虑它们之间的化学计量关系时必须注意。

三、羧酸和酯

羧酸含有羧基（—COOH），是弱酸。测定羧酸最常用的方法是碱滴定法，其他方法如氧化法、酯化滴定测水法、称量法等，应用较少，但各有一定的特点。

碘酸钾、碘化钾氧化法可以测定溶液中少量的较强的羧酸（$K_a > 10^{-6}$），所释放出的碘用硫代硫酸钠标准溶液滴定。

$$6RCOOH + KIO_3 + 5KI = 3I_2 + 6RCOOK + 3H_2O$$

羧酸与醇反应生成酯和水：

$$RCOOH + R'OH \xlongequal{BF_3} RCOOR' + H_2O$$

反应中生成的水用卡尔·费休法测定，从而计算羧酸含量。此法适用于有无机酸、磺酸和易水解的酯存在下测定羧酸。

称量法测定羧酸是将羧酸沉淀成银盐后，灼烧成金属银称量。

$$RCOOH + AgNO_3 = RCOOAg + HNO_3$$

$$RCOOAg \xrightarrow{\triangle} CO_2 + H_2O + Ag\downarrow$$

此法常用于羧酸相对分子质量的测定。

微量分析中常用脱羧法测定羧酸。将试样与催化剂共热后，使羧基定量转化为 CO_2，用量气法或色谱法测定生成的 CO_2，从而计算出羧酸的含量。大量试样中含有很少的羧酸，即微量羧酸，也可用羟肟酸铁光度法测定。

酯是羧酸和醇进行脱水反应而生成的产物。测定酯时，通常是先用碱水解，然后测定剩余的碱量，该法通常称为皂化法，它的应用十分广泛。微量酯的测定用羟肟酸铁光度法。各种酯生成的羟肟酸铁配合物的最大吸收波长：脂肪酸酯铁 $\lambda_{max}=530nm$；芳香酸酯铁 λ_{max} 为

550～560nm。

1. 酸碱滴定法测定羧酸

羧酸的酸性（即—COOH 中氢电离的难易程度）往往受分子中取代基的影响。凡羧基邻近有吸电子基团（如—Cl、—Br、$—NO_2$ 等）时，由于诱导效应或共轭效应，使酸性增强；反之，有推电子基团［如$—NH_2$、$—NHCH_3$、$—N(CH_3)_2$ 等］时，则酸性减弱，而且这些基团距羧基愈近，影响愈大。一般来说，羧酸是弱酸，大多数羧酸的电离常数在 10^{-4}～10^{-7}。根据羧酸酸性强弱的不同，可以用氢氧化钠或氢氧化钾在水溶液或非水溶液中进行中和滴定测定羧酸含量。

$$RCOOH+NaOH \longrightarrow RCOONa+H_2O$$

由于羧酸类分子结构复杂，没有一个适合于所有羧酸测定的通用方法。要根据羧酸的不同结构、不同酸度和对不同溶剂的溶解性，选择适当的溶剂和滴定剂，根据滴定的突跃范围正确选择滴定指示剂或用电位滴定法确定终点。

对于电离常数大于 10^{-8} 且能溶解于水的羧酸，在水溶液中用 NaOH 标准溶液直接滴定；难溶于水的羧酸，可将试样先溶解于过量的碱标准溶液中，再用酸标准溶液滴定过量的碱。但是，分子中含碳原子数大于 10 的羧酸，在用碱溶液溶解时，往往生成胶状溶液，难以用酸滴定。这时宜用醇作溶剂（常用乙醇）。试样用中性乙醇溶解后，用 NaOH 标准溶液滴定。

不溶于水的羧酸或酸性太弱的羧酸，应采用非水滴定。常用非水溶剂有丙酮、乙二胺、二甲基甲酰胺等。若以丙酮作溶剂，可用氢氧化钠-甲醇溶液滴定；以二甲基甲酰胺为溶剂时，可用甲醇钠-苯溶液滴定。

在生产实际中，羧酸的测定结果，除用质量分数表示羧酸含量外，还常用“酸值”来表示。酸值指在规定条件下，中和 1g 试样中的酸性物质所消耗的氢氧化钾的质量（mg）。酸值的大小直观地反映出试样中含酸量的多少。

2. 皂化法测定酯类

皂化就是酯的水解，它和酯化是相反的化学过程。理论上说，水、酸和碱都可以用作皂化剂，使酯水解。但在实际应用中，最普遍采用的是碱水解法。酯经过碱水解后，生成羧酸的金属盐。皂化完全后，可以采用回滴法或离子交换法，测定消耗的碱标准溶液的量。

皂化-回滴法：试样用过量的碱标准溶液皂化后，再用酸标准溶液滴定过量的碱。同时做空白试验，由两次滴定的差值计算出酯的含量。

皂化-离子交换法：酯用过量碱的醇溶液皂化后，生成羧酸盐和醇。反应液通过 H 型阳离子交换树脂，溶液中的钾（钠）离子与树脂上的氢离子发生交换，过量碱被中和；而羧酸盐转化为游离的羧酸。然后以酚酞为指示剂，用碱标准溶液滴定。同时用溶剂和碱的醇溶液经过离子交换树脂后做空白试验。

在生产实际中，测定结果常用“皂化值”和“酯值”表示。

皂化值是指在规定条件下，中和皂化 1g 试样所消耗氢氧化钾的质量（mg），它是试样中总酯、内酯和其他酸性基团的一个量度。

酯值是在规定条件下，1g 试样中的酯所消耗的氢氧化钾的质量（mg）。它等于皂化值减去酸值。

习题和复习题

8-1. 化工产品分析中通常测定项目指哪些？测定它们有何意义？各举出至少一种测定方法并简述其原理。

8-2. 试问用 NaOH 滴定法测定工业硼酸产品中的 H_3BO_3 方法与用 NaOH 滴定法测定工业硫酸中的 H_2SO_4 有何不同？为什么要有这些不同？

8-3. 氯化钡法测定烧碱 NaOH 和 Na_2CO_3 的原理是什么？

8-4. 工业氨水中 NH_3 含量的测定为什么要用回滴法？为什么滴定时不选用酚酞或甲基橙为指示剂？

8-5. 简述阳离子交换法测定 $NaNO_3$ 和碘量法测定漂白粉中有效氯的原理。

8-6. 邻菲啰啉光度法测定铁、汞量法测定氯化物和比浊法测定硫酸盐的方法在应用于不同化工产品时应注意什么？

8-7. 列举出测定基本有机化工产品醇类、醛类、酮类、羧酸类和酯类的各一种方法，简述其原理，讨论其影响因素和消除方法。

8-8. 明确下述概念：酯化、肟化、皂化、酸值、皂化值和酯值。

第九章 水质分析

众所周知，水在自然界中数量多，分布广，与人类的关系十分密切。水是人类生存的基本条件之一，是人类十分宝贵的自然资源。地球上总水量约为 $1400\times10^{15}\,m^3$，分布于人类生存环境的大气圈、水圈、土壤-岩石圈和生物圈中，是环境介质之一，是环境要素。水的循环不息，为人类的生生不息创造了良好条件。在工业生产中，水的作用也是十分重要的。除了作为原料（如以焦炭为原料生产合成氨，氨中的氢都是由水提供的）外，水是传热的主要介质（水蒸气加热物料、冷却水冷却物料），也是传动的主要介质（蒸汽机、汽轮机等均靠高压水蒸气驱动）。水还是清洁、经济、取之不尽、用之不竭的宝贵能源。

水在自然的和人工的循环过程中，在与环境的接触过程中不仅自身的状态可能发生变化，而且作为溶剂可能溶解或载带各种无机的、有机的甚至是生命的物质，使其表观特性和应用受到影响。因此，分析测定水中存在的各种组分，作为研究、考察、评价和开发水资源的信息就显得十分必要。

第一节 水质指标和水质分析

一、水质、水质指标的概念和分类

不同来源的水（包括天然水和废水）都不是化学上的纯水。它们不同程度地含有无机的和有机的杂质。并且，水和其中的杂质常常不是简单的混合，而是存在着相互作用和影响。

由于杂质加入水体，使得水的物理性质和化学性质与纯水有所差异。这种由水与其中杂质共同表现出来的综合特性即所谓水质。用于衡量水的各种特性的尺度称为水质指标。水质指标具体地表征水的物理、化学特性，说明水中组分的种类、数量、存在状态及其相互作用的程度。根据水质分析结果，确定各种水质指标，以此来评价水质和达到对所调查水的研究、治理和利用的目的。

水质指标按其性质可分为三类，即物理指标、化学指标和微生物学指标。

水的物理性质及其指标主要有温度、颜色、嗅与味、浑浊度与透明度、固体含量与导电性等；化学指标包括水中所含的各种无机物和有机物的含量以及由它们共同表现出来的一些综合特性，如 pH 值、φ_h、酸度、碱度、硬度、矿化度等；微生物学指标是指一定体积的水中的细菌总数、大肠杆菌群等。其中化学指标是一类内容十分丰富的指标，是决定水的性质与应用的基础。

二、水质标准

自然界的水分为地下水、地面水、大气水等，地面水又分江河水、湖水、海水、冰山水等。从应用角度出发，有生活用水、农业用水（灌溉用水、渔业用水等）、工业用水（原料水、锅炉用水、冷却水等）和各种废水（由于自然或人工被污染的水）等。从水的利用出发，各种用水都有一定的要求，这种要求体现在对各种水质指标的限制上。长期以来，人们在总结实践经验的基础上，根据需要与可能，提出一系列水质标准。水质标准是水质指标要求达到的合格范围，这个要求的水质指标项目及其要求的合格范围是由某些单位或组织提出，经国家或国际行业组织审查批准的，必须遵照执行。

为了保护环境和利用水为人类服务，国内外有各种水质标准。如：地面水环境质量标准、灌溉用水水质标准、渔业用水水质标准、工业锅炉用水水质标准、饮用水水质标准、各种废水排放标准等。表 9-1 为国标 GB 1576—85《低压锅炉水质标准》中有关“燃用固体燃料的水管锅炉、水火管组合锅炉、燃气锅炉”所规定的水质标准。

表 9-1 国标部分水质标准

项目		给水			锅炉水		
工作压力/MPa(kgf/cm^2)		≤0.98（≤10）	>0.98 ≤1.56（>10 ≤16）	>1.56 ≤2.54（>16 ≤25）	≤0.98（≤10）	>0.98 ≤1.57（>10 ≤16）	>1.57 ≤2.54（>16 ≤25）
悬浮物/(mg/L)		≤5	≤5	≤5	—	—	—
总硬度/(mmol/L)		≤0.03	≤0.03	≤0.03	—	—	—
总碱度/(mmol/L)	无过热器	—	—	—	≤22		≤20≤14
	有过热器	—	—	—	—	≤14	≤12
pH 值(25℃)		≥7	≥7	≥7	10～12	10～12	10～12
含油量/(mg/L)		≤2	≤2	≤2	—	—	—
溶解氧/(mg/L)		≤0.1	≤0.1	≤0.05	—	—	—
溶解固形物/(mg/L)	无过热器	—	—	—	<4000	<3500	<3000
	有过热器	—	—	—	—	<3000	<2500
SO_3^{2-}/(mg/L)		—	—	—	10～40	10～40	10～40
PO_4^{3-}/(mg/L)		—	—	—	—	10～30	10～30
相对碱度$\left(\frac{游离NaOH}{溶解固形物}\right)$		—	—	—	<0.2	<0.2	<0.2

三、水样的采集与保存

水质分析的一般过程包括采集水样、预处理、依次分析、结果计算与整理、分析结果的质量审查。显然，水样的采集与保存直接关系到水质分析结果的可靠性。为此，应根据水质特性、水质检测的目的与检测项目的不同而采用不同的取样方法和保管措施。

国标 GB/T 2997—91《采样方案设计技术规定》中规定了水（包括底部沉积物和污泥）的质量控制、质量表征、污染物鉴别采样方案的原则，是各种天然水、工业用水、工业废水、污水和污水厂出水、暴雨污水和地面径流等各种水质制订采样方案，决定取样和水样预处理方法及水样保存措施的依据。该标准还具体规定了适用于各种取样目标的取样方案的具体要求。

四、水质分析技术

水中的各种组分，既有无机物，又有有机物。随它们含量不同，又可区分为主要组分、次要组分和痕量组分，测定它们时需运用分析化学（包括仪器分析）中的各种分析方法。表 9-2 列出水质分析中需要测定的部分项目及其常用的分析方法。

由表 9-2 可以看出，水质分析中所应用的方法以分光光度法、滴定法最为常用。这是因为这两类方法操作简便快速，不需特殊设备，适合于批量分析。同时滴定法对主要组分测定的准确度高，分光光度法对痕量组分测定的灵敏度较高，也是它们各自的突出优点。重量分析法不适合低含量组分的分析，且操作繁琐费时；比浊法可分析的项目少，操作条件不易控制，准确度较差。因而，目前除个别项目尚无更好的分析方法外，重量分析法和比浊法已很少使用。

仪器分析方法，由于灵敏度较高，操作简便，易实现自动分析，所以它们在水质分析中的应用日见增加。其中，AAS、ICP-AES 对痕量金属元素分析运用得较多，较成熟。火焰光度法对碱金属元素的分析也属于经典的简便方法。电位法测定 φ_h、溶解氧，IC、离子选择性电极法测定 F^-、CN^-、Br^-、I^- 等离子均有其简便快速的优点。气相色谱法测定气体成分和有机物质有其独到之处。液相色谱法、荧光光度法、红外光谱法可用于有机物的分析。放射化学分析法是水质分析中测定总 α、总 β 以及许多放射性核素的有效方法。

表 9-2 水质分析测定项目及其常用测定方法

分析方法	项目
重量法	悬浮物、总固体、溶解性固体，灼烧减量、SO_4^{2-}、有机碳、油
滴定法	酸度、碱度、硬度、游离二氧化碳、侵蚀性二氧化碳、COD、DO、BOD、Ca^{2+}、Mg^{2+}、Cl^-、CN^-、F^-、硫化物、有机酸、挥发酚、总铬
分光光度法	SiO_2、Fe^{3+}、Fe^{2+}、Al^{3+}、Mn^{2+}、Cu^{2+}、Pb^{2+}、Zn^{2+}、Cr(Ⅲ、Ⅵ)、Hg^{2+}、Cd^{2+}、Ca^{2+}、Mg^{2+}、U、Th^{4+}、BO_2^-、As、Se、F^-、Cl^-、SO_4^{2-}、CN^-、NH_4^+、NO_3^-、NO_2^-、可溶性磷、总磷、有机磷、有机氮、酚类、硫化物、余氯、木质素、ABS色度、阴离子表面活性剂、油
比浊法	SO_4^{2-}、浊度、透明度
火焰光度法	Na^+、K^+、Li^+
发射光谱法	Ag、Si、Mg、Fe、Al、Ni、Ca、Cu 等数十种
原子吸收光谱法	As、Ag、Bi、Ca、Cd、Co、Cu、Fe、Hg、K、Mg、Mn、Mo、Na、Ni、Pb、Sn、Zn 等
电位法	pH 值、φ_h、DO、酸度、碱度
极谱法	As、Cd、Co、Cu、Ni、Pb、V、Se、Mo、DO、Zn 等
离子选择性电极法	K^+、Li^+、Na^+、F^-、Cl^-、Br^-、I^-、CN^-、S^{2-}、NO_3^-、NH_4^+、DO 等
液相色谱法	有机汞、Co、Cu、Ni、有机物
离子色谱法	Li^+、Na^+、K^+、F^-、Cl^-、Br^-、I^-、NO_3^-、SO_4^{2-} 等
气相色谱法	Al、Be、Cr、Se、气体物质、有机物质
放射化学分析法	总放射性、总 α、U、Th、Ra、Rn、^{210}Po、^{14}C 等放射性核素
其他	温度、外观、嗅、味、电导率

第二节 天然水水质指标间的关系

各种水均为一平衡体系，在水质指标间也存在着一定的平衡制约关系。研究这些关系，对水质分析结果的审查和校正是十分必要的。

一、阴、阳离子平衡关系

因为任何水溶液都是电中性的。理论上，在任何水中，用 $mmol \cdot L^{-1}$ 表示的阴离子总量，必须和以 $mmol \cdot L^{-1}$ 表示的阳离子总量相等。实验测定结果，这两个数值很少相等。甚至更确切地说，两者的实验数据完全相等多半是由于分析误差的偶然巧合和互相补偿的结果。而这两个数值不相等的原因是由分析过程中某些组分的微小变化或某些组分的“漏测”和分析操作（包括分析方法本身的局限性）中不可避免的误差造成的。

如果水质总矿化度大于 $3mmol/L^{-1}$，且 K^+、Na^+ 含量为直接测定，则可按下式计算出阴、阳离子总量的分析误差。

$$x = \frac{\sum N - \sum P}{\sum N + \sum P} \times 100\%$$

式中，x 为分析误差，%；$\sum N$ 为阴离子总量，$mmol \cdot L^{-1}$；$\sum P$ 为阳离子总量，$mmol \cdot L^{-1}$。

不同矿化度的水样，阴、阳离子总量之间的允许误差也不同，其数值见表 9-3。

表 9-3 阴、阳离子总量之间的允许误差

水的总矿化度/$mmol \cdot L^{-1}$	允许误差	水的总矿化度/$mmol \cdot L^{-1}$	允许误差
<3	不确定	>5	2%
3～5	5%		

二、离子总量的一致性

分别用氢式和羟式离子交换-碱、酸滴定法测定水中离子总量与分析所得各种离子量之和比较，理论上说应该相等。但由于测定项目的不完全和分析过程中不可避免地存在误差，两者实际不相等，规定的允许误差见表 9-4。

表 9-4　离子交换法检查离子总量时的允许误差

离子总量/mmol·L^{-1}	允许相对误差	离子总量/mmol·L^{-1}	允许相对误差
0.5～1	10%	3～5	2%
1～3	5%	＞5	1%

当它们之差超过允许误差时，必须首先对使用的各种标准溶液进行检查，确证无误后，再对水中占主要含量的离子进行检查分析。

三、溶解性固体物质与各种成分总量的关系

水中溶解性固体物质（溶解固形物），通常是将澄清水样蒸发后经过干燥而得到，此项目也称为蒸发残渣。虽然由于成分的不同也有遭受氧化、挥发等变化的情况，但各种成分的总量大体上应当与各种成分含量之和相等。两者比较的允许误差见表 9-5。

表 9-5　溶解性固体物质与各组分之和比较的允许误差

总矿化度/mg·L^{-1}	允许误差/mg·L^{-1}	总矿化度/mg·L^{-1}	允许误差/mg·L^{-1}
≤100	30	＞1500	10%(相对误差)
100～1500	50		

采用这种方法检查时，$HCO_3{}^-$应以实际测定结果的一半计入总量。因为在蒸发烘干溶解性固体物质时，它转变为二氧化碳和碳酸根，二氧化碳是挥发性组分。

实践中，对天然水来说常常将 Na^+、K^+、Ca^{2+}、Mg^{2+}、Cl^-、SO_4^{2-}、HCO_3^-、SiO_2（比色硅酸）的总浓度用 mg·L^{-1}表示，并与溶解性固体物质浓度进行比较。对酸性（pH＜4）水样或含有机物较多的水样，还必须考虑除上述 8 种成分以外的其他成分。当两者浓度值相差悬殊时，必须研究其差异的原因。

四、碱度、硬度与其他离子之间的关系

（1）总硬度与 Ca^{2+}、Mg^{2+}的关系　理论上，天然水样中以浓度（mmol·L^{-1}）表示的 Ca^{2+}、Mg^{2+}等的总量应等于其总硬度。但个别含大量铁、铝、锰的强酸性水样却例外，这种水的总硬度应包括铁、铝、锰等元素。

（2）当有永久硬度时，应当没有负硬度存在，此时：总硬度＞总碱度；暂时硬度＝重碳酸根离子含量

$Cl^- + SO_4^{2-} > K^+ + Na^+$（均以 mmol·$L^{-1}$表示，下同）

（3）当有负硬度时，应当不存在永久硬度，此时：

总硬度＜总碱度；

暂时硬度＝总硬度；总碱度－总硬度＝负硬度；

$Ca^{2+} + Mg^{2+} < HCO_3^-$；$Cl^- + SO_4^{2-} < K^+ + Na^+$

五、pH 值与其他离子浓度的关系

1. pH 值与金属离子浓度的关系

能生成氢氧化物的铁、锰、铝、锌、铜等组分，它们在水中的溶解度随溶液的 pH 值不同而不同，因而可以根据溶液的 pH 值计算出这些金属离子在相应 pH 值下的浓度，若测定值与理论计算值之间有显著的差异，则应对分析结果做检查分析。

2. pH 值与 HCO_3^-、CO_3^{2-} 浓度的关系

碳酸在水中可以呈几种不同形式存在，各种形式之间可以互相转化。它存在的各种形态及其百分率与 pH 值有关。在 pH＜7 时，主要呈游离碳酸和 HCO_3^-，几乎没有 CO_3^{2-}；在 pH＞10 时，主要是以 CO_3^{2-} 形式存在，而几乎没有游离碳酸和 HCO_3^-；在 pH＝7～9 时，主要以 HCO_3^- 形式存在；在任何情况下都没有显著量游离碳酸与 CO_3^{2-} 共存，也没有显著量 HCO_3^- 与 OH^-共存。

当水样的矿化度不大、含有机物质不多时，水的 pH 值主要取决于水中碳酸的浓度。

pH 值与游离二氧化碳、碳酸根、碳酸氢根离子浓度有如下关系：

$$pH=6.23-\lg c_{(CO_2)}+\lg c_{(HCO_3^-)}$$

或

$$pH=10.26-\lg c_{(HCO_3^-)}+\lg c_{(CO_3^{2-})}$$

式中，$c_{(CO_2)}$为游离二氧化碳的浓度；$c_{(HCO_3^-)}$为 HCO_3^- 的浓度；$c_{(CO_3^{2-})}$为 CO_3^{2-} 的浓度，单位为 $mmol \cdot L^{-1}$。

实测 pH 值与计算出来的 pH 值之差不应超过 0.1pH 单位，最大误差不应超过 0.2pH 单位。

第三节 水质指标测定方法

各种水的水质指标和水质分析项目很多，限于篇幅，这是介绍 20 个项目测定的方法原理。

一、无机物指标的测定

（一）悬浮固形物和溶解固形物的测定

（1）原理 用某种过滤材料分离出来的固形物为悬浮固形物，按国家标准采用 G_4 玻璃过滤器（孔径为 3～4μm）为过滤材料。将一定体积水样过滤、烘至恒重，称量后计算出悬浮固形物含量。取一定体积滤液蒸发、干燥至恒重，称量后计算出溶解固形物含量。

（2）悬浮固形物的测定 先用 1∶1 硝酸溶液洗涤 G_4 玻璃过滤器，再用蒸馏水洗净，置于 105～110℃烘箱中烘干 1h。放入干燥器内冷至室温，称至恒重，记下过滤器 G_4 的质量（mg）。

取水样 500～1000ml，徐徐注入过滤器，并用水力抽气器抽滤。将最初 200ml 滤液重复过滤一次，滤液应保留，作其他分析用。

过滤完水样后，用蒸馏水洗量水容器和过滤器数次，再将玻璃过滤器置于 105～110℃烘箱中烘 1h。取出放入干燥器中，冷却至室温时称量。再烘 30min 后称量，直至恒重。由所测得质量计算出水样的悬浮固形物含量。

（3）溶解固形物的测定 取一定体积上述滤液（水样体积应使蒸干后溶解固形物质量为 100mg 左右），逐次注入已经烘干至恒重（G_2）的蒸发皿中，在水浴上蒸干。置入 105～110℃的烘箱中烘 2h，取出在干燥器中冷却至室温，称量。直到恒重记下质量，并由此计算水样的溶解固形物的含量。

（二）pH 值

水的 pH 值的测定常用电极法，即直接用经校正过的酸度计直接测定。

（三）硬度

水的硬度为水中 Ca^{2+}、Mg^{2+}、Mn^{2+}、Fe^{2+}等高价金属离子的含量。

测定水的总硬度一般采用配位滴定法，在 pH＝10 条件下，以铬黑 T（或酸性铬黑 K-萘酚绿 B）作指示剂，直接用 EDTA 标液滴定水中 Ca^{2+}、Mg^{2+} 总量。如果将所取水样预先加热煮沸，然后分取上清液按上法滴定，所得结果为水的永久硬度。总硬度与永久硬度之差为暂时硬度。

（四）碱度

水的碱度是指水中那些能接受质子的物质含量，主要有氢氧根、碳酸盐、重碳酸盐、磷酸盐、磷酸氢盐等物质，选用适当指示剂，可以用强酸标准溶液对它们进行滴定。

碱度一般分为酚酞碱度和甲基橙碱度（总碱度）。

（1）酚酞碱度 是以酚酞为指示剂，用酸标准溶液滴定后计算所测得的含量，记作 P，滴定反应终点（酚酞变色点），pH＝8.3。滴定中发生下列反应：

① OH^- 的反应

$$OH^- + H^+ \longrightarrow H_2O$$

酚酞变色时（pH＝8.3 时），OH^- 与 H^+ 完全反应。

② CO_3^{2-} 的反应

$$CO_3^{2-} + H^+ \longrightarrow HCO_3^-$$

酚酞变色时，CO_3^{2-} 几乎全部生成 HCO_3^-。

③ PO_4^{3-} 的反应

$$PO_4^{3-} + H^+ \longrightarrow HPO_4^{2-}$$

在 pH＝8.3（即酚酞变色）时，计算 HPO_4^{2-} 的分布系数 $\delta_{(HPO_4^{2-})}$

$$\delta_{(HPO_4^{2-})} = \frac{K_{a1}K_{a2}[H^+]}{[H^+]^3 + K_{a1}[H^+]^2 + K_{a1}K_{a2}[H^+] + K_{a1}K_{a2}K_{a3}}$$

$$= \frac{7.6\times6.3\times10^{-19.3}}{10^{-24.9} + 7.6\times10^{-3}\times10^{-16.6} + 7.6\times6.3\times10^{-19.3} + 7.6\times6.3\times4.4\times10^{-24}}$$

$$= \frac{2.4\times10^{-18}}{2.59\times10^{-18}} = 0.927\text{（即 92.7\%）}$$

而仅有另外的 0.073 为滴定过量部分，进一步反应生成 $H_2PO_4^-$。型体分布为

$$\delta_{(H_2PO_4)} = \frac{7.6\times10^{-3}\times10^{-16.6}}{2.6\times10^{-18}} = 0.073\text{（即 7.3\%）}$$

（2）酚酞后碱度　是在酚酞变色后再以甲基橙为指示剂，用酸标准溶液继续滴定，计算所测得的含量，记作 M。滴定终点 pH＝4.2（甲基橙变色点），滴定在原来反应基础上发生下列反应：

① HCO_3^- 的反应

$$HCO_3^- + H^+ \longrightarrow H_2CO_3 \longrightarrow H_2O + CO_2$$

甲基橙变色时，HCO_3^- 全部反应完毕。

② HPO_4^{2-} 的反应

$$HPO_4^{2-} + H^+ \longrightarrow H_2PO_4^-$$

在 pH＝4.2（即甲基橙变色）时，计算 $H_2PO_4^-$ 的分布系数 $\delta_{(H_2PO_4^-)}$

$$\delta_{(H_2PO_4^-)} = \frac{7.6\times10^{-11.4}}{10^{-12.6} + 7.6\times10^{-11.4} + 7.6\times6.3\times10^{-15.2} + 7.6\times6.3\times4.4\times10^{-24}}$$

$$= \frac{3.03\times10^{-11}}{3.05\times10^{-11}} = 0.992\text{（即 99.2\%）}$$

仅有 0.008（即 0.8%）反应过量，生成 H_3PO_4。

（3）总碱度 A　又称甲基橙碱度，$A = P + M$。

必须指出的是，有些资料将酚酞后碱度称为甲基橙碱度，这时总碱度为酚酞碱度与甲基橙碱度之和。

（五）酸度

水的酸度是指水中那些能放出质子的物质的含量，主要是游离二氧化碳（在水中以 H_2CO_3 形式存在）、HCO_3^-、HPO_4^{2-}、有机酸等。其测定方法为：选用酚酞指示剂，用强碱标准溶液来对它们进行滴定。

（六）氯化物

氯化物的测定常用银量法，即在 pH＝7 左右的中性溶液中，以铬酸钾为指示剂，用硝酸银标准溶液进行滴定。硝酸银与氯离子作用生成白色氯化银沉淀，过量的硝酸根与铬酸钾

作用生成红色铬酸银沉淀，使溶液显橙色即为滴定终点。

指示剂 K_2CrO_4 浓度不宜过大或过小。因为过大或过小会造成析出 Ag_2CrO_4 红色沉淀过早或过晚，导致产生较大误差。所以 Ag_2CrO_4 沉淀的出现应恰好在化学计量点附近。理论上可以计算出化学计量点时所需要的 CrO_4^{2-} 浓度。

化学计量点时，游离的 Ag^+ 浓度为

$$c_{(Ag^+)}=c_{(Cl^-)}=\sqrt{K_{sp}}=\sqrt{3.2\times10^{-10}}=1.8\times10^{-5}(mol\cdot L^{-1})$$

此时，CrO_4^{2-} 的浓度应为

$$c_{(CrO_4^{2-})}=\frac{K_{sp}}{c_{(Ag^+)^2}}=\frac{5\times10^{-12}}{(1.8\times10^{-15})^2}=1.5\times10^{-2}(mol\cdot L^{-1})$$

由于 K_2CrO_4 显黄色，影响终点观察，实际测定时浓度应略低些。

（七）溶解氧

水中溶解氧常用碘量法测定，其原理是水中溶解氧在碱性条件下定量氧化 Mn^{2+} 为 Mn（Ⅲ）和 Mn（Ⅳ），而 Mn（Ⅲ）和 Mn（Ⅳ）又定量氧化 I^- 为 I_2，用硫代硫酸钠滴定所生成的 I_2，即可求出水中溶解氧的含量。反应过程如下：

（1）碱性条件下，Mn^{2+} 生成 $Mn(OH)_2$ 白色沉淀

$$Mn^{2+}+2OH^- = Mn(OH)_2\downarrow$$

（2）水中溶解氧与 $Mn(OH)_2$ 作用生成 Mn(Ⅲ)和 Mn(Ⅳ)

$$2Mn(OH)_2+O_2 \longrightarrow 2H_2MnO_3\downarrow$$

$$4Mn(OH)_2+O_2+2H_2O \longrightarrow 4Mn(OH)_3\downarrow$$

（3）在酸性条件下，Mn(Ⅲ)和 Mn(Ⅳ)氧化 I^- 为 I_2

$$H_2MnO_3+4H^++2I^- \longrightarrow Mn^{2+}+I_2+3H_2O$$

$$2Mn(OH)_3+6H^++2I^- \longrightarrow 2Mn^{2+}+I_2+6H_2O$$

（4）用硫代硫酸钠滴定定量生成的碘

$$I_2+2S_2O_3^{2-} \longrightarrow 2I^-+S_4O_6^{2-}$$

从上述反应的定量关系可以看出

$$n_{(O_2)}:n_{(I_2)}=1:2$$

而

$$n_{(I_2)}:n_{(S_2O_3^{2-})}=1:2$$

所以

$$n_{(O_2)}:n_{(S_2O_3^{2-})}=1:4$$

（八）硫酸盐和亚硫酸盐

天然水中一般只含硫酸盐，不含亚硫酸盐。而中低压锅炉用水常加 Na_2SO_3 作为除氧剂，常要检测锅炉水中的 Na_2SO_3 含量。

硫酸盐的测定有重量法和铬酸钡光度法。重量法即为硫酸钡沉淀的重量法。铬酸钡光度法为一间接法，其原理是用过量的铬酸钡酸性悬浊液与水样中硫酸根离子作用生成硫酸钡沉淀，过滤后用分光光度法测定由硫酸根定量置换出的黄色铬酸根离子，从而间接求出硫酸根离子的含量。

亚硫酸钠的测定，用碘酸钾-碘化钾标准溶液在酸性条件下滴定亚硫酸钠。淀粉溶液为指示剂，蓝色出现为终点。在酸性条件下，碘酸钾与碘化钾作用，定量生成 I_2

$$IO_3^-+5I^-+6H^+ = 3I_2+3H_2O$$

I_2 与 SO_3^{2-} 发生定量反应 $I_2+SO_3^{2-}+H_2O = 2I^-+SO_4^{2-}+2H^+$

SO_3^{2-} 与 IO_3^- 的定量关系为

$$n_{(SO_3^{2-})}=\frac{1}{3}n_{(IO_3^-)}$$

（九）磷酸盐

天然水中磷酸盐含量很少，锅炉水中常要加磷酸盐，其目的是为防止生成$CaSO_4$、$CaSiO_3$等水垢，维持水中一定浓度的PO_4^{3-}，使形成$Ca_3(PO_4)_2$水渣。如果OH^-含量较高，还可发生下列反应

$$10Ca^{2+}+6PO_4^{3-}+2OH^- \longrightarrow \underset{\text{碱性磷灰石}}{Ca_{10}(OH)_2(PO_4)_6}\downarrow$$

碱性磷灰石是一种发散性较好的水渣。

加入磷酸盐除防止生成坚硬的$CaSO_4$和$CaSiO_3$水垢外，还能促使这些水垢疏松脱落，形成流动性的水渣，在金属表面形成一层保护膜，对防止锅炉腐蚀起到一定的保护作用。由于磷酸钠价格较高，一般不单独使用。通常是用少量的磷酸盐与其他防垢药剂配成复合防垢剂，在锅炉水中控制一定的PO_4^{3-}浓度，主要是从经济节约角度考虑的。

测定锅炉水中PO_4^{3-}的含量，主要采用磷钒钼黄分光光度法。在0.6mol·L^{-1}的酸度下，磷酸盐、钼酸盐和偏钒酸作用生成黄色的磷钒钼酸

$$2H_3PO_4+22(NH_4)_2MoO_4+2NH_4VO_2+23H_2SO_4 \longrightarrow \underset{\text{黄色}}{P_2O_5\cdot V_2O_5\cdot 22MoO_3}+23(NH_4)_2SO_4+26H_2O$$

磷钒钼酸的最大吸收波长为355nm。为方便起见，一般在420nm波长下测定。

二、有机物污染指标的测定

水中有机物质随其来源不同，有机物总量和组成也不同，有的还可能含有微生物、细菌等。要一一测定它们，从定性到定量均有一定难度。为此，在一般情况下，视有机物为还原性物质，测定其化学需氧量和生化需氧量。

（一）化学需氧量

化学需氧量（化学耗氧量），是指在一定条件下，水中易被强化学氧化剂氧化的还原性物质所消耗的氧的量。

水中如果含有还原性有机物，如动植物尸体或残骸分解的产物（如腐殖质）或工业生产的某些有机化合物。使溶解于水中的氧因被消耗而减少，以致影响水生动物的生长，但是却常常有利于某些厌氧细菌或微生物等的繁殖。这样的水不仅不适于工业使用，特别是还因为其具有毒性而不能作为生活用水。这些还原性有机物，一般必须在较高温度及特定条件下，才能和强化学氧化剂作用。水中还可能含有无机还原性物质，如NO_2^-、S^{2-}、Fe^{2+}、Cl^-等，这些物质在常温下就可以被强化学氧化剂氧化。因此，由化学耗氧量的测定过程可见，化学耗氧量实际上主要是水中还原性有机物的含量，所以化学耗氧量是水体被某些有机物污染的标志之一。但是，由于情况比较复杂，化学耗氧量的高低，却又不可能完全表示水被有机物污染的程度，而必须同时参考水的色度、灼烧减量、有机氮或蛋白质等，才能判断污染情况。

在水质检验中，有时还要求测定生物化学需氧量。生物化学需氧量是指当有微生物存在时，氧化某些有机物所消耗的氧的量，和化学需氧量意义不同。

测定化学耗氧量，通常采用重铬酸钾氧化法。方法的实质是在硫酸酸性溶液中，当有硫酸银作为催化剂，硫酸汞及氨基磺酸分别配合Cl^-及分解NO_2^-以排除干扰的条件下，用一定量过量重铬酸钾氧化水中的有机物，待反应完成后，用亚铁盐标准溶液滴定剩余的重铬酸钾。由重铬酸钾的消耗量计算水中的化学耗氧量。

氧化反应一般都在1∶1硫酸溶液中并于沸腾的温度下进行。在有硫酸银作为催化剂存在下，脂肪族化合物可以被氧化完全，但是芳香族化合物仍不能被氧化。因此，测定的实际上不是全部有机物。

氯化物在酸性溶液中有还原性，如果浓度过大，也可能部分被重铬酸钾氧化，干扰测

定。可以加入硫酸汞，使氯离子生成不电离的氯化汞配合物，被掩蔽。亚硝酸盐也被重铬酸钾氧化，干扰测定，可以加入氨基磺酸分解除去。

$$NH_2SO_3H + HNO_2 \longrightarrow H_2O + H_2SO_4 + N_2\uparrow$$

邻苯氨基苯甲酸的标准电位为1.08V，邻菲啰啉的标准电位为1.14V，都可以作为滴定的指示剂。但是二苯胺或二苯胺磺酸钠等由于标准电位较低，不宜使用。邻苯氨基苯甲酸本身在氧化性溶液中为红色，在还原性溶液中无色。但是，在用亚铁盐溶液滴定重铬酸盐溶液时，由于 $Cr_2O_7^{2-}$ 的橙黄色及被还原后生成的 Cr^{3+} 为绿色，所以如用邻苯氨基苯甲酸做指示剂，在滴定过程中，溶液颜色的变化应该是由橙红色经过紫色最后变为绿色为终点。邻菲啰啉本身在氧化性溶液中为淡蓝色，在还原性溶液中为红色。所以，如用邻菲啰啉做指示剂，在滴定过程中，溶液颜色的变化应该是由橙黄绿色经过绿色最后变为紫红色为终点。两种指示剂的颜色变化都很敏锐，国标中规定以邻菲啰啉做指示剂。

（二）五日生化需氧量（BOD_5）

生化需氧量（BOD）为规定条件下，水中有机物和无机物在生物氧化作用下所消耗的溶解氧（以质量浓度表示）。所谓规定条件就是为了结果可比性而规定于(20±1)℃条件下培养五日，并定义为五日生化需氧量（BOD_5）。

BOD_5 的测定原理是，将水样注满培养瓶，塞好后应不透气，将瓶置于恒温[(20±1)℃]条件下培养5d。测定培养前后水样中溶解氧的浓度，由两者的差值可计算出每升水消耗溶解氧的质量，即 BOD_5。

由于多数水样中含有较多的需氧物质，其需氧量往往超过水中溶解氧的量，这时需要适当稀释。有些水样微生物少，又需要接种。国标GB 7488—1987规定了稀释与接种方法。

三、放射性及放射性核素的测定

1. 总α放射性

我国饮用水水质标准规定，总α放射性应小于 $0.1Bq\cdot L^{-1}$。因此环境监测中应测定水中的总α活度。由于天然水中总α活度很低，一般要先用蒸发法、活性炭吸附法、氢氧化铁或活性二氧化锰吸附法等化学分离法加以富集，然后制源测量。现将氢氧化铁沉淀载带法测定水样总α活度的方法概述如下。

水样用 $6mol\cdot L^{-1}$ HCl溶液调到 $pH\leqslant 2$，鼓气搅动除去 ^{222}Rn 和 ^{220}Rn 等射气及 CO_2 后，加入三氯化铁溶液，在不断搅拌下用氨水（1+1）调到pH=8，静置，过滤，沉淀于500℃高温炉中灰化，冷却，研细，置样品盘中铺匀，用低本底α探测仪测量α计数率，由计数率计算出总α放射性活度。

2. 总β放射性

水中的β辐射体有三个天然放射系的核素和 ^{40}K、^{90}Sr、^{137}Cs、^{3}H 等，它们的含量都很低，通常取一定体积的天然水，在稀硝酸条件下蒸发至干。然后以不锈钢刮刀将其残渣刮入瓷坩埚中，于500℃灼烧1h后，研细，均匀铺于不锈钢盘中，用低本底β探测仪测量β计数率，并计算出水样中总β放射性活度。

3. 铀及 $^{234}U/^{238}U$ 值

铀是自然界中广泛存在的天然放射性元素，在水中的含量随水的类型不同而变化很大，但除与铀矿床有关的地下水外，含量一般都很低。我国规定露天水源的限制浓度为 $0.05mg\cdot L^{-1}$。测定水中铀含量的常用方法及其特点见表9-6。GB 6768—1986中规定固体荧光法、液体激光荧光法和偶氮胂Ⅲ光度法为标准方法。这些方法的原理在有关章节中已作介绍，在此不再赘述。水中 $^{234}U/^{238}U$ 值已被用于评价与解释水化学找矿中铀异常的一种方法，测定它的方法主要是基于放射性测量的α能谱法、辐射法。这里就该两种方法的原理作一简略介绍。

α能谱法可以是水样经放射化学处理后直接测量，也可以用同位素稀释法测量。现将同位素稀释测定法介绍如下：取一定量水样，用硝酸酸化到 pH＝1～2，加入^{232}U示踪剂，静置过夜使同位素交换达到平衡。于 pH＝8 时用氢氧化铁共沉淀吸附铀。过滤，用 2mol · L^{-1} HNO_3 溶解后通过 CL-5209 色谱柱，分别以 1mol · L^{-1} HNO_3、4mol · L^{-1} HCl 和含 0.06mol·L^{-1} HF 的 4mol · L^{-1} HCl 溶液淋洗除去被吸附在柱上的 Fe^{3+}、Th^{4+}、Pa^{3+} 后，以 0.3mol·L^{-1} $(NH_4)_2C_2O_4$ 溶液淋洗铀，并置于特制电解池中，于 80℃、极距 15mm、电压 1.2V、起始电流 1.0A，电沉积 1.5h，把铀镀在镍片上制得测量源。用高分辨率 α 能谱仪测^{232}U、^{234}U、^{238}U 的放射性活度、确定它们的比值，并根据^{232}U示踪剂的量和放射性活度，计算出水中铀的浓度。

辐射法是不用^{232}U示踪剂，直接取水样按上述类似的放射化学方法处理、制源。然后依次用 α 探测仪和 β 探测仪测定样品中的 α 活度和 β 活度计数（n_α 和 n_β）。按

$$^{234}U/^{238}U = n_\alpha / n_\beta - 1$$

计算样品中铀的$^{234}U/^{238}U$值。

表 9-6 铀的常用分析方法

方法名称		能否野外工作	特 点
固定荧光法	直接法	能	适用于大宗水样分析，易受基体效应影响
	色谱分离法	能	专属性强、费时、用途广
X 射线荧光法		不能	易受基体效应的影响，能做多元素分析
激光荧光法		能	简单快速、灵敏度高
分光光度法		能	简单快速，低含量时误差较大
中子活化法		一般不能	分析裂变产物的放射性专属性强，灵敏、需专门设备和人员，速度慢
缓发中子法		不能	快速，没有基体效应，适合于非熟练人员操作，自动化；需专门设备
裂变径迹法		不能	很灵敏，可分析一滴水样；可分别测定悬浮颗粒上铀和溶液中铀；需专门设备
阴极射线极谱法		一般不能	选择性高，灵敏（检测限为 0.2×10^{-9}）；需专门设备

4. 钍及$^{230}Th/^{232}Th$值

钍在地壳中丰度高于铀（达 8×10^{-6}），但因 Th^{4+} 在水中水解形成的 $Th(OH)_4$ 溶解度很小，而使水中钍含量很低，水中钍含量的测定方法常用偶氮胂Ⅲ分光光度法（GB 11224—89 规定的标准方法），也可用放射化学分析法测定。$^{230}Th/^{232}Th$ 值常用 α 能谱法，也可用 α 放射性活度法。这里将 α 能谱法概述如下：对水样中钍按前述测铀的氢氧化铁共沉淀法富集后，制成 5mol · L^{-1} HNO_3 溶液，通过 CL-TBP 色谱柱吸附后，洗去杂质，以 6mol · L^{-1} HCl 溶液淋洗钍。淋洗液经蒸发，并加 $HClO_4$、HNO_3，冒尽白烟后，制成 2mol · L^{-1} HCl 溶液。于 pH＝2～3 并有 $(NH_4)_2C_2O_4$ 存在下，70℃、极距 4～5mm、电流密度 1.2A，电解 1h，把钍镀到不锈钢片上制得测量源。用 α 能谱仪测定^{228}Th、^{230}Th、^{232}Th的能谱，并计算$^{230}Th/^{232}Th$值。

此法若用 CL-TBP 色谱柱吸附 6mol · L^{-1} HCl 淋洗钍之后，再用水将同时被吸附在柱上的铀解吸，可以测定$^{234}U/^{238}U$值。这是 GB/T 13071—91 国标规定的方法。该标准中还规定用 P_{350} 吸附树脂分离和浓集铀和钍[于 15% HNO_3-15% $Al(NO_3)_2$ · $9H_2O$ 上柱条件]，然后分别用 3mol · L^{-1} 盐酸和 0.2%NaF（质量比）溶液解吸钍和铀，电解制源测定的方法。

5. 氡

氡是一种放射性气体元素，它的同位素^{222}Rn、^{220}Rn、^{219}Rn 分别是^{238}U、^{232}Th、^{235}U 的衰变子体，其半衰期分别为 3.82d、55.6s、3.96s。因为^{220}Rn、^{219}Rn 的半衰期很短，所以一般测氡是指测^{222}Rn。由于它是^{238}U的子体，因而测定水中^{222}Rn量是放射性找矿的一种重要手段。近年来发现含氡量高的矿泉水对某些疾病，如关节炎等有一定疗效，因此从卫生保

健的角度来说，测定水中氡浓度也很有必要。

^{222}Rn的测定方法有基于气体电离的静电计法和闪烁计数法。

静电计法是将待测气体导入容量为1L的圆柱形电离室中，静置3h，使^{222}Rn与其子体达到放射性平衡后，用经过校准的静电计测其电离电流。按标准源校正的格值、标准源的放射性活度、样品体积和测量时间计算出氡的含量。

闪烁计数法是将待测气体导入容量为0.5L的内壁涂有ZnS(Ag)的球形闪烁室中，放置3h后，用闪烁计数器记录由^{222}Rn衰变时所放射出的α粒子数。根据计数率、采样体积、标准源校正因数计算氡含量。本法为GB 8538.8—87标准方法。

静电计法和闪烁计数法校正仪器所用的标准源都是^{222}Ra标准源。

6. 镭及$^{226}Ra/^{228}Ra$值

镭有四种天然放射性核素^{222}Ra、^{224}Ra、^{228}Ra和^{226}Ra，它们分别是^{235}U、^{232}U、^{234}U、^{238}U的衰变子体，其半衰期分别为11.4d、3.64d、5.75a和1602a。除了^{228}Ra为β辐射体外，其余均为α辐射体。^{226}Ra、^{228}Ra是高毒性核素，我国规定在露天水源中，^{226}Ra和^{228}Ra的限制浓度为$1.1Bq \cdot L^{-1}$和$0.11Bq \cdot L^{-1}$。镭既是铀和钍的衰变子体，又是氡及其衰变子体的母体，因此，测定^{226}Ra和^{228}Ra等的含量，对环境保护和铀矿普查勘探工作均具有十分重要的意义。

对水中镭及其同位素组成的测定，由于它们的含量极低，目前都只能用放射化学方法。

(1) 水中镭的测定　镭的放射化学方法，可以是直接测量镭的放射性，也可以通过测量其衰变子体的放射性来测定镭，常用的方法有射气法、α计数法、γ计数法等。其中射气法是灵敏度较高的经典方法。

镭的射气法是基于测量其衰变子体^{222}Rn射气的量来计算出镭含量的方法。对于^{222}Rn的测量可以按上述介绍的测定氡的静电计法和闪烁计数法进行。但因水中镭含量低，并和其他放射性核素在一起，因此，必须经过放射化学处理，即分离和富集，方可制得测量源。

镭的分离富集方法很多，以沉淀法和离子交换法应用较广。但是，近十多年来，溶剂萃取法也有了新的进展。

镭的共沉淀分离富集方法研究和应用较多的是钡或铅的碳酸盐或硫酸盐沉淀法，其中又以铅或钡的硫酸盐沉淀法为佳，分离效果好。为了消除干扰并使镭沉淀完全，常用两次沉淀的方法，即在柠檬酸存在下用钡、铅作载体沉淀分离后，用碱性EDTA溶液将沉淀溶解，再用乙酸调至酸性，再沉淀一次即得。

离子交换法可以用氢型阳离子交换树脂在微酸性介质中吸附镭。通过控制吸附和淋洗条件，既可使镭与碱土金属分离，也可以使它与其他放射性元素分离。有人采用铵型阳离子交换树脂于pH=2～3条件下将镭定量地吸附后，通氮除氡，封闭后放置数天进行测量，获得较好的效果。

溶剂萃取法，以前总是用有机溶剂从含镭的溶液中将杂质萃取出来，以达到分离的目的。但近十多年来已有多种直接将镭从水相萃取到有机相的方法。用TTA-TBP的四氯化碳溶液于pH=8时可定量萃取镭，并使它与钍、钋、铊、铅、氡分离。在pH=8～9时，镭可被$0.1mol \cdot L^{-1}$的TTA-TMBK溶液定量萃取。在水相pH=6.5～8时，用TTA-TOPO萃取，由于生成混合配合物$Ra(TTA)_2(TOPO)_2$，而使镭的最大分配系数达1500～2000，连续两次萃取，能提取99%的镭。在一氯乙酸介质中，用D_2EHPA-庚烷溶液萃取，可使^{226}Ra与^{228}Ac很好分离，并能使镭与$^{214}Pb(RaB)$、$^{214}Bi(RaC)$分离。

另外，还可以用碳酸钙（镭）沉淀被吸附在活性炭上，使镭与其他元素分离。

硫酸钡（铅）-射气法的方法要点为：取适量水样，加入柠檬酸、硝酸铅和氯化钡溶液，使它们的浓度分别为$5\times10^{-3}mol \cdot L^{-1}$、$1\times10^{-4}mol \cdot L^{-1}$、$3\times10^{-4}mol \cdot L^{-1}$。用氨水和硫酸调至

pH=2左右，加热并保温过夜，使钡和铅生成硫酸钡（铅）沉淀把镭载带沉淀下来。虹吸法除去澄清液，用pH>12的EDTA溶液将沉淀溶解，再以乙酸调节溶液到pH=4.5，使镭、钡以硫酸盐的形式再沉淀，离心除去上层清液，把铅除去。然后再将沉淀加热溶解于碱性EDTA溶液中，转移到气体扩散器内，封闭积累20～30d后用α-闪烁计数器配自动定标器测量。

（2）$^{226}Ra/^{228}Ra$值测定　水样中^{226}Ra可用前述方法测定。而^{228}Ra为β衰变，其β射线和γ射线的能量也很低，要直接测定^{228}Ra是困难的。但^{228}Ra的子体$^{228}Ac(MsTh_2)$辐射出能量为2.09MeV的β射线，半衰期为6.13h，可用低本底β测量仪直接测量并计算出^{228}Ra的量。方法要点如下。

取适量水样按前述方法两次硫酸盐沉淀分离之后，用DTPA碱性溶液将沉淀溶解，放置两天左右，使^{228}Ra与^{228}Ac达到平衡。加乙酸至pH=4～5，使镭再次被沉淀，上层含^{228}Ac的清液转移至分液漏斗中，加入一氯乙酸控制溶液酸度为pH=3左右，用D_2EHPA-庚烷溶液萃取^{228}Ac。然后用$1mol\cdot L^{-1}HNO_3$溶液将^{228}Ac反萃取下来，再用草酸铈作载体沉淀锕，并将沉淀过滤到一定规格的滤纸上，用β测量仪进行测量，求得与被测量的^{228}Ac相应的^{228}Ra量。将最后一次所得硫酸盐沉淀，用$0.25mol\cdot L^{-1}$EDTA碱性溶液溶解后装入扩散器中，排气、密封测量^{226}Ra的含量。

7. ^{210}Po

^{210}Po是^{238}U的衰变子体之一，其半衰期为138.4d。可通过岩石和水中^{210}Po含量的测量来寻找铀矿。^{210}Po是强α辐射体，所辐射的α粒子能量为5.30MeV，属于极毒放射性核素，我国规定露天水源中^{210}Po的限制浓度为$7.4Bq\cdot L^{-1}$。

由于^{210}Po在水中含量很低，因此，^{210}Po的测定通常都是经过浓集之后，于HCl介质中自电镀于银（或铜）片上，用α计数法测量其α放射体，计算水中^{210}Po的含量。浓集方法有蒸发法、碳酸钙法和$Fe(OH)_3$法等。其中氢氧化铁沉淀载带法较为简便、快速，且回收率高，精密度好。该法为GB 12376—90规定的标准方法，其方法要点如下。

取适量水样，加H_2SO_4至pH=1～2，按$25mg\cdot L^{-1}Fe^{3+}$水样量加入$FeCl_3$溶液，再用氨水调至pH=7.5～9.5，加热，静置30min，倾去清液后快速过滤。用30ml $20mol\cdot L^{-1}$ HCl溶液将沉淀溶入100ml烧杯中。将银片（或铜片）放入烧杯中，于90℃温度下自电镀2.5h。取出银（铜）片，洗净，晾干，用低本底α计数装置测量α计数，并由α计数率计算出^{210}Po含量。

8. 氚

氚是β辐射体，半衰期12.43a，其β射线的最高能量为18.6keV，属低毒放射性核素，但是它在环境监测和水文地质研究中是一个重要的示踪剂。

由于水中氚浓度很低，β射线能量小，一般都必须预浓集，然后将其直接引入计数管，电离室内或液体闪烁溶液中，才能准确测定。GB 8538.60—87规定为电解浓集-液体闪烁计数法。其方法要点如下。

取适量水样，经蒸馏纯化后，将水样转入玻璃管中；在1%NaOH介质中，于18～22℃电解浓集。由于电解时的同位素分馏效应，氢、氘首先被分解逸出，使氚得到浓集。浓缩液通二氧化碳中和，然后在封闭的系统中进行减压蒸馏，得到浓缩水样（测定其体积）。取2ml浓缩水样，加入13ml闪烁液（二氧六环，溶解有$100g\cdot L^{-1}$萘、$6g\cdot L^{-1}$PPO和$0.3g\cdot L^{-1}$POPOP），避光放置12h后，进行液体闪烁测量，计数大于500min，由计数率计算出水中氚的浓度。

9. ^{14}C

^{14}C为β辐射体，半衰期为5730a，其β射线的最高能量为0.156MeV，属于中毒放射性核素。但是^{14}C是一种良好的示踪剂，在地质及水文地质研究中具有广泛的用途。

测定水中^{14}C的方法有气泡-液体闪烁计数法和直接沉淀-液体闪烁计数法。

(1) 气泡法　取适量水样，在硫酸浓度为 10mol · L^{-1}以上时，通氮将$^{14}CO_2$带出，经纯化后通入 $BaCl_2$ 溶液中，使其生成 $Ba^{14}CO_3$ 沉淀过滤后烘干。将所得 $Ba^{14}CO_3$ 粉末与镁粉混匀，置高温炉内引燃得 $Ba^{14}C_2$，再与纯水反应就得到$^{14}C_2H_2$，在一定条件下合成^{14}C-苯。将得到的^{14}C-苯和闪烁液混合制成液体闪烁液，进行β计数测量。

(2) 直接沉淀法　取适量水样，加入一定量硫酸亚铁，用 NaOH 调至 pH=10，加饱和 $BaCl_2$ 溶液使水中碳呈 $Ba^{14}CO_3$ 沉淀析出，所得 $Ba^{14}CO_3$ 沉淀按上述方法合成^{14}C-苯，并和闪烁液混合制成液体闪烁进行β计数测量。

四、水中微生物检测

水质对人体健康的影响的一个主要方面是微生物风险，微生物风险主要是由水中水生致病微生物引起的，水中常见的微生物主要包括细菌、藻类、原生动物和后生动物等。

细菌是原核生物。水中细菌虽然很多，但大部分都不是病原微生物，常见的致病细菌，如伤寒杆菌、痢疾杆菌、霍乱杆菌、大肠杆菌等。在日常的水质检测中通常以菌落总数、大肠菌群等指标表示水中细菌等微生物的灭活程度。只要菌落总数不超过 100CFU · ml^{-1} (CFU：菌落形成单位，colony forming units)，总大肠菌、耐热大肠菌群和大肠埃希菌每100ml 水中不检出，饮水者感染肠道传染病的可能性就极小。

藻类通常是指一群在水中以浮游方式生活，能进行光合作用的自养型微生物。个体大小为 2～200μm，种类繁多，分布极广，对环境要求不严，适应性强。藻类的常见种有绿藻、硅藻、蓝藻等。

原生动物为单细胞真核动物，体积微小而能独立完成生命活动的全部生理功能。根据运动细胞器的有无和类型，可以将原生动物分为鞭毛虫、阿米巴、纤型虫和孢子虫四大类。饮用水中最常见的是贾第鞭毛虫和隐孢子虫，在 GB 5749—2006《生活饮用水卫生标准》中增加了对“两虫”的检测，其限值为每 10L 小于 1 个。

生活饮用水已经过沉淀、过滤、加氯消毒等处理，因此所含的微生物很少。但当其水源水不洁或不达标时，仍然会含有相当数量的微生物，甚至含有致病性微生物。供水管道破损及二次供水等环节也可能导致生活饮用水的污染。因此生活饮用水的微生物安全性日常检测非常重要。根据 GB 5749—2006《生活饮用水卫生标准》规定，生活饮用水中总大肠菌群、耐热大肠菌群和大肠埃希菌不得检出，菌落总数 (CFU · ml^{-1}) 要小于100。菌落总数的检验方法为平皿计数法，总大肠菌群的检验方法为多管发酵法、滤膜法和酶底物法，具体操作可见 GB/T 5750.12—2006《生活饮用水标准检验法——微生物指标》。

(一) 菌落总数的检测

菌落总数 (standard plate-count bacteria) 是评定水体等污染程度的指标之一。其定义为：水样在营养琼脂上有氧条件下 37℃培养 48h 后，所得 1ml 水样所含菌落的总数。菌落总数的常用检验方法为平皿计数法。

1. 培养基的制备

将蛋白胨 10g、牛肉膏 3g、氯化钠 5g、琼脂 10～20g、蒸馏水 1000ml，混合后，加热溶解，调整 pH 值为 7.4～7.6，分别装在玻璃容器中（如用含杂质较多的琼脂，则应先过滤），经 103.43kPa (121℃) 灭菌 20min，贮存于冷暗处备用。

2. 水样处理及接种培养

(1) 饮用水　以无菌操作方法吸管吸收 1ml 充分混匀的水样，注入无菌平皿中，倾注约 15ml 已熔化并冷却到 45℃左右的营养琼脂培养基，并立即旋摇平皿，使水样与培养基充分混匀。每次检验时应作一平行接种，同时另用一个平皿只倾注营养琼脂培养基作为空白对照。

待冷却凝固后，翻转平皿，使底面向上，置于（36±1）℃培养箱内培养 48h，进行菌落计数，即为 1ml 水样中的菌落总数。

（2）水源水　以无菌操作方法吸取 1ml 充分混匀的水样，注入盛有 9ml 灭菌生理盐水的试管中，混匀成 1∶10 稀释液。

同样操作制备 1∶100、1∶1000、1∶10000 稀释液等备用。如此递增稀释一次，必须更换一支 1ml 灭菌吸管。

用灭菌吸管取未稀释的水样和 2～3 个适宜稀释度的水样各 1ml，分别注入灭菌平皿内。以下操作同生活饮用水的检验步骤。

3. 平皿菌落计数原则及报告式

作平皿菌落计数时，可用眼睛直接观察，必要时用放大镜检查，以防遗漏。在记下各平皿的菌落数后，应求出同稀释度的平均菌落数，供下一步计算时应用。在求同稀释度的平均数时，若其中一个平皿有较大片状菌落生长时，则不宜采用，而应以无片状菌落生长的平皿作为该稀释度的平均菌落数。若片状菌落不到平皿的一半，而其余一半中菌落分布又很均匀，则可将此半皿计数后乘 2 以代表全皿菌落数。然后再求该稀释度的平均菌落数。

不同稀释度的选择及报告方法：首先选择平均菌落数在 30～300 者进行计算，若只有一个稀释度的平均菌落数符合此范围，则将该菌落数乘以稀释倍数报告。若有两个稀释度，其生长的菌落数均在 30～300 之间，则视二者的比值来决定。若其比值小于 2，应报告两者的平均数。若大于 2，则报告其中稀释度较小的菌落总数。若等于 2，亦报告其中稀释度较小的菌落数。若所有稀释度的平均菌落数均大于 300，则应按稀释度最高的平均菌落数乘以稀释倍数报告。若所有稀释度的平均菌落数均小于 30，则应按稀释度最低的平均菌落数乘以稀释倍数报告。若所有稀释度的平均菌落数均不在 30～300，则应以最接近 30 或 300 的平均菌落数乘以稀释倍数报告。若所有稀释度的平板上均无菌落生长，则以未检出报告。如果所有平板上都有菌落密布，不要用“多不可计”报告，而应在稀释度最大的平板上，任意数其中 2 个平板 $1cm^2$ 中的菌落数，除 2 求出每平方厘米内平均菌落数，乘以皿表面积 $63.6cm^2$，再乘其稀释倍数作报告。

菌落计数报告的有效数字：菌落数在 100 以内时按实有数报告，大于 100 时，采用两位有效数字；在两位有效数字后面的数值，以四舍五入方法计算。为了缩短数字后面的零数，也可用 10 的指数来表示。

另外，为了简化检测程序、缩短检测时间，人们还开发了阻抗检测法、SimplateTM 全平器计数法、微菌落技术、纸片法等快速检测方法，但检测时间仍在 4h 以上。

若不进行细菌培养，直接采取滤膜染色法进行检测，其检测时间可缩短到 1h。该方法是先用集菌仪收集细菌，在膜上进行染色，然后在显微镜油镜下计数，最后按公式计算出菌液浓度。该方法的检测结果与平皿计数法无显著性差异。

（二）总大肠菌群的检测

在饮用水的微生物安全检测中，普遍采用正常的肠道细菌作为粪便污染指标，而不是直接测定肠道致病菌。大肠菌群细菌包括大肠埃希菌、柠檬酸杆菌、产气克雷白菌和阴沟肠杆菌等。总大肠菌群（total coliforms）指一群需氧及兼性厌氧的，在 37℃生长时能使乳糖发酵，在 24h 内产酸产气的革兰阴性无芽孢杆菌。总大肠菌群用多管发酵法或滤膜法检验。前者可适用于各种水样（包括底泥），但操作时间较长。后者主要适用于杂质较少的水样，如饮用水，操作简单快速。

1. 多管发酵法

这里介绍的多管发酵法是根据大肠菌群发酵乳糖、产酸产气以及具备革兰阴性、无芽孢、呈杆状等有关特性，通过三个步骤进行验证，求得水样中的大肠菌群数。适用于生活饮用水及其水源水中总大肠菌群的检测。

(1) 培养基制备 乳糖蛋白胨培养液：将蛋白胨（10g）、牛肉膏（3g）、乳糖（5g）及氯化钠（5g）溶于蒸馏水（1000ml）中，调整pH值为7.2～7.4，再加入1ml 16g·L^{-1}的溴甲酚紫乙醇溶液，充分混匀，分装于倒管的试管中，68.95kPa（115℃）高压灭菌20min，贮存于冷暗处备用。

二倍浓缩乳糖果蛋白胨培养液：按上述乳糖蛋白胨培养液，除蒸馏水外，其他成分量加倍。

伊红美蓝培养基：将蛋白胨（10g）、磷酸二氢钾（2g）和琼脂（20～30g）溶解于1000ml蒸馏水中，校正pH值为7.2，加入乳糖，混匀后分装，以68.95kPa（115℃）高压灭菌20min。临用时加热融化琼脂，冷却至50～55℃，加入伊红（曙红）（20g·L^{-1}）20ml和美蓝（亚甲蓝）（5g·L^{-1}）溶液13ml，混匀，倾注平皿。

(2) 染色方法 将培养18～24h的培养物涂片在火焰上固定，滴加1%结晶紫染色液，染色1min，水洗。滴加革兰碘液，作用1min，水洗。滴加脱色剂乙醇溶液，摇动玻片，直至无紫色脱落为止，约30s，水洗。滴加沙黄复染剂，复染1min，水洗，待干，镜检。

(3) 检验步骤

乳糖发酵试验：取10ml水样接种到10ml双料乳糖蛋白胨培养液中，取1ml水样接种到10ml单料乳糖蛋白培养液中，另取1ml水样注入9ml灭菌生理盐水中，混匀后吸取1ml(即0.1ml水样)，注入10ml单料乳糖蛋白胨培养液中，每一稀释接种5管。

对已处理的出厂自来水，需经常检验或每天检验一次的，可直接接种5份10ml水样双料培养基，每份接种10ml水样。

检验水源水时，如污染较严重，应加大稀释度，可接种1ml、0.1ml、0.01ml甚至0.1ml、0.01ml、0.001ml，每个稀释度接种5管，每个水样共接种15管。接种1ml以下水样时，必须做10倍递增稀释后，取1ml接种，每递增稀释一次，换用1支1ml灭菌刻度吸管。

将接种管置于(36±1)℃培养箱内，培养（24±2)h，如所有乳糖蛋白胨培养管都不产气产酸，则可报告为总大肠菌群阴性；如有产酸产气者，则按下列步骤进行。

分离培养：将产酸产气的发酵管分别转种在伊红美蓝琼脂平板上，置于(36±1)℃培养箱内培养18～24h，观察菌落形态，挑取符合下列特征的菌落做革兰染色、镜检和证实试验。

证实试验：经上述染色镜检为革兰阴性无芽孢杆菌，同时接种乳糖蛋白胨培养液，置于(36±1)℃培养箱中培养（24±2)h，有产酸产气者，即证实有总大肠菌群存在。

(4) 结果报告 根据证实为总大肠菌群阳性的管数，查MPN检索表，报告每100ml水样中的总大肠菌群最可能数值（MPN)。

MPN为最大可能数（most probable number）的简称。对样品进行连续稀释，加入培养基进行培养，从规定的反应呈阳性管数的出现率，用概率论来推算样品中菌数最近似的数值。稀释样品查MPN检索表得到的结果，要乘以稀释倍数。如果所有乳糖发酵管均呈现阴性，可报告总大肠菌群未检出。注意国家标准和行业标准中所附MPN表所用稀释度是不同的，而且结果报告单位也不相同。

2. 滤膜法

总大肠菌群滤膜法（membrane filter technique for total coliforms)：用孔径为0.45μm的微孔滤膜过滤水样，将滤膜贴在添加乳糖的选择性培养基上37℃培养24h，能形成特征性菌落的需氧和兼性厌氧的革兰阴性无芽孢杆菌，以检测水中总大肠菌群的方法。

(1) 培养基的制备 品红亚硫酸钠培养基：先将15～20g琼脂加到500ml蒸馏水中，

煮沸溶解，于另 500ml 蒸馏水中加入磷酸氢二钾 3.5g、蛋白胨 10g、酵母浸膏和牛肉膏各 5g，加热溶解，倒入已溶解的琼脂，补足蒸馏水至 1000ml，混匀后调 pH 值为 7.2～7.4，再加入乳糖 5g，搅匀分装，103.43kPa（115℃）高压灭菌 20min，贮存于冷暗处备用（注：本培养基也可不加琼脂，制成液体培养基，使用时加 2～3ml 于灭菌吸收垫上，再将滤膜置于培养垫上培养）。

将上法制备的培养基加热熔化，用灭菌吸管按比例吸取一定量的 50g·L^{-1} 碱性品红乙醇溶液，置于灭菌空试管中，再按比例称取所需的无水亚硫酸钠至另一灭菌试管中，加灭菌水少许，使其溶解后，置于沸水浴中煮沸 10min 以灭菌。

吸取已灭菌的亚硫酸钠溶液，滴加于碱性品红乙醇溶液至深红色退成淡粉色为止，将此亚硫酸钠与碱性品红的混合溶液全部加到已熔化的储备培养基内，并充分混匀（防止产生气泡），立即将此种培养基 15ml 倾入已灭菌的空平皿内。冷却凝固得平皿培养基，置于冰箱内备用。此种已制成的培养基于冰箱内保存不宜超过两周。如培养基已从淡粉色变成深红色，则不能再用。

乳糖蛋白胨培养液：同上一培养方法。

（2）检验步骤　过滤水样：用无菌镊子夹取灭菌滤膜边缘部分，将粗糙面向上，贴放在已灭菌的滤床上，固定好滤器，将 100ml 水样（如水样含菌数较多，可减少过滤水样量，或将水样稀释）注入滤器中，打开滤器阀门，在 5.07×10^4 Pa 下抽滤。

培养：水样滤完后，再抽气约 5s，关上滤器阀门，取下滤器，用灭菌镊子夹取滤膜边缘部分，移入在品红亚硫酸钠培养基上，滤膜截留细菌面向上，滤膜应与培养基完全贴紧，两者间不得留有气泡，然后将平皿倒置，放入 37℃恒温箱内培养 (24±2)h。

（3）结果观察与报告　挑取符合下列特征菌落进行革兰染色、镜检：紫红色、具有金属光泽的菌落；深红色、不带或略带金属光泽的菌落；淡红色、中心色较深的菌落。

凡革兰染色为阴性的无芽孢杆菌，再接种乳糖蛋白胨培养液，于 37℃培养 24h，有产酸产气者，则判定为总大肠菌群阳性。

按下式计算滤膜上生长的总大肠菌群数，以每 100ml 水样中的总大肠菌群数［CFU·$(100ml)^{-1}$］报告之。

$$\text{总大肠菌群落数}[\text{CFU}\cdot(100\text{ml})^{-1}]=\frac{\text{数出的总大肠菌群落数}\times100}{\text{过滤的水样体积(ml)}}$$

3. 酶底物法

总大肠菌群酶底物法（enzyme substrate technique for total coliforms）是指在选择性培养基上能产生 β-半乳糖苷酶（β-D-galactosidase）的细菌群组，该细菌群组能分解色原底物，释放出色原体，使培养基呈现颜色变化，以此技术来检测水中大肠菌群的方法。

本法可在 24h 判断水样中是否含有总大肠菌群及含有的总大肠菌群的最可能数（MPN）。同时，本法还可检测大肠埃希菌（见大肠埃希菌检测）。

本法取 100ml 水样，加 (2.7±0.5)g MMO-MUG 培养基粉末（有市售商品，也可自行配制），混摇均匀，使之完全溶解。分置于 10 支 15mm×10cm 或适当大小的灭菌试管中，放入 (36±1)℃培养箱内培养 24h。

或者将 100ml 水样全部倒入 51 孔无菌定量盘内，以手抚平定量盘背面，以赶除孔穴内气泡，然后用程控定量封口，放入 (36±1)℃的培养箱内培养 24h。

定性反应：水样经 24h 培养之后如果颜色变成黄色，判断为阳性反应，表示水中含有总大肠菌群，水样颜色未发生变化，判断为阴性反应。定性反应结果以总大肠菌群检出或未检出报告。如果结果为可疑阳性，可延长培养时间到 28h 进行结果判读，超过 28h 之后出现的颜色反应不作为阳性结果。

大肠菌群细菌能在选择性培养基上产生 β-半乳糖苷酶，该生物酶可以分解 β-半乳糖苷酶（ONPG），使培养液呈现黄色，以此来检测水中总大肠菌群的方法。如果培养液没呈现黄色，则报告大肠菌群未检出。

（三）耐热大肠菌群的检测

水体中的耐热大肠菌群是总大肠菌群的一部分，是在温度为 44.5℃下仍能生长并发酵乳糖产气的大肠菌群。通常条件下，耐热大肠菌群与总大肠菌相比，在人和动物的粪便中所占的比例较大；但由于在自然界容易死亡等原因，耐热大肠菌群的存在可认为水体近期直接或间接受到了粪便污染，因此被视作一种卫生指标。但是，耐热大肠菌群的存在并不代表水源直接危害。耐热大肠菌群的检测方法主要是多管发酵法和滤膜法。

1. 多管发酵法

耐热大肠菌群（thermotolent coliform bacteria）是指用提高培养温度的方法将自然环境中的大肠菌群与粪便中的大肠菌群区分开，在 44.5℃仍能生长的大肠菌群称为耐热大肠菌群。

自总大肠菌群乳糖发酵试验中的阳性管（产酸产气）中取 1 滴转种于 EC 培养基中，置于 44.5℃水浴箱或隔水式恒温培养箱内（水浴箱的水面应高于试管中培养基液面），培养(24±2)h。如所有管均不产气，则可报告为阴性；如有产气者，则转种于伊红美蓝琼脂平板上，置于 44.5℃培养 18～24h。凡平板上有典型菌落者，则证实为耐热大肠菌群阳性。

如检测经氯化消毒的水，且只想检测耐热大肠菌群时，或调查水源水时的耐热大肠菌群污染时，可用直接多管耐热大肠菌群方法，即在第一步乳糖发酵试验时按总大肠菌群，接种乳糖蛋白胨培养液在（44.5±0.5）℃水浴中培养，以下步骤同前。

根据证实为耐热大肠菌群的阳性管数，查最可能数（MPN）检索表，报告每 100ml 水样中耐热大肠菌群的最可能数（MPN）值。

2. 滤膜法

耐热大肠菌群滤膜法（membrane filter technique for thermotolerant coliform bacteria）是指用孔径为 0.45μm 的滤膜过滤水样，细菌被阻留在滤膜上，将滤膜贴在添加乳糖的选择性培养基上，于 44.5℃培养 24h 能形成特征性菌落，以此来检测水中耐热大肠菌群的方法。

水样经 0.45μm 滤完后，再抽气约 5s，关上滤器阀门，取下滤器，用灭菌镊子夹取滤膜边缘部分，移放在 MFC 培养基上，滤膜截留细菌向上，滤膜应与培养基完全贴紧，两者间不许留有气泡，然后将平皿倒置，放入 44.5℃隔水式培养皿内培养（24±2）h。如使用恒温水浴，则需用塑料平皿。将皿盖紧，或用防水胶带贴封每个平皿，将培养皿重叠封入塑料袋内，浸到 44.5℃恒温水浴中，培养（24±2）h，如产气，则证实为耐热大肠菌群。

结果报告：

计数被证实的耐热大肠菌群落数，水中耐热大肠菌群数是以 100ml 水样中耐热大肠菌群落形成单位（CFU）表示，计算公式如下：

$$\text{耐热大肠菌群数}[\text{CFU}\cdot(100\text{ml})^{-1}]=\frac{\text{所计得的耐热大肠菌落数}\times 100}{\text{过滤的水样体积(ml)}}$$

（四）大肠埃希菌的检测

大肠埃希菌（*Escherichia coli*）是指能产生 β-半乳糖苷酶分解 ONPG，使培养液呈黄色，或能产生 β-葡萄糖醛酸酶分解 MUG（4-methyl-umbelliferyl-β-D-glucuronide），使培养液在波长 366nm 紫外线下产生荧光的细菌。

大肠埃希菌是粪大肠菌群的组成部分，是水体受人畜粪便污染的最直接指标，水中含有大肠埃希菌提示有粪便污染。常用大肠埃希菌的检测方法有多管发酵法、滤膜法和酶底物法。

1. 多管发酵法

大肠埃希菌多管发酵法（mutiple tube fermention technique for escherichia coli）是指多管发酵法总大肠菌群阳性，在含有荧光底物的培养基上44.5℃培养24h产生β-葡萄糖醛酶（β-glucuronidase），分解荧光底物释放出荧光产物，使培养基在紫外线下产生特征性荧光的细菌，以此来检测水中大肠埃希菌的方法。

将总大肠菌群多管发酵法初发酵产酸或产气的管进行大肠埃希氏菌检测。用灼烧灭菌的金属接种环或无菌棉签将上述试管中液体接种到EC-MUG管中，在培养箱或恒温水浴中(44.5±0.5)℃培养(24±2)h。如使用恒温水浴，在接种后30min内进行培养，使水浴的液面超过EC-MUG管的液面。

将培养后的EC-MUG管在暗处用波长为366nm、功率为6W的紫外灯照射，如果有蓝色荧光产生，则表示水样中含有埃希菌。

计算EC-MUG阳性管数，查对应的最可能数（MPN）表得出大肠埃希菌的最可能数，结果以MPN·$(100ml)^{-1}$报告。

2. 滤膜法

大肠埃希菌滤膜法（membrane filter technique for escherichia coli）是指用滤膜法检测水样后，将总大肠菌群阳性的滤膜在含有荧光底物的培养基上培养，能产生β-葡萄糖醛酸酶分解荧光底物，释放出荧光产物，使菌落能够在紫外线下产生特征性荧光，以此来检测水中大肠埃希菌。

将总大肠菌群滤膜法用典型菌落生长的滤膜进行大肠埃希菌检测。在无菌操作条件下，将滤膜转移到NA-MUG平板上，细菌截留面朝上，于(36±1)℃培养4h。

将培养后的NA-MUG平板在暗处用波长为366nm、功率为6W的紫外灯照射，如果菌落边缘或菌落背面有蓝色荧光产生，则表示水样中含有大肠埃希菌。

记录有蓝色荧光产生的菌落数并报告，报告格式同总大肠菌群滤膜格式。

3. 酶底物法

大肠埃希菌酶底物法（enzyme substrate technique for escher）是指在选择性培养基上能产生β-半乳糖苷酶（β-D-galactosidase）分解色原底物释放出色原体培养基呈现颜色变化，并能产生β-葡萄糖醛酸酶（β-glucuronidase）分解荧光底物释放出荧光产物，使菌落能够在紫外线下产生特征性荧光，以此技术来检测大肠埃希菌。

本法可在24h内判断水样中是否含有的大肠埃希菌的最可能数（MPN）值，可同时检测总大肠菌群。

本法操作与总大肠菌群相似。结果判读同前相同方法。水样表黄色同时有蓝色荧光判断为大肠埃希菌阳性，水样未变成黄色而有荧光产生不判定为大肠埃希菌阳性。

将经过24h培养颜色变成黄色的水样在暗处用波长为366nm的紫外灯照射，如果有蓝色荧光产生，判断为阳性反应，表示水中含有大肠埃希菌。水样未产生蓝色荧光判断为阴性反应，结果以大肠埃希菌检出或未检出报告。

若用10管法，将培养24h颜色变成黄色的水样的试管在暗处用波长为366nm的紫外灯照射，如果有蓝色荧光产生，则表示有大肠埃希菌存在。

计算有荧光反应的试管数，对照相应表格查出其代表的大肠埃希菌最可能数。结果以MPN·$(100ml)^{-1}$表示。如所有管未产生荧光，则可报告为大肠埃希菌未检出。

若用51孔定量盘法，将培养24h颜色变成黄色的水样的定量盘在暗处用波长为366nm的紫外灯照射，如果有蓝色的荧光产生，则表示该定量盘穴中含有大肠埃希菌。

计算有荧光反应的孔穴数，对照相应表格查出其代表的大肠埃希菌最可能数。结果以MPN·$(100ml)^{-1}$表示。如所有孔未产生荧光，则可报告为大肠埃希菌未检出。

（五）两虫的检测

贾第鞭毛虫和隐孢子虫（简称两虫）是两种致病性原生寄生虫，饮用水中的两虫问题严重威胁着饮水安全。由贾第鞭毛虫孢囊和隐孢子虫卵囊引起的贾第鞭毛虫病和隐孢子虫病尚无有效的治疗方法。我国从2006年起，增加了对饮用水中两虫的检测要求。

"EPA1623"适用于测定水中隐孢子虫和贾第鞭毛虫的标准方法，是由美国国家环保局制定的。该方法分为三部分：第一，过滤水样，收集水中的贾第鞭毛虫孢囊和隐孢子虫卵囊；第二，利用免疫磁分离来纯化过滤样品；第三，纯化后的样品通过免疫荧光显微镜法来检测"两虫"的数量。由于"EPA1623方法"存在工作量大、耗时费力、成本高、回收率低且不稳定等缺点，科技工作者提出了很多改进的方法，如密度检测法、膜过滤-洗脱浓缩法等。

第四节 IAEA天然地热水分析

一、IAEA亚太地区天然地热水数据库

水在迁移和被利用时与各种物质的接触过程中，溶解了它能溶解的许多物质，载带了它能载带的一切物质。因此，地表水和地下水不同程度地汇集了它们在自然界循环中所接触的一切物质，并能反映它在接触这些物质时环境条件（温度和压力等）。天然水是一个宝贵的信息库。虽然水中的大多数物质含量甚微，欲全部测定它们，目前仍有一定困难。但分析其中部分或大部分组分，作为研究、考察或开发水资源的信息，却是当今的现实工作。

世界各地有许多温泉，有的温度低，只有20～30℃，有的温度高达200℃以上；有的水中化学成分简单，矿化度小，有的水中化学成分复杂，有的矿化度高，总含盐量在$20g\cdot L^{-1}$以上。通过对温泉的天然地热水中化学成分及其中某些元素的同位素（如^{14}C、^{3}H等）组分分析来研究温泉的成因及其中化学成分的来源，对于了解地下水的来源、成因、年龄和迁移规律具有重要意义，是水文地球化学研究的重要内容之一。东华理工学院水文地球化学工作者于1995年开始着手建立天然地热水数据库工作，并得到了国际原子能机构（IAEA）的支持与资助，发展为IAEA亚太地区天然地热水数据库，积累了大量的、为成员国所能共享的第一手基础数据，为天然地热水研究奠定了基础。

二、IAEA天然地热水分析及比对实验

（一）IAEA天然地热水水质分析中的困难和问题

地热温泉水成分的定值是一件要求很高的工作。水样来自世界各地，温泉的生成环境和条件各不相同，水中成分及含量变化很大，这给分析工作带来一定的困难。

水中pH值、HCO_3^-、SO_4^{2-}等测量，看来很简单，其实稍不注意就很难得到准确结果。如水中pH值的测量，2000年的IGWC-01号样品在35个实验室测定给出的pH从5.61至7.57，几乎相差两个pH单位。HCO_3^-的测量，在地热水中含一定量B和Si的情况下，由于B和Si的干扰，滴定法会得出极为错误的结果。B和Si对光度法测量SO_4^{2-}也干扰很大。硅在地热水中含量变化大，存在形式也较复杂，用化学法测量硅时，通常测定的是以正硅酸形式存在的硅（通常称为可溶性硅酸），而不一定是硅的总含量，只有用ICP-AES法测量的才是总硅含量。甚至AAS法测量Ca、Li等也容易产生偏低的结果，1997年2号水样中Ca的结果、2000年IGWC-2号水样中Li的结果，经IAEA对参与实验室结果统计定值的数值实际比真实值还是偏低，这都是由于水样含盐量高对AAS法测量Ca、Li的原子化过程的抑制作用造成的。

（二）IAEA天然地热水分析对比实验

基于天然地热水成分及含量变化大而造成水质分析的困难性和各国各实验室设备、技

术、环境等条件的差异性，为了保证各实验室提供数据的真实可靠、可比可信，以确保数据库的数据能更好地为水文地球化学研究服务，IAEA从1997年开始组织参与国家的相关实验室进行比对实验。1997年只有几个国家的15个实验室（含IAEA和法国的各一个参比实验室）参加，到2000年发展到十多个国家的35个实验室（这时东华理工学院分析测试研究中心被IAEA定为参比实验室）参与比对实验。比对考核过程，由IAEA将样品空运分发到各实验室，并指定测定项目和方法（方法分必选和自选），限定完成时间。项目的确定视水样性质与组成等情况而定，1997年要求测定12项，2000年要求测定15项。IAEA收到各实验室数据后，进行统计处理，剔除异常值，给出定值范围和均值。

这种比对实验不仅促使各实验室在进行比对实验过程中充分发掘本单位的人力物力的潜力，力求把分析结果做得更好，以求在国际上有好的名声和地位，同时通过数据统计分析，可以发现自己的差距，可以发现某些复杂样品中一些项目的测定方法（即使是标准分析方法）的适应性和局限性，以便提出相应的补救或改进措施。东华理工学院分析测试研究中心为适应世界各地天然地热水分析提出了许多新方法和新技术。笔者在运用ICP-AES法测定地热水中K、Na、Ca、Mg、Li、Si、B的过程中，针对地热水矿化度不同分为两类，即低矿化度水和高矿化度水，分别建立了不同的分析方法。特别是针对高矿化度水分析，提出了采用计算机自动扣除背景、光谱干扰校正和稀释一定倍数相结合的实验校正方法来克服基体效应，提高微量元素的准确度。该法后来还被推广到岩石矿物和金属材料分析之中。还有，该中心还将微色谱柱分离富集技术、在线双毛细管技术和AAS测定相结合，解决了高矿化度水中微量Li、Sr、Pb、Zn的测定问题。

习题和复习题

9-1. 何谓水质、水质指标和水质标准？水质指标分哪几类？

9-2. 试用水化学知识和化学平衡原理解释水中碱度与总硬度及Ca^{2+}、Mg^{2+}、pH值与其他离子浓度、溶解固形物与总矿化度之间的关系。

9-3. 试解释水中pH值、总酸度、总碱度的关系，在什么情况下，三者可以同时测出？什么情况下三者无法同时测出？

9-4. 试述本章列出的20个测定项目的分析目的，各列举出一种测定方法并简述其原理。

9-5. IAEA天然地热水分析中为什么要进行实验室分析比对实验？

第十章 食品分析

食品分析是研究各种食品组成成分的分析检测原理和分析方法，进而对食品品质及安全性进行评价的一门技术性、实践性学科。食品分析工作是食品管理过程中一个重要环节，在确保食品原材料供应方面起着保障作用，在生产过程中起着“眼睛作用”，对最终产品的检验起着监督和标示作用。其主要任务是运用物理、化学、生物化学等学科的基本理论和方法技术，对食品工业中物料（原料、辅助材料、半成品、成品、副产品等）的主要成分及其含量和有关工艺参数进行检测；对产品的品质、营养、卫生与安全等方面做出评价；对食品生产工艺过程进行监控，从而控制和管理生产，保证和监督食品质量。

由于食品种类繁多，组成复杂，因此食品分析的内容也相当广泛，主要包括食品的感官分析、食品营养成分、食品添加剂分析以及食品中有害成分的分析等。图 10-1 列出了食品分析的主要内容。

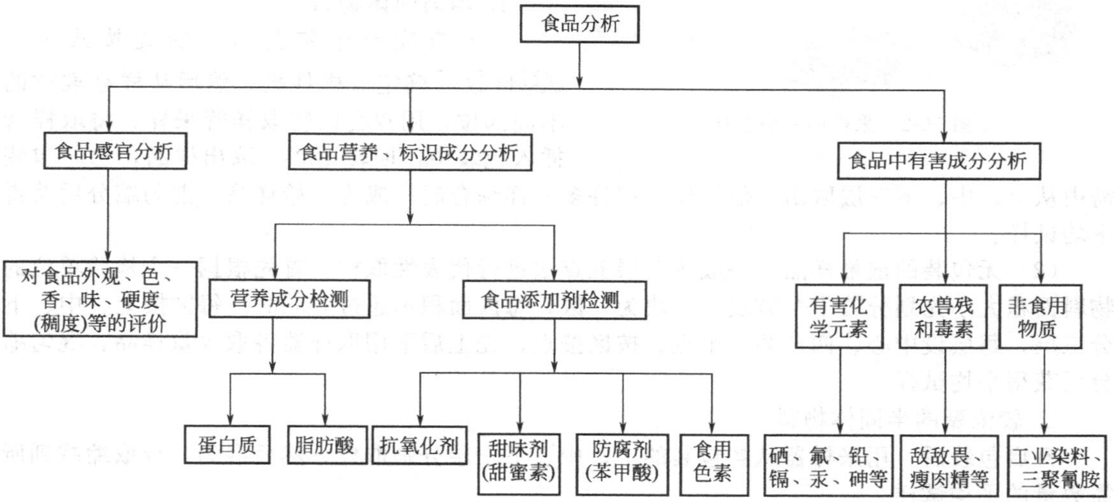

图 10-1 食品分析主要内容

在食品分析工作中，由于分析目的、待测组分的含量或干扰成分等性质不同，所采用的分析方法也不尽相同，根据食品分析的内容和任务，常用的分析方法有：感官检验法、化学分析法、仪器分析法、微生物分析法和酶分析法等。食品分析的一般程序包括样品的采集、样品制备、分析测试、数据处理以及出具检验报告。

随着分析化学的进步和食品工业的发展，食品分析技术也得到了快速发展，食品分析方法逐渐由经典的分析方法转变为快速自动化的分析方法。随着食品分析技术的提高，食品的无损分析和在线分析也得到发展，使得食品分析技术在降低消耗的同时，减少了检测工作量，也加快了生产节奏，提高了经济效益。新方法的出现，如生物传感器检验、酶标检验以及分子印模技术等，使食品分析无论从成分到结构形态的定性、定量及检测范围和检出限方面都得到了极大的进步和改善。未来，食品分析技术将在保障测定灵敏度和准确度的前提下，继续朝着简易、快速、自动化分析的方向发展。

第一节　样品的采集、制备与保存

一、样品的采集

食品分析的首要工作是从大量的分析对象中抽取有代表性的一部分样品用于分析检验。食品种类繁多，形态各异，样品采集的方法也不一样。有的是成品样品，有的是半成品样品，有的还是原料类型的样品。即使是同一种类，由于品种、产地、成熟期、加工及储存条件不同，食品中成分及其含量都会有相当大的变化。即使是同一分析对象，各部位间的组成和含量也有显著的差异。因此，要保证分析结果准确的前提之一，就是必须保证采取的样品具有代表性。采样的一般程序见图 10-2。各种食品取样方法在相关国家标准和行业标准中都有明确的取样数量和方法说明，一般方法是随机抽样与代表性抽样相结合，具体采样的方法可因物料的品种或包装、分析对象的性质及检测项目要求而不同。

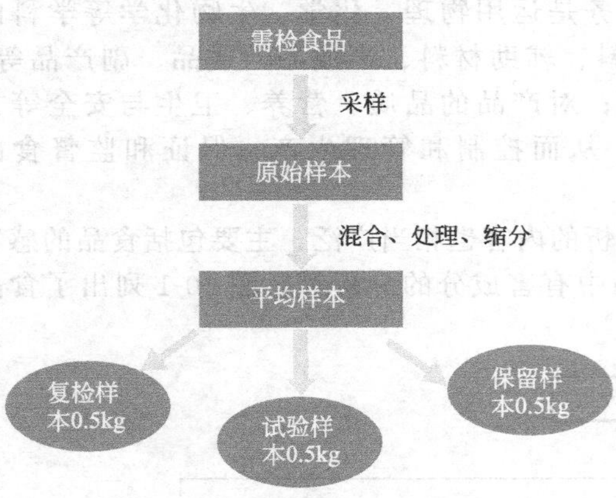

图 10-2　采样的一般程序

1. 均匀固体物料

(1) 有完整包装食品　首先按式 $n=\sqrt{总件数/2}$ 确定取样件数，然后从样品堆放的不同部位，用双套回转取样管采样，将取样管插入包装中，回转 180°，取出样品，每一包装需由从上、中、下三层取出三份检样，把许多检样综合起来成为原始样品，混匀缩分后获得平均试样。

(2) 无包装的散堆样品　一般按三层五点法进行代表性取样。首先根据一个检验单位的物料面积大小先划分若干个方块，每块为一区，每区面积不超过 50cm²。每区按上、中、下分三层，每层设中心、四角共五个点。按区按点，先上后下用取样器各取少量样品，混匀缩分后获得平均试样。

2. 较浓稠的半固体物料

开启包装后，用采样器从各包装的上、中、下三层分别取样，然后混匀，分取缩减到所需数量的平均试样。

3. 液体物料

(1) 包装体积不太大的物料　一般抽样件数为总件数的 1/3000～1/1000。开启包装，充分混合，然后从每个包装中取一定量综合到一起，充分混合后，分取缩减到所需数量。

(2) 桶装或散装物料　桶装、大罐盛装或散装的液料先充分混匀后再采样，可用虹吸法分层取样，每层 500ml 左右，充分混合后，分取缩减到所需量即可。

4. 组成均不匀的固体物料

这类食品的取样根据不同的分析目的和要求及分析对象、形状大小而定。

(1) 肉类和水产品　可按分析项目的要求分别从不同部位取样，经混合后代表该只动物情况；或从多只动物的同一部位取样，混合后代表某一部位的样品。

(2) 体积较小的果蔬类　随机取若干个整体，切碎混匀，缩分到所需数量。体积较大的，采取纵分缩剖的原则，即按成熟度及个体大小的组成比例，选取若干个体，对每个个体按生长轴纵剖分 4 份或 8 份，取对角线 2 份，切碎混匀，缩分到所需数量。体积蓬松的叶菜类（如菠菜、小白菜等），由多个包装（一筐、一捆）分别抽取一定数量，混合后捣碎、混匀、分取，缩减到所需数量。

5. 小包装食品

罐头、瓶装食品、袋或听装奶粉或其他小包装食品，根据批号随机取样，同一批号取样件数：250g 以上的包装不得少于 6 个，250g 以下的包装不得少于 10 个，一般按班次或批号连同包装一起采样。

二、样品的制备

样品制备应根据样品种类、存在状态及分析要求选择合适的方法。其目的是保证样品十分均匀，在分析时取任何部分都具有代表性。根据被测物质的性质和检测要求，样品的制备方法有如下几种：

① 搅动或搅拌，如液体、浆体或悬浮液体样品；

② 切细、绞碎或研磨，如固体样品。

固体试样的粒度应符合测定要求。水果罐头在捣碎前需清除果核；肉禽罐头应预先清除骨头；鱼罐头要将调味品分出后再捣碎、混匀。

三、样品的保存

样品采集后应尽快进行分析，否则应密塞加封，进行妥善保存。由于食品中含有丰富的营养物质，在合适的温度、湿度条件下，微生物迅速生长繁殖，导致样品的腐败变质。当采集的样品不能马上分析时，应用密塞加封，进行妥善保存。食品在保存的过程中应注意以下几点。

(1) 盛样品的容器　应是清洁干燥的优质磨口玻璃容器，容器外贴上标签，注明食品名称、采样日期、编号、分析项目等。

(2) 易腐败变质的样品　需进行冷藏，避光保存，但时间也不宜过长。

(3) 已腐败变质的食品　应弃去不要，重新采样分析。

总之，样品在保存过程中，要防止受潮、风干、变质，保证样品的外观和化学组成不发生变化。除易变质食品不予保留外，其他一般检验后的样品还需保留一个月，以备复查。

第二节　样品的预处理

为了完整保留待测的组分、消除干扰因素，使被测的组分得到纯化或富集，提高分析结果的准确性，需要对样品进行提取、浓缩、纯化处理，这些操作过程统称为样品预处理。在提取步骤中，经典方法有索氏提取法、捣碎法、液-液分配法等。在净化步骤中，经典的是柱色谱技术、液液分配法和磺化技术等。20 世纪末发展起来的现代前处理技术有凝胶色谱、固相萃取、固相微萃取、加速溶剂提取、超临界流体萃取、微波萃取、基质分散固相萃取、微量化学法技术等。这些新技术实现了快速、有效、简单和自动化完成样品前处理过程。有关食品中样品预处理方法的原理与技术，在本书第二、三章中均有介绍，这里简要介绍几种样品预处理方法。

一、有机物破坏法

在测定食品中无机盐成分或元素时，根据操作方法不同，一般用湿法灰化或干法灰化的手段将食品中的有机物破坏、除去。至于湿法或干法的选择，要以不致损失所要分析的对象为原则。

(1) 湿法消化　湿法消化是在强酸性溶液中，利用硫酸、硝酸、高氯酸、过氧化氢、高锰酸钾等的氧化能力，使样品中的有机物质完全氧化、分解呈气态逸出，让待测成分以无机物状态保留在消化液中。湿法消化在溶液中进行，加热温度比干法低，反应较缓和，金属挥散损失较少，应用较广泛。为了使有机物分解彻底，湿法消化常常需用几种强酸的混合物作为氧化剂，常见的有硫酸-硝酸法、硫酸-高氯酸-硝酸法、高氯酸-硫酸法、硝酸-高氯酸法。

（2）干法灰化　将样品置于坩埚中，先小火炭化，然后再置高温炉中（500～600℃）灼烧灰化至灰白色或浅灰色粉末，最后所得的残渣即为无机成分。此法适用于大多数金属元素（除汞、砷、铅外）的测定。

二、蒸馏法

蒸馏是分离、纯化液态混合物的一种常用的方法，蒸馏法既可用于干扰组分的分离，又可以使待测组分富集，是使用广泛的样品处理方法。食品分析中常见的蒸馏方式有常压蒸馏、减压蒸馏及水蒸气蒸馏。

（1）常压蒸馏　当被蒸馏的物质受热后不发生分解或者其中各组分的沸点不太高时，可在常压下进行蒸馏。如果被蒸馏物质的沸点不高于 90℃，可用水浴；如果沸点高于 90℃，可用油浴，但要注意防火；如果被蒸馏物质不易爆炸或燃烧，可用电炉或酒精灯等直接加热。

（2）减压蒸馏　如果被蒸馏物质容易发生分解或沸点太高时，可以采用减压蒸馏的方式。主要是根据蒸馏容器内的压力降低，物质沸点降低的原理，在较低的温度下，使要蒸馏的组分挥发进行分离。

（3）水蒸气蒸馏　某些被测组分的沸点虽然较高，但是直接加热蒸馏时，因受热不均易引起局部炭化和发生分解。因此可采用水蒸气蒸馏的方法进行分离，用水蒸气来加热样液，使具有一定挥发度的被测组分与水蒸气成比例地自样液中一起蒸馏出来。

三、溶剂提取法

利用混合物中各组分在某一溶剂中的溶解度不同，将样品中各组分完全或部分地分离的方法。根据样品的性质和采用的方法不同，溶剂提取法又分为液-固萃取法和液-液萃取法。

（1）液-固萃取法　液-固萃取法又称浸泡提取法，简称浸提法。它是用适当的溶剂将固体样品中的某种待测成分浸提出来的方法。浸泡提取法又分为经典的振荡浸提法、组织捣碎法、索氏提取法和新近发展起来的固相萃取、固相微萃取、顶空-固相微萃取等。

振荡浸提法是将样品切碎，加入适当的溶剂进行浸泡、振荡提取一定时间后，被测组分溶解在溶剂中，通过过滤即可使被测成分与杂质分离。滤渣再用溶剂洗涤提取，合并提取液后定容或浓缩、净化。

组织捣碎法是将切碎的样品与溶剂一起放入组织捣碎机中捣碎后离心过滤，使被测成分提取出来，本法提取速度快，回收率高。

索氏提取法将一定量样品放入索氏提取器中，加入溶剂加热回流，经过一定时间，将被测成分提取出来。此法溶剂用量少，提取率高，但操作麻烦费时。

（2）液-液萃取法　液-液萃取法是选择与样品液溶剂互不相溶、混合振荡后分层快、对被测组分和待分离组分的溶解度差距大的溶剂与样品液一起混合振荡一定时间，静置分相，使待测组分与杂质分离。对组成简单、干扰成分少的样品，可通过分液漏斗直接萃取即可达到分离的目的。对成分较复杂的样品，单靠简单溶剂直接萃取很难有效，可采取添加适当的萃取剂来提高被萃取组分的萃取效率或选用适当的反萃取方法进行反萃取，来达到分离、富集的效果。还有一些特殊萃取手段，如超临界流体萃取、超声波辅助萃取、微波辅助提取、加速溶剂萃取等。

超临界流体萃取（SFE）是一种以超临界流体为流动相的分离技术。超临界流体是指物质高于其临界点，即高于其临界温度和临界压力的一种物态。它既不是液体，也不是气体，但具有液体的高密度，气体的低黏度以及介于气液态之间的扩散系数的特征。一方面超临界流体的密度比气体的密度高两个量级，以此具有较高的溶解能力；另一方面，它的表面张力几乎为零，因此具有较高的扩散性能，可以和样品充分混合、接触，最大限度地发挥其溶解能力。在萃取分离过程中，溶解样品在气相和液相之间经过连续的分配交换，从而达到分离的目的。在实际分析中，常常是利用流动相（一般是 CO_2 加改进剂）的不同密度对样品目标化合物溶解能力的差别，进行分步萃取，将需要检测的不同组分分别萃取出来，以实现食品中多组分的连续测定。

加速溶剂萃取（ASE）是一种在较高温度（50～200℃）和压力（10.3～20.6MPa）的条件下，用有机溶剂萃取。该法提高压力能提高溶剂沸点，使它在较高温度下仍处于液态。提高温度能加速溶质分子的解析动力学过程，减少解析过程所需的活化能，降低溶剂的黏度，因而减小溶剂进入样品基体的阻力，增加溶剂向样品基体的扩散。已报道温度从 25℃增至 50℃，其扩散系数增加 2～10 倍。降低溶剂和样品基体之间的表面张力，溶剂能更好地“浸润”样品基体，有利于被测物的溶解。本法具有有机溶剂用量少、快速、回收率高、易于实现自动化等突出优点。

四、化学分离法

通过化学反应处理样品，以改变其中某些组分的亲水、亲脂及挥发性质，并利用改变的性质进行分离。

(1) 磺化法和皂化法　磺化法和皂化法是去除油脂或含油脂样品经常使用的分离方法。常用于样品中农药分析的净化。

① 磺化法　磺化法是用浓硫酸处理样品提取液，浓硫酸能使脂肪磺化，并与脂肪、色素中的不饱和键起加成作用，形成可溶于硫酸和水的强极性化合物，不再被弱极性的有机溶剂所溶解，从而达到分离、纯化的目的。此处理方法简单、快速、效果好，但只适用于样品中对酸稳定组分的预处理。

② 皂化法　皂化法是用碱处理样品提取液，以除去脂肪等干扰杂质，达到净化的目的。此法只适用于样品中对碱稳定组分的预处理。

(2) 沉淀分离法　向样液中加入适当的沉淀剂，使被测组分沉淀下来或使干扰组分沉淀，再对沉淀进行过滤、洗涤而得到分离。如测定还原糖含量时，常用醋酸铅来沉淀蛋白质，来消除其对糖测定的干扰。

(3) 掩蔽法　在样品的分析过程中，往往会遇到某些物质对判定反应表现出可察觉的干扰影响。加入某种化学试剂与干扰成分作用，消除干扰因素，这个过程称为掩蔽，加入的化学试剂称为掩蔽剂。这种方法可不经过分离过程即可消除其干扰作用。由于操作步骤简单，所以在食品分析中应用较多。如双硫腙比色法测定铅时，通过加入氰化钾、柠檬酸铵等掩蔽剂来消除 Cu^{2+}、Fe^{3+} 的干扰。

五、柱色谱法

色谱法是利用不同物质的理化性质差异而建立起来的分离纯化技术。所有的色谱系统都由两个相组成：一是固定相，它或者是固体物质（如活性炭、氧化铝、多孔凝胶、离子交换树脂）或者是固定在固体物质上的成分（如萃取剂、抗原）；另一是流动相，即可以流动的物质（如水、水溶液及各种溶媒）。当待分离的混合物随溶媒（流动相）通过固定相时，由于各组分的理化性质存在差异，与两相发生相互作用（吸附、溶解、结合、解析等）的能力不同，在两相中的分配不同（含量对比）不同，而且随着流动相向前移动，各组分不断地在两相中进行再分配。与固定相相互作用力愈弱的组分，随流动相移动时受到阻滞作用愈小，向前移动的速度愈快。反之，与固定相相互作用愈强的组分，向前移动速度越慢。分步收集流出液，可得到样品中所含的各单一组分，从而达到将各组分分离的目的，有关柱色谱各种方法的原理、分类及其应用实例，在前面第三章以及其他章节中均有涉及，这里不再赘述。

第三节 食品的一般成分分析

食品中的一般成分是指水分、灰分、糖类、蛋白质、氨基酸、脂肪、维生素等，通常也称为营养成分。

一、水分的测定

水是食品中的重要组成成分之一。不同种类的食品，水分含量差别很大。控制食品的水分含量，对于保持食品良好的感官性状，维持食品中各组分的平衡关系，保证食品具有一定的保存期等都起着重要作用。食品中水分的存在形式大致可以分为两类：游离水（自由水）和结合水。游离水是指存在于食品表面的润湿水分、渗透水分和毛细管水，其有天然水的性质，能导电，容易结冰，也能溶解电解质的这一部分水。此类水分和组织结合松散，所以很容易用干燥法从食品中分离除去。结合水是与食品中亲水性物质紧密结合的水分，这类水分不易结冰，不能作为溶质的溶剂。如结晶水、吸附水，较难从食品中分离除去，如果将其强行除去，则会使食品质量发生变化。

食品中水分测定主要测定其中的游离水，而非结合水。其方法通常分为两大类：直接法和间接法。直接法是利用水分本身的物理、化学性质来测定水分的方法，如干燥法、共沸蒸馏法、卡尔·费休法和近红外光谱法等；间接法是利用食品的相对密度、折射率、介电常数等物理性质测定水分的方法。直接测定法的准确度高于间接法，这里主要介绍常用的几种直接测定法，同时检测报告中应标明干燥时间和温度。

（一）加热干燥法

（1）常压干燥法　在100℃左右、一个标准大气压下将样品干燥至恒重，根据样品损失的质量计算水分含量。本法适用于在95～105℃范围内，不含其他挥发性成分或含量极微且对热稳定的各种食品的测定。

样品的制备方法常因食品种类及存在状态不同而异，一般情况下，食品的存在状态有三种，即固态、液态和浓稠态。

① 固态样品　固态样品必须磨碎，过20～40目筛，混匀。在磨碎过程中，要防止样品中水分含量的变化。测定时，准确称取经制备好的样品，置于已恒重的称量瓶中。再移至95～105℃常压干燥箱中，盖斜支于瓶边，干燥2～4h后，盖好取出，置干燥器中冷却0.5h后称重。重复此操作，直至前后两次质量差不超过2mg，即为恒重。

② 浓稠态样品　浓稠态样品若直接加热干燥，其表面易结硬壳焦化，使内部水分蒸发受阻，故在测定前，需加入精制海砂或无水硫酸钠，混合均匀，以增大蒸发面积。但测定中，应先准确称样，再定量加入烘干至恒重的海砂或无水硫酸钠，搅拌均匀后干燥至恒重。

③ 液态样品　液态样品直接置于高温下加热，会因沸腾而造成样品的损失，故需经低温浓缩后，再进行高温干燥。测定时先准确称量样品于已烘干至恒重的蒸发皿内，置于热水浴上蒸发至近干，再移入干燥箱中干燥至恒重。

④ 干燥条件　干燥温度一般控制在95～105℃，对热稳定的谷类等，可提高到120～130℃范围内进行干燥。但是不同国家、地区、不同的学术组织对加热条件的规定不尽相同，有的甚至相差很远，检测报告应依据相关的标准。如GB/T 5009.3—2003方法规定精确称取2～10g样品，置于真空干燥箱内，控制工作压力为40～53kPa，60℃±5℃下烘4h。对还原糖含量较高的食品应先用低温（50～60℃）干燥0.5h，然后再于100～105℃干燥。干燥时间的确定有两种方法：一种是干燥到恒重；另一种是规定干燥时间。前者基本能保证水分完全蒸发，故一般采用干燥到恒重的方法。只有那些对水分测定结果准确度要求不高的样品，如各种饲料中水分含量的测定，可采用第二种方法。

(2) 减压干燥法　根据低压下水的沸点降低的原理，将取样后的称量皿置于真空干燥箱内，在选定的真空度与温度下加热干燥至恒重，以烘干失重求得样品中的水分含量。适用于在较高温度下易分解、变质或不易除去结合水的食品，如糖类、味精、蜂蜜、果酱及高脂食品等。

(二) 共沸蒸馏法

基于两种互不相溶的液体二元体系的沸点低于各组分的沸点这一理论，在试样中加入与水互不相溶的有机溶剂（如苯或二甲苯等），将食品中的水分与苯、甲苯、二甲苯或它们的混合物共沸蒸出，冷凝收集馏出液。由于密度不同，馏出液在接收管中分层，根据馏出液中水的体积，计算出样品中的水分含量。

本法由于所用有机溶剂（如苯、甲苯、二甲苯及它们的混合物）可使沸点降低，蒸馏所需温度较低，蒸馏时发生化学变化和挥发损失较少，适用于测定挥发性物质较多且在105℃左右易发生变化的食品中水分的测定，如干果、油脂、香辛料等。特别是香料，共沸蒸馏法是唯一公认的水分测定方法。共沸蒸馏法设备简单、操作简便，用该法测定水分含量，其准确度明显高于干燥法。

(三) 卡尔·费休法

卡尔·费休法（Karl·Fischer）法，简称费休法，是在1935年由卡尔·费休提出的测定水分的容量方法，属于碘量法，对于测定水分最为专一，也是测定水分最为经典的化学方法。

利用 I_2 氧化 SO_2 时，需要有定量的水参加反应：

$$SO_2+I_2+2H_2O = H_2SO_4+2HI$$

但此反应是可逆的，若向试剂中加入吡啶和甲醇，可使这一反应向右进行完全，其反应式如下：

$$C_5H_5N\cdot I_2+C_5H_5N\cdot SO_2+C_5H_5N+H_2O \longrightarrow 2C_5H_5N\cdot HI+C_5H_5N\cdot SO_3$$

$$C_5H_5N\cdot SO_3+CH_3OH \longrightarrow C_5H_5N(H)SO_4\cdot CH_3$$

以上碘、二氧化硫、吡啶按1∶3∶10比例溶解在甲醇溶液中称为费休试剂。费休法的滴定总反应式可写为：

$$I_2+SO_2+3C_5H_5N+CH_3OH+H_2O = 2C_5H_5N\cdot HI+C_5H_5N(H)SO_4\cdot CH_3$$

滴定操作可用两种方法确定终点：一种是当用费休试剂滴定样品达到化学计量点时，再过量一滴费休试剂中的游离碘即会使体系呈现浅黄，甚至棕黄色，据此作为终点而停止滴定，此法适用于水分含量大于1%的样品；另一种是永停滴定法，也叫双指示电极安培滴定法，是将两个微铂电极插在被测样液中，给两电极间施加10～25mV电压，在开始滴定直至化学计量点前，因体系中只有碘化物而无游离碘，电极间极化无电流通过，而当过量一滴费休试剂滴入体系后，由于游离碘的出现使体系变为去极化，则溶液开始导电，外路有电流通过，微安表指针偏转至一定刻度并稳定不变，即为终点。此法更适宜于测定深色样品及微量、痕量水时采用。

二、灰分测定

食品中的灰分，是指食品经高温（500～600℃）灼烧后所残留的无机物质，主要是氧化物或盐类。通常所说的灰分就是指总灰分，在总灰分中包括：水溶性灰分、水不溶性灰分、酸溶性灰分、酸不溶性灰分。其中水溶性灰分反映的是可溶性的钾、钠、钙、镁等的氧化物和盐类的含量。水不溶性灰分反映的是污染的泥沙和铁、铝等氧化物及碱土金属的碱式磷酸盐的含量。酸不溶性灰分反映的是污染的泥沙和食品中原来存在的微量氧化硅的含量。灰分的测定是某些食品加工精度的一项控制指标，也是某些食品（如黄豆）用于评价其营养价值的无机盐含量指标。

灰分的测定有直接灰化法、硫酸灰化法及醋酸镁灰化法。这里介绍直接灰化法。

（一）总灰分的测定

一定量的样品经炭化后，放入高温炉内灼烧，其中的有机物被氧化分解，以二氧化碳、氮的氧化物及水等形式逸出，而无机物质残留下来，这些残留物即为灰分，称量残留物的质量即可计算出样品中总灰分的含量。食品的灰分与其他成分相比，含量较少，所以取样时应考虑称量误差，以灼烧后得到的灰分量为 10～100mg 来确定称样量。

测定灰分通常以坩埚作为灰化容器，坩埚分素瓷坩埚、铂坩埚、石英坩埚等多种。其中最常用的是素瓷坩埚，它具有耐高温、耐酸、价格低等优点。铂坩埚具有耐高温、耐碱、导热性好、吸湿性小等优点，但价格昂贵，所以使用时应特别注意其性能和使用规则。灰化容器的大小要根据试样的性状来选用，需要前处理的液态样品、加热易膨胀的样品及灰分含量低、取样量较大的样品，需选用稍大的坩埚；但灰化容器过大会使称量误差增大。

灰化温度一般为 500～550℃，温度过高易造成挥发元素的损失；温度过低则灰化速度慢、时间长、不易灰化完全。因此，对于不同类型的食品，应选择合适的灰化温度。如果蔬及其制品、肉及肉制品、糖及其制品≤525℃；鱼类及海产品、谷类及其制品、乳制品≤550℃。

以样品灰化完全为度，即重复灼烧至灰分呈白色或浅灰色并达到恒重为止，一般需 2～5h。通常根据经验灰化一定时间后，观察一次残灰的颜色，以确定第一次取出的时间，取出后冷却称量，再放入炉中灼烧，直至达到恒重。对有些样品，即使灰化完全，残灰也不一定呈白色或浅灰色，如铁含量高的食品，残灰呈褐色。有时即使灰分的表面呈白色，但内部仍残留有碳粒。所以根据样品的组成、性状注意观察残灰的颜色，正确判断灰化程度。

（二）水溶性灰分和水不溶性灰分的测定

在总灰分中加水约 25ml，盖上表面皿，加热至近沸。用无灰滤纸过滤，以 25ml 热水洗涤，将滤纸和残渣移回坩埚中，再进行干燥、炭化、冷却、称量，直至恒重。残灰即为水不溶性灰分。总灰分与水不溶性灰分之差即为水溶性灰分。

（三）酸不溶性灰分的测定

向总灰分或水不溶性灰分中加入 25ml 盐酸（$0.1\mathrm{mol \cdot L^{-1}}$），放在小火上轻微煮沸 5min，用无灰滤纸过滤后，再用热水洗涤到洗液无氯离子反应为止。将残留物连同滤纸置坩埚中进行干燥，灼烧、放冷并至恒重，即得酸不溶性灰分。酸溶性灰分含量为总灰分含量与酸不溶性灰分含量之差。

三、糖类的测定

食品中的碳水化合物又称为糖类，它是构成生命的基本物质之一，作为植物及细胞的主要骨架成分和养料，也是人体内主要的能量来源。糖在粮食、食品及微生物发酵过程的研究中具有重要作用，是微生物发酵的主要碳源。多糖具有重要的生理功能，参与蛋白质的靶向、细胞识别及抗体-抗原相互作用，是一种重要的功能食品基料。食品中所含糖类可分为单糖及其衍生物，寡糖、多糖、复合多糖等。不同食品所含糖类的种类与数量也各不相同。动物体内最常见的糖类是葡萄糖等，水果中主要是果糖、蔗糖、葡萄糖等，谷物中通常为 α-苷键连接的淀粉多糖和 β-苷键连接的非淀粉多糖。鲜果中以葡萄糖和果糖为主，一般葡萄糖含量为 0.96%～5.82%，果糖含量为 0.85%～6.53%；无籽葡萄干中果糖和葡萄糖含量达 70%左右；绵白糖中蔗糖含量为 99.5%；蜂蜜中葡萄糖和果糖占 75%左右；牛乳中乳糖含量为 4.7%左右。表 10-1 列出了食品中含有的一些糖类。

糖类的测定方法除经典的化学分析方法外，还有气相色谱法、高效液相色谱法、毛细管电泳色谱法等，这些方法都必须进行必要的样品预处理过程。

表 10-1　食品中含有的糖类

类别		糖名称或组成	含相应糖的食品
单糖	五碳糖	木糖	稀少,发酵食品,谷物非淀粉多糖
		阿拉伯糖	稀少,发酵食品,谷物非淀粉多糖
		核糖	稀少,发酵食品
	六碳糖	葡糖糖	最常见,淀粉水解,液体糖
		果糖	常见,水果,玉蜀黍糖浆
		甘露糖	
		半乳糖	
		岩藻糖	
双糖		蔗糖	—
		麦芽糖	
		乳糖	
		山莴苣糖	
三糖		棉籽糖	—
四糖		淀粉糖	
寡糖		3～14 个糖基	
多糖		100～1000 个糖基	
多元醇		甘露糖醇	
		山梨醇	
		木糖醇	

（一）糖类样品的预处理

1. 糖类的提取

糖类中单糖、双糖均为可溶性糖，而多糖经酸、碱或酶作用，也可水解成可溶性单糖，根据测定的目的及选择的测定方法，对糖类进行提取和澄清，制备出分析测定所需的糖液，常用的糖类提取剂有水和乙醇的水溶液。

糖类可用水作提取剂，温度为 40～50℃。如温度高时，将提出相当量的可溶性淀粉和糊精。水提取液中，除了糖类以外，还有蛋白质、氨基酸、多糖及色素等干扰物质，所以还需要进行提取液的澄清。通常糖类及其制品、水果及其制品用水作提取剂。低分子量糖类（单糖、双糖、三糖及四糖）在乙醇浓度 80%（体积分数）的水-乙醇溶液中具有较大的溶解度，提取效率高，选择性好。而淀粉、糊精形成沉淀，故对于含大量淀粉、糊精的样品宜用乙醇提取，若样品含水量较高，混合后的乙醇最终浓度应控制在上述范围。

2. 除杂、净化

样品经水或乙醇提取后，提取液中除含可溶性糖外，还含有一些干扰物质，如单宁、色素、蛋白质、有机酸、氨基酸等，这些物质的存在使提取液带有色泽或呈现浑浊，影响对待测组分的进一步测定，因此提取液均需要进行澄清处理，即加入澄清剂，使干扰物质沉淀而分离。

作为糖类提取液的澄清剂必须能够完全地除去干扰物质，不吸附糖类，也不改变糖类的理化性质；同时，残留在提取液中的澄清剂应不干扰分析测定或很容易除去。常用的澄清剂有以下几种。

(1) 中性醋酸铅　能除去蛋白质、单宁、有机酸、果胶，还能凝聚其他胶体，作用可靠，不会使还原糖从溶液中沉淀出来，在室温下也不会形成可溶性糖。但它脱色力差，不能用于深色糖液的澄清。适用于植物性样品、浅色糖及糖浆制品、果蔬制品、焙烤制品等。

(2) 碱性醋酸铅　能除去蛋白质、色素、有机酸，又能凝聚胶体，但它可形成较大的沉淀，可带走还原糖，特别是果糖，过量的碱性醋酸铅可因其碱度及铅糖的形成而改变糖类的旋光度，可用于深色的蔗糖溶液的澄清。

(3) 醋酸锌溶液和亚铁氰化钾溶液　它的澄清效果良好，生成的氰亚铁酸锌沉淀，可与蛋白质发生共沉淀作用带走蛋白质，适用于色泽较浅、富含蛋白质的提取液（如乳制品）的澄清。

（4）硫酸铜溶液和氢氧化钠溶液　二者合并使用生成氢氧化铜，沉淀蛋白质，可作为牛乳样品的澄清剂。

（5）氢氧化铝　能凝聚胶体，但对非胶态物质澄清效果不好，可用作较浅色溶液的澄清剂，或作为附加澄清剂。

（6）活性炭　能除去植物性样品中的色素，但在脱色的过程中，伴随的蔗糖损失较大。

澄清剂的种类很多，性能也各不相同，应根据提取液的性质、干扰物质的种类、含量以及所采用的糖的测定方法，加以适当的选择。

在实际工作中避免使用过多的澄清剂。过量的试剂会使分析结果出现失真的现象。使用铅盐作为澄清剂时，用量不宜过大，当样品溶液在测定过程中进行加热时，铅与糖反应，生成铅糖产生误差，可加入除铅剂如草酸钾、草酸钠、硫酸钠、磷酸氢二钠等来减少误差，但除铅剂的用量不宜过多。

3. 样品的浓缩

当样品中糖的含量低时，需要将前述处理后的样品进一步浓缩。最常用有效浓缩方法为离心冷冻干燥法，而直接用冰冻干燥法则可能导致在高真空条件下低分子量或中等分子量糖类的损失。

（二）食品中还原糖的测定

表 10-1 列举的是天然食品中所含的糖类，用气相色谱法、高效液相色谱法（含色质联用法）、毛细管电泳色谱法也能完成其一一测定。但不仅设备条件要求高，而且在实际生产和流通领域中没有必要（功能食品除外）。实际工作中人们更关注还原糖和非还原糖的含量及其变化。因为它们的稳定性更能反映食品（如粮食、油）在储存过程中的稳定性。所谓还原糖是分子中含有游离醛基的葡萄糖、含有游离酮基的果糖、含有半缩醛羟基的乳糖，因为都具有还原性，统称为还原糖。在不水解的情况下不具还原性的称为非还原糖。这里介绍两种还原糖的测定方法，它也是蔗糖和总糖测定的基础。

1. 直接滴定法

样品经除去蛋白质后，在加热条件下，以亚甲基蓝作指示剂，直接滴定已经标定过的碱性酒石酸铜溶液（用还原糖标准溶液标定碱性酒石酸铜溶液），根据样品溶液消耗的体积，计算还原糖量，其反应方程式如下：

$$CuSO_4 + 2NaOH \longrightarrow Cu(OH)_2 \downarrow + Na_2SO_4$$

$$\begin{matrix} NaOOC-CHOH \\ | \\ KOOC-CHOH \end{matrix} + Cu(OH)_2 \longrightarrow \begin{matrix} NaOOC-CHO \\ | \quad\quad\ Cu \\ KOOC-CHO \end{matrix} + 2H_2O$$

$$\begin{matrix} NaOOC-CHO \\ | \quad\quad\ Cu \\ KOOC-CHO \end{matrix} + R-\overset{O}{\underset{H}{C}} + 2H_2O \longrightarrow \begin{matrix} NaOOC-CHOH \\ | \\ KOOC-CHOH \end{matrix} + CuO \downarrow + RCOOH$$

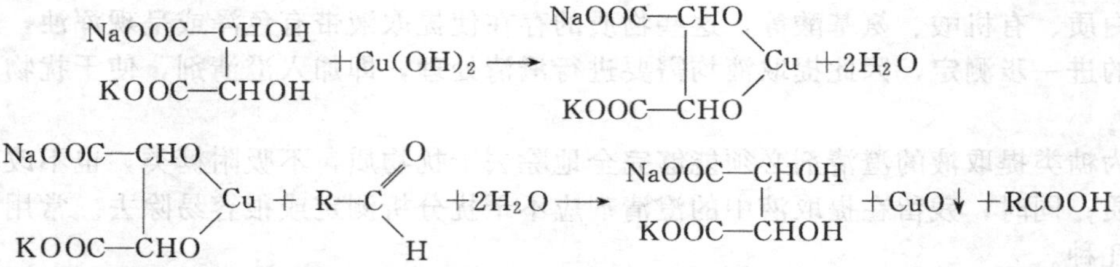

必须指出，还原糖在碱性溶液中与硫酸铜反应并不符合化学计量关系，还原糖在此反应条件下将产生降解，形成各种活性降解物，反应过程较为复杂，并不像上述反应式所反映的那么简单。在碱性及加热条件下，还原糖将形成某些差向异构体的平衡体系。如 D-葡萄糖向 D-甘露醇、D-果糖转化，构成三种物质的平衡混合物，及一些烯醇式中间体，如 1,2-烯二醇、2,3-烯二醇、3,4-烯二醇等。这些中间体可以进一步促进葡萄糖的异构化，同时可进一步降解形成活性降解物，从而构成了整个反应的平衡体系。其构成、组分及含量，与碱度、加热程度等实验条件有关。但实践证明，只要严格控制好实验条件，分析结果的准确度和精密度是可以满足分析要求的。

2. 高锰酸钾滴定法

样品经除去蛋白质后，其中还原糖把铜盐还原为氧化亚铜，加入硫酸铁试剂，氧化亚铜将高铁还原为亚铁，以高锰酸钾标准溶液滴定氧化作用后生成的亚铁盐，根据高锰酸钾标准溶液的消耗量，计算氧化亚铜的含量，再查表得各还原糖（葡糖糖、果糖、含水乳糖、转化糖）量。

（三）蔗糖和总糖的测定

1. 蔗糖的测定

样品经除去蛋白质后，其中蔗糖经盐酸水解转化为还原糖，再按还原糖测定方法进行测定，水解前后还原糖的差值为蔗糖水解所产生的还原糖（又称为转化糖）的量。根据蔗糖的水解反应，蔗糖的相对分子质量为342，水解后生产两个分子单糖，相对分子质量之和为360，故由转化糖的含量换算成蔗糖的含量时应乘以换算系数342/360＝0.95，即为蔗糖含量。

$$\underset{\text{蔗糖}}{C_{12}H_{22}O_{11}} + H_2O = \underset{\text{葡萄糖}}{C_6H_{12}O_6} + \underset{\text{果糖}}{C_6H_{12}O_6}$$

2. 总糖的测定

从营养学角度来说，总糖指被人体消化吸收利用的糖类物质的总和，包括单糖、双糖、糊精和淀粉。在许多食品中共存多种单糖、低聚糖和多糖，这些糖有的来自原料，有的是生产过程为达到某种目的而人为加入的，有的则是在加工过程中形成的（如蔗糖等水解产生葡萄糖和果糖）。对这些糖分别加以测定是比较困难的，常常也是不必要的。食品生产中通常需要测定其总量，即所谓的总糖，是指具有还原性的糖（葡萄糖、果糖、乳糖、麦芽糖）和在测定条件下能水解为还原性单糖的蔗糖的总量。总糖的测定通常以还原糖测定方法为基础，以还原糖为基础测定结果不包括糊精和淀粉。常用的方法有直接滴定法、蒽酮比色法。

样品经处理除去蛋白质等杂质后，加入盐酸，在加热条件下使蔗糖水解为还原性单糖，以直接滴定法测定水解后样品中的还原糖总量。

四、蛋白质的测定

蛋白质是生命的物质基础，是构成生物细胞和体液的重要成分，是机体生长发育和组织修复更新的物质基础。体内酸碱平衡的维持、遗传信息的传递、物质代谢及转运都与蛋白质有关。体内缺乏蛋白质，会导致生长缓慢或停滞，不能维持生命活动。食品中蛋白质含量是评价食品品质、营养价值的重要指标。各种食品的蛋白质含量不同，例如，牛肉中蛋白质含量为20.1%，猪肉9.5%，鲜奶类1.5%～3.8%、蛋类11%～14%、谷类含量一般为6%～10%、大豆36.3%，苹果0.4%。测定食品中蛋白质含量，对于评价食品的营养价值，合理开发利用食品资源、提高食品质量、优化食品配方、指导经济核算及生产过程控制都具有极其重要的意义。

食品中蛋白质的测定，依据应用要求不同有不同的两类：一类为蛋白质总量测定，另一类为蛋白质组成的测定（又称为分离分析）。这里只介绍蛋白质总量的测定。

测定蛋白质最常用的方法有利用蛋白质共性的凯氏定氮法、双缩脲法，还有利用蛋白质中含有特定氨基酸残基的紫外吸收光谱法、色谱法、染色结合法等。其中凯氏定氮法是测定总氮最准确和最简便的方法之一。测定食品中总氮量，再乘以蛋白质的换算系数得到蛋白质总量。双缩脲分光光度法、染料结合分光光度法、酚试剂法等也常用于蛋白质含量的测定。近年来，国内外对红外光谱法和质谱法测定蛋白质含量也有研究。采用红外检测仪，利用一定的波长范围内的近红外线具有被食品中蛋白质组分吸收和反射的特性，而建立了近红外光谱快速定量法，具有无污染、低消耗、非破坏性、操作简便、分析速度快等优点。

1. 凯氏定氮法

凯氏定氮法是目前普遍采用的测定有机氮总量较为准确方便的方法之一，适用于所有食品，所以国内外应用较为广泛。该法是将蛋白质消化，测定其总氮量，再换算成蛋白质含量。食品中的含氮物质，除蛋白质外，还有少量的非蛋白质含氮物质，所以该法测定的蛋白质含量应称为粗蛋白质。

方法原理：食品与硫酸和催化剂一起加热消化，使蛋白质分解，其中碳、氢形成 CO_2 及 H_2O 逸去，而氮以氨的形式与硫酸作用，形成硫酸铵保留在溶液中。将消化液碱化、蒸馏，使氨游离，随水蒸气蒸出，用硼酸吸收后，再以硫酸或盐酸标准溶液滴定所生成的硼酸铵，根据酸的消耗量，计算出总氮量再乘以换算系数，即为蛋白质含量。测定过程分为三个阶段：

（1）消化

$$2CH_2NH_2CH_2COOH + 13H_2SO_4 = (NH_4)_2SO_4 + 6CO_2\uparrow + 12SO_2\uparrow + 16H_2O$$

（2）碱化、蒸馏与吸收

$$(NH_4)_2SO_4 + 2NaOH = 2NH_3\uparrow + Na_2SO_4 + 2H_2O$$

$$2NH_3 + 4H_3BO_3 = (NH_4)_2B_4O_7 + 5H_2O$$

（3）滴定

$$(NH_4)_2B_4O_7 + 2HCl + 5H_2O = 2NH_4Cl + 4H_3BO_3$$

不同的蛋白质其氨基酸组成及方式不同，所以各种不同来源的蛋白质，其氮量也不相同，一般蛋白质含氮量为16%，即1份氮素相当于6.25份蛋白质，此系数称为蛋白质的换算系数。食品不同，蛋白质组成也不同，蛋白质换算系数也有差异。

凯氏定氮法有常量法、微量法及改良微量法，其原理基本相同，只是所使用的样品数量和仪器不同。微量凯氏定氮法与常量法相比，不仅可节省试剂和缩短实验时间，而且准确度也较高，在实际工作中应用更为普遍。而改良的常量法主要是催化剂的种类、硫酸和盐类添加量不同，一般采用硫酸铜-二氧化钛或硒、汞等物质代替硫酸铜。有些样品中含有难以分解的含氮化合物，如蛋白质中含有色氨酸、赖氨酸、组氨酸、酪氨酸、脯氨酸等，单纯以硫酸铜作催化剂，18h 或更长时间也难以分解，单独用汞化合物，在短时间内即可，但它有毒性。而采用硫酸铜-二氧化钛可达到汞化合物的效果。

2. 分子吸收光谱法

蛋白质含有至少两个肽键，可以和铜离子发生反应，生成有色复合物，而且它含有的共轭双键的酪氨酸和色氨酸，也具有吸收紫外线的性质，因此有多种分子吸收光谱法。

双缩脲法：在碱性条件下，铜离子和多肽（至少有两个肽键，如双缩脲、多肽和所有蛋白质）反应生成紫色配合物（双缩脲反应），在 540nm 波长处有最大吸收，其吸光度与蛋白质含量成正比。这是一种测定可溶性蛋白质的方法，简单快速，可用于谷类、肉类、大豆及动物饲料中蛋白质的定性检测。若对样品加以纯化，也可定量检测，但该法灵敏度较低。

考马斯亮蓝光度法：利用蛋白质染料考马斯亮蓝 G250 与蛋白质通过范德华力结合而使蛋白质染色，在 620nm 处有最大吸收，可用于蛋白质的定量测定。此法简单快速，适宜于大量样品的测定，灵敏度较双缩脲法高两个量级，而且不受酚类、游离氨基酸和小分子肽的影响。

肽键紫外吸收法：蛋白质溶液在 238nm 下均有光吸收，其吸收强弱与肽键多少成正比。根据这一性质，可测定样品在 238nm 的吸光度，与蛋白质标准溶液作对照，求出蛋白质含量，但应注意的是有机溶剂有干扰，要以水、稀无机酸、稀无机碱为介质。

3. 气相色谱法

样品在高温（700～800℃）下燃烧释放出氮气，由带热导检测器（TCD）的气相色谱仪测定，测得的氮含量转换成样品中蛋白质含量，由于非蛋白质的氮也包含在内，结果为粗蛋白质含量。方法简单快速、无污染，适宜肉类、谷物等各种食品中蛋白质的测定。

五、氨基酸的测定

氨基酸是组成一切蛋白质的基本单元，具有共同的基本结构，它是在羧酸分子的 α-碳原子上的一个氢原子被一个氨基取代的化合物，故又称α-氨基酸。α-氨基酸的α-碳原子为不对称碳原子，因而存在着D-型和L-型两种异构体。动物体内组成蛋白质的氨基酸均为L-型（约有20余种），只有微生物体内才有D-型氨基酸存在。根据氨基酸与羧酸的比较，也可以把氨基酸分为脂肪族氨基酸、芳香族氨基酸和杂环氨基酸三大类。

食品中氨基酸的检测有两类方法：一类为总量检测方法；另一类为氨基酸的分离及逐个检测方法。限于篇幅，这里只简单介绍一下总量检测方法。必须指出的是，食品中氨基酸总量又分为游离氨基酸和包含蛋白质的总氨基酸。对于包含蛋白质的总氨基酸的测定，必须对样品中蛋白质通过水解方法（酸水解、碱水解或酶水解），使蛋白质转变为氨基酸。然后再进行纯化、浓缩、检测。检测方法有化学分析法、气相色谱法、高效液相色谱法、毛细管电泳法等，这里只介绍化学分析法。

1. 双指示剂甲醛滴定法

氨基酸含有—COOH基显示酸性，又含有—NH_2基显示碱性，它们相互作用形成中性的内盐。当加入甲醛溶液时，—NH_2与甲醛结合，其碱性消失，破坏内盐的存在，使酸性的羧基游离出来，再用氢氧化钠标准溶液滴定羧基，可间接测出氨基酸的含量。由于氨基酸为弱有机酸，选择百里酚酞为指示剂滴定至终点，这时消耗的标准碱量为试液中氨基酸和无机酸的总量。而在不加甲醛的条件下，以中性红为指示剂用同样碱标准溶液滴定无机酸等，可以扣除可能存在的无机酸等。该法同时使用两种指示剂，用碱滴定，以确定滴定氨基酸的量，故称双指示剂法。若样品颜色较深，需用活性炭脱色。

2. 电位滴定法

根据氨基酸的两性性质，加入甲醛固定氨基的碱性，使溶液显示羧基的酸性，将酸度计的玻璃电极及甘汞电极同时插入被测液中构成原电池，用氢氧化钠标准溶液滴定，根据酸度计指示的pH值判断和控制滴定终点。即使样品颜色较深，本法也不受影响。

六、脂肪的测定

脂肪是食品中重要的营养成分之一。大多数动物性食品和一些植物性食品，尤其是植物的种子、果实或果仁，都含有脂肪或类脂化合物。食品中的脂肪主要是甘油三酯及一些类脂化合物，如脂肪酸、磷脂、糖脂、甾醇等。脂肪是具有较高能量的营养素，还能为人体提供必需脂肪酸——亚油酸、亚麻酸和花生四烯酸，还是脂溶性维生素的溶剂，有助于脂溶性维生素的吸收；脂肪与蛋白质结合生成的脂蛋白，可调节人体生理机能。但摄入含脂过多的动物性食品，如动物的内脏等，又会导致体内胆固醇增高，从而导致心血管疾病的产生。食品中脂肪的存在形式有游离态和结合态两种。动物性脂肪和植物性油脂是游离态的；天然存在的磷脂、糖脂、脂蛋白及某些加工食品（如焙烤食品等）中的脂肪与蛋白质或碳水化合物结合形成结合态。

食品中的脂肪测定方法很多，常用的有索氏抽提法、酸水解法、盖勃氏法、巴布科克法、哥里特-罗紫法、氯仿-甲醇提取法等均能测定脂肪类总量。而要分别检测各种具体油类、脂肪及类脂，则宜采用气相色谱法、高效液相色谱法、薄层色谱法、超临界流体色谱法等。

1. 索氏抽提法

索氏抽提法是经典的方法，适用于脂类含量较高、结合脂少、能烘干磨细不易吸潮结块的样品分析。如肉制品、豆制品、坚果制品、谷物油炸制品、中西式糕点等的脂肪含量的分析检测。

它是利用脂肪能溶于有机溶剂的性质，将粉碎或经过前处理而分散的样品放入圆筒滤纸内，将含样品的滤纸筒置于索氏提取管中，用无水乙醚或石油醚等溶剂在水浴中加热回流，提取试样中的脂类于接收烧瓶中，蒸去溶剂所得的物质，称重，即为试样中脂肪量。除脂肪外，还含色素及挥发油、蜡质、树脂等，故称为粗脂肪。抽提法所测得的脂肪主要是游离态脂肪。此方法适于脂类含量较高，且主要是游离态脂类，而结合态脂类含量较少的食品。

2. 酸水解法

样品经酸水解后用乙醚提取，除去溶剂即得总脂肪含量。由于强酸（如盐酸）在加热条件下可使试样水解，使结合或包藏在组织内的脂肪游离出来，并被有机溶剂所提取。因此，酸水解法测得的结果为游离脂肪和结合脂肪总量。对于固体试样应先加适量水，防止加盐酸时固化；水解后应加适量乙醇使蛋白质沉淀，降低表面张力，促进脂肪球聚合，并溶解一些碳水化合物；乙醚提取时应加石油醚降低乙醇在醚中的溶解度，使乙醚溶解物残留在水相，并使分层清晰。

本法适用于经过加工的食品、易结块的食品及不易除去水分的样品，但不宜用于糖和（或）磷脂含量较高的食品。

3. 氯仿-甲醇提取法

索氏抽提法只能提取游离态的脂肪，而对包含在组织内部的脂类及磷脂等结合态的脂肪不能完全提取出来，酸水解法常使磷脂分解而损失。在一定水分存在下，极性的甲醇与非极性的氯仿混合溶液却能有效地提取结合脂类。

将试样分散于氯仿-甲醇混合液中，在水浴上轻微沸腾，氯仿-甲醇混合液与样品中一定的水分形成提取脂类的有效溶剂，在使样品组织中结合态脂类游离出来的同时，与磷脂等极性脂类的亲和性增大，从而有效地提取出全部脂类。经过滤除去非脂成分，回收溶剂，残留脂类用石油醚提取，蒸去石油醚，在100～105℃的干燥箱中干燥1h，冷却、称重，计算脂肪含量。

此法适合于鱼类、蛋类等结合脂多的样品中脂类的测定，对于高水分生物样品更为有效。对于干燥样品可先在试样中加入一定量的水分，使组织膨润后再提取。

七、维生素的测定

维生素是维持人体正常生理功能所必需而需要量极微的天然有机物质。维生素一般在体内不能合成或合成很少。必须经常由食物供给，当机体内某种维生素长期缺乏时，即可发生特有的维生素缺乏症。

维生素的种类很多，根据其溶解性可将它们分为脂溶性维生素和水溶性维生素两大类。脂溶性维生素如维生素A、维生素D、维生素E、维生素K以及它们的同系物等，在生物体内的存在和吸收都与脂肪有关。而水溶性维生素又可分为B族和C族两类。在这些维生素中，人体比较容易缺乏而在营养上又较重要的维生素有：维生素A、维生素D、维生素E、维生素B_1、维生素B_2、维生素B_5（烟酸）、维生素C等约20种。绿色植物是人和动物所需维生素的重要来源。维生素大多不够稳定，易于分解。因此在样品的采集、处理及保存时应特别加以注意，一般取样后应立即测定。

测定食品中的维生素含量，是食品营养成分分析的主要项目之一，特别是维生素强化食品更需进行其含量的测定。由于维生素是从其对维持机体生命过程必需的物质中归纳提取出来的，化合物的组成与结构则相差甚远，有些是醇、脂，有些是胺、酸，有些是酚、醛。因此这类物质难有统一的提取与测定方法。这里选择维生素A、维生素C、维生素B的测定方法简略介绍如下。

（一）维生素A的测定

1. 三氯化锑光度法

将一定试样，或用有机溶剂提取的试样中的脂类，在乙醇中，于有抗氧化剂保护的条件下用氢氧化钾皂化。从皂化液中用苯将维生素A及其他皂化物同时提取出来，于45℃温度下减压蒸发，除去溶剂苯，再用氯仿溶解残渣得到试样溶液，加入显色剂-三氯化锑溶液显色。维生素 A 与三氯化锑反应生成蓝色可溶性配合物，并在 620nm 处有最大吸收峰，其吸光度强弱与维生素 A 的浓度呈正比。

2. 紫外分光光度法

维生素 A 的异丙醇溶液在 325nm 波长下有最大吸收峰，且其吸光度值与维生素 A 的含量呈正比。称取适量样品（维生素 A 含量为 250～750IU，IU 为维生素量的国际单位，$1g=10^6IU$）。按三氯化锑光度法皂化、提取、洗涤、蒸发醚层，加异丙醇定容，于紫外分光光度计 325nm 处测吸光度。

紫外分光光度法操作简便，灵敏度较三氯化锑光度法高，可测定维生素含量低于 $5\mu g \cdot g^{-1}$ 的食品。但由于在维生素 A 的最大吸收波长 325nm 附近许多其他化合物也有吸收，干扰其测定。故本法只适用于透明鱼油、维生素 A 浓缩产物等纯度较高的样品。也可采用环己烷代替异丙醇为溶剂，测定波长为 328nm。

（二）维生素 C 的测定

维生素 C，又称抗坏血酸，它广泛存在于植物组织中，新鲜的水果、蔬菜，特别是枣、辣椒、苦瓜、猕猴桃、山楂、柑橘等果蔬中含量尤为丰富。维生素 C 难溶于脂肪，易溶于水，其水溶液具有酸性，对酸稳定，遇碱或遇热极易破坏，具有较强的还原性，易氧化，铜盐可促进其氧化。测定维生素 C 的方法有 2,6-二氯靛酚滴定法、2,4-二硝基苯肼光度法、荧光法、气相色谱法、高效液相色谱法和毛细管电泳色谱法等，这里介绍前三种方法。

1. 2,6-二氯靛酚滴定法

2,6-二氯靛酚是一种碱性染料，其颜色反应表现为两种特征：一是取决于氧化还原状态，氧化态为深蓝色，还原态为无色；二是其颜色受酸度的影响，在碱性介质中呈深蓝色，酸性介质中呈浅红色。抗坏血酸分子具有还原性，在中性或弱酸性条件下能定量还原 2,6-二氯靛酚染料为无色。因此，用蓝色 2,6-二氯靛酚染料标准溶液直接滴定含维生素 C 的酸性浸出液，染料被还原为无色，到终点时，稍过量的 2,6-二氯靛酚使溶液呈现微红色。根据染料消耗量即可计算出样品中还原型抗坏血酸的含量。

蔬菜、水果等食品用 2% 草酸（或偏磷酸）提取维生素 C，动物性食品用 10% 三氯醋酸提取，储存过久的罐头食品用 8% 的醋酸提取。样品处理液颜色较深，可用白陶土脱色。

2. 2,4-二硝基苯肼光度法

抗坏血酸没有羧基，它的酸性来自于羰基相邻的烯二醇的羟基，此烯二醇基极不稳定，可以和各种金属成盐，也很容易氧化为 L-脱氢抗坏血酸。此氧化还原反应在生物体内是可逆的，在弱还原剂作用下，L-脱氢抗坏血酸又可还原为 L-抗坏血酸，故 L-脱氢抗坏血酸仍具有生物活性。但若继续将 L-脱氢抗坏血酸氧化为二酮古乐糖酸，则将失去活性，称为无效维生素 C。反应式如下：

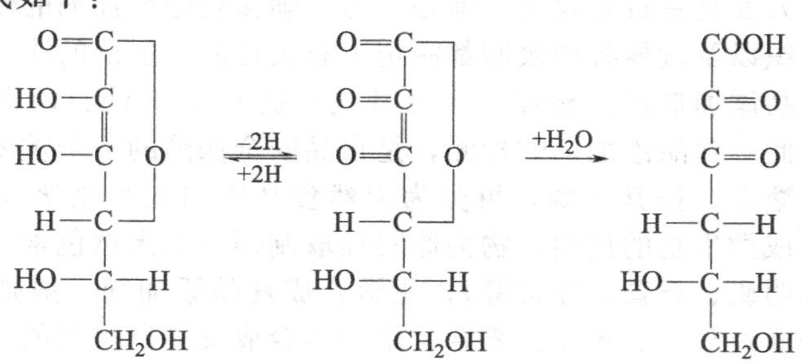

还原型抗坏血酸　　脱氢抗坏血酸　　二酮古乐糖酸

实验室可以利用淀粉或碘等氧化剂将还原型抗坏血酸氧化为脱氢抗坏血酸。本法是用偏磷酸提取食品中的抗坏血酸，用 2,6-二氯靛酚将所有还原型抗坏血酸氧化为脱氢抗坏血酸，然后与 2,4-二硝基苯肼作用形成红色的脎，在浓硫酸脱水作用下，形成稳定的橘红色化合物——双 2,4-二硝基苯肼，于 520nm 波长下，测定吸光度以定量测定抗坏血酸总量。

本法适用于各种食品，特别是所有蔬菜、水果、果汁、罐头等加工食品中维生素 C 总量的测定。

3. 荧光法

样品中还原型抗坏血酸在酸性条件下，被氧化为脱氢抗坏血酸后，与邻苯二胺(OPDA)反应生成有荧光的喹噁啉衍生物。此荧光化合物的激发波长是 350nm，荧光波长在 433nm 处，其荧光强度与抗坏血酸的浓度在一定条件下呈正比，以此测定食品中抗坏血酸和脱氢抗坏血酸的总量。若试样溶液不经氧化，只测定原来存在的脱氢抗坏血酸，从维生素总量中减去脱氢抗坏血酸量可得到还原型抗坏血酸的含量。

试样中含有丙酮酸等能与 OPDA 反应生成荧光化合物，有干扰。测定时通过加入硼酸，让脱氢抗坏血酸与硼酸形成复合物而不与 OPDA 反应，以此作为空白试液，可扣除样品中丙酮酸等与邻苯二胺产生的荧光干扰。

（三）维生素 B_1 的测定

维生素 B_1 又称硫胺素，主要存在于猪肉、糙米、土豆、花生、黄豆、麦胚、酵母、绿色蔬菜、牛奶、蛋黄中。在机体内主要以焦磷酸酯形式构成酶或辅酶，参与体内糖代谢。缺乏维生素 B_1 会引起脚气病、神经炎等病症。人体维生素 B_1 的需要量为 $1\sim2\text{mg}\cdot\text{d}^{-1}$。

食品中维生素 B_1 的测定方法有荧光光度法、分光光度法、气相色谱法、高效液相色谱法等，这里简单介绍荧光光度法。

试样在酸性溶液中加热，提取维生素 B_1（高蛋白质试样和淀粉质试样应先用蛋白酶或淀粉酶处理)，冷却后进行酶处理，使维生素 B_1 游离出来，经人造浮石交换柱去除维生素 B_1 以外的荧光干扰，并使维生素 B_1 浓缩。然后在碱性高铁氰化钾溶液中，维生素 B_1 能被氧化成一种蓝色的荧光化合物——硫色素，将试液移入异丁醇内测定其荧光强度，溶液的荧光强度与硫色素的浓度成正比，可定量测定维生素 B_1。

本法硫色素的生成反应灵敏度高、特异性好。但是，高铁氰化钾的用量必须控制好，过少则氧化不完全；过多又会破坏硫色素。另外，紫外线也会破坏硫色素，显色后应迅速测定。

第四节　食品添加剂的检测

食品添加剂是用于改善食品的品质、延长食品保存期、便于食品加工和增强食品营养成分而添加的一类化学合成或天然物质。它在食品制造加工、包装运输、感官评价以及保持和增加食品营养价值等方面具有重要意义。但是，为了确保食品添加剂的使用安全，世界卫生组织和联合国粮农组织以及世界各国政府都制定了有关食品添加剂的法规，严格审查食品添加剂种类，规定了食品添加剂的规格和每人每日允许摄入量（ADI)，规定每种添加剂的应用范围和使用量。因此，食品添加剂的检测，是食品安全保障的一个重要环节。

食品添加剂种类繁多，按其来源，可分为天然食品添加剂和化学合成食品添加剂两大类。前者主要以植物或微生物的代谢产物为原料提取制得（如天然色素、香料、调味品等)，部分来自于矿物（如明矾、石膏、硫黄等)；化学合成食品添加剂一般是通过一系列化学手段，将元素或化合物通过氧化、还原、缩合、聚合等合成反应所得到的物质。按其功能作用可将食品添加剂分为 22 类，如甜味剂、防腐剂、发色剂、漂白剂、着色剂等。另外，还可按食品添加剂的安全性将其分为 A、B、C 三类，以 ADI 值作为衡量的依据。

本节就甜味剂、酸度调节剂、防腐剂、护色剂、食品漂白剂、抗氧化剂和色素等几种添加剂，各择一、二代表性物质检测方法作一介绍。

一、甜味剂的检测

甜味剂是指赋予食品以甜味的食品添加剂。按照来源的不同，可将其分为天然甜味剂和人工合成甜味剂。天然甜味剂主要是从植物组织中提取出来的甜味物质，可分为糖醇类和非糖类。其中糖醇类有木糖醇、山梨糖醇、甘露糖醇、乳糖醇、麦芽糖醇、赤藓糖醇等；非糖类有甜菊糖苷、甘草、奇异果素、罗汉果素、索马甜等。人工合成甜味剂是一些具有甜味，但又不是糖类的化学物质，甜度一般是蔗糖的数十倍至数百倍，用量极少，热值低或不具有任何营养价值，多不参与代谢过程。人工甜味剂品种很多，包括磺胺类（糖精、甜蜜素）、二肽类（阿斯巴甜、阿力甜）、蔗糖的衍生物（如三氯蔗糖、帕拉金糖）等。限于篇幅，这里只简单介绍大家熟悉的糖精及其检测方法。

糖精的化学名称为邻磺酰苯甲酰亚胺，它在水中溶解度很低，食品生产中所使用的糖精多为糖精的钠盐。它易溶于水，有强甜味，其甜度为蔗糖的500倍。糖精在人体内不分解，不吸收，将随尿排出，不供给热能，无营养价值。按有关法规，对婴幼儿食品、病人食品和大量食用的主食食品不得使用。糖精的定量测定方法有紫外分光光度法、酚磺酞光度法、纳氏光度法、薄层色谱法、气相色谱法、高效液相色谱法、离子选择性电极法等。

1. 酚磺酞光度法

样品经除去蛋白质、果胶、二氧化碳、酒精等得到样品处理液，在酸性条件下，用乙醚提取糖精，60℃蒸干乙醚，然后与酚和硫酸在175℃作用下生成酚磺酞。酚磺酞与氢氧化钠反应，形成红色化合物。红色深浅与样品中所含糖精量呈正比，因而可用分光光度计在558nm波长下测吸光度，与标准系列比较定量。

本法受温度的影响较大，糖精与酚和硫酸作用时应严格控制温度和时间，即应在175℃±2℃反应2h。

2. 紫外分光光度法和薄层色谱法

样品经处理后，在酸性条件下用乙醚提取试样中的糖精，乙醚提取液经无水硫酸钠脱水后，挥去乙醚，制成乙醇溶液，经以聚酰胺或硅胶GF_{245}薄层板，于正丁醇-氨水-无水乙醇或异丙醇-氨水-无水乙醇展开剂的展开槽中展开，展距10cm，实现薄层分离。取出薄层板，挥干溶剂。在紫外灯下观察糖精的荧光条状斑，并将荧光条状斑连同聚酰胺或硅胶GF_{245}刮入小烧杯中，加稀碳酸氢钠溶液于50℃加热溶解后，取清液于分光光度计上，在270nm波长下测定吸光度，与标准比较确定糖精含量。

若经薄层分离后，取出薄层板，挥干溶剂，喷显色剂溴甲基紫（0.04%的50%乙醇水溶液，pH8）显色，则糖精钠显黄色，根据样品点和标准点的比移值定性，根据斑点颜色深浅进行半定量测定，这就是薄层色谱法。

3. 气相色谱法

样品酸化后，用乙酸乙酯提取糖精，浓缩，用甲基化试剂（如二甲基甲酰胺-二甲醛，DMF-Me）于110℃反应30min，使糖精衍生成甲基化合物，用GC法测定。该法色谱条件为：玻璃色谱柱（1.5m×3mm）内填10%DC-200固定液于Gaschrom Q（80～100目）载体上，柱温200℃，检测器和进样温度230℃，FID检测器检测。

二、酸度调节剂的检测

酸度调节剂又称酸味剂、酸化剂，是用于维持或改变食品酸碱度的物质。此外，酸味剂在食品加工中还常作为膨松剂、护色剂和抗氧化剂、防腐剂的组成部分以及作为缓冲剂、胶凝剂、发酵助剂的重要组成部分。酸味剂按其性质可分为：①无机酸，如磷酸；②有机酸，如柠檬酸、酒石酸、苹果酸、延胡索酸、抗坏血酸、乳酸、葡萄糖酸等。按其来源同样可分为两类：一类为动、植物食品及其加工品中本来具有的；另一类为食品加工、制造过程中人为加入的。人为加入的酸味剂，半数以上是选用柠檬酸，其次是苹果酸、乳酸、酒石酸及磷酸，在国外还使用富马酸及琥珀酸。

根据应用的需要，食品中酸度调节剂的检测分两类：一类为不计酸度剂种类、来源的酸度测定，它包括总酸度、有效酸度和挥发酸度等；另一类为各种酸度调节剂的逐个测定，实际上主要是有机酸的分析。

（一）食品中酸度的测定

（1）总酸度的测定　以酚酞为指示剂，用强碱 NaOH 标准溶液，滴定样品制备液到溶液呈现淡红色 30s 不褪色为终点。根据消耗标准碱液的体积和浓度，计算样品中酸含量。本法样品制备应用中性水，滴定时由于被滴定酸多为有机弱酸的混合物，滴定曲线没有明显突跃，应注意滴定终点的把握。

总酸度测定结果的表示：一般情况下，水果多以柠檬酸（橘子、柠檬、柚子等）、酒石酸（葡萄）、苹果酸（苹果、桃、李等）计，蔬菜以苹果酸计，肉类、家禽类以乳酸计，饮料以柠檬酸计。

（2）有效酸度——pH 值的测定　有效酸度是样品中能以 H_3O^+ 形式存在的酸性物质，可以用 pH 试纸、酸碱指示剂或 pH 计直接测定。

（3）挥发酸酸度的测定　食品中的挥发酸，主要是醋酸和微量甲酸，其中一部分是原料本身所含有的，另一部分是在加工、储藏过程中通过发酵而产生的。

测定挥发酸的方法有直接法和间接法，间接法是将挥发酸蒸发除去后，滴定不挥发的残酸，然后由总酸减去残酸即为挥发酸。直接法是加入磷酸使结合态挥发酸离析的条件下，用水蒸气蒸馏方法，将挥发酸蒸馏出来，挥发酸冷凝后用 NaOH 标准溶液直接滴定，以求得挥发酸（以醋酸计）含量。

（二）食品中有机酸的测定

有机酸的测定方法很多，传统的分光光度法、荧光法、薄层色谱法、酶法等。化学分析方法由于需要较为繁琐的预处理，而且能同时分离有机酸的种类少，现在已较少使用。气相色谱法（GC）、高效液相色谱法（HPLC）、毛细管电泳色谱法（CE）得到越来越广泛的研究与应用。

气相色谱法：由于有机酸的沸点较高，不容易汽化，而且它们的极性、吸附性和反应性较强，易被色谱柱管等吸附而产生拖尾现象。气相色谱法测定有机酸时一般都要先衍生化再进行测定。通常是利用有机酸羧基与醇的酰基化作用，生成易挥发的甲酯、乙酯和正（异）丙酯和正（异）丁酯等，采用非极性固定相的色谱柱分离，快速程序升温，FID 等检测器检测，可得到良好的结果。

高效液相色谱法：高效液相色谱的分离模式与检测方法多种多样，可以根据样品的构成与性质来选择合适的色谱条件（色谱柱、淋洗液、检测器等）。有机酸的 HPLC 常用的有离子交换色谱、离子排斥色谱、反相高效液相色谱和凝胶色谱等，除凝胶色谱分离模式的局限性较大外，其他色谱法均有较好的应用，实际工作中可根据测定对象与要求来选择。HPLC 分析有机酸一般用电导检测器，检测下限可达 10^{-10} mol，也有采用直接紫外吸收或间接紫外吸收检测。高效液相色谱法测定有机酸不仅简便快速、选择性好、准确度高，而且有人还建立了不同产地、不同新鲜程度的水果、饮料、酒类的"指纹"图谱，用于相关产品的产地及新鲜程度的识别。

毛细管电泳色谱法：同样具有方法快速、成本低的特点，而且能够一同检出像氯离子等这样小离子。用间接紫外检测可在短时间（6min 内）测定 $1\mu g \cdot kg^{-1}$ 级的有机酸和阴离子。该法可适用于水果、蔬菜、面包、饮料、酒类中有机酸的检测。

三、防腐剂的检测

防腐剂是具有杀灭或抑制微生物增殖作用的一类物质的总称。在食品生产中，为防止食品腐败变质、延长食品保存期，在采用其他保藏手段的同时，也常配合使用防腐剂，以期收到更好的效果。常用的防腐剂有苯甲酸及其钠盐、山梨酸及其钾盐、对羟基苯甲酸酯、二氧化硫、噻唑苯并咪唑、丙酸钙（钠）、仲丁胺、脱氢醋酸等。它们各有不相同的使用对象。基于篇幅限制，这里只简单介绍苯甲酸及其钠盐、山梨酸及其钾盐的测定方法。

（一）苯甲酸及其钠盐的测定

苯甲酸俗称安息香酸，是最常用的防腐剂之一。为白色鳞片或针状结晶，无臭或稍带有香气，易溶于酒精、氯仿和乙醚，难溶于水。其钠盐——苯甲酸钠易溶于水，在 pH 值为 2.5～4.0 时对广泛的微生物有抑制作用，但对霉菌的抑制作用较弱，在碱性溶液中几乎无防腐能力。苯甲酸的测定方法有气相色谱法、液相色谱法、碱滴定法、紫外分光光度法，下面主要介绍后两种方法。

(1) 碱滴定法　样品中的苯甲酸碱化后变成苯甲酸钠，用氯化钠盐析蛋白质等高分子物质，再酸化滤液使之成为苯甲酸，用乙醚等有机溶剂提取。蒸去乙醚后溶于中性乙醇中，用碱标准溶液滴定。本法适用于含苯甲酸在 0.1%以上的样品分析。浓度低时宜用紫外分光光度法。

(2) 紫外分光光度法　根据苯甲酸在酸性条件下能同水蒸气蒸馏出来的特点，样品中苯甲酸在酸性溶液中可以用蒸馏的方法蒸馏出来，与样品中非挥发性成分分离，然后用 0.033mol·L^{-1}重铬酸钾溶液和 4mol·L^{-1}硫酸溶液进行激烈的氧化，使除苯甲酸以外的其他有机物氧化分解。将此氧化后的溶液再次蒸馏，第二次所得的蒸馏液中除苯甲酸外，其他杂质基本上都被分解了。蒸馏液在波长 225nm 处测吸光度，与标准比较确定苯甲酸的含量。

（二）山梨酸及其钾盐的测定

山梨酸俗名花楸酸，为无色无臭的针状结晶，易溶于酒精，在水中溶解度较低，故多使用其钾盐防腐。在酸性介质中对霉菌、酵母菌、好气性细菌有良好的抑制作用。山梨酸是一种不饱和脂肪酸，在体内可参加正常脂肪代谢，最后被氧化为二氧化碳和水，是目前被认为最安全的一类食品防腐剂。世界卫生组织规定 ADI 值（以山梨酸计）为 0～25mg·kg^{-1}(体重)。山梨酸的测定方法有可见分光光度法、紫外分光光度法、气相色谱法、高效液相色谱法等，这里介绍硫代巴比妥酸分光光度法。

方法原理是提取样品中山梨酸及其盐类后，在硫酸及重铬酸钾的氧化作用下形成丙二醛，再在加热到 100℃的条件下，使丙二醛与硫代巴比妥酸形成红色化合物，在 530nm 波长下有最大吸收，其吸光度与丙二醛含量成正比，依此可与标准比较定量地测定样品中山梨酸的含量。

样品处理也可采用水蒸气蒸馏，但操作复杂，本法选用直接提取后进行氧化、显色，回收率达 90%～104%。硫代巴比妥酸需现用现配，山梨酸标准液应贮于冰箱中，可用数日。

四、护色剂的检测

在食品加工过程中，添加适量的化学物质与食品中的某些成分作用，使制品呈现良好的色泽，这类物质称为护色剂，又可称为发色剂或呈色剂。我国允许使用的发色剂有硝酸钠和亚硝酸钠，它们主要用于肉类加工。硝酸盐在细菌硝酸盐还原酶作用下还原为亚硝酸盐。亚硝酸盐在酸性条件下形成亚硝酸，亚硝酸不稳定，分解产生亚硝基，亚硝基与肌红蛋白结合，生成鲜艳亮红色的亚硝基红蛋白，亚硝基红蛋白遇热后放出巯基，并生成鲜红色的亚硝基血色原，使肉的红色固定和增强，改善了肉的感官性状。此外，亚硝酸盐也可抑制细菌，尤其是肉毒梭状芽孢杆菌的生长。亚硝酸盐的毒性较硝酸盐强，但硝酸盐可以转化为亚硝酸盐。人体摄入大量亚硝酸盐，可使血红蛋白转变成高铁血红蛋白，使人体失去输氧功能，临床上引起肠原性青紫症。在一定条件下，亚硝酸盐可与二级胺形成具有致癌作用的亚硝胺类化合物，这是当今世界各国都重视的卫生学问题。此外，硝酸盐对镀锡的罐头铁皮内壁有腐蚀、脱锡作用，致使内壁出现灰黑色斑点，并使食品中的含锡量增高。由于上述情况存在，食品卫生标准除规定了发色剂的使用量外，还规定了残留量标准。另外，抗坏血酸与亚硝酸盐有高度亲和性，在体内能防止亚硝化作用。因此在肉类腌制时添加适量的抗坏血酸，有可能防止生成致癌物质。

硝酸盐和亚硝酸盐的测定方法主要有光度法、气相色谱法和高效液相色谱法。

1. 盐酸萘乙二胺光度法测定亚硝酸盐

盐酸萘乙二胺光度法又称格里斯试剂比色法。样品经沉淀蛋白质、除去脂肪后，在弱酸性条件下亚硝酸盐使对氨基苯磺酸重氮化后，再与盐酸萘乙二胺偶合形成紫红色化合物，颜色深浅与亚硝酸盐含量成正比，与标准系列比较定量。

本法测得的是样品中的亚硝酸盐（以亚硝酸钠计）的含量，不包括硝酸盐含量。亚硝酸盐容易氧化为硝酸盐，样品处理时，加热的时间与温度均要控制。配制标准溶液的固体亚硝酸钠可长期保存在硅胶干燥器中，若有必要，可在80℃烘去水分后称量。

2. 镉柱还原-盐酸萘乙二胺光度法测定硝酸盐

样品经沉淀蛋白质、除去脂肪后，在pH值为9.6～9.7的氨缓冲溶液中，通过镉柱，使其中的硝酸根离子还原成亚硝酸根离子。在弱酸性条件下，亚硝酸根与对氨苯磺酸重氮化后，再与盐酸萘乙二胺偶合形成红色染料，颜色深浅与亚硝酸盐含量成正比，可直接比色测得亚硝酸盐总量。另取样品溶液不经镉柱直接测定亚硝酸根离子含量，两者之差，即可算出硝酸盐含量。

在制作海绵状镉或处理镉柱时，不要用手直接接触，注意不要弄到皮肤上。一旦接触应立即用水冲洗。在制作海绵状镉和装填镉柱时最好在水中进行，以免镉粒暴露于空气中而氧化。

3. 气相色谱法测定硝酸盐和亚硝酸盐

气相色谱法测定硝酸盐和亚硝酸盐，在测定前要进行衍生化以形成易挥发性的物质。硝酸盐的测定通常是将其衍生为硝基苯，用热裂解检测器测定，检测限为100～200μg · kg^{-1}。该方法测定肉类样品的原理是：肉类样品经脱脂、去除蛋白质后，其中NO_3^-与80%硫酸的苯溶液反应，生成硝基苯。硝基苯溶液经中和，用苯提取后进行气相色谱分析。检测器为热裂解检测器，即硝基苯进入300℃的检测器时发生热分解，释放出亚硝酰自由基，随后被臭氧氧化放出激发态二氧化氮，激发态二氧化氮不稳定，很快回落到基态，给出特征谱线，谱线强度与亚硝酰的浓度呈正比，依此可测定样品中硝酸盐。如果先用高锰酸钾将亚硝酸盐氧化为硝酸盐，则可一并测定。另外，亚硝酸盐也可直接衍生化后测定。衍生化试剂有肼酞嗪、环己基氨基磺酸钠、3,4-二氯溴苯、对溴氯苯等。

五、食品漂白剂的检测

能破坏抑制食品的发色因素，使色素褪色或使食品免于褐变的添加剂称为漂白剂。常用的漂白剂有两类：一类为还原性漂白剂，如二氧化硫、亚硫酸及其盐类；另一类为氧化性漂白剂，如过氧化苯甲酰。它们都是通过氧化还原反应来实现漂白的。还原性漂白剂只有当其存在于食品中时方能发挥作用，一旦消失，制品可因空气中氧的氧化作用而再次显色。由于漂白剂具有一定的毒性，用量过多还会破坏食品中的营养成分，故应严格控制其残留量。食品卫生标准规定：残留量以二氧化硫计，饼干、食糖、粉丝、罐头不得超过50mg · kg^{-1}，竹笋、蘑菇残留量不得超过25mg · kg^{-1}；赤砂糖及其他不得超过100mg · kg^{-1}。过氧化苯甲酰在面粉中最大剂量为60mg · kg^{-1}。

测定二氧化硫的方法有盐酸副玫瑰苯胺光度法、中和滴定法、高效液相色谱法等。测定过氧化苯甲酰的方法有紫外分光光度法、气相色谱法和高效液相色谱法等。

1. 滴定法测定二氧化硫

样品经处理后，加入氢氧化钾使残留的二氧化硫以亚硫酸盐形式固定。再加入硫酸使二氧化硫游离，用碘标准溶液滴定，定量。反应如下：

$$SO_2+2KOH \longrightarrow K_2SO_3+H_2O$$

$$K_2SO_3+H_2SO_4 \longrightarrow K_2SO_4+H_2O+SO_2$$

$$SO_2+2H_2O+I_2 \longrightarrow H_2SO_4+2HI$$

本法也可以将样品中 SO_2 经水提取后，加入 $1mol \cdot L^{-1}$ HCl 或 $2mol \cdot L^{-1}$ H_3PO_4 酸化，在通氮保护条件下加热回流，亚硫酸盐迅速转化为 SO_2，并随水汽导入 3% H_2O_2 吸收液中，被氧化为 H_2SO_4，然后用标准碱液进行滴定。

2. 盐酸副玫瑰苯胺光度法测定二氧化硫

二氧化硫被四氯汞钠吸收之后，生成一种稳定的化合物，再与甲醛及盐酸副玫瑰苯胺作用，经分子重排，生成紫红色的聚副玫瑰红甲基磺酸，于 550nm 波长处有最大吸收，用分光光度计测定其吸光度，与标准系列比较可定量测定二氧化硫。

由于本法使用四氯汞钠而造成汞污染，为此，人们作了多种改进尝试，获得了良好效果。如甲醛-邻苯二甲酸氢钾作吸收液，以甲基磺酸形式固定二氧化硫，碱性条件下显色，不仅免除了汞污染，而且使二氧化硫标准溶液室温下稳定 36h 以上。也可用吗啉或三乙醇胺作吸收液，并各具优点。

3. 分光光度法测定二氧化苯甲酰

在酸性条件下，用铁粉将过氧化苯甲酰还原为苯甲酸。根据苯甲酸能同水蒸气一起蒸馏出来的特点，进行两次蒸馏。使苯甲酸先后与不挥发性成分和被氧化分解的有机物分离。苯甲酸随水汽流出被碱性溶液吸收后，测定苯甲酸钠在 225nm 处的吸光度值，与标准曲线的比较，可准确测定其含量。若样品中添加有苯甲酸作为防腐剂，测定结果应扣除所加苯甲酸的含量。

六、抗氧化剂的检测

抗氧化剂是指能阻止或推迟食品被氧化而变质，提高食品稳定性和延长储存期，具保鲜作用的食品添加剂。按其来源可分为天然抗氧化剂（如维生素 E、抗坏血酸等）和人工合成抗氧化剂。常用的人工合成抗氧化剂有叔丁基羟基茴香醚（BHA）、2,6-二叔丁基对甲酚（BHT）、没食子酸丙酯（PG）、异抗坏血酸钠等，主要用于油脂及高油脂类食品中，以延缓食品的氧化变质。

抗氧化剂的测定方法有分光光度法、气相色谱法、高效液相色谱法等。不同氧化剂的检测方法和条件略有不同。

分光光度法测定 2,6-二叔丁基对甲酚（BHT）：样品通过水蒸气蒸馏，使 BHT 分离，用甲醇吸收后，遇邻联二茴香胺与亚硝酸钠溶液生成橙红色化合物，再用三氯甲烷提取，于波长 520nm 处测定其吸光度并与标准比较定量。

气相色谱法测定叔丁基羟基茴香醚（BHA）和 2,6-二叔丁基对甲酚（BHT）：样品中的叔丁基羟基茴香醚和 2,6-二叔丁基对甲酚（BHT）用石油醚提取，通过色谱柱使 BHA 与 BHT 净化，浓缩后，经气相色谱分离后用氢火焰离子化检测器检测，根据样品峰高与标准峰高比较定量。气相色谱法最低检出量为 2.0μg，油脂取样量为 0.50g 时最低检出浓度为 $4.0mg \cdot kg^{-1}$。

高效液相色谱法测定多种抗氧化剂：样品用乙腈、异丙醇、乙醇、草酸混合溶液提取，2,6-二异丙基酚作为内标，干扰物通过冷冻分离除去，不需要做进一步纯化，直接进样，于反相色谱柱上梯度洗脱分离，紫外或荧光检测，可测定干货食品、脂肪和油脂中 15 种抗氧化剂。

七、色素的检测

“色素”是表示存在于细胞或组织中产生颜色的正常组分。它是人们对其相关物质感官质量评价的重要指标之一。就食品而言，人们讲究“色、香、味”。色居首，说明不论它的营养、风味和质地如何好，只要色泽不良，人们就不愿接受；相反，食品中加入色素后使食品具有诱人的色泽，可以刺激食欲。另外，食品着色，可强化食品的感官性状，满足人们对食品多样化的要求。

食用色素按其性质和来源不同，可分为食用天然色素和食用合成色素两大类。天然色素是从动物、植物或微生物中提取的，其最大优点是安全性高，缺点是染色力弱，稳定性较差。目前已有近200种不同原料的天然色素，但使用较多的是叶绿素、类胡萝卜素、花色苷、紫胶、胭脂虫红、红花素、栀子黄、焦糖色等。食用合成色素是人工合成色素，多数属于煤焦油或苯胺类色素，虽有色泽鲜艳、着色力强、使用方便等优点。但它们不但没有营养，而且大多数对人体有害，即除一般毒性外，有的具有致泻性和致癌性，国内外均有强制执行的禁用或限用的相关标准。我国允许使用的食用合成色素主要有苋菜红、胭脂红、赤藓红（樱桃红）、新红、诱惑红、柠檬黄、日落黄、亮蓝、靛蓝9种，大部分是以从煤焦油中分离出来的苯胺染料为原料制成的。这些合成色素均溶于水。

食用合成色素的测定方法主要有薄层色谱法、气相色谱法、高效液相色谱法、质谱法等。

(1) 高效液相色谱法　样品经预处理后，样品溶液中的食用人工合成色素采用聚酰胺吸附法吸附后，再用乙醇-氨水-水混合溶液解吸，或用液-液分配法提取，将制备好的样品溶液于盐酸介质中，用三正辛胺正丁醇溶液提取，制成水溶液，注入高效液相色谱仪。流动相采用甲醇-0.02mol·L^{-1}乙酸铵溶液（pH＝4），进行梯度洗脱，根据保留时间定性，根据峰面积的大小进行定量。

(2) 薄层色谱法　样品经处理后，在酸性条件下，用聚酰胺粉吸附人工合成色素，而与天然色素、蛋白质、脂肪、淀粉等分离。然后在碱性条件下，用适当的解吸液使色素解吸出来，再经薄层色谱法纯化、分离，用分光光度法进行测定，与标准比较进行定性和定量。

样品在加入聚酰胺粉吸附色素之前，要用柠檬酸调至pH值为4左右，因为聚酰胺粉在偏酸性（pH值为4～6）条件下对色素吸附力较强，吸附较完全。样品液中的色素被聚酰胺粉吸附后，当用热水洗涤聚酰胺粉以除去可溶性杂质时，洗涤用水应偏酸性，以防吸附的色素被洗脱下来，使测定结果偏低。

(3) 分光光度法　分光光度计除了用于做薄层色谱和高效液相色谱的检测器外，就分光光度法直接测定混合食用合成色素方面，近20年来也有许多报道。多组分混合色素的测定均使用多波长数据处理的化学计量学方法，包括最小二乘光度法、双波长或多波长光度法、卡尔曼滤波光度法、比值倒数波谱法、Andrewe型M-估计光度法。

第五节　食品中污染物的检测

一、重金属污染的检测

密度在5×10^3kg·m^{-3}以上的金属统称为重金属，如金、银、铜、铅、锌、镍、钴、镉、铬和汞等45种。通过食物进入人体，从而造成健康危害的重金属主要有汞、镉、砷、铅、铬、铜、锌、锡等。但从性质来考虑，砷属于非金属元素，或称为半金属元素，鉴于它的毒性，所以把它列入重金属一并讨论。

食品中重金属的分析，一般是采用湿法灰化或干法灰化的手段将食品中的有机物质破坏除去。湿法或干法的选择，要以不致丢失所要分析的对象为原则。破坏有机物质后，样品中的重金属留在湿法灰化的消化液中或干法灰化的残渣中，然后根据待测物质在食品中的大概含量和客观条件选择分析方法。从污染方面所说的重金属，实际上主要是指汞、镉、铅、铬以及类金属砷等生物毒性显著的重金属，也指具有一定毒性的一般重金属，如锌、铜、钴、镍、锡等。目前最引起人们注意的是汞、铅、镉、砷等。

重金属元素污染的检测方法有各种化学分析方法、发射和吸收光谱分析法、X射线荧光法、ICP-MS等。这里简要介绍几种化学分析和光谱分析方法。

（一）双硫腙萃取光度法测定食品中的铅、锌、汞、镉

双硫腙学名为二苯基硫卡巴腙，能和许多金属离子（特别是重金属离子）反应形成配合物，这些配合物较难溶于水，易溶于氯仿或四氯化碳而呈黄色或红色，并可在有机相中直接进行光度测定，而且在较大范围内线性良好，灵敏度高。食品试样经硝化处理，控制不同萃取条件，可分别将它们萃取出来，选择相应波长，测定其吸光度，用标准比较确定各自含量。各元素分析的测定条件和灵敏度见表10-2。

表10-2 双硫腙光度法测定食品中铅、锌、汞、镉的条件和灵敏度

被测离子	萃取的水相条件	有机相测定波长 λ_{max}/nm	ε值
Pb^{2+}	pH8～10，加盐酸羟胺还原 Fe^{3+}，KCN-柠檬酸铵掩蔽 Fe^{2+}、Se^{2+}、Cd^{2+}、Cu^{2+}	520	6.88×10^4
Zn^{2+}	两次萃取：第一次 pH8.3 加柠檬酸铵掩蔽 Fe^{3+}、Al^{3+}。第二次 HCl 调 pH4～4.5，并加硫代硫酸钠掩蔽 Cu^{2+}、Hg^{2+}、Pb^{2+}、Cd^{2+}	535	9.6×10^4
Hg^{2+}	6mol·L^{-1} H_2SO_4 介质中，Cd^{2+}、Pb^{2+}、Zn^{2+}生成配合物，盐酸羟胺还原 Fe^{3+}、Sn^{4+}，EDTA 掩蔽 Cu^{2+}	485	7.2×10^4
Cd^{2+}	二次萃取：第一次 pH8～9 加柠檬酸铵掩蔽 Fe^{3+}，用稀盐酸反萃取 Cu^{2+}、Hg^{2+} 留在有机相，Cd^{2+}、Pb^{2+}、Zn^{2+} 转入水相；第二次于 pH13 再次萃取，可与 Pb^{2+}、Zn^{2+} 分离	520	8.8×10^4

（二）原子吸收光谱法测定食品中铜、锌、铅、镉

样品于硝酸介质中，经密封消化分解有机物后，加入磷酸，导入原子吸收光谱仪中，原子化后铜、锌、铅、镉分别吸收324.8nm、213.6nm、283.3nm、228.8nm共振线，其吸收量与铜、锌、铅、镉量成正比，与标准系列比较进行定量。铜、锌用火焰法测定，铅、镉用石墨炉法测定，其测定条件见表10-3和表10-4。

表10-3 铜、锌的火焰原子吸收法测定条件

元素	灯电流 /A	波长 /nm	狭缝 /mm	空气流量 /L·min^{-1}	乙炔流量 /L·min^{-1}	燃烧器高度 /cm
铜	5	324.8	1.3	95	3.0	75
锌	3	213.6	1.3	95	2.5	75

表10-4 铅、镉的石墨炉原子吸收法测定条件

元素	灯电流 /A	波长 /nm	狭缝 /mm	干燥		灰化		原子化		净化		进样量
				温度/℃	时间/s	温度/℃	时间/s	温度/℃	时间/s	温度/℃	时间/s	
铅	7.5	283.2	1.3	120	20	700	20	2600	10	2800	5	20
镉	7.5	228.8	1.3	120	20	750	10	2600	5	2800	5	20

（三）砷的测定

由于农药残留和加工过程中使用的化学药品不纯等原因，在人类所有食品中几乎都被砷污染。各种食品及饮用水中允许砷的含量，各国都有规定。如中国原粮＜0.7mg·kg^{-1}，日本原粮＜1mg·kg^{-1}。

砷的测定方法很多，使用最多的有传统的银盐法、砷斑法、硼氢化物还原光度法，还有

早期的滴定法、电化学法。随着现代测试技术的发展，原子吸收光谱法、原子荧光法、中子活化法、微波发射光谱法、离子色谱法、气相色谱法、化学发光法、X射线荧光法、等离子体发射光谱法、等离子体质谱法等在砷的检测中得到了广泛的研究和应用，这里介绍经典的前三种方法。

（1）银盐法　样品消化后，以碘化钾、氯化亚锡将五价砷还原为三价砷，然后与锌粒和酸产生的新生态氢反应生成砷化氢，再与二乙基二硫代氨基甲酸银作用，在有机碱（三乙醇胺）存在下，生成红色胶态物，其颜色深浅与砷在溶液中的浓度成正比，在520nm波长下测定吸光度，与标准系列比较，实现对砷的定量检测。在生成AsH_3的过程中，有H_2S会干扰测定，可在导气管中加上浸泡过乙酸铅的棉花来除去H_2S的干扰。砷化氢吸收装置如图10-3所示。

（2）砷斑法（古蔡氏法）　样品经消化后，以碘化钾、氯化亚锡将五价砷还原为三价砷，然后与锌粒和稀硫酸或盐酸产生的新生态氢生成砷化氢，经乙酸铅脱除硫化氢后，再与溴化汞试纸生成黄色至橙色的色斑，色斑的颜色深浅与砷的含量成正比，可通过与标准砷斑比较定量，砷斑法测砷装置见图10-4。

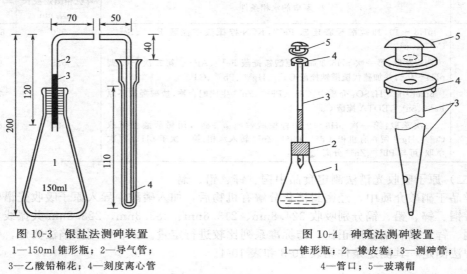

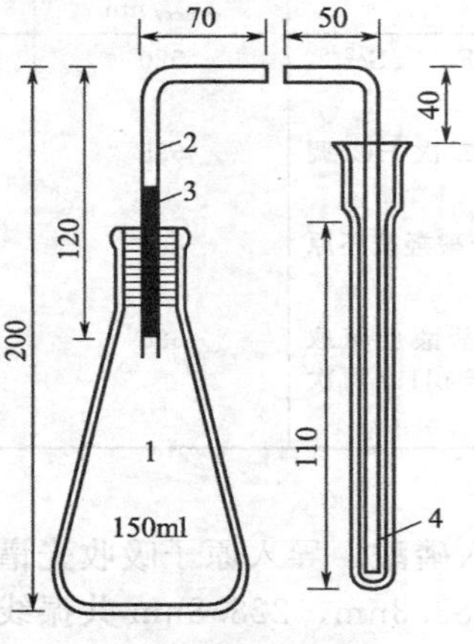

图10-3　银盐法测砷装置

1—150ml锥形瓶；2—导气管；3—乙酸铅棉花；4—刻度离心管

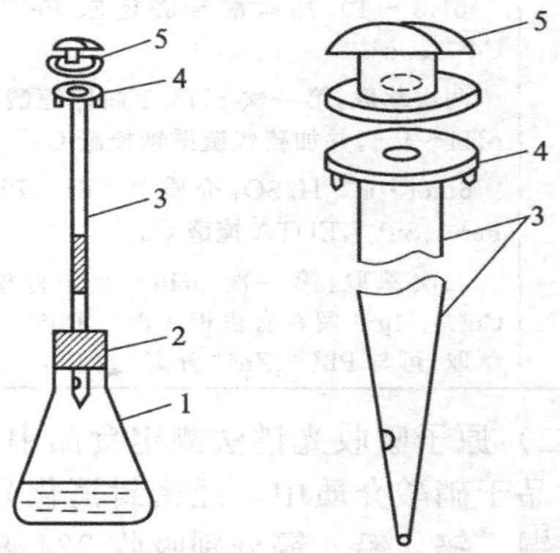

图10-4　砷斑法测砷装置

1—锥形瓶；2—橡皮塞；3—测砷管；4—管口；5—玻璃帽

（3）硼氢化物还原光度法　试样经消化后，其中砷以五价形态存在。当溶液中氢离子浓度大于$1mol \cdot L^{-1}$时，加入碘化钾-硫脲并结合加热，能将五价砷还原为三价砷。在酸性条件下，加硼氢化钾将三价砷还原为负三价，形成砷化氢气体，导入硝酸银-聚乙烯醇吸收液中呈黄色。黄色深浅与溶液中砷含量成正比。在分光光度计上400nm波长处测定吸光度，与标准系列比较进行砷的定量。

二、农药残留的检测

农药是指用于预防、消灭或者控制危害农业、林业的病、虫、草及其他有害生物，以及调节植物、昆虫生长的药物总称。农药残留指农药本身及代谢物等在环境、动植物或食品中的残留现象，残留的数量称为残留量。目前，全世界使用的农药品种有上千种，其中绝大部分为化学合成农药。当食物中农药残存数量超过最大残留限量时，将对人和动物产生不良影响。世界卫生组织和我国对农药在食品中的最高残留限量作了规定，并制定了其残留量的检测方法。这对于正确使用农药，控制残留，保障食品安全具有重要意义。

1. 有机氯农药残留检测

有机氯农药（OCPs）是具有杀虫活性的氯代烃的总称，通常分为三种主要类型，即滴滴涕 DDT 及其类似物、六六六（也称 BHC）和环戊二烯衍生物。它们均为神经毒性物质，不溶于或微溶于水，易溶于多种有机溶剂、植物油及动物脂肪中。在生物体内的蓄积具有高度选择性，多贮存于机体脂肪组织或脂肪多的部位和谷类外壳富含蜡质的部分。在碱性环境中易分解失效。常见的有机氯农药有滴滴涕、六六六、氯丹、硫丹等。

有机氯农残的测定是农残检测中研究最多、最早的一类，早期主要是化学分析方法和分光光度法，后来发展了薄层色谱法、气相色谱法，近年来高效液相色谱法、质谱法及色谱-质谱联用技术等得到了研究和应用。这里简要介绍气相色谱法和气相色谱-质谱法。

样品中农残经丙酮-石油醚提取、液-液萃取或氟罗里硅土色谱柱净化后，在一定温度下，载气携带汽化后的样品，通过程序升温色谱柱（50m×0.25mm；膜厚 0.20μm，固定相为 CP-Sil19CB，弹性石英毛细管柱）而被逐一分离，随即通过电子捕获检测器检测，以保留时间定性，外标法定量。这就是气相色谱法，可检测食品中 DDT、六六六及它们的异构体等 15 种有机氯农残。

如果将色谱柱换成 30m×0.25mm（内径）×0.25μm（膜厚）的 DB-1701 毛细管柱或相当者，并与带 EI（或 ESI、EESI、DAPCI）电离源的质谱仪连接，即 GC-MS 法。采用选择离子监测方式测定，同样可检测食品中 DDT、六六六及它们的异构体等 15 种有机氯农残，而且灵敏度更高。

2. 有机磷农药残留检测

有机磷农药（OPPs）是含有 C—P 键或 C—O—P、C—S—P、C—N—P 键的磷酸酯类化合物，目前正在应用或已经应用过的有机磷农药约有 150 种。常见的有代表性的或影响较大的有机磷农药有敌敌畏、二溴磷、久效磷、磷胺、对硫磷、乐果等约 30 种。有机磷农药属高效、广谱杀虫剂。与有机氯农药相比，有机磷农药在自然环境中容易降解，生物体内代谢快，生物半衰期短，不易在动物和人体内蓄积，故不易发生残留，在农作物中的残留期一般也不长，并能在粮食碾磨加工、食品洗涤、去皮、烹饪等处理中不同程度地消减。但某些有机磷农药急性毒性强，常因使用、保管、运输等不慎，污染食品造成人畜急性中毒，故食品中（特别是果蔬等）有机磷农药残留量的测定，也是一项重要的检测内容。

根据有机磷农药的化学性质，检测有机磷的方法有波谱法、色谱法和酶抑制法。

波谱法是根据有机磷农药中某些官能团或水解、还原产物与特殊的显色剂在一定条件下，发生氧化、磺酸化、酯化、配合等化学反应，产生特定波长的颜色反应来进行定性或定量测定，检测限在 μg 水平。

色谱法有薄层色谱、气相色谱、高效液相色谱、色谱-质谱联用技术等。薄层色谱是一种比较成熟、应用也较广泛的微量快速检测方法，检出限可达 0.1～0.01μg。气相色谱法是目前应用最广、国内外标准方法最多的一类方法。所用的检测器有热电离检测器（碱盐火焰光度检测器、氮磷检测器）、火焰光度检测器、电子捕获检测器，可对谷物、果蔬、水产品、茶叶、牛奶及奶制品等各类食品进行有机磷残留检测。高效液相色谱法与气相色谱法相比，不仅分离效果好、灵敏度高、检测速度快，而且应用面广。特别是对气相色谱不能检测的高沸点或热不稳定、易裂解变质的有机磷类农药检测更方便。色谱-质谱联用技术的发展，为有机磷农残检测提供了更为灵敏、高效、高选择性、高通量的新方法。特别是液-液微萃取、固相微萃取、顶空-固相微萃取在色谱-质谱联用中的应用更将为食品中微量、痕量农残检测开拓新方法。

酶抑制法是利用有机磷农药的毒理性质而建立的一种检测方法。它是利用有机磷抑制乙酰胆碱酯酶的活性，使该酶分解乙酰胆碱的速度减慢或停止，再用乙酰胆碱的一些特定的颜色反应来反映被抑制的程度，从而达到检测目的。该法简单快速，特别适宜现场检测及大批量样品筛选。但灵敏度、重现性和回收率较差。近年来，它和芯片技术相结合，发展为酶抑制-芯片技术分析法，在相当程度上弥补了酶抑制法的缺陷。

动物性食品中有机磷农药多组分残留量的测定方法：样品经提取、净化、浓缩、定容后，用毛细管柱气相色谱法分离，火焰光度检测器检测，以保留时间定性，外标法定量。出峰顺序为：甲胺磷、敌敌畏、乙酰甲胺磷、久效磷、乐果、乙拌磷、甲基对硫磷、杀螟硫磷、甲基嘧啶磷、马拉硫磷、倍硫磷、对硫磷、乙硫磷。本法适用于畜禽肉类及其制品、乳与乳制品、蛋与蛋制品中有机磷农药残留的测定。

植物性食品中有机磷和氨基甲酸酯农药残留的测定：样品中有机磷和氨基甲酸酯农药用有机溶剂提取，再经液液分配、微型柱净化等步骤除去干扰物质，用氮磷检测器（FTD）检测，根据色谱峰的保留时间定性，外标法定量。本方法适用于粮食、蔬菜中农药残留量的测定。

3. 氨基甲酸酯类农药残留检测

氨基甲酸酯类农药可视为氨基甲酸的衍生物，此类农药杀虫力强，作用迅速，对虫体有较强的选择性，对人畜毒性较低并易分解失效，在体内无蓄积中毒作用，故近年来广泛用于杀虫、杀螨、杀菌和除草等方面。常见的杀虫剂主要有西维因（甲萘威）、呋喃丹、涕灭威、残杀威、速灭威、害扑威、灭杀威、异丙威（叶蝉散）和抗蚜威等；除草剂主要有：灭草灵、灭草猛等。其中呋喃丹、涕灭威属于高毒类；西维因、速灭威、异丙威属于中毒类；其余品种属于中毒或低毒类。本类农药一般均为白色结晶粉末或絮状物，难溶于水，易溶于有机溶剂。化学性质很不稳定，遇碱立即分解失效，在环境和生物体内受到光线、温度、湿度、pH值等作用使其降解。目前世界卫生组织和我国仅对西维因的残留量有所规定。各类食品中的最高残留量（$mg \cdot kg^{-1}$）为：稻米和小麦5.0、全麦粉和根茎类2.0、家禽和蛋类（去壳）0.5、马铃薯和白面粉0.2、畜禽肉0.2、奶制品0.1。

氨基甲酸酯类农药的测定方法有紫外吸收光谱法、气相色谱法、高效液相色谱法等。GC适宜于测定稳定的氨基甲酸酯类农药，也可以用柱前衍生化方法测定不够稳定的氨基甲酸酯农药。HPLC方法，若采用柱后衍生HPLC-荧光法，可灵敏地测定20多种氨基甲酸酯类农药。

动物性食品中氨基甲酸酯类农药多组分残留测定采用高效液相色谱法：样品经提取、净化、微孔滤膜过滤后进样，用反相高效液相色谱分离，紫外检测器检测，根据色谱峰的保留时间定性，外标法定量。本方法适用于肉类、蛋类及乳类食品中涕灭威、速灭威、呋喃丹、甲萘威、异丙威残留量的测定。

4. 拟除虫菊酯类农药残留检测

除虫菊是菊科的多年生草本植物，约含1%的除虫菊酯，为数种酯类的混合成分，对昆虫有高效速杀作用。拟除虫菊酯是仿天然除虫菊酯的化学结构而合成的杀虫剂，具有高效、广谱、低毒、低残留的特点，但对水生动物的毒性较大。常用的有：溴氰菊酯（敌杀死）、氯氰菊酯（灭百可）、氯菊酯（除虫精）、中西杀灭菊酯、甲氰菊酯、氰戊菊酯（速灭杀丁）和二氯苯醚菊酯等。这类农药多为黏稠油状液体，易溶于多种有机溶剂，难溶于水，在酸性溶液中稳定，遇碱易分解。主要污染农产品，但残留量比较低，在环境中残留时间较短。

食品中拟除虫菊酯类农药的残留检测方法：食品样品经前处理后，可采用液-液萃取加弗罗里硅土或硅胶色谱柱分离后，用带ECD检测器的气相色谱法测定。由于除虫氨酯类农药稳定性高，使用毛细管色谱柱在高温区段（250～280℃）有利于分离。分离纯化后的样品溶液也可以用HPLC/UV测定。由于与测定有机氯的操作条件相同或相近，GC或HPLC法也可以和有机氯农残联合测定。

5. 多种类农药残留量的测定方法

上述介绍的是单类农药残留量的测定方法，实际工作中常常需要对食品中各类农药残留都同时检测。实践证明，用一个前处理方法处理样品后，用气相色谱法或高效液相色谱法以及与质谱法联合，均能实现包含不同类别的高达百种的农残的同时检测。如果采用 GC-MS/MS、HPLC-MS/MS 即色谱与离子阱质谱仪联用，可以检测浓度低至 $\mu g \cdot kg^{-1}$ 水平的不同类型的 100 多种农药残留量。

三、兽药残留的检测

兽药是指用于预防、治疗、诊断动物疾病或者有目的地调节动物生理机能以提高动物对饲料的利用率的物质，主要包括：血清制品、疫苗、诊断制品、中药材、中成药、化学药品、抗生素、生化药品、放射性药品及外用杀虫剂、消毒剂等。在我国，鱼药、蜂药、蚕药也列入兽药管理。

兽药残留指对食品动物用药后，动物产品的任何食用部分中的原型药物或/和其代谢产物，包括与兽药有关的杂质的残留。兽药最高残留限量是指对食用动物用药后产生的允许存在于食物表面或内部的该兽药残留的最高量（浓度）（以鲜重计，表示为 $mg \cdot kg^{-1}$ 或 $\mu g \cdot kg^{-1}$）。残留总量指对食品动物用药后，动物产品的任何食用部分中某种药物残留的总和，由原型药物或/和其全部代谢产物所组成。兽药在动物源食品中残留超标，由于药物本身的反应或耐药性细菌种群的增长，将会给人体健康带来影响。因此，食品中兽药残留量的检测也就成为一件十分重要的工作。

根据其化学组成与生理特性，兽药可分为抗生素类、促蛋白合成激素类、β-兴奋剂类等若干类。每类有数十种。兽药残留检测包括筛查、检测和确认。筛查方法是就某种基质中一定浓度的某种农药作出阳性或阴性反应的试验方法。微生物抑制试验一直被用于对大批量的样品进行抗生素筛查，后来又发展了以放射和酶免疫为基础的快速检测和对指定农药的筛查。这些筛查试验只能分类，不能确认是某种具体化合物及其残留量。如果筛查发现存在违规的药物残留，就需要使用薄层色谱法、气相色谱法、高效液相色谱法、气相色谱-质谱联用法、液相色谱-质谱联用法来进行检测和确认。色谱-质谱联用法以其高灵敏度、高特异性、高通量、测定范围广而成为国内外首推的确认方法。这里举例简要介绍几种农残的检测方法。

（一）抗生素兽药残留的检测

高效液相色谱法测定畜禽肉中土霉素、四环素、金霉素残留量：样品经提取，微孔滤膜过滤后直接进样，用反相色谱分离，紫外检测器检测，与标准样品比较定量，出峰顺序为土霉素、四环素、金霉素，最低检出浓度为：土霉素 $0.15mg \cdot kg^{-1}$，四环素 $0.20mg \cdot kg^{-1}$，金霉素 $0.65mg \cdot kg^{-1}$。

（二）促蛋白合成激素残留检测

高效液相色谱法测定畜禽肉中己烯雌酚残留量：样品匀浆后，经甲醇提取过滤，注入 HPLC 柱中，经紫外检测器鉴定。于波长 230nm 处测定吸光度，同条件下绘制标准曲线，己烯雌酚含量与吸光度值在一定浓度范围内成正比，样品与标准曲线比较定量。本法适用于新鲜鸡肉、牛肉、猪肉、羊肉中己烯雌酚残留量的测定。最小检出限 1.25ng；取样 5g 时，最小检出浓度为 $0.25mg \cdot kg^{-1}$。

（三）β-兴奋剂残留检测

β-兴奋剂是一大类，有十余种。这里只介绍动物性食品中盐酸克伦特罗（瘦肉精）残留量的测定。

(1) 气相色谱-质谱法（GC-MS）　固体样品剪碎，用高氯酸溶液匀浆。液体样品加入高氯酸溶液，进行超声波加热提取，用异丙醇-乙酸乙酯（40＋60）萃取，有机相浓缩，经弱阳性离子交换柱进行分离，用乙醇-浓氨水（98＋2）溶液洗脱，洗脱液浓缩，经 *N*,*O*-双三甲基硅烷三氟乙酰胺（BSTFA）衍生后于气质联用仪上进行测定，以美托洛尔为内标，定量。

(2) 高效液相色谱法（HPLC） 固体样品剪碎，用高氯酸溶液匀浆。液体样品加入高氯酸溶液，进行超声波加热提取，用异丙醇-乙酸乙酯（40+60）萃取，有机相浓缩，经弱阳性离子交换柱进行分离，用乙醇-浓氨水（98+2）溶液洗脱，洗脱液浓缩，流动相定容后在高效液相色谱仪上进行测定，外标法定量。

(3) 表面解吸化学电离质谱法（DAPCI-MS） 东华理工大学研制的表面解吸化学电离质谱仪器及方法，可对许多原生态样品直接进行快速无损的质谱分析，此法无需预处理样品，只需将样品放置到质谱仪的表面解吸化学电离源的样品台上，可直接用离子阱质谱仪快速检测样品盐酸克伦特罗，灵敏、快速、特效。本法适用于固态、液态样品中盐酸克伦特罗残留量的检测。

(4) 酶联免疫法（ELISA 筛选法） 基于抗原抗体反应进行竞争性抑制测定，在酶标记微孔板上包被有针对盐酸克伦特罗 IgG 的包被抗体。盐酸克伦特罗抗体被加入，经过孵育及洗涤步骤后，加入竞争性酶标记物、标准或样品溶液。盐酸克伦特罗与竞争性酶标记物竞争克伦特罗抗体，没有与抗体连接的克伦特罗标记酶在洗涤步骤中被除去。将底物（过氧化尿素）和发色剂（四甲基联苯胺）加入到孔中孵育，结合的标记酶将无色的发色剂转化为蓝色的产物，加入反应停止液后使颜色由蓝色转变为黄色。在 450nm 处测量吸光度值，与标准系列比较进行定量。

盐酸克伦特罗（瘦肉精）残留量的检测还有薄层色谱法、气相色谱-傅里叶变换红外光谱法、速测法等。

四、食品中黄曲霉毒素的测定

黄曲霉毒素（AFT）是黄曲霉和寄生曲霉的代谢产物，温特曲霉也能产生黄曲霉毒素，但产量较少。它是食品中可能存在的生物毒素中的真菌霉素之一。它主要存在于花生及其制品、玉米、棉花、一些坚果类食品和饲料中，主要有黄曲霉毒素 B_1、黄曲霉毒素 B_2、黄曲霉毒素 G_1、黄曲霉毒素 G_2、黄曲霉毒素 M_1、黄曲霉毒素 M_2 等十多种。其基本结构都是二呋喃环和香豆素，在紫外线下黄曲霉毒素 B_1、黄曲霉毒素 B_2 发蓝色荧光，黄曲霉毒素 G_1、黄曲霉毒素 G_2 发绿色荧光。黄曲霉毒素的相对分子量为 312～346，难溶于水，易溶于油、甲醇、丙酮和氯仿等有机溶剂，但不溶于乙醚、石油醚和已烷。一般在中性及酸性溶液中较稳定，但在强酸性溶液中分解迅速。其纯品为无色结晶，耐热，在一般的烹调加工的温度下破坏很少，在 280℃下发生裂解。紫外线对低浓度的黄曲霉毒素有一定的破坏性。

黄曲霉毒素是剧毒物质，其毒性相当于氰化钾的 10 倍，砒霜的 68 倍。黄曲霉毒素有极强的致癌性，长期摄入黄曲霉毒素会诱发肝癌。在各种黄曲霉毒素中以黄曲霉毒素 B_1 的毒性及致癌性最强，在食品中的污染也最普遍，因此，在食品卫生监测中，主要以黄曲霉毒素 B_1 为污染指标。黄曲霉毒素 M_1 的毒性和致癌性与黄曲霉毒素 B_1 相近似。1995 年，世界卫生组织制定的食品中黄曲霉毒素最高限量为 $15\mu g \cdot kg^{-1}$；美国规定人类消费食品和奶牛饲料中黄曲霉毒素最高限量不能超过 $15\mu g \cdot kg^{-1}$；欧盟要求人类直接消费品黄曲霉毒素不超过 $2\mu g \cdot kg^{-1}$；我国先后于 1982 年、1992 年和 1998 年对各种食品中黄曲霉毒素制订并实施了严格的强制性标准。

黄曲霉毒素的检测方法主要有薄层色谱法、高效液相色谱法和酶联免疫吸附测定法等。高效液相色谱法以其灵敏度高、准确度好、方法重现性好而成为黄曲霉毒素分析的主要方法。

试样以含氯化钠的甲醇-水提取，免疫亲和柱净化，用甲醇洗脱黄曲霉毒素后，供 HPLC 测定。HPLC 的色谱柱为 C_{18} 柱，检测器为灵敏度和选择性较好的荧光检测器。但由于黄曲霉毒素的荧光强度会受溶剂影响，正相色谱中，黄曲霉毒素 B_1 和黄曲霉毒素 B_2 的荧光强度稍弱，但一般不需要衍生化；而在常用的反相色谱中，黄曲霉毒素 B_1 和黄曲霉毒

素 B_2 两种异构体荧光强度很弱，需要衍生化，提高其荧光强度，灵敏度才能满足一般食品法规的限量。衍生化方法有柱前和柱后两类，柱前衍生一般使用三氟乙酸；酸柱后衍生有碘液、过溴化吡啶溴以及电化学等方法。现在很多标准方法利用免疫亲和柱净化，HPLC 柱后衍生对花生、玉米等农产品中黄曲霉毒素的含量分析，方法检测限能达到 $1\mu g \cdot kg^{-1}$。

五、食品中亚硝基化合物的测定

N-亚硝基化合物是一大类具有 N—N ═O 结构的有机化合物，根据其分子结构不同，可分为 *N*-亚硝胺和 *N*-亚硝酰胺两大类，通常所说的亚硝胺常常是这两类化合物的总称。低相对分子质量的亚硝胺（二甲基亚硝胺、二乙基亚硝胺）在常温下为黄色油状液体，高相对分子质量的亚硝胺多为固体。二甲基亚硝胺可溶于水，其他的亚硝胺不溶于水，但能溶于醇、醚及二氯甲烷等有机溶剂。有的亚硝胺有挥发性，可随水蒸气蒸馏出来，有的无挥发性。*N*-亚硝基化合物是食品中的亚硝酸盐与仲胺在酸性条件下的反应产物。亚硝胺化合物除少数为剧毒外，通常毒性都很低，并随种类不同，毒性有较大的差异。对人类的威胁主要是其致癌性，目前缺少 *N*-亚硝基化合物对人类直接致癌的资料，但对动物的致癌性是毫无疑义的，它可诱发动物各种部位的肿瘤，如食道癌、肝癌。也可通过胎盘致癌。

食品中 *N*-亚硝胺的测定方法有气相色谱-热能分析法和气相色谱-质谱法。

1. 气相色谱-热能分析法

样品中 *N*-亚硝胺经硅藻土吸附或真空低温蒸馏，用二氯甲烷提取分离，气相色谱-热能分析仪测定。自气相色谱仪分离后的亚硝胺在热解室中经特异性催化裂解产生NO基团，后者与臭氧反应生成激发态 NO^*。当激发态 NO^* 返回基态时发射出近红外光线（600～2800nm）。产生的近红外光线被光电倍增管检测（600～800nm）。由于特异性催化裂解与冷阱或 CTR 过滤器除去杂质，使热能分析仪仅仅能检测 NO 基团，而成为亚硝胺特异性检测器。本法适用于啤酒中 *N*-亚硝基二甲胺含量的测定。

2. 气相色谱-质谱法

样品中的 *N*-亚硝胺类化合物经水蒸气蒸馏和有机溶剂萃取后，浓缩至一定量，采用气相色谱-质谱联用仪的高分辨峰匹配法进行确认和定量。本法适用于酒类、肉及肉制品、蔬菜、豆制品、调味品、茶叶等食品中 *N*-亚硝基二甲胺、*N*-亚硝基二乙胺、*N*-亚硝基二丙胺及 *N*-亚硝基吡咯烷含量的测定。

六、食品中苯并［*a*］芘的测定

苯并［*a*］芘简写为B(*a*)P，为致癌物质多环芳烃（PAHs）中的一种。3,4-苯并芘是一种由 5 个苯环构成的多环芳烃。常温下为黄色针状结晶，性质稳定，熔点 179～180℃，在水中溶解度为 0.004～0.012$mg \cdot L^{-1}$，微溶于乙醇、甲醇，易溶于环己烷、正己烷、苯、甲苯、二甲苯、丙酮等有机溶剂中。在有机溶剂中，用波长为 365nm 的紫外线照射时，可产生典型的紫色荧光。在碱性溶液中较稳定，在常温下不与浓硫酸作用，但能溶于浓硫酸，能与硝酸、氯磺酸起化学反应。3,4-苯并芘是已发现的 200 多种多环芳烃中最主要的环境和食品污染物，是一种强烈的致癌物质，对机体各器官均有致癌作用。

食品中苯并［*a*］芘的测定方法有荧光分光光度法和目视比色法。

1. 荧光分光光度法

样品先用有机溶剂提取，或经皂化后提取，再将提取液经液-液分配或色谱柱净化，然后在乙酰化滤纸上分离苯并［*a*］芘，因苯并［*a*］芘在紫外线照射下呈蓝紫色荧光斑点，将分离后有苯并［*a*］芘的滤纸部分剪下，用溶剂浸出后，用荧光分光光度计测荧光强度，与标准样品比较定量。

2. 目视比色法

样品经提取、净化后于乙酰化滤纸上分离苯并［*a*］芘，分离出的苯并［*a*］芘斑点，在波长 365nm 的紫外灯下观察，与标准斑点进行目视比色概略定量。

七、食品中三聚氰胺的检测

2005 年，美国的动物饲料三聚氰胺事件和 2008 年 9 月的中国三鹿奶粉事件，让更多人了解到了三聚氰胺的危害，引起了人们对食品中三聚氰胺检测的重视。三聚氰胺检测方法的研究和建立进入一个新阶段，从过去主要检验工业产品中三聚氰胺的重量法、电位滴定法，发展到食品中三聚氰胺检测以色谱法、质谱法、气相色谱-质谱法、高效液相色谱-质谱/质谱法、免疫分析法为主的系列方法。2008 年我国发布了原料乳、乳制品及含乳制品中三聚氰胺检测标准（GB/T 22388—2008）。

1. 原料乳、乳制品及含乳制品中三聚氰胺的检测

这里介绍国家标准方法，该标准包括三部分：高效液相色谱法、高效液相色谱-质谱/质谱法、气相色谱-质谱法及气相色谱-质谱/质谱法。

（1）高效液相色谱法 试样经三氯甲烷-乙腈提取，经基质为苯磺酸化的苯乙烯-二乙烯基苯高聚物的混合型阳离子交换固相萃取柱净化后，用配有紫外检测器或二极管阵列检测器的高效液相色谱仪检测，外标法定量。HPLC 条件：色谱柱，C_8 柱或 C_{18} 柱，250mm×4.6mm×35μm，或相当者；流动相，离子对试剂缓冲剂和乙腈组成的混合液；柱温 40℃，流速 1.0mL · min^{-1}，检测波长 240nm。

（2）高效液相色谱-质谱/质谱法 按高效液相色谱法的前处理方法处理样品后，外标法定量。色谱参考条件：强阳离子交换与反相 C_{18} 混合填料（1∶4）色谱柱，150mm×2.0mm×5μm，流动相为等体积乙酸铵（1mol · L^{-1}）溶液与乙腈混合液，柱温 40℃，流速 0.2mL · min^{-1}。MS/MS 参考条件：电离方式，EI，正离子；喷雾电压 4kV；扫描模式：多反应监测（MRM），母离子 m/z127，定量离子 m/z85，定性离子 m/z68；停留时间 0.3s，裂解电压 100V，碰撞能量；m/z127～85 为 20V，m/z85～68 为 35V。

（3）GC-MS 和 GC-MS/MS 法 试样经超声提取、固相萃取净化后，以 N,O-双三甲基硅基三氟乙酰胺和三甲基氯硅烷（99+1）为衍生化试剂进行硅烷衍生化。衍生产物采用选择离子监测质谱扫描模式（SIM）或多反应监测质谱模式（MRM）进行检测，用化合物的保留时间和质谱碎片的丰度定性，外标法定量。GC-MS：扫描模式，SIM，定性离子 m/z 99，171，327，342，定量离子，m/z327；GC-MS/MS：扫描模式，MRM，定性离子 m/z 324/327，342/171，定量离子，m/z342/327。

2. 三聚氰胺酶联免疫检测试剂盒

为了适应现场快速检测的需要，人们开发了三聚氰胺酶联免疫检测试剂盒。该试剂盒是利用免疫学竞争法原理，在酶标板微孔上预包被三聚氰胺卵清蛋白偶联物。检测时，加入三聚氰胺标准品和待测样品及特异性三聚氰胺抗体，包被在微孔板上的三聚氰胺卵清蛋白偶联物和标准品或样品中的三聚氰胺竞争性地与抗体结合，再加入酶标二抗，形成抗原抗体配合物；用 TMB 底物显色；加入反应终止液后在 450nm 波长酶标仪下进行检测，样品中三聚氰胺浓度与吸光度成反比，依此可确定三聚氰胺的含量。

八、食品中苏丹红的检测

苏丹红是化学染色剂，主要用于石油、机油和其他一些工业溶剂中，目的是使其增色，也用于鞋、地板的增光。由于它含萘环和偶氮结构，其降解产物为芳香胺，是致癌物，食品中禁止使用。但有的不法商家为了使食品呈现良好的色泽，在食品加工过程中非法添加苏丹红。因此，苏丹红的检测也是确保食品安全所必需的。

苏丹红的测定方法有化学发光法、电化学分析法、光谱分析法、色谱法（含气相色谱法、高效液相色谱法）、质谱法（含直接质谱法、气质联用法、液质联用法）、免疫分析法等。这里简要介绍高效液相色谱法和直接质谱法。

（1）高效液相色谱法　研究和应用较多，还有欧盟和国家标准方法。国家标准方法（GB/T 19681—2005），其检出限为 $10\mu g \cdot kg^{-1}$。

国家标准方法是将液体、浆状样品混合均匀，固体样品磨细用正己烷提取，过滤。必要时加入无水硫酸钠脱水后稍加温溶解，用旋转蒸发仪蒸发浓缩。然后慢慢加入氧化铝柱中萃取净化，用丙酮转至容量瓶中定容得待测溶液。取待测溶液用带紫外可见光检测器的反相高效液相色谱仪进行分析，外标法定量。色谱柱为 ZorbaxSB-C_{18}，150mm×4.6mm×3.5μm 或相当者；流动相为甲醛、乙腈和丙酮的混合溶液，采用不同比例配制梯度流动相。检测波长：苏丹红Ⅰ为 478nm，苏丹红Ⅱ、Ⅲ、Ⅳ为 520nm，于苏丹红Ⅰ出峰后切换。本法样品处理过程较复杂，而且氧化铝的活性不易控制，方法回收率难以保证。为此，有的设法简化或改进样品预处理过程，甚至开发了苏丹红专用色谱柱代替氧化铝柱，获得了较好效果。

（2）质谱法　东华理工大学江西省质谱科学与仪器重点实验室开发了电喷雾解吸电离质谱法（DESI-MS/MS），在无需样品预处理的条件下直接测定食品中苏丹红的新方法。

该法在优化实验条件下，应用甲醇-水-醋酸（体积比 49∶49∶2）混合溶液作为喷雾剂，在无需样品预处理的情况下，成功地直接快速测定了辣椒面、番茄酱、火腿肠、鸡蛋饼中微量苏丹红染料。并应用串联质谱对测定结果进行了鉴定，排除了测定结果的假阳性。如果配合小型质谱仪，则可能对食品中的苏丹红染料进行现场快速测定。

九、白酒中甲醇的检测

甲醇和乙醇在色泽与味觉上没有差异，酒中微量甲醇可引起人体慢性损害，高剂量时可引起人体急性中毒。甲醇进入人体后分解缓慢，有蓄积作用。少量甲醇也容易引起中毒，最突出的毒性是对视神经的作用，中毒剂量随个体差异变化，一般 7～8ml 纯甲醇可引起失明，30～100ml 即可致死。甲醇在体内氧化的产物甲醛的毒性更胜过甲醇。我国发生的多次大范围酒类中毒，酒中甲醇含量在 $2.4 \sim 41.1g \cdot 100ml^{-1}$。因此蒸馏酒必须严格控制甲醇含量。我国卫生标准规定，以薯干为原料的酒中甲醇不得超过 $0.12g \cdot L^{-1}$，以谷类为原料的酒中甲醇不得超过 $0.04g \cdot L^{-1}$。

白酒中甲醇含量的测定方法有气相色谱法和品红-亚硫酸光度法等。这里介绍品红-亚硫酸光度法。

甲醇在磷酸溶液中，被高锰酸钾氧化为甲醛。过量的高锰酸钾及在反应中产生的二氧化锰，在硫酸环境中被草酸还原。甲醛再与无色品红-亚硫酸试剂作用，生成蓝紫色化合物，根据颜色深浅与标准系列比较定量。最低检出量为 $0.02g \cdot 100ml^{-1}$。

酒样中其他醛类，以及经高锰酸钾氧化产生的其他醛类（如乙醛、丙醛等），与品红、亚硫酸作用也可能显色，但在测定条件的硫酸浓度溶液中，除甲醛可形成经久不褪的紫色外，其他醛类所呈颜色不久即行消褪，故无干扰。因此应严格控制显色时间和显色酸度。

本法是测定白酒中甲醇的标准的分析方法，适用于以含糖或淀粉的物质为原料，经糖化发酵蒸馏而制得的白酒及以发酵酒或蒸馏酒作酒基，经添加可食用的辅料制成的配制酒中甲醇的测定。本法甲醇的检出限量为 $0.02g \cdot 100ml^{-1}$。酒样中若含甲醛，可先加入氰化钾与甲醛生成不挥发物，蒸馏后取酒样馏出液测定。

第六节　食品快速检测方法

传统的实验室检测方法存在成本高，检测周期长，费用高等弊端，难以满足对大量样品以及原材料、生产环节等进行及时、快速、现场的实时监控，为了提高常规分析的工作效率，满足现场快速监管需求，现场快速检测技术得到了迅速发展。

快速检测方法没有一个明确的定义，通常指同传统检测方法相比，包括样品前处理在内，能够在短时间内出具检测结果的行为称为快速检测。对于理化检测方法，能够在 2h 以内出具检测结果，可视为实验室快速检测方法。如果方法能应用于现场，在 30min 内出具检测结果，可视为现场快速检测方法。国际标准化组织（ISO）将其描述为具有能够满足用户适当需求的性能，具有减少分析时间、易于操作或者可以自动操作、小型化、降低检测成本等优势的替代方法。尽管现场快速检测由于灵敏度和特异性方面的限制，不能作为判定样品安全性的最终依据，但作为初筛手段，是发现问题的第一步，它具有不可替代的作用。其主要特点是实验准备过程简化、使用试剂较少，样品处理过程简化或自动化，结果判读直观化。与常规的方法相比，快速检测方法除应具有必要的准确性外，还应该简捷、经济、便于携带。图 10-5 和图 10-6 是传统检验和快速检验的程序的比较。

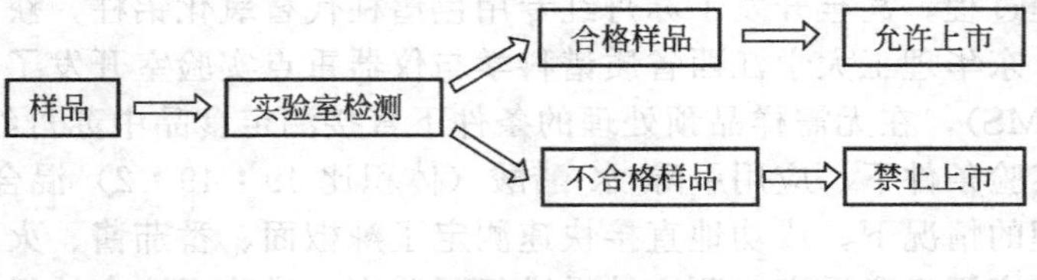

图 10-5　传统检验程序

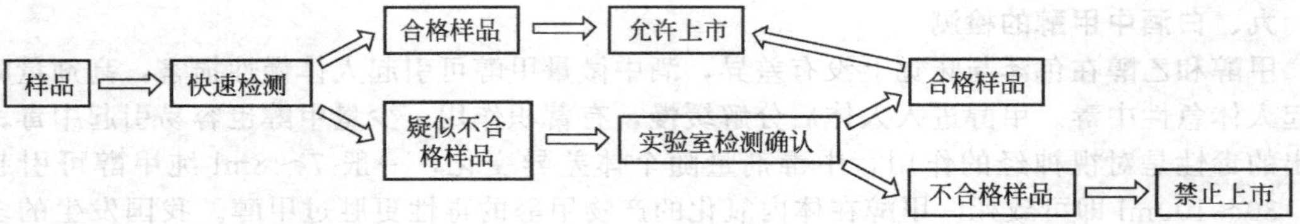

图 10-6　快速检测作为初筛的检验程序

现场快速检测根据检测原理可以分为物理法、电化学法、化学比色法、分光光度法、色谱法、生物荧光检测法等。根据检测要求可以分为：定性检测、限量检测、半定量检测和定量检测。

为了满足食品质量和安全的要求，发展了很多快速检测方法，以下列出了部分食品快速检测的主要项目。

蔬菜、水果：农药残留、亚硝酸盐和重金属。肉制品：亚硝酸盐、瘦肉精和水分。食醋：总酸。酱油：氨基酸态氮。饮料：色素和糖精。水产品和水发产品：双氧水和甲醛。大米、谷物：黄曲霉毒素。米面类、豆制品、腐竹、莲子等干果类和干菜类等：二氧化硫、吊白块。奶粉和液态奶：蛋白质含量及三聚氰胺等。

食品安全现场快速检测结果的表述形式主要体现在定性和限量检测上，有些方法可以达到半定量或定量的效果，则更加有利于结果的分析与判断。定性检测指快速地得出被检样品中是否含有有毒有害物质，或其本身就是有毒有害物质。通常以阴性或阳性表述，阴性表示用本方法未检出要检测的物质，阳性表示检出了有毒有害物质。限量检测即快速地得出被检样品中有毒有害物质是否超出标准规定值，或有效物质是否达到标准规定值，通常以合格或不合格表述。半定量检测指能够快速地得出所测物质的大概含量，通常以合格或不合格表述，也可标示出具体数值。定量检测，如温度、湿度、消毒间紫外线辐照强度、纯净水电导率等物理指标的检测，通常以具体数值表述。

在食品安全快速检测方面，当前比较常用的检测技术有试纸法、试管法或试剂盒法、滴瓶法和便携式仪器法等。试纸法可以进行定性或半定量的检测，如用试纸直接显色来定性指示农药的限量，用试纸显色的深浅来半定量食用油酸值、过氧化值等。还可以采用纸色谱显色或色谱后胶体金显色来定性或作为限量指示，如苏丹红和瘦肉精的检测。利用速测试管或试剂盒的显色进行定性，如毒鼠强、生豆浆的检测，或半定量检测如亚硝酸盐、甲醇、二氧化硫的检测等，类似的检测也可以采用便携式光度计实现。滴瓶法是将标准溶液放置于滴瓶中，根据消耗的滴数来判定被检测物质的含量，如食醋中乙酸、酱油中氨基酸态氮的检测等。便携式仪器是将实验室的大型仪器微型化，包括一些小型辅助设备等，将其放在专用车中进行现场快速检测，有单一项目检测仪，也有多项目检测仪。如消毒间紫外线辐照度计、食用油极性组分测定仪、农药残留速测仪以及甲醇测定仪等。另外，还存在其他一些形式的快速检测方法，如砷斑法、砷管法、氰化物发生法等。

在食品快速检测过程中，为了监测总体样品的安全卫生状况，应注意采样的代表性原则：均衡地，不加选择地从全部批次的各部分随机性采样。为了检验样品掺假、投毒或怀疑中毒的食物等，应注意采样的典型性原则，根据已掌握的情况有针对性地采样。如怀疑某种食品可能是引起食物中毒的食品，或者感官上已初步判定出该食品存在卫生质量问题，而进行有针对性的选择采样。当检出阳性样品或不合格样品时，应考虑采样方法是否正确，必要时应送实验室进一步检测，排除偶然误差。重要样品如含急性中毒物质或可能会对后期处理带来较大社会影响或较大经济损失的样品，应注意留样，并将样品送实验室进一步确证。对于阴性与阳性、合格与不合格之间不易判定的样品，应重复测试，以多次重复相同的结果报告。

下面简要介绍几种食品安全快速检测方法。

一、有机磷农残快速检测

(一) 利用农药速测卡检测蔬菜中的有机磷

方法原理：胆碱酯酶可催化靛酚乙酸酯（红色）水解为乙酸与靛酚（蓝色），有机磷或氨基甲酸酯类农药对胆碱酯酶有抑制作用，将胆碱酯酶和靛酚乙酸酯分别做成速测卡，利用速测卡中的胆碱酯酶与样品进行反应，如样品中没有农药残留或残留量极少，酶的活性不被抑制，可以水解底物；反之，如果农药残留量比较高，酶的活性被抑制，底物不被水解或水解速率较慢，根据显色的不同，即可判断样品中含有机磷或氨基甲酸酯类农药的残留情况。本方法适用于蔬菜、水果、相应食物、水及中毒残留物中有机磷类和氨基甲酸酯类农药及鼠药的快速检测。

表面测定法：擦去蔬菜表面泥土，滴 2～3 滴浸提液在蔬菜表面，用另一片蔬菜在滴液处轻轻摩擦。速测卡一般为 55mm×22mm 的纸条，上面贴有直径 15mm 的白色（含胆碱酯酶）、红色（含靛酚乙酸酯）圆形药片各一片，取速测卡，将蔬菜上的液滴滴在白色药片上，放置 10min 进行预反应，将速测卡对折，3min 后，打开与空白对照实验卡比较判定。若白色药片变成蓝色为阴性，若不变色或浅蓝色，表示有机磷、氨基甲酸酯类农药的存在，其抑制了胆碱酯酶的活性，即抑制了水解反应。

(二) 试剂盒法检测样品中的毒鼠强

方法原理：毒鼠强可与二羟基萘二磺酸发生反应变为淡紫红色，制备毒鼠强显色剂（含有稳定剂的二羟基萘二磺酸）和毒鼠强试液（60%硫酸）的试剂盒，可用于现场快速分析。本方法检出限为 1μg，最低检出浓度为 $2\mu g \cdot ml^{-1}$，浓度高时变为深紫红色。试剂盒测定法适用于食物、水及中毒残留物中毒鼠强的快速检测；速测管测定法适用于饮用水、无色液体样品中毒鼠强的快速检测。

饮用水或无色液体：取样品 1ml 放入比色管中，加入 3 滴毒鼠强显色剂，加入 5ml（约 115 滴）毒鼠强试液，轻轻摇动后，将试管放入盛有 90℃以上水的器皿中，加热 5min 后取出，观察颜色变化。溶液颜色变为淡紫红色为毒鼠强阳性反应，随着毒鼠强浓度的增加，紫色加深。同时用纯净水做阴性空白对照试验，有条件时可用毒鼠强对照液做阳性对照试验。

有色液体、固体或半固体样品按以下操作：取2ml（g）样品放入比色管中，加入5ml乙酸乙酯，充分振摇，静置，取上清液2ml于试管中或表面皿上，在85℃左右水浴中加热，待乙酸乙酯剩余1ml以下时，提高水浴温度使余液蒸干，放至室温后，加入1ml的纯净水充分溶解残渣，加入3滴毒鼠强显色剂，轻轻摇匀，加入5ml（约115滴）毒鼠强试液，轻轻摇动后，将试管放入90℃以上水浴中，加热5min后取出，观察颜色变化。溶液颜色变为淡紫红色为毒鼠强阳性反应，随着毒鼠强浓度的增加，紫色加深。同时用纯净水做阴性空白对照试验，有条件时可用毒鼠强对照液做阳性对照试验。

二、重金属砷的快速检测

最常见的砷化物为三氧化二砷，俗称砒霜、白砒等，农业上用的粗制品呈微红色，俗称红砒，其他的砷化物有砷酸盐和亚砷酸盐等。凡是可溶于水或稀酸的砷化物皆系剧毒物质，混入食品中可对人体造成危害。在食品污染物监测中，砷被列为重要检测项目之一，也是食物中毒中重要检测项目之一。

方法原理：氯化金与砷相遇发生反应，可使氯化金硅胶柱变成紫红色或灰紫色，在装有氯化金硅胶的柱中，砷含量与变色的长度成正比，以此可达到半定量的目的。本方法适用于食物、水及中毒残留物中砷的快速检测。

取粉碎后的固体样品1g（油样取2g，水样取20ml）于反应瓶中，加入20ml蒸馏水或纯净水（水样不再稀释），固体样品需振摇后浸泡10min，加入约0.2g酒石酸，摇匀，加10滴消泡剂，摇匀。取检砷管速测盒（内含检砷管、反应瓶、酒石酸、二甲基硅油消泡剂、产气片等）一支，将空端较长的一端头朝下，在台面上轻敲几下后，剪去两端封头，将空端较长的这头插入带孔的胶塞中，向反应瓶中加入一片产气片，立即将带有检砷管的胶塞插入反应瓶口中（此反应最好在25～30℃下进行，天冷可用手温或温水加热），待产气停止，观察并测量检砷管中氯化金硅胶柱变成紫红色或灰紫色的长度，根据变色长度，查表求出样品含砷量。

三、亚硝酸盐的快速检测

方法原理：亚硝酸盐的测定方法主要是重氮偶合比色法，在弱酸性条件下亚硝酸盐与对氨基苯磺酸重氮化后，再与*N*-1-萘基乙二胺偶合形成紫红色染料。将对氨基苯磺酸和*N*-1-萘基乙二胺分别制成检测液，样品中的亚硝酸盐先后与检测液发生反应，生成紫红色偶氮化合物，其颜色深度与亚硝酸盐含量成正比，与标准色板对比定量。

食盐或亚硝酸盐中亚硝酸盐的快速鉴别：取食盐约0.1g，加入检测管中，加纯净水至1ml刻度处，摇溶，10min后与标准色板对比，得到食盐中亚硝酸盐的含量。当样品出现血红色且有沉淀产生或很快褪色变成黄色时，可判定亚硝酸盐含量相当高，或样品本身就是亚硝酸盐。

液体样品检测：直接取澄清液体样品1ml加入检测管中，加盖摇匀，10min后与标准色板比较。

固体或半固体样品的检测：取粉碎均匀的样品1.0g或1.0ml至10ml比色管中，加蒸馏水或去离子水至刻度，充分振摇后放置，取上清液1.0ml加入检测管中，加盖摇溶，10min后与标准色板对比，得到样品中亚硝酸盐的含量。如果测试结果超出色板上的最高值，可定量稀释后测定。

四、酒类中甲醇的快速检测

（一）比色卡法快速检测酒中甲醇

甲醇含量检验是酒类检测中至关重要的检验项目，甲醇和乙醇在色泽和味觉上没有差异，但甲醇在体内可氧化分解成甲醛和甲酸，二者均为毒性比甲醇更强的物质，且有蓄积作用，不易排出体外。酒中微量甲醇可引起人体慢性损害，高剂量时可引起人体急性中毒，轻则失明，重则危及生命。国家标准规定以粮食为原料的蒸馏酒或酒精勾兑的白酒中甲醇含量应≤0.04g·$(100ml)^{-1}$；以薯干及代用品为原料的蒸馏酒中甲醇含量应≤0.12g·$(100ml)^{-1}$。通过对甲醇进行快速检测，可对甲醇严重超标的白酒进行现场有效监控。

方法原理：在酸性溶液中，样品中甲醇与高锰酸钾溶液反应，甲醇很容易被氧化成甲醛，而其他醇类则不易氧化成相应的醛类。过量的高锰酸钾与亚硫酸氢钠反应转变为无色，氧化生成的甲醛与变色酸二钠盐在浓硫酸存在下生成蓝紫色化合物，与标准比色卡对照，定性或半定量判定甲醇是否超标。以此原理的商品甲醇速测盒试剂与甲醇反应最终生成蓝紫色的化合物来判定；颜色越深，表示酒样中甲醇的含量越高。

本方法适用于蒸馏酒中0.02%以上甲醇含量的现场快速测定，也适用于经过重新蒸馏的配制酒（以发酵酒、蒸馏酒或食用酒精，添加糖、色素、香料、果汁配成的酒，或以食用酒精浸泡植物的根、茎、叶、果实等配制的酒）中甲醇含量的快速测定。

（二）酒醇仪测定法

方法原理：在20℃时，不同浓度的乙醇具有固有的折射率，当甲醇存在时，折射率会随着甲醇浓度的增加而降低，下降值与甲醇的含量成正比。基于这一原理设计制造的酒醇含量速测仪，可快速显示出样品中酒醇的含量。当这一含量与玻璃浮计（酒精度计）测定出的酒醇含量出现差异时，其差值即为甲醇的含量。在20℃时，可直接定量测定；在非20℃时，采用与样品相当浓度的乙醇对照液进行对比定量。适用于蒸馏酒（又称白酒或烧酒）中甲醇急性中毒剂量的现场快速测定。

五、乳品中三聚氰胺的快速检测

三聚氰胺是一种合成有机含氮杂环化合物，含氮量很高（达66%），加之其生产工艺简单、成本很低。不法生产商为了降低生产成本，提高经济效益，在原料奶及其他生产加工环节中非法加入三聚氰胺。一次大量摄入或长期摄入三聚氰胺会造成生殖、泌尿系统的损害，膀胱、肾部结石，并可进一步诱发膀胱癌。

方法原理：三聚氰胺免疫金标速测卡基于竞争抑制免疫色谱的原理，采用胶体金免疫色谱法对三聚氰胺进行快速检测，样品中三聚氰胺在侧向移动的过程中与胶体金标记的三聚氰胺抗体结合，发生显色反应。如果样品中三聚氰胺的含量超过0.1μg·ml^{-1}，会抑制抗原和三聚氰胺抗体的结合，检测线将不会有显色反应，结果为阳性。反之，检测线显红色，结果为阴性。用三聚氰胺速测卡，将制备好的样品滴加到加样孔中，在指定时间内判定结果。如果检测线上出现红色条带，说明样品呈阳性，如果检测线上没出现红色条带，说明样品呈阴性。如果质控线无条带，说明试纸条无效，灵敏度为0.2mg·L^{-1}。对于预包装市售鲜牛奶，不需要处理，直接作为待测液。原料奶样品取2ml，用纯净水稀释到10ml，混匀，作为待测液。对于乳粉，取1g样品于试管中，加入5ml纯净水，将试管放入一杯开水中，摇动使样品溶解，离心使其分层，上清液为待测液。

三聚氰胺免疫金标速测卡，用于定性、半定量检测液态奶、奶粉和饲料中三聚氰胺残留，检测灵敏度可达到0.1μg·ml^{-1}。液态奶检出限0.3mg·kg^{-1}，婴儿奶粉检出限1mg·kg^{-1}，成人奶粉检出限2.5mg·kg^{-1}，适用于各类企业及检测机构的日常筛查工作。

六、苏丹红的快速检测

方法原理：色谱法利用混合物中各组分物理化学性质的差异（如吸附力、分子形状及大小、分子亲和力、分配系数等），使各组分在两相中的分布程度不同，从而使各组分以不同的速度移动而达到分离鉴定的目的。本方法适用于苏丹红（1、2、3、4号）等油溶性非食用色素的现场快速检测。

取约1g样品于容器中，加入2～4ml乙酸乙酯，充分混匀，提取1min，静置3min以上。在色谱纸端底向上约1cm处、平行相隔约1cm，分别用毛细管蘸取样品点出5个直径

0.5cm 左右的圆点，用毛细管分别蘸取苏丹红 1、2、3、4 号对照液少许点在 1、2、3、4 号样品点上。取一个 250ml 以上的烧杯，加入约 5ml 展开剂，将层析纸（样品端朝下）插入展开剂中靠在杯壁上，待展开剂沿层析纸向上平行展开至层析纸顶端约 1cm 处时取出层析纸，观察结果。如果样品在展开轨迹中出现斑点，其斑点展开（向上跑）的距离与某一对照液展开后的斑点距离相等、颜色相同或相近时，即可判断样品中含有这一色素。

习题和复习题

10-1. 开展食品检验的意义有哪些？食品分析的基本方法有哪些？

10-2. 简述各类食品的分析样品的采集、制备与保存的主要方法。

10-3. 何谓样品的预处理？样品预处理的方法有哪几类？

10-4. 食品中水分的存在形式及其测定方法有哪些？

10-5. 简述食品灰分的定义、分类及主要测定方法。

10-6. 总结食品中糖类、蛋白质、脂肪、氨基酸、酸性物质的分类，列举各类成分的主要测定方法，简述其原理、简要操作规程及注意事项。

10-7. 简述维生素的分类，为什么没有测定维生素总量的方法？列举维生素 A、维生素 B_1、维生素 C 的主要方法并简述其原理。

10-8. 简述食品添加剂的定义、分类。列举出甜味剂、酸度调节剂、防腐剂、护色剂、漂白剂、抗氧化剂和色素的主要测定方法，并在这七类添加剂中各选择一种主要方法，简述其原理、操作规程及注意事项。

10-9. 食品中重金属污染物铅、锌、镉、汞、砷的主要测定方法有哪些？

10-10. 食品中农、兽药残留主要有哪些？简述有机氯、有机磷农药残留和主要抗生素、激素、β-兴奋剂等兽药残留的测定方法。

10-11. 为什么有些食品需要检测黄曲霉毒素、亚硝胺化合物、三聚氰胺、苏丹红、甲醇？简述其主要测定方法的原理。

10-12. 综述气相色谱法、高效液相色谱法、质谱法及色质联用技术在食品分析中的应用，并展望其发展前景。

10-13. 通过学习本章内容，联系资料文献调研，明确食品快速分析的意义及国内外研究进展。

第十一章 工业原料和产品的进出口检验检疫概论

第一节 概 述

一、商检学及其研究对象和内容

(一) 商检学的概念

“商检学”作为一门学科，有它特定的概念。商检学是研究对进出口商品质量（广义）进行检验管理和对进出口业务活动提供检验、鉴定证明的活动规律的学科。它是在进出口商品检验工作的基础上发展起来的一门科学，有别于商品检验工作。

进出口商品检验检疫是随着国际经济贸易的发展而产生和发展起来的。它具有两个基本职能：一是检验检疫职能，二是检验检疫管理职能。检验检疫职能是国际商品交换的客观需要，进出口商品检验检疫是国际商品交换的重要环节，担负着一定的社会经济职能，检验检疫职能是从交换职能中分离出来的特殊职能，具有独立资格的检验检疫机构是这个特殊职能的担当者，这是社会分工扩大化和深化的具体表现。因此，检验检疫具有生产力发展的自然属性，检验检疫机构应是与买卖双方无经济利害关系的第三者，它所出具的居间证明必须公正。管理职能是国家行政干预外贸的需要，是国家对外贸易政策的集中体现。进出口商品检验检疫管理是国家实现经济管理的组成部分，担负着一定的国家行政管理职能，这种检验检疫管理职能是从国家行政管理职能中分离出来的特殊职能，国家通过立法形式设立的专门检验检疫管理机构是这个特殊管理职能的授权者，这是国家行政管理的扩大和深化的表现。因此，检验检疫管理职能具有生产力发展的社会属性，是国家意志的体现，它必然采取发展外贸和保护本国利益的政策。

(二) 商检学研究的对象和内容

商检学研究的对象，是研究在国际经济贸易活动中发生的与商检有关的特殊矛盾及其运动规律。

商检学的研究内容：商检发生发展的规律；商检的一般原理、方法与技术；商检与外部的联系；商检在国际经济贸易中的活动形式与方法；商检在实践活动中具有普遍意义的经验；各国商检活动的特点及其规律。

(三) 商检学与其他学科的联系

商检学研究的对象和内容具有广泛性和实用性，就必然和许多知识、学科发生广泛而实际的联系。同时，研究商检也必须吸收有关学科的理论、观点、方法和技术，以开展自身的科学工作。如国际贸易、对外贸易概论、管理学、商品进出口实务、运输学、保险学、国际贸易法等，以及分析化学、现代仪器分析、生物学、微生物学等。因此，商检学是一门在理论和实践上都与许多学科发生交叉的综合性的边缘科学。

商检学与分析化学、工业分析等学科的关系。分析化学是人们获取物质组成、结构和信息的科学，即测量与表征的科学。工业分析是分析化学在工业生产实践中的应用。商检学是对进出口商品质量（广义）进行检验管理和对进出口业务活动提供检验、鉴定，就必须运用分析化学的理论、方法和技术来实现。但商检学所涵盖范围、所研究的内容要比分析化学更为广泛，不仅有品质检验，还有检疫和卫生检验以及检验管理、鉴证放行、质量认证等。

同时，就分析测试工作而言，进出口商品检验工作与其他行业的一般分析测试工作也有显著不同，其主要特点如下。

（1）样品的复杂性　样品种类多，各品种品质变化大，组分复杂。进出口商品有几十类数百种产品，有天然的矿产品、动植物及其加工产品、冶金产品、石油化工产品、机电设备，各种精细化学品、电子元件等一些高新技术产品。

（2）检测指标的多样性　从感官指标到物理、化学、生物学、微生物学指标均有。化学指标，有的不仅要测定其化学组成，而且要测定其结构，甚至测定其手性（手性是指物体和它的镜像不能重合的特征）。就含量测量而言，有含量很高的主成分分析，也有含量甚低的杂质成分分析。环境与试剂中的杂质，或商品的变质、污损，或抽样过程中发生的污染均可能对测定结果带来严重影响。

（3）准确度要求高　商检要对进出口商品及运输过程中变化情况作出判断和评价，这涉及贸易有关方的利益，很容易发生争议，而且这种争议是涉外的。因此，分析检测结果必须准确可靠，可比可信，判断评价必须客观公正，经得起复验和推敲。

（4）时间性强　进口商品有一定的索赔期限；出口商品有装运出口的时间限制。时间上的延误，会造成不可挽回的经济损失和外贸信誉的损失。因此，要求商检方法应是快速的，商检工作必须是高效的。

二、商检的产生和发展

（一）商检工作的产生

从根本上说，社会生产力的发展和社会分工的扩大，是商检产生和发展的基础。具体来说，进出口商品检验检疫工作，是随着国际经济贸易的发展而产生和发展起来的。

由于资本主义时期交通、通信的发达和贸易的规模、地域进一步扩大，买卖双方远隔万水千山，难以当面验看点交货物、成交和付款。又由于货物经多次转手买卖，最后的买卖双方对货物的品质、数量、重量不了解，再加上长途运输和转运中有可能使货物遭受各种意外事故或残损，使买卖双方都意识到，需要一个有资格、有权威、独立于贸易关系人之外的第三者，对进出口的商品进行检验和出具证明文件，作为交换货物、结汇付款、处理争议和办理索赔理赔的依据。

16 世纪初，国外出现了由私人开办的公证行，这就是进出口商品检验工作的开端。到了 16 世纪中期，法国政府为了促进出口商品质量的提高，增强其在国际市场上的竞争地位，以扩大出口贸易，对 150 多种产品制订了具体的品质标准和工艺规程，在国内重要城市设置专门的检验机构并公布法令，对这些商品施行强制性检验。凡符合技术标准规定的发给证书方准出口；对不合格的商品不准输出，督促工厂研究改进，首创了由国家对出口商品实行检验管理的制度。

其间，各国逐渐关注对进出口商品的检验。19 世纪后期，欧洲各国相继发生重大的病虫害并通过产品的进出口而传播，致使各国政府纷纷颁布法令，禁止带有病虫害的产品进口，出口的产品也要经过检验，合格的才能出口。从此，各国都十分重视进出口商品的检验检疫工作，检验检疫机构和检验检疫业务迅速地发展起来。

（二）我国新中国成立前的商检工作

1835 年，英国友宁保险公司首先在香港设立总公司，接着又在我国各重要口岸设立分公司，办理有关的海运保险业务。由于保险赔款的利益问题，外商与华商经常发生纠纷，急需第三者出具的居间证明。

鸦片战争后的 1842 年，腐朽的清朝政府被迫签订了丧权辱国的《中英南京条约》，中国沦为半殖民地半封建的国家。外商纷纷涌入我国立租界、设洋行、办工厂、开矿山、修铁路，甚至设立银行、发行钞票等。他们掌握了我国的经济命脉，不仅篡夺了我国海关的主权，完全垄断了我国的对外贸易，而且也垄断和操纵与对外贸易有关的外汇金融、航运、进出口商品检验、保险等部门。他们开始以通商口岸和租界为据点，在我国沿海口岸和内陆商埠开设检验所或公证行。1864 年，英商仁记洋行来华开办公证鉴定业务，代办 lioyd's(劳埃德）的一切水险鉴定业务和船舶检验工作。1871 年，英籍沙麦船主来华开办船舶检验。1874 年，英商鲁意斯摩洋行来华以拍卖公证行地位兼办火险公证业务。

我国自己办理的出口商品检验工作，是从棉花检验开始的。19 世纪初期到 19 世纪中叶，由于我国所产棉花品质较差，加上棉商贪利掺假，有害于纺织事业，而且严重影响外销信誉。1901 年，上海的洋商纱厂代表棉花出口商以解决棉花掺水问题为由，向上海道交涉准备在上海附近棉花产地设立水汽检查所。经照准后由洋行聘英国人罗成飞在上海南市设专门办理水汽检查所。由于该所过分挑剔，在 1902 年初被我棉农聚众捣毁。1902 年，上海棉花业董事长程鼎向上海道申请自行设局办理棉花检验。上海派出了一个专员进行协助，在上海花业公所内正式成立了上海棉花检查局，这是我国自己办理的第一个检查和取缔棉花掺杂行为的检验机构。20 世纪初的一二十年内，上海、天津、汉口等口岸均有外商成立的棉花、生丝检验所和由外国人包办的火腿、猪油检验业务以及植物油、蛋制品、矿产品等公证鉴定机构 200 多个。1928 年，当时的国民政府公布《商品出口检验暂行规定》。该规则共八条，其中规定："为保护国内工商业利益、提高国际贸易信用、增进输出商品价值起见，特设商品出口检验局，于商品出口时实施检验"。"商品出口检验局设于商品集中之地，其组织法另定之"。

1929～1930 年，先后成立了上海、汉口、青岛、天津、广州商检局。这些商检局成立后，撤回了原来比较分散的检验机构，交涉收回或出钱收买了外国人开办的检验机构，初步建立起由国家设置的商品检验局并酌设一些分支机构。然而，当时商检局的证书得不到国外的承认，大都仅能在国内起到通关作用。

1930 年 4 月，当时的中国政府修订公布了《商品检验暂行条例》，1931 年 12 月，公布了《商品检验法》，内容基本上与《商品检验暂行条例》相同。

抗日战争时期，天津、上海、青岛、广州商检局因市区沦陷而停撤。汉口商检局迁往四川，后来在成立昆明商检局时停办汉口商检局，成立重庆商检局。

抗日战争胜利后，恢复天津、广州、上海、汉口、青岛商检局，复建的商检局由于日本侵华战争的破坏，检验仪器设备和文件档案损失严重。因为当时的财力和物力不足，难以恢复，所以这些机构能够检验的商品种类有所减少。

（三）新中国成立后商检工作的发展

1949 年 10 月 1 日，中华人民共和国成立，结束了旧中国半殖民地半封建社会的历史。为了巩固新生的红色政权和恢复经济发展，党和人民政府采取了坚决措施：接管了原有的商品检验局，收回了长期以来被帝国主义所攫取的主权，肃清了帝国主义在中国的侵略势力统治的对外贸易，取缔了外国在中国境内设立的检验机构，停止了一切私人经营的检验业务，发布了新的商品检验法令和政策规定，中国商品检验工作的历史翻开了新的一页。

新中国成立后，人民政府立即派员接收了旧中国留下的六个商品检验局并进行了整顿改造，成立了新的天津、青岛、上海、广州、武汉、重庆商品检验局，归中央贸易部领导。1950 年，中央贸易部召开了第一届全国商品检验会议，制订了《商品检验暂行条例（草案）》和《商品检验暂行细则》，确定了统一检验的商品种类，统一各项商品的抽样方法、抽样工具和抽样数量，统一检验项目和检验方法，统一抽样后对货物的封固印识办法，统一证书格式和有效期以及检验收费办法等。全国统一按《种类表》实施法定检验并由海关监管，显示了新中国商检工作集中统一的特点。

1951 年召开第二届全国商品检验会议。这次会议十分重要，它的主要内容是：①确定了当时商检工作的总方针；②修订了《商品检验暂行条例》；③明确商品检验工作的具体任务。

（四）改革开放后的商检工作

党的十一届三中全会以后，党中央作出了把工作重点转移到社会主义现代化建设上来的战略决策。在党的基本路线的指引下，商检工作也和全国各条战线一样，得到了迅速的发展。随着改革开放的深入，商检工作的重要性越来越明显，逐步进入了一个重要的发展阶段，其主要标志如下。

① 实行人、财、物、业务四权归中央直接管理的体制。国务院非常重视商检工作，为了加强对商检工作的领导，改变原来的管理体制为国务院直属的国家进出口商品检验局，统一管理全国进出口商品检验工作。各地商检局的建制及人、财、物、业务管理权收归中央，实行国家商检局与各省、直辖市、自治区人民政府双重领导，以国家商检局领导为主的管理体制。

② 总结了新中国成立后商检工作正反两个方面的经验教训，根据党的十一届三中全会的精神，制定了新时期商检工作的方针，这就是“加强管理，认真检验，公正准确，维护信誉，促进外贸，为四化服务”。

③ 制定和发布执行有关进出口商品检验和监督管理的法律法规，使商检工作走上依法行政、依法施检的轨道。

1984 年 1 月，国务院发布了《进出口商品检验条例》，《商检机构实施检验的进出口商品种类表》（以下简称《种类表》）由国家商检局制定。

1989 年 2 月，经全国七届人大常委会六次会议审议通过《商检法》，商检法是我国进出口商品检验的基本法。它以法律的形式明确规定了我国商检工作的宗旨、任务、管理体制等重要内容，是强化进出口商品检验和监督管理的法律依据。它明确了国务院设立国家进出口商品检验部门，确立了国家商检部门主管全国进出口商品检验工作的法律地位，规定了国家商检部门和各地商检机构的职责范围，并对检验内容、依据和检验管理程序做出了规定。

④ 培养了一批专业技术干部和行政管理干部，开展了大量的科研和进出口商品检验标准的修订工作。

⑤ 加强对外联系，商检机构还积极开展国外委托检验业务和国外检验业务，开展了技术交流活动，扩大了对外影响。根据对外经济贸易发展的需要，成立了中国进出口商品检验总公司，各地设立分公司。开辟海外检验市场，扩展国外检验业务，为我国的对外经济贸易服务。

2001 年底我国加入了世界贸易组织（WTO）。根据我国政府在加入 WTO 时的承诺以及世界贸易组织的相关法规，我国对国家进出口商品检验检疫管理体制进行了较大的改革和调整。加入世贸组织后的几年，我国政府积极制定了相关的法律法规，废止或修改了与入世要求不相符合的各类法规，清理了出入境检验检疫机构，使我国进出口商品检验检疫工作更好地适应了入世的形势和要求，符合世贸组织的三大原则：透明度原则、便利贸易原则和非歧视国民待遇原则。

2002 年 4 月 28 日，经第九届全国人大常委会第 27 次会议审议通过了《中华人民共和国进出口商品检疫法修正案》，该法案于 2002 年 10 月 1 日起正式施行。这是我国入世之后全国人大常委会审议通过的第一部法律修正案，也是我国履行对外有关承诺的具体表现。新的《商检法》在商品检验的目的、法定检验的范围、进出口商品检验的依据以及质量（安全）许可证制度等方面作了修改和新的规定。

三、商检工作的地位和作用

（一）商检工作的地位

进出口商品检验工作的产生和发展，始终和国际经济贸易紧密联系在一起，它在国际经济贸易中起着重要的作用。随着国际经济贸易的迅速发展以及相互间的激烈竞争，为了保护国家和消费者的合法权益，国家以行政手段干预对外经济贸易活动，设立了官方的检验机构，作为政府的一个部门，执行国家赋予的任务，加强了对进出口商品的检验和监督管理。

目前，我国的商检部门既是国务院设立的进出口商品检验管理部门，又是具有公证身份的鉴定人。这是我国商检机构地位的两重性，也是社会主义中国商检的一个特色。

1. 进出口商品检验工作的主管部门

《商检法》第二条中规定：国务院设立进出口商品检验部门，主管全国进出口商品检验工作。国家商检部门设在各地的进出口商品检验机构管理所辖地区的进出口商品检验工作。

很明显，国家通过法律的形式赋予商检机构以进出口商品检验工作的主管地位。为了体现这个主管地位，法律法规赋予国家商检部门、商检机构以下具体权限。

(1) 制表权 制定、调整并公布《商检机构实施检验的进出口商品种类表》(以下简称《种类表》)，并公布实施。

(2) 检验权和质量否决权 列入《种类表》的进出口商品和其他法律法规规定须经商检机构检验检疫的进出口商品，必须经过商检机构或者国家商检部门、商检机构指定的检验机构检验检疫。未经检验检疫的法检进口商品，不准销售、使用；检验检疫不合格的出口商品，不准出口。

(3) 监督管理权 对法定检验以外的进出口商品抽查检验；对法定检验的出口商品进行出厂前质量检验工作的监督；对进出口商品质量的认证；对重要的进出口商品及其生产企业的质量许可；对出口食品及其生产企业的卫生注册登记；对检验检疫机构的指定；对国内外检验检疫机构的认可；对检验检疫人员的认可；对外国在中国境内设立进出口商品检验鉴定机构的审核和监督管理。

(4) 复检结论的终局认定权。

(5) 免检的批准权。

(6) 行业标准的制定权。

(7) 对违反《商检法》以及有关法律、法规行业的查处权。

2. 进出口商品鉴定人

《商检法》明确规定，商检机构可以接受对外贸易关系人或外国检验机构的委托，办理进出口商品及相关的鉴定业务并签发各种鉴定证书。相关鉴定证书可作为办理进出口交接、结算、计费、通关、计税、索赔、仲裁等的有效凭证。

(二) 商检工作的作用

商检机构依法对进出口商品实施检验与管理，具有两个主要作用：一是把关，二是服务。

1. 把关作用

国家设立商检部门，其主要目的就是加强进出口商品检验工作，保证进出口商品的质量，维护对外贸易有关各方的合法权益，促进对外贸易关系的顺利发展。因此，把关是商检工作的首要作用。例如 1989～2001 年底，全国商检机构共检验进出口商品 3240 万批，货值 13300 亿美元，占我国出口总额的 40%。其中共查出不合格进口商品 27 万多批，为国家避免和挽回经济损失 268.8 亿美元，有力地维护了国家利益，保护了对外贸易有关方及消费者的合法权益。

2. 服务作用

(1) 促进进出口商品质量的提高 当今国际市场的竞争，说到底是产品质量的竞争，只有产品质量上乘，质量过硬，才能在国际市场竞争中立于不败之地。商检机构通过检验和监督管理，把住了进出口产品质量关，防止不合格的伪劣商品进出口，有力地促进了中国境内的出口生产企业和境外的卖方、厂家注意提高产品的质量。

(2) 对进出口商品提供居间证明　在国际经济贸易活动中，有关各方常常需要请一个第三方为公证鉴定人，对进出口商品质量及装载、运输条件等进行检验检疫或鉴定，提供居间证明，供有关方进行交接、计费、索赔、理赔、免责之用。这是一种技术和劳务相结合的服务工作。商检机构由于自身的性质、技术条件和信誉，长期以来在这一个重要领域发挥自己的特长和优势，起着积极的作用。

(3) 收集和提供与进出口商品质量、检验有关的各种信息　由于工作关系，商检机构经常接触国内外大量的商品质量、性能、价格、分布等各方面的情况。及时收集整理这些情况，提供给各有关部门参考，这也是《商检法》对商检工作的要求。商检机构还能利用自己的技术力量和信息渠道，帮助进出口商品生产企业提高质量，增加花色品种或生产国际上急需的紧俏产品，开辟国际市场。

四、WTO与商检相关的法律法规要求

作为世界贸易组织成员，我国正全面履行加入WTO的承诺，按照WTO的原则开展国际经贸活动。在世贸组织大量的法律法规及协议中，与进出口商品检验检疫最为相关的主要是《技术性贸易壁垒协议（Technical Barriers to Trade)》(简称《TBT协议》）和《实施动植物卫生检疫措施的协议（Sanitary and Phytosanitary Measures)》(简称《SPS协议》）。《TBT协议》与《SPS协议》的宗旨都是保证产品质量，保护人类、动植物生命、健康和生态环境以及维护正常的市场竞争秩序。《TBT协议》明确规定了技术法规的制定和实施的根本原则是“不得对国际贸易造成不必要的障碍”。《SPS协议》则要求“在风险分析的基础上制定必要的保护人类、动植物的措施”，以便使其对贸易的影响降到最低，促进动植物及产品国际贸易的发展。

所谓贸易技术壁垒是指由于各国或各地对技术法规、标准、合格评定程序以及标签标志制度等技术要求的制定或实施不当，而可能给国家贸易造成不必要的障碍。《TBT协议》为使国际贸易自由化和便利化，在技术法规、标准、合格评定程序以及标签标志制度等技术要求方面开展国家协调，遏制以带有歧视性的技术要求为主要表现形式的贸易保护主义，最大限度地减少和消除国际贸易中的技术壁垒。

根据我国加入WTO有关质检工作内容的多边承诺中的规定，我国积极调整了原来的技术法规体系，强调技术法规标准的制定、修订和发布实施工作。

第二节　进出口商品检验的内容

《商检法》规定，商检机构对进出口商品实施检验的内容有：品质、规格、数量、重量、包装、安全、卫生七项，这是一个总的要求。至于对某一个具体商品来说，是否都要检验这七项内容，每一项内容又包括哪些指标，还要视这个商品的具体情况而定。

一、品质

商品品质又称商品质量，它是用来评价商品优劣程度的多种有用属性的综合，是衡量商品使用价值的尺度。表征商品品质的指标有感官指标、物理指标、化学指标、生物指标等。

品质是商品的一个重要质量特征，是商品之间互相竞争的主要内容。不同商品有不同的品质要求，这些要求的高低关系到买卖双方的根本利益，也是定价和仲裁的依据之一。因此，商品的品质要求一般都作为合同的主要条款。在品质条款中，可直接订明对商品品质的要求，也可订明它必须符合某个标准或技术文件的规定。对凭样成交的，也要在合同中订明成交样品的特征，的确不能用文字描述的，应对成交样品做上各种标记或封识，并在合同上加以说明。商品不同，品质的表现形式也不同。例如化工产品，主要表现在其化学成分、化学结构、化学特性上；机械产品主要表现在其机械结构、物理性能、机械力学性能上。

对商品的品质特征应尽量地用定量的指标加以描述，即使是对凭样成交的样品，也要尽可能对样品的主要品质特征进行定量的描述，否则将会因观察的角度和要求的范围、程度不同而容易产生贸易上的纠纷。

二、规格

在国际经济贸易中常常遇到这样的情况，有些商品虽然是同一个牌子、同一个品名，但可根据其各项品质特征指标甚至是重量大小或几何尺寸划分为若干个等级。这些被划分出来的等级一般称为规格，例如一级品、二级品、三级品等。每一个规格都有自己明确的品质要求。如果合同订明是某个规格的商品，也就同时明确了它的品质特征要求。等级不同，其价格也不同。有了规格，同一品名、牌子的商品就可以按照细分的等级按级论价、公平交易。因此，规格是与品质密切联系的一个质量特征。

三、数量和重量

(1) 数量　商品的数量，一般规定在合同或信用证上。因而在检验前审查申请人提供的单证时要注意审查合同、发票、装箱单和尺码明细单，这是检验的一个重要依据。审查时还要注意数量的单位。它们有的是件数（如仪器）、有的是根数（如圆木）、有的是套数（如服装、成套设备）、有的是双（对）数（如鞋、手套）、有的是卷数（如纸）、有的是张数（如胶合板），有的是长度（如布匹）、有的是面积（如皮革）、有的是容积（如液体）、有的是体积（如木材）。

有时会遇到既有数量要求又有重量要求的商品，例如定重包装商品，其件数和重量的规定实际上就表示着对运输包装件大小规格的要求。如果无此规定，货件大小悬殊，将对销售和调拨带来很多麻烦。

(2) 重量　是商品质量的一个重要特征。按照某一个标准重量包装的商品，其重量就是一个十分重要的指标。如果重量不符合，不仅影响到进出口贸易时的交接，而且还影响到对消费者的销售，很多商品的总值是按照重量计算的。

贸易合同上都订明重量。在重量鉴定时，要注意合同中关于包装条款的规定，并参照商业发票。

商品的重量有几种表现形式，常见的有毛重、净重和以毛作净三种。毛重是连包装在内的重量，净重是去掉包装的重量。回皮的方法分为四种：实际皮重、习惯皮重、约定皮重和平均皮重。

从批中每件商品所具重量是否一致的角度出发来划分，可将包装商品划分为定重包装商品和不定重包装商品。后者又可进一步划分为标明重量商品和不标明重量商品。

重量鉴定不仅对买卖双方有着重要意义，而且对承运人也有着重要意义，因为承运人经常是按商品的重量来计收运费的。然而对于一些很不规则的商品、松泡的商品和外形占地很大而中间很多间隔、空隙的商品，由于重量不大但所占的空间很大，承运人就不再按重量而是按其体积来计收运费。

四、包装

包装，在它生产出来之后直至使用之前是产品。商品的包装一般分为运输包装和销售包装。销售包装在使用之后，它就与商品连成一体，是商品的一个不可缺少的部分，好的包装还会使商品增值；运输包装的重要作用是保护商品，使商品便于运输、装卸和储存。

商检机构对商品的运输包装进行检验，除了检查它上面所印刷或铸压的唛头、批号、毛净重、规格、产地、装卸运输标志外，还对它进行外观检验和简单的模拟试验。这些外观检验包括包装的封口、缝线、捆扎、钉钉、黏合、内衬等情况，包装外表有无破损、渗漏、变形、污染等。至于简单的模拟试验，一般是让包装从某一个高度下跌或让人站在包装上，看包装和内容物有无残损，以检查它是否经得起正常装卸和运输中的堆积、挤压、碰撞、摔跌等。

五、安全

进出口商品的安全性能检验，是以保护人、畜、物、环境的安全和生态平衡为目的的。在国际经济贸易中，除对商品的品质、规格、数量、重量、包装等方面有明确要求外，对某些商品在安全方面也有着严格的规定，要对其安全性能进行专门的检查。

进出口商品的品质检验有的与安全检验相联系，但也有将安全性能单独作为一项检验内容的。从管理要求和检验标准上看，安全性能检验比一般品质检验严格得多。这是因为，凡属有安全性能要求的商品，如果不符合规定的安全标准，就有潜在的危险，会给人、畜、物、环境的安全和生态平衡造成伤害和破坏。因此，不少国家往往通过行政立法的手段，对商品的安全性能加以限定，制订专门的法律法规，授权专门的检验机构进行检查、监督。在我国，根据《商检法》的规定，安全性能是商检机构对进出口商品施行检验的七项主要内容之一。安全性能检验是强制性的。其强制性体现在如下两个方面：①未报经安全性能检验合格的商品，不得进出口；②安全性能检验必须执行国家规定的强制性标准。

进出口商品的安全检验，主要是指对商品的易燃、易爆、易触电、易受毒害、易受伤害的项目检验。它涉及的商品非常多，具体检验项目因商品而异，各国要求也不尽相同。商检机构实施检验，主要是依据各有关国家的限制性标准和对外贸易合同的规定，并以保护生命财产的安全、维护国家的信誉为准则。

六、卫生

与人体直接接触的商品，如果不卫生就会危及人体健康和安全。因此，商品的卫生要求与商品的安全要求密切相关。然而，卫生条件的要求毕竟不同于安全性能的要求。很多国家在进出口贸易中都对商品的卫生条件甚至连这些商品的生产企业在生产时的卫生条件都作出种种规定，以确保进入本国的商品符合卫生条件，以保证人、畜、环境和商品本身的安全。有的国家通过法律或由政府制订卫生法规，对进口的肉类食品，凡有屠宰、分割、加工、储存上述食品的工厂、冷库、仓库，其卫生条件必须符合本国的卫生要求，经出口国官方最高兽医卫生管理当局批准，授予兽医卫生批准编号，并向本国主管当局注册登记，经其认可并由官方发布公告之后才许可进口商从这些编号厂进口肉类产品。出口国在每批产品的兽医卫生证书上必须加注经批准认可的编号工厂，并在包装上加附官方兽医验讫证明标志，货到后方可验关进口。同时，进口国的官方兽医还保留到出口国检查业已认可编号工厂的加工卫生条件的权利。如发现不符合要求，有权暂停或撤销有关厂的注册编号，这就意味着禁止该厂的肉类食品进口。

卫生条件的检验与安全性能检验一样，也是强制性检验。它体现了国家意志，是国家干预进出口贸易的一种表现。商品是否符合卫生条件，不仅是贸易双方的事，而更重要的是它关系到国家、社会、广大消费者的利益。是否要进行卫生检查以及检查为不合格的商品如何处置，不仅仅是由贸易双方而更重要的是由国家的有关部门来决定的。

第三节　进出口商品检验形式

进出口商品检验工作范围很广，加上各国的情况不一，采用的检验形式也有所不同。

（一）从承担检验目的任务划分　可分为生产者检验、消费者或买方检验或居间检验三类。

（1）生产者检验　称为生产检验或第一方检验，是生产企业自身进行的检验。

（2）消费者或买方检验　称为验收检验或第二方检验。承担这种检验的机构是买方单位。

(3) 国家监督管理产品的检验和居间检验　称为第三方检验。承担这种检验的机构是商检机构及国家商检部门、商检机构指定的检验机构。国家指定的其他检验部门或认可实验室、中外合资或外商独资检验机构，也可以委托国外同行检验机构。

(二) 从商检机构完成商检任务中所做的工作程度不同　可分为自行检验、共同检验、委托检验和许可检验四种形式。

一、自行检验

自行检验是指商检机构在接到申请人的申请后，自行派出技术人员进行抽样和完成全部项目的检验。全过程是由商检机构依靠自身的技术力量，按照进出口商品检验规程进行的，是商检机构在进出口商品检验中采取的最主要形式。

自行检验并不排除在某些商品或某个项目的检验中，需要申请人或有关单位提供一些辅助劳力或工具。有时，商检机构对某一个项目的检验，可以在抽样之后利用厂矿企业、生产部门以及科研部门、专门检测机构的仪器设备，自己进行检验。这种做法仍属自行检验的范围。

二、共同检验

共同检验是指商检机构以自身的检验力量为主体，派出检验技术人员与有关部门共同完成对进出口商品的检验。

由于抽样工作必须到货物存放的现场进行，受时间、场地、工具的限制，一般要求抽样工作必须一次完成。尤其是进口检验，所抽取的样本应能满足检查的需要而不需要再另抽一个样本。为了确保检验工作的顺利进行以及样本与全批质量一致，抽样工作应由商检机构自行完成而不能采取由出口部门或收用货部门自行抽样供检查的做法。

对于检验的项目，可视情况由商检部机构和承担检验任务的单位共同完成。凡是主要的检验项目，以及涉及安全、卫生和国内外比较敏感或容易发生争议的项目，都应由商检机构自行完成。对确需送样到其他部门检验的，也应从技术上加强管理和监督检查，必要时每批都有技术人员参与检验。这些工作，应纳入商检机构的监督管理范畴。

三、委托检验

委托检验是指商检机构对某一商品或其项目委托具备检验条件的单位进行的一种检验。

进出口商品的种类及其检验项目千差万别，种类繁多，需要大量的各门类的检验仪器设备和技术人员。国际贸易千变万化，常出现些新的商品和新的检验项目及要求，为了落实对上述商品的检验，商检机构根据国际惯例可以有选择、有条件地采取委托检验形式。

四、认可检验

认可检验是商检机构组织外部技术力量对进出口商品进行检验的又一种检验形式。

一些出口生产企业或进口的收货单位，具备较强的检验技术力量（包括检验技术人员、检验仪器设备、检验条件）和严格的检验管理制度，商检机构经过对其检验室和检验人员进行考核合格后，可颁发相应的认可文件或证书。凡经过商检机构认可的单位，商检机构可在其对产品出厂检验合格或进出口商品验收的基础上，派出检验技术人员，审核认可单位的检验记录，核对检验结果，并可根据情况按一定的比例抽查检验，符合要求的，则签发检验证书。

认可检验，可以是认可整个商品的检验，也可以只认可其中某一个项目的检验。

被认可单位的检验结果，必须是由被认可的检验室检验并由被认可的检验人员签字才有效。

共同检验、委托检验、认可检验是商检机构组织社会力量对进出口商品进行检验的形式，它们对商检机构落实进出口商品检验工作的补充起了积极的作用，但与此同时，它们也给商检机构带来不同程度的风险。因此，商检机构应加强对上述检验形式的管理。

第四节　检验鉴定工作程序

商检机构办理检验、鉴定工作，要按照一定的工作程序来进行的。我国的检验法规对办理检验、鉴定工作程序作了明确规定。这个程序概括起来是：由具有申请检验、鉴定资格的单位，按申请检验、鉴定的工作项目，填写申请单，提供有关单证，在限定的时间内到指定的商检机构申请检验。从商检机构受理检验开始，经过抽样、检验鉴定，签发检验证单终止。

这种程序性的规定，不仅使申请人便于遵循，也便于检验工作程序规范化，保证检验鉴定工作的顺利进行。

检验鉴定工作程序：①受理报验（包括计费）；②抽样（包括制样）；③检验鉴定；④签证放行（包括统计/归档）。

一、受理报验

商检机构对外贸易关系人，在规定的时间地点内，填报的检验鉴定申请单及其应附的有关单证、资料，经审核后确认其真实、正确、无误，符合有关规定，进行登记编号，计收检验鉴定费，称为受理报验。报验单被接受登记编号、计收费后，当为报验成立。商检机构即应按照已接受的报验单所列的项目，进行检验鉴定工作。

商检机构的检务人员在接受申请人的报验时，应按下述要求办理有关手续。

（一）要求申请人如实正确填写申请单

① 每张申请单一般只填报一批商品；

② 填写的字迹要清楚、工整，不能涂改，不许出现错别字、生造的简化字、缩写字或简称；

③ 申请单要有申请的经办人签字，申请人（单位）加盖印章；

④ 申请的日期、时间必须准确无误；

⑤ 所有应填写的项目应填写齐全、译文准确、中英文内容一致；

⑥ 受发货人、买卖方应与合同、信用证所列一致，并且要填写全称，不得随意简化；

⑦ 商品的名称要填写与合同、信用证一致的具体商品的名称，不得自行简化或更改；

⑧ 商品的数量、重量、规格，除合同、信用证有规定或有国际惯例者外，其余一律使用国际标准计量单位；

⑨ 货物总值，一律填写进出口成交价（单位为美元）FOB××美元．CIF××美元、C&F××美元。如无出口成交价（例如出口预检时）的，填国内收购价；

⑩ 包装情况，主要填写运输包装如木箱、瓦楞纸箱、塑料编织袋等。如果合同、登记证对包装另有要求的，应按要求填写；

⑪ 证书类别，属于两个以上检验鉴定项目的，需分别单独出证还是合并出证，要在备注栏内说明；

⑫ 运输工具、装货港、目的港，需按提单或装运单填写。如有转船的，要把转船的地点、船名按运程填写清楚；

⑬ 进口日期、卸货日期、索赔有效期、质量保证期等均按实际到、卸货情况和合同规定填写；

⑭ 批次号和标志，要按照商品包装上所铸的批次号填写，保证单、证相符；

⑮ 证书的文种、份数，如需要何文种或中外文合璧的，以及需要增加证书副本数量的，要注明清楚；

⑯ 报验人对所需检验证书的内容如有特殊要求的，应预先在检验申请单上申明。

（二）对报验的其他要求

① 要求报验人应预先约定抽样、检验、鉴定的时间，并提供进行抽样和检验、鉴定等必要的工作条件。

② 已报验的出口商品，如国外开来信用证修改函或有关函电时，凡涉及与商检有关的条款，应要求报验人及时将修改函和有关函电送商检机构，办理更改手续。

③ 要求报验人在领取证书时，应如实签署姓名和领证时间，对证书应妥善保管，不得丢失。各类证书应按其特定的范围使用。

④ 向报验人申明，申请报验时应按规定缴纳检验费。

⑤ 报验人如因特殊原因需撤销报验时，经书面申明原因后，可办理撤销。

（三）审查有关单证

商检机构的检务人员在办理报验手续时，要认真、仔细地审查各种有关的单证。首先要审查检验申请单，其次审查检验工作所需的各种单证是否齐备、最后审查合同、信用证以及各种检验依据。

1. 审查申请单

在审查进口商品检验申请单时，应注意商品品名、重量、数量、标记号码、合同号、收货人、发货人、运输工具、进口日期和卸货日期、索赔有效期、货物的单价和总值、报验单位和地址、联系人、电话号码、申请检验的工作项目、货物堆存地点等项目是否填写齐全，有无错。上述的有关项目是否与所提的合同等有关单证一致。

在审查出口商品检验申请单时，同样要注意商品品名、重量、数量、标记号码、受货人，发货人、报验单位和地址、联系人、电话号码、输往国别地区、申请检验的工作项目、合证还是分证、货物堆存地点、检验依据、预约抽样检验鉴定日期、货物出口价等项目是否填写齐全，有无错漏。上述的有关项目，是否与所提供的合同、信用证等有关单证一致。

如报验人要求在证书加注信用证号码、银行注册号码、许可证号码等与检验工作无关的内容，为了便于出口，一般也可以办理。

在审查进出口商品鉴定申请单时要注意是否按各自不同的工作项目填写检验申请单，单上各项目是否填写齐全，有无错漏。

在审查委托检验申请单时，应注意检验项目、样品编号。检验样品由报验人拣送的，商检机构的检验结果仅对样品负责。

2. 审查合同、信用证

合同是对外经济贸易双方履行义务和享有权利的依据，是对双方都具有约束力的具有法律效力的文件。如未经双方协商，任何一方不得擅自更改合同的条款。如果发生商务纠纷或诉讼，合同是司法、仲裁部门处理纠纷的依据。

合同的内容大约包括以下各项内容；商品品名、品质规格、安全卫生要求、数量重量、单价和总价、包装、标记、号码、批号、交货日期和交货地点、运输方式（包括是否分批装运或转运）、付款方式、保险类别及费用、运费、装卸费用、检验标准、检验时间和地点、检验机构及其检验证书的法律效力、索赔有效期、质量保证期、仲裁地点和机构。此外，还包括贸易条件用语和适用法律等其他有关条款。

合同中的上述内容和条款对商检机构的检验工作具有重要的意义。因此，要审查申请人是否附上成交合同，申请单上所填写的内容与合同是否一致。信用证是开证银行根据申请人的要求，向受益人开立有一定金额的、在一定期限内凭规定的单据在指定的地点支付货款的书面保证。

信用证的种类很多。目前的国际经济贸易中经常使用的是跟单信用证，这是跟单汇票或仅凭单据付款的信用证。这些单据是指代表货物权或证明货物已按要求发运的单据，例如提单、保险单、产地证书、检验证书等。

信用证中关于商品及其货运单据的内容有商品的品名和规格、品质、安全、卫生、数量、重量、包装、价格、装货港或目的港、装运期限、转运或分批装运、需要各种货运单据例如商业发票、提单、保险单、检验证书、原产地证书等。

在审查合同、信用证时要注意以下几点。

(1) 进口商品的索赔有效期和质量保证期、出口商品的装船期和结汇期　这四个时间直接和贸易当事人的切身利益相关，在审查合同、信用证时，如发现所规定时间不合理，应提醒申请人向对方提出延长、更改期限的要求。

(2) 检验项目和检验依据　检验项目和检验依据是商检机构开始检验工作必须掌握的条件，一般在合同中对它们都有明确的规定。此外，由于各种原因，往往在信用证中还有补充和更改。如果只审查合同而没有审查信用证，遗漏了检验项目、检验内容，或者检验的项目、内容与信用证中的规定不符，会使商品出口后无法结汇并遭对方拒收或索赔，造成国家的损失。

对于合同、信用证中指定的检验标准方法、品质、安全、卫生要求等，如果不是常见或常用的，应要求申请人同时提供。凭样成交的，要同时审查这些成交样品。如信用证有修改，应同时审查修改书。

当信用证规定的品质规格、包装条件等检验条款与合同不一致时，应由出口公司向国外提出修改信用证。如果不修改，按照国际惯例，即以信用证为准。

如果信用证有特殊条款，应与检验鉴定部门研究或请示领导决定，不能擅自做主。

在审查合同、信用证时，如发现有违反我国政策法令的，以及不合要求等，应由报验人对外提出修改。

(3) 对检验证书的要求　一般的合同对证书的要求比较笼统，而信用证对证书的要求往往十分具体、明确，甚至对证书所使用的词语都有明确的要求。因此，即使是按合同、信用证的要求进行检验鉴定，只是在出具证书时所用的词语与信用证不符，还是不能结汇。可见对信用证的审查要十分细心。

合同、信用证以外的其他单证资料也非常重要，这些单证资料是检验鉴定的依据和判断责任归属的资料，不可缺少。所以，也要认真审查。

接受进出口商品有关的其他检验鉴定工作时，根据不同要求审查有关依据和参考资料。必要时先同检验鉴定部门联系。

在审查单证并认定其符合报验的规定后，检务人员遂将其申请单编号、登记，连同其他有关单证、资料转送有关的检验鉴定部门开始检验鉴定工作。同时要求申请人应与检验、鉴定部门预先约定抽样检验、鉴定的时间，并做好准备，包括提供必要的辅助人力、交通工具和其他工作条件。

(四) 更改、补办及撤销手续

申请人在向商检机构办理了报验手续后，有时因贸易运输上的各种原因，要求更改、补充或撤销原来的申请。

已报验的出口商品，如果又收到国外开来的信用证修改函时，如涉及与商品有关的条款，申请人须及时将修改函送给商检机构，办理更改或补充手续。

申请人因特殊原因需撤销原来的报验时，应书面申明理由，可办理撤销手续。对于法律、行政法规规定须经商检机构检验的进出口商品，检务人员应注意认真检查其现有和有关的材料，避免发生逃避检验的行为。

(五) 复验的申请

进出口商品的报验人对商检机构作出的检验结果有异议的，可以在收到检验结果之日起十五日内向作出检验结果的商检机构或者其上级商检机构申请复验，受理复验的商检机构应当自收到复验申请之日起四十五日内作出复验结论。报验人对复验结论仍有异议的，可以自收到复验结论之日起十五日内向国家商检局申请复验；国家商检局应当在六十日内作出复验结论。国家商检局的复验结论为终局结论。

二、抽样

（一）取样的重要性

商检工作中检测对象是大宗商品。对大宗商品的品质特性等一一检查常常是困难的。因此在实际工作中，常常是采取抽样检查。

所谓抽样检查，是指从待检批的商品中抽取一些商品进行检验，并用这些商品检验的结果对全批商品作出判断，确定其是否符合合同、信用证和有关标准规定。被抽来检验的单位产品称为样品，全部样品组成样本。样本所含的样品的多少称为样本大小。

显然，抽样在进出口商品检验工作程序中是一个十分重要的环节，是商品检验中取得正确可靠检验数据的基础。合理地抽取一个能代表该批商品质量特征的样本，是确保检验结果正确的基础。如果样本不具代表性，哪怕检测工作做得再好也不能得到正确的结果。

商检机构接受了对外贸易关系人的报验后，需要审查有关的单证，确定检验的技术依据。相当多的商品需要同时确定是否抽样进行检查。商检人员必须根据检验的技术依据，结合该批商品的状态、类型、质量情况、质量特性以及质量保证程度来考虑，充分保证取样的代表性和真实性。

抽样检查的应用范围十分广泛。然而，不是所有的商品、所有的项目都可以进行抽样检查。对凡是要进行抽样检查的商品，首先必须认真地审查该批商品的各个部分或各个单位产品的质量特征是否基本一致。如果批内的质量特征明显不一或差异很大，则不能进行抽样检查。例如水湿、火烧、发霉、变质、泄漏、结块、残缺、损坏的商品，由于全批各个部分或各个单位产品之间的残损程度明显地不一致，在这种情形中就不能对全批到货采用抽样检查，而应分别对完好货物和残损货物采用抽样检查和残损鉴定的做法去解决。

（二）确定抽样方案

所谓抽样检查方案，是指为了了解全批商品的质量特征，需要从该批中随机抽取出来进行检查的样本大小、从样本的检查结果推断全批是否符合规定的判断规则以及取样、制样方法等。

有的合同、标准包含有抽样方案、检查方案、判断规则等部分，则在抽样检查时应依合同、标准进行。有的合同、标准并不涉及这些内容，这就需要另外再确定抽样方案、检查方式和判断规则。

抽样方案至少应包括以下基本内容：

① 确定检查批的范围；

② 确定抽样单位和二级抽样单位；

③ 确定样本大小和样品量、抽样部位；

④ 确定抽样方法和抽样工具；

⑤ 确定由抽得样品制备检测样品的方法；

⑥ 规定抽样的安全措施和救护方法。

（三）抽样程序

① 抽样人员接到《检验申请单》后，首先要研究抽样商品的类型（分离个体还是散料商品）和质量特征以及商品堆放条件。同时查明合同等有关资料对抽样检验的要求，并在搞清抽样依据的基础上，确定抽样方法和计算出样本量。

② 按抽样商品的特性，准备好抽样工具和盛样品容器以及其他人身保护器具、计算工

具等。特别是对抽样工具要严格按要求检查，对盛样容器必须按不同商品的要求严格处理，并按《报验申请单》约定的时间准时到达商品堆存地点。

③ 抽样人员到现场后，首先要查看商品标记和号码是否与合同、发票、提单、装箱以及报检单等有关单证所列完全一样，防止批次发生混乱。对散装商品还要核对数量，对包装商品的包装按合同和有关标准规定进行认真检查，发现问题应按有关规定处理后再进行抽样。对外包装破损的进口商品，应按残损鉴定的规定办理。

④ 检查商品的外观，如有受潮受损、外观质量低劣、参差不齐、混入夹杂物情况时，应由货主重新整理后才能抽样。对进口商品，如发现同批商品品质有显著差异时，可考虑分层分别抽样。对特异情况，可另行抽取参考样品，供检验时研究处理。这应属于特殊处理。如：那些遭受残损的商品，属于鉴定业务范畴，应要求申请人办理鉴定业务报验手续。

⑤ 上述步骤完成后，可按规定抽取确定的样品。对计数的贵重商品抽样后应由货主补足数量，无法补足的应在包件上加盖“抽过样品”的戳记，就进行封识的商品按规定办理。

⑥ 按规定抽样后，有些商品的样品还要进行混合缩分，为达到均匀一致，不改变样品的实质，一定要按规定严格细致地操作，金属材料等样品也要按规定进行机械加工。

（四）扩大抽样和重新抽样

在进出口商品的检验中，有时会遇到扩大抽样和重新抽样的情况，它们所面临和涉及的不仅仅是个抽样问题。

扩大抽样，是指原来的样本不足以代表全批，或其检测结果作为判断全批的依据尚不充分，为了得到符合实际情况的结果，而在原来样本的基础上扩大抽样的数量、抽样的部分和抽样点。扩大抽样所得的样本，其检测结果与原来样本的检测结果综合起来加以分析研究后对全批商品的质量特征作出判断。

重新抽样，是指原来的样本经检测后对全批商品所做的判断有误，究其原因，是由于抽样工作（例如抽样方案、抽样技术、抽样操作、抽样对象等）存在差错所致。为得到一个正确的样本和检查结果，则要重新对该批商品进行抽样，检测后以其结果为准来判断全批。

可见，扩大抽样的样本，是以原来的样本为基础的。重新抽样的样本，是以舍弃原来的样本为前提的。

在第一次抽取样本后，进出口商品会装运出口或调运、销售或使用，如需扩大或重新抽样，这就增加了难度。所以，要求第一次的抽样检查工作一定要搞好，确保工作质量。重新抽样和扩大抽样是不得已的办法。

三、检验、鉴定

（一）检验内容

这里主要介绍品质检验，品质检验可分为感官检验、理化检验和微生物学检验三类。

1. 感官检验

感官检验是用人体的各种感觉器官，如嗅觉、味觉、听觉、触觉以及积累的实践经验等来检验商品的品质，这种方法称为感官检验。主要用于检验商品的外形、外观、颜色、气味、滋味、声音等项目。其基本手段是运用人体的视、触、嗅、味、听、敲、抖、折、弯、照、量和数等功能来完成商品检验、鉴定工作。

在国际贸易的商品检验中，感官检验方法被普遍采用，如对纺织品的外观疵点和花色图案的检验，对棉花的品质、皮张的路分等，都是用感官检验方法。除了这种方法快速、简便、灵活易行、可当场确定商品的等级外，迄今还未找到可代替的其他方法。

感官检验不仅可以用于一般商品的检验，还可用于高档精密的商品，如对食品的风味检验，对烟、酒、茶的气味检验，全凭嗅觉；对收录机的音质检验，还有电视机的显像度，机床、钟表等外观造型，检验呢绒、纺织品、皮毛制品的身骨柔软、挺、平滑等。这些都说明了商品感官检验法是行之有效、用之广泛的一种检验法。但是感官检验法常有主观片面性，受经验和技术熟练程度的影响，也受检验环境、检验条件的限制，检验结果的准确性是相对的，随着科学的发展，很多的感官检验项目将会被科学仪器或科学方法所代替，如纸张的白度，就是用白度仪检测的。

2. 理化检验

许多商品的性能及应用都与它的成分及理化性质有关。因而有一系列的理化指标。商检机构的理化检验大体上分为化学检验、物理检验。化学检验就是使用分析化学的方法对商品的品质进行检测鉴定。可用化学分析方法和现代仪器分析方法。

化学分析的检验方法是依据有关标准来确定的。在商检工作中，定量分析占很大的比重。但是，随着国际市场对商品质量越来越高的要求和对某些微量成分的限制。要求化学分析人员不但要掌握定量分析的方法，还要掌握定性分析的方法。在化学分析检验工作中，检验人员从接到样品、确定检验方法、制样、缩分样品、称样、溶解、分析直到出具数据，都要严格按照操作规程，一丝不苟，使检验结果准确可靠。

仪器分析是应用比较复杂和比较精密的仪器，根据物质组成和物质某些物理及物理化学性质之间的相互关系和差异，确定结果、成分都属于仪器分析范围。仪器分析具有较高的灵敏度并且分析速度快，效率高。它是当今先进的分析化学手段，世界许多国家的检验机构都配备了精密的分析仪器，我国商检机构近年来在仪器分析检验方面发展很快，许多商检机构都添置了精密仪器，使分析化学检验手段接近或达到国际同行的水平。对出口商品中含量极微的成分，大都采用仪器分析方法进行检测。如食品中的农药残留量及放射性物质、抗生素、金属中微量杂质均能迅速测定出精确的数值。

对商品的物理性质测试，它常常也是商品的重要品质指标，在进出口商品检验中，属于物理检测的项目很多。例如金属材料的机械性能检验，包括硬度、强度、韧性等。石油产品、矿产品的相对密度测定，润滑油的黏度测定，沥青的针入度、软化点、延伸性检验，煤的发热量检验，塑料的电击穿、拉力、冲击、热变型检验，纸张的强度检验，纺织品的断裂强度、撕裂检验，生丝的拉力、抱合力检验等，都属于物理检验范围。物理检验，主要是通过仪器测试的方法，随着科学技术的发展，物理检验由使用较简单的工具发展为采用复杂或精密的仪器检验。

3. 微生物学检验

有许多种类的进出口商品，买方都要求对卫生质量进行检验，并符合卫生标准。一般是通过微生物学检验商品中的卫生质量，出具检验证明。例如，有些国家对进口的肉禽蛋产品提出不得含有沙门菌；对猪肉不得带有口蹄疫、猪水泡病病毒等；对粮谷、籽仁类不得含有黄曲霉毒素；对速冻蔬菜及水产品规定了细菌数或大肠杆菌的限度等。因此，对某些进出口商品要严格进行微生物学检验，并达到一定的微生物学指标和进口国兽医卫生法规要求，才准进口和出口，否则就会给有关国家造成损失。为了保障我国人民身体健康和农牧业生产的发展，对许多进口商品规定了应符合我国有关卫生法规的规定，必须严格进行微生物学检验。

（二）检验、鉴定的时间、空间条件

检验的时间、地点是指进出口商品的质量和数量在什么时间、地点检验、鉴定为准。

检验的时间、地点关系着买卖双方的权利、义务；关系着责任的归属，是商检机构要加以规定的问题。

如何确定具体的检验时间、地点，这要根据有关规定和一些条件才能确定。首先涉及有关国家法律的规定、国际贸易惯例的规定和买卖双方合同中对检验时间、地点的规定。还要涉及运输方式和商品质量、数量的特性、包装的结构、检验、鉴定的工作项目等技术条件，是一种比较复杂的问题。

买卖合同中关于行使检验、复验权和检验的时间、地点有三种不同的规定。

(1) 以离岸品质、重量为准　在装运口岸经检验机构对装运前的货物进行品质和数量检验并出具的证书，作为决定交付货物的品质、重量的最后依据。货到目的地后，买方虽然可以进行检验，但如果发现品质或数量与合同规定不符，买方不得提出索赔。这种做法实质上排除了买方的复验权。

(2) 以到岸的品质、重量为准　在目的港卸货后，经检验机构对到货进行品质和数量检验后出具的证书，作为决定到货的品质、重量的最后依据。如果发现品质或数量与合同规定不符时，买方应向卖方提出索赔，如确属卖方责任，卖方应该理赔。

(3) 以装运港的检验证书作为议付货款依据　在货物到达目的港后，允许买方有复验的权利。检验机构对装运前货物的品质、数量进行检验，并出具证书作为议付货款的依据。货物到达目的地后，允许买方对品质、数量进行复验，如发现品质、数量与合同规定不符，又确属卖方的责任，买方可以依据复验结果的证明，作为提出索赔的依据。

综上所述可以看出，进出口商品检验的目的在于检验卖方是否按照合同规定的品质、数量交货，所以在国际贸易中大都重视买方的复验权，除非这种复验权在买卖合同规定中予以排除。

国际贸易中不管是实际交货还是象征交货，除非买卖双方在合同中另有规定外，检验的时间、地点不是在交货地，而是在目的地。

卖方检验货物的时间、地点是在交货截止前的装运地进行，买方复验货物的时间、地点，是在到达目的地后进行。

关于合同中的价格术语，从概念上讲，价格术语只说明价格条款和检验货物的时间、地点不是一个范畴的规定。实际上除另有规定外，离岸价（FOB）；成本加保险费、运费价格（CIF）；成本加运费价格（C&F）三种价格条款，检验的时间、地点都在目的港而不是在装运港。

我国商检法规中对于检验鉴定的时间、地点也作了某些规定。这些规定除依照法律和法规规定外，还参照了国际贸易惯例和买卖双方合同中有关检验索赔条款，同时考虑到检验鉴定检验技术环境条件、商品质量的特性、包装结构的不同、运输方式的不一等加以具体确定的。这些具体的规定，分别在规章和技术规范中加以明确。

1. 检验、鉴定时间的规定

(1) 进口商品的检验、鉴定时间的规定，原则是以合同规定的、索赔有效期、检验的期限、质量保证期内进行。对涉及运输、保险、残损货物的鉴定时间，分别根据有关规定的期限办理。如属于承运人责任的残损货物的进一步检验、鉴定不迟于发现问题后7h内开始确定其残损的范围及数量。

(2) 出口商品的检验、鉴定时间，是规定在买卖合同（或信用证）规定的交货截止期内，货物装运前进行。特殊的鉴定工作，可以在装货过程中和完毕后进行，如监视装载、封舱鉴定等。

2. 检验、鉴定地点的规定

(1) 进口商品检验、鉴定的地点

① 在卸货口岸进行的检验、鉴定　一般散装商品的质量和重量、残损货物的计重、理货部门鉴定为残损货物的验残；依照买卖合同规定，凭卸货口岸商检机构的品质、重量证书作为计算价格或最终结算货款的；须在卸货港承载货物的船舱内或卸货过程中抽样检验的；对易腐易变的商品，原则上也应在卸货口岸检验、鉴定，并按规定办理。

② 在内地检验、鉴定的有　成套设备完好箱件的开箱检验质量、数量或重量的；国内转运途中不易发生质量、重量变化的；口岸不容许开拆包装，或开启货件后不易恢复包装的；卸货时包装完好，货到目的地开箱时发现货物残损的；须经安装使用方可检验、测定其性能的。

(2) 出口商品检验、鉴定地点

① 在装运口岸检验、鉴定的有散装商品的质量及重量的检验、鉴定；散装商品须在装船过程中取样的：

② 在产地检验、鉴定的有：质量相对稳定的商品；包装商品和成件商品的质量：

出口食品的卫生检验；出口危险品包装性能和使用鉴定；集装箱的整箱货物；按国际铁路协定规定的联运出口货物在发货站进行检验。

③ 依照检验、鉴定工作项目规定的有：申请办理装船前综合性检验与鉴定的商品应在装运口岸办理：散装商品的水尺计重、船舱的容量计量；监装、监卸、封舱、载损鉴定等工作均在装运港船边进行。

（三）检验、鉴定费

1. 我国的商检费

《商检法》规定，商检机构对进出口商品实施检验和办理对外贸易鉴定业务，应依照规定收费。其收费标准由国家商检部门会同国务院有关主管部门制定。这表明商检机构收取的检验、鉴定费额费率的标准是统一的，是按照规定收取的，因此，通常把它称为“规费”。

法律、法规规定收取的费，种类很多，各种名目的费也有着不同的性质。根据我国目前的有关规定，对非商品收费就有多种不同的性质。

一是行政性的收费。是指国家授权一些行政管理部门，为实施经济和行政管理，对社会提供特定的服务，而收取一定数量的费用。收取这些费用时，收费人和纳费人之间的关系是有偿对等的，这种费用是以成本为计费原则的。

二是事业性的收费。是指事业单位为企事业单位以至居民，提供特定的劳动与服务收取的费用。其原则是不以赢利为目的，实行的是有偿服务，这种费用是以劳动、服务成本为计费原则的。

三是经营性收费。是指以赢利为目的的企业，向顾客及企事业单位收取的费用。这种费用通常是由成本、利润和税金三个部分组成的。

三种性质的收费标准，都要受各级政府主管部门的管理。

商检机构收取的费用，由于工作性质的不同，其属性也不同。原则上检验、鉴定的收费属于事业性收费；而卫生登记、质量许可证的收费则属行政性的费用。

2. 检验、鉴定费的计算方法

计算检验、鉴定费的方法基本上有三种。

一是按费率计算。即以受检商品的总值乘以固定的费率为收费的金额。

二是按检验、鉴定的项目或个数来计算的。如检验水分、黄曲霉毒素，每项收不同的费用；每检验一个包装箱为若干费用。

三是混合型计算的方法。即有的商品总的按费率计算外，对某些特殊项目另外计算，就是说在费率的基数上另按项目加收。

三种计算收费的方法，在我国现行的计费方法上都有所体现。除此而外，还有在检验、鉴定费外加收其他费用的办法，如加收交通费。目前全国的检验、鉴定费是全国统一的计算标准。

目前关于检验、鉴定费的计算标准，世界各国所采取的计算标准不尽一致。官方检验机构对实施强制性的检验工作，所收取的标准也不尽相同，高低之间相差不小，都是根据本国的情况规定的。民间检验机构大都是经营性的以赢利为目的，其计算费用方法虽不相同，但较普遍地是计算收费的方法很细。如抽样费用是按份数、数量来计算，正常工作时间外加收夜班费等。但在具体计收时，往往又有其灵活幅度，可以与委托人协商。

3. 检验费的负担

在国际贸易中，货物无论是装船前还是到达目的地后进行质量、数量等检验、鉴定，除非是生产制造厂商和买卖各方自行检验的以外，通常都是申请或委托公证检验机构检验鉴定并支付一定的检验费。这笔检验费究竟由哪一方承担，应在契约中加以规定或在交货合同文件中有所规定。

关于检验费，在国际中虽有一定的规定，而目前，卖方在装运前负责提供商品的品质、重量证明的，大多由卖方负担，如果经检验发现品质、重量不符合合同规定的，买方负担检验费；进出口商品卸货后的检验费，多由买方提出索赔。一旦卖方认赔，这项费用应由卖方负担，但也有因种种原因而卖方不负担的。公正的办法是在对外贸易契约中，对检验费由谁负担加以明确规定。

在我国，目前检验费的支付，除契约另有规定外，一般均由报验人交纳。

四、签证与放行

商检机构在检验鉴定工作完成之后，根据申请人的要求，按照商检部门的签证管理规定签发相应的证书或结果报告单、放行通知单。商检证书是国际经济贸易中具有法律约束力和经济效用的重要证明文件。因此，做好签证工作，提高质量和效率，有着十分重要的意义。

（一）商检证单的重要性

商检证单在国际贸易中的重要性主要表现在下述方面：商检证单是进出口商品交接的重要凭证；商检证单是结算货款的重要凭证；商检证单是银行议付货款和结汇的主要凭证；商检证单是进出口商品通关的重要凭证；商检证单是商品进出口时海关征收、退补或减免关税的凭证；商检证单是证明装运条件的凭证；商检证单是计算运费的凭证；商检证单是进出口商品索赔和理赔的重要凭证；商检证单可作为对外贸易关系人的证明情况、明确责任的重要凭据；商检证单是“三资”企业在验资、清算、抵押转让、银行提供担保时的有效凭证；商检证单是经济诉讼、仲裁的重要凭证。

（二）法定检验的签证与放行

列入《种类表》的出口商品和其他法律、行政法规规定须经商检机构检验的出口商品，经检验合格的签发放行单，或在出口货物报关单上加盖放行章，作为海关核放货物的依据；经检验不合格的，签发不合格通知单。法定检验商品，同时又是国外要求签发有关商检证书的，商检机构根据对外贸易关系人的申请，经检验合格的签发相应的商检证书。这种证书不仅是当事人向商检机构报验的目的物，同时具有通关的效用（具有双重性），检验不合格的，签发不合格通知单。

列入《种类表》的进口商品和其他法律、行政法规规定须经商检机构检验的进口商品，商检机构接受收用货部门或代理部门登记申请后，在进口货物报关单上加盖已接受登记的戳记，海关据以验放货物。然后收用货部门依据货物到达地或向口岸商检机构或向内地商检机构报验，经检验合格的对内签发检验情况通知单；不合格的对外签发商检证书，供有关方面对外索赔。

上述商检证书、放行单、检验情况通知单、不合格通知单和已接受登记戳记、放行章戳记，是商检机构依法管理进出口商品质量的行政形式，有法律约束力。

（三）进出口商品鉴定业务的检验签证

进出口商品及其相关的鉴定业务，凭对外贸易关系人的申请，出口商品根据合同、信用证和申请人的要求，对外签发品质、规格、重量、数量、兽医、卫生、消毒、熏蒸、包装、货物衡量、丈量、船舱检验、监视装载、积载鉴定、集装箱装箱鉴定、普惠制原产地证、一般产地证明、价值证明等证书。检验、鉴定不合格的出口商品或船舱、集装箱，对内签发不合格通知书。

进口商品经检验、鉴定，根据有关合同和申请人的要求，对外签发品质、规格、重量、数量、包装、货物衡量、残损鉴定、监视卸载、验残、集装箱拆箱鉴定、海损鉴定、封样等证书。进口商品品质、重量等检验，不符合契约规定的和合同规定的凭商检机构的检验结果进行结算的，签发商检证书或检验情况通知单。

（四）国内送样委托检验的商品检验结果报告单

经检验后签发委托检验结果单，检验结果仅代表样品，只供委托人了解委托检验的样品品质用。

（五）凡属商检机构内部使用的单证，对外无效

对国内使用的单证，仅限在国内使用。不得向国外提供。

五、统计与归档

（一）统计

（1）统计概述　统计一词有三种含义，即统计工作、统计资料、统计学。统计工作是指以一定的研究任务和事先制订的方案，对所确定的对象从数量方面进行调整、整理和分析的过程。统计（数字）资料是表明一定社会经济现象的现状及其发展过程的数字资料，它是统计工作的成果。统计学是研究大量社会经济现象方面的方法论的科学。统计的基本任务是对国民经济和社会发展情况进行统计调查、统计分析和提供统计资料，实行统计监督。统计的作用主要是：①制定政策的工具；②制订计划和检查计划执行情况的重要依据；③加强经济核算，考验经济指标的工具；④系统的统计资料是从事科学研究的依据。

（2）商检业务统计　商检业务统计是根据《统计法》的规定，为了加强进出口商品的检验与监督管理工作，通过有效地、科学地统计，提高商检自身工作质量与科学化管理，进一步落实商检既把关又服务的重要手段。

商检业务统计工作。实行统一领导，分级管理的原则。坚持全国商检系统统一的统计制度，以保证统计资料的统一性和准确性。其基本任务是采用科学的统计方法，准确、及时、全面地统计进出口商品的质量情况，提供统计资料，为领导决策和加强宏观管理服务。

商检业务统计，采用统计报表制度。为了保证统计报表制度的贯彻执行，提高统计报表资料的质量，国家商检局规定了填制统计报表的要求与纪律。

（二）证书归档

商检机构和国家商检部门指定的检验机构办理完毕进出口商品检验、鉴定后，需要将有关的报验申请单及其随附的单证，工作记录、计算单、结果单、报告、证书（或放行单）副本等一切资料分类整理归档，并按规定的档案制度和期限妥善保管。

检验、鉴定证书档案，不仅是日后遇有争议或问题时备查或举证的依据，而且也是非常有用的技术资料，应得到充分的利用。

习题和复习题

11-1. 简述商检学的研究对象与主要内容。
11-2. 论述商检工作的地位。
11-3. 商检机构实施进出口商品检验的内容有哪些？
11-4. 商品的“品质”含义是什么？表现品质的形式主要有哪些？
11-5. 商检机构为什么要对出口商品包装进行鉴定？它包括哪些内容？
11-6. 试述商检机构对某些商品实施安全性能和卫生要求检验的重要意义。
11-7. 什么叫自行检验？为什么说它是商检机构的主要检验形式？
11-8. 什么叫共同检验？共同检验对抽样和样本有何要求？
11-9. 商检认可委托检验单位应考核哪些基本条件？
11-10. 进出口商品报验时申请人应履行哪些手续？
11-11. 为什么说抽样在进出口商品检验工作中是一个十分重要的环节？抽样工作的一般程序如何？
11-12. 检验鉴定的方法分为哪几类？检验的时间、地点如何确定？
11-13. 商检证单有何重要作用？目前商检机构签发的证单有哪几种？

第十二章　过程分析化学

过程分析化学（process analytical chemistry，PAC）是新发展起来的分析化学的一个新分支，它是一门从化学过程得到定性或定量的信息来控制或优化化学过程的综合性的新型学科。实际上是工业分析化学发展的一个新阶段。这就使工业分析化学趋于成熟，“从单纯提供数据，上升到从分析数据中获得有用的信息和知识，成为生产科研中实际问题的解决者。”（B. K. Kowalski 语）

过程分析化学起源于化学工业过程的监测与控制，后来逐步发展到食品、制药、冶金等其他工业行业。近年来，过程分析化学已扩展到环境保护、临床医学及生命过程等研究和应用领域。

第一节　概　　述

一、过程分析化学的产生与发展

随着科学技术的进步、社会的发展，人们对工业产品的要求愈来愈多，对工业产品质量和效率的要求愈来愈高。现代化工业生产中，生产过程的监测与控制问题，由于它对提高产品质量、降低生产成本、降低能耗和原材料消耗、提高生产效率以及减少环境污染均具有极其重要的意义，使它成为整个生产过程的关键。也就是说，现代化生产的产品质量保证及生产效率的提高，主要依赖于现代化分析测试手段和自动化控制技术来实现。

另一方面，随着经济和科学技术的发展，分析化学学科的自身发展也异常迅速，到20世纪70年代末80年代初，进入了它的第三个发展阶段——现代分析化学阶段。它已远远超出了化学的概念，突破了纯化学的领域，发展成为一门多学科的综合性科学。从采用的手段看，是在综合光、电、热、声和磁等现象的基础上进一步采用数学与统计学、信息科学、计算机科学及生物学等学科新成就对物质进行纵深分析的科学；从解决的任务看，它已成为获取形形色色物质尽可能全面的信息，进一步认识自然、改造自然的科学，现代分析化学的任务已不限于测定物质的组成及含量，而且还可对物质的形态、结构、微区、薄层及化学和生物活性等进行瞬时追踪和无损检测乃至过程控制。

工业分析化学作为分析化学的一个应用分支，作为工业生产质量监测和控制的手段，其发展经历了这样一个过程：即实验室分析、现场分析、在线分析、内线分析、非破坏性分析五个阶段。传统的工业分析过程是取样、送样至专门的化验室分析、经数据处理再报出结果。这个过程与生产相分离，属离线（off-line）分析。它滞后于生产过程，使生产得不到及时调整和控制，这是工业分析化学的第一阶段。后来，人们将分析仪器直接搬到现场，就地取样、就地分析，大大加快了报出分析结果的速度，称为现场（at-line）分析阶段。但是还是不能解决根本问题（生产控制）。第三阶段是在线（on-line）分析，即利用一套自动取样和样品预处理装置，将分析仪器与生产过程直接联系起来，实现连续的、自动的在线分析。第四阶段是内线（in-line）或称原位（in-situ）分析，是采用具有化学响应的探头（传感器）直接插入流程内，将探测讯号直接送到检测器内，并使检测器通过微机与控制系统相连接，以实现连续地或适时地、自动地监测与控制。第五个阶段为非破坏性（noninvasive）分析，是采用不与试样接触的探头来进行的在线分析。后三个阶段统称为过程分析化学。

二、过程分析化学的任务及研究范围

过程分析化学的中心任务就是发展过程分析和控制方法及相关技术，以解决工业过程、生物工程、新型功能材料、生物化学工业的自动化和过程质量控制问题，而且用于能源、生产时间和原材料等的有效利用和最优化。在工业生产中应用过程分析化学之后，可使整个生产过程合理、生产成本降低、产品质量提高而稳定、环境污染减少。

过程分析化学的主要研究内容包括过程量测科学、过程分析化学计量学及开发相关的智能化在线分析仪器。通过在线监测和控制中新的量测技术、新型传感器、数据处理和信息分析方法的研究，发展用于过程监测、模型化和控制的微型仪器装置系统。其研究领域主要有三个方面。

（1）自动取样与样品预处理　研究如何合理地、自动地从生产线上采集有代表性的试样，并对其进行必要的预处理，使其符合分析仪器的要求，包括取样时间间隔的选择，取样对生产线产生的搅动、沾污以及携出，试样的回收处理以及如何引入标准样品对仪器进行校正等问题。取样问题与生产工艺联系密切，针对性和技术性很强，复杂程度不一。目前，它是过程分析化学中的一个长期研究而又未能取得重大突破的一个环节。当然，随着各种高性能新的传感器研究与发展，以及化学计量学软件的应用，减缓了开发自动取样与样品预处理研究的压力。

（2）过程分析仪器及传感器　基于过程分析化学的要求，充分考虑分析试样的复杂性、分析环境的恶劣性、工业生产过程分析要求的特殊性，同时要充分利用现代科学技术发展中各科学领域中的最新成就，研制各种自动的、经济的适合于特定分析目的的稳定的过程分析仪器是必要的。这方面，新型的多组分同时测定的分析仪器和各种新型化学传感器的研制是关键，也是目前研究的热点。近年来，芯片技术和微制造业的发展，将微传感器、微处理器和微执行器集成于一个芯片，构成微系统的出现，使过程分析仪器向微型化和智能化发展。

（3）过程分析化学计量学　过程分析化学与传统分析化学不同之处，一般对复杂样品不加分离而直接地和连续地进行多组分测定，因而在短时间内可获得大量观测信号（如：电压、电流、光强等）。而这些原始信号往往是复杂的，与多组分有关，必须经过进一步加工处理才能转化为所需要的信息，并应用这些有用信息对生产实施优化及控制。研究信号的加工处理方法，以便从中尽可能多地提取有用信息，这也是过程分析化学的一个研究课题。化学计量学方法是解决此类问题的最有力的工具。过程量测科学与化学计量学的结合产生了过程分析化学计量学。过程分析化学计量学的任务是通过监测、模型化和控制来研究化学过程，以实现对过程量测与控制的自动化和最优化。

三、过程分析化学的特征

过程分析化学作为工业分析化学发展的一个新的更高级阶段是以自动化分析和过程控制相结合，以实现生产过程最优化为特征。这一特征具体可从下述几个方面来描述。

（1）过程分析化学是适应生产需要而形成和发展起来的　它的进一步发展与研究也需要生产部门的合作与支持。同时，过程分析化学的进一步发展及应用，对于生产过程的控制与调整，可以更加适时、科学和最优化。可以稳定生产过程、确保产品质量、提高生产效率。

（2）过程分析化学和生产过程是一体化的　生产过程中，物质和能量的传递与转化过程中的各种信息是对生产过程进行科学控制与调整的基础。而这些信息实时获取并得到及时有效利用，只有在过程分析和生产过程从设备到运行均一体化时才能实现。

（3）过程分析化学涉及多门学科的交叉与沟通　这不仅要求分析化学家要具备更加广博的知识，而且分析化学家还要与过程工程师、过程化学家、仪器和电子技术人员通力协作，才能使过程分析化学得以有效地运行和发挥作用。未来的过程分析化学将在与物理学、生命科学、材料科学、计算机科学、信息科学、能源、环境、海洋、空间科学的相互交叉、相互渗透、相互促进中共同发展，多学科和技术的交叉和集成，以解决生产和科研中的实际问题是过程分析化学发展的基本特点。

（4）过程分析化学使分析工作由数据提供者发展到工农业生产过程、环境与生态文明建设实际问题的解决者。

第二节 过程分析仪器

过程量测的基本设备称为过程分析仪器，过去又称为在线分析仪器或工业分析仪器或流程分析仪器等。它主要是指用在工业流程中对物质的成分及性质进行完全自动分析与测量的仪器仪表。虽然过程分析化学作为一门学科进行系统研究只有约30年的历史（以1984年美国国家科学基金会在华盛顿大学建立“过程分析化学中心”算起），而过程分析仪器却出现较早，并得到较大的发展。这里着重介绍过程分析仪器的分类、组成、特点和发展方向。

一、过程分析仪器的分类

过程分析仪器的分类与实验室分析仪器相似，通常是根据仪器的工作原理分为如下几类。①电化学式分析仪器，其中包括电导式、电量式和电位式分析仪器。②热化学分析仪器，其中包括热导式、热化学式和热谱分析仪器。③磁学式分析仪器，其中包括磁性氧分析仪器、磁共振波谱仪。④光学式分析仪器，其中包括吸收式光学分析仪器、发射式光学分析仪器等。此外，流动注射分析仪器作为溶液化学自动化的工具在过程分析中也有很重要的作用。

二、过程分析仪器的组成

过程分析仪器通常由五个部分组成。

（1）自动取样与预处理系统　它的任务是自动地、适时地从生产线上取得试样并对其进行物理、化学上的预处理，使之符合分析仪器的技术要求。

（2）检测器　根据某种物理或化学原理把待测成分信息转换成电信号。

（3）信号处理系统　对检测器给出的微弱电信号进行放大、对数转换、模数转换、数学运算、线性补偿等信息处理工作。

（4）结果输出　将测定结果以一定的方式输出，如显示、打印、指示、报警或传输至过程控制系统等。

（5）整机自动控制系统　控制各个部分自动而协调地工作，每次测量时自动调零、校准，当出现故障时，显示、报警或自动处理故障。

图12-1是以中南大学过程分析化学中心早期研制的在线分光光度分析仪。它是个间歇式过程分析仪器，但对其组成与结构的分析，有助于认识过程分析仪器的基本组成。

自动取样与试样预处理系统由两台四通道蠕动泵、一个六通阀和一些反应管道等组成。该系统在微机控制下可以实现自动吸取液体试样、自动进行化学处理和校正标准等。检测器由普通721型分光光度计改制而成，用微机控制光门、自动调零、自动调空白和自动改变测定波长；信号处理、结果计算、整机自动控制和检错、故障排除等由单片微机系统完成。结果输出可显示、打印，也可设置一控制限量由报警器报警。该仪器自动化、智能化程度较高，可靠性好，并且有较强的通用性。利用该仪器可使大部分目视比色、光电光度和分光光度分析法实现自动化并应用于过程监测。如株洲冶炼厂利用该仪器现场测定锌净化液中痕量锗，只需按一次键即可完成调零、调空白、取样、加试剂、标准校正、干扰校正、背景扣除、清洗试样管道、结果计算及打印等操作，分析速度大大提高。

过程分析仪器和一般实验室分析仪器显著不同，除有自动取样及样品预处理系统外，就是仪器的整机控制系统。整机控制系统的模式有多种，早期开发的过程分析仪器为机械式程序控制电路，后来多用电子式程序控制电路，20世纪80～90年代以后开发的过程分析仪器

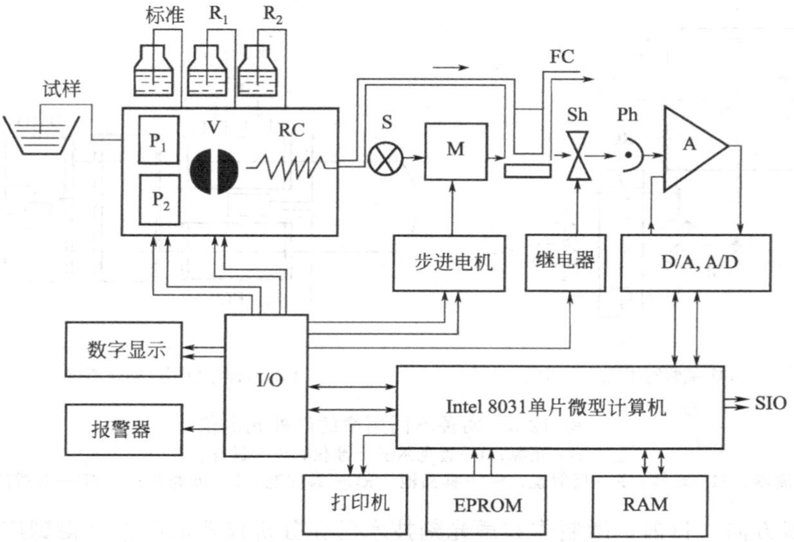

图 12-1　在线分光光度分析仪简图

R_1，R_2—试剂；P_1，P_2—蠕动泵；RC—反应管道；S—光源；M—单色器；FC—流通池；Sh—光门；Ph—光电管；A—放大器；D/A，A/D—数/模、模/数转换器；I/O—输入/输出接口；SIO—串行通信接口；EPROM—程序存储器；RAM—数据存储器

均采用智能控制器。图 12-2 为用于环境监测的流动注射水质分析仪的智能控制器的结构框图。图 12-2 中以 8031 单片机为 CPU，ICL7135 集成片为 A/D 转换器，完成信号采集；8279、8155 为 I/D 接口；8279 为键盘和 LED 接口；8155 集成片接器，外接打印机，同时控制蠕动泵和样品阀的工作。

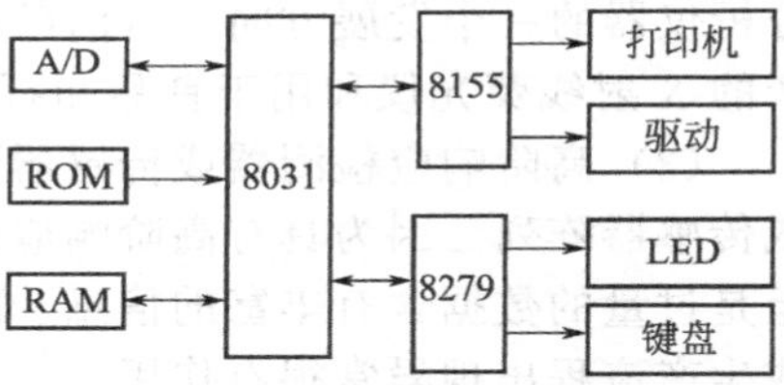

图 12-2　智能控制器结构框图

三、过程分析仪器的特点

过程分析仪器与实验室分析仪器相比有一些明显的特点。①必须是全自动的，不需要人工取样和对试样进行预处理。②仪器的精度要求可以稍低，但长时间的稳定性必须好，能够经受振动、噪声、潮湿、高温和腐蚀性气体等恶劣工作环境的影响。③具有自动校准和检错功能，即仪器发生异常时能给出相应的信息或自动排除故障。④仪器结构简单，体积小且易于维护、检修。⑤价廉等。

图 12-3 给出实验室常用的和用于过程分析的红外光谱仪。图 12-3(a) 基于傅里叶变换的红外光谱仪，它采用迈克尔逊干涉仪，精度高；图 12-3(b) 采用非扩散性滤光片，省去了机械扫描装置和精密的光学准直系统，这种光度计虽然精度稍差，但仪器稳定可靠和坚固耐用。

四、过程分析仪器的发展

pH 值传感器和电位分析仪器是最早用于过程分析的仪器，发生在 20 世纪 40 年代末 50 年代初。到了 20 世纪 60 年代末 70 年代初，则气相色谱和湿法化学分析技术在过程分析化学中得到广泛的研究和应用。20 世纪 80 年代以后，由于微电子技术的发展、微型计算机的普及以及化学计量学方法在过程分析化学中的应用，对过程分析仪器的发展产生较大的影响，并朝着以下几个方面迅速发展。

(1) 微型化　仪器的微型化可以使仪器质量减轻、体积减小和能源消耗降低，从而使仪器的坚固耐用性增强、响应速度加快、研制与维护费用降低。因此微型化是过程分析仪器的

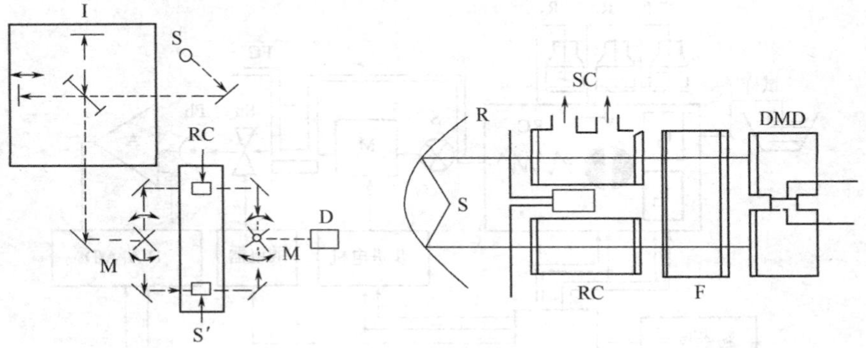

图 12-3 两种不同用途的红外光谱仪

S—光源；I—迈克尔逊干涉仪；S′—试样；

D—检测器；M—动镜；R—反射镜；SC—样品池；RC—参比池；F—滤光片；DMD—双微波检测器

一个重要发展方向。目前，微制作和微光刻技术已在分析仪器的制造上得到广泛的应用。已经研制出的微型化仪器有超微光度计、微气相色谱仪和微型流动注射分析仪等。

（2）内线式和非破坏性　在线式分析仪器中有自动取样与预处理系统，根据统计调查表明，过程分析仪器失效的主要原因是由于自动取样与预处理系统出现故障。而内线式和外感式过程分析仪器不存在自动取样与预处理问题，因此研制内线式和非破坏性分析仪器是过程分析仪器的一个发展方向。目前已研制出一些非破坏性过程分析仪器，如用于选矿和水泥生产的 X 射线荧光仪和用于食品和石油化工领域的近红外分析仪等。

（3）高阶响应检测器或传感器阵列　在过程分析仪器中主要使用具有高阶响应的检测器或传感器阵列。因为具有高阶响应的检测器或传感器阵列能产生大量的数据，这些大量、甚至是过量的数据含有丰富的信息，对于提高校正结果的准确性、可靠性以及防止传感器失效或生产流程出现异常很有作用。

（4）探测器与仪器主机分离　将探测器置于现场，而将仪器主机置于离现场较远的实验室，以便隔绝工厂环境对仪器的影响，同时可减轻仪器研制和维护方面的困难。光纤与光纤传感器的应用已取得许多成绩，并有广阔的研究和应用前景。

（5）智能化　随着计算科学技术的应用和过程分析化学计量学的发展，智能化过程分析仪器的开发不断发展，如智能化气相色谱仪等。

第三节　自动取样和样品预处理系统

过程分析化学区别于传统的实验室分析（离线分析），其主要特征在于它具有自动取样和样品预处理系统。自动取样和样品预处理系统的可靠性是过程分析仪器可靠运行、分析结果准确可靠的基础。

在通常情况下，好的自动取样系统必须具备以下功能。

① 能够足量地采集到可代表分析本体的样品。这一点，对均匀性较好的液态和气体物料较易实现，而对固体样品难度较大。

② 用一种新的与分析仪器相匹配而又不破坏分析仪器的方法处理或调制样品（如除尘、蒸发、冷却、压力和温度调节、稀释等预处理）。

③ 用最短的时间把代表性的样品传输到分析仪器。

④ 把从分析仪器中流出的试样输送到适当的废物箱中，或在不影响流程的前提下再返

回到流程中去。

⑤ 必须安全、无泄漏、不危害周围环境。

⑥ 必须对所监测的过程无扰动、无危害。

自动取样和试样预处理系统的分类可按处理对象或应用情况进行分类。按处理对象分，可分为气体、液体、熔融金属、固体散状物料四类。按使用情况分，可分为通用型和专用型两类。通用的自动取样及试样预处理系统，一般由仪器厂家提供，但它们只能适用于清洁的常温、常压的气体和液体试样。实际生产过程并非如此，气体试样常常有较多的灰尘、水蒸气、油、腐蚀气体，有时还处于高温、高压下；液体试样常常有腐蚀性，有时黏度较大，有的含有较多的固体杂质，因此需要由研究单位或用户自己设计制造专用的自动取样和样品预处理系统。

本节按处理对象的分类介绍一些较为成熟和稳定的自动取样与样品预处理系统。

一、气体自动取样与试样预处理系统

（一）简易气体自动取样和试样预处理系统

在图 12-4 中，1 为减压阀，用来调节气体压力；2 为前置稳压装置，水深为 1m 左右的水封稳压装置（也可用气压阀或定值器）；3、4 为过滤器，它是玻璃制的过滤球，用来过滤固体杂质；5 为稳压器，盛变压器油或压缩机油，油深 200mm 左右，用来对气体进行第二次稳压；6 为干燥器，用来吸收气体中的水分；7、8 为针形调节阀，用来调节气体的流量；9 为转子流量计，用来显示测量气体流量，它的量程一般为 $1L \cdot min^{-1}$。

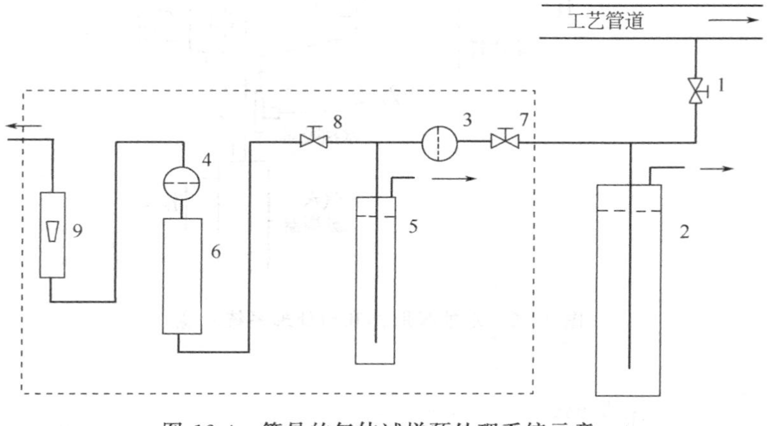

图 12-4　简易的气体试样预处理系统示意

该系统只有稳压、过滤、干燥、恒流作用，只适用于常温常压下较清洁的气体。

（二）能吸收干扰组分气体试样预处理系统

图 12-5 为电导式微量 CO、CO_2 分析仪的试样预处理系统，它用在合成氨生成流程中。它的基本原理是，采用多个反应瓶，其中装入各种化学试剂，当被测气体样品流过这些反应瓶时干扰组分被它们吸收除去。图 12-5 中反应瓶 1 装有吸收了 75% H_2SO_4 的浮石或木炭，用来除去 NH_3 和水；反应瓶 2 装有吸收 Ag_2SO_4、Hg_2SO_4 混合液的浮石或木炭，用来吸收不饱和烃；反应瓶 3 装有固态的 $CuSO_4$，用来吸收气样中硫化物；反应瓶 4 装有烧碱石棉，用来吸收气样中 CO_2；反应瓶 5 装有 $CaSO_4$，用来吸收气样中水分；反应瓶 6 装有 I_2O_5，可将 CO 氧化成 CO_2，$5CO + I_2O_5 \longrightarrow 5CO_2 + I_2$；反应瓶 7 装有硫脲，用来吸收 CO 与 I_2O_5 反应生成的 I_2。

（三）烟道气的取样和预处理系统

由于烟道气常含有灰尘、水气和腐蚀性组分，并且温度高、压力较低或处于负压。因

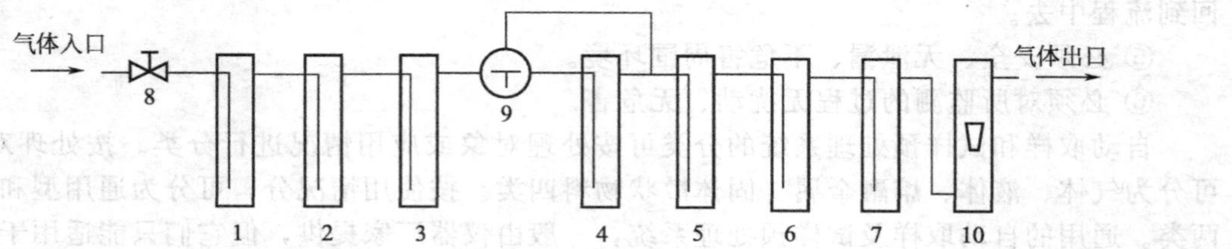

图 12-5　能吸收干扰组分的气体试样预处理系统

1～7—反应瓶；8—针形调节阀；9—三通阀；10—转子流量计

此，对烟道气取样及预处理，常需有抽吸气体装置，并能除尘、除水、降温、去除腐蚀性组分。

图 12-6、图 12-7 和图 12-8 是三种烟道气取样及预处理装置。该三装置中的气水分离器和离心式过滤器的结构如图 12-9 和图 12-10 所示。

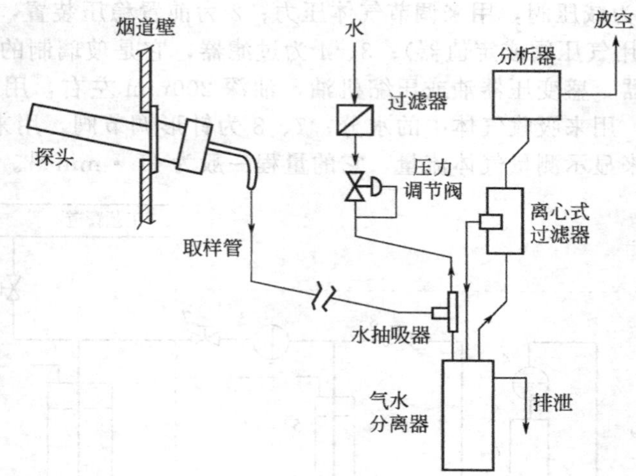

图 12-6　水抽吸取样和预处理系统示意

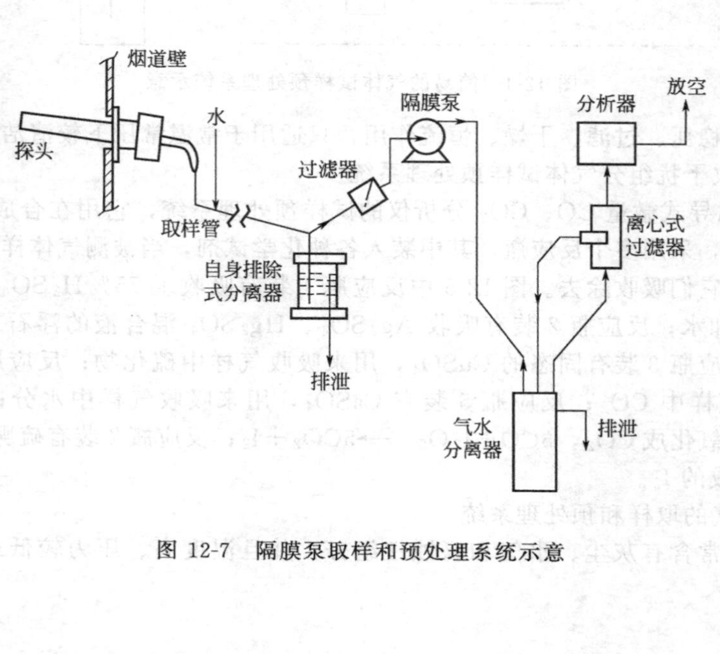

图 12-7　隔膜泵取样和预处理系统示意

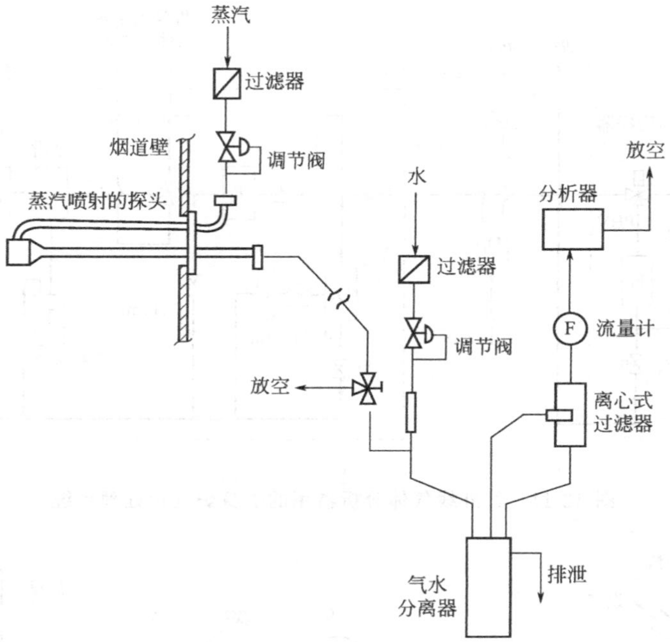

图 12-8　蒸汽喷射取样和预处理系统示意

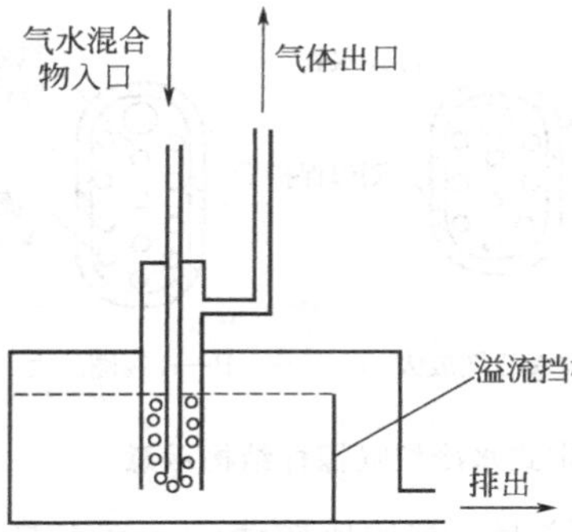

图 12-9　气水分离器的结构示意

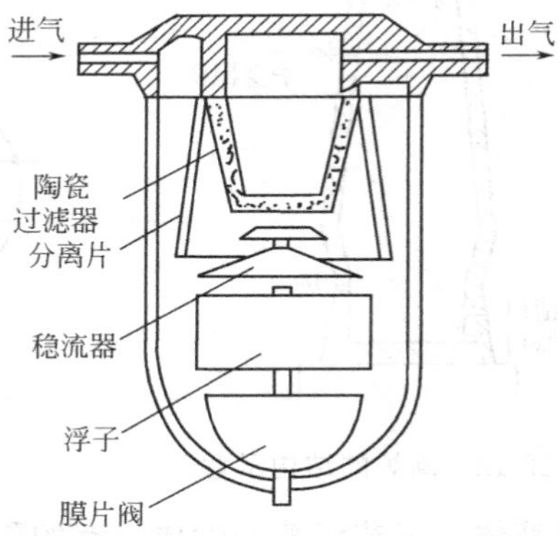

图 12-10　离心式过滤器的结构示意

（四）高炉炉气的取样和预处理系统

高炉中最重要的化学反应就是热风与焦炭作用生成 CO，CO 与铁矿中铁反应生成金属铁。高炉炉气中 CO、CO_2、H_2 等气体分析对生产监控有极大作用。但炉喉气体温度约 300℃，炉身气体温度高达 600～700℃，而且当高压操作时，有 100kPa 左右的压力，还会有大量灰尘和水汽。对于这些气体的测定，常用的分析方法有两类：一类为用红外线气体分析器分析 CO 和 CO_2，用热导式气体分析器测定 H_2；另一类为用气相色谱仪同时对 CO、CO_2、H_2、N_2、CH_4 等进行分析。

这里介绍红外线分析器用的炉身气自动取样和预处理系统（见图 12-11）。该系统在炉身上设取样点的位置及探杆的结构如图 12-12 和图 12-13 所示。

二、液体自动取样与样品预处理系统

生产工艺过程中的液体试样的采取必须考虑工艺溶液的性质与状态。从它在工艺设备中所处的位置与状态看，有的是处于工艺管道中流动的液体，有的是处于工艺槽罐中相对静止

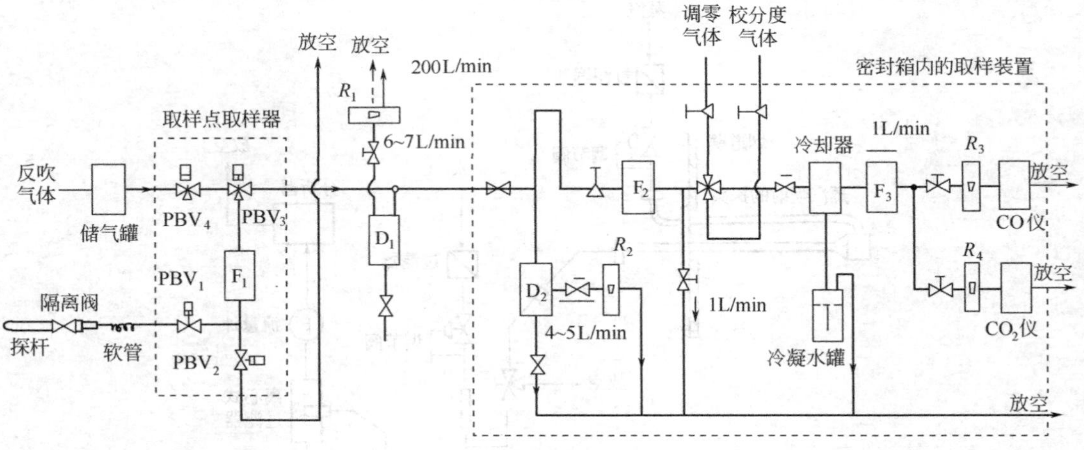

图 12-11　红外线气体分析器用的炉身炉气预处理系统

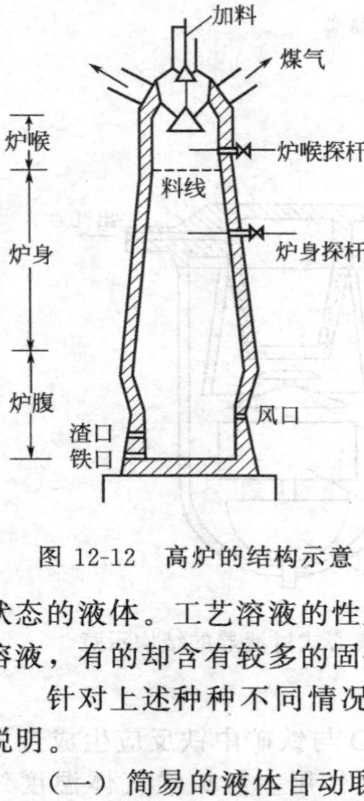

图 12-12　高炉的结构示意

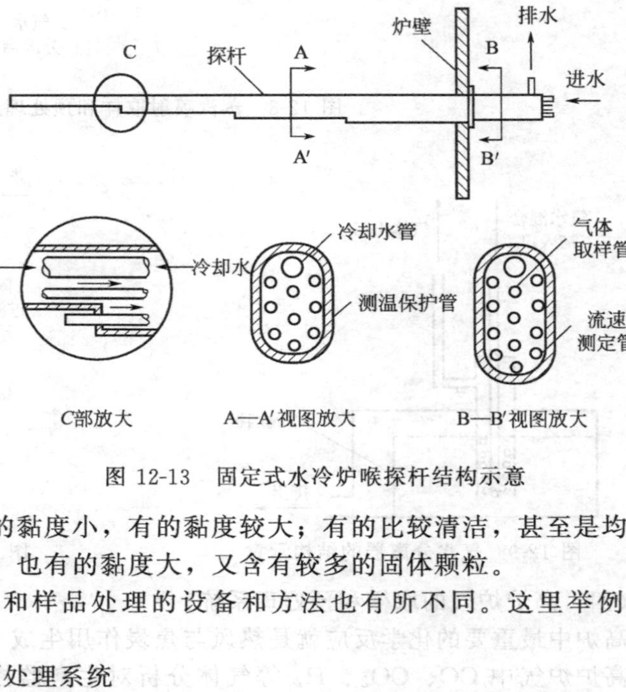

图 12-13　固定式水冷炉喉探杆结构示意

状态的液体。工艺溶液的性质，有的黏度小，有的黏度较大；有的比较清洁，甚至是均一的溶液，有的却含有较多的固体颗粒；也有的黏度大，又含有较多的固体颗粒。

针对上述种种不同情况，取样和样品处理的设备和方法也有所不同。这里举例予以说明。

（一）简易的液体自动取样及预处理系统

图 12-14 是一种简易的液体取样及预处理系统。它适用范围是：比较清洁、黏度较小和处于常温常压下的工艺液体；在生产工艺管道中流通着的液体。

该装置取样动力是工艺管道中流动液体有一定压力（500×9.807～1000×9.807kPa）。流量的控制依赖于针形阀，另外管路中可加螺旋夹，流量的监测依赖于流量瓶和溢流瓶。预处理装置是两个过滤器，分别称为一次过滤器和二次过滤器。一次过滤器主要由两个套筒构成，外套筒也就是其外管，并有两个口管（进、出口），内套筒有夹层，外壁有许多洞可使液体流入，中间是泡沫塑料和玻璃丝布制成的过滤筛网。过滤溶液由内套筒中间引出口流向二次过滤器。二次过滤器也是个套筒，内套筒为微孔过滤器，外套筒是塑料外壳。

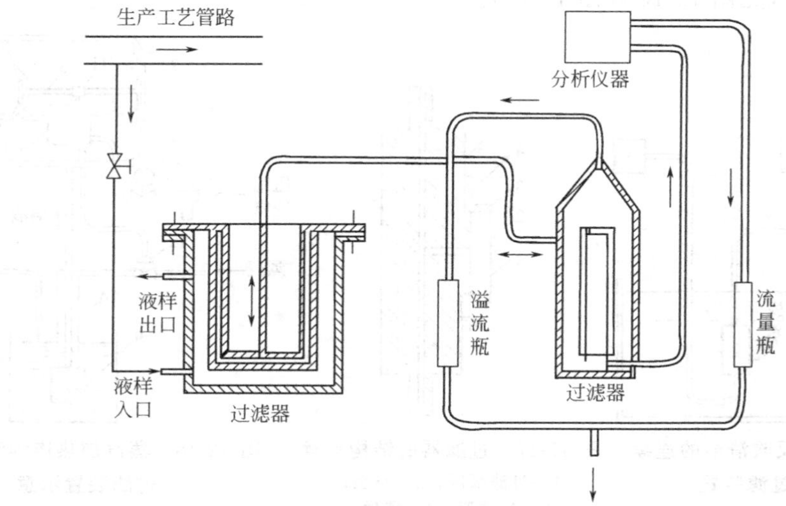

图 12-14　简易的液体取样及预处理系统

（二）带有抽吸装置的间歇式液体取样系统

图 12-15 为带有抽吸装置的间歇式液体取样系统，该装置适用于生产工艺的槽罐中取样，是一个间歇式自动取样装置。该装置分为两部分：试样抽吸装置和自动取样装置。图 12-15 中，DF_1、DF_2、DF_{17}是同步的，并且 DF_1 和 DF_2 与 DF_{17}反相。

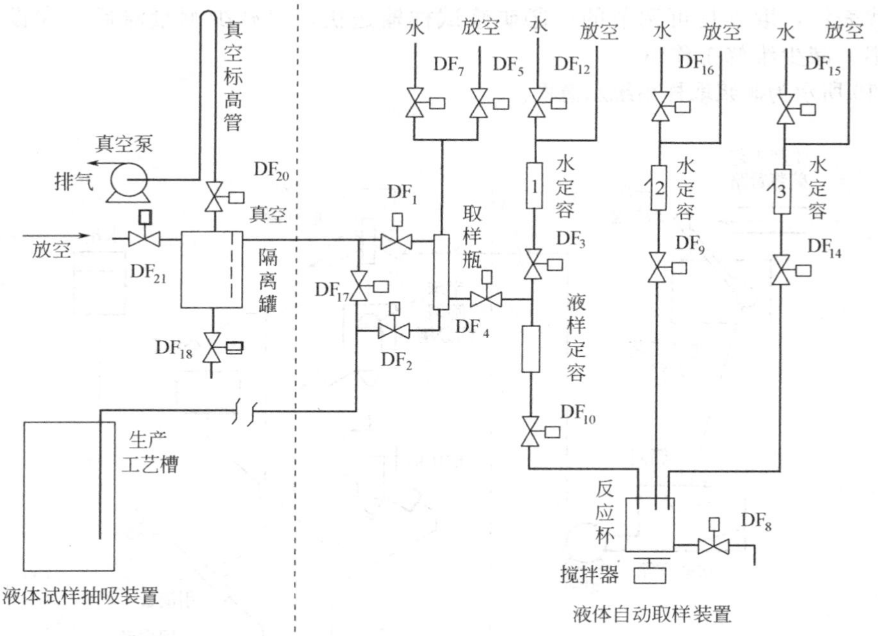

图 12-15　带有抽吸装置的间歇式液体取样系统

（三）其他液体取样及试样预处理装置

(1) 对于含有悬浮固体颗粒较多时，可采用图 12-15 所示的装置（或类似装置），在 DF_2 之前加一滤球。这种滤球是在玻璃球中间有一个微孔陶瓷筛板。由于每次过滤之后，进行筛板的清洗，因此过滤速度快（一般为 10～20s）。还可以采用带有反吹清洗的连续液体试样过滤装置（见图 12-16 和图 12-17）。

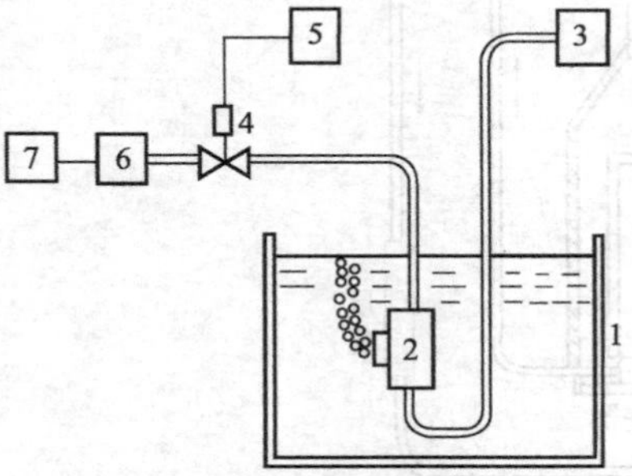

图 12-16　带有反吹清洁的连续液体试样过滤装置

1—槽罐；2—过滤器；3—带抽吸装置的分析仪器；4—电磁阀；5—定时器；6—压力调节器；7—气源

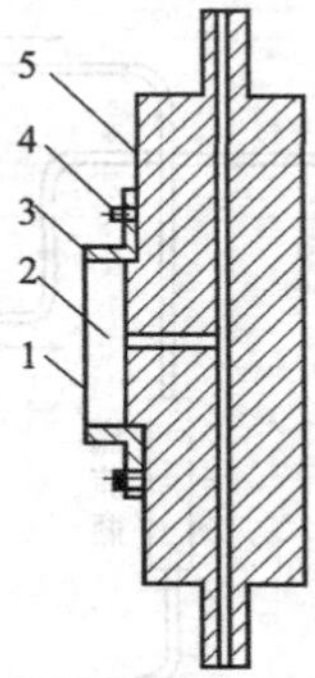

图 12-17　过滤器的结构示意

1—过滤筛网；2—空腔；3—过滤架；4—螺丝；5—过滤器腔体

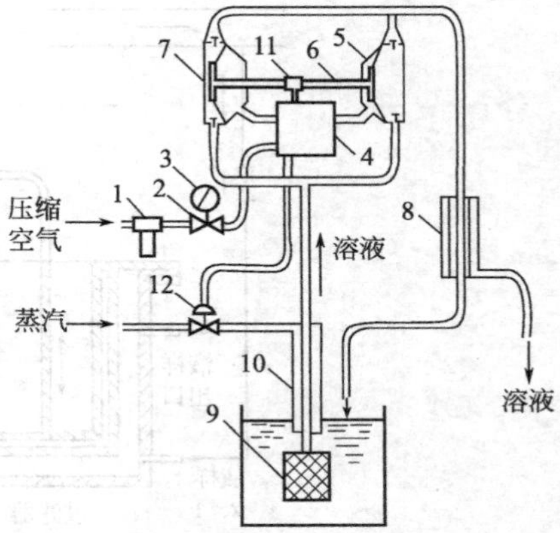

图 12-18　蒸汽加热连续液体试样过滤装置示意

1—干燥器；2—压力调节器；3—压力表；4—配汽阀；5，7—泵室；6—杠杆；8—精过滤器；9—粗过滤器；10—蒸汽套加热器；11—活塞；12—调节阀

（2）对于不仅有悬浮物，而且黏度大者，可用图 12-18 所示的蒸汽加热连续液体过滤装置。

（3）矿浆取样系统　湿法冶金中的选矿厂里对矿浆成分进行过程监测的取样，要求：①取样有代表性，取样是可调节的；②矿浆试样输送快，以减少测量滞后；③设备简单可靠，耐磨损，减少维修工作量。

图 12-19 所示为矿浆取样系统示意图。

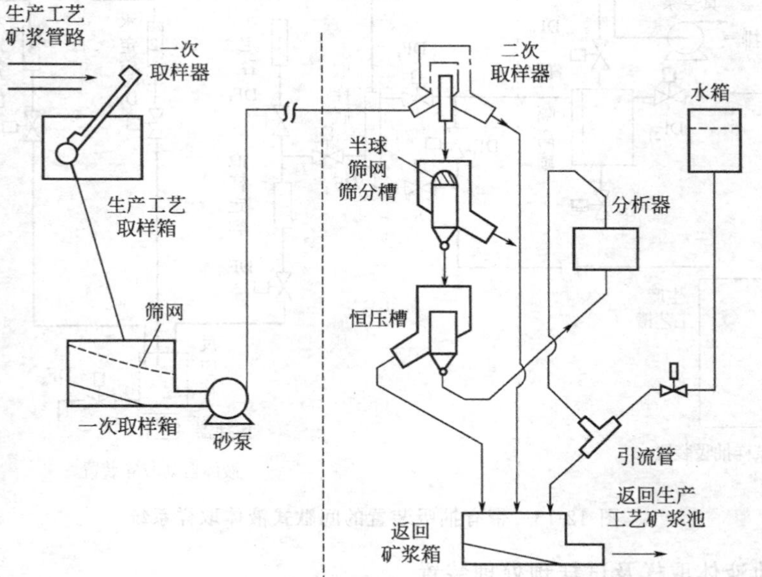

图 12-19　矿浆取样系统示意

三、固体散状物料的自动取样装置

矿石、焦炭、精矿、煤粉以及许多工业原料或产品等都属于固体散状物。取样时需要注意的是必须正确确定取样点，并采取足够量的试样，以确保其代表性。为此，要有正确取样方法和选好取样位置，定好取样次数和取样量。因此，取样常需分几级进行。有些还需有破碎设备。图 12-20、图 12-21 和图 12-22 是几种取样机的简图。

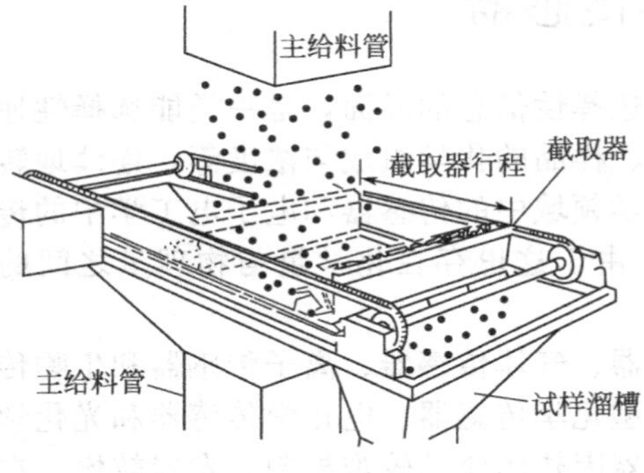

图 12-20　链斗取样机

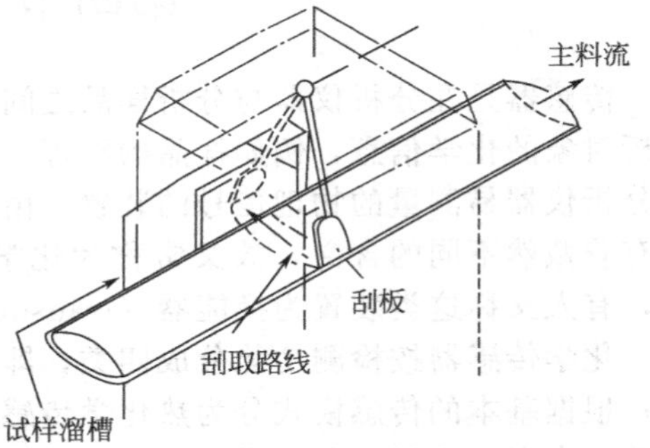

图 12-21　交叉皮带刮板取样机

四、自动取样和样品预处理系统的技术性能指标

取样和样品预处理是过程量测中的一个重要环节，是取得准确可靠监测结果的基础。自动取样和样品预处理系统的技术性能如何，主要从取样精度、响应时间、预处理功能和人工（或自动）清扫间隔时间等指标来衡量。

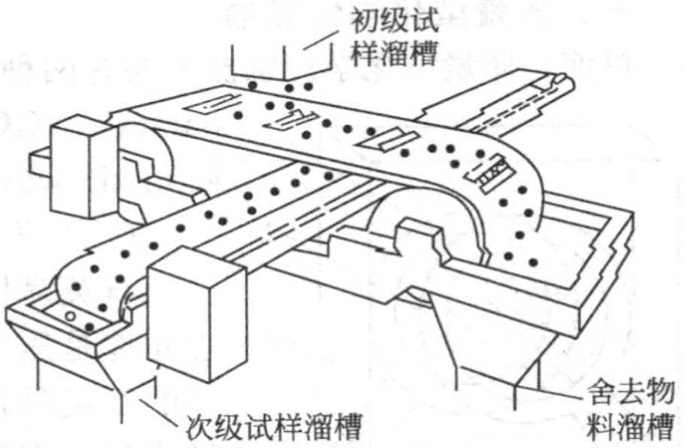

图 12-22　有槽皮带取样机

（一）取样精度

对于连续式和间歇式两种不同系统，有不同评价方法。

① 对连续式系统，一般只作定性评价。常用取样是否真实、是否有代表性、是否有被测组分损失等来定性评价。

② 对间歇式系统可定量评价。定量评价的方法是，根据定量瓶的误差来确定取样误差，显然在很大程度上取决于定量瓶的精度。取样误差（V_s）如下：

$$V_s=\frac{\text{定量瓶的最大容积误差}}{\text{定量瓶容积}}\times 100\%$$

（二）响应时间

响应时间分两种情况。

(1) 连续式　用响应时间来评价。响应时间是试样从取样点经过管路进入检测器样品池，并且使样品池中试样 90%被更新所需时间。

(2) 间歇式　用取样滞后时间来评价。取样滞后时间是试样从取样点采集开始到经过预处理后进入检测器的样品池所需时间。

（三）预处理功能

气、液样：稳压、过滤、冷却、干燥、分离、定容、稀释等；对固体样：切割、粉碎、研磨、缩分、加工成形等。功能是否符合实际试样要求，并且性能稳定。

（四）人工（或自动）清扫间隔时间

人工（或自动）清扫间隔时间是指清扫过滤器和管道的间隔时间，或更换干燥剂或吸收干扰组分的化学试剂等的间隔时间。

上述所介绍的各种自动取样及预处理系统，主要是针对湿法化学分析和气相色谱检测系统的。由于各种仪器分析在过程分析中应用越来越广泛，各种传感器的研究受到普遍重视，并获得良好的效果。

第四节　化学传感器

传感器是在分析仪器与分析样品之间实时传递选择性信息的界面，是一类能选择性地将分析对象的化学信息，例如样品的物理与化学性质、样品的化学组成与浓度等，连续地转变为分析仪器易测量的物理信号的装置。由于分析化学领域中的传感器和电子电工学中的传感器有着截然不同的含义，故又常称为化学传感器。由于这里存在化学量与物理量之间的变换，有人又称这类装置为换能器（transducer）。

化学传感器按检测功能分成四类，即湿度传感器、气体传感器、离子传感器和生物传感器；根据基本的传感模式分为热化学传感器、质量型化学传感器、电化学传感器和光化学传感器。本书采用后一种分类方法，其中热化学传感器因热的流动较难控制，发展较慢，在此不予介绍。

一、质量型化学传感器

目前，质量型化学传感器主要有两种形式，一种是石英晶体微平衡（quartz crystal microbalance，QCM）传感器；另一种是表面声波（surface acoustic wave，SAW）传感器。

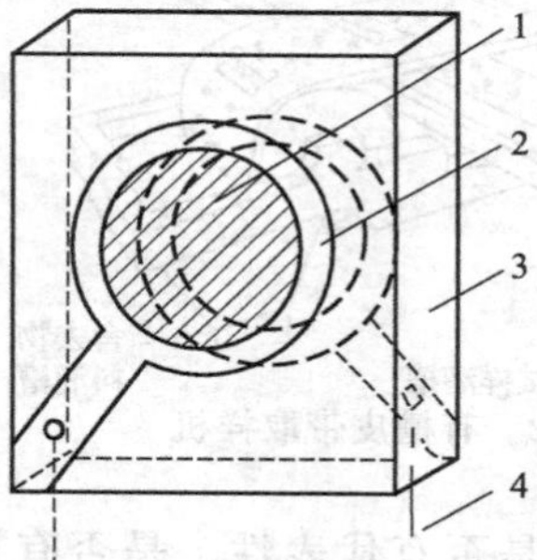

图 12-23　压电吸附晶片

1—吸附膜；2—电极；3—晶片；4—引线

（一）石英晶体微平衡传感器

石英晶体微平衡传感器是一类基于压电效应的传感器，其核心元件是压电吸附晶片（见图 12-23），这种晶片一般采用 AT 切型的石英晶片制成。晶片的形状有圆形、正方形和矩形等，其直径或长、宽尺寸一般为 10～16mm，厚为 0.15mm 左右。在晶片两侧蒸镀上两个圆形金属膜电极，电极的种类有金、银、镍和铝等，其直径一般为 3～8mm，薄膜厚度为 0.3～1μm。电极上焊有两条引线。圆形电极中部涂有一层对待测物质有吸附特性的薄膜，厚度约为几百纳米，这种吸附膜是石英晶体微平稳传感器的关键材料，其基本要求是选择性好，并且有化学惰性、热稳定性和一定的机械强度。

索尔布雷（Sauerbrey）于 1959 年导出石英晶体表面沉积物的质量与晶片谐振频率改变量之间的关系为

$$\Delta f=-2.3\times10^{-6}f^{2}\times\frac{\Delta m}{A} \tag{12-1}$$

式中，f 为晶片的谐振频率；A 为晶片的表面积；Δm 为晶片表面沉积物的质量；Δf 为晶片谐振频率的改变量。此式是压电晶体微平衡传感器的一个基本公式。

目前国内外已研制的石英晶体微平衡传感器用于水分、SO_2、NH_3、NO_x、CO、Cl_2、H_2S、HCl、Hg 蒸气、有机磷化物、有机氯化物、甲醛、芳香族碳氢化合物等气体的测定，也有用于测定溶液中 Cu^{2+}、I^-、总盐量等，甚至还有嗅敏、味敏等仿生传感器以及酶、免疫、DNA 等生物传感器。但除少数传感器商品化外，大多数还处于实验室研究阶段。

另外，压电传感器除 AT 切型石英晶体，还可以是 X、CT 等切型石英晶体，甚至可以是 PZT（锆钛酸铅）、铌酸锂等其他非石英压电晶体，都有和 AT（或 BT）切型石英晶体类似的质量效应，可用于不同场合不同测定对象的压电传感检测。

（二）表面声波传感器

这类器件由压电芯片组成，在压电芯片的两端分别微制作成叉指换能器。当一端的叉指换能器被适当频率的射频电压激励时，产生同步的机械波动，即瑞利（Reyleigh）表面声波，并在压电芯片上传播。当这种瑞利表面声波传播到另一端的叉指换能器时又被转变为射频电压。由于瑞利表面声波的能量仅限于表面声学波长（100μm 或更小）范围内，压电芯片表面上存在的任何物质都会产生波动特性（如振幅、速度）的大变化。更为灵敏的响应是将该器件用作延迟线振荡器时实现的，如图 12-24 所示。这里输入和输出叉指换能器通过射频放大器相接。在这种构型中，器件以特征效率振荡，该特征频率取决于电极的几何形状和瑞利波的速度。在器件表面上一层薄的选择性涂层在质量上或弹性模量上小的扰动，就会在器件的共振频率上产生显著的位移，据此进行分析测定。因此，这种模式器件的性能在形式上类似于整体波动石英晶体微平衡传感器，它们的选择性涂层基本类似。但表面声波传感器与石英晶体微平衡传感器相比较有几个差别，包括尺寸小、更为灵敏的响应和可进行微制作。表面声波气体传感器已用于探测各种各样的气体，包括水、乙醇、SO_2、H_2 和有机磷化合物，检测的相对含量可低到 10^{-6} 或更低。更新的研究提出可以采用免疫涂层，这将进一步提高选择性。

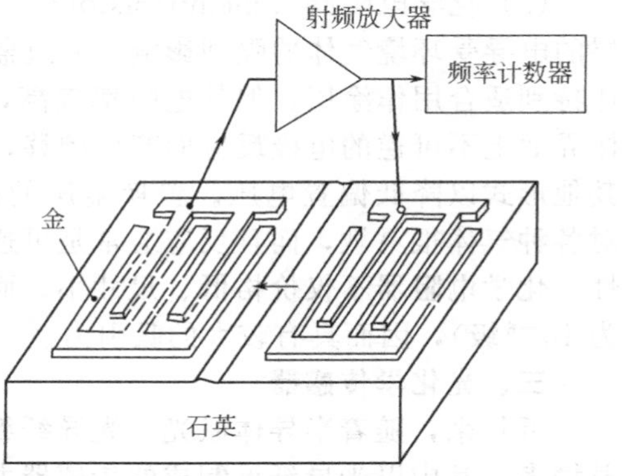

图 12-24　表面声波传感器

二、电化学传感器

电化学传感器根据测量的电参数分为电位型、电流型和电导型传感器 3 种类型。

1. 电位型传感器

电位型传感器的共同特点是，传感器的输出与待测物质浓度（活度）关系符合能斯特公式（对数关系）。这一类传感器主要有常规离子选择性电极、离子敏感场效应晶体管（ISFET）、化学敏感场效应晶体管（CHEMFET）、涂丝电极（CWE）及固体电解质气体传感器等。

2. 电流型传感器

电流型传感器是近 30 年来产生的。其原理是将电压施加在工作电极与参比电极之间，这一强加电压引起了电子转换（氧化还原）反应，产生一个正比于待测物质浓度的电流，通过测定电流信号来测定物质的浓度。电流型传感器中使用的工作电极多数是微型化的，它们包括汞、铂、其他金属、石墨、炭糊、玻碳、碳纤维和各种化学修饰电极等。电流型传感器的选择性主要是通过改变施加电压的方式和附加的化学层获得。这些附加的化学层包括酶或免疫化学层以及合成的修饰层（如化学修饰电极）。克拉克（Clark）氧电极是典型的电流型传感器，它有一薄膜和电解质薄层，薄膜能选择性地让待测气体扩散到电解质薄层中。待测气体一旦扩散到电解质薄层中，就可用电流法检测。这种传感器属于极谱型装置，已用于临床上测定血液中的氧。

3. 电导型传感器

电导型传感器主要有两种类型。

(1) 薄膜氧化锡气体传感器　氧化锡和其他金属氧化物半导体对低浓度气体是灵敏的。工作时，半导体的烧结块加热至几百摄氏度，并且监测它的电导。还原性或氧化性气体在加热表面上与吸附氧相互作用引起器件导电性的显著变化。氧化锡是日本菲加罗工程公司（Figaro Engineering）制造的塔格奇（Taguchi）气体传感器的主要材料。它已广泛用于爆炸性气体监测器、燃烧伤害警报器的呼吸式乙醇计中。

（2）化学电阻器（chemiresistor） 这类器件由金属电极和半导体选择性涂层组成。涂层的电导受环境气体的强烈影响，通过监测涂层电导的变化即可测出气体的浓度。有机半导体特别适合用作涂层，但其电阻率较高，测量时需加几百伏的电压，这容易引起金属-半导体界面上不可逆的电极反应而产生漂移，对气体不敏感等。为此，可将电极制成交错互插或其他形式以降低偏置电压。置换金属的酞菁膜是重要的化学电阻涂层，其厚度小于 1μm，对各种气体很灵敏，而且反应通常是可逆的。此外，中央金属原子对各种气体具有重要选择性。化学电阻器不仅价格低、尺寸小，而且对一些有机或无机的气体灵敏度高（检出限通常为 10^{-6}级），因而具有较大的吸引力。

三、光化学传感器

近年来，随着半导体激光、光导纤维和光学技术的发展，利用光学原理的化学传感器日益增多，其中以光导纤维制成的传感器尤其引人注目。光导纤维（也称为光学纤维或光纤）是一种传导光线能力很强的纤维（见图 12-25），它有一个石英或其他光学材料做的纤维芯子和一个折射率比芯子低的包层。当光线以小角度入射到光纤的端面上时，光线在芯子和包层的界面上，通过全反射在光纤内部传输。用光导纤维制成的传感器也称为“光极”（optrode），这里强调该装置很像电极，但其工作原理与电极很不相同。简单地说就是光通过光纤传至一端，位于端点附近的待测物质或与待测物质起了相互作用的固定试剂相，通过吸收、反射或发光等使光性质或强度发生变化，从而实现定量分析的目的。光纤传感器具有不受电磁干扰、不需要类似参比电极的“参比光极”、易于遥测（光纤传输激光或近红外线可达 50km 或更远）和多点同时测定（用光缆、连接器等将多个光极连接在一台仪器上），而且具有耐酸碱、安全和小型轻便等突出优点。以上这些优点为光纤传感器在分析上的应用提供了广阔前景。现在已研制出测定 pH 值、O_2、CO_2、NH_3、H_2O_2、U、Pu、Na、Al、Be、Mg、Zn、Cd、RE、荧光染料、油、药物、血液含氧量等的传感器。这些传感器基本上分为两类：纯光纤传感器和指示剂相传感器。也有人将其分为光纤光度传感器和光纤化学传感器。

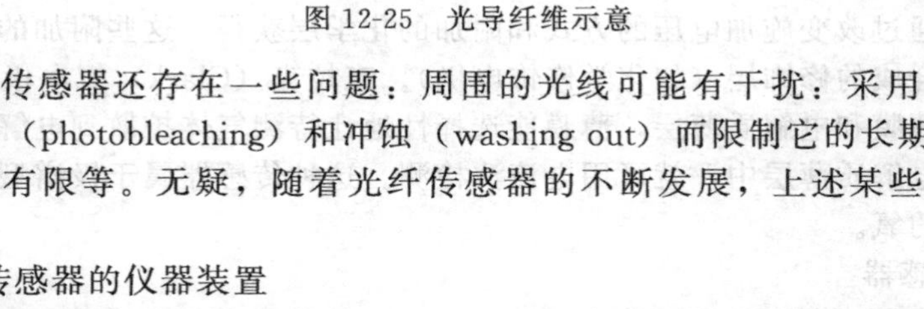

图 12-25 光导纤维示意

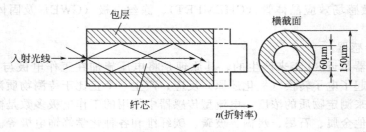

目前，光纤传感器还存在一些问题：周围的光线可能有干扰；采用固定指示剂的传感器由于光漂白（photobleaching）和冲蚀（washing out）而限制它的长期稳定性；光纤传感器的动态范围有限等。无疑，随着光纤传感器的不断发展，上述某些问题会得到逐步解决。

（一）光纤传感器的仪器装置

光纤传感器所用的仪器可以是简单的，也可以是复杂的。对不采用激光光源的传感器，除光纤外，所用的全部仪器都是简单而现存的。采用一般的白炽光源（如碘钨灯）和紫外光源作入射光源，用分光仪或滤光片选择波长，用光电管或光电倍增管检测，信号经放大后以数字显示或用记录仪记录。

光纤本身的特性决定传感器的性能。构成光纤的材料决定光纤传感器能采用哪一波长范围的光。熔融石英光纤可在紫外区使用到 220nm，但价格较贵，玻璃光纤适用于可见光区，价格便宜。塑料光纤价格更便宜，但仅适合波长大于 450nm 时使用。光纤传感器使用的光纤可以是单枝的或分枝的纤维或纤维束，光纤的端头可以带试剂相探头，也可以不带。图 12-26 是带有试剂相探头的两种传感器的仪器示意图。图 12-26(a) 为单枝光纤传感器，它要求将入射辐射线与被测辐射线分开，这可以用劈光器及滤光片（或单色器）在波长上加以区分，也可以用时间分辨技术在时间上加以区分。试剂相通常位于光纤的共同端，也有少数的包在单枝光纤的外面，用于改进传感器的探测性能。图 12-26(b) 为分枝光纤传感器，两支纤维分别用于传输入射辐射线和被测辐射线。常用光纤的单枝直径一般为十分之几毫米。

光纤的构型，除图 12-26 的两种型式外，还可以有其他型式，图 12-27 和图 12-28 所示为透射探针、拉曼光学探针的构型。

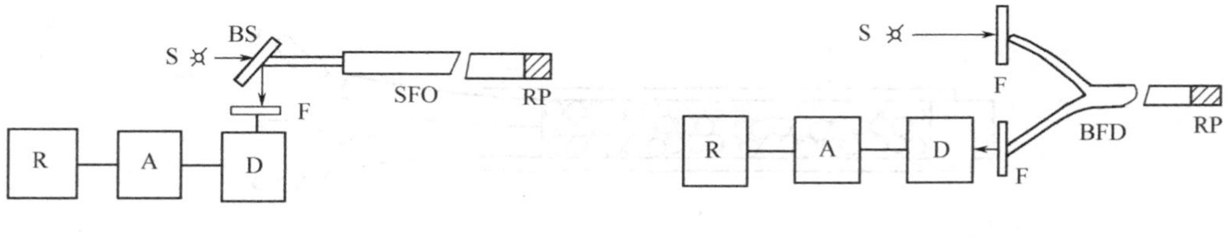

(a) 单枝光纤传感器　　(b) 分枝光纤传感器

图 12-26　单枝和分枝光纤传感器示意

S—光源；BS—劈光器；F—滤光片；D—检测器；A—放大器；
R—记录仪；SFO—单枝光纤；RP—试剂相；BFD—分枝光纤

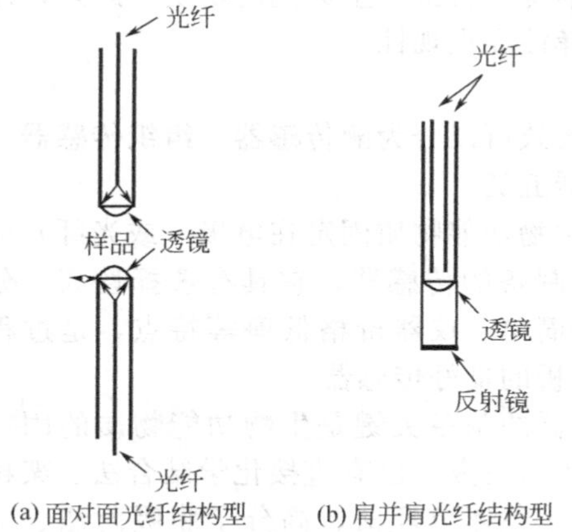

(a) 面对面光纤结构型　　(b) 肩并肩光纤结构型

图 12-27　透射探针的光纤构型

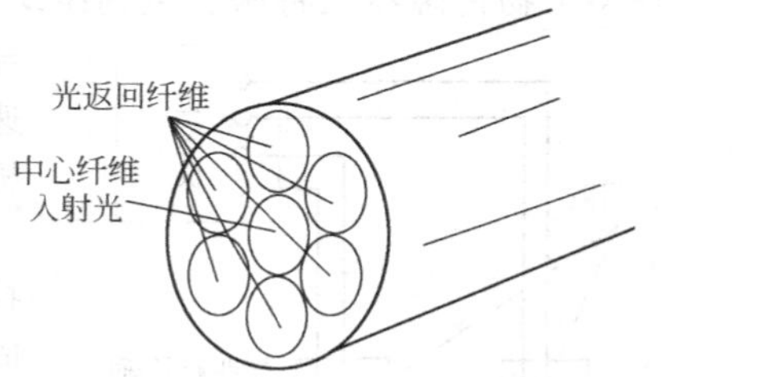

图 12-28　拉曼光学探针的光纤构型

（二）纯光纤传感器

纯光纤传感器是裸端光纤传感器，它是将光纤的裸端直接插入待测对象中以探测其相关的光学信号。实质上，这种类型的传感器是一种在光度计之外进行传统光度分析的装置，与光导纤维探头式光度计相类似。如美国国立橡树岭实验室在研究用于铀燃料再处理过程的遥测仪器时，改装了一台紫外-可见分光光度计，再用一个旋转滤光片选择适当的波长就可独立地检测 U、Pu(Ⅲ) 和 Pu(Ⅳ)，并取得背景读数。这种系统可用于监测再处理过程中的提取铀后的废液。

（三）指示剂相传感器

指示剂相传感器是最新类型的光纤传感器，它与纯光纤传感器不同之处是光纤的一端或其表面带有化学试剂相，利用试剂相与待测物质的相互作用获得与待测物质相关的可以探测的光学信号。这种传感器可探测纯光纤传感器难以探测的物质。由于有试剂相，使光纤传感器的选择性和灵敏度得到改善，应用范围进一步扩大。

指示剂相传感器有可逆和不可逆传感器之分，其中不可逆传感器的试剂的相对消耗量必须较小或者易于更新试剂。由于可逆传感器的性能较好，所以研究得较多。

指示剂相传感器根据信号的性质又分为吸收光、荧光、化学发光、反射光传感器。其中荧光光纤传感器较多，这是因为荧光特别适合用于光纤传感器，测定的灵敏度很高，分枝光纤和单枝光纤均可应用。用单枝光纤时也比较容易区别入射辐射线和被测辐射线。

典型的荧光光纤传感器如图 12-29 所示。激发光由分枝光纤的一枝传至试剂相以激发荧光，被激发出的荧光（含有待测组分信息）经另一枝光纤传至检测器检测。其中的试剂相用渗透膜固定（也可用其他方法固定），这种膜只能透过待测组分而不让试剂相透过。

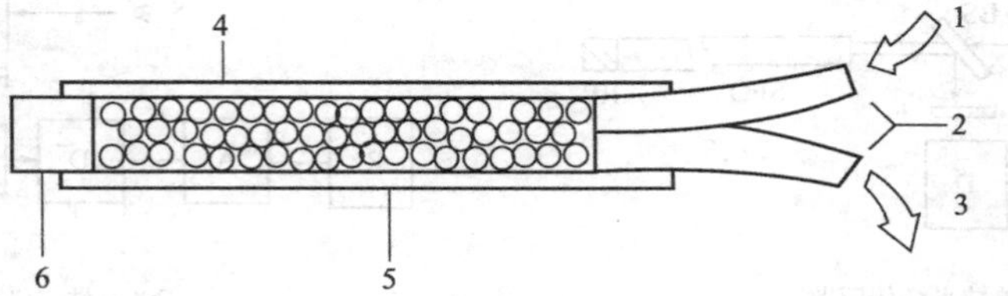

图 12-29　荧光光纤传感器

1—激发光；2—光纤；3—荧光；4—试剂相；5—渗透膜；6—端盖

荧光光纤传感器不仅可检测那些直接与试剂相作用而产生荧光的物质，而且可利用竞争结合原理、荧光猝灭性质等检测那些与试剂相作用本身不直接产生荧光的物质。此外，还可利用离子载体、多波长测定方法来提高传感器的选择性和重现性。

四、生物传感器

生物传感器在近十余年来发展非常迅速，它们大致可以分为酶传感器、组织传感器、微生物传感器、免疫传感器、场效应晶体管生物传感器五类。

各类生物传感器是将酶、生物组织、微生物等生物功能物质固定在电极（或光纤）或半导体器件上而制备的传感器，它具有选择性高、分析速度快、操作简单、仪器价格低廉等特点，是过程分析甚至活体分析的良好传感器。

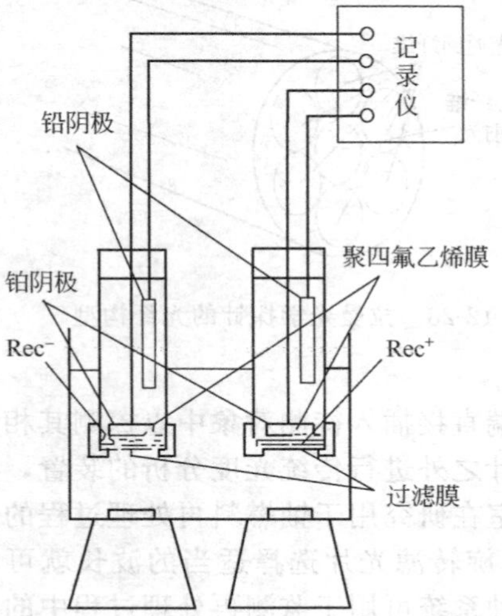

图 12-30　测定变异原的微生物传感器

这类传感器的制备关键是生物功能物质的固定化技术，近 30 年来研究，已有直接化学结合法、架桥化固定法、高分子载体节埋法、高分子膜吸附法、电聚合高分子包埋法、无机材料吸附结合法、分子自组装固定法、碳糊固定法等。

图 12-30 所示为测定变异原的微生物传感器。

致癌物质一般认为是突然变异原，如能检验出这种物质对微生物引起的变异，就能对致癌物质进行初步筛选。1981 年 Karube 提出利用枯草杆菌的DNA 修复机构缺损株（Rec^-）和野生株（Rec^+）两种细菌，分别固定在两个氧电极上，并将两个氧电极的电信号输入示差电路，即构成检验致癌物质的传感器。其原理是：当两个氧电极同时放入待测溶液中时，若溶液中含有致癌物质，则 Rec^- 内的 DNA 将受到损伤而死亡，于是 Rec^- 的氧电极上由于停止呼吸而不再消耗氧，因此氧电流增加。但 Rec^+ 内的 DNA 虽受到短暂的损伤却能自动进行修复，因此呼吸反应继续进行，也就不断消耗氧，使电极电流保持开始时的水平，在示差电路上将显示出电流的差值，这一差值表示被测物质是致癌可疑物质。

五、传感器组阵列

大多数传感器都是非专属性的，而是同时对几种物质有响应。为了补偿选择性的不足，有必要在几个传感器通道，即在几个波长、电压、电流，或共振频率进行测量。

把几个单独的传感器集合在一起就形成了多通道传感器，即传感器阵列。比如，可将压电石英晶体连接成一个阵列，从而形成一个新的装置并同时工作。基于场效应晶体管的传感器阵列由一个单独的线路组成，其中不同的涂层形成个别的传感器（见图 12-31）。如果要对一个光谱范围进行评价，光学传感器也可以多通道模式操作，而不是单波长。比如用二极管阵列分光光度计，通道即是记录的波长。

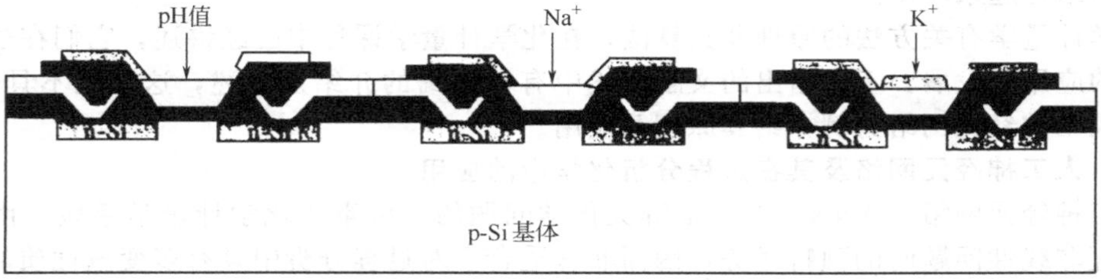

图 12-31　分析血液电解质的 ISFET 阵列

pH 值敏感层是基于 Si_3N_4 栅极（对于钠的测定，Si_3N_4/SiO_2 绝缘体与 Al 和 Na 掺杂；通过一个含氨基霉素的敏感层测定钾）

多通道传感器的数据是利用化学计量学的方法来进行解析和处理的，这不仅可以提高选择性，而且可以实现多组分的同时测定。

第五节　过程分析化学计量学

过程分析化学计量学在过程监测与控制中具有重要作用，其主要任务就是通过监测、模型化和控制来研究化学过程，是过程分析化学的重要研究领域之一。

一、过程分析化学计量学在过程分析化学中的地位与作用

过程分析化学计量学，是过程监测与控制的软件系统，是过程分析化学作为新学科得以建立和发展的重要基础。

在过程分析化学中，分析化学计量学的应用主要体现在三个领域。①过程监测领域，由于传感器和检测器均很难是专属性的，分析仪器所获得信号的解析和有用信息提取就显得十分必要。化学计量学方法是解决这一问题的有效手段。这一点，在很多实验室分析仪器研制中就已经得到越来越广泛的应用，是带微机的自动化仪器中必不可少的软件组成。在过程分析仪器中尤为重要。②为了识别和监测过程的状态，就需要大量相应状态的模式，化学计量学正是化学过程，甚至环境及生命过程建模的有力工具。③过程的优化与控制领域，从分析过程与生产过程相结合出发，以期达到效益最大化，这是过程分析化学的根本。化学计量学方法是实现该一目标的基本工具。

二、过程分析化学计量学方法

化学计量学和过程分析化学均为 20 世纪 80～90 年代迅速成长起来的新学科，而且它们

在相互结合形成过程分析化学计量学过程中互相促进，彼此均得到快速发展。

过程分析化学计量学方法是化学计量学方法在过程分析化学中的应用和发展。国内外有关过程分析化学的综述［Beebe K. B. et al. Anal. Chem. 1993，65（12），199R；Blaser W. W. et al. Anal. Chem. 1995，67（12）47R；Workman J. Jr. et al. Anal. Chem. 1999，71（12），121R；Workman J. Jr. et al. Anal. Chem. 2001. 73（12），2705；李华，高鸿，分析化学，2001，29（4），473；姚志湘，粟晖，许文强，张小玲. 广西工学院学报. 2010. 21（1）：4-10；相玉红，张卓通. 首都师范大学学报（自然科学版）. 2011，32（11）：81-83］中介绍了各种过程分析化学计量学方法。这些方法包括主成分分析（PCA）、多变量统计过程控制（MSPC）、多道 PCA（multi-wayPCA）、渐近因子分析（EFA）、多元曲线分辨、多元回归、偏最小二乘法（PLS）、主成分回归（PCR）、聚类分析、遗传回归（GR）、小波与小波变换以及人工神经元网络（ANN）等化学计量学方法及其相互组合在过程分析化学中的应用及其发展。例如，Warnes M. R 等[1]讨论了发酵过程数据库模拟技术，他们将 Escherichia Coli 发酵过程与 MLR、PCR、PLS、ARMAX、NARMAX、ANN 六种不同的模拟技术结合起来应用。

化学计量学有关方法的原理及其算法，在化学计量学课程中已经讲述，它们在过程分析化学中的应用和发展，上述指出的文献综述中有较详细的介绍及评述，这里就不具体介绍。本节以人工神经元网络为例介绍其原理及应用。

三、人工神经元网络及其在过程分析化学中的应用

人工神经元网络（ANN）方法是解决化学问题的一种重要化学计量学手段，由于该方法在处理非线性问题时的独特优势，因而非常适合于对过程分析中具有多变量性质的数据进行处理以及对复杂的过程进行量化研究，从而在过程分析与控制中获得广泛的应用。

（一）方法简介

人工神经网络是建立在现代神经科学研究成果基础上的一种抽象的数学模型，它反映了大脑功能的若干基本特征，但并非逼真地描写，只是某种简化、抽象和模拟。

人工神经网络有多种算法，一般分为两类：有管理的人工神经网络和无管理的人工神经网络。前者首先用已知样本进行训练，然后对未知样本进行预测，其典型代表是误差反向传输（back propagation，BP）人工神经网络。后者亦称为自组织（self-organization）人工神经网络，无需对已知样本进行训练，则可用于化合物的分类，如 Kohonen 神经网络和 Hopfield 模型。其中目前用得最多的是 BP 人工神经网络。

1. 反向传输神经网络算法

BP 网络通常有三层的神经元网络结构，即输入层、隐蔽层和输出层。隐蔽层通常为一层，有时为两层，没有必要用 3 层或 3 层以上。

输入层，其输入即为自变量，一般应进行标准化处理：

$$S_i = 0.8\frac{V_i - V_{i\min}}{V_{i\max} - V_i} + 0.1 \tag{1}$$

式中，V_i 为第 i 个变量；$V_{i\min}$ 和 $V_{i\max}$ 分别为变量 i 的极小值和极大值。

隐蔽层结点的值（输出）由“S”函数计算：

$$S_h(\varphi_h) = \frac{1}{1+e^{-\varphi_h}} \tag{2}$$

$$\varphi_h = \sum \omega_{hi} S_h + \theta_h \tag{3}$$

式中，ω_{hi} 和 θ_h 分别为连接隐蔽层结点 h 与输入层结点 i 及偏置（bias）结点的权重。

---

[1] Warnes，M. R.；Glassey. J.；Montague，G. A.；Kara，B. Process Biochem.（Oxford）1996，31（2）. 131

输出层结点 m 的输出为：

$$O_m(\varphi_m)=\frac{1}{1+e^{-\varphi_m}} \tag{4}$$

$$\varphi_m=\sum_h \omega_{mh}S_h+Q_m \tag{5}$$

式中，ω_{mh} 和 Q_m 分别是连接输出层结点和隐蔽层结点 m 与偏置结点 h 的权重。

神经网络的训练即为修改连接权重 ω_{hi} 和 ω_{mh} 以减小误差函数 E。

$$E=\sum_p E_p=\frac{1}{2}\sum_p\sum_m(a_{pm}-O_{pm})^2$$

此处 E_p 为第 p 个样本的误差，a_{pm} 为第 p 个样本的实际值，O_{pm} 为第 p 个样本的计算值。误差函数 E 在运算中反向传递到网络的前一层结点，由于 E 为各神经元之间连接权重的函数，是权矢量空间的一个超曲面。因此可用最陡下降法求解，以寻求这一超曲面的极小值。为减小误差 E 值，网络中的联络权重和偏置一起调整。

当网络训练结束之后，得到一组固定的连接权重值，利用这一组权重值可以根据未知样本的输入数据很快地预测其输出值。因此，神经网络具有的学习功能，与传统的软件和算法不同，神经网络的知识不是以规则或算法的形式明确地表示在程序中，而是通过对已知样本的训练之后，神经网络自身从已知样本中总结出规律，学到知识，并以权重的形式将所学到的知识隐含在神经网络中。

2. Kohonen 自组织特征映射模型

该方法由 Kohonen 所建议，可用于无管理模式识别。它是一个两层网络。若网络有 n 个输入结点，m 个输出结点，初始权向量是任意给定的。对于一个新样本，计算如下欧氏距离：

$$d_j=\sum_i[x_i(t)-\omega_{ij}(t)]^2$$

式中，$x_i(t)$是在 t 时刻结点 i 的输入；$\omega_{ij}(t)$ 是输入结点 i 与输出结点 j 在 t 时刻所连接的权。选择距离最小的输出结点为结点 j^*，然后修正 j^* 及其邻域输出结点所连接的权：

$$\omega_{ij}(t+1)=\omega_{ij}(t)+\eta(t)[x_i(t)-\omega_{ij}(t)]$$

式中，η 为大于 0 小于 1 并随迭代而降低的增益。下面给出这种模型的算法。

① 将 ω_{ij} 赋初值，这些值介于 $0.5-r$ 和 $0.5+r$ 之间，r 是一较小的值，如 0.1。

② 输入一权重矢量 $x(t)$。

③ 计算输入矢量与所有权重间的欧氏距离，选择距离最小结点，其距离标志为 r_i^*。

④ 修正所选结点权重及其邻近结点。

$$\omega_{ij}(t+1)=\omega_{ij}(t)+\eta(t)N_j(t)[x_i(t)-\omega_{ij}(t)]$$

其中 η 是学习速率，随时间而减小（直至 0 值）。$N_j(t)$为邻域函数：

$$N_i=\exp[-|r_i-r_i{}^*|^2/2\sigma(t)^2]$$

此式为一高斯表达式，其宽度参数为 σ，中心由所选结点 r_i^* 所决定。

⑤ σ 及 η 随训练进行而缓慢减小。其中一种降低其值的方法为

$$\sigma(t+1)=\sigma(0)\times[0.5/\sigma(0)](t/h)$$

$$\eta(t+1)=\eta(0)\times[0.01/\eta(0)](t/k)$$

式中，k 为预定的训练总次数，增加时间变量 t 到 $t+1$，回到步骤②。

⑥ 重复③～⑤步直到权重无显著改变。

3. Hopfield 模型

Hopfield 网络比较简单，它有两个特点：一是结点的状态，仅有两值+1 和−1，或 0 和 1；二是权重 ω_{ij} 要事先计算出来：

$$\omega_{ij}=\begin{cases}\sum_{s=1}^{p} x_i^s x_j^s & (i\neq j)\\ 0 & (i=j)\end{cases}$$

式中，p 为样本容量；s 表示第 s 个样本。由此可见 ω 为一方阵。对于未知样本，用下式可得输出 Out_i：

$$\mathrm{Out}_i=\mathrm{Sign}(\sum\omega_i x_i)=\begin{cases}+1 & \sum_i \omega_{ij}x_i\geqslant 0\\ -1 & \sum_i \omega_{ij}x_j<0\end{cases}$$

所得输出反回来作为输入(输入和输出维数相等)。重复如上过程直到两次输出差别较小为止。

（二）应用

人工神经元网络作为一种强有力的工具已广泛应用于化学中各分支领域，其在过程分析中的应用主要是用于聚类分析、模式识别以及过程建模、过程控制、状态监控等。国内外在这些方面的研究成果很多，下面就几个方面各举些实例加以说明。

1. 模式识别和聚类分析

过程分析中运用人工神经网络进行聚类分析和模式识别是一种有效的方法。例如：Jiang J. H. 等探讨了运用改进的反向传输人工神经元网络进行非线性判别式特征的提取，从而将线性特征提取技术扩展到非线性模式识别领域，并将非线性映射与反向传输算法相结合，从而将多维空间的向量投影到低维空间。Wienke D. 等讨论了基于自适应性共振理论（ART）的人工神经元网络模式识别方法对传感器信号进行分类、过程数据分析及图像处理等，并给出在实时和在线分析中应用的实例。

2. 过程建模

Pikington J. 等在对人工神经网络在过程分析中的应用进行综述后，尝试运用该方法对工业烘干过程进行模型化处理，取得了成功。Clark D. E 等将混合神经元网络作为反向过程的模型，并将该模型用于串联的前馈控制器中，控制器又与化铁炉的有限的差动模型相连，从而控制化铁炉的熔化过程。鄢烈祥等应用三层前向网络作为预测纸浆漂白效果的分类模型，在网络能正确识别漂白效果所属类别的基础上，通过模拟计算和统计分析，确定了漂白工艺的优化操作区域。这为难以建立精确数学模型又是多约束的漂白工艺过程的优化提供了一种有效方法。

3. 过程控制

在过程控制研究中，由于实际问题的复杂性，使所涉及的过程中的参量均难以预测或控制，人工神经网络正是解决此类问题的有力工具。例如，Kurtajek Z. J. 通过基于主成分分析的人工神经网络（PC-ANN）描述了用 IMC 方法来对酵母发酵的过程进行适度控制的方法。对过程变量进行主成分分析可使模型投影于低维空间，这简化了人工神经网络结构的确定过程，消除了数据的共线性问题和信号测量中的随机性因素，减少了由于过训练而造成的模型衰减的问题。考虑到 IMC 方法的应用，可控变量（乙醇的分压）的预测模型和操作变量（精密的加入速率）的反向模型得到了确定和测试。另外，人工神经网络还可以进行流程仿真和用于虚拟（亦称为软传感器）测试一些难以联机测试的量等来实现对流程的控制。

第六节　互联网＋工业分析化学

在“互联网＋”的时代背景下，工业分析行业迎来新的机遇和挑战。如何以“互联网＋”为驱动，利用互联网的平台和信息化、智能化技术把互联网和传统的分析化学行业结合起来，促进行业的跨界融合发展是值得深思和谋划的重要问题。以下就“互联网＋”与工业分析化学的融合做简要介绍。

一、大数据在工业分析领域的应用

目前传统的分析实验室主要是针对来样进行精准分析，而来样往往是单一点或一定范围内的少量布点。随着时代的发展，人们越发关注样品的代表性，若单单考虑利用人力去设点布点，后续进行检测分析，这将是一项巨大工程，故建立大数据立体原位在线分析是当今时代的必然趋势。

何谓大数据立体原位在线分析？顾名思义，依托大数据平台，利用各种传感器，实现实时动态监测。无时间、空间、取样点等的限制，在极大程度上，保证了取样点的代表性和检测的真实性。以下就土壤、大气、水质监测分析突显建立大数据立体原位在线分析的重要性。

1. 建立土壤立体监测网络

现今，全国土壤污染状况详查计划中规定了土壤检测方面的相关内容，除了土壤的理化性质，如水分、pH 值、有机质等，其无机污染物与有机污染物也都需要纳入检测范围。其中，土壤无机污染物包括总镉、总汞、总砷等 17 项检测指标；有机污染物包括多环芳烃、石油烃、挥发性有机物等 11 项检测指标，具体见表 12-1。

表 12-1　详查计划检测项目和采用的分析方法一览表

序号	检测领域	检测项目	分析方法	参考标准编号
1	土壤无机污染物	总镉	GAAS 法、ICP-MS 法	GB/T 17141—1997、HJ 766-2015
		总汞	原子荧光法	GB/T 22105.1—2008
		总砷	原子荧光法	GB/T 22105.2—2008、HJ 766-2015
		总铅	ICP-MS 法、ICP-AES 法、GAAS 法	HJ 766-2015 和 GB/T 14506.30-2010、HJ 781-2016、GB/T 17141—1997
		总铬	ICP-AES 法、ICP-MS 法、FAAS 法	HJ 781-2016、HJ 766-2015、HJ 491-2009
		总铜	ICP-AES 法、ICP-MS 法、FAAS 法	HJ 781-2016、HJ 766-2015、GB/T 17138—1997
		总镍	ICP-AES 法、ICP-MS 法、FAAS 法	HJ 781-2016、HJ 766-2015、GB/T 17139—1997
		总锌	ICP-AES 法、ICP-MS 法、FAAS 法	HJ 781-2016、HJ 766-2015、GB/T 17138—1997
		总钴	ICP-AES 法、ICP-MS 法	HJ 781-2016、HJ 766-2015
		总钒	ICP-AES 法、ICP-MS 法	HJ 781-2016、HJ 766-2015
		总锑	ICP-AES 法、ICP-MS 法	HJ 781-2016、HJ 766-2015
		总铊	ICP-AES 法、ICP-MS 法	HJ 781-2016、HJ 766-2015
		总锰	ICP-AES 法、ICP-MS 法	HJ 781-2016、HJ 766-2015
		总铍	ICP-AES 法、ICP-MS 法	HJ 781-2016、HJ 766-2015
		总钼	ICP-MS 法	HJ 766-2015
		氟化物	离子选择性电极法	GB/T 22104-2008
		氰化物	异烟酸-巴比妥酸分光光度法、异烟酸-吡唑啉酮分光光度法	HJ 745-2015
2	土壤有机污染物	多环芳烃	GC-MSD 法	H J805-2016
		有机氯农药	GC-MSD 法	HJ 报批稿
		邻苯二甲酸酯类	GC-MSD 法	ISO 13913-2014
		石油烃(C10-C40)	GC-FID 法	ISO 16703:2011
		挥发性有机物	顶空 GC-MSD 法、吹扫捕集 GC-MSD 法	HJ 642-2013、HJ 605-2011
		酚类	GC-FID 法	HJ 703-2014

续表

序号	检测领域	检测项目	分析方法	参考标准编号
2	土壤有机污染物	硝基苯类	GC-MSD法	EPA method 8270D
		苯胺类	GC-MSD法	EPA method 8270D
		多氯联苯	GC-MSD法	HJ 743-2015
		二噁英类和呋喃	HRGC-HRMS法	HJ 77.4-2008
3	土壤理化性质	水分	重量法	HJ 613-2011
		pH值	玻璃电极法	NY/T 1377-2007
		有机质	重铬酸钾容量法	LY/T 1237－1999
		机械组成	吸管法、密度计法	LY/T 1225-1999
		阳离子交换量	乙酸铵交换法、氯化铵-乙酸铵交换法	NY/T 295-1995

针对多项指标检测，样品的代表性显得尤为重要。如果只是单一地以某一范围进行取点测定，在分析时缺乏真实性。在这样的基础上，引入大数据立体原位在线分析是必要的。依据测定范围的深度和广度，可进行探头布点，利用这些探头全方位不间断收集土壤监测的各项参数，通过网络数据端传输，进行实时分析。这一措施大大减少了人力测定中的误差及样品点是否具有代表性和真实性的问题，这也相当契合现在大数据时代的发展趋势。

2. 建立大气质量监控系统

自工业文明以来，从近地面的边界层到平流层的大气成分（痕量气体、温室气体、气溶胶等）发生了显著变化，这些变化对空气质量、气候变化产生深远的影响。中国目前面临着复合性、区域性大气污染问题，O_3 和细颗粒物浓度较高，成为可持续性发展的瓶颈。大气环境污染物的形成、转化、输送和演变过程具有极强的时空相关性，治理大气环境污染的重点和难点是如何有效控制细颗粒物和 O_3 的浓度以及其重要的相关前体物，如 NO_x、VOCs、CO、SO_2、NH_3 等。大气环境研究的基本手段有外场观测、实验室模拟和数值模拟。其中外场立体观测是大气环境研究的基础，不仅可以实时地了解大气污染物浓度的时空分布和变化规律，从中找出化学转化机制和相互关系，为模式验证取得现场数据。而且由于大气环境过程复杂，在现场观测的基础上，立体观测结合模式计算能够了解污染物在环境中的分布和变化趋势，进而开展预测和评估。因此，如何利用先进的大气探测技术来满足在高灵敏、高分辨时空分布、多组分排放、跨区域传输、过程演变等方面的监测需求，为模型计算、卫星校正等提供准确、实时的有效数据，是研究区域大气复合污染形成的物理化学机制和大气污染防治的基本要求，也是全面掌握大气污染状况、发展态势和环境管理的支柱。

此前已有多种大气环境垂直监测方法得到应用，如大气边界层塔、有人飞机、气球及气艇等。但边界层塔位置固定，高度通常在300m以下，且多建于城市地区；有人飞机只能在数百米及以上的高度飞行；气球或气艇抗风能力和移动性差，需要填充大量氦气，单次运行成本高。这些方法已经无法满足新时期大气污染研究的需求。因此在地基、车载、机载及星载多平台上对大气多种成分、大气参数进行多尺度的探测是十分重要的。东华理工大学相关研究团队已在车载监测系统、手机遥控的室内有毒有害气体智能检测净化系统、智能机载检测系统等方面进行了大量探索，取得了可喜的成果。

3. 建立水体实时立体监测

21世纪，人类面临人口膨胀和生存空间的矛盾、陆地资源枯竭和社会财富增长的矛盾、生态环境恶化和人类发展的矛盾这三大挑战。生态环境恶化，特别是水质环境恶化，将影响到人类未来的生存、繁衍和发展。水质污染问题的日益严重警示着人们自身的健康问题，同时也推动了水体立体监测的建立。对于流动的水体来说，样品的复杂性是不可控的，可能会随着时间、空间的变化而改变。所以单对某一地域的水体进行定点采样监测，在现今的时代显然是不够的。

所以一旦建立了水体在线立体监测，不但大大扩增了监测的数量，同时对水质的细微变化也可以传输实时监测数据，之后进行后台自动处理，这样不仅扣除了由于气候、物理等方面对水体测定的影响，也在更广的范围上建立了水体质量反馈系统。

日前，从中科院合肥研究院获悉，中科院合肥研究院智能研究所"973"首席科学家刘锦淮研究员课题组研发出"风光互补"自主式水面机器人。这款水面自动清洁机器人由水面漂浮物自动回收装置和水面机器人组成，类似于家庭清洁机器人，主要应用于各种海洋、湖泊、河道、滩涂及景区内的湖泊、池塘的固体垃圾、浮萍等清理，以及危险区域进行远程作业，提高安全性和高效性。

而根据相关科研人员调查，国内现有的水面机器人水质检测与采样技术一般只能在线检测常规的水质参数指标，很难全面地检测水中有机物、营养盐和重金属，只能采取把水样采集好后再到实验室去检测，因此无法实现水中重金属等重要污染物的原位和实时检测。另外，现有技术一般只能检测水域的浅层水，无法检测水域中不同深度层面的水质立体断面污染分布状况。目前已开展以水面机器人为平台，结合研制的新型小型化重金属检测仪器、不同深度水质自动采样装置以及水质原位在线检测装置，实现了水质立体断面的原位和实时检测与污染状态分析，这为建立水体实时立体监测提供了事实基础。

4. 可选择的解决方式

对于土壤、大气、水体建立大数据立体原位实时分析是当今大数据时代的现实要求，可选择的有车载、船载、无人机载搭载各种探头及大面积监控探头。车载、船载、无人机载搭载探头可以从土壤、水体及气体进行全方位实时监测，通过后台设定，选择采点范围和时间，突破了时间、空间上的限制，对取样点的代表性和真实性有了强有力的支撑。后续可深入大面积监控探头，不单针对某一跨度范围，可全面收集水、土壤和气体的综合数据进行监测分析，扣除背景值，让数据更具可信度。

二、实验室自动化

早期的机器人系统发展可以追溯到15世纪。几个世纪后，工业革命引发的一连串事件，使得人类的重复性和危险性工作被机器所替代。值得注意的是，"机器人"一词是由捷克作家卡雷尔·卡佩克（Karel. Capek）在他的题为"罗索姆的机器人"（Rossum's Universal Robots）的戏剧中创造的。在1939年举办的纽约世博会期间，西屋公司展示了一款原型机器人——Elektro摩托人。因Elektro具有明显的人形特征而引起了广大公众的关注。战争期间的电影反映了人们对机器人系统潜在能力的高度期望，包括由查理·卓别林主演著名的《摩登时代》。自动化降低了人力成本，并扩大生产规模，提高了生产力而很快被工业界采用。此后自动化几乎进入人类生活的所有领域（见图12-32）。

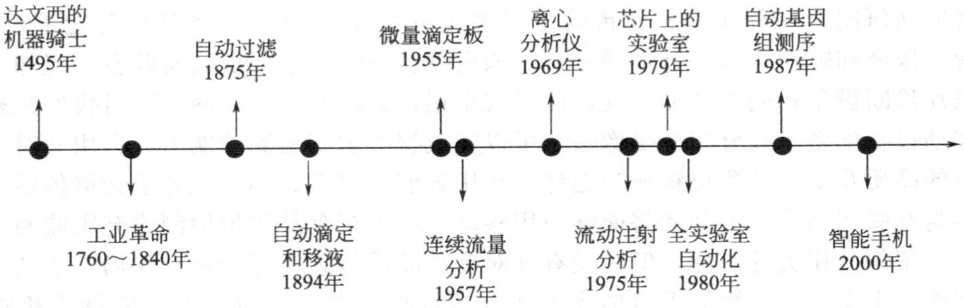

图12-32 自动化分析系统的发展历程

在20世纪的大部分时间里化学家的工作仍然是手工的。在所有化学分支中，分析化学是最依赖技术的。化学自动化的早期尝试主要是单个任务的机械化，如移液、离心、混合和在线检测化学物质等。在20世纪80年代，自动化已被认为是分析化学的一个重要方面。现在，几乎所有复杂的自动化系统在组合化学、高通量筛选和临床分析中都能找到应用。即使在繁琐的重复操作过程中，他们也可以处理危险化学品、传染性样本，并且完成危险的化学反应，这不但避免了操作人员面临的危险，而且还降低了分析测试错误的发生率，从而确保了准确度的提高。在自动化学平台中，反应/分析通量大大增加，可在数分钟内筛选数百个样品和化学反应。

自动化与所有化学家有关，因为21世纪的化学很大程度上依赖于自动化，自动化的广泛应用会使一些化学领域迅速发展。需要自动化的分析化学领域包括：基因组测序、微阵列技术、危险困难样品以及大量微型样品的检测。值得注意的是，自动化的样本制备程序不仅更快，而且比手动程序更精确。

无人分析实验室是未来化学发展中必不可少的关键环节。其主要特点是高度的自动化。早在19世纪中叶，就有了化学自动化尝试，通常是单个工序的机械化，比如移液、滴定、混合等。随着科技不断地进步，化学工作者逐渐发展出了更多的自动化设备。其中最重要的是利用机械代替了大量的重复性和重体力的工作，例如现在已经实现了大批量样品的自动溶样、自动进样和自动分析。在一些高危性工作（剧毒环境、高放射性环境等）中，也用机器人和远程遥控代替了人工。

三、智能手机在工业分析领域的发展

1993年，美国IBM制造的第一台智能手机IBMSimon问世，自此以后智能手机的发展经历了20世纪90年代刚刚问世的黎明期，2000～2006年的繁荣发展期，以及2007年以后的大众普及期。短短20年来，智能手机在推动手机市场方面带来了巨大的革新。随着移动通信技术的发展，智能手机已经成为现代生活一个随身携带的必备品。与普通手机相比，除了具备基本的通话、发短信等功能外，智能手机的最大特点就是具有开放式的操作系统，可以通过安装第三方软件扩展其功能，就像是一个功能强大的“口袋电脑”。智能手机强大的功能令其在分析化学领域显示出诱人的应用前景，随着现代科技与移动通信技术的发展，智能手机为分析化学带来的契机已被许多人士发现。利用智能手机可以实现控制、分析和显示等功能，其在工业分析中的应用正在蓬勃发展，相应的化学的应用程序开发也在不断推陈出新。

在工业分析化学中，基于智能手机的即时检测一直是研究的热门。以智能手机作为检测平台，手机的摄像头作为一个高分辨率分光计，用户有可能在资源短缺的环境条件下自行操作进行快速检测。将数据以有线或无线通信方式传至手机，手机端APP对数据进行分析计算得到测量结果，其性能可以和现有的台式光度计媲美。近来，美国伊利诺伊大学香槟分校的研究者成功研制出一种新型光谱传输反射强度分析仪（TRI），将其与智能手机连接后，能对血液、尿液和唾液样本进行准确分析，该设备就像是一个便携式实验室，但却可以达到与专业医疗诊断设备相同的精准程度，而且成本很低。随着“互联网+”时代的到来，新兴的智能移动设备配备了高分辨率摄像头，可以完成视觉识别检测的能力，利用其对食品进行快速无损的品质及安全检测也将成为趋势。利用智能手机搭载小型化分子光谱传感器，将智能传感器与互联网结合，消费者将能够使用移动电话进行食品质量检测或健康监测。目前已有学者开展了部分相关的研究，但还没有针对食品品质信息进行分析，仅局限于利用手机设备获取图像。未来，基于智能手机的光度法分析将是非常常见的APP，智能手机在工业分析领域的应用也将更加广泛。

习题和复习题

12-1. 明确过程分析化学的概念，简述过程分析化学的主要任务及研究领域。

12-2. 归纳总结过程分析仪器的组成、特点及分类?

12-3. 过程分析中的自动取样与样品预处理系统一般必须具备哪些功能? 自动取样与样品预处理系统的技术性能指标有哪些? 为什么通用型自动取样与样品预处理系统较少，专用型较多?

12-4. 归纳总结气体、液体、熔融金属及固体散状物料四类自动取样与样品预处理系统各应包括哪几部分组成。

12-5. 化学传感器分哪几类? 举例说明每类的传感原理。传感器与自动取样和样品预处理系统之间的关系如何?

12-6. 过程分析化学计量学在过程分析化学中的主要作用是什么? 列举出 10 种以上的过程分析化学计量学算法。

12-7. 简述人工神经网络算法分类和反向传输神经网络算法的原理及其应用。

主要参考文献

[1] 张毅．岩石矿物分析．北京：地质出版社，1992.
[2] 孙嘉彦，殷有林．铀钍矿石的化学分析．北京：原子能出版社，1986.
[3] 俞汝勤．化学计量学导论．长沙：湖南教育出版社，1991.
[4] 张燮．环境与放射性水质分析．北京：原子能出版社，1989.
[5] 岩石矿物分析编委会．岩石矿物分析．第 4 版．北京：地质出版社，2011.
[6] 《有色金属工业分析丛书》编辑委员会．现代分析化学基础．北京：冶金工业出版社，1993.
[7] 张锦柱．工业分析化学．北京：冶金工业出版社，2008.
[8] 康云月．工业分析．北京：北京理工大学出版社，1995.
[9] 吉分平．工业分析．北京：化学工业出版社，1998.
[10] Mclenan F，Kowalski B R. Process Analytical Chemistry. London：Blackie Academic & Professional，1995.
[11] 汪尔康．21 世纪的分析化学．北京：科学出版社，1999.
[12] 王光明，范跃，熊传等．化工产品质量检验．北京：中国计量出版社，1999.
[13] 高鸿．分析化学前沿．北京：科学出版社，1991.
[14] 国家自然科学基金委员会．自然科学学科发展战略调研报告——分析化学．北京：科学出版社，1993.
[15] Jeffery P G，Hutchison D. Chemical Methode of Rock Analysis. Pergamon，1981.
[16] Ingamells C. D，Pitard F F. Applied Geochemical Analysis，1986.
[17] 严希康．生化分离技术．上海：华东理工大学出版社，1996.
[18] 张燮，罗明标，唐紫蓉．铀的形态分析．（见周文斌，余达淦，刘庆成等著）核资源与环境研究成就与展望．北京：原子能出版社，2001.
[19] 欧阳平凯．生物分离原理及技术．北京：化学工业出版社，1999.
[20] 杨武，高锦章，康敬万．光度分析中的高灵敏反应及方法．北京：科学出版社，2000.
[21] 化学分离富集方法及应用编委会．化学分离富集方法．长沙：中南工业大学出版社，2001.
[22] 易晓红．有机分析．北京：中国轻工业出版社，1999.
[23] Kellner R，Mermet J M，M Ott ，H M Widmer. Analytical Chemistry. WILEY-VCH，1998.
[24] 张宏勋．过程分析仪器．北京：冶金工业出版社，1984.
[25] 耿信笃．现代分离科学理论导引．北京：高等教育出版社，2001.
[26] 达世绿．色谱学导论．第 2 版．武汉：武汉大学出版社，1999.
[27] Lenore S Clesceri，et al. Standard Methds For the Examination of Water and Wastewater. 20th Edition，1998.
[28] 魏琴. 工业分析. 北京：科学出版社，2002.
[29] 王建梅. 工业分析. 北京：高等教育出版社，2007.
[30] 蔡明招. 实用工业分析. 广州：华南理工大学出版社，2002.
[31] 邱德仁. 工业分析化学. 上海：复旦大学出版社，2003.
[32] 张燮. 工业分析化学实验. 北京：化学工业出版社，2007.
[33] 谢笔钧，何慧. 食品分析. 北京：科学出版社，2009.
[34] 王永华. 食品分析. 北京：中国轻工业出版社，2010.
[35] 陈家华等. 现代食品分析新技术. 北京：化学工业出版社，2005.
[36] 国家出入境检验检疫局. 出入境检验检疫公务员初任培训教材. 北京：中国对外经济贸易出版社，2000.
[37] 张燮，康文. 商检概论. 抚州：东华理工学院教材中心，2003.
[38] 马树杰. 报关代理与商检实用教程. 天津：南开大学出版社，2008.
[39] 《分析化学手册》（第三版）编委会. 分析化学手册. 第 3 版. 北京：化学工业出版社，2016.
[40] 陈与德，王文基，王志麟等编. 核燃料化学. 北京：原子能出版社，1985.
[41] 吴华武. 核燃料化学工艺学. 北京：原子能出版社，1989.
[42] 刘波，史克亮，叶高阳等. 低水平放射性废水中钚的分析方法研究进展. 环境化学，2015，3.
[43] 吉艳琴，李金英，罗上庚. 放射性化学分离结合 ICP-MS 法测量土壤样品中钚的研究. 辐射防护，2008，28：72-81.